U0262804

『十二五』职业教育国家规划教材　经全国职业教育教材审定委员会审定

住房城乡建设部土建类学科专业『十三五』规划教材

全国高职高专教育土建类专业教学指导委员会规划推荐教材

建筑装饰装修材料·构造·施工（第二版）

（建筑设计类专业适用）

本教材编审委员会组织编写

刘超英　主编

中国建筑工业出版社

图书在版编目（CIP）数据

建筑装饰装修材料·构造·施工/刘超英主编.—2版.—北京：中国建筑工业出版社，2014.3（2024.6重印）

“十二五”职业教育国家规划教材.经全国职业教育教材审定委员会审定.全国高职高专教育土建类专业教学指导委员会规划推荐教材（建筑设计类专业适用）

ISBN 978－7－112－16473－8

Ⅰ.①建…　Ⅱ.①刘…　Ⅲ.①建筑材料－装饰材料－高等职业教育－教材②建筑装饰－建筑构造－高等职业教育－教材③建筑装饰－工程施工－高等职业教育－教材　Ⅳ.①TU56②TU767

中国版本图书馆CIP数据核字（2014）第034742号

本书将《建筑装饰材料》《建筑装饰构造》《建筑装饰施工技术》三门建筑装饰工程技术专业的主干课有机地整合在一起。经过整合，本课程地位更加重要。它是本专业课程中主干中的主干，核心中的核心。其学习内容是本专业人员必备的专业知识、能力、素质。

本书分8个教学单元，每个教学单元包含理论教学、实践教学和教学指南3个部分。理论教学部分论述了建筑装饰的概况、施工机具、墙柱面、吊顶、楼地面、门窗、木制品、装饰织物等分项工程的材料、构造、施工、检验的专业知识。本书另附“材料检索”，可以检索到13大类，上百种建筑装饰装修工程的常用材料的基本属性、常见规格及用途。实践教学部分设计了24个相应的实训项目，训练相关专业能力，扫描对应二维码即可下载电子版任务书。教学指南部分包含延伸读物、理论和实践教学部分的自我检查题104个，检验师生的教学效果。

本书既可作为应用型本科和高职高专建筑装饰、室内设计、环境艺术专业的主干课教材，也可供相关专业设计和施工人员参考。

为更好地支持本课程的教学，我们向使用本书的教师免费提供教学课件，有需要者请与出版社联系，邮箱：jckj@cabp.com.cn，电话：（010）58337285，建工书院 http：//edu.cabplink.com。

责任编辑：杨　虹　朱首明　周　觅
责任校对：姜小莲　刘梦然

“十二五”职业教育国家规划教材
经全国职业教育教材审定委员会审定
住房城乡建设部土建类学科专业“十三五”规划教材
全国高职高专教育土建类专业教学指导委员会规划推荐教材

建筑装饰装修材料·构造·施工（第二版）
（建筑设计类专业适用）
本教材编审委员会组织编写
刘超英　主编

*

中国建筑工业出版社出版、发行（北京海淀三里河路9号）
各地新华书店、建筑书店经销
北京鸿文瀚海文化传媒有限公司制版
建工社（河北）印刷有限公司印刷

*

开本：787×1092毫米　1/16　印张：28　字数：680千字
2015年3月第二版　2024年6月第十六次印刷
定价：**46.00**元（赠教师课件）
ISBN 978－7－112－16473－8
（25273）

修订版教材编审委员会名单

主　任：季　翔

副主任：马松雯　黄春波

委　员（按姓氏笔画为序）：

王小净　王俊英　冯美宇　刘超英　孙亚峰

李　进　杨青山　陈　华　钟　建　赵肖丹

徐锡权　章斌全

前言（第二版）

本教材是我国第一本整合本专业材料、构造、施工这三门最关键课程，教学理念先进、教改力度大的先行探索教材，而且也是第一次配套教学指南和实训课题集的新型教材。本教材2010年出版以来，受到诸多教学专家的关注，教指委主任、众多院校领导、专家教师给予广泛肯定，同时受到包括国家示范学校在内的许多学校的欢迎。

三年来，建筑装饰行业风起云涌。2013年7月高职高专教育土建类专业教学指导委员会建筑设计类专业分教指委推出了新的教育标准《高等职业教育建筑装饰工程技术专业教学基本要求》；行业中新技术、新材料、新工艺、新规范、新案例层出不穷；本教材第一主编近年来主持了教育部CDIO项目第一批试点学校的试点专业、教育部人文社科项目（科技人才培养专项）一般项目（11JD015）和浙江省新世纪教改课题，教育教学改革研究和实践取得了重大进展。提炼了“艺科交融·创执并举”的教学理念和A+T·CDIO（A+T=Art+Technology）的人才培养模式。尤其在项目课程改革方面创新了“1234项目课程教学模式”，即1：一个目标——培养被社会和行业认可的设计师或建造师后备人才；2：两个依据——课程要求依据行业的要求；教学方法依据项目教学的方法；3：三个一体化——一体化课程计划、一体化教学资源、一体化教材；4：四个双模式——理论实践双通道、校内校外双导师、行业学校双课堂、教师学生双主体。在教学方法上有了重大的创新。

为了体现这些新进展、新变化和新成果，借助申报国家级“十二五”规划教材的契机，决定对本教材进行全面修订。使第二版教材能在新的形势下，担当起培养建筑装饰行业新一代就业者的重任。总的修订总体思路是：

1）反映教学研究和教育改革的最新理念，反映了建筑装饰产业技术升级，符合职业教育规律和高端技能型人才成长规律。

2）体现行业发展要求，对接职业标准和岗位要求，行业特点鲜明，体现了工学结合、任务驱动、项目导向的高职教材特色。

3）教学重点、课程内容、能力结构以及评价标准与建筑装饰行业标准有机衔接，全面贯通。

具体的修订措施有：

1）理论教学与实践教学双通道配置。为了执行新教学标准中理论与实践教学7∶3的配置标准，每个教学单元将理论教学与实践教学两部分关联编写。首先阐述课程理论，逐一论述了建筑装饰的概况、施工机具、墙柱面、吊顶、楼地面、门窗、木制品、装饰织物等分项工程的材料、构造、施工检验的专业知识。然后根据课程理论，配置相应的实践教学课题。实践课题以实训项目为线索，根据工艺流程、行业标准、操作要求、检验标准等层层展开。其中还包括实训考核内容、方法及成绩评定标准的内容。理论与实践两大教学内容有机配置，统一编排，为教学提供了极大的方便。体现了知识传授和能力训练一体化、项目引导和知识链接一体化的特色。

2）按教学单元配置教学目标和教学指南。在每个教学单元的起始部位，以矩阵的形式详细列明了教学目标，包括教学内容、主要知识点、主要能力点及重点、难点，教学目标一目了然。教学单元的教学指南部分，除了编列延伸读物外，还编制了两个部分学习情况的自我检查。便于师生在理论和实践教学完成后，检验自己的教学效果。

3）紧扣新教学标准，删繁就简，突出重点。第一版由于是第一次尝试三门课程整合，存在着过于追求完整，教学内容过多，教材容量太大，重点不够突出的毛病。修订教材要对原教材做科学的剪裁，精简了教学标准中没有要求的内容，突出了重点，同时根据行业新标准、新技术、新材料，调整了过时的内容。

本教材原有7位编者，其中5位是长期在不同的国家级示范专业和建设部重点院校一线从事专业教学、组织管理工作的全国建筑设计类教指委资深委员，另外2位均是本专业的系主任或院长。本次修订作者队伍按审稿专家意见有所调整，主编为刘超英教授，副主编为陈卫华副教授。整体结构上删除了原第8章，原第9章、第10章调整为教学单元8和常用建筑装饰装修材料检索，各教学单元作者均为原班人马，除此之外还邀请2位经验丰富的资深行业专家、宁波市土建学会建筑设计分会邬志刚会长和甲级建筑设计企业技术高管袁飞鸿总建筑师参与教材的修订论证，使得作者的专业性和权威性经一步提高，编写团队的优势更加突出。

由于教材修订时间紧迫，同时也限于作者的水平，第二版教材一定还存在许多不足。衷心希望选用本教材的学校、师生、专家在使用过程中，对本教材的不足提出中肯的意见，以便在今后的修订中进一步完善。

作者
2014年6月

前言（第一版）

建筑装饰装修材料、建筑装饰装修构造、建筑装饰装修施工技术是建筑装饰工程技术专业的主干课。自从开设建筑装饰工程技术专业以来，这三门课一直分别由不同的老师上课，并采用各自独立的教材。但这三门课在教学实践中互相联系非常紧密，很难割裂，分别讲授有很多弊端。首先是重复很多，例如，讲装饰构造的时候必然会讲到施工技术，而讲到施工技术的时候又必定要先提到装饰构造。其次，从学科的逻辑关系而言，应该先讲建筑装饰材料，再讲建筑装饰构造，最后讲建筑装饰施工技术。绝大多数学校在排课时往往要分多个学期进行教学。这在专业教学时间日益压缩的今天，就成为一个很大的课时浪费。所以，建筑装饰教育的专家早在2002年前就提出了整合这三门课的专业教学改革的建议，希望将这三门课程整合成一门课程，以消除上述提到的一些弊端。一些办学条件好的学校，近年来在这三门课的教学上已进行了整合教学的教改探索。实践证明，这样的改革是完全可行的。

本教材就是在这个背景下应运而生的，它是建筑装饰工程技术专业教学改革的产物，它把建筑装饰工程的材料、构造、施工技术、质量标准和检验方法等相关知识点有机地融合在一起，整合成了一门全新的课程和一本全新的教材。本教材还创新设计了配套教材课程学习指南及实训课题集，对从事本课程教学的师生提供了教与学的思路和有价值的实训课题。

毫无疑问，本课程是建筑装饰工程技术专业教学主干课程。就课程性质及在学科中的地位而言，它是建筑装饰工程技术专业的核心课程；是从事建筑装饰行业的专业技术人员必须具备的专业知识。经过整合，本课程地位更加重要，是主干中的主干，核心中的核心。它的学习内容是本专业人员必备的专业知识，掌握的是本专业人员“养家糊口、安身立命”的看家本领！希望通过这样的整合和改革，在实际的建筑装饰工程技术专业教学改革中能够起到积极的推进作用，学生能够更好地掌握课程内容，学校能够更容易地组织教学。

本教材由全国高职高专建筑类专业教学指导分委员会（以下简称建筑类专指委）委员、宁波工程学院建筑装饰专业教学部主任刘超英教授和建筑类专指委副主任、福建黎明大学副校长陈卫华副教授任主编，建筑类专指委委员、黑龙江建筑职业技术学院建筑与城市规划学院院长马松雯副教授和建筑类专指委委员、四川建筑职业技术学院建筑系主任钟建副教授任副主编，扬州工业职业技术学院建筑艺术系副主任张理辉副教授、日照职业技术学院建筑设计专业主任高海燕老师、广西建筑职业技术学院设计艺术系系主任罗智副教授任参编。刘超英设计全书的结构，撰写第1、3、5、10章（除材料检索8），并负责全书的统稿；第2章由罗智撰写，第4章由陈卫华撰写，第6章由马松雯撰写，第7章由高海燕撰写，第8章由钟建撰写，第9章、第10章材料检索8织物材料由张理辉撰写。建筑类专指委主任、徐州建筑职业技术学院副院长季翔教授在百忙中为本书审稿，建筑类专指委其他委员和各相关学校领导对本书的编著给予了很大的关心和支持，在此特向他们表示衷心的感谢。由于本书是教学改革的产物，限于水平一定存在着许多不足之处，所以希望采用本教材的同行能在实际的教学过程中对本书的缺陷提出建设性的意见，以便在今后不断改进。

编者
2009 年 3 月

目　录

1

教学单元1　概述

教学目标：请按下表的教学要求，学习本章的相关教学内容，掌握相关知识和能力点。

教学单元 1 教学目标 **表 1**

理论教学内容	主要知识点	主要能力点	教学要求
1.1 本课程的重要概念			熟悉
1.1.1 学科与课程名称	1. 学科名称；2. 课程名称	学科相关概念把握能力	
1.1.2 学科定义	1. 学科定义；2. 定义出处；3. 定义解释		
1.1.3 要素	1. 要素；2. 具体要求		
1.1.4 质量验收相关规范			
1.1.5 分类	1. 根据使用功能；2. 根据所用材料；3. 根据施工方法；4. 根据工程部位		
1.1.6 对象和部位	1. 对象；2. 部位		
1.1.7 等级	1. 一级；2. 二级；3. 三级		
1.1.8 标准	1. 一级；2. 二级；3. 三级		
1.2 建筑装饰装修构造			熟悉
1.2.1 相关概念	1. 概念；2. 基本内容	构造相关概念把握能力	
1.2.2 类型	1. 结构类；2. 饰面类；3. 配件类		
1.2.3 设计原理	1. 服从；2. 规范；3. 可行；4. 安全；5. 可持续；6. 整合；7. 美观；8. 创新		
1.3 建筑装饰装修材料			重点掌握
1.3.1 相关概念	1. 定义；2. 分类；3. 作用；4. 选择	材料相关概念把握能力	
1.3.2 组成与结构	1. 材料的组成；2. 材料的结构		
1.3.3 基本性质	1. 物理性质；2. 与水有关的性质；3. 热工性质；4. 力学性质；5. 耐久性；6. 燃烧性能；7. 装饰性		
1.4 建筑装饰装修施工			了解
1.4.1 相关概念	1. 概念；2. 内容	施工相关概念把握能力	
1.4.2 要求	1. 规范性；2. 专业性；3. 复杂性；4. 安全性；5. 经济性；6. 可持续性；7. 发展性		
1.5 建筑装饰装修工程质量的验收			熟悉
1.5.1 意义		工程质量及验收的相关概念把握能力	
1.5.2 依据	1. 国家标准；2. 地方标准		
1.5.3 主体	1. 当事者验收；2. 第三方验收		
1.5.4 方法和程序	1. 方法；2. 程序；3. 分部工程的划分；4. 分部工程验收注意事项		
1.5.5 检验方法	1. 看；2. 模；3. 听；4. 查；5. 测		
1.6 设计、材料、构造、施工和验收的互相关系		五者关系把握能力	

实践教学内容	实训项目	主要能力点	教学要求
1.1 认识实习	建筑装饰装修行业参观与考察	对本地建筑装饰装修行业概况把握能力	了解
教学指南			

本课程将引导学生以理解建筑装饰构造为核心，以熟悉建筑装饰材料为基础，以掌握建筑装饰施工技术为目的，同时了解建筑装饰装修工程的质量标准和检验技术。从而为将来从事本专业设计、施工、预算、管理等专业工作打下扎实的基础。

☆教学单元1　概述、理论教学部分

1.1　本课程的重要概念

1.1.1　学科与课程名称

1. 学科名称

1）中文：建筑装饰装修

2）英文：Architecture decoration and construction

2. 课程名称

建筑装饰装修材料·构造·施工

1.1.2　学科定义

1. 学科定义

为保护建筑物的主体结构、完善建筑物的使用功能和美化建筑物，采用装饰装修材料或饰物，对建筑物的内外表面及空间进行的各种处理过程。

2. 定义出处

中华人民共和国国家标准《建筑装饰装修工程施工质量验收规范》GB 50210—2001

主编部门：中华人民共和国建设部

批准部门：中华人民共和国建设部

施行日期：2002年3月1日

3. 定义解释

建筑装饰装修的学科定义包含的内涵：

1）建筑装饰装修的目的。该学科定义包含了建筑装饰装修的4个目的，见表1-1。

建筑装饰装修目的表　　表1-1

序号	目的	说　明
1	保护建筑物的主体结构	建筑结构构件不仅要有足够的承载力和刚度，而且还要有足够的耐久性。因此，必须通过科学的建筑装饰装修构造设计和材料选择，在主体结构外表面形成保护层，以承受风吹、日晒、冰霜、雨雪的侵袭；抵御腐蚀气体、有害气体的侵蚀和不同使用荷载的撞击、摩擦，从而延长建筑物的使用寿命

续表

序号	目的	说　明
2	完善建筑物的使用功能	建筑物建成交付时实际上还是一个半成品，还需要室内设计师根据用户的具体使用要求进行再设计。以商业建筑为例，建筑师完成的仅仅是建筑的外观、大的空间关系和功能布局，如出入口、水平和垂直的交通、各个楼层等。而室内设计师则需要对其进行更具体的空间定义，如商品的楼层布局，商品的销售、服务及交通空间的布局，直至柜台、货架、识别标志、辅助设备、各个界面的美化等详细功能的细化设计。经过了这样的细化设计，建筑物的使用功能才得到了进一步完善
3	改善建筑物的环境条件	建筑师对改善室内外环境有一定的考虑，但他们采取的技术手段是初步的。以音乐厅为例：建筑师给定的是整个空间的外壳、舞台、看台、休息厅、出入口和宏观的环境设计。而室内设计师需要将这个环境按照音乐厅的要求进行具体化：演奏舞台的形状、界面、设施和整个剧场的顶棚、墙面、地面等各个界面的形象、色彩、肌理及材质；整个音乐厅的灯光、机械、传声及控制设施等；看台的观众座位安排、座椅选择、走道设计、寻位设计等；整个剧场的声学、光学、空气调节等环境设计等。只有经过了一系列的具体入微的室内设计，剧场才可以交付甲方，投入正常使用
4	美化建筑物的形象	建筑物作为一个整体，建筑师只设计了建筑的框架和建筑的外观形象。而这个阶段的建筑美是不完整的。室内设计师要通过建筑装饰装修手段，使建筑物的内外空间和界面形象呈现完美的状态，与建筑的外观交相辉映

2）建筑装饰装修的物质基础。该学科定义包含着建筑装饰装修的两项物质基础，见表1-2。

建筑装饰装修的物质基础表　　表1-2

序号	物质基础	说　明	属性
1	建筑装饰装修材料	建筑装饰装修工程的最基本的物质基础	主要用于硬装
2	建筑装饰装修饰物	营造室内空间的风格，深化室内空间的文化内涵的必须物件	主要用于软装

3）建筑装饰装修的对象。该学科定义包含了建筑装饰装修的两个对象，见表1-3。

建筑装饰装修的对象表　　表1-3

序号	建筑装饰装修对象	说　明
1	建筑物的内表面及空间	建筑装饰装修的主要对象
2	建筑物的外表面及空间	当建筑需要更新时，它也称为建筑装饰装修的对象

4）建筑装饰装修的过程。该学科定义概括了本专业所有的专业工作及其过程。我们用两个关键词对它进行概括，即，建筑装饰装修设计、建筑装饰装修施工，见表1-4。

建筑装饰装修的过程表　　表 1-4

序号	关键词	说　明
1	建筑装饰装修设计过程	①方案设计。主要是建筑装饰装修艺术和功能的设计，也是对原建筑的完善和深化，是建筑空间的再设计和再加工。它要解决的主要问题为：外观、形象、材料、设备配置、风格、个性、生活理念、生活方式 ②技术设计。是为实现方案设计的各种效果而进行的各项技术细节的设计，其中包括各类装饰材料的选用、装饰装修的构造设计及配电、智能、消防、暖通、节能、安保及施工技术的方案设计
2	建筑装饰装修施工过程	①为实现设计效果而进行的建筑装饰装修工程施工组织与管理 ②根据国家或地方的施工验收规范进行的各项技术工种的具体施工流程和施工工艺

1.1.3　要素

1. 建筑装饰装修的要素

建筑装饰装修的内容和程序很复杂，但它的要素却只有 4 个，这就是设计（艺术设计和技术设计）、材料（饰物）、施工、验收。这 4 个要素对建筑装饰装修来说是缺一不可的，具体内涵见表 1-5。

建筑装饰装修要素表　　表 1-5

序号	要　素	作　用
1	设计（艺术设计和技术设计）	设计方案、设计命令、施工及验收的依据
2	材料（饰物）	建筑装饰装修工程的物质基础
3	施工	建筑装饰装修设计方案的实现途径
4	验收	建筑装饰装修工程的质量保证手段

2. 建筑装饰装修要素的具体要求

国家标准《建筑装饰装修工程施工质量验收规范》GB 50210—2001 对装饰装修的设计（艺术设计和技术设计）、材料（饰物）、施工三个要素提出了要求，其中的强制性条款，必须严格遵照执行，见表 1-6。

建筑装饰装修要素具体要求表　　表 1-6

序号	要素	具体要求
1	设计	①建筑装饰装修工程必须进行设计，并出具完整的施工图设计文件 ②承担建筑装饰装修工程设计的单位应具备相应的资质，并应建立质量管理体系。由于设计原因造成的质量问题，应由设计单位负责 ③建筑装饰装修设计应符合城市规划、消防、环保、节能等有关规定 ④承担建筑装饰装修工程设计的单位应对建筑物进行必要的了解和实地勘察，设计深度应满足施工要求 ⑤建筑装饰装修工程设计必须保证建筑物的结构安全和主要使用功能。当涉及主体和承重结构改动或增加荷载时，必须由原结构设计单位或具备相应资质的设计单位核查有关原始资料，对既有建筑结构的安全性进行核验、确认 ⑥建筑装饰装修工程的防火、防雷和抗震设计应符合现行国家标准的规定 ⑦当墙体或吊顶内的管线可能产生冰冻或结露时，应进行防冻或防结露设计

续表

序号	要素	具体要求
2	材料饰物	①建筑装饰装修工程所用材料的品种规格和质量应符合设计要求和国家现行标准的规定，当设计无要求时应符合国家现行标准的规定。严禁使用国家明令淘汰的材料 ②建筑装饰装修工程所用材料的燃烧性能应符合现行国家标准《建筑内部装修设计防火规范（2001 修订版）》GB 50222—95、《建筑设计防火规范》GB 50016—2006 和《高层民用建筑设计防火规范（2005 年版）》GB 50045—95 的规定 ③建筑装饰装修工程所用材料应符合国家有关建筑装饰装修材料有害物质限量标准的规定 ④所有材料进场时应对品种规格、外观、尺寸进行验收，材料包装应完好，应有产品合格证书、中文说明书及相关性能的检测报告，进口产品应按规定进行商品检验 ⑤进场后需要进行复验的材料种类及项目应符合本规范各章的规定，同一厂家生产的同一品种、同一类型的进场材料应至少抽取一组样品进行复验，当合同另有约定时应按合同执行 ⑥当国家规定或合同约定应对材料进行见证检测时或对材料的质量发生争议时应进行见证检测 ⑦承担建筑装饰装修材料检测的单位应具备相应的资质并应建立质量管理体系 ⑧建筑装饰装修工程所使用的材料在运输储存和施工过程中必须采取有效措施防止损坏变质和污染环境 ⑨建筑装饰装修工程所使用的材料应按设计要求进行防火、防腐和防虫处理 ⑩现场配制的材料，如砂浆、胶粘剂等，应按设计要求或产品说明书配制
3	施工	①承担建筑装饰装修工程施工的单位应具备相应的资质并应建立质量管理体系；施工单位应编制施工组织设计并应经过审查批准；施工单位应按有关的施工工艺标准或经审定的施工技术方案施工并应对施工全过程实行质量控制 ②承担建筑装饰装修工程施工的人员应有相应岗位的资格证书 ③建筑装饰装修工程的施工质量应符合设计要求和本规范的规定，由于违反设计文件和本规范的规定施工造成的质量问题应由施工单位负责 ④建筑装饰装修工程施工中严禁违反设计文件擅自改动建筑主体承重结构或主要使用功能严禁未经设计确认和有关部门批准擅自拆改水暖电燃气通信等配套设施 ⑤施工单位应遵守有关环境保护的法律法规并应采取有效措施控制施工现场的各种粉尘、废气、废弃物、噪声、振动等对周围环境造成的污染和危害 ⑥施工单位应遵守有关施工安全劳动保护、防火和防毒的法律法规，应建立相应的管理制度，并应配备必要的设备器具和标志 ⑦建筑装饰装修工程应在基体或基层的质量验收合格后施工，既有建筑进行装饰装修前应对基层进行处理并达到本规范的要求 ⑧建筑装饰装修工程施工前应有主要材料的样板或做样板间（件），并应经有关各方确认 ⑨墙面采用保温材料的建筑装饰装修工程所用保温材料的类型品种规格及施工工艺应符合设计要求 ⑩管道、设备等的安装及调试应在建筑装饰装修工程施工前完成，当必须同步进行时，应在饰面层施工前完成，装饰装修工程不得影响管道设备等的使用和维修，涉及燃气管道的建筑装饰装修工程必须符合有关安全管理的规定 ⑪建筑装饰装修工程的电气安装应符合设计要求和国家现行标准的规定，严禁不经穿管直接埋设电线 ⑫室内外装饰装修工程施工的环境条件应满足施工工艺的要求，施工环境温度不应低于5℃。当必须在低于5℃气温下施工时，应采取保证工程质量的有效措施 ⑬建筑装饰装修工程施工过程中应做好半成品、成品的保护，防止污染和损坏 ⑭建筑装饰装修工程验收前应将施工现场清理干净

注：下划线部分为强制性条款。

1.1.4 质量验收的相关规范

建筑装饰装修工程质量验收的标准和规范是建筑装饰装修工程施工技术上和法律上的指南。但由于建筑装饰装修工程施工的复杂性，除了按国家标准《建筑装饰装修工程施工质量验收规范》GB 50210—2001 进行的验收以外，政府的有关部门和有些业主还会提出更多内容的验收要求。例如，防火和环保方面的验收。因此，对建筑装饰装修工程的质量的验收标准也是多方面的，国家先后颁布了一系列的标准和规范，归纳起来有三类，具体的规范和标准见表 1-7。

建筑装饰装修工程施工质量验收规范表　　表 1-7

序号	规范系列	规 范 名 称
1	直接的工程验收规范	①建筑装饰装修工程施工质量验收规范，GB 50210—2001 ②住宅装饰装修工程施工规范，GB 50327—2001
2	专项的工程验收规范	①建筑内部装修设计防火规范（2001 修订版），GB 50222—1995 ②民用建筑电器设计规范，JGJ/T1692
3	环境保护方面的规范	①民用建筑工程室内环境污染控制规范（2013 版），GB 50325—2010 ②室内装饰装修材料　人造板及其制品中甲醛释放限量，GB 18580—2001 ③室内装饰装修材料　溶剂型木器涂料中有害物质限量，GB 18581—2009 ④室内装饰装修材料　内墙涂料中有害物质限量，GB 18582—2008 ⑤室内装饰装修材料　胶粘剂中有害物质限量，GB 18583—2008 ⑥室内装饰装修材料　木家具中有害物质限量，GB 18584—2001 ⑦室内装饰装修材料　壁纸中有害物质限量，GB 18585—2001 ⑧室内装饰装修材料　聚氯乙烯卷材地板中有害物质限量，GB 18586—2001 ⑨室内装饰装修材料　地毯、地毯衬垫及地毯用胶粘剂中有害物质释放限量，GB 18587—2001 ⑩混凝土外加剂中释放氨限量，GB 18588—2001 ⑪建筑材料放射性核素限量，GB 6566—2010

1.1.5 分类

建筑装饰装修的类型很多，可以通过下列 4 项分类方法了解建筑装饰装修的众多种类，见表 1-8。

建筑装饰装修工程分类表　　表 1-8

序号	分类方法	具 体 分 类
1	根据使用功能	家居、商业、旅游、餐饮、娱乐、交通、演观、文化、会展、经贸、体育、教育、医疗、科研、办公、宗教、司法、生产、军事等功能的装饰装修工程
2	根据所用材料	水泥类、石膏类、陶瓷类、石材类、玻璃类、塑料类、裱糊类、涂料类、木材类和金属类等材料的装饰装修工程
3	根据施工方法	抹、刷、涂、喷、滚、弹、铺、贴、裱、挂、钉等施工方法的装饰装修工程
4	根据工程部位	外墙、内墙、顶棚、地面、隔断、门窗、店面和配套设置等部位的装饰装修工程

1.1.6 对象和部位

虽然建筑装饰装修的类型很多，但对设计者来说需要设计的建筑装饰装修部位归纳起来只有 3 种对象和 4 个部位，见表 1–9、表 1–10。

建筑装饰装修对象表 **表 1–9**

序号	对象	对应部位
1	基体	建筑物的主体结构或围护结构
2	基层	直接承受装饰装修施工的面层
3	细部	建筑装饰装修工程中局部采用的部件或饰物

建筑装饰装修部位表 **表 1–10**

序号	部位	主要目的
1	顶棚	遮蔽隐蔽工程、防止脱落、改善室内物理环境、照明反射
2	内外墙柱面	防止剥落、防止污染
3	楼地面	防滑、耐磨、防尘、耐冲击、蓄热、易清洗
4	门窗花格	改善采光、调节通风、调节声音通过效果

1.1.7 等级

建筑的类型很多，客观上存在着建筑物的等级。下表中有些已经不符合当前社会的发展水平，仅作为一个参考，让大家知道建筑装饰装修是有等级的。特别在设计政府主导的公共建筑装饰装修时，要参考相关的规定，见表 1–11。

建筑装饰装修等级表 **表 1–11**

序号	等级	建筑物类型
1	一	高级宾馆、别墅、纪念性建筑、大型博览、观演、交通、体育建筑，一级行政机关办公楼、市级商场
2	二	科研、高校、普通博览、观演、交通、体育建筑、广播、医疗、通信、旅馆、机关办公楼等
3	三	中小学、托儿所、生活服务性建筑、普通行政机关办公楼、普通居住建筑

1.1.8 标准

建筑装饰装修要根据装饰对象的建筑等级来设计构造、选用材料和施工工艺。高等级建筑用高等级材料构造和施工工艺，低等级建筑用低等级材料、构造和施工工艺。表 1–12 中所列的等级材料只是一个参考，因为目前建筑装饰装修材料已经大大丰富了，等级表不可能涵盖所有材料，但材料的等级是客观存在的。

建筑装饰装修标准表　　表 1-12

等级	对象	部位	内饰标准及材料	外饰标准及材料	备注
一	全部房间	墙面	塑料壁纸（布）、织物墙面、大理石、装饰板、木墙裙、各种面砖、内墙涂料	大理石、花岗石、面砖、无机涂料、金属板、玻璃幕墙	
一	全部房间	楼地面	软木橡胶地板、各种塑料地板、大理石、彩色水磨石、地毯、木地板		
一	全部房间	顶棚	金属装饰板、塑料装饰板、金属壁纸、塑料壁纸、装饰吸声板、玻璃顶棚、灯具	室外雨篷下和悬挑部分的楼板下可参照装饰顶棚	
一	全部房间	门窗	夹板门、推拉门、带木镶边板、大理石镶边板、窗帘盒	各种颜色玻璃、铝合金门窗、塑钢门窗、特制木门窗、钢窗及玻璃栏板	
一	全部房间	其他设施	各种金属花格、竹木花格、自动扶梯、有机玻璃拦板、灯具、空调、防火设备、散热器设备、高档卫生设备	局部屋檐、屋顶可用各种瓦件和金属装饰物	
二	门厅、楼梯、走道、普通房间	墙面	各种内墙涂料和装饰抹灰、有窗帘盒和散热器罩	主要立面可用面砖，局部大理石、无机涂料	功能上有特殊要求者除外
二	门厅、楼梯、走道、普通房间	楼地面	彩色水磨石、地毯、各种塑料地板、卷材地毯、碎拼大理石地面		功能上有特殊要求者除外
二	门厅、楼梯、走道、普通房间	顶棚	混合砂浆、石灰膏罩面、钙塑板、胶合板、吸声板等顶棚饰面		功能上有特殊要求者除外
二	门厅、楼梯、走道、普通房间	门窗		普通木门窗、主要入口可用铝合金门	功能上有特殊要求者除外
二	厕所、盥洗室	墙面	普通水磨石、陶瓷锦砖、1.4～1.7m 高度白瓷砖墙裙		功能上有特殊要求者除外
二	厕所、盥洗室	顶棚	混合砂浆、石灰膏罩面		功能上有特殊要求者除外
二	厕所、盥洗室	门窗	普通木门窗		功能上有特殊要求者除外
三	一般房间	墙面	混合砂浆色浆粉刷、可赛银乳胶漆、局部油漆墙裙、柱子不作特殊装饰	局部可用面砖、大部分用水刷石或干粘石、无机涂料、色浆、清水砖	
三	一般房间	地面	局部水磨石、水泥砂浆地面		
三	一般房间	顶棚	混合砂浆、石灰膏罩面	同室内	
三	一般房间	其他	文体用房、托幼小班可用木地板、窗饰除托幼外不设散热器罩，不准做钢饰件，不用白水泥、大理石、铝合金门窗、不贴墙纸	禁用大理石、金属外墙板	

续表

等级	对象	部位	内饰标准及材料	外饰标准及材料	备注
三	一般房间	门厅、楼梯走道	除门厅局部吊顶外，其他同一般房间，楼梯用金属栏杆木扶手或抹灰栏板		
		厕所、盥洗室	水泥砂浆地面、水泥砂浆墙裙		

1.2 建筑装饰装修构造

1.2.1 相关概念

1. 建筑装饰装修构造的概念

建筑装饰装修构造就是建筑装饰装修设计的结构方案、材料选择和施工方法。

通俗地说，建筑装饰装修设计就是方案设计，建筑装饰装修构造设计就是建筑装饰装修方案的施工图设计。

2. 建筑装饰装修构造设计的基本内容

1）提出实现方案的结构。

2）提出材料的选择方案。

3）提出施工的技术要求。

下面通过图1-1可以清晰地了解建筑装饰装修构造设计的基本内容。

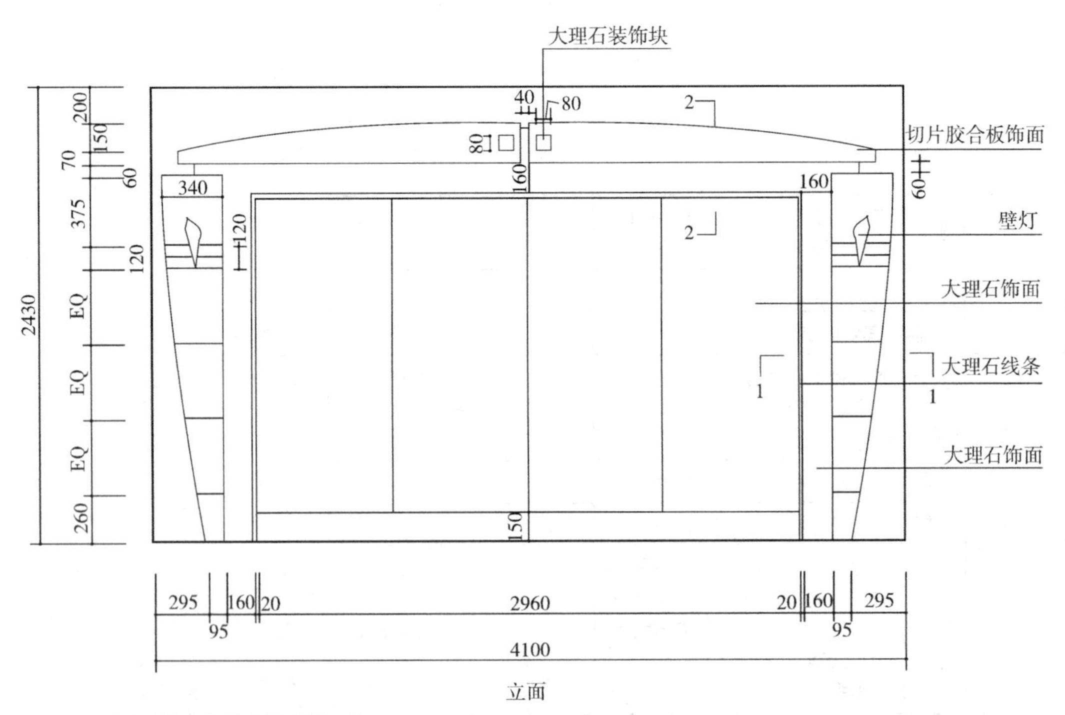

图1-1 建筑装饰装修构造设计图示例

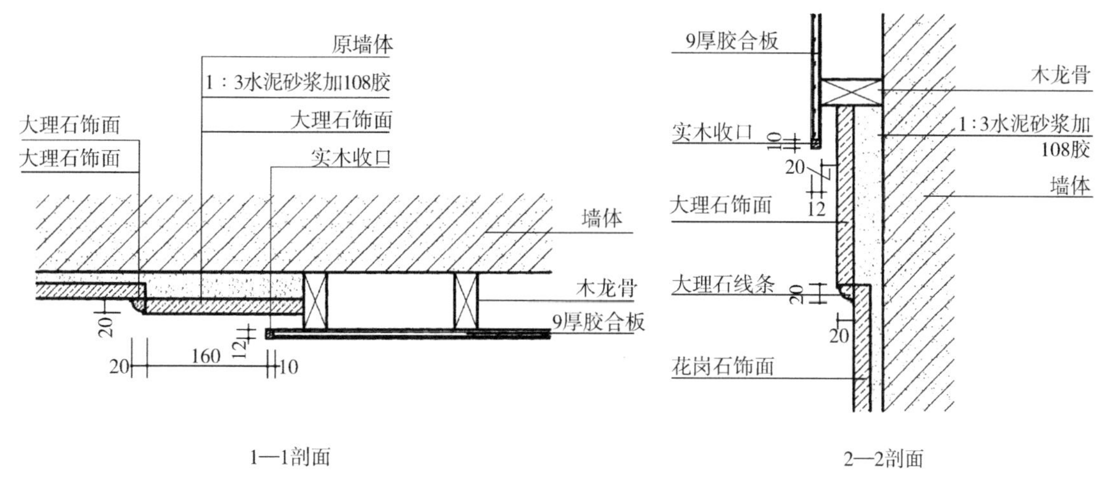

图1-1　建筑装饰装修构造设计图示例（续）

1.2.2　类型

建筑装饰装修构造有3种类型，见表1-13。

建筑装饰装修构造类型表　　表1-13

序号	类　型	说　明	主要方式
1	结构类构造	装饰木骨架、金属骨架与建筑主体结构连接在一起	竖向支撑、水平悬挂等
2	饰面类构造	在建筑表面覆盖一层保护或装饰面层	涂刷、铺贴、胶粘、钉嵌等
3	配件类构造	成品、半成品多在现场安装	粘结、焊接、钉接、榫接等

1.2.3　设计原理

建筑装饰装修构造有8条设计原理，见表1-14。

建筑装饰装修构造设计原理表　　表1-14

序号	原理	说　明
1	服从	构造设计的目的是为了实现方案的效果，因此，方案设计是构造设计的依据。构造设计必须服从方案设计，想方设法完美地实现方案设计者所设想的艺术效果。特别是有些创新性强的方案设计，方案会出现一些从未见过的装饰装修效果，构造设计者就要仔细揣摩设计者的意图，运用一切技术手段，努力实现这些创新的效果
2	规范	构造设计是施工命令，构造设计图本身应该高度规范。各项设计表达和图例应符合国家相关的制图标准和规范。与制图有关的国家标准主要有： ①房屋建筑制图统一标准，GB/T 50001—2010 ②建筑制图标准，GB/T 50104—2010 ③建筑结构制图标准，GB/T 50105—2010 ④给水排水制图标准，GB/T 50106—2010 ⑤暖通空调制图标准，GB/T 50114—2010

续表

序号	原理	说　明
3	可行	方案设计通过构造设计实现效果。构造设计方案必须是可以进行现实施工的。要把握三个要点： ①选用正确的装饰材料。装饰材料种类繁多，变化迅速。要根据材料的使用部位和作用，选择不同性能的材料。使其安全可靠，有一定的耐久性。要充分了解建筑装饰材料的基本性能，不能对材料的性能一知半解，从而留下事故隐患 ②考虑现实的施工条件。建筑装饰装修构造设计必须考虑现实的施工条件，运用现实、可行的施工工艺，全面考虑施工条件。因为，装饰装修工种复杂，木、泥、漆、水电、智能、空调等工种往往要交叉施工，所以各工种需配合协调。不能单单考虑一个工种的施工条件 ③考虑合理的性价比。要根据工程的造价要求和经济性，合理选用合适的材料和合适的施工工艺。成本太高的材料选择时必须慎重，过于复杂的施工工艺也要慎用。必须用的贵重材料和复杂的施工工艺，决不能以次充好、偷工减料
4	安全	建筑空间是人类自我保护、赖以生存的场所。如果没有安全保障，建筑的其他功能就会变得毫无意义。建筑装饰装修构造设计必须考虑安全性。安全性有以下五个要点： ①主体结构的完整性。装修构造大多依附在主体结构上，重新设计室内空间和界面会导致主体结构荷载变化及结构受力性能变化等。如地面构造和吊顶构造将增加楼盖荷载。还要考虑抗震、抗风、避雷击等因素，尽量减少自然灾害带来的损失。所以，构造设计必须符合力学原理，选择可靠的材料和结构方案。对没有把握的设计一定要经过设计论证。不改变建筑的承重关系，严禁破坏建筑的主体结构，切忌破坏性装修 ②装饰构件的稳定性。装饰构造自身的强度、刚度、稳定性一旦出现问题，不仅直接影响装饰效果，而且还可能造成人身伤害和财产损失。如玻璃幕墙的玻璃和铝合金骨架在正常荷载情况下应满足强度、刚度等要求。因此要正确验算装饰构件和主体结构构件的承载力，尤其是当需要拆改某些主体结构构件时，主体结构构件的验算就非常重要 ③连接部件的可靠性。装饰构件与主体结构的连接也必须保证安全可靠。连接节点承担各种荷载，并传递给主体结构。不经计算校核和批准，后果十分危险。如果连接节点承载力不足，会导致装饰构件坠落 ④材料选择的规范性。建筑装饰装修构造设计受很多规范的制约，尤其是材料选择受国家标准《建筑内部装修设计防火规范（2001 修订版）》GB 50222—95 的制约。这个规范是强制性的国家标准，它对不同的建筑作了不同的防火要求，还把建筑材料分成四个防火等级。因此，必须严格按照建筑的类型，选择防火等级对应的相关材料 ⑤不能越权设计。要注意遵守国家相关法规的规定，室内建筑师不作涉及结构安全的设计，任何情况下都不能作越权设计
5	可持续	随着社会的发展，人们认识到必须把社会发展从资源消耗型、投资扩大型转变为环境友好型、资源循环型。建筑装饰装修构造设计的理念同样必须把节能、节约资源、环境保护作为一个设计考量的重点。彻底改变建筑环境使用耗能高、维护费用大、使用周期短、循环利用差的现象。改变必须从设计入手，重点从以下三个方面作出努力： ①节约能源。保温、节电、节水，充分利用自然光，大力选用节能光源 ②节约资源。节约使用不可再生资源，倡导采用循环材料，二次利用材料 ③环保减污。建筑装饰材料的选择和施工应符合国家《民用建筑室内环境污染控制规范》的要求，避免选择含有毒性物质和放射性物质的建筑装饰材料，防止对使用者造成身体伤害，确保为人们提供一个安全可靠、环境舒适、有益健康的工作生活空间环境

续表

序号	原理	说　明
6	整合	现代建筑，尤其是一些有特殊要求的或大型的公共建筑，其结构空间大、设备数量多、功能要求复杂、各种设备错综布置。设计师要巧妙地利用各种构造设计方法将复杂的设施进行有机地整合，如将通风口、窗帘盒、灯具、消防管道设施等与顶棚或墙面有机整合，不仅可减少设备占用空间、节省材料，而且可起到美化建筑物的作用； 建筑装饰装修工程是建筑施工的最后一道工序，它具有将各工种之间协调统一的整合作用。如果装饰构造设计合理，就能够更好地满足使用功能的要求
7	美观	除了功能之外，美观是装饰装修的一个主要目的，构造设计必须美观。不仅要造型形式更要美观，色彩搭配悦目协调、肌理搭配舒适得当，衔接收口自然得体，还要与整体设计风格统一协调
8	创新	创新是各类设计永恒的主题，包括构造设计。创新的目的是如何使构造形式更新颖、造型更美观、结构更牢固、造价更经济、施工更方便、使用更舒适。建筑装饰装修是随着时代的进步不断发展的，许多习以为常的做法有着更大的改进的空间，在这方面大有努力的空间

1.3　建筑装饰装修材料

1.3.1　相关概念

1. 建筑装饰装修材料的定义

建筑装饰装修工程中所有材料的总称。

2. 建筑装饰装修材料的作用

建筑装饰装修材料在建筑装饰装修工程中占有极其重要的地位。因为建筑装饰装修材料的质量直接影响到建筑装饰装修构造的安全和耐久性；在建筑装饰装修工程中，建筑装饰装修材料费用一般占建筑总造价的50%左右，有的甚至高达70%。所以说，建筑装饰装修材料是建筑装饰装修工程的物质基础，很大程度上建筑装饰装修材料决定了建筑装饰装修的形式和施工的方法。

3. 建筑装饰装修材料的分类

建筑装饰装修材料分类见表1-15。

建筑装饰装修材料分类表　　　　**表1-15**

分类方法	材料大类	装饰材料的种类
1. 化学成分	非金属材料	①无机非金属材料：如大理石、玻璃、建筑陶瓷等 ②有机非金属材料：如木材、建筑塑料等
	金属材料	①黑色金属材料：如不锈钢等 ②有色金属材料：如铝、铜、金、银等
	复合材料	①非金属与非金属复合：如装饰混凝土、装饰砂浆等 ②金属与金属复合：如铝合金、铜合金等 ③金属与非金属复合：如涂塑钢板等 ④无机与有机复合：如人造花岗石、人造大理石等 ⑤有机与有机复合：如各种涂料等

续表

分类方法	材料大类	装饰材料的种类
2. 使用功能	装饰装修材料	虽然也具有一定的使用功能，但它们的主要作用是对建筑物的装修和装饰，如地毯、涂料、墙纸、壁纸
	功能材料	在装饰装修中主要满足特殊的功能，如防火、防水、隔声、保温等
3. 装修部位	外墙	外墙面砖、天然石材、锦砖、外墙涂料、玻璃、装饰砂浆、装饰混凝土
	内墙	天然及人造石材、釉面砖、木贴面、金属饰面、玻璃、塑料饰面、墙纸、墙布、织物
	地面	天然及人造石材、地砖、地面涂料、木地板、塑料地、地毯
	吊顶	铝合金及轻钢龙骨吊顶、矿棉、岩棉、膨胀珍珠岩制品、玻璃棉板、涂料、地毯、壁纸、石膏板、塑料吊顶
4. 燃烧性能	A	不燃性材料
	B_1	难燃性材料
	B_2	可燃性材料
	B_3	易燃性材料

4. 建筑装饰材料的选择

为确保建筑装饰装修的设计效果和工程质量，选择建筑装饰装修材料需要考虑以下 5 个方面的因素：

1）建筑装饰装修材料的档次与所装饰装修的建筑的类型和等级协调。

根据装修施工方法，充分考虑施工因素，选择与之相适应的装修材料。

2）建筑装饰装修材料对所装饰装修的建筑的风格协调。

3）建筑装饰装修材料的耐久性。

对于高层建筑外墙及处于重要位置的建筑，耐久性要求高就必须选用耐久性好的建筑装饰装修材料；对于短期使用的，如寿命只有几天的会展装饰，则只要选用一般建筑装饰装修材料。

4）建筑装饰装修材料的经济性。

相同质量等级的建筑，但处于不同位置（如邻街与背面等）和控制的造价不同，可以选用不同等级的装饰材料；需要指出的是，违背基本原则而盲目追求高档、进口的装饰材料，往往适得其反。

5）建筑装饰装修材料的环保性。

1.3.2 组成与结构

1. 材料的组成

1）化学组成。化学组成决定着材料的化学性质，影响着物理性质和力学性质。无机非金属建筑材料的化学组成以各种氧化物的含量表示。金属材料以元素含量来表示。

2）矿物组成。材料中的元素或化合物以特定的结合形式存在着，它们决定着材料的许多重要性质。

2. 材料的结构

1）不同层次的结构。材料的结构决定着材料的性质。我们一般可以从三个层面来观察材料的结构与性质的关系：

（1）宏观结构（亦称构造）。毫米级组织结构。人们用放大镜或肉眼即可分辨。宏观结构的分类及其相应的主要特性见表 1-16。

材料的宏观结构及其相应的主要特性　　表 1-16

<table>
<tr><th colspan="2">材料的宏观结构</th><th>常用材料</th><th>主要特性</th></tr>
<tr><td rowspan="4">单一材料</td><td>致密结构</td><td>玻璃、钢材、沥青、部分塑料</td><td>高强、不透水、耐腐蚀</td></tr>
<tr><td>多孔结构</td><td>泡沫塑料、泡沫玻璃</td><td>轻质、保温</td></tr>
<tr><td>纤维结构</td><td>玻璃纤维、钢纤维、木材、竹材、石棉、岩棉</td><td>高抗拉且大多数具有轻质、保温、吸声性质</td></tr>
<tr><td>聚集结构</td><td>某些天然岩石、陶瓷、砖</td><td>强度较高</td></tr>
<tr><td rowspan="4">复合材料</td><td>粒状聚集结构</td><td>各种混凝土、砂浆、钢筋混凝土</td><td>综合性能好、价格较低廉</td></tr>
<tr><td>纤维聚集结构</td><td>纤维板、纤维增强塑料、岩棉板、岩棉管、石棉水泥制品、</td><td>轻质、保温、吸声或高抗拉（折）</td></tr>
<tr><td>多孔结构</td><td>加气混凝土、泡沫混凝土</td><td>轻质、保温</td></tr>
<tr><td>迭合结构</td><td>纸面石膏板、胶合板、各种夹芯板</td><td>综合性能好</td></tr>
</table>

（2）亚微观结构（显微或细观结构）。微米级组织结构。人们可以由光学显微镜所看到的该结构主要涉及材料内部的晶粒等的大小和形态、晶界或界面、孔隙、微裂纹等。

（3）微观结构。原子或分子级的结构。人们可以利用电子显微镜、X 射线衍射仪、扫描隧道显微镜等手段来观察研究。微观结构的形式及其主要特征见表 1-17。

材料的微观结构形式及其主要特性　　表 1-17

<table>
<tr><th colspan="3">微观结构</th><th>常见材料</th><th>主要特征</th></tr>
<tr><td rowspan="4">晶体</td><td rowspan="4">原子、离子或分子按一定规律排列</td><td>原子晶体（以共价键结合）</td><td>金刚石、石英、刚玉</td><td>强度、硬度、熔点均高，密度较小</td></tr>
<tr><td>离子晶体（以离子键结合）</td><td>氯化钠、石膏、石灰岩</td><td>强度、硬度、熔点较高，但波动大。部分可溶、密度中等</td></tr>
<tr><td>分子晶体（以分子键结合）</td><td>蜡及部分有机化合物</td><td>强度、硬度、熔点较低，大部分可溶、密度小</td></tr>
<tr><td>金属晶体（以库仑引力结合）</td><td>铁、钢、铝、铜及其合金</td><td>强度、硬度变化大、密度大</td></tr>
<tr><td>非晶体</td><td colspan="2">原子、离子或分子以共价键、离子键或分子键结合，但为无序排列（短程有序，长程无序）</td><td>玻璃、粒化高炉矿渣、火山灰、粉煤灰</td><td>无固定的熔点和几何形状。与同组成的晶体相比，强度、化学稳定性、导热性、导电性较差且各向同性</td></tr>
</table>

2）孔隙。大多数材料在宏观结构层次或亚微观结构层次上均含有一定大小和数量的孔隙，甚至是相当大的孔洞。这些孔洞几乎对材料的所有性质都有相当大的影响。

(1) 孔隙的分类。材料内部的孔隙按尺寸大小可分为微细孔隙、细小孔隙、较粗大孔隙、粗大孔隙等。

按孔隙的形状可分为球形孔隙、片状孔隙（即裂纹）、管状孔隙、带尖角的孔隙等。

按常压下水能否进入孔隙中，又可分为开口孔隙（或连通孔隙）、闭口孔隙（封闭孔隙）。当然压力很高的水可能会进入到部分闭口孔隙中。

(2) 孔隙对材料性质的影响。通常材料内部的孔隙含量（即孔隙率）越多，则材料的表观密度、堆积密度、强度越小，耐磨性、抗冻性、抗渗性、耐腐蚀性及其耐久性越差，而保温性、吸声性、吸水性和吸湿性等越强。孔隙的形状和孔隙状态对材料的性能有不同程度的影响，如连通孔隙、非球形孔隙（如扁平孔隙，即裂纹）往往对材料的强度、抗渗性、抗冻性、耐腐蚀性更为不利，对保温性稍有不利影响，但对吸声却有利。孔隙尺寸愈大，对材料上述性能的影响愈明显。

1.3.3 基本性质

1. 物理性质

建筑装饰装修材料物理性质见表 1-18。

建筑装饰装修材料物理性质表　　表 1-18

序号	物理性质	定　义	公　式	说　明
1	密度	材料在绝对密实状态下（不含内部所有孔隙体积）单位体积的质量	$\rho = \frac{m}{V}$	测试时，材料必须是绝对干燥的。含孔材料则必须磨细后采用排开液体的方法来测定其体积
2	表观密度	多孔（块状或粒状）材料在自然状态下（包括内部所有孔隙体积）单位体积的质量	$\rho_0 = \frac{m}{V_0} = \frac{m}{V + V_b + V_k}$	测试时，材料质量可以是任意含水状态下的，不加说明时，是指气干状态下的质量。形状不规则的材料，须涂蜡后采用排水法测定其体积
3	堆积密度	散粒状或粉末状材料在堆积状态下（含颗粒间空隙体积）单位体积的质量	$\rho'_0 = \frac{m}{V'_0} = \frac{m}{V_0 + V_v}$	

续表

序号	物理性质	定　　义	公　　式	说　　明
4	孔隙率与密实度	孔隙率是指材料内部孔隙体积占材料自然状态下体积百分数，分为开口孔隙率、闭口孔隙率、总孔隙率（简称为孔隙率）	1）孔隙率的计算 $P=\frac{V_p}{V_0}=\frac{V_0-V}{V_0}=1-\frac{V}{V_0}$ $=\left(1-\frac{\rho_0}{\rho}\right)\times 100\%$ 2）密实度是指材料体积内被固体物质充实的程度 $D=\frac{V}{V_0}=\frac{\rho_0}{\rho}$	对于绝对密实材料，因 $\rho_0=\rho$，故密实度 $D=1$ 或100%。对于大多数土木工程材料，因 $\rho_0<\rho$，故密实度 $D<1$ 或 $D<100\%$。 $D+P=1$
5	空隙率	散粒材料颗粒间空隙体积占整个堆积体积的百分率	$P'=\frac{V}{V'_0}=\frac{V_0'-V_0}{V'_0}=\left(1-\frac{V_0}{V'_0}\right)$ $=\left(1-\frac{\rho'_0}{\rho}\right)\times 100\%$	在大量配制混凝土、砂浆等材料时，宜选用空隙率（P'）小的砂、石

2. 与水有关的性质

1）亲水性与憎水性

水可以在材料表面铺展开，即材料表面可以被水润湿，此种性质称为亲水性；具备此种性质的材料称为亲水性材料，如图1-2所示。大多数建筑材料属于亲水性材料。含毛细孔的亲水性材料可自动将水吸入孔隙内。

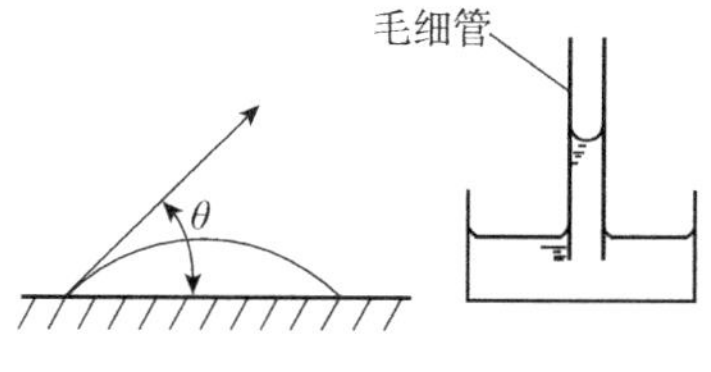

图1-2　亲水性材料的润湿与毛细现象（$\theta\leqslant 90°$）

若水不能在材料表面上铺展开，即不能被浸润，则称为憎水性，该材料称为憎水性材料，如图1-3所示。憎水性材料可以作为防水材料，孔隙率较小的亲水性材料仍可做防水或防潮材料使用，如混凝土、砂浆等。

材料具有亲水性或憎水性的根本原因，在于材料的分子结构（是极性分子还是非极性分子），亲水性材料与水分子之间的分子亲和力，大于水分子本身之间的内聚力；反之，憎水性材料与水分子之间的分子亲和力，小于水分子本身之间的内聚力。

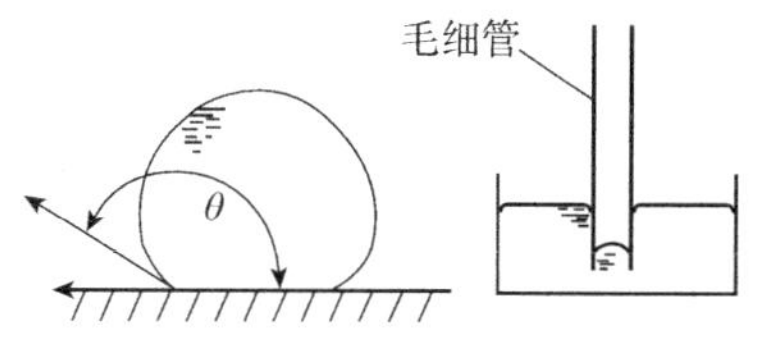

图1-3　憎水性材料的润湿与毛细现象（$\theta>90°$）

2）吸水性与吸湿性

（1）吸水性。吸水性是材料吸收水分的性质，用材料在吸水饱和状态下的吸水率来表示。分为质量吸水率（所吸收的水的质量占绝干材料质量的百分率）、体积吸水率（所吸收水的体积占自然状态下材料体积百分率），计算式分别如下：

$$W_m=\frac{m_{SW}}{m}=\frac{m'_{SW}-m}{m}\times 100\%$$

$$W_V=\frac{V_{SW}}{V_0}=\frac{m'_{SW}-m}{V_0}\cdot\frac{1}{\rho}\times 100\%$$

二者的关系为：

$$W_V = \frac{\rho_0}{\rho_w} \cdot W_m$$

吸水率主要与材料的开口孔隙率 P_K、亲水性与憎水性等有关。

（2）吸湿性。吸湿性是材料在潮湿的空气中吸收水蒸气的性质。干燥的材料处在较湿的空气中时，便会吸收空气中的水分；而当较潮湿的材料处在较干燥的空气中时，便会向空气中放出水分。前者是材料的吸湿过程，后者是材料的干燥过程。

吸湿性用含水率表示。即材料中所含水的质量与材料绝干质量的百分比称为含水率。材料吸湿或干燥至与空气湿度相平衡时的含水率称为平衡含水率。建筑材料在正常使用状态下，均处平衡含水状态。

吸湿性主要与材料的组成、微细孔隙的含量及材料的微观结构有关。

（3）吸水与吸湿对材料性质的影响。材料吸水或吸湿后，可削弱内部质点间的结合力，引起强度下降。同时也使材料的表观密度、导热性增加，几何尺寸略有增加，使材料的保温性、吸声性、强度下降，并使材料受到冻害、腐蚀等加剧。由此可见含水使材料的绝大多数性质变差。

（4）耐水性。材料长期在饱和水的作用下不破坏，保持其原有性质的能力。

对于结构材料，耐水性主要指保持强度不变的能力；对装饰材料则主要指颜色的变化、是否起泡、起层等，即材料不同，耐水性不同，耐水性表示方法也不同。对于结构材料，用软化系数（K_p）来表示，计算式如下。

$$K_p = \frac{\text{吸水饱和状态下的抗压强度}}{\text{干燥状态下的抗压强度}}$$

材料的软化系数 $K_p = 0 \sim 1.0$，$K_p > 0.85$ 称为耐水性材料。长期处于潮湿或经常遇水的结构，需选用 $K_p > 0.75$ 的材料，重要的结构需选用 $K_p > 0.85$ 的材料。

3）抗渗性。抗渗性是材料抵抗压力水渗透的性质。土木建筑工程中许多材料常含有孔隙、孔洞或其他缺陷，当材料两侧的水压差较高时，水可能从高压侧通过内部的孔隙、孔洞或其他缺陷渗透到低压侧。这种压力水的渗透，不仅会影响工程的使用，而且渗入的水还会带入能腐蚀材料的介质，或将材料内的某些成分带出，造成材料的破坏。

抗渗性常用抗渗等级来表示，即材料用标准方法进行透水试验时，所能抵抗的最大水压力值表示。材料的抗渗性与其内部的孔隙率，特别是开口孔隙率有关，与材料的亲水性、憎水性也有一定的关系。

4）抗冻性。材料抵抗冻融循环作用，保持原有性质的能力。

（1）冻害原因。材料吸水后，在负温作用条件下，水在毛细孔内冻结成冰，体积膨胀（大约增9%）所产生的冻胀压力造成材料的内应力，会使材料遭到局部破坏。随着冻融循环的反复，材料的破坏作用逐步加剧，这种破坏称为冻融破坏。

抗冻性对结构材料，主要指保持强度的能力，并多以抗冻等级来表示。即以材料在吸水饱和状态（最不利状态）所能抵抗的最多冻融循环次数来表示。

（2）影响冻害的因素。

①孔隙率（P）和开口孔隙率（P_k）。一般情况下 P，尤其 P_k 越大则抗冻性越差。

②充水程度。以水饱和度（K_s）表示：

$$K_s = \frac{V_w}{V_p}$$

理论上讲，若孔隙分布均匀，当饱和度 $K_s < 0.91$ 时，结冰不会引起冻害，因未充水的孔隙空间可以容纳下水结冰而增加的体积。但当 $K_s > 0.91$ 时，则已容纳不下冰的体积，故对材料孔壁产生压力，因而会引起冻害。实际上，由于局部饱和的存在和孔隙分布不均，K_s 需较 0.91 小一些才是安全的。如对于水泥混凝土，$K_s < 0.80$ 时冻害才会明显减小。

5）材料本身的强度。材料强度越高，抵抗力破坏能力越强，即抗冻性越高。

3. 热工性质

1）导热系数。当材料存在温度差时，热量从材料一侧通过材料传至另一侧的性质称为材料的导热性，以导热系数来表示，计算式如下：

$$\lambda = \frac{Q \cdot d}{(T_1 - T_2) \cdot t \cdot A}$$

导热系数越小，材料的保温性能越好。影响材料导热系数的因素有：

（1）材料的组成与结构。一般地说，金属材料、无机材料、晶体材料的导热系数分别大于非金属材料、有机材料、非晶体材料。

（2）孔隙率越大即材料越轻（ρ_0 小），导热系数越小。细小孔隙、闭口孔隙比粗大孔隙、开口孔隙对降低导热系数更为有利，因为避免了对流传热。

（3）含水或含冰时，会使导热系数急剧增加。

（4）温度越高，导热系数越大（金属材料除外）。

上述因素一定时，导热系数为常数。保温材料在存放、施工、使用过程中，需保证为干燥状态。

2）热容量与比热容。材料受热时吸收热量，冷却时放出热量的性质称为材料的热容量。单位质量材料温度升高或降低 1K 所吸收或放出的热量称为比热容。热容量值等于材料的比热容（c）与质量（m）的乘积。材料的热容量越大，则建筑物室内温度越稳定。

4. 力学性质

1）材料的强度。

（1）材料的强度。材料的强度是指材料在外力作用下抵抗破坏的能力。常采用破坏性试验来测定，根据受力形式分为抗压强度、抗拉强度、抗弯强度、抗剪强度等。

（2）影响材料的实际强度的因素。

①材料的内部因素（组成、结构）是影响材料强度的主要因素。前已

述及。

②测试条件是影响材料的另一大要素，即具有相当大的关系。

③材料的含水状态及温度。

（3）材料的强度等级及比强度。为便于使用，常根据材料的强度值的高低，划分为若干强度等级或标号。对于不同强度的材料进行比较，可采用比强度这个指标。比强度等于材料的强度与其表观密度之比。比强度是评价材料是否轻质高强的指标，见表1-19。

几种主要材料的比强度值 **表1-19**

材料	表观密度（kg/m^3）	强度（MPa）	比强度
普通混凝土	2400	40	0.017
低碳钢	7850	420	0.054
松木（顺纹抗拉）	500	100	0.200
烧结普通砖	1700	10	0.006
铝材	2700	170	0.063
铝合金	450	2800	0.160
玻璃钢	450	2000	0.225

2）材料的弹性与塑性。

（1）弹性。是指材料受到外力作用下产生的变形，外力撤掉后能完全恢复原来形状和大小的性质。将发生的这种变形称为弹性变形。明显具有这种特征的材料称为弹性材料。受力后材料的应力与应变的比值即为弹性模量。其表达式为：

$$E=\frac{\sigma}{\varepsilon}$$

（2）塑性。是指受到外力作用产生的变形，不能随外力撤销而自行恢复原状的性质。所发生的这种变形称为塑性变形。具有这种明显特征的材料，称为塑性变形材料。大多数材料受力初期表现为弹性变形，达到一定程度表现出塑性特征，称之为弹塑性材料（如混凝土）。也即单纯的弹性材料是没有的。

3）材料的脆性与冲击韧性。材料在破坏时，未出现明显的塑性变形，而表现为突发性破坏，此种性质称为材料的脆性。脆性材料的特点是塑性变形小，且抗压强度与抗拉强度比值较大（5～50倍）。无机非金属材料多属脆性材料。

材料抵抗冲击振动作用，而不发生突发性破坏的性质称为材料的冲击韧性或韧性，或在冲击振动作用下，吸收能量、抵抗破坏的能力称为冲击韧性。韧性材料的特点是变形大、特别是塑性变形大、抗拉强度接近或高于抗压强度。木材、建筑钢材、橡胶等属于韧性材料。

在工程中，对于要求有冲击、振动荷载作用的结构，需考虑材料的韧性。

4）材料的硬度与耐磨性。

（1）硬度。是材料表面的坚硬程度，是抵抗其他硬物刻划、压入其表面的能力。通常用刻划法、回弹法和压入法测定材料的硬度。

（2）耐磨性。是材料表面抵抗磨损的能力。材料的耐磨性用磨耗率表示。材料的耐磨性与材料的组成、结构及强度、硬度等有关。建筑中用于地面、踏步、台阶、路面等处的材料，应当考虑硬度和耐磨性。

5. 耐久性

材料在使用过程中，在各种环境介质的长期作用下，保持其原有的性质的能力称为材料的耐久性。材料在环境中使用，除受荷载作用外，还会受到周围各种自然因素的影响，如物理、化学及生物等方面的作用。如金属材料常由化学和电化学作用引起腐蚀和破坏；无机非金属材料常由化学作用、溶解、冻融、风蚀、温差、湿差、摩擦等因素中的某些因素或综合作用而引起破坏；有机材料常由生物作用（细菌、昆虫等）、溶蚀、化学腐蚀、光、热、大气等的作用而引起破坏。其他影响材料耐久性的因素很多，见表1-20。

影响材料耐久性的因素表　　表1-20

影响因素	影响作用
大气稳定性	冻融作用、盐析作用、干湿温度作用、老化作用、水溶蚀作用、大气中有害气体的腐蚀作用等
机械磨损	人的运动、车辆的运动、物品的搬运等
饰面变色	紫外线作用、有害气体作用、水分作用等
饰面污染	沉积性污染、侵入性污染、粘附性污染、静电吸引性污染、发霉污染等

耐久性一般包括材料的抗渗性、抗冻性、耐腐蚀性、抗老化性、耐溶蚀性、耐光性、耐热性、耐磨性等耐久性指标。材料的组成、结构、性质和用途不同，对耐久性的要求也不同。为了提高材料的耐久性，可采取提高材料本身对外界作用的抵抗能力、对主体材料施加保护层、减轻环境条件对材料的破坏作用等措施。

6. 燃烧性能

装修材料的燃烧性能指该材料是否能燃，有些材料能燃，有些材料不燃。能燃的材料按其燃点高低以及燃烧时间的长短划分不燃性（A）、难燃性（B_1）、可燃性（B_2）、易燃性（B_3）等4个燃烧级别。燃点低、燃烧时间短的为易燃材料，反之是难燃材料。建筑装饰装修中应尽量采用不燃材料和难燃材料，以提高建筑使用的安全性。国家标准《建筑内部装修设计防火规范》（2001修订版）GB 50222—95将建筑内部装修材料的燃烧等级分为4级，详见表1-15。装修材料的燃烧性能等级，应由专业检测机构检测确定。B_3级装修材料可不进行检测。

1）装修材料燃烧性能等级划分。

（1）试验方法。见表1-21。

装修材料燃烧性能等级划分的试验方法表 **表 1-21**

装修材料类别	试验方法适用标准
A 级装修材料	国家标准《建筑材料不燃性试验方法》GB/T 5464—2010
B_1 级顶棚、墙面、隔断装修材料	国家标准《建筑材料难燃性试验方法》GB/T 8625—2005
B_2 级顶棚、墙面、隔断装修材料	国家标准《建筑材料可燃性试验方法》GB/T 8626—2007
B_1 级和 B_2 地面装修材料	国家标准《铺地材料的燃烧性能测定辐射热源法》GB/T 11785—2005
塑料装修材料	国家标准《塑料燃烧性能试验方法闪燃温度和自然温度的测定》GB/T 9343—2008、《塑料燃烧性能的测定水平法和垂直法》GB/T 2408—2008

（2）等级的判定。

①不燃和难燃材料判定。见表 1-22。

不燃和难燃材料判定表 **表 1-22**

级别	判定依据
A	在进行不燃性试验时，同时符合下列条件的材料，其燃烧性能等级应定为 A 级 ①炉内平均温度不超过 50℃ ②试样表面平均温升不超过 50℃ ③试样中心平均温升不超过 50℃ ④试样平均持续燃烧时间不超过 20s ⑤试样平均失重率不超过 50%
B_1	①顶棚、墙面、隔断装修材料，经难燃性试验，同时符合下列条件，应定为 B_1 级 • 试件燃烧的剩余长度平均值≥150mm，其中没有一个试件的燃烧剩余长度为零 • 没有一组试验的平均烟气温度超过 200℃ • 经过可燃性试验，且能满足可燃性试验的条件 ②地面装修材料，经辐射热源法试验，当最小辐射通量大于或等于 0.45W/cm^2 时，应定为 B_1 级
B_2	①顶棚、墙面、隔断装修材料，经可燃性试验，同时符合下列条件，应定为 B_2 级 • 对下边缘无保护的试件，在底边缘点火开始后 20s 内，五个试件火焰尖头均未到达刻度线 • 对下边缘有保护的试件，除符合以上条件外，应附加一组表面点火，点火开始后的 20s 内，五个试件火焰尖头均未到达刻度线 ②地面装修材料，经辐射热源法试验，当最小辐射通量大于或等于 0.22W/cm^2 时，应定为 B_2 级

②装饰织物燃烧性能等级判定。装饰织物，经垂直法试验，并符合表1-23中的条件，应分别定为 B_1 和 B_2 级。

装饰织物燃烧性能等级判定表 **表 1-23**

级别	毁损长度（mm）	续燃时间（s）	阻燃时间（s）
B_1	≤150	≤5	≤5
B_2	≤200	≤15	≤10

③塑料燃烧性能判定。塑料装饰材料，经氧指数、水平和垂直法试验，并符合表1-24中的条件，应分别定为B_1和B_2级。

塑料燃烧性能判定表　　表1-24

级别	氧指数法	水平燃烧法	垂直燃烧法
B_1	≥32	1级	0级
B_2	≥27	1级	1级

④固定家具及其他装饰材料的燃烧性能等级，其试验方法和判定条件应根据材料的材质，按本附录的有关规定确定。

2）常用建筑内部装修材料燃烧性能等级划分。见表1-25。

常用建筑内部装修材料燃烧性能等级划分表　　表1-25

装饰装修部位材料	级别	材料举例
	A	花岗石、大理石、水磨石、水泥制品、混凝土制品、石膏板、石灰制品、黏土制品、玻璃、瓷砖、陶瓷锦砖、钢铁、铝、铜合金等
顶棚材料	B_1	纸面石膏板、纤维石膏板、水泥刨花板、矿棉装饰吸声板、玻璃棉装饰吸声板、珍珠岩装饰吸声板、难燃胶合板、难燃中密度纤维板、岩棉装饰板、难燃木材、铝箔复合材料、难燃酚醛胶合板、铝箔玻璃钢复合材料等
墙面材料	B_1	纸面石膏板、纤维石膏板、水泥刨花板、矿棉板、玻璃棉板、珍珠岩板、难燃胶合板、难燃中密度纤维板、防火塑料装饰板、难燃双面刨花板、多彩涂料、难燃墙纸、难燃墙布、难燃仿花岗石装饰板、氯氧镁水泥装配式墙板、难燃玻璃钢平板、PVC塑料护墙板、阻燃模压木质复合板材、彩色阻燃人造板、难燃玻璃钢等
	B_2	各类天然木材、木制人造板、竹材、纸制装饰板、装饰微薄木贴面板、印刷木纹人造板、塑料贴面装饰板、聚酯装饰板、复塑装饰板、塑纤板、胶合板、塑料壁纸、无纺贴墙布、墙布、复合壁纸、天然材料壁纸、人造革等
地面材料	B_1	硬PVC塑料地板、水泥刨花板、水泥木丝板、氯丁橡胶地板等
	B_2	B2半硬质PVC塑料地板、PVC卷材地板、木地板氯纶地毯等
装饰织物	B_1	经阻燃处理的各类难燃织物等
	B_2	纯毛装饰布、纯麻装饰布、经阻燃处理的其他织物等
其他材料	B_1	聚氯乙烯塑料、酚醛塑料、聚碳酸酯塑料、聚四氟乙烯塑料。三聚氰胺、脲醛塑料、硅树脂塑料装饰型材、经阻燃处理的各类织物等。另见顶棚材料和墙面材料内中的有关材料
	B_2	经阻燃处理的聚乙烯、聚丙烯、聚氨酯、聚苯乙烯、玻璃钢、化纤织物、木制品等

3）各类建筑内部各部位装修材料燃烧性能等级。不同的建筑需要按《建筑内部装修设计防火规范》（2001修订版）GB 50222—95确定建筑内部各部位装修材料燃烧性能等级，详见表1-26、表1-27。

单层、多层民用建筑内部各部位装修材料的燃烧性能等级　　表 1-26

建筑物及场所	建筑规模、性质	装修材料燃烧性能等级							
		顶棚	墙面	地面	隔断	固定家具	装饰织物		其他装饰材料
							窗帘	帷幕	
候机楼的候机大厅、商店、餐厅、贵宾候机室、售票厅等	建筑面积 $>10000m^2$ 的候机楼	A	A	B_1	B_1	B_1	B_1		B_1
	建筑面积 $\leqslant 10000m^2$ 的候机楼	A	B_1	B_1	B_1	B_2	B_2		B_2
汽车站、火车站、轮船客运站的候车（船）室、餐厅、商场等	建筑面积 $>10000m^2$ 的车站、码头	A	A	B_1	B_1	B_2	B_2		B_1
	建筑面积 $\leqslant 10000m^2$ 的车站、码头	B_1	B_1	B_1	B_2	B_2	B_2		B_2
影院、会堂、礼堂、剧院、音乐厅	>800 座位	A	A	B_1	B_1	B_1	B_1	B_1	B_1
	$\leqslant 800$ 座位	A	B_1	B_1	B_1	B_2	B_1	B_1	B_2
体育馆	>3000 座位	A	A	B_1	B_1	B_1	B_1	B_1	B_2
	$\leqslant 3000$ 座位	A	B_1	B_1	B_1	B_2	B_2	B_1	B_2
商场营业厅	每层建筑面积 $>3000m^2$ 或总建筑面积 $>9000m^2$ 的营业厅	A	B_1	A	A	B_1	B_1		B_2
	每层建筑面积 $1000 \sim 3000m^2$ 或总建筑面积 $3000 \sim 9000m^2$ 的营业厅	A	B_1	B_1	B_1	B_2	B_1		
	每层建筑面积 $<3000m^2$ 或总建筑面积 $<9000m^2$ 的营业厅	B_1	B_1	B_1	B_2	B_2	B_2		
饭店、旅馆的客房及公共活动用房等	设有中央空调系统的饭店、旅馆	A	B_1	B_1	B_1	B_2	B_2		B_2
	其他饭店、旅馆	B_1	B_1	B_2	B_2	B_2	B_2		
歌舞厅、餐馆等娱乐餐饮建筑	营业面积 $>100^2$	A	B_1	B_1	B_1	B_2	B_1		B_2
	营业面积 $\leqslant 100^2$	B_1	B_1	B_1	B_2	B_2	B_2		B_2
幼儿园、托儿所、中小学、医院病房楼、疗养院、养老院	—	A	B_1	B_2	B_1	B_2	B_1		B_2
纪念馆、展览馆、博物馆、图书馆、档案馆、资料馆	国家级、省级	A	B_1	B_1	B_1	B_2	B_1		B_2
	省级以下	B_1	B_1	B_2	B_2	B_2	B_2		B_2
办公楼、综合楼	设有中央空调系统的办公楼、综合楼	A	B_1	B_1	B_1	B_2	B_2		B_2
	其他办公楼、综合楼	B_1	B_1	B_2	B_2	B_2			
住宅	高级住宅	B_1	B_1	B_1	B_1	B_2	B_2		B_2
	普通住宅	B_1	B_2	B_2	B_2	B_2			

高层民用建筑内部各部位装修材料的燃烧性能等级　　表 1-27

建筑物	建筑规模、性质	装修材料燃烧性能等级									
		顶棚	墙面	地面	隔断	固定家具	装饰织物				其他装饰材料
							窗帘	帷幕	床罩	家具包布	
高级旅馆	>800 座位的观众厅、会议厅、顶层餐厅	A	B_1	B_1	B_1	B_1	B_1	B_1		B_1	B_1
	≤800 座位的观众厅、会议厅	A	B_1	B_1	B_1	B_2	B_2	B_1		B_2	B_1
	其他部位	A	B_1	B_1	B_2	B_2	B_1	B_2	B_1	B_2	B_1
商业楼、展览楼、综合楼、商住楼、医院病房楼	一类建筑	A	B_1	B_1	B_1	B_2	B_1	B_1		B_2	B_1
	二类建筑	B_1	B_1	B_2	B_2	B_2	B_2	B_2		B_2	B_2
电信楼、财贸金融楼、邮政楼、广播电视楼、电力调度楼、防灾指挥调度楼	一类建筑	A	A	B_1	B_1	B_1	B_1	B_1		B_2	B_1
教学楼、办公楼、科研楼、档案馆、图书馆	一类建筑	A	B_1	B_1	B_1	B_2	B_1	B_1		B_1	B_1
	二类建筑	B_1	B_1	B_1	B_1	B_2	B_1	B_2		B_2	B_2
住宅、普通旅馆	一类普通旅馆、高级住宅	A	B_1	B_2	B_1	B_2	B_1		B_1	B_1	B_1
	二类普通旅馆、普通住宅	B_1	B_1	B_2	B_2	B_2	B_2		B_2	B_2	B_2

注：①“顶层餐厅”包括设在高空的餐厅、观光厅等。
②建筑物的类别、规模、性质应符合国家现行标准《高等民用建筑防火规范》的有关规定。

7. 装饰性

装饰材料是用于建筑物表面，起装饰作用的材料，要求装饰材料具有以下的基本性能，见表 1-28。

建筑装饰装修材料的装饰性能表　　表 1-28

序号	元素	说　明
1	颜色	颜色实质是材料对光谱的反射，使光谱的组成不同而感受到不同颜色。利用装饰材料的千变万化的色彩，可以创造人工环境。通过与周围环境背景的协调，使环境更加优美和谐，更能体现建筑物的自身特点
2	光泽	光泽表示材料表面对有方向性光线的反射性质。材料表面不同，其反射光线的强弱不同，会出现镜面反射和漫反射等不同效果。建筑装饰常作虚实对比处理，主要利用这一性质
3	透明度	透明材料与不透明材料具有截然不同的视觉效果。透明的材料能够满足人们的好奇心。商业空间常用透明材料进行装饰，以最大限度地传达商品的魅力。高级的酒店大堂墙面也常用大面积的玻璃，以展示美轮美奂的装饰装修效果

续表

序号	元素	说　明
4	线型、图案	通过线条粗细、疏密和比例，以及花饰、图案、材料的尺寸、规格等变化及施工处理手段，配合建筑的形体，构成具有一定特色的建筑物造型
5	质感	主要指对材料质地的感觉。是通过材料表面密实、光滑程度、线条变化，以及对光线的吸收、反射强弱不一等产生的观感（心理）上的不同效果。如硬软、粗细、明暗、冷暖、色彩等。它不仅取决于材质，还与材料加工和施工方法有关。如装饰砂浆经拉条处理或剁斧加工以后其质感不同，前者有似饰面砖，后者似花岗石的感觉效果

1.4　建筑装饰装修施工

1.4.1　相关概念

1. 装饰装修工程施工的概念

以装饰装修设计方案图、施工图规定的设计要求和预先确定的验收标准为依据，以科学的流程和正确的技术工艺，实施装饰装修各项工程内容的工程活动就是装饰装修施工。

2. 装饰装修施工的内容

建筑装饰装修施工的内容有施工技术、施工组织与管理两块主要的内容。本课程着重探讨建筑装饰装修在施工技术方面的内容。重点是施工流程和施工工艺，就是如何把建筑装饰装修设计变成现实的技术问题。建筑装饰装修施工内容见表1-29。

建筑装饰装修施工内容表　　　　表1-29

序号	施工内容	说　明
1	施工流程	应该先做什么，后做什么。上一步需要做到什么程度才能接着做下一步等，即建筑装饰装修工程实施的科学程序
2	施工工艺	如何施工才会有好的效果，施工的技术要点是什么，施工需要注意什么问题，怎样施工才能通过法定的质量检验等，即装饰装修工程实施的科学方法
3	施工部位	凡是建筑装饰装修构造设计涉及的各个部位都要进行施工，如顶棚、墙面、柱子、楼面、地面、门窗、木制品，还包括智能工程、消防工程等
4	施工类别	水泥类、石膏类、陶瓷类、石材类、玻璃类、塑料类、裱糊类、涂料类、木材类、金属类、设备类、管线类等
5	施工方法	抹、刷、涂、喷、滚、弹、铺、贴、裱、挂、钉、焊、裁、切等
6	施工工种	木工、镶贴工（泥工）、水电工、漆工、玻璃工、金属工、美工、杂工、设备安装工等

1.4.2 要求

建筑装饰装修工程施工已成为一门独立的新兴学科和行业，其技术的发展与建材、轻工、化工、机械、电子、冶金、纺织及建筑设计、施工、应用和科研等众多的领域密切相关。随着建筑装饰装修工程规模和复杂程度的不断扩大和加深，对建筑装饰装修工程施工的要求也越来越高。总体来说，建筑装饰装修工程施工的要求有以下几条。

1. 规范性

由于建筑装饰装修工程大多是以饰面为最终效果，所以许多处于隐蔽部位而对于工程质量起着关键作用的项目和操作工序很容易被忽略，或是其质量弊病很容易被表面的美化修饰所掩盖，如不规范操作容易造成质量隐患和安全隐患。因此在进行大量的预埋件、连接件、铆固件、骨架杆件、焊接件、饰面板下的基面或基层处理，防火、防腐、防潮、防水、防虫、绝缘、隔声等功能性与安全性的构造和处理等，包括钉件质量、规格，螺栓及各种连接紧固件的设置、数量及埋入深度等，绝对不能偷工减料、草率作业。必须严格按照各项工种和工艺的操作规程和验收标准进行规范化施工。而且，从业人员应该是经过专业技术培训和接受过一定的职业教育的持证上岗人员，对每一位工程的建设者来说，都必须规范自己的建设行为，严格按照法律、法规及规范、标准实施工程建设，切实保障建筑装饰装修工程施工的质量和安全。

2. 专业性

建筑装饰工程的施工，不仅关系到美学效果，而且还涉及强电弱电、给水排水、空调电梯、设备安装等专项技术设计；涉及许多工种的互相配合；涉及质量控制和验收标准；涉及空气及环境质量；涉及建筑物的长期使用及使用安全等重大问题。所有涉及的工种和技术都有各自独特的专业要求，需要经过认证的专业技术人员的专业操作。各项施工技术与工艺等都有严格的技术标准和检验规范。因此，在建筑装饰装修工程施工中要严格遵循国家制定的一系列规范与标准，由专门的技术人员来执行专门的工种和技术，不能随心所欲，随意为之。

3. 复杂性

建筑装饰装修工程的施工工序繁多，工种也十分复杂，如水、电、暖、卫、木、泥水、玻璃、油漆、金属、幕墙等。对于较大规模的工程，还要加上消防系统、音响系统、保安系统、通信系统等。一个普通的工程通常几十道工序。这些工种和工序还经常需要交叉或轮流作业。因此经常会出现施工现场拥挤混乱的复杂局面，严重影响施工质量、进度和效率。为此，必须依靠具备专门知识和经验的施工组织管理人员，并以施工组织设计为指导，实行科学管理，使各工序和各工种之间形成有序衔接，人工、材料和施工机具科学调度，并严格执行各工种的施工操作规程、质量检验标准和施工验收规范。

4. 安全性

建筑装饰装修工程施工是一个高危的行业。施工过程中涉及的安全问题方方面面，层出不穷。主要的危险来自结构坍塌、高空坠落、设备操作失误、触电、火灾、其他违规操作及不可抗因素等。建筑装饰装修工程施工人员从领导到具体的操作的工人必须有强烈的安全意识，严格执行安全规程和各项规章制度，要随时警惕和密切防范发生安全事故。1.2.3 节建筑装饰装修构造的设计原理也适用于建筑装饰工程施工。

5. 经济性

随着科学技术和社会经济的不断发展，新材料、新技术、新工艺和新设备的不断涌现，人们对建筑的要求越来越高，随之而来建筑装饰装修工程造价也快速攀升。建筑装饰装修工程施工费用是整个建筑造价的重要组成部分。因此，必须科学地做好建筑装饰装修工程的预算和估价工作，认真研究工程材料、设备及施工技术和施工工艺的经济性、安全性、操作简易性和建筑装饰装修工程质量的耐久性等诸因素，严格控制工程施工的成本，加强施工企业的经济管理和经济活动的分析，节约投资，提高经济效益和建筑装饰装修工程的质量和水平。

6. 可持续性

建筑装饰装修工程施工同样必须把节能、节约资源、环境保护作为一个重要的要求。彻底改变建筑工程施工中使用高耗能、高污染、高浪费、高维护、使用周期短、循环利用差、管理粗放的施工工艺和手段，各项施工措施应符合国家《民用建筑室内环境污染控制规范》的要求，避免选择含有毒性物质和放射性物质的建筑装饰材料，防止对使用者和施工者造成身体伤害。

7. 发展性

建筑装饰是一个边缘性专业，涉及建材、化工、轻工以及建筑设计与施工等诸方面。改革开放以来，国外一些先进的装饰材料和施工工艺陆续传入我国，使我国的新材料、新技术和新工艺不断涌现，促进了我国建筑装饰技术的不断发展和提高。如奥运建筑——水立方所采用的特殊膜材料、钢结构，以及室内环境设计，在奥运场馆建筑历史当中很多都是空白。水立方的内外立面膜结构共由3065个双层气枕组成（其中最小的1～2m^2，最大的达到70m^2），并且几乎没有形状相同的两个气枕，覆盖面积达到10万m^2，展开面积达到26万m^2，是世界上规模最大的膜结构工程，也是唯一一个完全由膜结构进行全封闭的大型公共建筑。无论对设计还是施工、使用都是一个极大的挑战，对ETFE膜的材料、通风空调、防火、声、光、电的控制等技术提出了一个难度很大的课题。因此，科技创新成为“水立方”施工中的重头戏，经过参建各方共同努力，“水立方”项目中经国家有关部门批准立项的科研项目达到10多项，此外，“水立方”的建设还产生了类似项目的施工验收标准。这种事例随着社会的进步还将不断出现。毫不夸张地说，在建筑装饰行业几乎每天都在诞生着新的施工工艺和施工技术（图1-4～图1-7）。

图 1-4～图 1-7　奥运建筑——“水立方”的施工效果

1.5　建筑装饰装修工程质量的验收

1.5.1　意义

建筑装饰装修工程完工后必须进行验收，这是一个法定程序。这个程序需要法定的检验机构来执行，这样才有法律效率。通过验收确认施工企业的施工质量是否达到国家、地方制定的验收标准。在验收过程中发现的质量问题必须全部整改。整改以后，这部分工程还需要通过有关机构的验收。验收合格以后就确认了整体的建筑装饰装修工程已经符合了使用要求，可以办理工程完工和交付手续。

1.5.2　依据

1. 国家标准

建筑装饰装修工程验收的各项标准已经在 1.1.4 节建筑装饰装修工程施工质量验收的相关标准和规范中详细列出。这些标准是建筑装饰装修工程验收的法定依据。这些标准都是全国性的法规，它们是根据我国的宏观情况制定的约束全国建筑装饰装修工程的法规。

2. 地方标准

对家庭装饰装修工程而言，许多省份先后制定了符合本地条件的地方标准。各地也可以按照本地省级人民政府制定的地方标准进行验收，但需要在工程进行前事先约定。

我们国家幅员辽阔，各地的情况千差万别，约束全国的法条一般规定的比较原则，各地还要在全国性法规的范围内，制定符合当地实际情况的地方法规和实施细则。身处地方的家装设计师在掌握全国性法规的基础上还必须掌握地方政府制定的地方法规。

1.5.3 主体

1. 当事者验收

即几方当事人共同验收。由业主、设计师、监理人员或施工单位一起共同进行，这种方法适合小型装饰工程和家装工程的验收。在没有纠纷的情况下，可以采用这样的方法。

2. 第三方验收

一般有两种方法：

1）由法定检验机构验收。即由政府技术监督局或建筑质检站这样的专业检验机构来进行验收。

2）具有资质的专业检验机构进行验收。如果家装公司和客户出现了矛盾，谁说了都不算，只好请第三方的检验机构进行验收。这样的验收是收费的，需要预先支付验收费用。

1.5.4 方法和程序

1. 验收方法

1）分项工程验收。这种验收方法就是每完成一个分项工程就进行一次针对性的验收。如隐蔽工程完工，就进行隐蔽工程的验收；防水工程完工就进行防水工程验收；中期工程完成就进行中期工程验收等。采用这种验收方法的优点为：及时发现装修缺陷，及时整改。如果出现问题，整改费用相对较少。缺点为：程序比较复杂，工期有可能拖延。采用分步验收方法的家装工程在最后完工时还有一个最终验收，但由于进行了分步验收，每个阶段的问题已经及时整改，所以在最后验收阶段就是履行一个手续。一般施工企业内部验收（监理公司监理验收）和家装公司验收多数采用这种验收方法。

2）完工验收。这种验收方法就是在工程最后完工的时候对整个家装工程进行全面的验收。优点是程序比较简单，但一旦发现问题，整改起来就比较困难。例如，在隐蔽工程上发现了问题，需要及时整改，如果等到完工验收时才发现问题，返工的工程量就大了。

2. 验收的程序

建筑装饰装修工程验收程序见表 1-30。

建筑装饰装修工程验收程序表　　　　表 1-30

项次	程序	内容
1	准备相应的文件	工程验收时，必须准备好下列工程文件资料： 1）施工合同和工程预算单，工艺做法（签约时必备）； 2）设计图纸，如施工中有较大修改，应有修改后图纸； 3）工程变更通知单； 4）各项隐蔽工程记录和验收单； 5）各种材料的产品质量合格证、性能检测报告； 6）各种材料的进场检验记录和进场报验记录； 7）如做了防水工程，需要提供防水工程验收单； 8）如已工程中期验收，需提供工程中期验收单； 9）工程延期证明单； 10）由于拆改墙体、水暖管道等经物业公司、甲乙双方共同签字的批准单（如未做上述工程，可不提供）； 11）其他甲乙双方在施工过程中达成的书面协议。 上述资料是正规的家装公司目前基本执行的工程文件，但有些文件可能是单方面的，需双方签字，装饰装修公司存档。事实上，这些工程文件均是有法律效力的。在目前的家装市场有待进一步规范的情况下，作为客户索要上述工程文件是保护自身利益的必备手段，也是消费者知情权的具体体现。也许有一天，业主和装饰装修公司发生争议而走上法庭时，这些文件均属于证据
2	查看工程设计效果	对照设计图纸，查看各个房间的设计效果是否与图纸一致。设计效果是否达到了图纸的要求
3	查看工程的施工情况	按照约定的验收规范，检验各个部分的施工情况和使用效果。例如，每个开关都要开启和关闭，每个插座都要检验是否通电，燃气、冷热水龙头、地漏、马桶、水斗等都要试用，门窗、固定家具、抽屉都要开关抽拉，地面、墙面、吊顶、油漆等要仔细观察，看是否达到了施工规范的要求
4	出具验收报告	验收结果由检验机构出具验收报告，报告中必须载明验收结论

3. 分部工程的划分

建筑装饰装修工程的分部工程及其分项工程应按表 1-31 划分。

建筑装饰装修工程的分部工程及其分项工程划分表　　　　表 1-31

序号	分部工程	分项工程
1	抹灰工程	一般抹灰，装饰抹灰，清水砌体勾缝
2	门窗工程	木门窗制作与安装，金属门窗安装，塑料门窗安装，特种门安装，门窗玻璃安装
3	吊顶工程	暗龙骨吊顶，明龙骨吊顶
4	轻质隔墙工程	板材隔墙，骨架隔墙，活动隔墙，玻璃隔墙
5	饰面板（砖）工程	饰面板安装，饰面砖粘贴
6	涂饰工程	水性涂料涂饰，溶剂型涂料涂饰，美术涂饰
7	裱糊与软包工程	裱糊，软包
8	细部工程	橱柜制作与安装，窗帘盒、窗台板和散热器罩制作与安装，门窗套制作与安装，护栏和扶手制作与安装，花饰制作与安装
9	建筑地面工程	基层，整体面层，板块面层，竹木面层

4. 分部工程验收注意事项

国家标准《建筑装饰装修工程质量验收规范》GB 50210—2001 对建筑装饰装修工程质量验收的程序和组织作出了下列规定：

1）检验批及分项工程应由监理工程师（建设单位项目技术负责人）组织施工单位项目专业质量（技术）负责人等进行验收。

2）分部工程应由总监理工程师（建设单位项目负责人）组织施工单位项目负责人和技术、质量负责人等进行验收；地基与基础、主体结构分部工程的勘察、设计单位工程项目负责人和施工单位技术、质量部门负责人也应参加相关分部工程验收。

3）单位工程完工后，施工单位应自行组织有关人员进行检查评定，并向建设单位提交工程验收报告。

4）建设单位收到工程验收报告后，应由建设单位（项目）负责人组织施工（含分包单位）、设计、监理等单位（项目）负责人进行单位（子单位）工程验收。

5）单位工程有分包单位施工时，分包单位对所承包的工程项目应按《建筑工程施工质量验收统一标准》GB 50300—2013 规定的程序检查评定，总包单位应派人参加。分包工程完成后，应将工程有关资料交总包单位。

6）当参加验收各方对工程质量验收意见不一致时，可请当地建设行政主管部门或工程质量监督机构协调处理。

7）单位工程质量验收合格后，建设单位应在规定时间内将工程竣工验收报告和有关文件，报建设行政管理部门备案。

1.5.5 检验方法

检查建筑装饰装修工程质量的人员，必须是专业人员。他们应熟悉规范、规程，要具有一定的施工经验，且经质量检查的培训，能够按照标准的规定，评出正确的质量等级。建筑装饰装修工程质量检验方法见表 1-32。

装饰装修工程质量检验方法表 **表 1-32**

序号	检验方法	说　明
1	看	看各个界面是否平整平顺、线条是否顺直、色泽是否均匀、图案是否清晰等。为了确定装饰效果和缺陷的轻重程度，又规定了正视、斜视和不等距离的观察
2	摸	摸各个表面是否光滑、刷浆是否掉粉等。为了确定饰面或饰件安装或镶贴是否牢固，需要手扳或手摇检查。在检查过程中要注意成品的保护，手摸时要“轻摸”，防止因检查造成表面的污染和损坏
3	听	各个装饰面层安装或镶贴的是否牢固，是否有脱层、空鼓等不牢固现象，可以通过手敲、用小锤轻击的声音来判定。在检查过程中应注意“轻敲”和“轻击”，防止成品表面出现麻坑、斑点等缺陷

续表

序号	检验方法	说　明
4	查	查图纸、材料产品合格证、材料试验报告或测试记录等是必须的手段。借助有关技术资料，来正确地评定装饰工程施工要求是否达到
5	测	装饰工程质量主要是观察检查，有时只凭眼睛看还不行，需要实测实量，将目测与实测结合起来进行“双控”，评出的质量等级更为合理

1.6　设计、材料、构造、施工和验收的互相关系

下面用五句话归纳装饰装修设计、材料、构造、施工和验收的相互关系：

1）方案设计是构造设计的依据，方案设计通过构造设计转化为施工命令。

2）方案设计和构造设计是施工流程和施工工艺的依据。

3）材料和饰物是所有设计和施工的物质基础。

4）方案设计通过构造设计和工程施工实现效果。

5）验收标准是设计依据之一，同时也是施工的技术要求和质量保证。

☆教学单元1　概述·实践教学部分

通过校内外教师的讲解以及对建筑装饰装修行业的系列参观考察，了解建筑装饰装修工程技术人员的主要的工作对象和工作任务，同时对建筑装饰装修企业、工地、材料市场等有一个感性认识。使学生对所学专业的工作性质和特点有所了解，激发学生对建筑装饰装修专业后续课程的求知欲，增强学生在学习期间的责任感和使命感。了解学习的专业知识和实际应用之间的关系，培养学生在实践中学习的方法和能力。从而明确建筑装饰装修专业学习的目的和任务，对自己的专业学习生涯有一个清晰的思考和规划。

实训项目：

本地建筑装饰装修行业参观与考察实训项目任务书（二维码1）

1. 实训内容

1）考察你所在城市的已建成的建筑，重点考察建筑装饰装修部分的内容。

建议：选择车站、商店、学校、医院、影剧院等不同类型的建筑，考察它们的功能布局，内外设计和装饰材料的运用。

二维码1

2）考察一个本地知名的建筑装饰装修企业和该企业的在建工地。

建议：由任课教师联系一个当地知名的建筑装饰装修企业和工地。带领学生参观该企业，请企业总工讲解企业的运作情况。同时参观一个该企业的在建工地，查看建筑装饰装修的目的、建筑装饰装修的物质基础、建筑装饰装修的对象、建筑装饰装修的过程。请工地项目经理或项目工程师现场讲解建筑装饰装修的要素及具体要求，建筑装饰装修的施工过程和质检要求，尤其让他讲解建筑装饰装修工程技术人员需要什么样的知识与技能。

3）考察本地建筑装饰装修材料市场。

建议考察一个大型的建材超市。对各类建筑装饰材料有个直观的认识。

2. 实训目的

通过上述考察，对课程讲解的内容加深理解，充分认识本课程的重要性。使自己在今后的学习中如何更好地掌握本课程应该掌握的基本知识与基本技能。同时培养自己的观察能力、记录能力、书面和口头表达能力。

3. 实训要求

1）写出考察报告，主题是通过建筑装饰装修工程考察，谈谈如何学好《建筑装饰构造、材料与施工》课程。

2）字数要求：不少于1500字。

3）开一个主题班会，对报告进行交流，同学进行互相评议。或出一期主题墙报，将优秀考察报告展示出来。

4. 特别关照

考察过程中一定要注意安全。

5. 自我测评和教师考核

系列	考核内容	考核方法	要求达到的水平	指标	小组评分	教师评分
基本素质	组织纪律性	点名	准时、安全到达考察地点	10		
		检查笔记情况	认真观察、认真听讲、认真做笔记	10		
实际工作能力	在校外实训室场所，认真参与各项考察活动，完成考察的全过程	检测各项能力	现场观察的能力	10		
			笔记的能力	10		
			分析归纳的能力	10		
			实习报告的写作能力	10		
			理论联系实际的能力	10		
表达能力	考察报告	考察报告质量	考察报告条理清楚、内容翔实、书写清晰、	20		
	考察汇报	汇报质量	口头汇报交流条理清晰	10		
任务完成的整体水平				100		

☆教学单元1　概述·教学指南

教学指南1.1　延伸阅读文献

[1] 本手册编委会. 建筑标准·规范·资料速查手册－室内装饰装修工程［M］. 北京：中国计划出版社，2006.

[2] 中华人民共和国建设部. 建筑内部装修设计防火规范 GB 50222—1995［S］. 北京：中国建筑工业出版社，1995.

[3] 中华人民共和国建设部. 建筑装饰装修工程质量验收规范 GB 50210—2001［S］. 北京：中国建筑工业出版社，2002.

[4] 薛健. 装饰设计与施工手册［M］. 北京：中国建筑工业出版

社，2004.

［5］新型建筑材料专业委员会．新型建筑材料使用手册［M］．北京：中国建筑工业出版社，1992.

［6］全国一级建造师执业资格考试用书编写委员会．装饰装修工程管理与实务［M］．北京：中国建筑工业出版社，2004.

教学指南 1.2　理论教学部分学习情况自我检查

1. 建筑装饰装修的定义是什么？出自什么文献？
2. 建筑装饰装修的目的是什么？
3. 什么是建筑装饰装修的物质基础？
4. 建筑装饰装修的要素有哪些？
5. 举例说明什么是建筑装饰装修构造涉及的基本内容？
6. 建筑装饰装修构造设计有哪些原理？
7. 建筑装饰装修材料什么哪些基本性质？
8. 什么是建筑装饰装修材料的燃烧性能？
9. 建筑装饰装修材料的燃烧性能等级有几类？
10. 建筑装饰装修工程验收依据哪个国家标准？它的意义是什么？

教学指南 1.3　实践教学部分学习情况自我检查

1. 你是否对本地建筑装饰装修行业情况有了整体的了解？
2. 通过对企业和工地的参观考察，你是否明白了建筑装饰装修的目的、建筑装饰装修的物质基础、建筑装饰装修的对象、建筑装饰装修的过程？
3. 你是否了解了建筑装饰装修施工企业的运作情况？是否清楚了建筑装饰装修技术人员在企业中的作用，以及企业对他们的要求？
4. 你对本地主要建筑装饰装修材料市场的分布和功能清楚了吗？

2

教学单元2 常用施工机具

教学目标：请按下表的教学要求，学习本章的相关教学内容，掌握相关知识点。

教学单元 2 教学目标　　　　表 1

理论教学内容	主要知识点	主要能力点	教学要求
2.1 钻（拧）孔机具			了解
2.1.1 电钻	1. 概述；2. 技术性能；3. 使用注意事项	常用施工机具的功能、规格分辨能力和使用注意事项把握能力	
2.1.2 冲击电钻	1. 概述；2. 技术性能；3. 使用注意事项		
2.1.3 电锤	1. 概述；2. 技术性能；3. 使用注意事项		
2.2 锯（割、切、裁、剪）断机具			熟悉
2.2.1 电动曲线锯	1. 概述；2. 技术性能；3. 使用注意事项		
2.2.2 电剪刀	1. 概述；2. 技术性能；3. 使用注意事项		
2.2.3 型材切割机	1. 规格；2. 技术性能；3. 使用注意事项		
2.3 磨光机具			熟悉
2.3.1 电动角向磨光机	1. 用途；2. 技术性能；3. 使用注意事项		
2.3.2 电动磨石机	1. 概述；2. 技术性能；3. 使用注意事项		
2.3.3 电动角向钻磨机	1. 概述；2. 技术性能		
2.3.4 电动抛光机	1. 概述；2. 技术性能		
2.4 钉牢机具			了解
2.4.1 射钉枪	1. 概述；2. 技术性能；3. 使用注意事项		
2.4.2 风动打钉枪	1. 概述；2. 技术性能		
2.5 其他机具			了解
2.5.1 铆固机具	1. 概述；2. 技术性能		
2.5.2 空气压缩机	1. 气动球阀泵；2. 喷枪；3. 输气管和输料管；4. 贮料桶		
2.5.3 测量器具	1. 激光测距仪；2. 激光水平仪		

实践教学内容	实训项目	主要能力点	教学要求
2.1 施工机具认知实训	施工机具认知实训	施工机具认知	了解
2.2 施工机具操作实训	激光测距仪的测距操作训练		
教学指南			

建筑装饰装修工程施工机具是实现建筑装饰装修工程设计效果、完成建筑装饰装修工程施工任务、保证建筑装饰装修项目工程质量的重要物质基础。好的施工机具不仅便于操作，还能提高工效。建筑装饰装修施工机具产品繁多、性能各异，使用者应在了解其使用功能和产品特征后，合理选用。

本章主要介绍建筑装饰装修工程施工常用小型施工机具的性能及用途。

☆教学单元 2　常用施工机具·理论教学部分

2.1　钻（拧）孔机具

2.1.1　电钻

1. 概述

电钻是建筑装饰装修工程施工中最常用的电动工具之一。它主要用来对金属、塑料或其他类似材料或工件进行钻孔。它体积小、质量轻、操作快捷、简便、工效高。对体积大、质量大、结构复杂的工件进行钻孔时，不需要将工件夹固在机床上，施工尤为其方便。图2-1是型号为 GBM 400 RE 的手电钻。

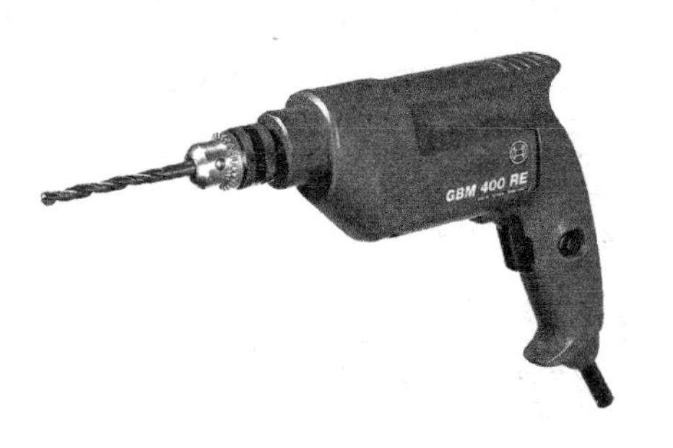

图 2-1　手电钻—型号 GBM 400 RE

2. 技术性能

电钻有单速、双速、四速和无级调速等种类，以适应不同的建筑装饰装修施工用途。电钻的规格以钻孔直径表示。以手电钻 GBM 400 RE 为例，其技术性能的相关指标见表 2-1。

手电钻 GBM 400 RE 技术性能表　　　表 2-1

<table>
<tr><th>产品型号</th><th>适用范围</th><th colspan="2">技术指标</th><th>参数</th><th>主要特点</th></tr>
<tr><td rowspan="7">手电钻 GBM 400 RE</td><td rowspan="7">本机器适合在塑胶、陶器、金属及木材上进行钻孔作业。配备了电动调节装置及正/逆转功能的机器，也能旋转及钻制螺纹</td><td rowspan="3">最大钻孔直径</td><td>钢材</td><td>10mm</td><td rowspan="7">1. 金属外壳，机身轻巧
2. 先进冲击结构，无反冲
3. 旋转式照明系统
4. 可收缩式挂钩</td></tr>
<tr><td>铝材</td><td>13mm</td></tr>
<tr><td>木材</td><td>25mm</td></tr>
<tr><td colspan="2">最大夹头直径</td><td>10mm</td></tr>
<tr><td colspan="2">输入功率</td><td>400W</td></tr>
<tr><td colspan="2">空载速率</td><td>2600r/min</td></tr>
<tr><td colspan="2">质量</td><td>1.5kg</td></tr>
</table>

3. 使用注意事项

1）使用前应检查工具是否完好。如电线有无破损，电源线在进入冲击电钻处有无橡皮护套。

2）按额定电压接好电源。

3）根据电钻要求，选择合适的钻头，钻头的安装必须牢固可靠。

4）使用后应放在阴凉干燥处。

2.1.2 冲击电钻

1. 概述

冲击电钻与普通电钻相比，增加了带冲击性能。它可以作为普通电钻使用，更可以调节为冲击电钻状态。调节通过手柄上的一个功能按钮来实现。当旋钮调到纯旋转位置时，装上普通钻头，就像普通电钻一样。当旋钮调到冲击位置，装上镶硬质合金冲击钻头，就可以对砖墙、混凝土、瓷砖等进行钻孔。冲击电钻广泛应用于建筑装饰装修工程以及安装水、电、燃气等方面。图2-2是型号为 GSB 12 VE－2 的手充电式冲击钻。

图2-2　手充电式冲击钻 GSB 12 VE－2

2. 技术性能

冲击电钻的规格以型号最大钻孔直径表示，手充电式冲击钻 GSB 12 VE－2 的技术参数见表 2-2。

充电式冲击钻 GSB 12 VE－2 技术性能表　　表 2-2

<table>
<tr><th>产品型号</th><th>适用范围</th><th colspan="2">技术指标</th><th>参数</th><th>主要特点</th></tr>
<tr><td rowspan="11">充电式冲击钻 GSB 12 VE－2</td><td rowspan="11">本电动工具适用于拧入和拧出螺钉。本电动工具也可以在木材、金属、陶器和塑料上钻孔，或者在砖块、混凝土与石材上进行冲击钻</td><td rowspan="3">最大钻孔直径</td><td>钢材</td><td>10mm</td><td rowspan="11">1. 优良的散热性能提供持久动力
2. 人体工程学设计，机身紧凑，手感舒适
3. 正反转钮，可松紧螺钉
4. 电子无级调速，起动灵敏，钻孔精确</td></tr>
<tr><td>铝材</td><td>30mm</td></tr>
<tr><td>木材</td><td>10mm</td></tr>
<tr><td colspan="2">最大螺钉直径</td><td>8mm</td></tr>
<tr><td colspan="2">空载冲击率</td><td>21000r/min</td></tr>
<tr><td rowspan="2">空载速率</td><td>高速</td><td>1700r/min</td></tr>
<tr><td>低速</td><td>500r/min</td></tr>
<tr><td colspan="2">最大扭矩</td><td>60N · m</td></tr>
<tr><td colspan="2">电池</td><td>12V/2.4A × h × 2 个</td></tr>
<tr><td colspan="2">质量</td><td>2.4kg</td></tr>
</table>

3. 使用注意事项

除了注意电钻的 4 条使用注意事项外，还应注意以下 4 条：

1）使用时须将刀具垂直于墙面冲钻，不允许工具在孔内左右摆动。

2）如发现有不正常杂音时应停止使用，当发现旋转速度突然降低，应立即放松压力。钻孔时突然刹停应立即切断电源。

3）移动冲击电钻时，必须握持手柄，不能拖拉橡皮软线，防止橡皮软线擦破。

4）使用中要防止其他物体碰撞，以防损坏外壳或其他零件。

2.1.3 电锤

1. 概述

电锤主要用于建筑装饰装修工程中砖石、混凝土结构上钻孔、开槽的施工，是建筑装饰装修工程中安装铝合金门窗、吊顶、各类幕墙、设备安装等工程无法离开的工具。也可用来钉钉子、铆接、捣固、去毛刺等加工作业。图2-3是型号为GBH 5－40 DE的五坑锤钻。

图2-3 五坑锤钻GBH 5－40 DE

2. 技术性能

它的电动机有冲击锤或冲击锤带旋转两类运动。其中冲击带旋转的形式还可以分为动能冲击锤、弹簧冲击锤、弹簧气垫锤、冲击旋转锤、曲柄连杆气垫锤和电磁锤等。手柄位于机身后面，机身中部还装有辅助手柄。电锤由单相串激式电机、传动箱、曲轴、连杆、活塞机构、保险离合器、刀夹机构、手柄等组成。开关装在手柄内，采用能快速切断、自动复位的可撤式开关，操作十分方便（表2-3）。

五坑锤钻 GBH 5－40 DE 技术性能表　　　表2-3

产品型号	适用范围	技术指标		参数	主要特点
五坑锤钻GBH 5－40 DE	本机器适合在混凝土，砖墙和石材上进行振动钻/凿打作业	最大钻孔直径（混凝土）	螺旋钻头	40mm	1. 配备涡轮动力，威猛非凡 2. 速度预选装置 3. 振动控制系统，操作舒适，不易疲劳 4. 锁定功能（凿击状态），适用于长时间工作 5. 恒定电子控制确保重载之下的恒速表现 6. 配备显示灯指示更换碳刷，防止损坏转子
			穿透钻头	55mm	
			空心钻头	90mm	
		夹头装置		SDS-max 五坑	
		最佳钻孔范围		24～35mm	
		单次锤击力		2～8.5J；（涡轮动力）10J	
		输入功率		1100W	
		空载速率		0－170/340r/min	
		锤击率		1700～3300次/min	
		质量		6.1kg	

3. 使用注意事项

1）使用电锤打孔，工具必须垂直于工作面。不允许工具在孔内左右摆动，若需扳撬时，不应用力过猛，以免扭坏工具。

2）保证电源和电压与铭牌中规定相符，且电源开关必须处于“断开”位置。如工作地点远离电源，可用延长电缆。电缆应有足够的线径，其长度应尽量缩短。检查电缆线有无破裂漏电情况，并加以妥善良好的接地。

3）电锤的各连接部位紧固螺钉必须牢固。根据钻孔、开槽情况选择合适的钻头，并安装牢靠。钻头破损后应及时更换，以免电机过载。

4）电锤多为继续工作制，切勿长期连续使用，以免烧坏电动机。

5）电锤使用后应将电源插头拔离插座。

2.2 锯（割、切、裁、剪）断机具

2.2.1 电动曲线锯

1. 概述

电动曲线锯可以在金属、木材、塑料、橡胶皮条、草板材料上切割直线或曲线，可以锯割复杂形状和曲率半径小的几何图形。电动曲线锯锯条的锯割是直线的往复运动。其中粗齿锯条使用于锯割木材，中锯条适用于锯割有色金属板材、层压板，细齿锯适用于锯割钢板，是建筑装饰装修施工理想的锯割工具。它体积小、质量轻、操作方便、安全可靠、使用范围广。在建筑装饰装修工程中常用于铝合金门窗安装、广告招牌安装及吊顶等。电动曲线锯由电动机、往复机构、机壳、开关、手柄、锯条等零件组成。图2-4是型号为GST 85 PB的曲线锯。

图2-4 曲线锯GST 85 PB

2. 技术性能

电动曲线锯的规格及型号以最大锯割厚度表示。曲线锯GST 85 PB的技术参数见表2-4。

曲线锯GST 85 PB技术性能表 表2-4

产品型号	适用范围	技术指标		参数	主要特点
曲线锯 GST 85 PB	本机器适合在固定之底垫上切割木材、塑胶、金属、陶板及橡胶。本机器可割锯直线，也可割锯斜角（至45°角）	割削深度	木材	85mm	1. SDS锯条快速更换系统 2. 4档摆幅设置 3. 排尘装置 4. 弧形手柄设计
			非铁金属	20mm	
			钢铁	10mm	
		冲程		26mm	
		输入功率		580W	
		空载速率		3100r/min	
		质量		2.4kg	

3. 使用注意事项

1）为了取得良好的锯割效果，锯割前应根据被加工件的材料选取不同的锯条。若在锯割时发现工件有反跳现象，表明选用锯条齿锯太大，应调换细齿锯条。

2）锯条应锋利，并紧装在刀杆上。

3）锯割时向前推力不能太猛，转角半径不宜小于 50mm。若卡住应立刻切断电源，退出锯条，再进行锯割。

4）在锯割时不能将曲线锯任意提起，以防受到撞击而折断和损坏锯条，但可以断续地开动曲线锯，以便认准锯割线路，保证锯割质量。

5）应随时注意保护机具，经常加注润滑油，使用过程中发现不正常声响、火花、外壳过热、不运转或运转过慢的情况，应立即停锯，检查和修好后方可使用。

2.2.2 电剪刀

1. 概述

电剪刀是剪裁钢板以及其他金属板材的电动工具，在钣金工剪切镀锌薄钢板等操作中，能按需要切出一定曲线形状的板件，并能提高工效，也可以剪切塑料板、橡胶板等。电剪力主要由单相串激电动机、偏心齿轮、外壳、刀杆、刀架、上下刀头等组成。电剪力使用安全，操作简便，美观适用。图 2-5是型号为 GNA2.0 的电冲剪。

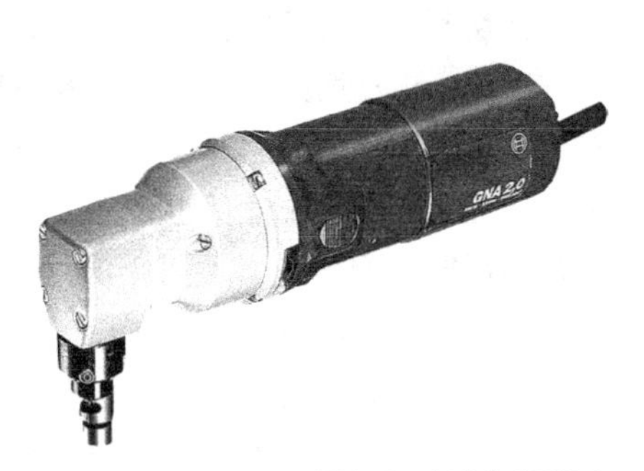

图 2-5 电冲剪 GNA2.0

2. 技术性能

电动剪刀的规格以型号及最大剪切厚度表示，曲线锯 GST 85 PB 的技术性能见表 2-5。

曲线锯 GST 85 PB 技术性能表 表 2-5

产品型号	适用范围	技术指标		参数	主要特点
电冲剪 GNA 2.0	本机器适用于剪切金属薄板，并可确保切剪后之金属薄板不会扭曲变形，本机也可以进行直线切剪及咬剪凹口与窄弧曲线	割削深度	钢板（达 400N/mm²）	2.0mm	1. 割剪精确，特别适用于曲线割剪 2. 简易刀片及冲模更换系统 3. 可调节冲模 4. 内部零件可独立更换
			钢板（达 600N/mm²）	1.4mm	
			钢板（达 800N/mm²）	1.0mm	
			铝板（达 200N/mm²）	2.5mm	
		割切深度		6mm	
		最小弧度半径		3mm	
		输入功率		500W	
		空载往复频率		2400 次/min	
		质量		2.0kg	

3. 使用注意事项

1）检查工具、电线的完好程度，检查电压是否符合额定电压。先空转试验各部分是否灵活。

2）使用前要调整好上下机具刀刃的横向间隙，刀刃的间隙是根据剪切板的厚度确定的，一般为厚度的7%左右。在刀杆处于最高位置时，上下刀刃仍有搭接，上刀刃斜面最高点应大于剪切板的厚度。

3）要注意电动剪刀的维护，经常在往复运动中加注润滑油，如发现上下刀刃磨损或损坏，应及时修磨或更换，工具在使用完后应揩净，放在干燥处存放。

4）使用过程中如有异常响声等，应停机检查。

2.2.3 型材切割机

1. 概述

型材切割机主要用于切割金属型材。它根据砂轮磨损原理，利用高速旋转的薄片砂轮进行切割，也可改换合金锯片切割木材、硬质塑料等，在建筑装饰装修施工中，多用于金属内、外墙板、铝合金门窗安装、吊顶等工程。型材切割机由电动机（三项工频电动机）、切割动力头、变速机构、可转夹钳、砂轮片等部件组成。图2-6是型号为GCM 10的介铝机。

图2-6 介铝机 GCM 10

2. 技术性能

现在国内建筑装饰装修工程中所用切割机多为国产和德日的，介铝机是型材切割机的别称。介铝机GCM 10的技术性能见表2-6。

介铝机 GCM 10 技术性能表　　表2-6

<table>
<tr><th>产品型号</th><th>适用范围</th><th>技术指标</th><th>参数</th><th>主要特点</th></tr>
<tr><td rowspan="11">介铝机
GCM 10</td><td rowspan="11">本电动工具属于站立式机型，可以在木材上进行纵向直线割据与横向直线割据，水平锯角为负48°到正48°，垂直锯角为0°到正45°</td><td>功率</td><td>1800W</td><td rowspan="11">1. 大功率适应高强度作业
2. 切割深度/宽度/转角范围大
3. 自带轴锁装置，锯片更换方便
4. 机身带手柄，方便移动</td></tr>
<tr><td>锯片直径</td><td>254mm（10″）</td></tr>
<tr><td>内孔直径</td><td>25.4mm（1″）</td></tr>
<tr><td>空载速率</td><td>4500r/min</td></tr>
<tr><td>最大底盘转角</td><td>左48°/右49°</td></tr>
<tr><td>最大斜切角</td><td>左47°</td></tr>
<tr><td>0°转角/0°斜切角</td><td>89mm × 95mm/61mm × 144mm</td></tr>
<tr><td>45°转角/0°斜切角</td><td>89mm × 67mm/55mm × 101mm</td></tr>
<tr><td>45°转角/45°斜切角</td><td>40mm × 95mm/35mm × 101mm</td></tr>
<tr><td>质量</td><td>15kg</td></tr>
</table>

3. 使用注意事项

1）使用前应检查切割机各部位是否紧固，检查绝缘电阻、电缆线、接切线以及电源额定电压是否与铭牌要求相符，电源电压不宜超过额定电压的10%。

2）选择砂轮和木工圆锯片，规格应与铭牌要求相符，以免电机超载。

3）用时要将被切割件装在可夹锥上，开动电机，用手柄揿下动力头，即可切断型材，夹钳与砂轮应根据需要调整角度。

4）切割机开动后，应首先注意砂轮片旋转方向是否与防护罩上标出的方向一致，如果不一致，应立即停机，调换插头中两支电源线。

5）操作时不能用力按手柄，以免电机过载或砂轮片摒裂。操作人员可握手柄开关，身体应倒向一旁。因有时紧固夹钳螺钉松动，导致型材弯起，切割机切割碎屑过大飞出保护罩，容易伤人。

6）使用中如发现机器有异常杂音、型材或砂轮跳动过大等应立即停机，检修正常后方可使用。

7）机器使用后应注意保存。

2.3 磨光机具

2.3.1 电动角向磨光机

1. 概述

电动角向磨光机是供磨削用的电动工具。在建筑装饰装修工程中，常使用该工具对金属型材进行磨光、除锈、去毛刺等作业，使用范围比较广泛。由于其砂轮轴线与电动机轴线成直角，所以特别适用于位置受限不便用磨光机的场合。该机可配用多种工作头：粗磨砂轮、细磨砂轮、抛光轮、橡皮轮、切割砂轮、钢丝轮等。电动角向磨光机就是利用高速旋转的薄片砂轮以及橡皮砂轮、细丝轮等对金属构件进行磨削、切削、除锈、磨光加工。图 2-7是型号为 GWS 14－150 CI 的小型角磨机。

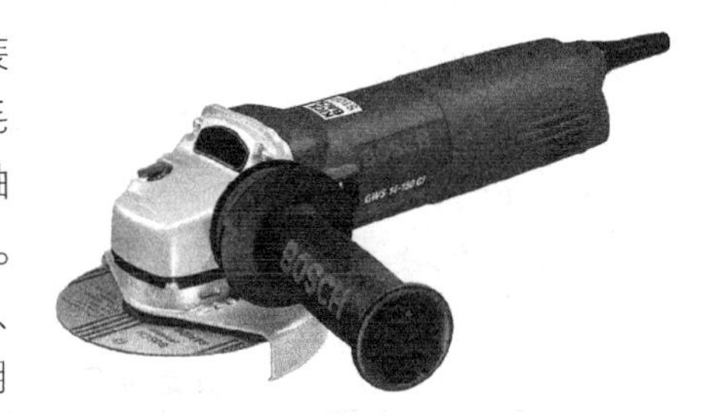

图 2-7 小型角磨机 GWS 14－150 CI

2. 技术性能

小型角磨机 GWS 14－150 CI 的技术参数见表 2-7。

小型角磨机 GWS 14－150 CI 技术性能表 表 2-7

产品型号	适用范围	技术指标	参数	主要特点
小型角磨机 GWS 14－150 CI	本机器适合用来切割，研磨及刷磨金属与石材，作业时不可使用水，切割石材时必须使用导引板。如果配备了电子控制装置之机型可在此类机器上安装合适的研磨工具，进行研磨及抛光作业	主轴直径	M14	1. 电子智能化的反弹停止保护功能 2. 意外断电后的再启动保护功能；新型带锁扣的防护罩，免工具快速调整 3. 特别冷却风道设计 4. 强韧耐久的电机 5. 减振手柄
		磨/切片直径	150mm	
		输入功率	1400W	
		空载速率	9300r/min	
		质量	2.3kg	

3. 使用注意事项

1）使用前应检查工具的完好程度，不能任意改换电缆线、插头。梅雨季节更应加强检查。该机如长期搁置而需重新启动时，应测量绝缘电阻。

2）使用时按切割、磨削材料不同，选择安装合适的切磨机，按额定电压要求接好电源。

3）工作过程中，不能让砂轮受到撞击，使用切割砂轮时，不得横向摆动，以免使砂轮破裂。

4）使用过程中，若出现下列情况者，必须立即切断电源，进行处理：

（1）传动部件卡住转速急剧下降或突然停止转动。

（2）发现有异常振动或声响、温升过高或有异味时。

（3）发现电刷下火花过大或有环火时。

5）使用机具应经常检查，维修保养。用完后应放置在干燥处妥善保存，并保证处在清洁、无腐蚀性气体的环境中。机壳用碳酸酯制成，不应接触有机溶剂。

2.3.2 电动磨石机

1. 概述

电动磨石机又称电动角磨机，是一种手提式电动工具。对各种以水泥、大理石、石渣为基体的建筑物表面进行磨光，特别是对那些场地狭小、形状复杂的建筑物如盥洗设备、晒台、商店标牌等表面进行磨光。与人工进行水磨相比，其可大大降低劳动强度，提高工作效率。所用电动机是单向串激交直流两用电动机，使用碗形砂轮。图2-8是型号为GWS 20－230的大型角磨机。

图2-8　角磨机 GWS 20－230

2. 技术性能

电动磨石机规格以型号及适用碗形砂轮规格表示。其技术性能见表2-8。

角磨机 GWS 20－230 技术性能表　　表2-8

产品型号	适用范围	技术指标	参数	主要特点
角磨机 GWS 20－230	本机器适合用来切割，研磨及刷磨金属与石材，作业时不可使用水，切割石材时必须使用导引板	主轴直径	M14	1. 自行断路碳刷，防止电机无谓损伤 2. 完美的人机工程学设计
		磨/切片直径	230mm	
		输入功率	2000W	
		空载速率	6500r/min	
		质量	4.2kg	

3. 使用注意事项

作业时不可使用水，切割石材时必须使用导引板。

2.3.3 电动角向钻磨机

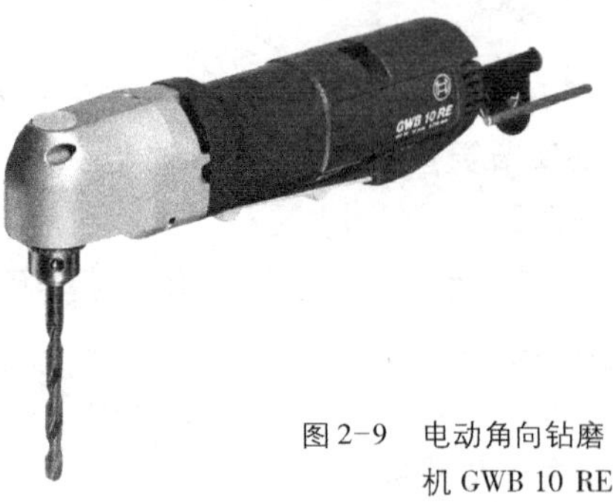

1. 概述

电动角向钻磨机是一种供钻孔和磨削用的电动工具，所用电机是单向串激交直流两用电动机。由于钻头与电动机轴向成直角，所以它特别适用于空间位置受限制不便使用普通电钻和磨削工具的场合，也可用于建筑装饰装修工程中对多种材料的钻孔、清理毛刺表面、表面砂光及雕刻制品等。当把工作部分换上钻夹头，装上麻花钻时，也可对金属等材料进行钻孔加工。图2-9是型号为GWB 10 RE的电动角向钻磨机。

图2-9 电动角向钻磨机 GWB 10 RE

2. 技术性能

电动角向钻磨机的规格以型号及钻孔最大直径表示，角钻 GWB 10 RE 的技术参数见表2-9。

角钻 GWB 10 RE 技术性能表 表2-9

产品型号	适用范围	技术指标		参数	主要特点
角钻 GWB 10 RE	本机器适合在木材、金属、陶瓷和塑料上钻孔。尤其在一些不易触及之角落，更能发挥其特殊之功能。本机配备电子调速装备和正／逆转功能，不仅能够进行旋转螺钉工作，也可钻制螺纹	最大钻孔直径	钢材	10mm	1. 特制细长电机，手感舒适，操作更加方便 2. 胜任狭小空间作业，完美解决死角难题 3. 电子无级调速，起动灵敏精确 4. 正反转钮
			铝材	12mm	
			木材	22mm	
		输入功率		400W	
		空载速率		0～750r/min	
		质量		1.6kg	

2.3.4 电动抛光机

1. 概述

电动抛光机用于木器、电器、车辆、仪表、机床等行业产品外表腻子、涂料的磨光作业，特别适合于水磨作业。用绒布代替砂布则可进行抛光、打蜡作业。它具有结构简单、手感振动小、质量轻且使用方便等特点。图2-10是型号为GPO 12的抛光机。

图2-10 抛光机 GPO 12

2. 技术性能

抛光机 GPO 12 的技术性能见表2-10。

抛光机 GPO 12 技术性能表　　表 2-10

产品型号	适用范围	技术指标	参数	主要特点
抛光机 GPO 12	本机适用于抛光金属及镀金属表面，同时也适用于无水抛光石材	抛光海绵	200mm	1. 功率强劲 2. 机身轻巧
		橡皮背垫	178mm	
		输入功率	1200W	
		空载速率	2100r/min	
		质量	3.1kg	

2.4 钉牢机具

2.4.1 射钉枪

1. 概述

射钉枪主要用于紧固建筑装饰装修构件，它可直接将构件钉紧于需固定部位，如固定木件、窗帘盒、木护墙、踢脚板、挂镜线、固定铁件、薄钢板、钢门窗框、轻钢龙骨、吊灯等。它由枪击击发射钉弹，以弹内燃料的能量将各种射钉直接打入钢铁、混凝土或砖砌体等材料中去。射钉枪是建筑装饰装修工程中木工的常用工具。射钉枪要与射钉弹和射钉共同使用。

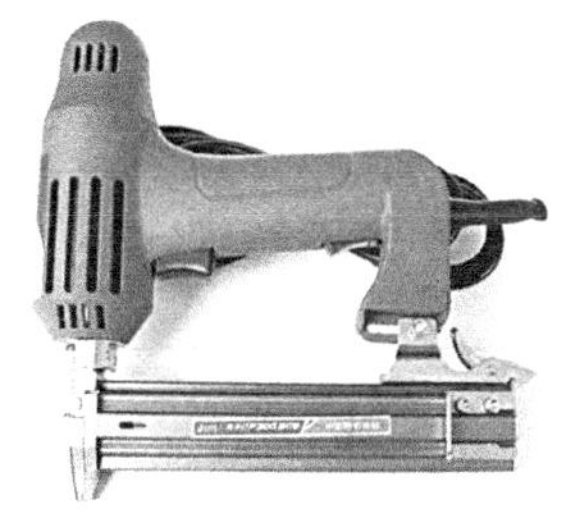

图 2-11　射钉枪

2. 技术性能

F30G 射钉枪技术性能见表 2-11。

F30G 射钉枪技术性能表　　表 2-11

产品型号	适用范围	技术指标	参数	主要特点
F30G 射钉枪	本机具适用与木板施工	工作电压	220V	轻便快捷、操作简便、无卡钉
		额定功率	175W	
		额定频率	50/60Hz	
		射钉数	≥130/min	
		适用钉规格	10mm、15mm、20mm、25mm、30mm	

3. 使用注意事项

射钉枪因型号不同，使用方法略有不同。现以 SDT－A30 射钉枪为例介绍操作方法（图 2-11）。

1）装弹时，用手握住枪管套，向前拉倒定向键处，然后再后推到位。

2）从握把端部插入弹夹，推至与握把端处齐平。

3）将钉子插入枪管孔内，直到钉子上的垫圈进入孔内为止。

4）射击时，将射钉枪垂直地紧压在基体表面上，扣动扳机，直至弹夹上一排子弹用完再安装新一排的子弹。

5）使用射钉枪前要认真检查枪的完好程度，操作者最好经过专门训练。

在操作时才允许装钉，任何情况下都严禁对人扣动发射。

6）射击的基体必须稳固坚实，并且有抵抗射击冲力的刚度。扣动扳机后如发现子弹不发火，应再次按于基体上扣动扳机。如仍不发火，仍保持原射击位置数秒后，再来回拉伸枪管，使下一颗子弹进入枪膛，再扣动扳机。

7）射钉枪用完后，应注意保存。

图 2-12　风动打钉枪

2.4.2　风动打钉枪

1. 概述

在建筑装饰装修工程中锤打扁头钉的专门风动工具叫风动打钉枪（图 2-12）。

2. 技术性能

FDD251 型风动打钉枪的基本参数见表 2-12。

FDD251 型技术性能表　　表 2-12

型号	适用范围	指标	参数	特点
风动打钉枪 FDD251 型	在建筑装饰装修工程中是专门锤打扁头钉的风动工具	使用气压	0.5～0.7MPa	1. 使用方便 2. 安全可靠，劳动强度低，生产效率高
		打钉范围	25mm × 51mm 普通标准圆钉	
		风管内径	10mm	
		冲击次数	60 次/min	
		枪身质量	3.6kg	

2.5　其他机具

2.5.1　铆固机具

1. 概述

在建筑装饰装修工程中用于铆接抽芯铝铆钉用的风动工具叫风动拉铆枪（图 2-13）。

2. 技术性能

FLM－1 型风动拉铆枪的基本参数见表 2-13。

图 2-13　风动拉铆枪

FLM－1 型风动拉铆枪的技术性能表　　表 2-13

型号	适用范围	指标	参数	特点
风动拉铆枪 FLM－1	广泛用于车辆、船舶、航空、建筑装饰、通风管道等行业	工作气压	0.3～0.6MPa	1. 质量轻 2. 操作简便 3. 噪声小 4. 拉毛速度快、生产效率高
		工作拉力	3000～7200N	
		铆接直径	3.0～5.5mm	
		风管直径	10mm	
		枪身质量	2.25kg	

2.5.2　空气压缩机

1. 气动球阀泵

该机具主要包括贮料桶、气动球阀泵、输气管、输料管、喷枪及空气压缩机（表 2-14、图 2-15）。

气动球阀泵技术性能表 表 2-14

型号	适用范围	指标	参数	特点
	广泛用于车辆、船舶、航空、建筑装饰、通风管道等行业	供气压力	0.3～1.2MPa	1. 空气压缩能力大 2. 喷涂系统作业稳定，施工效果好
		供气储备能力	25%以上	
		每台国产 $9m^3$ 柴油空压机可供	2 套机具同时工作	

图 2-14 气动球阀泵

图 2-15 喷漆枪

2. 喷漆枪

喷漆枪是对钢制件和木制件的表面进行喷漆的工具（图 2-15）。

1）小型喷漆枪。小型喷漆枪在使用时一般以人力充气，也可以用机器充气，人工充气是把空气压入储气桶内，供产品面积不大，数量较小的喷漆时使用。

2）大型喷漆枪。大型喷漆枪必须用空气压缩机的空气作为喷射的动力，它由储气罐、握手柄、喷射器、罐盖与漆料上升管组成，适用于大型喷漆面的喷漆。

喷漆枪的技术性能见表 2-15。

喷漆枪技术性能表 表 2-15

适用范围	指标	参数		特点
		小型喷漆枪 PQ－1	大型喷漆枪 PQ－2	
对钢制件和木制件的表面进行喷漆的工具。长枪式适用于高压情况下	贮漆量（kg）	0.6	1.0	1. 施工速度快、节省漆料 2. 漆层厚度均匀，附着力强 3. 漆件表面光洁美观
	工作空气压力（MPa）	0.3～0.38	0.45～0.55	
	喷涂有效距离（mm）	250	260	
	喷射面积（mm^2）	直径为 438 圆形	圆形 50 扇形 130	
	枪身质量（kg）	0.45	1.2	

3. 输气管和输料管

所用气、料软管均为耐压防腐胶管。供气管径为3/4英寸，接气管径1/2英寸，接枪料管3/4英寸。每段管两端有金属公母接口，借助接管口器可加长线路，接口严密可靠。

(换算成厘米为：供气管径为1.905cm，1.27cm，接枪料管1.905cm。)

4. 贮料桶

贮料桶可使用192L的汽油桶，但一定要清洗干净剩余油漆。最好安放在小车上，这样可方便地转移至施工房间。

图2-16 激光测距仪 DLE 50

2.5.3 测量器具

更快、更准、更高效地完成工程测量任务是现代测量器具带给我们的便利。

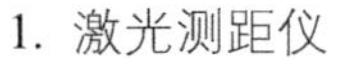

1. 激光测距仪

这是能使工程技术人员迅速而准确地测量距离的理想工具。图2-16是型号为DLE 50的激光测距仪。其技术性能见表2-16。

激光测距仪 DLE 50 的技术参数表 表2-16

产品型号	适用范围	技术指标	参数	主要特点
激光测距仪 DLE 50	快速、精确地测量距离	操作范围	0.05~50m	1. 最小的激光测距仪 2. 测量精准，应用范围广泛 3. 自动断电功能 4. 低电量显示 5. 带记忆功能 6. 软握把
		测量精度	±1.5mm	
		激光二极管	635nm，<1mW	
		自动断电功能	5min（工具）；30s（激光）	
		操作温度范围	(−10~+50)℃	
		电源	4×LR03（AAA）	
		防护级别	IP54（灰尘及测水防护）	
		质量	0.25kg	

2. 激光水平仪

这是能使工程技术人员迅速而准确地测量水平状态的先进仪器。图2-17是型号为BL2L的激光水平仪，其技术性能见表2-17。

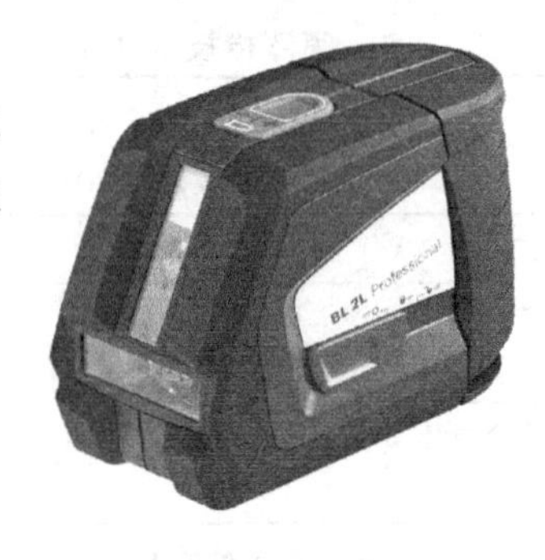

图2-17 激光水平仪 BL2L

激光水平仪 BL2L 的技术参数表 **表 2-17**

产品型号	适用范围	技术指标	参数	主要特点
激光水平仪 BL2L	本测量仪适合测量和检验水平线和垂直线	测量范围约达	10m	1. 自动找平功能 2. 水平线和垂直线可分别控制 3. 高清晰度激光 4. 单手操作 5. 精致轻巧，软握柄 6. 配置测量底板
		找平精度	±0.3mm/m	
		一般的自动找平范围	±4°	
		一般的找平时间	<4s	
		激光种类	635nm，<1mW	
		激光等级	2	
		三脚架接头	1/4″	
		电池	3×1.5V LR6(AA)	
		操作时间	约 12h	
		约几分钟后自动切断电源	60min	
		质量	0.45kg	
		尺寸	118mm×57mm×89mm	

☆教学单元 2　常用施工机具·实践教学部分

通过建筑装饰装修常用施工机具认识及操作系列实训项目，对建筑装饰装修常用施工机具的种类、使用方式有直观的认识。

实训项目：

2.1　施工机具认知实训

通过到建筑器材商店辨认建筑装饰装修施工机具的实训，了解常用的建筑装饰装修施工机具中国产及进口的主要品牌，并能理解电动工具的用途、理解电动工具使用的安全要点和保养常识。通过到建筑装饰装修施工工地观看建筑装饰装修施工机具的操作，了解常用的建筑装饰装修施工机具的操作方式。到建筑装饰装修施工工地观看建筑装饰装修施工机具的操作。

施工机具认知及操作实训项目任务书（二维码 2）

到建筑器材商店辨认建筑装饰装修施工机具。

建议 1：重点是辨认国产品牌的建筑装饰装修施工机具；

建议 2：重点是观看电动工具的操作，请工人师傅讲解电动工具使用的安全要点和保养常识。

二维码 2

任务编号	D2-1
学习单元	进口或国产常用施工机具
任务名称	进口或国产常用施工机具品牌调研
任务要求	调查本地进口或国产常用施工机具，重点了解 6 款受消费者欢迎的常用施工机具品牌、品种、规格、特点、价格
实训目的	为建筑装饰设计和施工收集当前流行的市场材料信息，为后续设计与施工提供第一手资讯

续表

行动描述	1. 参观当地大型的装饰材料市场，全面了解进口或国产常用施工机具 2. 重点了解6款受消费者欢迎的进口或国产常用施工机具品牌、品种、规格、特点、价格
工作岗位	本工作属于工程部、材料部，岗位为施工员、材料员
工作过程	到建筑装饰材料市场进行实地考察，了解进口或国产常用施工机具的市场行情 1. 选择施工机具商店 2. 与店方沟通，请技术人员讲解进口或国产常用施工机具品种和特点 3. 收集进口或国产常用施工机具宣传资料 4. 整理素材 5. 编写6款受消费者欢迎的进口或国产常用施工机具的品牌、品种、规格、特点、价格的看板
工作对象	施工机具商店的进口或国产常用施工机具
工作工具	记录本、合页纸、笔、相机、卷尺等
工作方法	1. 先熟悉材料商店整体环境 2. 征得店方同意 3. 详细了解进口或国产常用施工机具品牌和种类 4. 确定一种品牌进行深入了解 5. 拍摄选定面砖品种的数码照片 6. 收集相应的资料 注意：尽量选择材料商店比较空闲的时间，不能干扰材料商店的工作
工作团队	1. 事先准备。做好礼仪、形象、交流、资料、工具等准备工作 2. 选择调查地点 3. 分组。4～6人为一组，选一名组长，每人选择一个进口或国产常用施工机具进行市场调研。然后小组讨论，确定一款面砖品牌进行材料看板的制作

附件：________市（区、县）进口或国产常用施工机具调查报告（编写提纲）

调查团队成员	
调查地点	
调查时间	
调查过程简述	
调查品牌	
品牌介绍	

品种1		
品种名称		机具照片
机具规格		
机具特点		
价格范围		

续表

品种 2 - n（以下按需扩展）		
品种名称		机具照片
机具规格		
机具特点		
价格范围		

进口或国产常用施工机具调查报告实训考核内容、方法及成绩评定标准

系列	考核内容	考核方法	要求达到的水平	指标	小组评分	教师评分
对基本知识的理解	对面砖材料的理论检索和市场信息捕捉能力	资料编写的正确程度	预先了解面砖的材料属性	30		
		市场信息了解的全面程度	预先了解本地的市场信息	10		
实际工作能力	在校外实训室场所，实际动手操作，完成调研的过程	各种素材展示	选择比较市场材料的能力	8		
			拍摄清晰材料照片的能力	8		
			综合分析材料属性的能力	8		
			书写分析调研报告的能力	8		
			设计编排调研报告的能力	8		
职业关键能力	团队精神和组织能力	个人和团队评分相结合	计划的周密性	5		
			人员调配的合理性	5		
书面沟通能力	调研结果评估	看板集中展示	外墙或内墙面砖资讯完整美观	10		
任务完成的整体水平				100		

2.2 施工机具操作实训

通过在校内实训室进行激光测距仪的测距操作训练，使自己掌握激光测距仪的测距方式（二维码 3）。

二维码 3

激光测距仪测距操作训练项目任务书

任务编号	D2 - 2
实训任务	激光测距仪测距训练
教学单元	施工机具
任务名称	对一个教室空间进行激光测距训练
任务要求	画一个教室空间的平面图，通过激光测距仪获取建筑平面的尺寸数据，并标到图纸上
实训目的	通过实践操作掌握激光测距仪使用方法，为今后在工程中使用现代测量仪器做好知识和能力准备

续表

行动描述	教师根据授课要求提出实训要求。学生实训团队根据实训任务和现场情况，先画一个教室空间的平面图，然后用激光测距仪将这个教室的尺度及门窗柱子等构件的尺度信息按国家制图标准，标注于该平面图上。完成以后，学生进行自评，教师进行点评
工作岗位	本工作属于工程部施工员、设计员、资料员
工作过程	详见附件：激光测距仪测距实训流程
工作要求	按国家制图标准，在建筑平面图上标注正确的尺寸
工作工具	记录本、合页纸、笔、激光测距仪、卷尺等
工作团队	1. 分组。4~6人为一组，选1名项目组长，确定1~2名见习设计员、1~3名见习施工员、1~2名见习资料员 2. 各位成员分头进行各项准备。做好资料、施工工具、画图根据等准备工作
工作方法	1. 项目组长制订计划，制订工作流程，为各位成员分配任务 2. 见习设计员准备图纸，画出教室平面图 3. 两名见习施工员操作激光测距仪，获取数据 4. 见习设计员将数据标注到教室平面图上 5. 组长对数据进行核查，纠正存在的错误，补充存在的遗漏 6. 见习资料员整理测量资料 7. 项目组长主导进行实训评估和总结 8. 指导教师核查实训情况，并进行点评

附件：激光测距仪测距实训流程（编写提纲）

一、实训团队组成

团队组成	姓名	主要任务
项目组长		
见习设计员		
见习施工员		
见习资料员		
其他成员		

二、实训计划

工作任务	完成时间	工作要求

三、实训方案

1. 进行技术准备

1）获取图纸。根据实训现场教室的长与宽及门、窗、柱的情况按比例画出平面图。

2）学习激光测距仪的使用说明书。主要了解使用方法和保养方法。

2. 机具准备

激光测距仪测距施工机具设备表

序	分类	名称
1	工具	
2	计量检测用具	

3. 整理测量资料

以下各项工程资料需要装入专用资料袋

序	资料目录	份数	验收情况
1	现场图纸		
2	原始实际尺寸		
3	考核评分		

4. 实训考核成绩评定

激光测距仪测量操作实训考核内容、方法及成绩评定标准

系列	考核内容	考核方法	要求达到的水平	指标	小组评分	教师评分
对基本知识的理解	对激光测距仪的理论掌握	理解说明书	能正确理解激光测距仪的使用方法	20		
		理解质量标准和验收方法	正确理解激光测距仪的保养方法	20		
实际工作能力	在校内实训室场所，进行实际动手操作，完成测量任务	运用现代测量设备进行测量能力及图面标注的情况	现场平面图绘制能力	10		
			测量设备运用能力	10		
			尺寸标注能力	10		
			尺寸核对能力	10		
职业关键能力	团队精神组织能力	个人和团队评分相结合	计划的周密性	5		
			人员调配的合理性	5		
验收能力	根据实训结果评估	实训结果和资料核对	测量资料验收	10		
任务完成的整体水平				100		

☆教学单元2　常用施工机具·教学指南

教学指南2.1　延伸阅读文献

德国博世公司网站 http：//www.bosch.com.cn/new/web/site/index_cn.htm

教学指南2.2　理论教学部分学习情况自我检查

1. 钻（拧）孔机具有哪几种?
2. 简述电锤的用途及使用注意事项。
3. 锯断机具有哪几种? 简述电动曲线锯的用途及使用注意事项。
4. 简述电动曲线锯的用途及操作注意事项。
5. 简述型材切割机（介铝机）的使用主要注意事项。

6. 磨光机具的用途。

7. 简述钉牢机具的用途。

8. 简述激光测量工具的用途。

教学指南2.3 实践教学部分学习情况自我检查

1. 你对常用的建筑装饰装修施工机具国产及进口主要品牌有基本的了解了吗?

2. 观看建筑装饰装修施工机具的操作你是否了解了常用的建筑装饰装修施工机具操作的安全注意事项?

3. 你是否掌握了激光测距仪的测距方式。

3

教学单元3 墙柱面工程

教学目标：请按下表的教学要求，学习本章的相关教学内容，掌握相关知识和能力点。

教学单元 3 教学目标 **表 1**

理论教学内容	主要知识点	主要能力点	教学要求
3.1 墙柱面概述			了解
3.1.1 分类	1. 按位置分；2. 按工艺分	墙柱面工程相关概念的把握能力	
3.1.2 基本功能	1. 外墙（柱）；2. 内墙（柱）		
3.1.3 基本构造	1. 墙；2. 柱		
3.1.4 常用材料			
3.2 贴面类墙柱面构造、材料、施工、检验			熟悉
3.2.1 构造	直接类；干挂类	各类墙柱面构造设计、材料辨识、施工工艺编制、工程质量控制与验收能力	
3.2.2 材料			
3.2.3 施工	1. 内墙贴面施工；2. 外墙贴面施工		
3.2.4 质量验收	1. 主控项目；2. 一般项目		
3.3 涂刷类墙柱面构造、材料、施工、检验			涂刷、裱糊、镶板、软包四部分选其中之一为重点，其他为熟悉
3.3.1 构造	1. 底层；2. 中间层；3. 面层		
3.3.2 材料			
3.3.3 施工工艺	1. 施工流程工艺；2. 施工注意要点		
3.3.4 质量验收	1. 主控项目；2. 一般项目		
3.4 裱糊类墙柱面构造、材料、施工、检验			
3.4.1 构造			
3.4.2 材料			
3.4.3 施工工艺	1. 施工流程工艺；2. 施工注意要点		
3.4.4 质量验收	1. 主控项目；2. 一般项目		
3.5 镶板类墙柱面构造、材料、施工、检验			
3.5.1 材料			
3.5.2 构造	1. 预埋；2. 骨架；3. 面层		
3.5.3 施工工艺	1. 施工流程工艺；2. 施工注意要点		
3.5.4 质量验收	1. 主控项目；2. 一般项目		
3.6 软包类墙柱面构造、材料、施工、检验			
3.6.1 材料			
3.6.2 构造	1. 预埋；2. 骨架；3. 面层		
3.6.3 施工工艺	1. 施工流程工艺；2. 施工注意要点		
3.6.4 质量验收	1. 主控项目；2. 一般项目		

实践教学内容	实训项目	主要能力点	教学要求
3.1 材料认知实训	1. 墙柱面材料调研（外墙或内墙面砖）	相关项目材料收集、构造设计、施工与检验实际操作能力	熟练应用
3.2 构造设计实训（3 选 1）	1. 设计轻钢龙骨纸面石膏板隔墙施工图 2. 将图中的装饰柱还原成构造节点图 3. 为某卧室设计一款软包类墙面		
3.3 施工操作实训（4 选 1）	1. 镶、贴、涂、裱施工与检验操作实训		
教学指南			

墙体和柱体既是支撑楼板的承重结构构件，又是影响建筑立面效果的装饰构件，是建筑室内外空间的侧界面和内外表皮。因此，它们的装饰效果对建筑空间环境效果影响很大，是建筑室内外装饰装修工程的主要部分之一。

本章主要介绍墙柱面装饰装修工程概况，以及贴面、涂刷、裱糊、镶板、软包、幕墙等7类常见的墙柱面工程构造组成、材料性能、施工工艺、检验标准。

☆**教学单元3　墙柱面工程·理论教学部分**

3.1　墙柱面工程概述

3.1.1　分类

1. 按建筑部位分类

建筑装饰墙柱面工程按部位分类有外墙（柱）、内墙（柱）。外墙（柱）面、内墙（柱）面是组成墙（柱）体的不可分割的有机部分。但外墙（柱）和内墙（柱）因其所处的位置不同，有截然不同的装饰装修方法，分别需要采用不同的材料、构造和施工工艺。

2. 按施工工艺分类

建筑装饰墙柱面工程按施工工艺分类有抹灰、贴面、涂刷、镶板、干挂、裱糊等施工方法和工艺，分别适合于不同位置、不同功能、不同造价、不同业主的建筑装饰工程。

3.1.2　基本功能

内外墙（柱）面因为所处的位置不同，具有不同的物理环境。因此，有截然不同的设计要求，需要选择不同的施工方法和工艺，见表3-1。

图3-1～图3-4外墙（柱）建筑装饰装修工程示例。

图3-5～图3-8内墙（柱）建筑装饰装修工程示例。

内外墙（柱）面功能与工艺对应表　　表3-1

所处位置	墙（柱）体基本功能	常见的施工工艺
外墙（柱）	1. 支撑楼板——承重、传力 2. 保护建筑——耐雨水、耐冰冻、耐腐蚀、耐日晒、耐老化、耐大气污染 3. 改善环境——墙体保温、隔热、隔声、吸热和热反射 4. 装饰建筑外立面，丰富建筑外表皮，影响人们的视觉和心理感受	抹灰 外墙涂料 贴面或干挂 幕墙——玻璃、石材、外墙饰板
内墙（柱）	1. 有的也要支撑楼板，承重、传力 2. 分隔内部空间 3. 改善环境——墙体保温、隔热 4. 声学功能——反射声波、吸声、控制混响时间、改善音质 5. 保证室内使用条件——平整、光滑界面，便于卫生清扫和保持，增加光线和反射 6. 装饰建筑内立面，丰富建筑内表皮，影响人们的视觉和心理感受	内墙涂料 裱糊 镶板或贴面 软包

图 3-1　花岗石干挂

图 3-2　瓷砖镶贴

图 3-3　玻璃幕墙

图 3-4　外墙涂料

图 3-5　内墙涂料

图 3-6　镶板（铝塑板、不锈钢板、玻璃）

图 3-7 墙纸裱糊

图 3-8 内墙贴面

3.1.3 基本构造

1. 墙

1）砖墙。由各种砖材砌成的墙体称为砖墙。

主要的砖材有黏土砖、多孔砖、轻质砖等。但黏土砖和多孔砖的材料一般取自农田，烧结后自重很大。

为了节能和环保，也为了降低建筑的自重，目前普遍采用轻质砖作为新型墙体材料。轻质砖隔墙是用加气混凝土砌块、空心砌块及各种小型砌块等砌筑而成的轻质非承重墙，其特点是防潮、防火、隔声、取材方便、造价低等。砖墙的基本构造是通过水泥和石灰将砖成排地码或叠，形成墙体，从而围合建筑空间。轻质砖隔墙厚度一般为 90 ~ 120mm。需要注意的有以下两点：

（1）由于厚度较薄、稳定性较差，所以需要对墙身进行加固处理，同时不足一块轻质砌块的空隙用普通实心黏土砖镶砌。

（2）由于轻质砌块吸水性强，因此，应将隔墙下部 2 ~ 3 皮轻质砖改用普通实心黏土砖砌筑。构造做法如图 3-9所示。

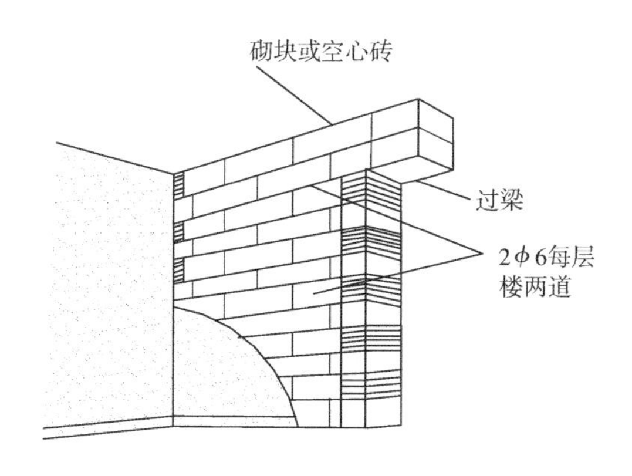

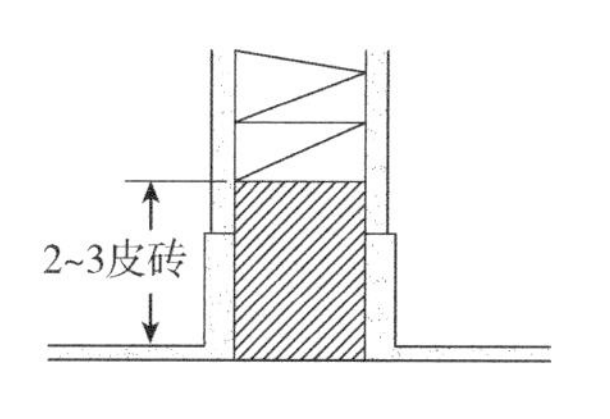

图 3-9 轻质砖隔墙节点构造

2）轻钢龙骨墙。由轻钢龙骨和纸面石膏板组成的墙体称为轻钢龙骨墙。

轻钢龙骨墙常用薄壁轻型钢、铝合金或拉眼钢板型材做骨架，两侧铺钉纸面石膏板。在此基础上再贴各种饰面板或采用涂料工艺。轻钢龙骨墙构造做法如图3-10所示，其优点是质量轻、强度高、施工作业简便、防火隔声性能好、墙体厚度小。

轻钢龙骨隔墙构造

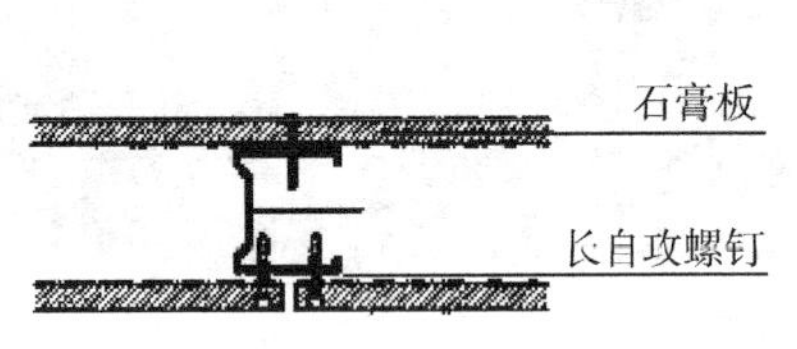

50，70龙骨墙厚连接构造（直角边）

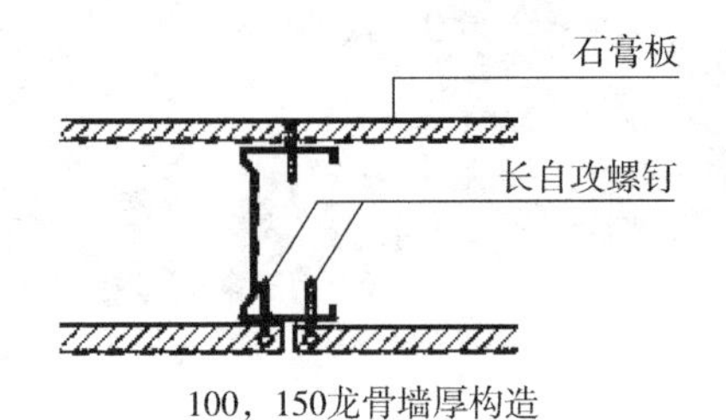

100，150龙骨墙厚构造

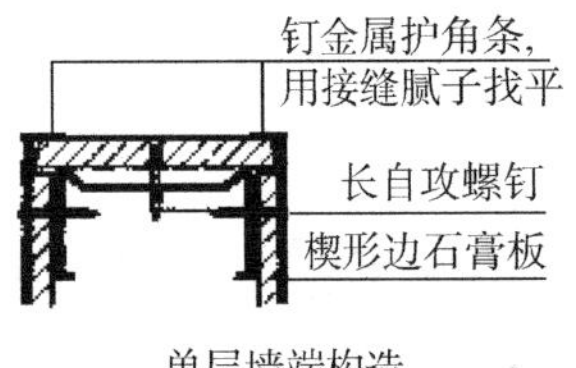

单层墙端构造

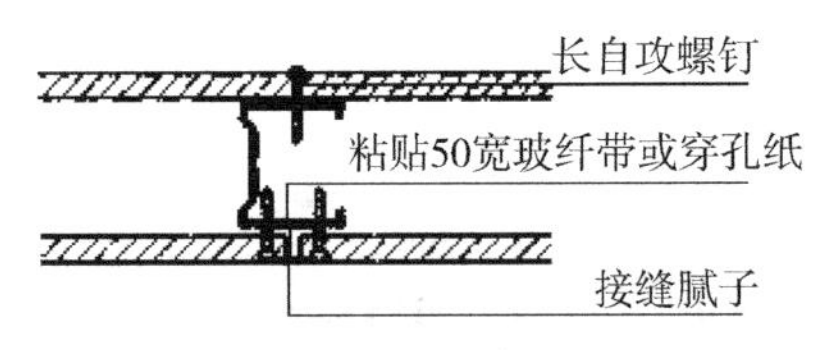

50, 75楔形边连接构造

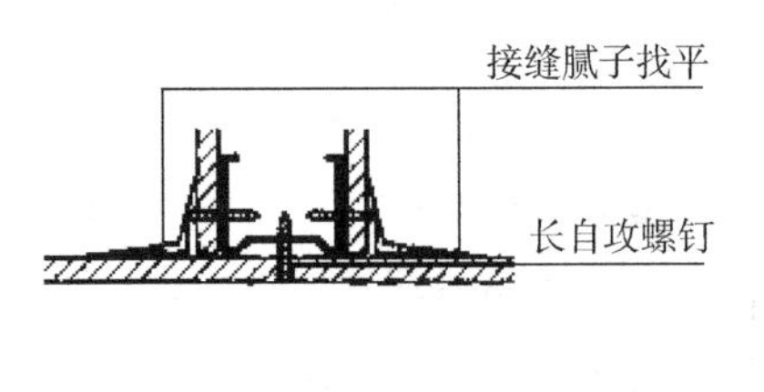

与墙体龙骨钉子连接构造

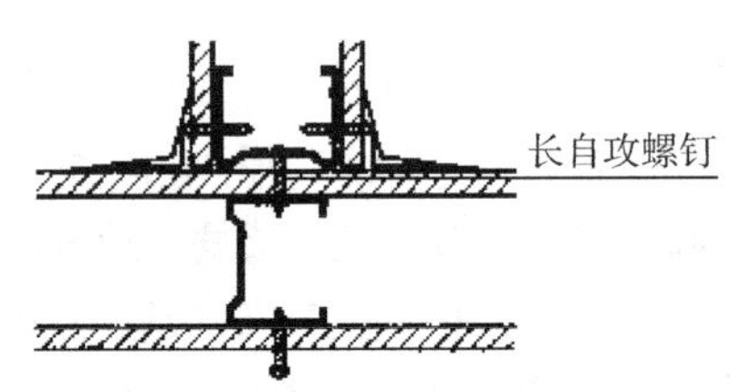

与墙体龙骨钉子连接构造

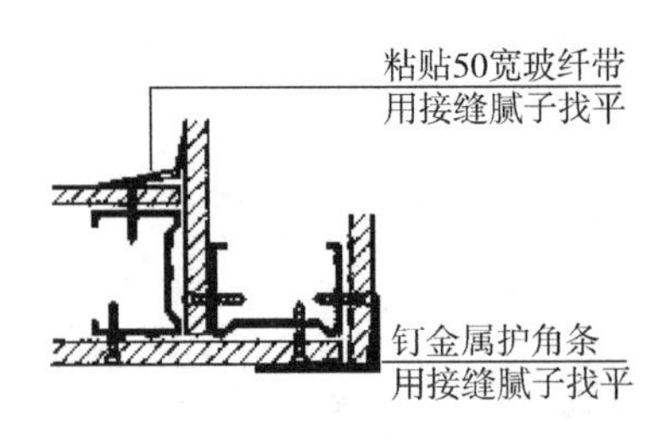

转角连接构造

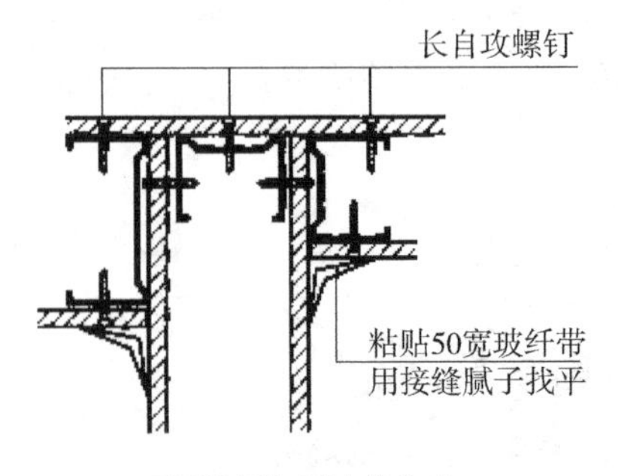

不同墙厚钉子连接构造

图3-10　轻钢龙骨墙构造做法

2. 柱

1）矩形柱。截面为方形或长方形的柱子。

矩形柱是建筑装饰工程中最普遍的柱子，它给人端庄、坚实、大方的视觉感受。图 3-11、图 3-12 是矩形柱装修示例和矩形柱典型构造。

2）圆柱。截面为圆形或椭圆形的柱子。

圆形柱是建筑装饰工程中常见的柱子，一般用在挂面、门头、中庭等重点部位，给人豪华、浪漫、高贵的视觉感受。图 3-13、图 3-14 是圆形柱装修示例和圆形柱典型构造。

图 3-11　矩形柱装修示例

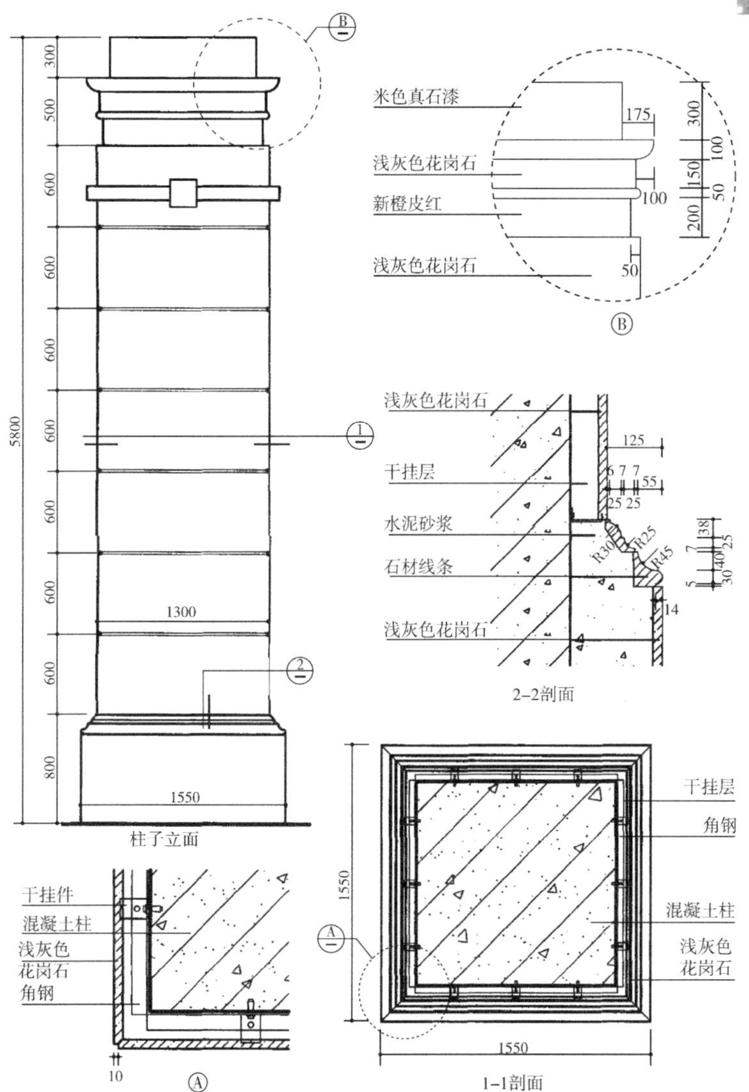

图 3-12　矩形柱典型构造

图 3-13　圆形柱装修示例

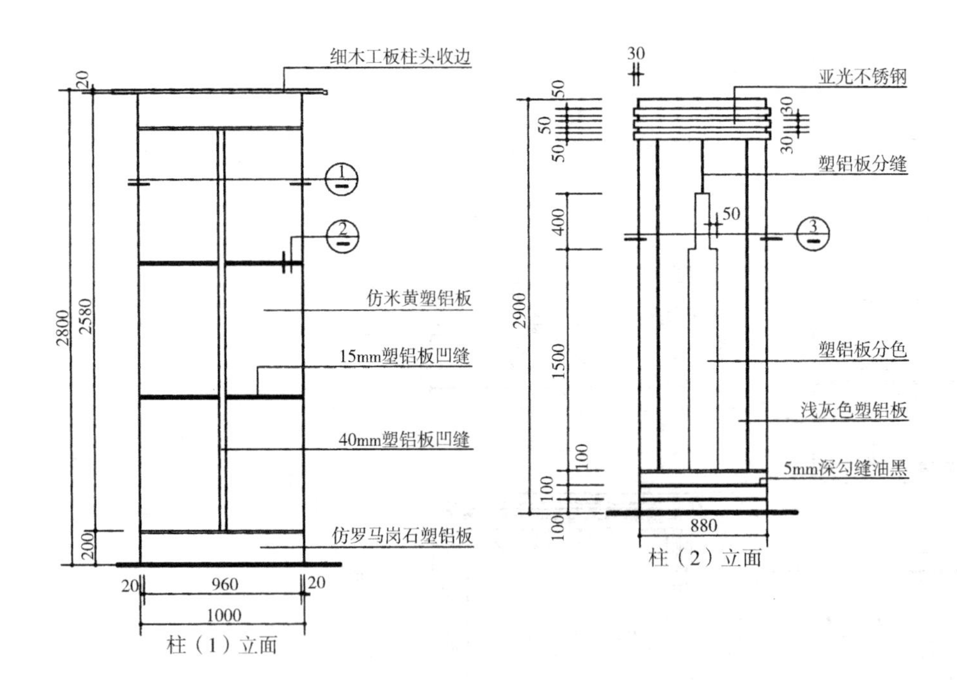

图 3-14　圆形柱典型构造

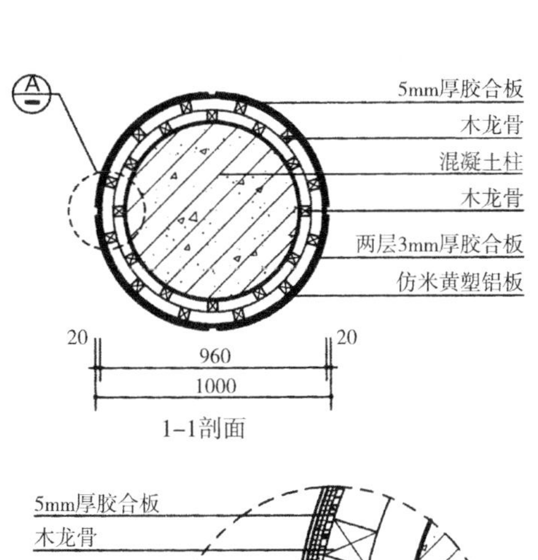

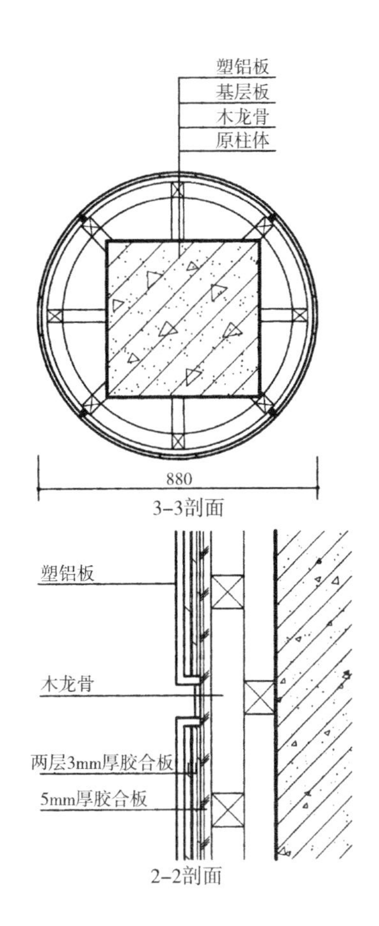

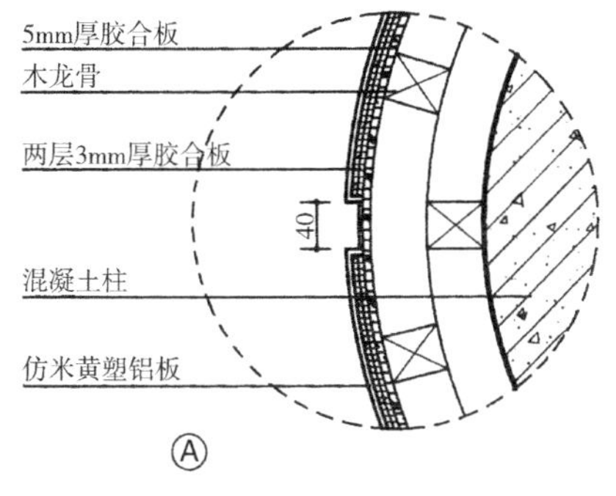

图 3-14　圆形柱典型构造（续）

3）异形柱。截面为各种不规则形的柱子。

圆形柱是建筑装饰工程中不太常见的柱子，一般用在挂面、门头、中庭等重点部位，给人个性、时尚、奇异的视觉感受。图 3-15、图 3-16 是异形柱装修示例和异形柱典型构造。

图 3-15　异形柱装修示例

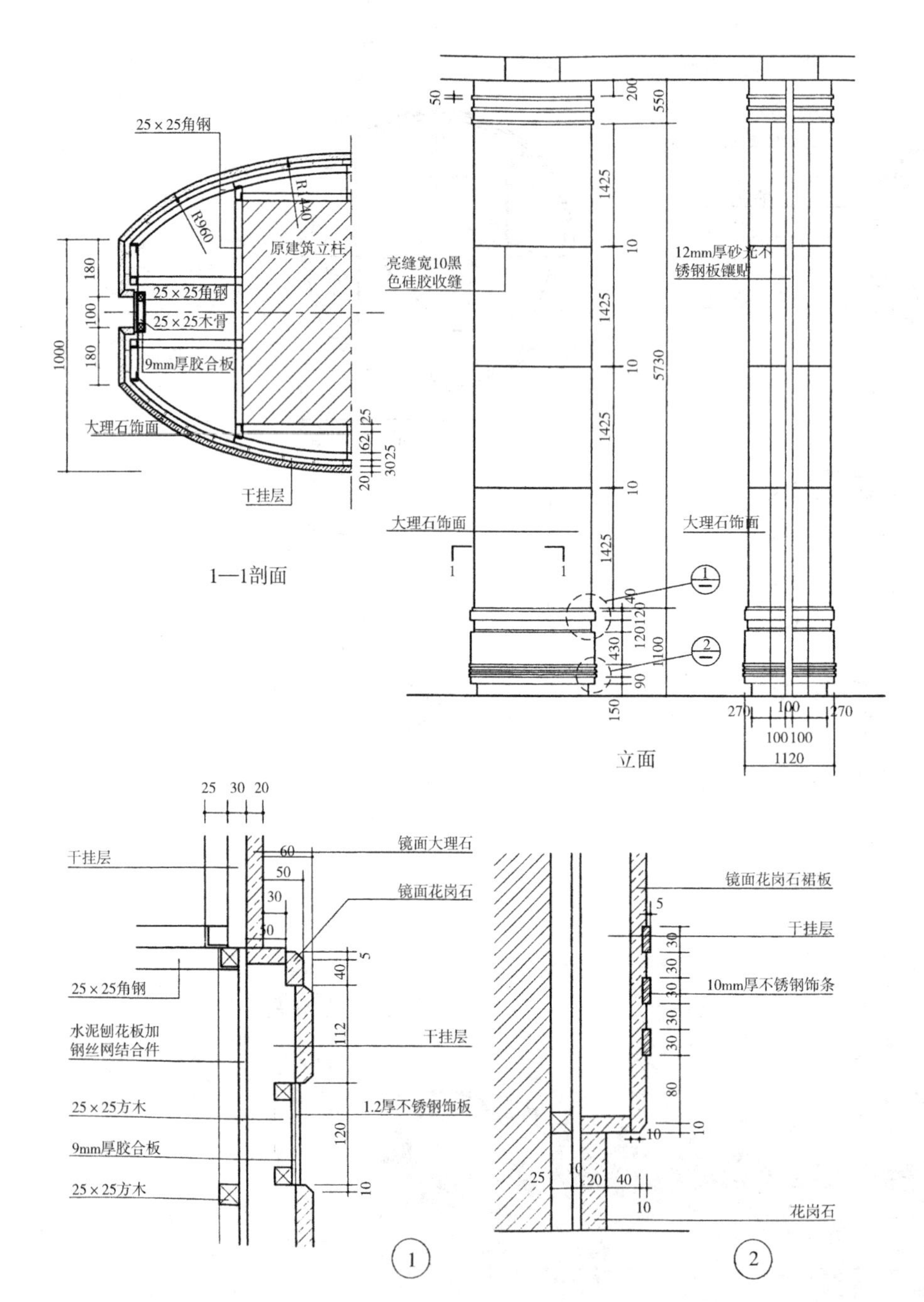

图 3-16 异形柱典型构造

3.1.4 常用材料

墙柱面装饰装修工程涉及以下 15 类材料，见表 3-2。

墙柱面装饰装修材料表 **表 3-2**

序	材料类别	材料品种	材料索引
1	墙体材料	砌墙砖、蒸养（压）砖、建筑砌块、墙用板材、复合材料	材料检索 2 – 墙体材料
2	胶凝材料	普通水泥、白水泥等	材料检索 1 – 胶凝材料
3	金属材料	铝合金装饰板、不锈钢板、铜合金板、镀锌钢板等	材料检索 4 – 金属材料
4	装饰石材	天然大理石、花岗石、青石板、人造大理石等	材料检索 5 – 石材
5	陶瓷材料	彩釉砖、墙地砖、陶瓷锦砖、陶瓷饰面板、霹雳砖、琉璃砖等	材料检索 6 – 陶瓷材料
6	人造饰面材料	印刷纸贴面板、防火装饰板、PVC 贴面装饰板、三聚氰胺贴面装饰板、胶合板、微薄木贴面装饰板、铝塑板、彩色涂层钢板等	材料检索 9 – 饰面材料
7	玻璃材料	饰面玻璃板、玻璃锦砖、玻璃砖、玻璃幕墙材料等	材料检索 7 – 玻璃材料
8	装饰抹灰材料	斩假石、剁斧石、仿石抹灰、水刷石、干粘石等	材料检索 3 – 抹灰材料
9	涂饰材料	无机类涂料——石灰、石膏、碱金属硅酸盐、桂溶胶等 有机类涂料——乙烯树脂、丙烯树脂、环氧树脂等 有机无机复合类涂料——环氧硅溶胶、丙烯酸硅溶胶等	材料检索 10 – 建筑涂料
10	壁纸、墙布类	塑料壁纸、玻璃纤维贴墙布、织锦缎、壁毡等	材料检索 9 – 壁纸材料、8 – 织物材料
11	软包类	真皮、人造革、海绵垫等	材料检索 8 – 织物材料
12	绝热材料	超细玻璃棉毡、沥青玻纤制品、岩棉纤维、岩棉制品、膨胀珍珠岩、聚苯乙烯泡沫塑料、聚氯乙烯泡沫塑料等	材料检索 11 – 功能材料
13	隔声材料	软木板、木丝板、三夹板、穿孔五夹板、木花板、木质纤维板、泡沫玻璃、脲醛泡沫塑料、吸声蜂窝板等	材料检索 11 – 功能材料
14	五金材料	钉子、螺钉、铰链等	材料检索 12 – 五金材料
15	填充材料	油灰、塑性填料、密封剂、嵌缝条、聚氯乙烯泡沫胶系、聚苯乙烯泡沫胶系和氯丁二烯胶等	材料检索 11 – 功能材料

3.2 贴面类墙柱面构造、材料、施工、检验

3.2.1 构造

贴面类墙体饰面是将大小不同的块材通过构造连接镶贴于墙体表面形成的墙体饰面。它可分为直接镶贴类和干挂镶贴类。其构造方法差异很大，选用材料和造价也有很大差异。

1. 直接类

直接类也称湿贴类，主要采用质量轻、面积小的饰面材料。如：瓷砖、面砖、陶瓷面砖、玻璃锦砖等，可以直接采用砂浆等粘结材料镶贴。直接类贴面的构造做法基本相同，但有些饰面材料因其性质的差别，粘贴做法略有不同（表 3-3）。

直接类贴面构造解析表 **表 3-3**

工序	贴面材料	构造做法	构造图
1	面砖饰面	先在基层上抹 15mm，厚 1∶3 的水泥砂浆做底灰，分两层抹平即可 粘贴砂浆用 1∶2.5 水泥砂浆或 1∶0.2∶2.5 水泥石灰混合砂浆，其厚度不小于 10mm，然后在其上贴面砖，并用 1∶1 白色水泥砂浆填缝	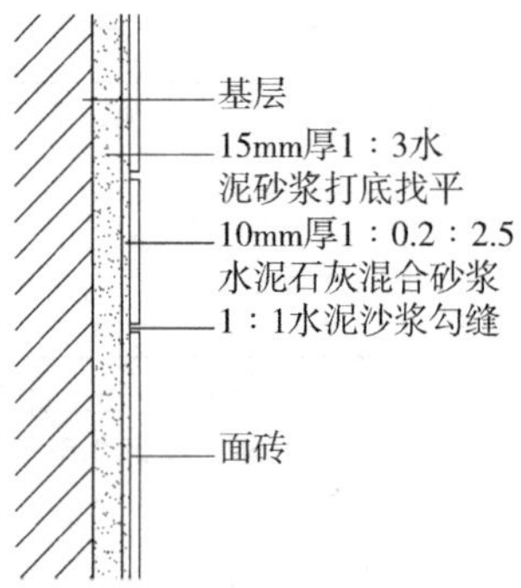 基层 15mm厚1∶3水泥砂浆打底找平 10mm厚1∶0.2∶2.5水泥石灰混合砂浆 1∶1水泥沙浆勾缝 面砖
2	瓷砖饰面	1∶3 水泥砂浆，厚 10～15mm 打底，1∶0.1∶2.5 水泥石灰膏混合砂浆，厚 5～8mm 粘贴，贴好后用清水将表面擦洗干净，然后用白水泥擦缝	
3	陶瓷锦砖与玻璃锦砖饰面		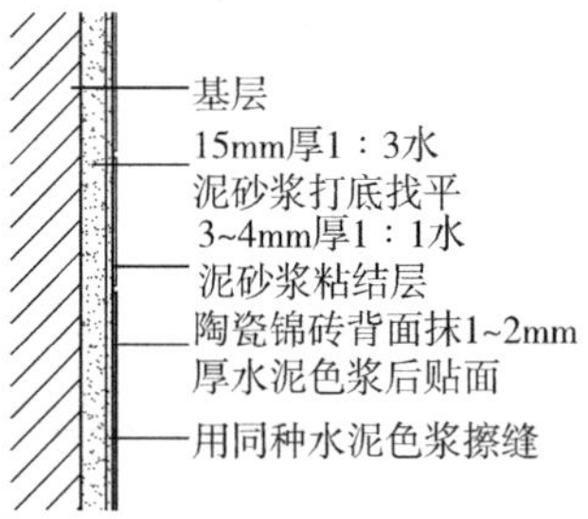 基层 15mm厚1∶3水泥砂浆打底找平 3~4mm厚1∶1水泥砂浆粘结层 陶瓷锦砖背面抹1~2mm厚水泥色浆后贴面 用同种水泥色浆擦缝
4	人造石材饰面	1. 砂浆粘贴法：人造石材薄板的构造做法比较简单，通常采用 1∶3 水泥砂浆打底，1∶0.3∶2 的水泥石灰混合砂浆或水泥∶108 胶∶水 = 10∶0.5∶2.6 的 108 胶水泥浆粘结镶贴板材 2. 聚酯砂浆固定法：聚酯砂浆固定法是先用胶砂比 1∶(4.5～5) 的聚酯砂浆固定板材四角和填满板材之间的缝隙，待聚酯砂浆固化并能起到固定作用以后，再进行灌浆操作	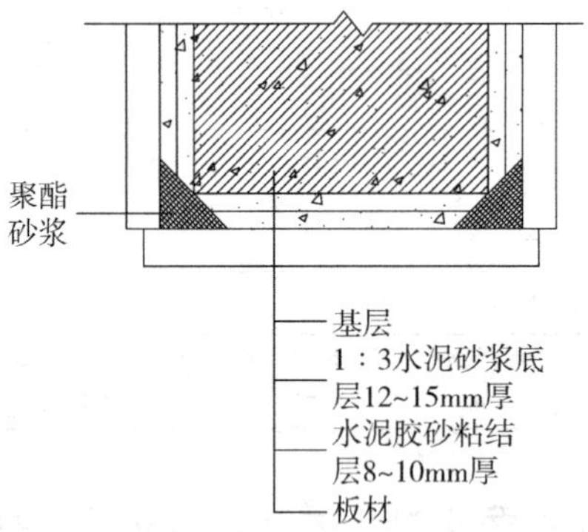 聚酯砂浆 基层 1∶3水泥砂浆底层12~15mm厚 水泥胶砂粘结层8~10mm厚 板材

2. 干挂类

像花岗石、大理石等质量重、面积大的饰面材料必须采取干挂构造，这样才能保证与主体结构的连接强度。具体构造做法如图 3-17 所示。新型室外装饰板材如千思板和卡索板、铝板、铝塑板等由于强度能够满足要求，也适合干挂构造。干挂构造的施工方法不但快捷，而且结构牢固，建筑自重大大减轻，视觉效果挺拔利落，现代感十足，深受业主和设计师的青睐。瓷砖、面砖、陶瓷面砖、花岗石、大理石也是墙柱面贴面的常用材料，图 3-18 是镜面花岗石贴面构造的实例。

干挂石材墙面（外墙无外保温） 88J3—1 7A A8

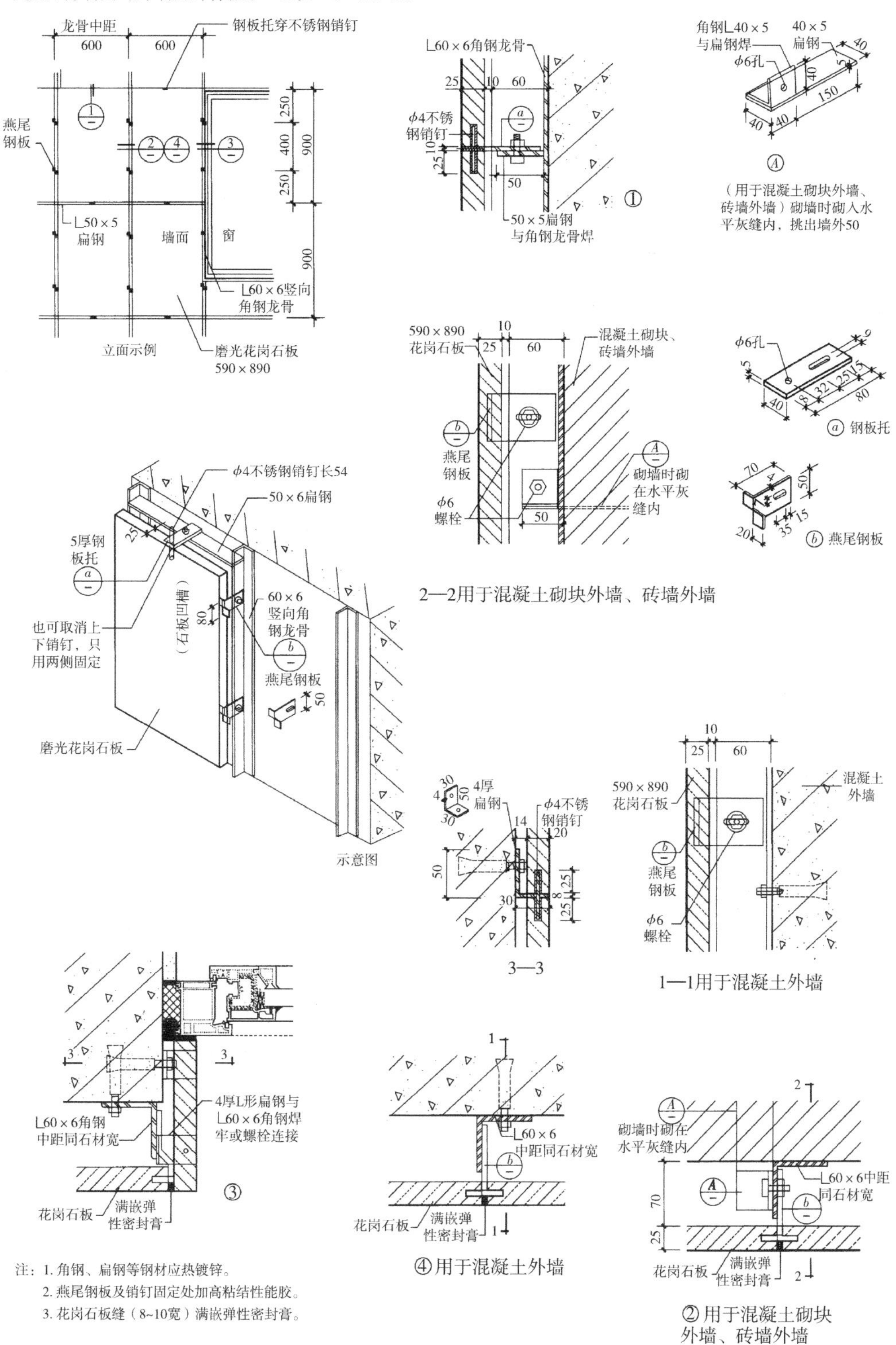

注：1. 角钢、扁钢等钢材应热镀锌。
2. 燕尾钢板及销钉固定处加高粘结性能胶。
3. 花岗石板缝（8~10宽）满嵌弹性密封膏。

图 3-17 无保温干挂墙柱面的构造

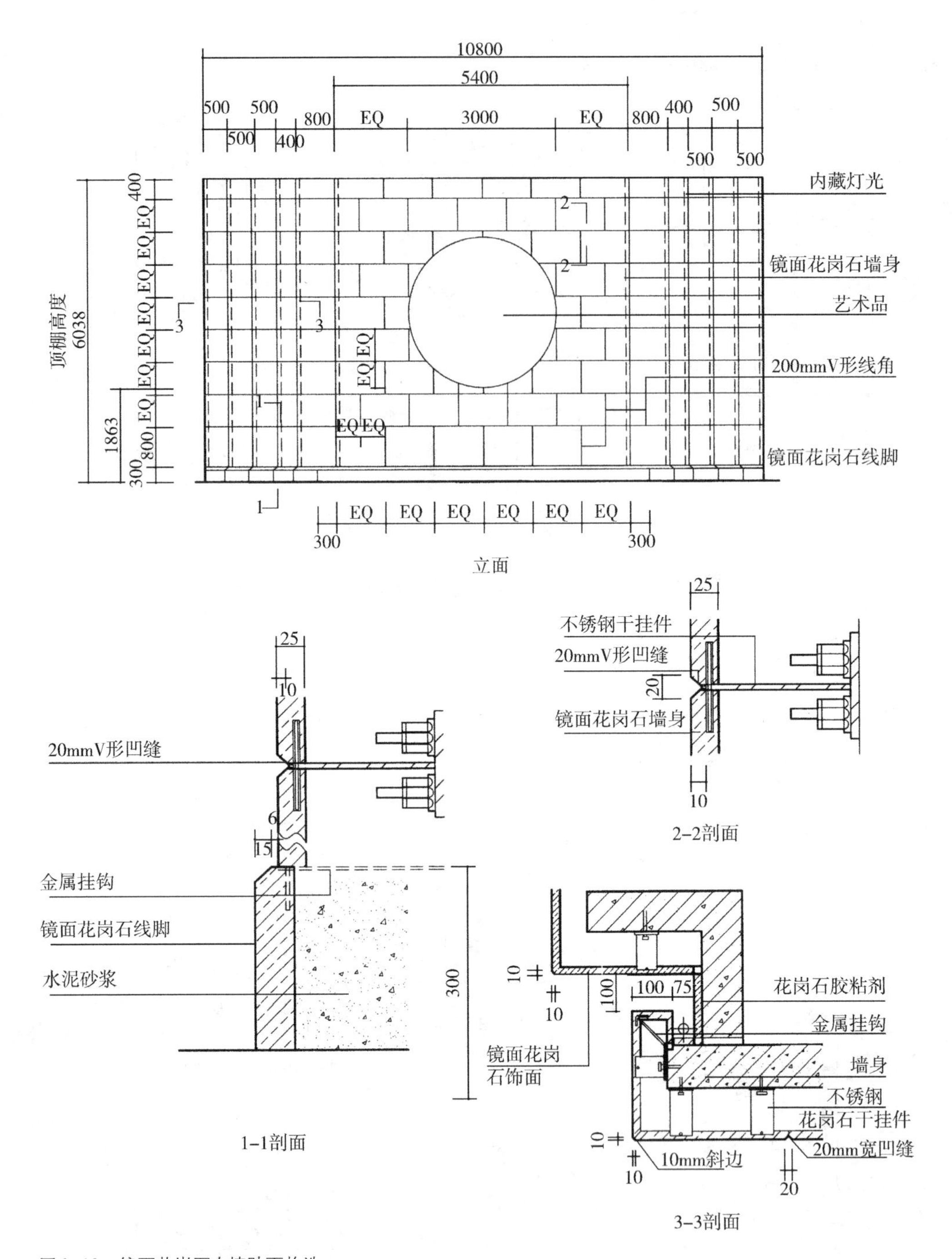

图 3-18 镜面花岗石内墙贴面构造

3.2.2 贴面类墙柱面材料

1. 材料检索

贴面类墙柱面工程常用材料有：

1）陶瓷材料，详见材料检索 6 – 建筑陶瓷。

2）饰面石材，详见材料检索 5 – 石材。

3）饰面板材，详见材料检索9－饰面材料。

4）龙骨材料，详见材料检索3－木材、材料检索4－金属。

2. 材料要求

内墙贴面材料要求见表3-4。

内墙贴面材料要求表　　　　表3-4

序号	材料	要　求（mm）
1	水泥	水泥32.5或42.5级矿渣水泥或普通硅酸盐水泥，应有出厂证明或复验合格试单，若出厂日期超过三个月而且水泥已结有小块的不得使用；白水泥应为32.5级以上的，并符合设计和规范质量标准的要求
2	砂子	中砂，粒径为0.35～0.5，黄色河砂，含泥量不大于3%，颗粒坚硬、干净，无有机杂质，用前过筛，其他应符合规范的质量标准
3	面砖	面砖的表面应光洁、方正、平整、质地坚固，其品种、规格、尺寸、色泽、图案应均匀一致，必须符合设计规定。不得有缺棱、掉角、暗痕和裂纹等缺陷。其性能指标均应符合现行国家标准的规定，釉面砖的吸水率不得大于10%

外墙贴面材料要求见表3-5。

外墙贴面材料要求表　　　　表3-5

序号	材料	要　求（mm）
1	水泥	硅酸盐水泥、普通硅酸盐水泥和矿渣硅酸盐水泥强度等级不得低于32.5。严禁不同品种、不同强度等级的水泥混用。水泥进场应有产品合格证和出厂检验报告，进场后应进行取样复试。其质量应符合现行国家标准《硅酸盐水泥、普通硅酸盐水泥》GB 175规定。当对水泥质量有怀疑或水泥出厂超过3个月时，在使用前应进行复试，并按复试结果使用
2	白水泥	白色硅酸盐水泥强度等级不小于32.5，其质量应符合现行国家标准《白色硅酸盐水泥》GB 2015的规定
3	砂子	宜采用平均粒径为0.35～0.5的中砂，含泥量不大于3%，用前过筛，筛后保持洁净
4	面砖	面砖外观不得有色斑、缺棱、掉角和裂纹等缺陷。其品种、规格、尺寸、色泽、图案应符合设计规定。其性能指标应符合国家标准《干压陶瓷砖》GB/T 4100·1～4的规定，面砖的吸水率不得大于8%。一般规格为：200×100×12、150×75×12、75×75×8、108×108×8

续表

序号	材料	要　求（mm）
5	石灰膏	选用成品石灰膏，熟化期不应少于15d
6	生石灰粉	磨细生石灰粉，其细度应通过4900孔/cm^2。用前应用水浸泡，其时间不少于3d
7	粉煤灰	细度过0.08mm筛，筛余量不大于5%
8	界面胶粘剂	采用的界面剂应符合现行地方标准《建筑用界面剂应用技术规程》DBJ 01—40，应有合格证、使用说明书，并符合环保要求
9	胶粉胶粘剂、勾缝剂	应有出厂合格证、性能检测报告和使用说明书

3.2.3 内墙贴面施工工艺

1. 技术准备

编制室内贴面砖工程施工方案，并对工人进行书面技术及安全交底。

2. 机具准备

内墙贴面施工机具设备见表3-6。

内墙贴面施工机具设备表　　表3-6

序号	分类	名　称
1	机械	砂浆搅拌机、瓷砖切割机、手电钻、冲击电钻
2	工具	铁板、阴阳角抹子、铁皮抹子、木抹子、托灰板、木刮尺、小铁锤、木槌、錾子、垫板、小白线、开刀、墨斗、小线坠、小灰铲、钉子、红铅笔、工具袋
3	计量检测用具	方尺、铁制水平尺、卷尺

3. 作业条件准备

1）墙顶抹灰完毕，做好墙面防水层、保护层和地面防水层、混凝土垫层。

2）搭设双排架子或钉高马凳，横竖杆及马凳端头应离开墙面和门窗角150～200mm。架子的步高和马凳高、长度要符合施工要求和安全操作规程。

3）安装好门窗框扇，隐蔽部位的防腐、填嵌应处理好，并用1∶3水泥砂浆将门窗框、洞口缝隙塞严实，铝合金、塑料门窗、不锈钢门等框边缝所用嵌塞材料及密封材料应符合设计要求，且应塞堵密实，并事先粘贴好保护膜。

4）脸盆架、镜卡、管卡、水箱、燃气等应埋设好防腐木砖、位置正确。

5）按面砖的尺寸、颜色进行选砖，并分类存放备用。

6）统一弹出墙面上+50cm水平线，大面积施工前应先放大样，并做出样板墙，确定施工工艺及操作要点，并向施工人员做交底工作。样板墙完成后必须经质检部门鉴定合格后，还要经过设计、甲方和施工单位共同认定验收，方可组织班组按照样板墙壁要求施工。

7）系统管、线、盒等安装完后并验收。

8）室内温度应在5℃以上。

4. 施工流程和工艺

内墙贴面施工流程和工艺见表3-7。

内墙贴面施工流程和工艺表　　表3-7

工序	施工流程	施工要求
1	准备	①找平。在清理干净的墙柱面找平层上，依照室内标准水平线找出地面标高，按贴砖的面积计算纵横皮数，用水平尺找平 ②弹线。弹出釉面砖的水平和垂直控制线 ③排砖。如用阴阳三角镶边时，则将镶边位置预先分配好。纵向不足整块的部分，留在最下一皮与地面连接处 ④设标志块。粘贴饰面砖时，应先贴若干块废饰面砖作为标志块，上下用托线板挂直，作为粘贴厚度的依据，横向每隔1.5m左右做一个标志块，用拉线或靠尺校正平整度 ⑤镶边。在门洞口或阳角处，如有阴三角条镶边时，则应将尺寸留出，先铺贴一侧的墙柱面，并用托线板校正靠直，如无镶边，则应双面挂直
2	粘贴	①靠尺。按地面水平线嵌上一根八字靠尺或直尺，用水平尺校正，作为第一行釉面砖水平方向的依据。粘贴时，釉面砖的下口坐在八字靠尺或直靠尺上，这样可防止釉面砖因自重向下滑移，以确保其铺贴横平竖直。墙柱面与地面的相交处有阴三角条镶边时，需将阴三角条的位置留出后，方可放置八字靠尺或直靠尺 ②粘贴。粘贴饰面砖宜从阳角处开始，并由下往上进行。铺贴时应保持与相邻饰面砖的平整。如因釉面砖的规格尺寸或几何形状不等时，应在粘贴时随时调整，使缝隙宽窄一致 ③切割。制作非整砖块时，可根据所需要的尺寸划痕，用合金钢錾手工切割，折断后在磨石上磨边，也可采用台式无齿锯或电热切割器等切割 ④处理孔洞。如墙柱面留有孔洞，应将釉面砖按孔洞尺寸位置用陶瓷铅笔划好，然后将瓷砖用切砖刀裁切，或用胡桃钳将局部钳去
3	整理	①擦洗。用清水将釉面砖表面擦洗干净 ②清理。接缝处用圆钉或小钢锯条将缝内残余砂浆划出，注意划缝应在砂浆凝固前进行 ③压嵌。用白水泥浆擦满，压嵌密实，并将釉面砖表面擦净 ④除污。全部完工后，要根据不同污染情况，用棉丝或用稀盐酸刷洗，随后用清水冲净
4	镶边	镶边条的粘贴按以下顺序，使阴（阳）三角条比较容易与墙柱面吻合 ①粘贴一侧墙柱面釉面砖 ②粘贴阴（阳）三角条 ③粘另一侧墙柱面釉面砖

5. 施工注意要点

1）控制线准确。控制线必须准确，经复验后方可进行下道工序。

2）基层处理完善。基层处理抹灰前，墙面必须清扫干净，浇水湿润；基层抹灰必须平整；贴砖应平整牢固，砖缝应均匀一致。

3）严格分层抹灰。在抹底层灰时，根据不同基体采取分层分遍抹灰方法，并严格配合比计量，掌握适宜的砂浆稠度，按比例加界面剂胶，使各灰层之间粘结牢固。

4）注意及时洒水养护。冬期施工时，应做好防冻保温措施，以确保砂浆不受冻，其室内温度不得低于5℃，但寒冷天气不得施工。防止空鼓、脱落和裂缝。

5）检查基层尺寸。结构施工期间，控制好尺寸。外墙面要垂直、平整，应加强对基层打底工作的检查，合格后方可进行下道工序。

6）符合设计要求。施工前认真按照图纸尺寸，核对结构施工的实际情况，加上分段分块弹线、排砖要细，贴灰饼控制点要符合要求。

6. 成品保护

1）要及时擦干净残留在门框上的砂浆。

2）铝合金等门窗宜粘贴保护膜，预防污染、锈蚀，施工人员应加以保护，不得碰坏。

3）认真贯彻合理的施工顺序，水、电、通风、设备安装等工作应做在前面，防止损坏面砖。

4）油漆粉刷不得将油漆喷滴在已贴完的饰面砖上，如果面砖上部为涂料，宜先做涂料，然后贴面砖，以免污染墙面。若需先做面砖时，完工后必须采取贴纸或塑料薄膜等措施，防止污染。

5）各抹灰层在凝结前应防止风干、水冲和振动，以保证各层有足够的强度。

6）搬、拆架子时注意不要碰撞墙面。

7）装饰材料和饰件以及饰面的构件，在运输、保管和施工过程中，必须采取措施防止损坏。

3.2.4 外墙贴面施工工艺

1. 技术准备

1）熟悉施工图纸及设计说明，根据现场施工条件进行必要的测量放线，对各个标高、各种洞口的尺寸、位置进行校核。发现问题及时向设计提出，并办理洽商变更手续，把问题解决在施工前。

2）编制施工组织方案，并经审批。

3）按设计要求对各立面分格及安装节点（如门套、柱根、柱头、阴阳角对接方法、粘贴工艺等）进行深化设计，绘制大样图，经设计、监理、建设单位确认后，委托订货。为防止不同批次的面砖出现色差，订货时应一次订足，留出适当的备用量。

4）面砖供货到场后，按订货合同的规定进行材料进场检验，按不同规格、品种、花色分类码放，并送样进行面砖的吸水率、抗冻性指标的复验。

5）施工前先按照大样图做样板，并对样板的面砖粘结强度进行检测。粘结强度应符合国家现行标准《建筑工程饰面砖粘结强度检验标准》JGJ 110—2008的规定。样板经监理、建设单位检验合格并签认后，对操作人员进行安全技术交底。

6）按照深化设计，将各个面的面砖进行预排，调整排列方式、纹理和色块的位置，然后按规格、颜色和粘贴顺序码放整齐，为施工做好准备。

2. 机具准备

外墙贴面施工机具设备见表3-8。

外墙贴面施工机具设备　　表3-8

序号	分类	名　　称
1	机械	砂浆搅拌机、切割机、无齿锯、云石机、磨光机、角磨机、手提切割机等
2	工具	手推车、平锹、铁板、筛子（孔径5mm）、窗纱筛子、大桶、灰槽、水桶、木抹子、铁抹子、刮杠（大、中、小）、灰勺、米厘条、毛刷、钢丝刷、扫帚、小灰铲、勾缝溜子、勾缝托灰板、錾子、橡皮锤、小白线、钢丝、钉子、墨斗、红蓝铅笔、多用刀等
3	计量检测用具	水准仪、经纬仪、水平尺、磅秤、量筒、托线板、钢尺、靠尺、方尺、塞尺、托线板、线坠等
4	安全防护用品	安全帽、安全带、护目镜、手套等

3. 作业条件

1）主体结构施工完成后经检验合格。

2）面砖及其他材料已进场，经检验其质量、规格、品种、数量、各项性能指标应符合设计和规范要求，并经检验复试合格。

3）各种专业管线、设备、预留预埋件已安装完成，经检验合格并办理交接手续。

4）门、窗框已安装完成，嵌缝符合要求，门窗框已贴好保护膜，栏杆、预留孔洞及落水管预埋件等已施工完毕，且均通过检验，质量符合要求。

5）施工所需的脚手架已经搭设完，垂直运输设备已安装好，符合使用要求和安全规定，并经检验合格。

6）施工现场所需的临时用水、用电，各种工、机具准备就绪。

7）各控制点、水平标高控制线测设完毕，并经预检合格。

4. 施工流程和工艺

外墙贴面施工流程和工艺见表3-9。

外墙贴面施工流程和工艺表　　表3-9

工序	施工流程	施工要求
1	准备	①排砖、分格。排砖应按设计要求和施工样板进行，并确定其接缝宽度和分格，排砖宜使用整砖。对必须使用非整砖的部位，非整砖宽度不宜小于整砖宽度的1/3 ②弹线。排完砖后，即弹出控制线，做出标记。用面砖做灰饼，找出墙柱面、柱面、门窗套等横竖标准，阳角处要双面排直，灰饼间距不应大于1.5m

续表

工序	施工流程	施工要求
2	粘贴	①顺序。面砖宜自上而下粘贴。对多层、高层建筑应以每一楼层层次为界，完成一个层次再做下一个层次 ②粘贴。粘贴时在面砖背后满抹粘结砂浆（粘结层厚度宜为4～8mm），粘贴后用小铲把轻轻敲击，使之与基层粘结牢固，并用靠尺方尺随时找平找方。贴完一皮后须将砖上口灰刮平，每日下班前须清理干净。在与抹灰交接的门窗套、窗间墙、柱等处应先抹好底子灰，然后粘贴面砖。面砖与抹灰交接处做法可按设计要求处理
3	收口	①勾缝。在面砖粘贴完成一定流水段落后，立即勾缝。勾缝应按设计要求的材料和深度进行（当设计无要求时，可用1∶1水泥砂浆勾缝，砂子需过窗纱筛）。勾缝应按先水平后垂直的顺序进行，应连续、平直、光滑、无裂纹、无空鼓 ②检查。与预制构件一次成型的外墙饰面砖工程，应按设计要求铺砖、接缝。饰面砖不得有开裂和残缺，接缝要横平竖直 ③清理。饰面砖工程完工后，应及时将表面清理干净

5. 施工注意要点

1）安装前应对面砖进行挑选，规格、色差相差太大者剔除不用。

2）施工中严格按控制线留缝，贴彩色砖时，确保面砖缝宽窄一致、缝隙通顺均匀，面砖的颜色协调。

3）基层处理应认真，每层抹灰的时间间隔应严格控制，并进行洒水养护，在凝结前应防止暴晒、雨淋、水冲、撞击和振动，防止因各层之间的粘结强度不够而影响面层质量。

4）面砖粘贴砂浆应饱满，面砖勾缝应严密。避免雨水渗入后的冻融作用破坏粘结层。

5）施工时严格按工艺要求操作，粘贴砂浆未终凝前不得碰撞刚贴好的面砖，避免因粘结砂浆未终凝而使面砖发生位移或错动，出现接缝不平、不直，表面高低差过大等问题。缝应切透基层抹灰，并用弹性嵌缝材料填塞严密。防止因温度变化而产生裂缝，使面砖脱落。

6）面砖粘贴施工过程中，应及时清除面砖表面的灰浆，避免凝固后难于清除造成污染。

6. 成品保护

1）面砖进场后，应在专用场地堆放。存放、搬运过程中不得划伤面砖表面。

2）面砖镶贴过程中，应注意保护与面砖交界的门窗框、玻璃和金属饰面板。宜在门窗框、玻璃和金属饰面板上粘贴保护膜，防止交叉污染、损坏。

3）若有电焊交叉作业时，应对施工完的面砖进行覆盖保护，以防电火花烧伤面砖表面。

4）合理安排施工工序，避免工序倒置。应在专业设备、管线安装完成后再贴面砖，防止损坏、污染面砖墙面。

5）翻、拆脚手架和向架子上运料时，严禁碰撞已施工完的墙面面砖。

6）墙面面砖施工完成后，首层宜采用三合板或其他材料进行全面围挡，容易碰触到的口、角部位，应使用木板钉成护角保护，并悬挂警示标志。其他工种作业时，注意不得损伤、碰撞和污染面砖表面。

7）勾缝、擦缝、清理面砖墙面时，必须注意防止利器划伤面砖表面。

3.2.5 质量检验

1. 说明

本规范适用于内墙饰面砖粘贴工程和高度不大于100m、抗震设防烈度不大于8°、采用满粘法施工的外墙柱面砖粘贴工程的质量验收。

2. 质量标准

外墙柱面砖粘贴工程的质量验收标准见表3-10，饰面板粘贴的允许偏差和检验方法见表3-11。

外墙柱面砖粘贴工程的质量验收表　　表3-10

序号	分项	质量标准
1	主控项目	①饰面砖的品种、规格、图案、颜色和性能应符合设计要求 检验方法：观察；检查产品合格证书、进场验收记录、性能检测报告和复验报告 ②饰面砖粘贴工程的找平、防水、粘结和勾缝材料及施工方法应符合设计要求及国家现行产品标准和工程技术标准的规定 检验方法：检查产品合格证书、复验报告和隐蔽工程验收记录 ③饰面砖粘贴必须牢固 检验方法：检查样板件粘结强度检测报告和施工记录 ④满粘法施工的饰面砖工程无空鼓、裂缝 检验方法：观察；用小锤轻击检查
2	一般项目	①饰面砖表面应平整、洁净、色泽一致，无裂痕和缺损 检验方法：观察 ②阴阳角表面搭接方式、非整砖使用部位应符合设计要求 检验方法：观察 ③墙柱面突出物周围的饰面砖应整砖套割吻合，边缘应整齐。墙裙、贴脸突出墙柱面的厚度应一致 检验方法：观察；尺量检查 ④饰面砖接缝应平直、光滑，填嵌应连续、密实；宽度和深度应符合设计要求 检验方法：观察；尺量检查 ⑤有排水要求的部位应做滴水线（槽）。滴水线（槽）应顺直，流水坡向应正确，坡度应符合设计要求 检验方法：观察；用水平尺检查 ⑥饰面板粘贴的允许偏差和检验方法应符合表3-11的规定

饰面板粘贴的允许偏差和检验方法　　表3-11

项目	允许偏差（mm）		检验方法
	外墙柱面砖	内墙柱面砖	
立面垂直度	3	2	用2m垂直检测尺检查

续表

项目	允许偏差（mm）		检验方法
	外墙柱面砖	内墙柱面砖	
表面平整度	4	3	用2m靠尺和塞尺检查
阴阳角方正	3	3	用直角检测尺检查
接缝直线度	3	2	拉5m线，不足5m拉通线，用钢直尺检查
接缝高低差	1	0.5	用钢直尺和塞尺检查
接缝宽度	1	1	用钢直尺检查

3.3 涂刷类墙柱面材料、构造、施工、检验

3.3.1 构造

涂刷类饰面辨识：在墙柱面基层上，经批刮腻子处理使墙柱面平整，然后涂刷选定的建筑涂料所形成的一种饰面。图3-19是北京地铁某站台采用的涂刷类墙面效果，没有任何拼缝，非常整体。

涂刷类饰面优缺点见表3-12。

图3-19　北京地铁某站台采用的涂刷类墙面

涂刷类饰面优缺点表　　表3-12

优点	缺点
①涂刷类饰面工效高、工期短、材料用量少、自重轻、造价低、维修更新方便 ②涂刷类饰面材料色彩丰富，品种繁多，为建筑装饰设计提供灵活多样的表现手段	①涂刷类饰面的耐久性略差 ②涂料所形成的涂层薄且平滑，即使采用厚涂料，或拉毛做法，也只能形成微弱的小毛面，不能形成凹凸程度较大的粗糙质感表面

所以，涂刷类饰面的装饰作用主要在于改变墙柱面色彩，而不在于改善质感。涂刷类饰面的涂层构造，一般可分为三层即底层、中间层和面层，详见表3-13。

涂刷类饰面构造表　　表3-13

构造	说明	主要功能
底层	在满刮腻子找平的基层上直接涂刷，是整个涂层构造中的底层	①增加涂层与基层之间的粘结力 ②清理基层表面的灰尘，使部分悬浮的灰尘颗粒固定于基层 ③具有基层封闭剂（封底）的作用，可以防止木脂、水泥砂浆抹灰层中的可溶性盐等物质渗出表面，造成对涂饰饰面的破坏
中层	整个涂层构造中的成型层	①通过适当的施工工艺，形成具有一定厚度的、匀实饱满的涂层，达到保护基层和形成所需要的装饰效果的目的 ②中间层的质量可以保证涂层的耐久性、耐水性和强度，在某些情况下还对基层起到补强的作用
面层	整个涂层构造中的表面层	①体现涂层的色彩和光感，提高饰面层的耐久性和耐污染能力 ②面层最低限度应涂刷两遍，以保证涂层色彩均匀，满足耐久性、耐磨性等方面的要求

3.3.2 材料

1. 材料检索

贴面类墙体饰面是将大小不同的块材通过构造连接镶贴于墙体表面形成的墙体饰面。常用材料有涂刷材料，详见材料检索 10 – 建筑涂料。

2. 材料要求

混凝土及抹灰面乳液涂料施工工艺材料要求见表 3–14。

混凝土及抹灰面乳液涂料施工工艺材料要求表　　　　表 3–14

序号	材料	要求
1	涂料	丙烯酸合成树脂乳液涂料、抗碱封闭底漆。其品种、颜色应符合设计要求，并应有产品合格证和检测报告
2	辅料	成品腻子、石膏、界面剂应有产品合格证。厨房、厕所、浴室必须使用耐水腻子

3.3.3 施工工艺

本工艺适用于建筑工程中室内混凝土、水泥砂浆、水泥混合砂浆抹灰面涂刷乳液涂料的施工。

1. 技术准备

1）施工前主要材料应经监理、建设单位验收并封样。

2）根据设计要求调色，确定色板并封样。

3）施工前先做样板，经设计、监理、建设单位及有关质量部门验收后，再大面积施工。

4）对操作人员进行安全技术交底。

2. 机具准备

涂刷类墙柱面机具设备见表 3–15。

涂刷类墙柱面机具设备表　　　　表 3–15

序号	分类	名称
1	机械	涂料搅拌器、喷枪、气泵等
2	工具	开刀、胶皮刮板、钢片刮板、腻子托板、扫帚、小桶、大桶、排笔、刷子、辊子、砂纸、擦布、80 目铜丝筛等
3	计量检测用具	量筒、钢尺、靠尺、线坠、含水率检测仪等
4	安全防护用品	工作帽、护目镜、口罩、乳胶手套、呼吸保护器等

3. 作业条件

1）各种孔洞修补及抹灰作业全部完成，验收合格。

2）门窗玻璃安装、管道设备试压及防水工程完毕并验收合格。

3）基层应干燥，含水率不大于 10%。

4）施工环境清洁、通风、无尘埃，作业面环境温度应在5～35℃。

4. 施工流程和工艺

涂刷施工流程和工艺见表3-16。

涂刷施工流程和工艺表　　表3-16

序号	施工流程	施工要求
1	基层处理	①新建筑物的混凝土或抹灰基层表面在涂料涂刷前，应先涂刷抗碱封闭底漆 ②旧墙柱面在涂料涂刷前，应清除疏松的旧装饰层并涂刷界面剂 ③混凝土或抹灰基层涂刷溶剂型涂料时，含水率不得大于8%；涂刷乳液型涂料时，含水率不得大于10%。木材基层的含水率不得大于12% ④基层腻子应平整、坚实、牢固，无粉化、无起皮、无裂缝；内墙腻子的粘结强度应符合《建筑室内用腻子》JG/T 298－2010的规定 ⑤厨房、卫生间、浴室墙柱面必须使用耐水腻子
2	嵌、刮腻子、磨砂纸	①嵌、刮腻子要控制遍数 ②嵌刮前表面的麻面、蜂窝、残缺处要填补好 ③打磨平整、光滑
3	封底涂料	封底漆必须在干燥、清洁、牢固的表面上进行，可采用喷涂或滚涂的方法施工，涂层必须均匀，不可漏涂
4	饰面涂料	涂饰面层涂料按涂刷顺序涂刷均匀，用力轻而匀，表面清洁干净
5	清理验收	执行各类涂料涂饰工程的质量验收标准

5. 施工注意问题

1）保持涂料的稠度，不可加水过多，防止因漆膜薄造成透底。

2）涂刷时应上下刷顺，后一排笔紧接前一排笔，不可使间隔时间过长，大面积涂刷时，应配足人员，互相衔接，防止涂饰面出现色差。

3）排笔蘸涂料量应适当，多理多顺，防止刷纹过大。涂刷时用力均匀，起落要轻，不能越线，避免涂饰面分色线不整齐。

4）施工前应认真划好分色线，沿线粘贴美纹纸。

5）涂刷带颜色的涂料时，保证独立面每遍用同一批涂料，一次用完，确保颜色一致。

6）涂刷前应做好基层清理，有油污处应清理干净，含水率不得大于10%，防止起皮、开裂等现象。

6. 成品保护

1）涂刷前清理好周围环境，防止尘土飞扬，影响涂饰质量。

2）涂刷前，应对室内外门窗、玻璃、水暖管线、电气开关盒、插座和灯座及其他设备不刷浆的部位、已完成的墙或地面面层等处采取可靠遮盖保护措施，防止造成污染。

3）为减少污染，应事先将门窗四周用排笔刷好后，再进行大面积施涂。

4）移动涂料桶等施工工具时，严禁在地面上拖拉。

5）拆架子或移动高凳应注意保护好涂刷的墙面。

6）漆膜干燥前，应防止尘土沾污和热气侵袭。

3.3.4 质量检验

1. 说明

1）本规范适用于水性涂料涂饰、溶剂型涂料涂饰、美术涂饰等分项工程的质量验收。

2）检查数量应符合下列规定：

（1）室外涂饰工程每 $100m^2$ 应至少检查一处，每处不得小于 $10m^2$。

（2）室内涂饰工程每个检验批应至少抽查10%，并不得少于3间；不足3间时应全数检查。

2. 质量标准

1）水性涂料涂饰工程涂刷类墙柱面质量验收。本规范适用于乳液型涂料、无机涂料、水溶性涂料等水性涂料涂饰工程的质量验收。水性涂料涂饰工程的质量验收标准见表3-17。

水性涂料涂饰工程质量验收表　　表3-17

序号	分项	质量标准
1	主控项目	①水性涂料涂饰工程所用涂料的品种、型号和性能应符合设计要求 检验方法：检查产品合格证书、性能检测报告和进场验收记录 ②水性涂料涂饰工程的颜色、图案应符合设计要求 检验方法：观察 ③水性涂料涂饰工程应涂饰均匀、粘结牢固，不得漏涂、透底、起皮和掉粉 检验方法：观察；手摸检查 ④水性涂料涂饰工程的基层处理应符合3.2.3第3点作业条件准备的要求 检验方法：观察；手摸检查；检查施工记录
2	一般项目	①薄涂料的涂饰质量和检验方法应符合表3-18的规定（见下表3-18）

薄涂料的涂饰质量和检验方法　　表3-18

项次	项目	普通涂饰	高级涂饰	检验方法
1	颜色	均匀一致	均匀一致	观察
2	泛碱、咬色	允许少量轻微	不允许	
3	流坠、疙瘩	允许少量轻微	不允许	
4	砂眼、刷纹	允许少量轻微砂眼，刷纹通顺	无砂眼，无刷纹	
5	装饰线、分色线直线度允许偏差（mm）	2	1	拉5m线，不足5m拉通线，用钢直尺检查

续表

<table>
<tr><th>序号</th><th>分项</th><th>质量标准</th></tr>
<tr><td>2</td><td>一般项目</td><td>
②厚涂料的涂饰质量和检验方法应符合表 3-19 的规定
厚涂料的涂饰质量和检验方法　　　表 3-19
<table>
<tr><th>项次</th><th>项口</th><th>普通涂饰</th><th>高级涂饰</th><th>检验方法</th></tr>
<tr><td>1</td><td>颜色</td><td>均匀一致</td><td>均匀一致</td><td rowspan="3">观察</td></tr>
<tr><td>2</td><td>泛碱、咬色</td><td>允许少量轻微</td><td>不允许</td></tr>
<tr><td>3</td><td>点状分布</td><td></td><td>疏密均匀</td></tr>
</table>
③复层涂料的涂饰质量和检验方法应符合下表 3-20 的规定
复层涂料的涂饰质量和检验方法　　　表 3-20
<table>
<tr><th>项次</th><th>项目</th><th>质量要求</th><th>检验方法</th></tr>
<tr><td>1</td><td>颜色</td><td>均匀一致</td><td rowspan="3">观察</td></tr>
<tr><td>2</td><td>泛碱、咬色</td><td>不允许</td></tr>
<tr><td>3</td><td>喷点疏密程度</td><td>均匀，不允许连片</td></tr>
</table>
④涂层与其他装修材料和设备衔接处应吻合，界面应清晰
检验方法：观察
</td></tr>
</table>

2）溶剂型涂料涂饰工程涂刷类墙柱面的质量验收。本规范适用于丙烯酸酯涂料、聚氨酯丙烯酸涂料、有机硅丙烯酸涂料等溶剂型涂料涂饰工程的质量验收。溶剂型涂料涂饰工程的质量验收标准见表 3-21。

溶剂型涂料涂饰工程质量验收表　　　表 3-21

<table>
<tr><th>序号</th><th>分项</th><th>质量标准</th></tr>
<tr><td>1</td><td>主控项目</td><td>
①溶剂型涂料涂饰工程所选用涂料的品种、型号和性能应符合设计要求
检验方法：检查产品合格证书、性能检测报告和进场验收记录
②溶剂型涂料涂饰工程的颜色、光泽、图案应符合设计要求
检验方法：观察
③溶剂型涂料涂饰工程应涂饰均匀、粘结牢固，不得漏涂、透底、起皮和反锈
检验方法：观察；手摸检查
④溶剂型涂料涂饰工程的基层处理应符合 3.2.3 第 3 点作业条件准备的要求
检验方法：观察；手摸检查；检查施工记录
</td></tr>
<tr><td>2</td><td>一般项目</td><td>
①色漆的涂饰质量和检验方法应符合表 3-22 的规定
色漆的涂饰质量和检验方法　　　表 3-22
<table>
<tr><th>项次</th><th>项目</th><th>普通涂饰</th><th>高级涂饰</th><th>检验方法</th></tr>
<tr><td>1</td><td>颜色</td><td>均匀一致</td><td>均匀一致</td><td>观察</td></tr>
</table>
</td></tr>
</table>

续表

<table>
<tr><th>序号</th><th>分项</th><th>质量标准</th></tr>
<tr><td>2</td><td>一般项目</td><td>
续表
<table>
<tr><th>项次</th><th>项目</th><th>普通涂饰</th><th>高级涂饰</th><th>检验方法</th></tr>
<tr><td>2</td><td>光泽、光滑</td><td>光泽基本均匀
光滑无挡手感</td><td>光泽均匀
一致光滑</td><td>观察、手摸检查</td></tr>
<tr><td>3</td><td>刷纹</td><td>刷纹通顺</td><td>无刷纹</td><td>观察</td></tr>
<tr><td>4</td><td>裹棱、流坠、皱皮</td><td>明显处不允许</td><td>不允许</td><td>观察</td></tr>
<tr><td>5</td><td>装饰线、分色线直线度允许偏差（mm）</td><td>2</td><td>1</td><td>拉5m线，足5m拉通线，用钢直尺检查</td></tr>
</table>
注：无光色漆不检查光泽。
②清漆料的涂饰质量和检验方法应符合表3-23的规定
清漆料的涂饰质量和检验方法　　表3-23
<table>
<tr><th>项次</th><th>项目</th><th>普通涂饰</th><th>高级涂饰</th><th>检验方法</th></tr>
<tr><td>1</td><td>颜色</td><td>基本一致</td><td>均匀一致</td><td>观察</td></tr>
<tr><td>2</td><td>木纹</td><td>棕眼刮平、
木纹清楚</td><td>棕眼刮平、
木纹清楚</td><td>观察</td></tr>
<tr><td>3</td><td>光泽、光滑</td><td>光泽基本均匀
光滑无挡手感</td><td>光泽均匀
一致光滑</td><td>观察、手摸检查</td></tr>
<tr><td>4</td><td>刷纹</td><td>无刷纹</td><td>无刷纹</td><td>观察</td></tr>
<tr><td>5</td><td>裹棱、流坠、皱皮</td><td>明显处不允许</td><td>不允许</td><td>观察</td></tr>
</table>
③涂层与其他装修材料和设备衔接处应吻合，界面应清晰
检验方法：观察
</td></tr>
</table>

3）美术涂饰工程。本规范适用于套色涂饰、滚花涂饰、仿花纹涂饰等室内外美术涂饰工程的质量验收。美术料涂饰工程的质量验收标准见表3-24。

美术料涂饰工程质量验收表　　表3-24

序号	分项	质量标准
1	主控项目	①美术涂饰所用材料的品种、型号和性能应符合设计要求 检验方法：观察；检查产品合格证书、性能检测报告和进场验收记录 ②美术涂饰工程应涂饰均匀、粘结牢固，不得漏涂、透底、起皮、掉粉和反锈 检验方法：观察；手摸检查 ③美术涂饰工程的基层处理应符合3.2.3第3点作业条件准备的要求 检验方法：观察；手摸检查；检查施工记录 ④美术涂饰的套色、花纹和图案应符合设计要求 检验方法：观察
2	一般项目	—

3.4 裱糊类墙柱面构造、材料、施工、检验

3.4.1 构造

裱糊类墙柱面是指用卷材类饰面材料，通过裱糊或铺钉等方式覆盖在墙柱体外表面而形成的一种内墙柱面饰面。裱糊类墙柱面的构造是将各种墙（壁）纸、布作为面层，均匀、平整、美观地粘贴在具有一定强度、平整光洁的基层上。如水泥砂浆、混合砂浆、混凝土墙体、石膏板等基层。图 3-20 是裱糊类中裱糊壁纸的构造实例，裱糊壁纸经常与镶贴类构造搭配使用。

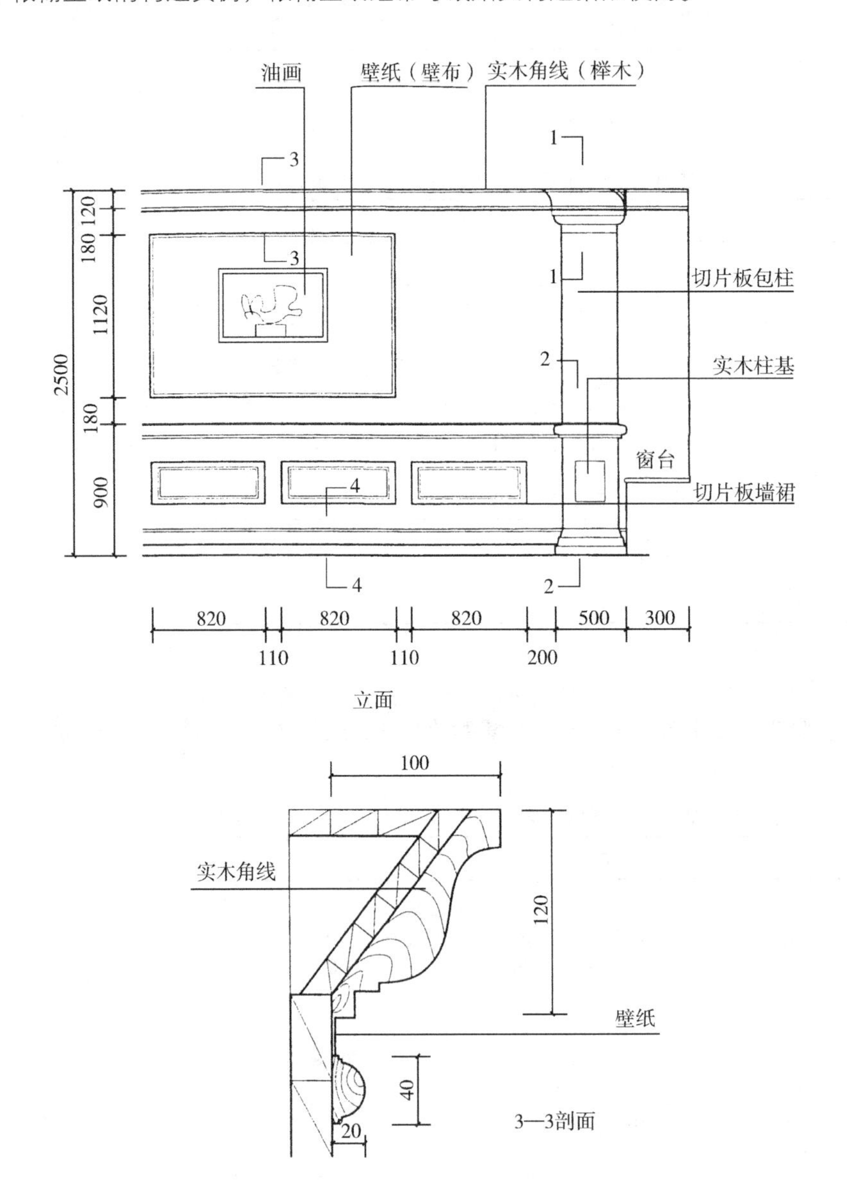

图 3-20　裱糊壁纸的构造实例

3.4.2　材料

1. 材料检索

裱糊类墙柱面装饰装修，经常使用的饰面卷材有壁纸、壁布、皮革、微薄木等。详见材料检索9－饰面材料。

2. 材料要求

裱糊类墙柱面材料要求见表3-25。

裱糊类墙柱面材料要求表　　表3-25

序号	材料	要求
1	壁纸、壁布	品种、规格、图案、颜色应符合设计要求，应有产品合格证和环保及燃烧性能检测报告
2	壁纸、壁布专用胶粘剂、嵌缝腻子、玻璃丝网格布、清漆	应有产品合格证和环保检测报告

3.4.3　施工工艺

本工艺适用于建筑工程中室内墙面、顶棚等的裱糊施工。

1. 技术准备

1）所有材料进场时由技术、质量和材料人员共同进行检验。主要材料还应由监理、建设单位确认。

2）熟悉图纸，理解设计意图，对施工人员进行安全技术交底。

3）大面积施工前应先做样板间，经验收合格后方可组织裱糊工程施工。

2. 机具准备

裱糊施工机具设备见表3-26。

裱糊施工机具设备见表　　表3-26

序号	分类	名称
1	工具	裁纸工作台、壁纸刀、白毛巾、塑料桶、塑料盆、油工刮板、拌腻子槽、压辊、开刀、毛刷、排笔、擦布或棉丝、粉线包、小白线、托线板、锤子、铅笔、砂纸、扫帚等
2	计量检测用具	钢板尺、水平尺、钢尺、托线板、线坠等

3. 作业条件

1）墙面、顶棚抹灰已完成。其表面平整度、立面垂直度及阴阳角方正等，应达到高级抹灰的要求，且含水率不得大于8%，木材制品含水率不得大于12%。

2）墙、柱、顶棚上的水、电、暖通专业预留、预埋已全部完成，且电气穿线、测试完成并合格，各种管路打压、试水完成并合格。

3）门窗工程已完并经验收合格。

4）地面面层施工已完，并已作好保护。

5）突出墙面的设备部件等应卸下妥善保管，待壁纸粘贴完后再将其部件重新装好复原。

6）如房间较高时应提前搭设好脚手架或准备好高凳。

7）新建筑物的混凝土或抹灰基层墙面在刮腻子前应涂刷抗碱封闭底漆。

8）旧墙面在裱糊前应清除疏松的旧装修层，并刷涂界面剂。

4. 施工流程和工艺

裱糊施工流程和工艺见表3-27。

裱糊施工流程和工艺表 **表3-27**

工序	施工流程	施工要求
1	基层处理、嵌、刮腻子、磨砂纸	①新建筑物的混凝土或抹灰基层墙柱面和顶棚，刮腻子前应涂刷抗碱封闭底漆 ②旧墙柱面和顶棚在裱糊前应清除疏松的旧装修层，并涂刷界面剂 ③混凝土或抹灰基层含水率不得大于8%，木材基层的含水率不得大于12% ④基层应平整、坚实、牢固，无粉化、起皮和裂缝；腻子的粘结强度应符合建筑规范要求 ⑤抹灰基层表面平整度、立面垂直度及阴阳角方正 ⑥基层表面颜色应一致 ⑦裱糊前应用封闭底胶涂刷基层
2	弹线、预拼试贴	①为使裱糊的壁纸纸幅垂直、花饰图案连贯一致，裱糊前应先分格弹线 ②全面裱糊前应先预拼试贴，观察接缝效果，确定裁纸尺寸及花饰拼贴
3	裁纸	①根据弹线找规矩的实际尺寸统一规划裁纸并编号，以便按顺序粘贴 ②裁纸时以上口为准，下口可比规定尺寸略长10～20mm。如为带花饰的壁纸，应先将上口的花饰对好，小心裁割，不得错位
4	湿润纸	塑料壁纸涂胶粘贴前，必须先将壁纸在水槽中浸泡几分钟，并把多余的水抖掉，再静置2min，然后再裱糊。其目的是使壁纸不致在粘贴时吸湿膨胀，出现气泡、皱折
5	刷胶粘剂	①将预先选定的胶粘剂，按要求调配或溶水（粉状胶粘剂）备用，调配好的胶粘剂应当日用完 ②基层表面与壁纸背面应同时涂胶 ③刷胶粘剂要求薄而均匀，不裹边 ④基层表面的涂刷宽度要比预贴的壁纸宽20～30mm
6	检查验收	裱糊工程质量验收标准见表3-28

5. 施工注意要点

1）刷胶到位。裱糊施工时，壁纸、壁布与墙面的刷胶均应到位，并辊压密实，防止由于接缝处胶刷过少、局部没有刷胶、补刷胶不到位、边缘没压实、干燥后出现翘边、翘缝等现象。

2）控制尺寸。壁纸、壁布下料时要量准尺寸，按要求留有余量，宁大勿小，防止裁纸时尺寸未量好，上下余量留的小或未留余量，切裁时边缘裁斜，导致上下端缺纸。

3）保持干净。施工过程中，应及时用干净的湿毛巾将壁纸、壁布上的胶痕擦净，完工后进行成品保护，避免其他工序施工造成壁纸污染而导致墙面不洁净，斜视有胶痕。

4）基层清理。壁纸、壁布粘贴前，应将其基层墙面清理干净，避免因基层清理不彻底而造成壁纸、壁布粘贴后表面不平，斜视有疙瘩。

5）控制含水率。应在基层干透，含水率符合要求后再粘贴壁纸、壁布，避免基层含水率过大，水分被封闭出不来，汽化后的水分将壁纸拱起成泡。

6）基层质量达标。阴阳角壁纸、壁布粘贴前应检查基层质量是否符合要求，在基层质量达到要求后，再认真仔细刷胶，胶应均匀到位，不得漏刷。

7）阴角处理。壁纸、壁布粘贴后，辊压到位，同时阴角的壁纸、壁布边缘必须超过阴角10~20mm，这样在阴角处已形成了附加层，避免壁纸、壁布干燥收缩，造成阴角处壁纸断裂和阴、阳角空鼓。

8）花形一致。壁纸、壁布铺贴前应认真进行挑选，并注意花形、图案和纸的颜色，在同一场所必须保持一致，防止出现面层颜色不一、花形深浅不一。

9）注意细部。在施工过程中操作要认真仔细，对细部处理要严格按规程施工，避免铺贴毛糙拼花不好，污染严重。

10）裱糊施工前，应对房间进行吊直、找方正，施工中应按垂直控制线和壁纸的裁剪顺序进行粘贴，避免因房间的方正偏差和施工误差的累计而造成壁纸、壁布边沿余量上下宽度不一致。

11）对缝清理。墙布、锦缎裱糊时，在斜视壁面上有污斑时，应将两布对缝时挤出的胶液及时擦干净，已干的胶液用温水擦洗干净。

12）空隙相等。为了保证对花端正，颜色一致，无空鼓、气泡，无死褶，裱糊时应控制好墙布面的花与花之间的空隙应相同。

13）花形一致。裁花布或锦缎时，应做到部位一致，随时注意壁布颜色、图案、花形，确有差别时应予以分类，分别安排在另一墙面或房间，颜色差别大或有死褶时，不得使用。

14）处理翘角翘边。墙布糊完后出现个别翘角、翘边现象，可用乳液胶涂抹滚压粘牢，个别鼓泡应用针管排气后注入胶液，再用辊压实。

15）断布有方。上下不亏布、横平竖直。如有挂镜线，应以挂镜线为准，无挂镜线以弹线为准。当裱糊到一个阴角时要断布，因为用一张布糊在两个墙面上容易出现阴角处墙布空鼓或皱褶，断布后从阴角另一侧开始仍按上述首张布开始糊的办法施工。

16）试裱。裱糊前必须做好样板间，找出易出现问题的原因，确定试拼措施，以保证花形图案对称。

17）及时修理。周边缝宽窄不一致：在拼装预制镶嵌过程中，由于安装不详、捻边时松紧不一或在套割底板时弧度不均等造成边缝宽窄不一致，应及时进行修整和加强检查验收工作。

18）重视边线。裱糊时，应重视边框、贴脸、装饰木线、边线的制作工作。制作要精细，套割要认真细致，拼装时钉子和涂胶要适宜，木材含水率不得大于8%，以保证装修质量和效果。

6. 成品保护

1）裱糊工程做完的房间应及时清理干净，并封闭，不得随意通行和使用，更不准做材料库或休息室，以免污染、损坏。

2）在安装其他设备时，应注意保护裱糊好的面层，防止污染和损坏。

3）二次修补油漆、涂料及地面清理打蜡时，对壁纸、壁布应进行遮挡保护，防止污染、碰撞与损坏。完工后，白天应加强通风，但要防止穿堂风劲吹。夜间应关闭门窗，防止潮气侵袭。

4）严禁在裱糊工程施工完毕的墙面上剔槽打洞。若因设计变更，必须进行剔槽打洞时，应采取可靠、有效的保护措施，施工完后要及时、认真地进行修复，以保证成品完整性。

3.4.4 质量检验

1. 说明

本规范适用于聚氯乙烯塑料壁纸、复合纸质壁纸、墙布等裱糊工程的质量验收。

2. 质量标准

裱糊工程质量验收标准见表3-28。

裱糊工程质量验收表 **表3-28**

序号	分项	质量标准
1	主控项目	①壁纸、墙布的种类、规格、图案、颜色和燃烧性能等级必须符合设计要求及国家现行标准的有关规定 检验方法：观察；检查产品合格证书、进场验收记录和性能检测报告 ②裱糊工程基层处理质量应符合3.2.3第3点作业条件准备的要求 检验方法：观察；手摸检查；检查施工记录 ③裱糊后各幅拼接应横平竖直，拼接处花纹、图案应吻合，不离缝，不搭接，不显拼缝 检验方法：观察；拼缝检查距离墙柱面1.5m处正视 ④壁纸、墙布应粘贴牢固，不得有漏贴、补贴、脱层、空鼓和翘边 检验方法：观察；手摸检查
2	一般项目	①裱糊后的壁纸、墙布表面应平整，色泽应一致，不得有波纹起伏、气泡、裂缝、皱折及斑污，斜视时应无胶痕 检验方法：观察；手摸检查 ②复合压花壁纸的压痕及发泡壁纸的发泡层应无损坏 检验方法：观察 ③壁纸、墙布与各种装饰线、设备线盒应交接严密 检验方法：观察 ④壁纸、墙布边缘应平直整齐，不得有纸毛、飞刺 检验方法：观察 ⑤壁纸、墙布阴角处搭接应顺光，阳角处应无接缝 检验方法：观察

3.5 镶板类墙柱面构造、材料、施工、检验

3.5.1 构造

镶板类墙柱面是指用竹、木及其制品、石膏板、矿棉板、塑料板、玻璃、薄金属板材等材料制成的饰面板，通过镶、钉、拼、贴等构造方法构成的墙柱面饰面。这些材料有较好的接触感和可加工性，能让未经装饰的建筑毛坯符合用户的使用要求。所以，在建筑装饰工程中被大量采用。

镶板类墙柱面的构造主要分为骨架、面层两部分。

1. 骨架

先在墙内预埋木砖，墙柱面抹底灰，刷热沥青或铺油毡防潮，然后钉双向木墙筋，一般为 400～600mm，视面板规格而定，木筋断面（20～45）mm×（40～45）mm，也可用细木工板和12厘板做基层。

2. 面层

面层饰面板通过镶、钉、拼、贴等构造方法固定在木筋骨架或墙体基层板上，如图 3-21、图 3-22 所示。

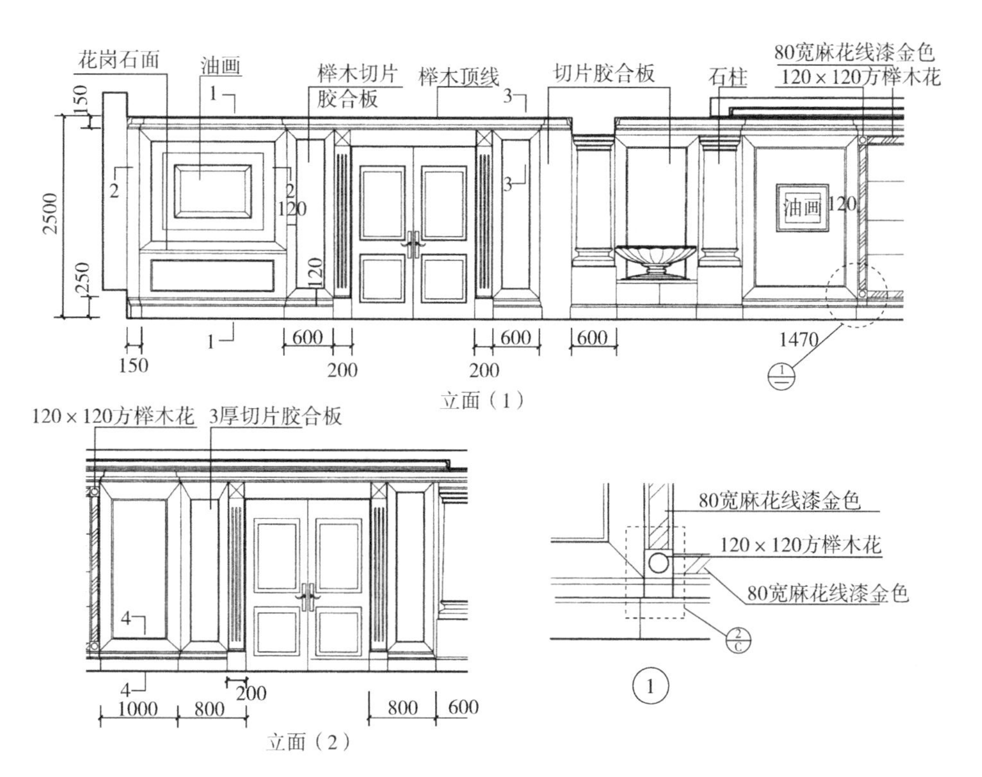

图 3-21 镶板类墙柱面基本构造立面图

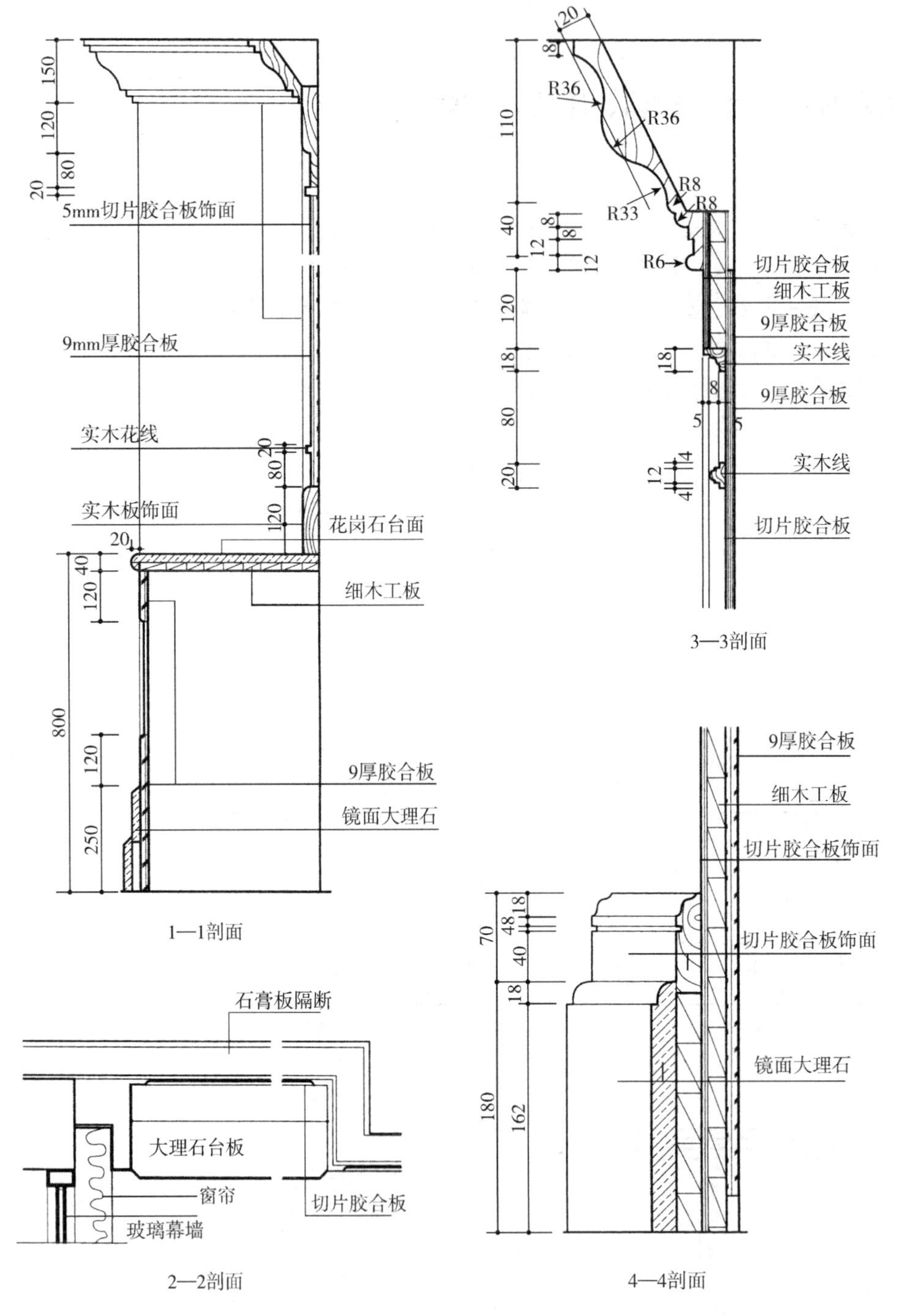

图 3-22　镶板类墙柱面基本构造节点图

3.5.2　材料

1. 材料检索

镶板类墙柱面的主要材料有竹、木及其制品、石膏板、矿棉板、塑料板、玻璃、薄金属板材等极为丰富的品种。不同的饰面板，因材质不同，可以达到不同的装饰效果。如采用木条、木板做墙裙、护壁使人感到温暖、亲切、舒适、美观；采用木材还可以按设计需要加工成各种弧面或形体转折，若保持木材原有的纹理和色泽，则更显质朴、高雅；采用经过烤漆、镀锌、电化等处理过的铜、不锈钢等金属薄板饰面，则会使墙体饰面色泽美观，花纹精巧，装饰效果华贵。

根据墙体所处环境选择适宜的饰板材料，既有好的视觉效果和心理感受，同时假如其技术措施和构造处理合理，墙体饰面也具有良好的耐久性。

1）饰面材料，详见材料检索 3 – 木材、材料检索 7 – 玻璃、材料检索 9 – 饰面材料。

2）金属饰面材料，详见材料检索 4 – 金属材料。

2. 材料要求

参考第 7 章木制品工程的材料要求。

3.5.3 施工工艺

镶板类墙柱面的施工流程、工艺和施工注意要点可参考第 7 章木制品工程的施工流程、工艺和施工注意要点。

3.5.4 质量检验

1. 说明

本节内容参考板材隔墙工程质量验收规范要求。

2. 质量标准

镶板类墙柱面工程的质量验收标准见表 3-29。

镶板类墙柱面工程的质量验收表　　　　表 3-29

序号	分项	质量标准
1	主控项目	①镶板类墙柱面所用骨架、配件、饰面板、填充材料及嵌缝材料的品种、规格、性能和木材的含水率、饰面板的颜色应符合设计要求。有隔声、隔热、阻燃、防潮等特殊要求的工程，材料应有相应性能等级的检测报告 检验方法：观察；检查产品合格证书、进场验收记录、性能检测报告和复验报告 ②骨架必须与基体结构连接牢固，并应平整、垂直、位置正确 检验方法：手扳检查；尺量检查；检查隐蔽工程验收记录 ③骨架间距和构造连接方法应符合设计要求。骨架内设备管线的安装、门窗洞口等部位加强龙骨应安装牢固、位置正确，填充材料的设置应符合设计要求 检验方法：检查隐蔽工程验收记录 ④木龙骨及木墙柱面板的防火和防腐处理必须符合设计要求 检验方法：检查隐蔽工程验收记录 ⑤骨架隔墙的墙柱面板应安装牢固，无脱层、翘曲、折裂及缺损 检验方法：观察；手扳检查 ⑥镶板类墙柱面板材所需预埋件、连接件的位置、数量及连接方法应符合设计要求 检验方法：观察；尺量检查；检查隐蔽工程验收记录 ⑦镶板类墙柱面板材安装必须牢固 检验方法：观察；手扳检查 ⑧镶板类墙柱面板材所用接缝材料的品种及接缝方法应符合设计要求 检验方法：观察；检查产品合格证书和施工记录

续表

<table>
<tr><th>序号</th><th>分项</th><th>质量标准</th></tr>
<tr><td>2</td><td>一般项目</td><td>①骨架隔墙内的填充材料应干燥，填充应密实、均匀、无下坠
检验方法：轻敲检查；检查隐蔽工程验收记录
②镶板类墙柱面板材安装应垂直、平整、位置正确，板材不应有裂缝或缺损
检验方法：观察；尺量检查
③镶板类墙柱面板材表面应平整光滑、色泽一致、洁净，接缝应均匀、顺直
检验方法：观察；手摸检查
④镶板类墙柱面上的孔洞、槽、盒应位置正确、套割吻合、边缘整齐
检验方法：观察
⑤镶板类墙柱面板材安装的允许偏差和检验方法应符合表 3-30 的规定

镶板类墙柱面板材安装允许偏差和检验方法
表 3-30
<table>
<tr><th>项次</th><th>项目</th><th>允许偏差（mm）</th><th>检验方法</th></tr>
<tr><td>1</td><td>立面垂直度</td><td>4</td><td>用 2m 垂直检测尺检查</td></tr>
<tr><td>2</td><td>表面平整度</td><td>3</td><td>用 2m 靠尺和塞尺检查</td></tr>
<tr><td>3</td><td>阴阳角方正</td><td>3</td><td>用直角检测尺检查</td></tr>
<tr><td>4</td><td>接缝直线度</td><td>3</td><td>拉 5m 线，不足 5m 拉通线，用钢直尺检查</td></tr>
<tr><td>5</td><td>压条直线度</td><td>3</td><td>拉 5m 线，不足 5m 拉通线，用钢直尺检查</td></tr>
<tr><td>6</td><td>接缝高低差</td><td>1</td><td>用钢直尺和塞尺检查</td></tr>
</table></td></tr>
</table>

3.6 软包类墙柱面构造、材料、施工、检验

3.6.1 构造

软包类墙柱面是室内高级装饰做法之一，具有吸声、保温、质感舒适等特点，适用于室内有吸声要求的会议厅、会议室、多功能厅、录音室、影剧院局部墙柱面等处。

软包饰面的构造组成主要有骨架、面层两大部分。

1. 骨架

与 3.5.2 镶板类墙柱面的骨架相同。

2. 面层

1）直接拼装法。将底层阻燃型胶合板就位，然后以饰面材料包矿棉（海绵、泡沫塑料、棕丝、玻璃棉）等弹性材料覆于胶合板上，并用暗钉将其钉在木龙骨上，软包四周用装饰线条收口。这种构造适合没有分割的整块软包施

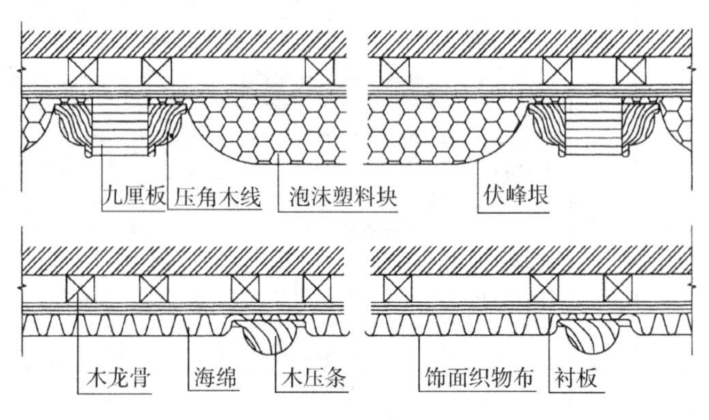

图 3-23　软包直接法构造图

工。如图 3-23 所示。

2）预制拼装法。先按设计尺寸预制软包块。预制软包块是将饰面材料包覆矿棉、海绵、泡沫塑料、棕丝、玻璃棉等弹性材料于一块5mm 的胶合板上，饰面面料应大于胶合板每边 2～4cm，用骑马钉将饰面面料固定在胶合板上。然后，再将预制的软包块固定在底层胶合板上。钉完一块，再继续钉下一块，直至全部钉完为止。软包四周用装饰线条收口。这种构造适合有分割线的软包施工，如图 3-24所示。图 3-25 是采用皮革的软包构造。图 3-26 是直接法软包构造实例。

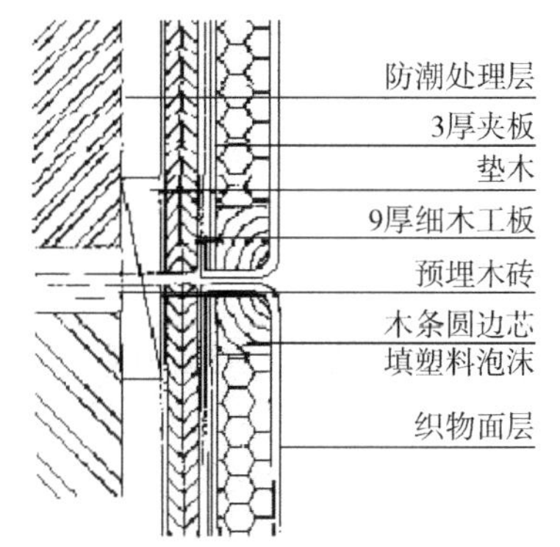

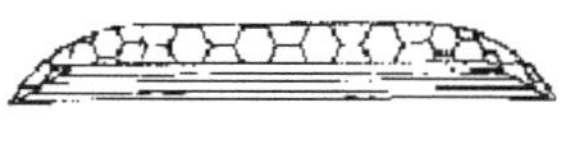

软包墙面预制软包块拼装做法

图 3-24　软包预制拼装法构造图

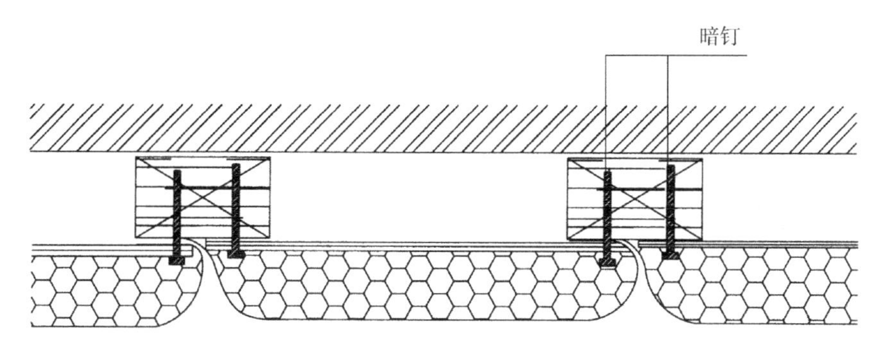

皮革软包墙面示意图（一）

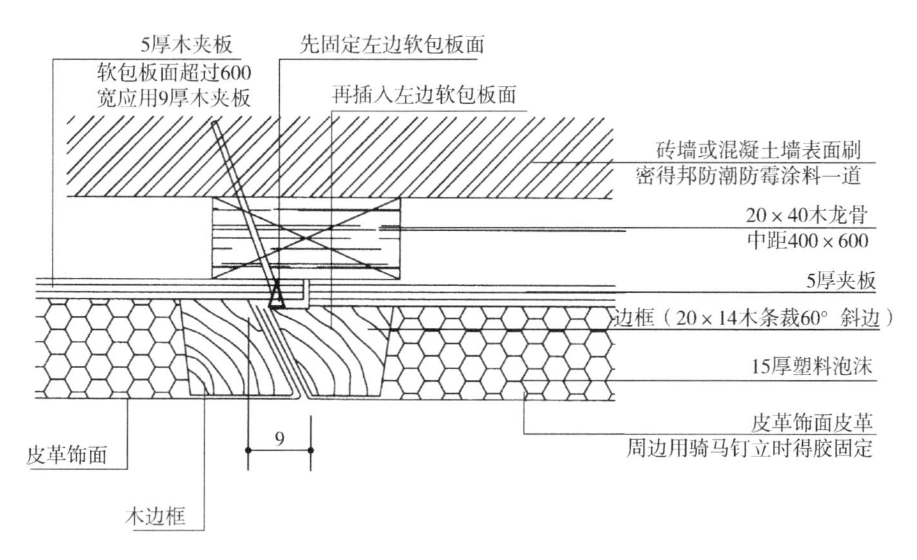

皮革软包墙面示意图（二）

图 3-25　皮革软包类墙面装饰构造做法

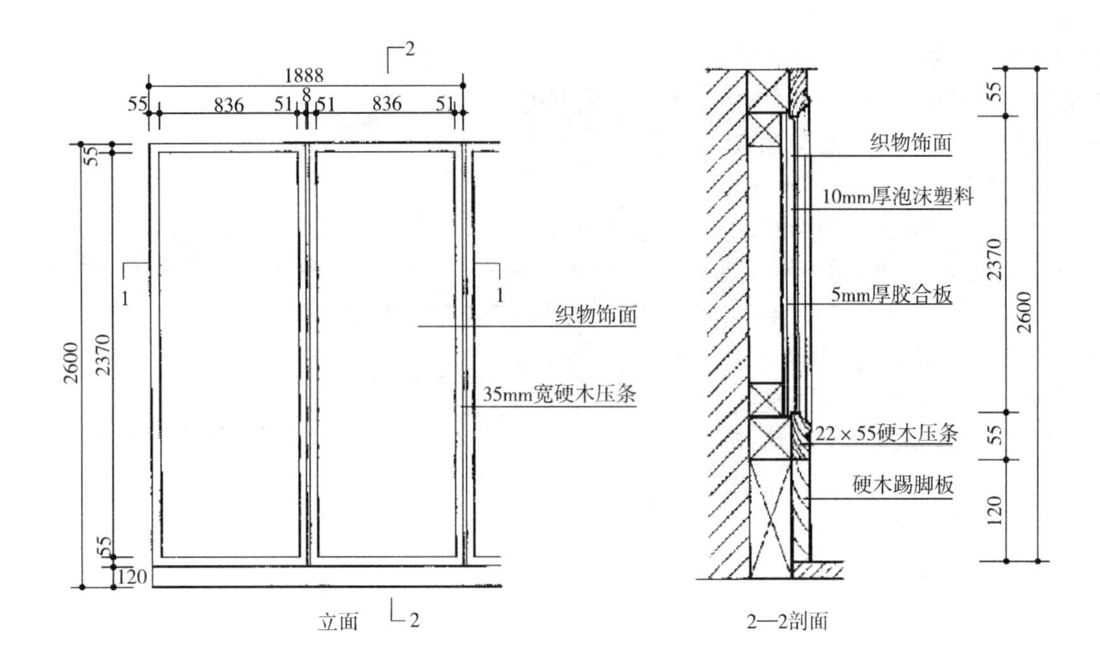

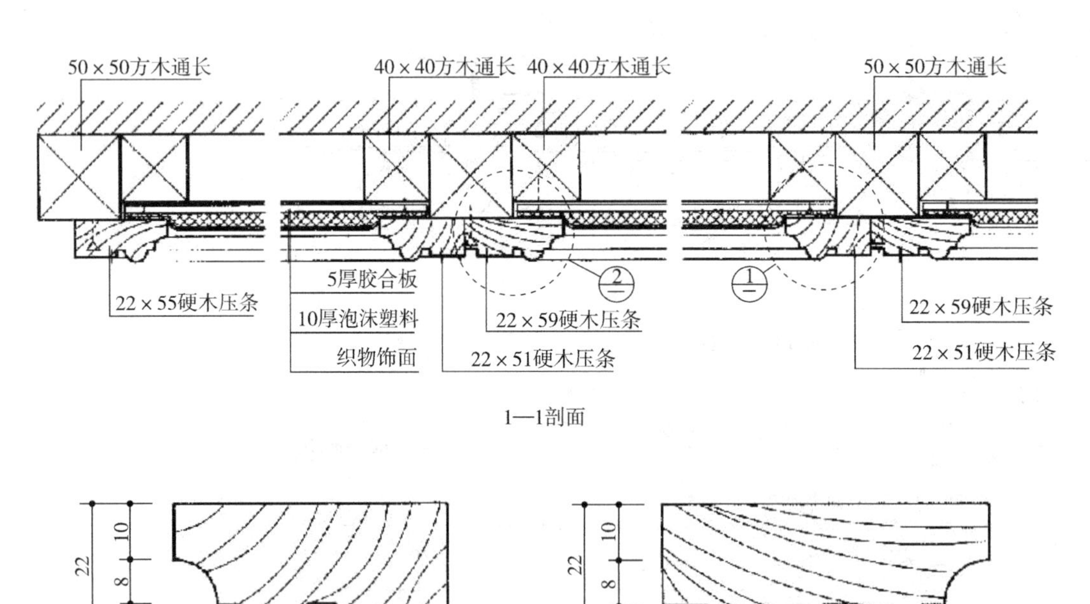

图 3-26　直接法软包类墙面装饰构造做法实例

3.6.2 材料

1. 材料检索

软包类墙柱面的材料主要由底层材料、吸声层材料、面层材料三部分组成，常用材料详见材料检索 9－9.4 软包材料。

2. 材料要求

软包类墙柱面的材料要求见表 3-31。

软包类墙柱面的材料要求表　　表 3-31

序号	材料	要求（mm）
1	织物	①织物的材质、纹理、颜色、图案、幅宽应符合设计要求 ②应有产品合格证和阻燃性能检测报告 ③织物表面不得有明显的跳线、断丝和疵点 ④对本身不具有阻燃或防火性能的织物，必须对织物进行阻燃或防火处理，达到防火规范要求
2	皮革、人造革	①材质、纹理、颜色、图案、厚度及幅宽应符合设计要求 ②应有产品合格证，性能检测报告。人造革、皮革应进行阻燃或防火处理
3	内衬材料	①材质、厚度及燃烧性能等级应符合设计要求，一般采用环保、阻燃型泡沫塑料做内衬 ②应有产品合格证和性能检测报告
4	基层及辅助材料	①基层龙骨、底板及其他辅材的材质、厚度、规格尺寸、型号应符合设计要求 ②设计无要求时，龙骨宜采用不小于 20mm×30mm 实木方材，底板宜采用玻镁板、石膏板、环保细木工板或环保多层板等 ③胶、防腐剂、防潮剂等均应满足环保要求 ④各种木制品含水率不大于 12%，应有产品合格证和性能检测报告 ⑤人造板材使用面积超过 $500m^2$ 时应对进场材料做甲醛含量复试

3.6.3 施工工艺

1. 技术准备

1）材料检验确认。所有材料进场时由技术、质量和材料人员共同进行检验，主要材料还应由监理、建设单位确认。

2）理解设计意图。熟悉图纸，理解设计意图，进行翻样，编制材料计划。

3）技术交底。对操作人员进行安全技术交底。

4）做样板。根据图纸做样板，并经设计、监理、建设单位验收确认后方可大面积施工。

2. 机具准备

软包类墙柱面施工机具设备见表 3-32。

软包类墙柱面施工机具设备表　　表 3-32

序号	分类	名称
1	机械	电锯、曲线锯、台式电刨、手提电刨、冲击钻、手枪钻、气泵、气钉枪、蚊钉枪、马钉枪等

续表

序号	分类	名称
2	工具	开刀、毛刷、排笔、擦布或棉丝、砂纸、锤子、各种形状的木工凿子、多用刀、粉线包、墨斗、小线、电熨斗、小辊、扫帚、托线板、线坠、铅笔、剪刀、划粉饼等
3	计量检测用具	直尺、方角尺、水平尺、钢尺、塞尺、钢板尺、水准仪等

3. 作业条件

1）已做工序合格。软包墙、柱面上的水、电、暖通专业预留、预埋已经全部完成，且电气穿线、测试完成并合格，各种管路打压、试水完成并合格。

2）各界面清理干净。结构和室内围护结构砌筑及基层抹灰完成，地面和顶棚施工已经全部完成（地毯可以后铺），室内清扫干净。

3）门窗基础完成。外墙门窗工程已完并经验收合格。软包门扇应涂刷不少于两道底漆，锁孔已开好。

4）基层含水率达标。不做软包的部分墙面，面层施工基本完成，只剩最后一遍涂层。基层墙、柱面的抹灰层已干透，含水率不大于8%。

5）弹线。在作业面上弹好标高和垂直控制线。

4. 施工流程和工艺

软包施工流程和工艺见表3-33。

裱糊施工流程和工艺表　　　　表3-33

工序	施工流程	施工要求
1	基层处理	①弹线。在需做软包的墙面上，按设计要求的纵横龙骨间距进行弹线 ②固定防腐木楔。设计无要求时，龙骨间距控制在400~600mm之间，防腐木楔间距一般为200~300mm ③防潮处理。墙面为抹灰基层或临近房间较潮湿时，做完木砖后应对墙面进行防潮处理 ④涂刷底油。软包门扇的基层表面涂刷不少于两道的底油 ⑤开五金件安装孔。门锁和其他五金件的安装孔全部开好，并经试安装无误 ⑥拆下五金件。明插销、拉手及门锁等拆下。表面不得有毛刺、钉子或其他尖锐突出物
2	龙骨、底板施工	①在已经设置好的防腐木楔上安装木龙骨，一般固定螺钉长度大于龙骨高度+40mm。木龙骨贴墙面应先做防腐处理，其他几个面做防火处理。安装龙骨时，一边安装一边用不小于2m的靠尺进行调平，龙骨与墙面的间隙，用经过防腐处理的方形木楔塞实，木楔间隔应不大于200mm，龙骨表面平整 ②在木龙骨上铺钉底板，底板宜采用细木工板。钉的长度大于或等于底板厚+20mm。墙体为轻钢龙骨时，可直接将底板用自攻螺钉固定到墙体的轻钢龙骨上，自攻螺钉长度大于等于底板厚+墙体面层板+10mm ③门扇软包不需做底板，直接进行下道工序
3	定位、弹线	根据设计要求的装饰分格、造型、图案等尺寸，在墙、柱面的底板或门扇上弹出定位线

续表

工序	施工流程	施工要求
4	内衬及预制镶嵌块施工	①预制镶嵌软包时，要根据弹好的定位线，进行衬板制作和内衬材料粘贴。衬板按设计要求选材，设计无要求时，应采用不小于5mm厚的多层板，按弹好的分格线尺寸进行下料制作 ②制作硬边拼缝预制镶嵌衬板时，在裁好的衬板一面四周钉上木条，木条的规格、倒角形式按设计要求确定，设计无要求时，木条一般不小于10mm×10mm，倒角不小于5mm×5mm圆角。硬边拼缝的内衬材料要按照衬板上所钉木条内侧的实际净尺寸下料，四周与木条之间应吻合，无缝隙，厚度宜高出木条1～2mm，用环保型胶粘剂平整地粘贴在衬板上 ③制作软边拼缝的镶嵌衬板时，衬板按尺寸裁好即可。软边拼缝的内衬材料按衬板尺寸剪裁下料，四周必须剪裁整齐，与衬板边平齐，最后用环保型胶粘剂平整地粘贴在衬板上 ④衬板做好后应先上墙试装，以确定其尺寸是否准确，分缝是否通直、不错台，木条高度是否一致、平顺，然后取下来在衬板背面编号，并标注安装方向，在正面粘贴内衬材料。内衬材料的材质、厚度按设计要求选用 ⑤直接铺贴和门扇软包时，应待墙面木装修、边框和油漆作业完成，达到交活条件，再按弹好的线对内衬材料进行剪裁下料，直接将内衬材料粘贴在底板或门扇上。铺贴好的内衬材料应表面平整，分缝顺直、整齐
5	皮革拼接下料	织物和人造革一般不宜进行拼接，采购订货时应考虑设计分格、造型等对幅宽的要求。如果皮革受幅面影响，需要进行拼接下料，拼接时应考虑整体造型，各小块的几何尺寸不宜小于200～200mm，并使各小块皮革的鬃眼方向保持一致，接缝形式要满足设计要求
6	面层施工	①蒙面施工前，应确定面料的正、反面和纹理方向。一般织物面料的经线应垂直于地面、纬线沿水平方向使用 ②同一场所应使用同一批面料，并保证纹理方向一致，织物面料应进行拉伸熨烫平整后，再进行蒙面上墙 ③预制镶嵌衬板蒙面及安装 • 蒙面面料有花纹、图案时，应先蒙一块镶嵌衬板作为基准，再按编号将与夕相邻的衬板面料对准花纹后进行裁剪 • 面料裁剪根据衬板尺寸确定，面料的裁剪尺寸为（mm）：衬板的尺寸+2×衬板厚+2×内衬材料厚+（70～100） • 织物面料剪裁好以后，要先进行拉伸熨烫，再蒙到衬板已贴好的内衬材料上，从衬板的反面用马钉和胶粘剂固定。面料固定时要先固定上下两边（即织物面料的经线方向），四角叠整规矩后，固定另外两边 • 蒙好的衬板面料应绷紧、无皱褶，纹理柁平、拉直，各块衬板的面料绷紧度要一致 • 最后将包好面料的衬板逐块检查，确认合格后，按衬板的编号进行对号试安装，经试安装确认无误后，用钉、粘结合的方法，固定到墙面底板上 ④直接铺贴和门扇软包面层施工 • 按已弹好的分格线、图案和设计造型，确定出面料分缝定位点，把面料按定位尺寸进行剪裁，剪裁时要注意相邻两块面料的花纹和图案应吻合 • 将剪裁好的面料蒙铺到已贴好内衬材料的门扇或墙面上，把下端和两侧位置调整合适后，用压条先将上端固定好，然后固定下部和两侧 • 压条分为木压条、铜压条、铝合金压条和不锈钢压条几种，按设计要求选用，四周固定好之后，若中间有压条或装饰钉，按设计要求钉好压条或装饰钉 ⑤采用木压条时，应先将压条进行打磨、油漆，达到成活要求后，再将木压条上墙安装

续表

工序	施工流程	施工要求
7	理边、修整	①清理接缝、边沿露出的面料纤维，调整、修理接缝不顺直处 ②开设、修整各设备安装孔，安装镶边条 ③安装表面贴脸及装饰物，修补各压条上的钉眼 ④修刷压条、镶边条的油漆，最后擦拭、清扫浮灰 ⑤软包面施工完成后，应对木质边框、墙面及门的其他面做最后一道涂饰
8	检查验收	软包工程质量验收标准见表3-34

5. 施工注意要点

1）对花、拼花。施工中在铺贴第一块面料时，应认真进行吊垂直和对花、拼花。特别是在预制镶嵌软包工艺施工时，各块预制衬板的制作、安装更要注意对花和拼花，避免相邻两面料的接缝不垂直、不水平，或虽接缝垂直但花纹不吻合，或花纹不垂直、不水平等。

2）面料仔细下料。面料下料应遵照样板进行裁剪，保证面料宽窄一致，纹路方向一致，避免花纹图案的面料铺贴后，门窗两边或室内与柱子对称的两块面料的花纹图案不对称。

3）核对尺寸。软包施工前，应认真核对尺寸，加工中要仔细操作，防止在面料或镶嵌板下料尺寸偏小、下料不方或裁切、切割不细，软包上口与挂镜线，下口与踢脚线上口接缝不严密，露底造成亏料，使相邻面料间的接缝不严密，露底造成离缝。

4）选好面料。施工时对面料要认真进行挑选和核对，在同一场所应使用同一匹面料，避免造成面层颜色、花形、深浅不一致。

5）随时检验。在施工过程中应加强检查和验收，防止在制作、安装镶嵌衬板过程中，施工人员不仔细，硬边衬板的木条倒角不一致，衬板裁割时边缘不直、不方正等，造成周边缝隙宽窄不一致。

6）压条精细。在制作和安装压条、贴脸及镶边条时选料要精细，木条含水率要符合要求，制作、切割要细致认真，钉子间距要符合要求，避免安装后出现压条、贴脸及镶边条宽窄不一、接槎不平、扒缝等。

7）包布平整。软包布铺贴前熨烫要平整，固定时布面要绷紧、绷直，避免安装后面层皱褶、起泡。

6. 成品保护

1）软包工程施工完毕的房间应清理干净，并设专人进行看管，不准作为材料库或休息室，避免污染和损坏。

2）软包工程施工完毕后还有其他工序进行施工时，必须设置成品保护膜，将整个完活的软包面遮盖严密。

3）严禁非操作人员随意触摸软包成品。

4）严禁在软包工程施工完毕的墙面上剔槽打洞。若因设计变更，必须进行剔槽打洞时，应采取可靠、有效的保护措施，施工完后要及时、认真地进行修复，以保证成品的完整性。

5）软包工程施工完毕后在进行暖卫、电气和其他设备的安装或修理过程中，必须注意保护软包面，严防污染和损坏已经施工完的软包成品。

6）修补压条、镶边条的油漆或周边面层涂料施工时，必须对软包面进行保护。地面磨石清理打蜡时，也必须注意保护好软包工程的成品，防止污染、碰撞与破坏。

7）软包相邻部位需作油漆或其他喷涂时，应用纸胶带或废报纸进行遮盖，避免污染。

3.6.4 质量检验

1. 说明

本规范用于墙柱面、门等软包工程的质量验收。

2. 质量标准

软保类墙柱面工程的质量验收见表 3-34。

软包类墙柱面工程的质量验收表　　表 3-34

序号	分项	质量标准
1	主控项目	①软包面料、内衬材料及边框的材质、颜色、图案、燃烧性能等级和木材的含水率应符合设计要求及国家现行标准的有关规定 检验方法：观察；检查产品合格证书、进场验收记录和性能检测报告 ②软包工程的安装位置及构造做法应符合设计要求 检验方法：观察；尺量检查；检查施工记录 ③软包工程的龙骨、衬板、边框应安装牢固，无翘曲，拼缝应平直 检验方法：观察；手扳检查 ④单块软包面料不应有接缝，四周应绷压严密 检验方法：观察；手摸检查
2	一般项目	①软包工程表面应平整、洁净，无凹凸不平及皱折；图案应清晰、无色差，整体应协调美观 检验方法：观察 ②软包边框应平整、顺直、接缝吻合。其表面涂饰质量应符合本规范第 10 章的有关规定 检验方法：观察；手摸检查 ③清漆涂饰木制边框的颜色、木纹应协调一致 检验方法：观察 ④软包工程安装的允许偏差和检验方法应符合表 3-35 的规定

软包工程安装的允许偏差和检验方法　表 3-35

项次	项目	允许偏差（mm）	检验方法
1	垂直度	3	用 1m 垂直检测尺检查
2	边框宽度、高度	0；－2	用钢尺检查
3	对角线长度差	3	用钢尺检查
4	裁口、线条接缝高低差	1	用钢直尺和塞尺检查

☆**教学单元3　墙柱面工程【实践教学部分】**

通过材料认识、构造设计、施工操作系列实训项目，充分理墙柱面工程的材料、构造、施工工艺和验收方法。使自己在今后的设计和施工实践中能够更好地把握墙柱面工程的材料、构造、施工、验收的主要技术关键。

实训项目：

3.1　材料认知实训

参观当地大型的装饰材料市场，全面了解各类墙柱面装饰材料。重点了解10款市场受消费者欢迎的瓷砖、抛光砖、花岗岩、大理石、地砖（任选一种）的品牌、品种、规格、特点、价格。

实训重点：①选择品牌；②了解该品牌材料的特点。实训难点：①与商店领导和店员的沟通；②材料数据的完整、详细、准确；③资料的整理和归纳；④看板版式的设计（二维码4）。

二维码4

墙柱面材料－面砖材料调研及看板制作项目任务书

任务编号	D3－1
学习单元	墙柱面工程
任务名称	墙柱面材料调研－制作面砖品牌看板
任务要求	调查本地材料市场墙柱面材料，重点了解10款市场受消费者欢迎的面砖材料的品牌、品种、规格、特点、价格
实训目的	为建筑装饰设计和施工收集当前流行的市场材料信息，为后续设计与施工提供第一手资讯
行动描述	1. 参观当地大型的装饰材料市场，全面了解各类墙柱面装饰材料 2. 重点了解10款受消费者欢迎的面砖材料的品牌、品种、规格、特点、价格 3. 将收集的素材整理成内容简明、可以向客户介绍的材料看板
工作岗位	本工作属于工程部、设计部、材料部，岗位为施工员、设计院、材料员
工作过程	到建筑装饰材料市场进行实地考察，了解面砖材料的市场行情，特别是内墙和外墙两大墙柱面贴面材料。做到能够熟悉本地知名面砖品牌、识别面砖品种，为装修设计选材和施工管理的材料选购质量鉴别打下基础 1. 选择材料市场 2. 与店方沟通，请技术人员讲解面砖品种和特点 3. 收集面砖宣传资料 4. 实际丈量不同的面砖规格、作好数据记录 5. 整理素材 6. 编写10款受消费者欢迎的面砖的品牌、品种、规格、特点、价格的看板
工作对象	建筑装饰市场材料商店的面砖材料
工作工具	记录本、合页纸、笔、相机、卷尺等
工作方法	1. 先熟悉材料商店整体环境 2. 征得店方同意 3. 详细了解面砖的品牌和种类 4. 确定一种品牌进行深入了解 5. 拍摄选定面砖品种的数码照片 6. 收集相应的资料 注意：尽量选择材料商店比较空闲的时间，不能干扰材料商店的工作

续表

工作团队	1. 事先准备。做好礼仪、形象、交流、资料、工具等准备工作 2. 选择调查地点 3. 分组。4～6人为一组，选一名组长，每人选择一个品牌的面砖进行市场调研。然后小组讨论，确定一款面砖品牌进行材料看板的制作

附件：________市（区、县）面砖市场调查报告（编写提纲）

调查团队成员	
调查地点	
调查时间	
调查过程简述	
调查品牌	
品牌介绍	

品种1		
品种名称		材料照片
面砖规格		
面砖特点		
价格范围		
品种2－n（以下按需扩展）		
品种名称		材料照片
面砖规格		
面砖特点		
价格范围		

面砖市场调查报告实训考核内容、方法及成绩评定标准

系列	考核内容	考核方法	要求达到的水平	指标	小组评分	教师评分
对基本知识的理解	对面砖材料的理论检索和市场信息捕捉能力	资料编写的正确程度	预先了解面砖的材料属性	30		
		市场信息了解的全面程度	预先了解本地的市场信息	10		
实际工作能力	在校外实训室场所，实际动手操作，完成调研的过程	各种素材展示	选择比较市场材料的能力	8		
			拍摄清晰材料照片的能力	8		
			综合分析材料属性的能力	8		
			书写分析调研报告的能力	8		
			设计编排调研报告的能力	8		

续表

系列	考核内容	考核方法	要求达到的水平	指标	小组评分	教师评分
职业关键能力	团队精神和组织能力	个人和团队评分相结合	计划的周密性	5		
			人员调配的合理性	5		
书面沟通能力	调研结果评估	看板集中展示	外墙或内墙面砖资讯完整美观	10		
任务完成的整体水平				100		

3.2 构造设计实训

通过设计能力实训理解墙柱面工程的材料与构造（二维码5）。（以下3选1）

1）采用轻钢龙骨纸面石膏板的隔墙将某办公室分成两间，请画出轻钢龙骨纸面石膏板的隔墙的施工图，要求有节点构造草图。

二维码5

2）将图中的装饰柱还原成构造节点图。

3）为某卧室设计1软包类装饰装修墙柱面，并画出装饰装修构造节点图。

墙柱面构造设计实训项目任务书

任务编号	D3－2
学习单元	墙柱面工程
任务名称	实训题目（__）：________________
任务要求	按实训要求设计一款墙柱面
实训目的	理解墙柱面构造原理
行动描述	1. 了解所设计墙柱面的使用要求及使用档次 2. 设计出结构牢固、工艺简洁、造型美观的墙柱面 3. 设计图表现符合国家制图标准
工作岗位	本工作属于设计部，岗位为设计员

续表

工作过程	1. 到现场实地考察，或查找相关资料理解所设计木构造的使用要求及使用档次 2. 画出构思草图和结构分析图 3. 分别画出平面、立面、主要节点大样图 4. 标注材料与尺寸 5. 编写设计说明 6. 填写设计图图框要求内容并签字
工作工具	笔、纸、电脑
工作方法	1. 先查找资料、征询要求 2. 明确设计要求 3. 熟悉制图标准和线型要求 4. 构思草图可进行发散性思维，设计多款方案，然后选择最佳方案进行深入设计 5. 结构设计追求最简洁、最牢固的效果 6. 图面表达尽量做到美观清晰

墙柱面工程构造设计实训考核内容、方法及成绩评定标准

考核内容	评价	指标	自我评分	教师评分
设计合理美观	材料选择符合使用要求	20		
	构造设计工艺简洁、构造合理、结构牢固	20		
	造型美观	20		
设计符合规范	线型正确、符合规范	10		
	构图美观、布局合理	10		
	表达清晰、标注全面	10		
图面效果	图面整洁	5		
设计时间	按时完成任务	5		
任务完成的整体水平		100		

3.3 施工操作实训

通过校内实训室的操作能力实训，对墙柱面工程的施工及验收有感性认识。特别是通过实训项目，对墙柱面工程的技术准备、材料要求、施工流程和工艺、质量标准和检验方法进行实践验证，并能举一反三（二维码6）。

二维码6

外、内墙镶、贴、涂、裱施工训练项目任务书

任务编号	D3－3
教学单元	墙柱面工程
任务名称	外墙或内墙镶、贴、涂、裱施工（根据学校实训条件4选1）
任务要求	6～8m^2 的外、内墙镶、贴、涂、裱施工工艺编制及施工操作和质量验收
实训要求	通过实践操作掌握外、内墙镶、贴、涂、裱施工工艺和验收方法，为今后走上工作岗位做好知识和能力准备
行动描述	教师根据授课要求提出实训要求。学生实训团队根据设计方案和实训施工现场，对6～8m^2 的外、内墙进行镶、贴、涂、裱施工工艺的编制、施工操作、工程验收。工程完工后，各项资料按行业要求进行整理。实训完成以后，学生进行自评，教师进行点评

续表

工作岗位	本工作属于工程部施工员
工作过程	详见附件：外、内墙镶、贴、涂、裱实训流程（以内墙贴面砖为例）
工作要求	各项施工需按国家验收标准的要求进行
工作工具	记录本、合页纸、笔、相机、卷尺等
工作团队	1. 分组。6～10 人为一组，选 1 名项目组长，确定 1～3 名见习设计员、1 名见习材料员、1～3 名见习施工员、1 名见习资料员、1 名见习质检员 2. 各位成员分头进行各项准备。做好资料、材料、设计方案、施工工具等准备工作
工作方法	1. 项目组长制订计划，制订工作流程，为各位成员分配任务 2. 见习设计员准备图纸，向其他成员进行方案说明和技术交底 3. 见习材料员准备材料，并主导材料验收任务 4. 见习施工员带领其他成员进行放线，放线完成以后进行核查 5. 按施工工艺进行各项施工操作、完工后清理现场，准备验收 6. 见习质检员主导进行质量检验 7. 见习资料员记录各项数据，整理各种资料 8. 项目组长主导进行实训评估和总结 9. 指导教师核查实训情况，并进行点评

附件：内墙贴面砖实训流程（编写提纲）

一、实训团队组成

团队成员	姓名	主要任务
项目组长		
见习设计员		
见习材料员		
见习施工员		
见习资料员		
见习质检员		
其他成员		

二、实训计划

工作任务	完成时间	工作要求

三、实训方案

1. 进行技术准备

1）深化设计。根据实训现场设计图纸、确定地面标高，进行面砖编排等深化设计。

2）材料检查。

内墙贴面材料要求

序号	材料	要求（mm）
1	水泥	
2	砂子	
3	面砖	
4	石灰膏	
5	生石灰粉	
6	粉煤灰	

内墙贴面材料要求

序号	材料	要求（mm）
1	水泥	
2	砂子	
3	面砖	

3）报批。编制施工方案，经项目组充分讨论，并经指导教师审批。

4）技术交底。熟悉施工图纸及设计说明，对操作人员进行安全技术交底，明确设计要求。

2. 机具准备

内墙面砖工程机具设备表

序号	分类	名称
1	机械	
2	工具	
3	计量检测用具	
4	安全防护用品	

3. 作业条件准备

（1）主体结构施工完成后经检验合格。

（2）面砖及其他材料已进场，经检验其质量、规格、品种、数量、各项性能指标应符合设计和规范要求，并经检验复试合格。

（3）各种专业管线、设备、预留预埋件已安装完成，经检验合格并办理交接手续。

（4）门、窗框已安装完成，嵌缝符合要求，门窗框已贴好保护膜，栏杆、预留孔洞及落水管预埋件等已施工完毕，且均通过检验，质量符合要求。

（5）施工所需的脚手架已经搭设完，垂直运输设备已安装好，符合使用要求和安全规定，并经检验合格。

（6）施工现场所需的临时用水、用电，各种工、机具准备就绪。

（7）各控制点、水平标高控制线测设完毕，并经预检合格。

4. 编写施工工艺

工序	施工流程	施工要求
1	准备	
2	粘贴	
3	收口	

5. 明确验收方法

外墙或内墙面砖工程质量标准和检验方法见教材表 3－23。

内墙面砖工程检验记录

<table>
<tr><th>序号</th><th>分项</th><th colspan="3">质量标准</th></tr>
<tr><td>1</td><td>主控项目</td><td colspan="3"></td></tr>
<tr><td rowspan="8">2</td><td rowspan="8">一般项目</td><td colspan="3"></td></tr>
<tr><td>项目</td><td>内墙柱面砖允许偏差（mm）</td><td>检验方法</td></tr>
<tr><td>立面垂直度</td><td></td><td></td></tr>
<tr><td>表面平整度</td><td></td><td></td></tr>
<tr><td>阴阳角方正</td><td></td><td></td></tr>
<tr><td>接缝直线度</td><td></td><td></td></tr>
<tr><td>接缝高低差</td><td></td><td></td></tr>
<tr><td>接缝宽度</td><td></td><td></td></tr>
</table>

6. 整理各项资料

以下各项工程资料需要装入专用资料袋。

序号	资料目录	份数	验收情况
1	设计图纸		
2	现场原始实际尺寸		
3	工艺流程和施工工艺		
4	工程竣工图		
5	验收标准		
6	验收记录		
7	考核评分		

7. 总结汇报

实训团队成员个人总结

1）实训情况概述（任务、要求、团队组成等）

2）实训任务完成情况

3）实训的主要收获

4）存在的主要问题

5）团队合作情况（个人在团队中的作用、团队的整体表现、团队的竞争

力如何等）

6）对实训安排有什么建议

8. 实训考核成绩评定

面砖铺贴实训考核内容、方法及成绩评定标准

系列	考核内容	考核方法	要求达到的水平	指标	小组评分	教师评分
对基本知识的理解	对外墙或内墙面砖的理论掌握	编写施工工艺	能正确编制施工工艺	30		
		理解质量标准和验收方法	正确理解质量标准和验收方法	10		
实际工作能力	在校内实训室场所，进行实际动手操作，完成装配任务	检测各项能力	技术交底的能力	8		
			材料验收的能力	8		
			放样弹线的能力	4		
			面砖龙骨装配调平和面砖安装的能力	12		
			质量检验的能力	8		
职业关键能力	团队精神和组织能力	个人和团队评分相结合	计划的周密性	5		
			人员调配的合理性	5		
验收能力	根据实训结果评估	实训结果和资料核对	验收资料完备	10		
任务完成的整体水平				100		

☆教学单元3　墙柱面工程·教学指南

3.1　延伸阅读文献

[1] 本手册编委会．建筑标准·规范·资料速查手册－室内装饰装修工程［M］．北京：中国计划出版社，2006.

[2] 建筑节点构造图集编委会．建筑节点构造图集－外装修［M］．北京：中国建筑工业出版社，2008.

[3] 新型建筑材料专业委员会．新型建筑材料使用手册［M］．北京：中国建筑工业出版社，1992.

[4] 中华人民共和国建设部．建筑装饰装修工程质量验收规范 GB 50210—2001［S］．北京：中国建筑工业出版社，2002.

[5] 田延友．建筑幕墙施工图集［M］．北京：中国建筑工业出版社，2006.

3.2　理论教学部分学习情况自我检查

1. 按建筑部位分类有哪些墙柱面？按施工工艺分类有哪些墙柱面工程？

2. 轻质墙的砌筑要注意哪两点？

3. 简述轻钢龙骨隔墙的优点。

4. 简述墙柱面分层做法的施工要求。

5. 简述内墙贴面工程的施工流程和施工注意要点。

6. 简述涂刷类墙柱面各层的构造及主要功能。

7. 简述水性涂饰工程质量验收的主控项目和检验方法。

8. 简述裱糊类墙柱面施工的技术准备。

9. 简述裱糊类墙柱面工程基层处理的施工要求。

10. 简述镶板类墙柱面板材安装的允许偏差和检验方法。

3.3 实践教学部分学习情况自我检查

1. 你对材料市场上瓷砖、抛光砖、花岗岩、大理石、地砖（任选一种）的品牌、品种、规格、特点、价格情况了解的怎么样?

2. 你是否掌握了典型墙柱面构造特点，例如轻质隔墙的构造?

3. 通过实训你对内墙贴面施工的技术准备、材料要求、机具准备、作业条件准备、施工工艺编写、工程检验记录等环节是否都清楚了? 是否可以进行独立操作了?

4

教学单元4　楼地面工程

教学目标：请按下表的教学要求，学习本章的相关教学内容，掌握相关知识和能力点。

教学单元 4 教学目标 **表 1**

理论教学内容	主要知识点	主要能力点	教学要求
4.1 楼地面概述			了解
4.1.1 分类	1. 按面层材料分；2. 按构造方法和施工工艺分；3. 按使用要求分	墙柱面相关概念的把握能力	
4.1.2 基本功能	1. 保护功能；2. 使用功能；3. 装饰功能		
4.1.3 构造组成	1. 地面；2 楼面		熟悉
4.1.4 材料			
4.2 楼地面基层构造、材料、施工、检验			熟悉
4.2.1 基土	1. 构造；2. 材料；3. 施工；4. 质量标准和验收方法	相关楼地面构造设计、材料辨识、施工工艺编制、工程质量控制与验收能力	
4.2.2 垫层	1. 灰土垫层；2. 碎砖、碎石垫层；3. 水泥混凝土垫层		
4.2.3 找平层	1. 构造；2. 材料；3. 施工；4. 质量标准和验收要求		
4.2.4 隔离层	1. 构造；2. 材料；3. 施工；4. 质量标准和验收要求		
4.2.5 填充层	1. 构造；2. 材料；3. 施工；4. 质量标准和验收要求		
4.3 整体面层楼地面构造、材料、施工、检验			了解
4.3.1 水泥混凝土面层	1. 构造；2. 材料；3. 施工；4. 质量标准和验收要求		
4.3.2 现浇水磨石面层	1. 构造；2. 材料；3. 施工；4. 质量标准和验收方法		
4.4 板块式面层楼地面构造、材料、施工、检验			熟悉
4.4.1 陶瓷地砖面层	1. 构造；2. 要求；3. 施工；4. 质量标准和验收要求		
4.4.2 花岗石及大理石面层	1. 构造；2. 要求；3. 施工；4. 质量标准和验收要求		
4.4.3 活动地板面层	1. 构造；2. 材料；3. 施工；4. 质量标准和验收方法		了解
4.5 木、竹面层楼地面构造、材料、施工、检验			重点掌握
4.5.1 实木地板面层	1. 构造；2. 材料；3. 施工；4. 质量标准和验收方法		
4.5.2 复合地板面层	1. 构造；2. 材料；3. 施工；4. 质量标准和验收方法		

实践教学内容	实训项目	主要能力点	教学要求
4.1 材料认知实训	楼地面材料调研（实木地板或复合地板二选一）	相关项目材料收集、施工与检验实际操作能力	应用
4.2 构造设计实训	1）为宾馆大堂设计大理石和花岗石地面，画地面构造图 2）为照片中的起居室设计地面，画地面构造图		
4.3 施工操作实训	地板施工与检验操作实训		
教学指南			

楼地面是建筑装饰的一个重要部位，是人们日常生活、工作、生产、学习时必须接触的部分，也是直接承受荷载，经常受到摩擦、清扫和冲洗的部分。楼地面在人的视线范围内所占的比例很大，对建筑室内整体装饰设计起着十分重要的作用。

本章主要介绍楼地面装饰装修工程概况，以及楼地面基层、整体面层楼地面、板块面层楼地面，木、竹面层楼地面等4类常见的地面工程构造组成、材料性能、施工工艺、检验标准。

☆教学单元4　楼地面工程·理论教学部分

4.1　楼地面概述

4.1.1　分类

楼地面的种类可从不同角度进行分类。

1. 按面层材料分

有水泥砂浆楼地面、水磨石楼地面、涂布楼地面、大理石楼地面、花岗石楼地面、陶瓷地砖楼地面、木地板楼地面、塑料板楼地面、地毯楼地面等。

2. 按构造方法和施工工艺分

有整体面层楼地面、块材面层楼地面、木、竹面层楼地面等。

3. 按使用要求分

有普通楼地面、耐腐蚀楼地面、防静电楼地面、防水楼地面、防火花（防爆）楼地面等。

4.1.2　基本功能

1. 保护功能

保护楼板或地坪是楼地面饰面应满足的基本要求。建筑结构的使用寿命与使用条件及使用环境有很大的关系。楼地面的面层在一定程度上缓解了外力对结构构件的直接作用，起到一种保护作用。它可以起到耐磨、防碰撞破坏，以及防止水渗透而引起楼板内钢筋锈蚀等作用，因此保护了结构构件，从而提高了结构构件的使用寿命。

2. 使用功能

人们使用房屋的楼面和地面，因房间功能不同而有不同的要求，一般要求坚固、耐磨、平整、不易起灰且易于清洁等。对于居住和人们长时间停留的房间，要求面层具有较好的蓄热性和弹性，对于厨房和卫生间等房间，则要求防水、防滑等。有时，还必须根据建筑的要求考虑以下一些功能：

1）隔声要求。隔声主要是对楼面而言的。它包括隔绝空气声和撞击声两个方面。当楼地面的质量较大时，空气声的隔绝效果较好，且有助于防止发生共振现象。撞击声的隔绝，其途径主要有两个：一是采用浮筑面层的做法；二是采用软质面层的做法。前者构造施工较复杂，且效果一般；后者主要是利用软质材料作面层，做法简单。

2）吸声要求。在标准较高，室内音质控制要求较严格，使用人数较多的公共建筑中，需要有效地控制室内噪声，合理地选择和布置楼地面材料。一般来说，表面致密光滑，刚性较大的地面，如大理石地面，对于声波的反射能力较强，吸声能力极小；而各种软质地面，可以起到较大的吸声作用，如化纤地毯的平均吸声系数达到0.55。

3）保温要求。从材料特性的角度考虑，水磨石、大理石楼地面等都属于热传导性较高的材料，而木地板、塑料地面等则属于热传导性较低的楼地面。从人的感受角度考虑，人们容易以对某种地面材料导热性能的认识来评价整个建筑空间的保温特性。因此，对于楼地面做法的保温性能要求，宜结合材料的导热性能、暖气（冷气）负载的相对份额的大小、人的感受以及人在这一空间活动特性等因素综合考虑。

4）弹性要求。一个力作用于一个刚性较大的物体与作用于一个有弹性的物体时的反作用力是完全不一样的，这是因为弹性材料的变形具有吸收冲击能量的性能，冲力很大的物体接触到弹性物体其所受到的反冲力比原先要小得多。因此，人在具有一定弹性的地面上行走，感觉比较舒适。对一些装饰标准较高的建筑室内地面，应尽可能采用具有一定弹性的材料作为楼地面的面层。

3. 装饰功能

地面的装饰是整个装饰工程的重要组成部分，对整个室内的装饰效果有很大影响。它与顶棚共同构成了室内空间的上下水平界面。同时，通过二者巧妙的组合，可使室内产生优美的空间序列感。楼地面的图案与色彩设计，对烘托室内环境气氛也具有一定的作用，楼地面饰面材料的质感，也可与环境构成统一对比的关系。

4.1.3 构造组成

通常所说的地面是指地坪层的构造层，一般由面层、结合层、基层和基土组成。

1. 地面的构造组成

1）面层。建筑地面的名称取名于其面层的材料名称。面层是地面承受各种物理、化学作用的表面层。因此，使用要求不同，面层的材料也各不相同，但一般都应具有一定的强度，耐久性，舒适性和安全性，以及具有较好的美化效果。

2）结合层。结合层是面层与下一构造层联结的构造层，有时也可以作为面层的弹性垫层。

3）基层。地面的基层包括垫层、找平层、隔离层、填充层等。

（1）垫层。垫层是地坪层的结构层，它承受并传递地面荷载于基土。因此，垫层必须坚固、稳定，具有足够刚性，以保证安全与正常使用。垫层有刚性和柔性两类。刚性垫层有水泥混凝土、灰土和三合土垫层，柔性垫层有砂、砂石、炉渣、碎石和碎砖垫层。各类垫层厚度均需根据使用荷载大小确定。

（2）找平层。找平层是在垫层、楼板或填充层（轻质、松散材料）上起整平或加强作用的构造层。找平层一般采用水泥砂浆或水泥混凝土（细石混凝土）做成。

（3）隔离层。隔离层是防止建筑地面上的各种液体往下渗透或地下水（潮气）往上渗透至地面的构造层。当隔离层仅起防止地下潮气透过作用时，可称为防潮层。隔离层一般采用防水卷材、防水涂料或沥青砂浆做成。

（4）填充层。填充层是在建筑地面上起保温、隔声、找坡、敷设暗管道作用的构造层。填充层一般采用轻质、保温材料做成。

4）基土。基土通常是夯实的回填土，它是地坪的最下层，承受上层传来的各种荷载。

地面构造组成如图4-1所示。

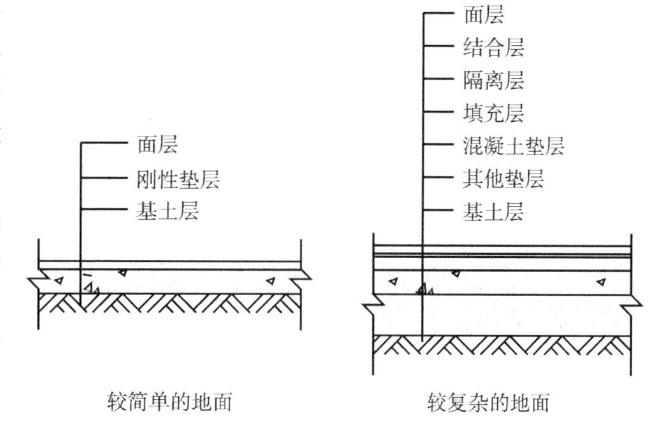

图4-1 地面构造组成

2. 楼面的构造组成

通常所说的楼面是指楼层的构造层。一般由面层、结合层、基层和结构层组成。

1）面层、结合层。楼面的面层、结合层与地面的对应构造层完全相同。

2）基层。楼面的基层构造层也与地面的相应构造层基本相同（如找平层、填充层），但没有垫层，一般设有仅起防潮作用的隔离层，隔离层只用作防水或防油渗。

3）结构层。楼面的结构层是楼层的各类楼板，承受面层传来的各种使用荷载及结构自重。

楼面构造组成如图4-2所示。

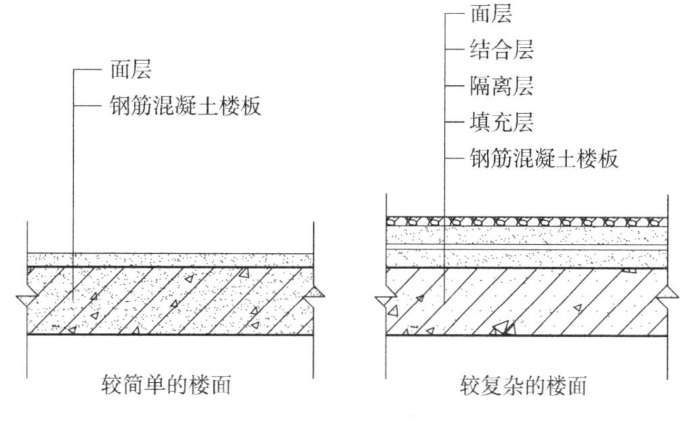

图4-2 楼面构造组成

4.1.4 楼地面工程常用材料

楼地面装饰装修工程涉及以下16类材料，见表4-1。

楼地面装饰装修材料表 **表4-1**

序	材料类别	材料品种	材料索引
1	胶凝材料	普通水泥	材料检索1－胶凝材料
2	木材	木龙骨、实木地板、复合地板等	材料检索3－木材
3	石材	天然大理石、天然花岗石、天然青石板、人造大理石等	材料检索5－石材
4	陶瓷材料	陶瓷砖、抛光砖、彩釉砖、霹雳砖、陶瓷马赛克等	材料检索6－陶瓷材料

4.2 楼地面基层构造、材料、施工、检验

4.2.1 基土

1. 构造

基土的构造参照4.1.3的相关内容。

2. 材料要求

材料要求见表4-2。

材料要求表 表4-2

序	材料	要求
1	基土	施工用土必须为取样的原土，土层、土质必须相同，并严格按照实验结果控制含水量，禁用淤泥、腐殖土、冻土、耕植土、膨胀土和含有有机物质大于8%的土作为填土
2	级配砂石回填料	若采用级配砂石回填，应按照级配要求和实验结果进行级配，严格控制级配比例

3. 施工

1）技术准备。进行技术交底，明确设计要求。检查基土用土准备，基土应符合设计要求和有关规定。

2）机具准备。见表4-3。

工程机具设备表 表4-3

序	分类	名称
1	机械	平碾、羊足碾、振动平碾、蛙式打夯机、柴油打夯机。工程量较大时需要铲土机、自卸汽车、推土机、铲运机及翻斗车等
2	工具	手推车、筛子、木耙、铁锹、胶皮管等
3	计量检测用具	小线、钢尺等

3）作业条件准备。

（1）对室内及室外的散水、明沟、踏步、台阶和坡道等基槽，钉立标高控制桩，并在墙上或桩上做好分层填筑厚度的标记。

（2）按击实试验确定土料的含水量、干密度控制范围和各层夯实或碾压遍数等技术参数。

4）施工工艺及要点。见表4-4。

施工工艺及要点表 表4-4

工序	施工流程	施工要求
1	基底清理	基土回填前，其基底表面如有积水，应分区分段挖集水井排干。基底如有淤泥、冻土和已被搅动的土，应彻底清理干净
2	土层填筑	按预先设定的分层标记分层填筑。每层土的需铺厚度和压实遍数，根据土质和设计要求的压实系数以及压实机的性能，在现场试验确定。一般情况下，用蛙式打夯机，不大于250mm，4遍成活；用振动压路机（2t，振动力98kN），不大于150mm，8遍成活；用平板振动器或人工夯实不大于200mm，4～5遍成活。每层土填完后，取样作试验，每100m^{2}应抽查一处

5）成品保护。

（1）严禁将土集中向墙基和管道处倾倒，以防土体挤压损坏墙体和管道。

（2）做好基土回填中周边的排水设施，以防基土被雨水浸泡。

4. 施工质量标准和验收方法

基土施工的质量标准和验收方法见表4-5。

基土施工质量标准和验收方法表　　　　表4-5

序号	分项	质量标准
1	主控项目	①基土严禁用淤泥、腐殖土、冻土、耕植土、膨胀土和含有有机物质大于8%的土作为填土 检查方法：观察检查和检查土质记录 ②基土应均匀密实，压实系数应符合设计要求，设计无要求时，不应小于0.90 检查方法：观察检查和检查试验记录
2	一般项目	基土表面的允许偏差应符合表4-6的有关规定（见下表）

基土表面的允许偏差和检验方法（mm）　　　　表4-6

序号			1	2	3	4
项目			表面平整度	标高	坡度	厚度
允许偏差	基土	土	15	0～15	不大于房间相应尺寸的2/1000，且不大于30	在个别地方不大于设计厚度的1/100
	垫层	砂、砂石、碎砖、碎石	15	±20		
		灰土、三合土、炉渣、水泥混凝土	10	±10		
		木搁栅	3	±5		
		毛地板：拼花实木地板、拼花实木复合地板	3	±5		
		毛地板：其他种类面层	5	±8		
	找平层	用沥青玛琋脂做结合层铺设拼花木地板、板块面层	3	±5		
		用水泥砂浆做结合层铺设板块面层	5	±8		
		用胶粘剂做结合层铺设拼花木板、塑料板、强化复合地板、竹地板面层	2	±5		
	填充层	松散材料	7	±4		
		板、块材料	5	±4		
	隔离层	防水、防潮、防油渗	3	±4		
检验方法			用2m靠尺和楔形塞尺检查	用水准仪检查	用坡度尺检查	用钢尺检查

4.2.2 垫层

垫层有砂垫层、砂石垫层、碎砖垫层、碎石垫层、灰土垫层、三合土垫层、炉渣垫层、水泥混凝土垫层等，以下仅介绍常用的灰土垫层、碎砖（碎石）垫层和水泥混凝土垫层。

1. 灰土垫层

灰土垫层采用熟化石灰与黏土的拌合料铺设，其厚度不应小于100mm，灰土垫层应铺设在不受地下水侵蚀的基土上。

1）构造。灰土垫层的构造参照4.1.3相关内容。

2）材料。灰土垫层的见表4-7。

灰土垫层材料要求表　　表4-7

序号	材料	要求
1	土料	宜选黏土、粉质黏土或粉土，不得含有有机杂物，使用前应过筛，其粒径不大于15mm
2	石灰	石灰应用块灰，使用前应充分熟化，不得含有过多水分。也可采用磨细生石灰，或用粉煤灰、电石渣代替

3）施工。

（1）技术准备。进行技术交底，明确设计要求。检查土料、石灰，应符合设计要求和有关规定。

（2）机具准备。见表4-8。

灰土垫层工程机具设备表　　表4-8

序号	分类	名称
1	机械	蛙式打夯机、柴油打夯机等
2	工具	手推车、筛子、木耙、铁锹、小线、钢尺、胶皮管；工程量较大时，装运土方机械有：铲土机、自卸汽车、推土机、铲运机及翻斗车等

（3）作业条件准备。

①填土前应对所覆盖的隐蔽工程进行验收且合格，并进行隐检会签。

②施工前应做好水平标志，可采用竖尺、拉线、弹线等方法。

③当地下水位高于基底时，施工前应采取排水或降低地下水位的措施，使地下水位经常保持在施工面以下0.5m左右，防止地下水浸泡。

（4）施工工艺及要点。见表4-9。

灰土垫层施工工艺及要点表　　表4-9

工序	施工流程	施工要求
1	清理基土	检验基土土质、清除松散土、积水、污泥、杂质，并打夯两遍
2	弹线、设标志	在墙面弹线、在地面设标桩，找好标高、挂线，以控制灰土厚度
3	灰土拌合	灰土配合比为体积比2∶8或3∶7，通过标准斗控制配合比。拌合时必须均匀，颜色一致，并保持一定的湿度
4	分层铺灰土与夯实	灰土虚铺厚度一般为150~250mm，（夯实后为100~150mm厚），灰土厚度超过150mm的应由一端向另一端分段分层铺设，分层夯实。分层分段施工时，上下层灰土的接槎距离不得小于500mm，当灰土垫层标高不同时，应作成阶梯形。灰土回填每层夯实后，应根据有关规定进行环刀取样，测出灰土的质量密度。环刀取样检验灰土干密度的检验点数，对于大面积每50~100mm应不少于1个，房间每间不少于1个，并绘制每层取样点图
5	找平与验收	灰土最上一层完成后，应拉线或用靠尺检查标高和平整度。超高处用铁铲铲平，低洼处补打灰土

（5）成品保护。

①垫层完毕，应尽快进行面层施工，防止长期暴晒。

②刚施工完的垫层，雨天应作临时覆盖，3d内不得受雨水浸泡。

4）灰土垫层质量标准和验收要求。质量标准和验收要求见表4-10。

灰土垫层质量标准和验收方法表　　表4-10

序号	分项	质量标准
1	主控项目	灰土的体积比应符合设计要求。当设计无要求时可按有关规定执行 检查方法：观察检查和检查配合比通知单记录
2	一般项目	①熟化石灰颗粒粒径不得大于5mm；黏土（或粉质黏土、粉土）内不得含有有机物质，颗粒粒径不得大于15mm 检查方法：观察检查和检查材质合格记录 ②灰土垫层表面的允许偏差应符合表4-5的有关规定

2. 碎砖、碎石垫层

碎砖、碎石垫层用以加固地面工程的地基，因其固结快，变形模量大，稳定性好且能作排水层，因而是加固地基的常用方法之一。碎砖垫层是用碎砖铺设而成，碎石垫层是用碎石铺设而成。碎砖（石）垫层的厚度不应小于100mm。

1）构造。碎砖、碎石垫层的构造参照4.1.3相关内容。

2）材料。碎砖、碎石垫层的材料要求见表4-11。

碎砖、碎石垫层材料要求表　　表 4-11

序	材料	要求
1	碎砖	未破碎前强度等级应不低于 MU10，其粒径为 10 ~ 60mm，不得夹杂低质碎砖，并应筛去 10mm 以下的灰屑
2	碎石	采用强度均匀未风化的石子，其最大粒径不应大于垫层厚度的 2/3，一般为 5 ~ 40mm，且不夹有有机物质，含泥量不大于 3%
3	中砂、粗砂	均不得含有草根和其他杂质

3）施工。

（1）技术准备。进行技术交底，明确设计要求。碎砖（或碎石）、砂，应符合设计要求和有关规定。

（2）机具准备。见表 4-12。

碎砖、碎石垫层工程机具设备表　　表 4-12

序	分类	名称
1	机械	蛙式打夯机、柴油打夯机。工程量较大时，大型机械有：自卸汽车、推土机、压路机及翻斗车等
2	工具	手推车、筛子、木耙、铁锹、胶皮管等
3	计量检测用具	小线、钢尺等

（3）作业条件准备。

①填砖（石）前应对所覆盖的隐蔽工程进行验收且合格，并进行隐检会签。

②施工前应做好水平标志，可采用竖尺、拉线、弹线等方法。

③做好击实试验，确定垫层的密实度及压（夯）实遍数。

④当地下水位高于基底时，施工前应采取排水或降低地下水位的措施，使地下水位经常保持在施工面以下。

（4）施工工艺及要点。碎砖、碎石垫层施工工艺及要点见表 4-13。

碎砖、碎石垫层施工工艺及要点表　　表 4-13

工序	施工流程	施工要求
1	清理基土	铺设碎砖（石）前，先检验基土土质、清除松散土、积水、污泥、杂质，并打夯两遍，使表面密实
2	弹线、设标志	在墙面弹线、在地面设标桩，找好标高、挂线，以控制铺填厚度
3	分层铺设，夯（压）实	碎砖和碎石垫层的厚度不应小于 100mm，垫层应分层压（夯）实。达到表面坚实、平整 基土表面与碎砖（石）之间应先铺一层 5 ~ 25mm 碎石、粗砂层，以防局部土下陷或软弱土层挤入碎石或碎砖中使垫层破坏

(5) 成品保护。

①不得在已完工的碎石、碎砖垫层内随意挖坑。如需挖坑时，应有支挡垫层的措施。

②垫层完工后，应尽量快施工上一层，以防损坏垫层。

4) 质量标准和验收方法。见表4-14。

碎砖、碎石垫层质量标准和验收方法表　　表4-14

序号	分项	质量标准
1	主控项目	碎石的强度应均匀，其最大粒径不应大于垫层厚度的2/3，碎砖不应采用风化、疏松、夹有有机杂质的砖料，颗粒粒径不应大于60mm 检查方法：观察检查和检查材质合格证明文件及检测报告
2	一般项目	①碎石、碎砖垫层的密实度应符合设计要求 检查方法：观察检查和检查实验记录 ②熟化石灰颗粒粒径不得大于5mm；黏土（或粉质黏土、粉土）内不得含有有机物质，颗粒粒径不得大于15mm 检查方法：观察检查和检查材质合格记录 ②碎石、碎砖垫层表面的允许偏差应符合表4-6的有关规定

3. 水泥混凝土垫层

水泥混凝土垫层是用强度等级不小于C15的混凝土铺设而成的一种垫层，它具有强度大、坚实度高的特点，使用较为广泛。水泥混凝土垫层的厚度不应小于60mm。

1) 构造。水泥混凝土垫层的构造参照4.1.3相关内容。

2) 材料。

(1) 材料检索。见材料检索-胶凝材料。

(2) 材料要求。见表4-15。

水泥混凝土垫层材料要求表　　表4-15

序号	材料	要求
1	水泥	采用硅酸盐水泥、普通硅酸盐水泥或矿渣硅酸盐水泥。其强度等级不得低于32.5级
2	砂	采用中砂或粗砂，含泥量不大于3.0%
3	石子	采用碎石或卵石，粗骨料的级配要适宜，其最大粒径不应大于面层厚度的2/3，含泥量不应大于2%
4	外加剂	混凝土中掺用外加剂的质量应符合有关的规定要求

3) 施工。

(1) 技术准备。进行技术交底，明确设计要求。水泥、砂、石子、外加剂，应符合设计要求和有关规定。

(2) 机具准备。见表4-16。

工程机具设备表 **表4-16**

序号	分类	名称
1	机械	混凝土搅拌机、翻斗车、手推车、平板振捣器
2	工具	筛子、木耙、铁锹、胶皮管、木拍板、刮杆
3	计量检测用具	计量器、小线、钢尺

(3) 作业准备。

①施工前应对所覆盖的隐蔽工程进行验收，并进行隐检会签。

②施工前应做好水平标志，可采用竖尺、拉线、弹线等方法。

(4) 施工工艺及要点。见表4-17。

水泥混凝土垫层施工工艺及要点表 **表4-17**

工序	施工流程	施工要求
1	清理基层	浇筑混凝土垫层前，其下一层表面应湿润。应清除基层的淤泥和杂物；基层表面平整度应控制在15mm内
2	找标高、弹线	根据墙上水平标高控制线，向下量出垫层标高，在墙上弹出水平控制线面，垫层面积较大时，底层地面可视基层情况采用控制桩或细石混凝土（或水泥砂浆）做找平墩控制垫层标高；楼层地面采用细石混凝土或水泥砂浆做找平墩控制垫层标高
3	混凝土搅拌	搅拌时应先加石子，后加水泥，最后加砂和水，其搅拌时间不得少于1.5mm，当掺有外加剂时，搅拌时间应适当延长
4	铺设混凝土	混凝土应由内向外铺设，应连续浇筑，间歇时间不得超过2h，如间歇时间过长，应分块浇筑，接槎处按施工缝处理，接槎处混凝土应捣实压平，不显接头槎。水泥混凝土用平板振捣器振捣，厚度超过200mm时，应采用插入式振捣器，其移动距离不应大于作用半径的1.5倍，做到不漏振，确保混凝土密实。混凝土捣实后，依墙柱上水平控制线做标志，检查平整度，高出处铲平，低洼处补平。先用水平刮杆刮平，再用木抹子搓平 大面积水泥混凝土垫层应分区浇筑，分区段时应结合变形缝位置、不同类型的建筑地面连接处和设备基础的位置进行划分，并应与设置的纵、横向缩缝的间距相一致。室内地面的水泥混凝土垫层的纵向缩缝间距不应大于6m，并做成平头缝或加肋平头缝（垫层厚度大于150mm时，可做企口缝）；横向缩缝间距不得大于12m，横向缩缝应做成假缝。当水泥混凝土垫层设在基土上，且气温长期处于0℃以下，设计无要求时，垫层应设置施工缝。平头缝和企口缝的缝间不得放置隔离材料，浇筑时应互相贴紧。企口缝的尺寸应符合设计要求。假缝宽度为5~20mm，深度为垫层厚度的1/3，缝内填水泥砂浆
5	养护	水泥混凝土垫层浇筑后应浇水养护不少于7d，如天气干燥、气温高，应覆盖麻片或草包浇水养护，气温低于5℃，应采用保暖措施防冻

(5) 成品保护。

水泥混凝土垫层养护期间，应设路挡，不准踩踏。为防止垫层表面受污染，应在人行通道上垫脚手板或麻袋。

4）质量标准和验收要求。见表4-18。

水泥混凝土垫层质量标准和验收方法表　　表4-18

序号	分项	质量标准
1	主控项目	水泥混凝土垫层采用的粗骨料，其粒径不应大于垫层厚度的2/3；含泥量不应大于2%；砂为中粗砂，含泥量不应大于3% 检查方法：观察检查和检查材质合格证明文件及检测报告
2	一般项目	①混凝土强度等级应符合设计要求，且不应小于C15 检查方法：观察检查和检查配合比通知单及检测报告 ②水泥混凝土垫层表面的允许偏差应符合表4-6的有关规定

4.2.3　找平层

找平层采用水泥砂浆、水泥混凝土、沥青混凝土等材料铺设而成，水泥砂浆、水泥混凝土找平层是较为常用的材料。

1. 构造

碎砖、碎石垫层的构造参照4.1.3相关内容。

2. 材料

1）材料。见材料检索－胶凝材料。

2）材料要求。见表4-19。

找平层材料要求表　　表4-19

序号	材料	要求
1	水泥	采用硅酸盐水泥、普通硅酸盐水泥或矿渣硅酸盐水泥。其强度等级不得低于32.5级
2	砂	采用中砂或粗砂，含泥量不大于3.0%
3	石子	采用碎石或卵石，粗骨料的级配要适宜，其最大粒径不应大于面层厚度的2/3，含泥量不应大于2%
4	外加剂	混凝土中掺用外加剂的质量应符合有关的规定要求

3. 施工

1）技术准备。进行技术交底，明确设计要求。水泥、砂、石子、外加剂，材料及配合比应符合设计要求和有关的规定。

2）机具准备。工程机具设备见表4-20。

找平层工程机具设备表 **表 4-20**

序号	分类	名称
1	机械	混凝土搅拌机、砂浆搅拌机、翻斗车
2	工具	手推车、平板振捣器、筛子、木耙、铁锹胶皮管、木拍板、刮杆、木抹子、铁抹子等
3	计量检测用具	计量器、小线、钢尺

3）作业条件准备。

①施工前应对基层暗敷管线、预留孔洞进行验收，并作记录。

②施工前应做好水平标志，可采用竖尺、拉线、弹线等方法。

4）施工工艺及要点。水泥混凝土垫层施工工艺及要点见表 4-21。

水泥混凝土垫层施工工艺及要点表 **表 4-21**

工序	施工流程	施工要求
1	基层处理	铺设找平层前，应将下一层表面清理干净，当找平层下有松散填充层时，应予铺平振实，基层表面平整度应控制在 10mm 内。当找平层下一层为水泥混凝土垫层时，应与湿润，如表面光滑时，应与划（凿）毛，铺设时先刷一道水泥浆，其水灰比为 0.4～0.5，并随刷随铺设找平层。当找平层下一层为预制混凝土楼板时，应对板缝进行处理，嵌缝时，缝内应清理干净，保持湿润，用强度等级不小于 C20 的细石混凝土灌缝。当缝宽大于 40mm 时，板缝内应按设计要求配置钢筋，支底模灌缝。填缝混凝土应养护至强度等级不小于 C15 时方可继续施工。预制混凝土楼板板端应按设计要求采取防裂构造措施。有防水要求的建筑地面工程，铺设前必须对立管、套管和地漏与楼板节点之间进行密封处理，排水坡度应符合设计要求。并在管四周留沟槽，用卷材或涂料裹住管口和地漏
2	找标高、弹线	根据墙上水平标高控制线，向下量出垫层标高，在墙上弹出水平控制线面，找平层面积较大时，采用细石混凝土或水泥砂浆找平墩控制，找平墩 60mm × 60mm，双向布置，间距不大于 2m，用水泥砂浆做找平层时，还应冲筋
3	铺设混凝土或砂浆	混凝土或砂浆应由内向外铺设。混凝土应连续浇筑，间歇时间不得超过 2h，如间歇时间过长，应分块浇筑，接槎处按施工缝处理，接槎处混凝土应捣实压平，不显接头槎。水泥混凝土用平板振捣器振捣，水泥混凝土或水泥砂浆捣实后，依墙柱上水平控制线做标志，检查平整度，高出处铲平，低洼处补平。先用水平刮杆刮平，然后表面用木抹子搓平 大面积水泥混凝土或砂浆找平层应分区浇筑，分区段时应结合变形缝位置、不同类型的建筑地面连接处和设备基础的位置进行划分，并应与设置的纵、横向缩缝的间距相一致。室内地面的水泥混凝土或水泥砂浆找平层，应设纵向和横向缩缝，纵向缩缝间距不应大于 6m，并做成平头缝或加肋平头缝，横向缩缝间距不得大于 12m，横向缩缝应做成假缝
4	养护	水泥混凝土或水泥砂浆找平层浇筑后应浇水养护不少于 7d

5）成品保护。

水泥混凝土或水泥砂浆找平层养护期间，应设路挡，不准踩踏。为防止找平层表面受污染，应在人行通道上垫脚手板或麻袋。

4. 质量标准和验收要求

见表 4-22。

找平层质量标准和验收方法表　　表 4-22

序号	分项	质量标准
1	主控项目	①找平层采用碎石或卵石的粒径不应大于其厚度的 2/3；含泥量不应大于 2%；砂为中粗砂，含泥量不应大于 3% 检查方法：观察检查和检查材质合格证明和检测报告 ②水泥砂浆体积比或水泥混凝土强度等级应符合设计要求，且水泥砂浆体积比不应小于 1∶3（或相应强度等级），水泥混凝土强度等级不应小于 C15 检查方法：观察检查和检查配合比通知单及检测报告
2	一般项目	①找平层与下一层结合牢固，不得有空鼓 检查方法：用小锤敲击检查 ②找平层表面应密实，不得有起砂，蜂窝和裂缝等缺陷 检查方法：观察检查 ③找平层表面的允许偏差应符合表 4-6的有关规定

4.2.4 隔离层

1. 隔离层的构造

隔离层可采用防水类卷材、防水类涂料、沥青砂浆或水泥类材料铺设而成。防水卷材、防水涂料是较为常用的隔离层做法。

先用卷材和涂料的冷底子油处理基层，在用厚度分别为 2～3mm 和 1.2～2mm 的高聚物改性沥青防水卷材和合成高分子防水卷材等做隔离层，防水涂料采用水乳型氯丁橡胶沥青防水涂料、聚氨酯防水涂料、水乳型 SBS 改性沥青防水涂料等全面涂刷，不留空白。

2. 材料

1）材料检索。见材料检索 11－功能材料－防水材料。

2）材料要求。见表 4-23。

隔离层材料要求表　　表 4-23

序号	材料	要求
1	卷材	厚度分别为 2～3mm 和 1.2～2mm 高聚物改性沥青防水卷材和合成高分子防水卷材等，质量符合相关国家标准
2	防水涂料	水乳型氯丁橡胶沥青防水涂料、聚氨酯防水涂料、水乳型 SBS 改性沥青防水涂料等，质量符合相关国家标准
3	密封材料	改性石油沥青密封材料或合成高分子密封材料（弹性体密封材料）。常用的合成高分子密封材料有双组分聚氨酯建筑密封膏、单组分丙烯酸乳胶密封膏、单组分氯磺聚乙烯密封膏、塑料油膏，质量符合国家相关标准
4	基层处理剂	卷材和涂料的冷底子油，质量符合相关国家标准

3. 施工

1）技术准备。进行技术交底，明确设计要求。卷材、涂料、密封材料、基层处理剂，应符合设计要求和有关规定。

2）机具准备。见表 4-24。

隔离层工程机具设备表　　　　表 4-24

序号	分类	名称
1	机械	搅拌用具
2	工具	容器、刷子、割刀
3	计量检测用具	卷尺等
4	安全防护用品	手套、口罩、眼镜等

3）作业条件准备。

①施工前应对所覆盖的隐蔽工程进行验收，并进行隐检会签。

②施工前应做好水平标志，可采用竖尺、拉线、弹线等方法。

4）施工工艺及要点。见表 4-25。

隔离层施工工艺及要点表　　　　表 4-25

工序	施工流程	施工要求
1	基层处理	铺设隔离层前，应清理基层的淤泥和杂物，并保持基层单位干燥含水率不大于 9%。隔离层采用卷材时，铺设前刷冷底子油；采用防水涂料时，铺设前刷底胶。涂刷应均匀、不得漏刷。在墙面和地面交接的阴角处，出地管道根部和地漏周围，须增加附加层，附加层宜在冷底子油和底胶完工后施工，附加层做法应符合设计要求
2	铺设卷材操作	卷材表面与基层表面均涂刷胶粘剂后，静置 20min 左右，待胶基本干燥，指触不粘时，即可进行卷材铺贴。平面与立面相连的卷材，应先铺贴平面然后向立面铺贴，并使卷材紧贴阴、阳角。接缝必须距离阴、阳角 200mm 以上。每贴一张卷材，用干净滚刷从卷材一端朝横方向滚压一遍，以彻底排除卷材与基层之间的空气。平面部位用铁辊滚压一遍，使其粘结牢固，垂直部位用手持压辊滚压黏牢。卷材接缝宽度为 100mm，接缝处先用少许胶粘剂作临时固定，然后将粘结卷材接缝用的专用胶粘剂，均匀刷在卷材接缝的两个粘结面上，待胶基本干燥后进行压合。卷材接缝处应作增强处理，在接缝边缘填密封膏后，骑缝粘贴一条宽 120mm 的卷材手条进行附加增强处理
3	防水涂料操作	在底子胶固化干燥后，先检查是否有气泡或孔，如有气泡用底胶填实。再铺设增强材料，涂刷涂料。采用橡胶刮板和塑料刮板将涂料均匀地涂刮在基层上，先涂立面，再涂平面，由内向外涂刷。第一遍涂层固化后，手感不粘时，即可涂刷第二遍涂层，第二遍涂刮方向与第一遍涂刮方向垂直
4	蓄水检验	隔离层施工完后，应进行试水试验，将地漏、下水口和门口处临时封堵，蓄水深度 20 ~ 30mm，蓄水 24h 后，观察无渗漏现象为合格

5）成品保护。

隔离层施工完毕后应及时保护，并禁止施工人员在其上行走，以免造成隔离层表面损坏。

4. 质量标准和验收要求。见表 4-26。

隔离层质量标准和验收方法表　　　表 4-26

序号	分项	质量标准
1	主控项目	①隔离层材料材性必须符合设计要求和国家产品标准的规定 检查方法：观察检查和检查材质合格证明和检测报告 ②厕、浴间和有防水要求的地面必须设置防水隔离层，楼层结构必须采用现浇混凝土或正块预制混凝土板，混凝土强度等级不应低于 C20。楼板四周除门外，应做混凝土翻边，其高度不应小于 120mm，施工时标高和预留孔洞位置应准确，严禁乱凿洞 检查方法：观察和钢尺检查 ③水泥类防水隔离层的防水性能和强度必须符合设计要求 检查方法：观察检查和检查检测报告 ④防水隔离层严禁渗漏，坡向应正确、排水通畅 检查方法：观察检查和蓄水、泼水检验或坡度尺检查及检查检验记录
2	一般项目	①隔离层厚度应符合要求 检查方法：观察和钢尺检查 ②隔离层与下一层粘结牢固，不得有空鼓；涂料层应平整、均匀、无脱皮、起壳、裂缝、鼓泡等缺陷 检查方法：用小锤轻击检查和观察检查 ③隔离层表面的允许偏差应符合表 4-6的有关规定

4.2.5　填充层

1. 构造

填充层的构造参照 4. 1. 3 的相关内容。

2. 材料

1）填充层材料的质量要求。松散保温材料或整体保温材料或板块保温材料。松散保温材料其表面密度、导热系数、粒径应符合表 4-27 的规定；板状保温材料的质量要求应符合表 4-28 的要求；水泥、沥青等胶结材料必须符合国家有关部门标准的规定。

松散材料的质量要求表　　　表 4-27

序号	项目	膨胀蛭石	膨胀珍珠岩	炉渣
1	粒径	3～15mm	≥0. 15mm，≤0. 15mm 的含水量不大于 8%	5～40mm
2	表面密度	≤300kg/m³	≤120kg/m³	500～1000kg/m³
3	导热系数	≤0. 14W/（m·K）	≤0. 07W/（m·K）	≤0. 19～0. 256W/（m·K）

板状保温材料的质量要求表 **表 4-28**

序号	项目	聚苯乙烯泡沫塑料		硬质聚氨酯泡沫塑料	泡沫玻璃	微孔混凝土	膨胀蛭石制品 膨胀珍珠岩制品
		挤压	模压				
1	表面密度	≥32	15～30	≥30	≥150	500～700	300～800
2	导热系数	≤0.03	≤0.041	≤0.027	≤0.062	≤0.22	≤0.26
3	抗压强度	—	—	—	≥0.4	≥0.4	≥0.3
4	在10%形边下的压缩应力	≥0.15	≥0.06	≥0.15	—	—	—
5	70℃，48h后尺寸变化率（%）	≤2.0	≤0.5	≤0.5	≤0.5	—	—
6	吸水率(V/V,%)	≤1.5	≤6.0	≤3.0	≤0.5	—	—
7	外观质量	板的外观基本平整，无严重凹凸不平；厚度允许偏差为5%，且不大于4mm					

2）材料要求。见表4-29。

填充层材料要求表 **表 4-29**

序号	材料	要求
1	松散保温材料	包括膨胀蛭石、膨胀珍珠岩、炉渣等以散状颗粒组成的材料
2	整体保温材料	用松散保温材料和水泥（沥青等）胶结材料按设计要求的配合比拌制、浇筑，经固化而形成的整体保温材料
3	板块保温材料	采用水泥、沥青或其他有机胶结材料与松散材料，按一定比例拌合加工而成的制品和化学合成树脂与合成橡胶类材料，如水泥膨胀珍珠岩板、水泥膨胀蛭石板和泡沫塑料板、有机纤维板等

3. 施工

1）技术准备。进行技术交底，明确设计要求。

2）机具准备。见表4-30。

填充层工程机具设备表 **表 4-30**

序号	分类	名称
1	机械	搅拌机、平板振动器等
2	工具	铁锹、木刮板推车、木抹子等
3	计量检测用具	水平尺、卷尺等

3）作业条件准备。

（1）施工前应对所覆盖的隐蔽工程进行验收，并进行隐检会签。

（2）施工前应做好水平标志，可采用竖尺、拉线、弹线等方法。

（3）通过楼板立管的孔洞用细石混凝土或1∶2水泥砂浆封堵严密。

4）施工工艺及要点。隔离层施工工艺及要点见表4-31。

填充层施工工艺及要点表　　　　表4-31

工序	施工流程	施工要求
1	基层处理	铺设填充层前，弹出标高线。地漏、管根局部用水泥砂浆或C20细石混凝土处理好
2	松散保温材料的铺设	松散材料铺设前，预埋间距800～1000mm的经防腐处理的木龙骨、半砖矮墙或水泥砂浆条，高度符合填充层厚度，以控制填允层厚度。虚铺厚度不宜大于150mm，应根据其设计厚度确定需要铺设的层数，并根据试验确定每层的虚铺厚度、压实程度，分层铺设保温材料，每层均应压实，压实采用滚和木夯，填充表面应平整
3	整体保温材料的铺设	按设计要求的配合比拌制整体保温材料，水泥、沥青、膨胀珍珠岩、膨胀蛭石应采用人工搅拌，避免颗粒破碎。胶结材料为水泥时，应将水泥制成水泥浆后，边泼边搅，当以热沥青为胶结材料时，沥青加热温度不应高于240℃，使用温度不宜低于190℃。膨胀珍珠岩、膨胀蛭石的预热温度宜为100～120mm。拌合时以色泽一致，无沥青团为宜。铺设时应分层压实，其需铺厚度与压实程度通过试验确定，填充表面应平整
4	板块保温材料的铺设	板状保温材料应分层错缝铺设，每层应采用同一厚度的板块，厚度应符合设计要求。板块应铺设牢固，表面平整。块保温材料不应破碎、缺棱掉角，铺时遇有缺棱掉角、破碎不齐的，应锯平拼接使用。干铺板状保温材料时，应紧靠基层表面，铺平、垫稳，分层铺设时，上下缝应错开。用沥青铺贴板块时，应边刷、边贴、边压实。用水泥砂浆贴板块时，板间缝隙应用保温砂浆填实并勾缝。保温砂浆配合比一般为1：1：10（水泥：石灰膏：同类保温材料碎粒）

5）成品保护。

（1）膨胀珍珠岩表面抹的水泥砂浆保护层完工后，应覆盖浇水养护7d，养护期内，不得上人活动。

（2）填充层完工后，通道或门洞应采取栏挡措施，以防被人践踏。

（3）填充层验收后应立即进行上部找平层施工。

4. 质量标准和验收要求

见表4-32。

填充层质量标准和验收方法表　　　　表4-32

序号	分项	质量标准
1	主控项目	①填充层材料质量必须符合设计要求和国家产品标准的规定 检查方法：观察检查和检查材质合格证明和检测报告 ②整体保温材料填充层的配合比必须符合设计要求 检查方法：观察和检查配合比通知单
2	一般项目	①松散材料填充层铺设应密实；板块材料填充层应压实、无翘曲 检查方法：观察检查 ②填充层表面的允许偏差应符合表4-6的有关规定

4.3 整体面层楼地面构造、材料、施工、检验

整体式楼地面是指面层为整体性材料的楼地面，其面层有水泥砂浆、水泥混凝土、现浇水磨石、水泥钢（铁、防油渗、不发火（防爆））和涂布面层等。以下仅介绍其中较为常见的水泥砂浆、水泥混凝土、现浇水磨石和环氧树脂涂布等四种楼地面的材料、构造与施工。

4.3.1 水泥混凝土面层楼地面

1. 构造

水泥混凝土面层由水泥、黄沙和石子级配而成。面层有两种做法：一种是采用细石混凝土面层，其强度等级不应小于C20，厚度为30～40mm；另一种是用于地坪层时，采用水泥混凝土垫层兼面层，其强度等级不应小于C15，厚度按垫层确定。水泥混凝土地面强度高，干缩性小，与水泥砂浆地面相比，它的耐久性和防水性更好，且不易起砂，但厚度较大。水泥混凝土可以直接铺在夯实的素土上或100mm厚的灰土上，也可以铺在混凝土垫层和钢筋混凝土楼板上，不需要做找平层。

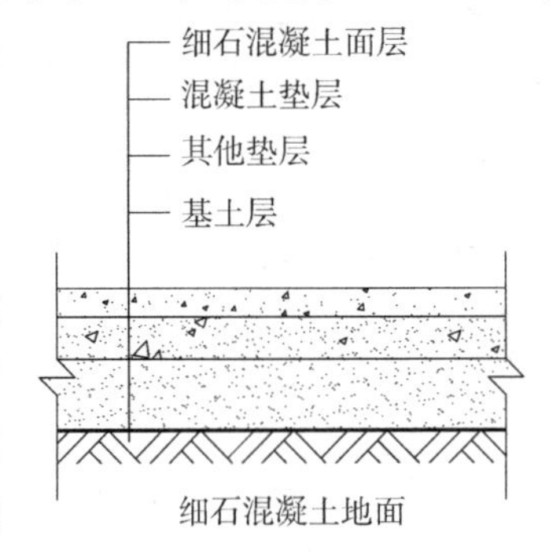

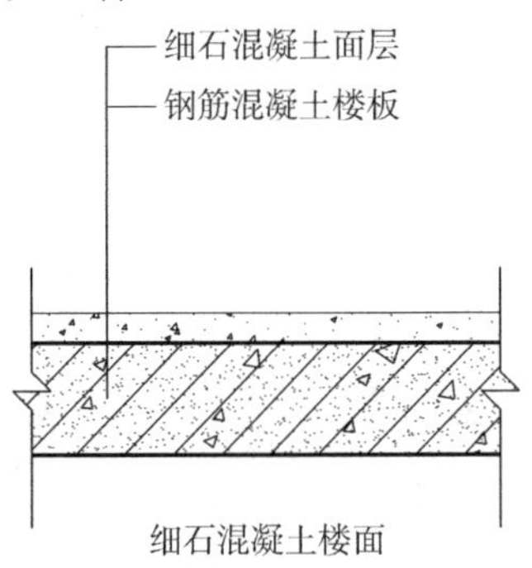

图4-3　细石混凝土楼地面构造示意

细石混凝土面层是先铺一层40mm厚的由水泥、砂子、小石子配制而成的C20细石混凝土，然后其在表面上撒1∶1水泥砂子随打随拍光。对防水要求高的房间，还可以在楼面中加做一层找平层，在其上做防水层，最后再做细石混凝土面层。细石混凝土楼地面构造如图4-3所示。细石混凝土地面构造见表4-33，细石混凝土楼面构造见表4-34，浴、厕等房间细石混凝土楼（地）面构造做法见表4-35。

细石混凝土地面构造做法表　　　　表4-33

序号	构造层次	做法	说明
1	面层	40mm厚1∶2∶3细石混凝土上，表面撒1∶1水泥砂子随打随抹光	1）建筑胶品种见工程设计，但应选用经检测、鉴定、品质优良的产品 2）使用面积较小的房间
2	结合层	刷水泥浆一道（内掺建筑胶）	
3	垫层	60mm厚C15混凝土垫层，粒径5～32mm卵石灌M2.5混合砂浆振捣密实或150mm厚3∶7灰土	
4	基土	素土夯实	

细石混凝土楼面构造做法　　表 4-34

序号	构造层次	做法	说明
1	面层	40mm 厚 1∶2∶3 细石混凝土上，表面撒 1∶1 水泥砂子随打随抹光	1）建筑胶品种见工程设计，但应选用经检测、鉴定、品质优良的产品 2）使用面积较小的房间
2	结合层	刷水泥浆一道（内掺建筑胶）	
3	填充层	60mm 厚 1∶6 水泥焦渣层或 CL7.5 轻集料混凝土	
4	楼板	现浇钢筋混凝土楼板或预制楼板现浇叠合层	

浴、厕等房间细石混凝土楼（地）面构造做法表　　表 4-35

序号	构造层次	做法	说明
1	面层	40mm 厚 1∶2∶3 细石混凝土上，表面撒 1∶1 水泥砂子随打随抹光	1）聚氨酯防水层表面撒粘适量细砂 2）防水层在墙柱交接处翻起高度不小于 250mm 3）防水层可以采用其他新型的做法 4）括号内为地面构造做法
2	防水层	1.5mm 厚聚氨酯防水层 2 道（门处铺出 300mm 宽）	
3	找坡层	1∶3 水泥砂浆或 C20 细石混凝土，最薄处 20mm 厚，抹平	
4	结合层	刷水泥浆一道（内掺建筑胶）	
5	楼板 （垫层）	现浇钢筋混凝土楼板 （粒径 5～32mm 卵石灌 M2.5 混合砂浆振捣密实或 150mm 厚 3∶7 灰土）	
6	（基土）	（素土夯实）	

2. 材料

1）材料检索。水泥混凝土地面的表面材料是水泥砂浆和混凝土（细石混凝土）。材料性能见材料检索－胶凝材料。

2）材料要求。见表 4-36。

水泥混凝土面层材料要求表　　表 4-36

序号	材料	要求
1	水泥	采用强度等级不低于 32.5 级的硅酸盐水泥或普通硅酸盐水泥
	砂	采用中砂或粗砂，含泥量不大于 3.0%
	石子	采用碎石或卵石，其最大粒径不应大于面层厚度的 2/3，当采用细石混凝土面层时，石子粒径不应大于 15mm，含泥量不应大于 2%
2	基层材料	水泥混凝土楼地面的基层材料为做结合层的水泥浆，水灰比为 0.4～0.5

3. 施工

1）技术准备。进行技术交底，水泥砂浆、混凝土（或细石混凝土）、建筑胶等材料及配合比应符合设计要求和有关的规定。

2）机具准备。工程机具设备见表 4-37。

水泥混凝土面层工程机具设备表　　表 4-37

序号	分类	名称
1	机械	混凝土搅拌机、平板振捣器
2	工具	手推车、筛子、木耙、铁锹胶皮管、木拍板、刮杆、木抹子、铁抹子
3	计量检测用具	计量器、小线、尺

3）作业条件准备。

（1）作业层的顶棚、墙柱施工完毕。门框及预埋件已安装并验收。

（2）应已对所覆盖的隐蔽工程进行验收且合格，并进行隐检会签。

（3）施工前应做好水平标志，可采用竖尺、拉线、弹线等方法。

4）施工工艺及要点。见表 4-38。

水泥混凝土面层施工流程和工艺表　　表 4-38

工序	施工流程	施工要求
1	基层处理	消除基层上的灰尘和浮散杂物，用铁錾子剔凿，钢丝刷清刷粘在基层上的浆皮和混凝土，用碱水洗掉油污，用清水将基层清洗干净，并洒水保持湿润
2	弹线及设标志墩	小面积的地面，根据墙上 0.5m 标高线，量测面层上表面位置并弹出顶面标志线，纵横间距为 1.5m，用同配比混凝土做标志墩。大面积的地面，除弹出混凝土面层顶面标志线外，还应用经纬仪和钢尺等弹出纵、横向缩缝位置线，当面层下有混凝土垫层时，面层留缝应与垫层留缝在同一位置。混凝土标志墩应进行养护，在其强度达 1.2MPa 后方可铺设混凝土面层
3	混凝土铺设	混凝土铺设前，应清除基层表面的积水和杂物，基层表面刷一道水灰比为 0.4～0.5 的素水泥浆或界面结合剂，随刷随铺混凝土。面积较小的混凝土面层，宜从里端开始向外铺设。面积较大的混凝土面层，应结合纵向缩缝的设置，沿纵向跳仓铺设，待纵向缩缝、伸缩模型拆除后，再沿纵向铺设其余仓位混凝土
4	振捣	用平铁锹将混凝土略高于面层顶面的部分整平，然后用平板振捣器或插入式振捣器往返振捣，或用铁滚子（电碾）往返滚压，或用振动梁沿纵向振动。同时配合标高检查，高处铲平，低处填平，用长刮杠沿浇筑方向退着刮平，木抹子搓平。混凝土刮平后，将混凝土标志墩铲平 当混凝土表面出现泌水现象时，应用与混凝土相同配比的水泥砂浆（砂要过 3mm 筛孔筛）干拌后，均匀撒在混凝土表面，用木抹子搓压抹平 混凝土面层应连续铺设，不宜留施工缝，小房间按整间、大面积地面按分仓带一次浇筑完成。必须留置施工缝时，宜留在假缝处。继续施工前，混凝土强度应达到 1.2MPa 以上，施工缝接槎处应刷水灰比为 0.4～0.5 的水泥浆
5	抹面压光	第一遍抹压：用铁抹子轻轻抹压一遍直到出浆为止。当采用振动压缝刀压缝留置假缝时，第一遍抹压后，立即用压缝刀压至规定深度，提出压缝刀，用原浆修平缝槽，然后放入木制（预先浸泡至吸水饱和）或塑料嵌条，再次修平缝槽。第二遍抹压：在混凝土初凝后（即上人有脚印但不下陷时），用铁抹子把凹坑、砂眼填实补平，注意不得漏压。第三遍抹压：在混凝土终凝前（即上人稍有脚印时）用铁抹子用力抹压，把所有抹纹抹平压光，达到密实光洁

续表

工序	施工流程	施工要求
6	养护	混凝土表面抹压完24h后，可根据具体情况覆盖塑料薄膜保湿养护，或满铺湿润锯末洒水养护。养护时间一般不少于7d。养护期内严禁在饰面上推动手推车、放重物及随意践踏 如假缝采用吊模或预埋木（塑料）条，应在混凝土终凝前拆除或取出；如假缝采用混凝土切割机切割，碎石（或卵石）混凝土强度应达到6～12MPa或9～12MPa
7	混凝土切割	大面积的混凝土面层切缝前，先弹出假缝位置线，根据缝宽选择刀片，安置切割机，调整进刀深度，沿假缝线切割。切割完毕，关闭开关，将刀片提升至混凝土表面以上

5）成品保护。

（1）整体面层施工后，水泥混凝土抗压强度未达到5N/mm^2，不准上人，并禁止其他工种在面层上作业。

（2）楼梯踏步完工后，其表面应用木、钢质或其他板块封盖牢固，以防踏步齿角损坏。

4. 质量标准和验收要求

见表4-39。

水泥混凝土面层质量标准和验收方法表　　　表4-39

序号	分项	质量标准
1	主控项目	1）水泥混凝土采用的粗骨料最大粒径不应大于面层厚度的2/3，细石混凝土面层采用的石子粒径不应大于15mm 检查方法：观察检查和检查材质合格证明和检测报告 2）水泥混凝土面层厚度应符合设计要求，强度等级不应低于C20；水泥混凝土垫层兼面层强度等级不应低于C15 检查方法：检查配合比通知单和检测报告 3）面层与下一层应结合牢固，无空鼓、裂纹 检查方法：用小锤轻击检查
2	一般项目	1）表面不应有裂纹、脱皮、麻面、起砂等缺陷 检查方法：观察检查 2）表面坡度应符合设计要求，不得有倒泛水和积水现象 检查方法：观察和采用泼水或坡度尺检查 3）水泥砂浆踢脚线与墙体应紧密结合，高度一致，出墙厚度均匀 检查方法：用小锤轻击、钢尺和观察检查 4）楼梯踏步的高度、宽度应符合设计要求。楼层梯段相邻踏步高度差不应大于10mm，每踏步两端宽度差不应大于10mm，楼梯踏步的齿角应整齐，防滑条应顺直。旋转楼梯梯段的每踏步两端宽度的允许偏差为5mm 检查方法：观察和钢尺检查 5）水泥混凝土面层的允许偏差应符合表4-40的规定

4.3.2 现浇水磨石面层楼地面

1. 构造

现浇水磨石楼地面是在水泥砂浆或混凝土垫层上按设计要求分格、抹水泥石子浆，凝固硬化后，磨光露出石粒，并经补浆、研磨、打蜡后制成。它具有色彩丰富，图案组合多样的饰面效果，其面层平整光洁、坚固耐用、整体性好、耐污染、耐腐蚀和易清洗。现浇水磨石面层属于传统做法，施工工艺复杂，湿作业多，一般用于对清洁度要求较高的场所。

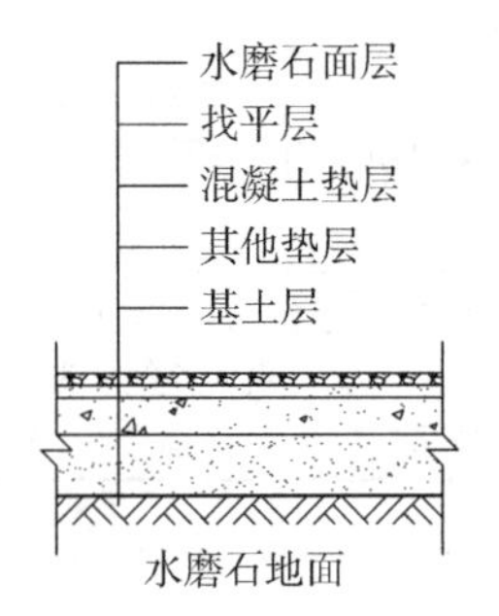

图4-4 现浇水磨石楼地面的一般构造

现浇水磨石楼地面按材料配制和表面打磨精度，分为普通水磨石楼地面和高级美术水磨石楼地面。现浇水磨石楼地面的构造如图4-4所示。现浇水磨石地面构造做法见表4-41，现浇水磨石楼面构造做法见表4-42。

整体面层的允许偏差和检验方法（mm） 表4-40

序号	项目	允许偏差						检验方法
		水泥混凝土面层	水泥砂浆面层	普通水磨石面层	高级水磨石面层	水泥钢（铁）屑面层	防油渗混凝土和不发火（防暴的）面层	
1	表面平整度	5	4	3	2	4	5	用2m靠尺和楔形塞尺检查
2	踢脚线上口平直	4	4	3	3	4	4	用5m线和用钢尺检查
3	缝格平直	3	3	3	2	3	3	

现浇水磨石地面构造做法表 表4-41

序号	构造层次	做法	说明
1	面层	10mm厚1∶2.5水泥彩色石子，表面磨光打蜡	1）应在平面图中绘出分格线 2）水泥、石子颜色、粒径由设计定
2	结合层	20mm厚1∶3水泥砂浆结合层，干后卧分格线（铜条两端打孔穿22号镀锌钢丝卧牢）	
3	垫层	刷水泥浆一道（内掺建筑胶） 60mm厚C15混凝土垫层，粒径5～32mm卵石灌M2.5混合砂浆振捣密实或150mm厚3∶7灰土	
4	基土	素土夯实	

现浇水磨石楼面构造做法表 表 4-42

<table>
<tr><th>序号</th><th>构造层次</th><th>做法</th><th>说明</th></tr>
<tr><td>1</td><td>面层</td><td>10mm 厚 1：2.5 水泥彩色石子，表面磨光打蜡</td><td rowspan="4">1）应在平面图中绘出分格线
2）水泥、石子颜色、粒径由设计定</td></tr>
<tr><td>2</td><td>结合层</td><td>20mm 厚 1：3 水泥砂浆结合层，干后卧分格线（铜条两端打孔穿 22 号镀锌钢丝卧牢）</td></tr>
<tr><td>3</td><td>填充层</td><td>刷水泥浆一道（内掺建筑胶）
60mm 厚 1：6 水泥焦渣层或 CL7.5 轻集料混凝土</td></tr>
<tr><td>4</td><td>楼板</td><td>现浇钢筋混凝土楼板或预制楼板现浇叠合层</td></tr>
</table>

2. 材料

材料要求见表 4-43。

现浇水磨石面层材料要求表 表 4-43

<table>
<tr><th>序号</th><th>材料</th><th>要求</th></tr>
<tr><td>1</td><td>表面材料</td><td>普通水磨石采用本色水磨石，高级美术水磨石采用彩色水磨石。水磨石面层的表面材料是水泥石粒，由水泥、石粒、水和颜料（彩色水磨石时用）拌制而成
1）水泥。白色或浅色水磨石面层应采用白色水泥硅酸盐水泥，深色水磨石面层宜采用硅酸盐水泥、普通硅酸盐水泥或矿渣硅酸盐水泥，其强度等级不低于 42.5 级。同颜色的地面应使用同一批水泥
2）石粒。石粒采用坚硬可磨的白云石、大理石等岩石加工而成。石粒应洁净无杂物，其粒径除特殊要求外，宜为 6～15mm，石粒应按不同品种、规格、色彩分批分类堆放。水磨石面层厚度和允许石粒最大粒径见表 4-44

水磨石面层厚度和允许石粒最大粒径 表 4-44<table><tr><td>水磨石面层厚度</td><td>10</td><td>15</td><td>20</td><td>25</td><td>30</td></tr><tr><td>石粒最大粒径</td><td>9</td><td>14</td><td>18</td><td>23</td><td>28</td></tr></table></td></tr>
<tr><td>2</td><td>颜料</td><td>采用耐光、耐碱的矿物颜料，不得使用酸性颜料，其掺入量宜为水泥重量的 3%～6%，或由试验确定。同一颜色地面应使用同厂、同批的颜料。表 4-45 为几种矿物颜料的主要性能</td></tr>
</table>

续表

<table>
<tr><th>序号</th><th>材料</th><th>要求</th></tr>
<tr><td>2</td><td>颜料</td><td>

几种矿物颜料的主要性能　　表 4-45

<table>
<tr><th>名称</th><th>相对密度</th><th>遮盖力
(g/m²)</th><th>着色力</th><th>耐光性</th><th>耐碱性</th><th>分散性</th></tr>
<tr><td>氧化铁红</td><td>0.15</td><td>6 ~ 8</td><td>佳</td><td rowspan="7">佳</td><td>不耐</td><td>易于分散</td></tr>
<tr><td>氧化铁黄</td><td>4.05 ~ 4.09</td><td>11 ~ 13</td><td>佳</td><td>耐</td><td>不易分散</td></tr>
<tr><td>氧化铁蓝</td><td>1.83 ~ 1.90</td><td><15</td><td>佳</td><td>耐</td><td>不易分散</td></tr>
<tr><td>氧化铁绿</td><td>—</td><td>13.5</td><td>佳</td><td>耐</td><td>不易分散</td></tr>
<tr><td>氧化铁棕</td><td>4.77</td><td>—</td><td>佳</td><td>耐</td><td>不易分散</td></tr>
<tr><td>群青</td><td>2.23 ~ 2.35</td><td>—</td><td>佳</td><td>耐</td><td>不易分散</td></tr>
<tr><td>氧化铬绿</td><td>5.08 ~ 5.20</td><td><12</td><td>差</td><td>耐</td><td>不易分散</td></tr>
</table>

</td></tr>
<tr><td>3</td><td>基层材料</td><td>水磨石地面面层的基层为结合层，结合层为纯水泥浆一道，水灰比为 0.4 ~ 0.5</td></tr>
<tr><td>4</td><td>特殊材料</td><td>分格条有玻璃、铜、铝合金条等。玻璃条用厚 3mm 玻璃裁制而成，铜条厚 1.2mm 或成品铜条，彩色塑料条厚 2 ~ 3mm，宽度一般为 10mm（或根据面层厚度而定），长度依分块尺寸而定，宜为 1000 ~ 1200mm。铜条应在调直后使用，铜条下部 1/3 处每米钻 ϕ2mm 的孔，为穿钢丝之用</td></tr>
</table>

3. 施工

1）技术准备。进行技术交底，明确设计要求。检查水泥、石粒、颜料、玻璃条或铜条、建筑胶、草酸、地板蜡、ϕ0.5 ~ 1.0mm 钢丝等应符合要求。

2）机具准备。见表 4-46。

现浇水磨石面层工程机具设备表　　表 4-46

序号	分类	名称
1	机械	水磨石机
2	工具	滚筒、油石（粗、中、细）、手推车、筛子、木耙、铁锹、胶皮管、木拍板、刮杆、木抹子、铁抹子等
3	计量检测用具	计量器、小线、钢尺

3）作业条件准备。

（1）施工前应做好水平标志，可采用竖尺、拉线、弹线等方法。

（2）门框和楼地面预埋件、水电设备管线等均已施工完毕并检查合格。

（3）应已对所覆盖的隐蔽工程进行验收且合格，并进行隐检会签。

（4）作业层的顶棚、墙柱抹灰施工完毕。

（5）彩色水磨石，事先应按不同配比做样板，交设计人员或业主认可。

（6）水泥砂浆找平层施工完毕，养护 2 ~ 3d 后施工面层。

4）施工工艺及要点。见表 4-47。

现浇水磨石面层施工流程和工艺表　　　　表 4-47

工序	施工流程	施工要求
1	镶嵌分格条	先在找平层上按设计的分格尺寸和图案要求，弹出房间十字线，计算好周边的镶边宽度后，弹出清晰的分格线条。然后按墨线裁分格条 镶嵌分格条时，先将平口板条按分格线靠直，将分格条贴近板条，分左右两边用小铁抹子抹稠水泥浆，拉线粘贴固定分格条。水泥浆涂抹高度应比分格条顶面低3～5mm，并做成45°角，在十字交叉处涂抹水泥浆时，应留出40～50mm的空隙。分格条应平直、牢固、接头严密，顶面在同一水平面上，拉5m线检查，其偏差不应超过1mm。采用铜条时，应预先在两端下部1/3处打眼，穿入22号铁线，锚固于下口八字角水泥浆内。镶条12h后，浇水养护3～4d。分格条镶嵌见图4-5 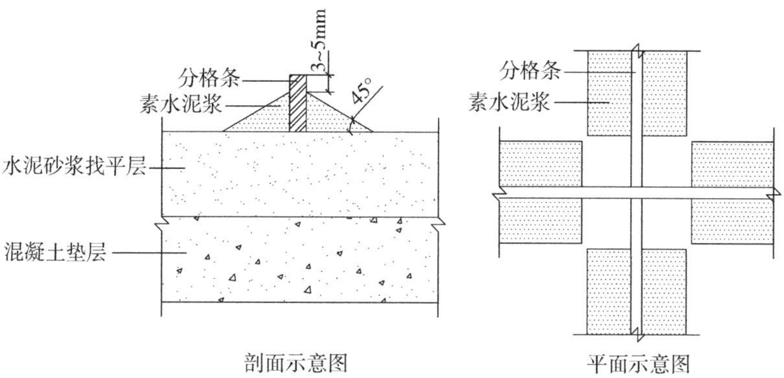 剖面示意图　　平面示意图 图4-5　分格条镶嵌示意
2	配制水磨石拌合料	拌合料中水泥和石粒的体积比：楼地面宜为1∶15～12∶5，踢脚板宜为1∶1～1∶15；彩色水磨石拌合料还应加入水泥重量3%～6%的颜料，或由试验确定。在拌合前，根据整个地面所需用量，将水泥和颜料一次统一配好、配足。白水泥和颜料要反复干拌，并用筛子筛匀，然后装袋备用。拌合料要求配比准确，拌合均匀，稠度一般为60mm
3	铺抹石子浆面层	先用清水将找平层洒水湿润，再涂刷与面层颜色相同的水泥浆，水灰比为0.4～0.5，随刷随铺石子浆 石子浆的虚铺厚度应根据水磨石面层设计厚度确定，除有特殊要求外，宜为12～18mm。铺抹时，先将石子浆铺在分格条旁边，将分格条内边100mm内的石子浆轻轻抹平压实，以保护分格条。然后再整格铺抹，用铁抹子由中间向边角推进，拍平压实。面层至少要经过两次用毛刷粘拉开面浆，检查石粒均匀（若过稀疏应及时补上石子）后，用铁抹子抹平压实，至泛浆为止。面层应比分格条高出5mm 在同一平面上如有几种颜色图案时，应先铺深色，后铺浅色，待前一种凝固后再铺后一种，以免互相串色或界限不清 踢脚板抹石子浆面层，凸出墙面约8mm，所用石粒应稍小。铺抹时先将底子灰用清水湿润，在阴阳角和踢脚板上口按水平线贴好尺板，涂刷水灰比为0.5的水泥浆一遍后，随即将踢脚板石子浆上墙、抹平、压实；刷两遍水将水泥浆轻轻刷去，使石子上无浮浆
4	养护	石子浆铺抹24h后，应进行浇水养护
5	磨光	水磨石开磨前应进行试磨，如磨后石粒不松动，灰浆面与石子面基本平整，即可开磨。一般开磨时间可参考表4-48，也可以用回弹仪现场测定石粒浆面层的强度，一般达到10～13MPa即可。磨光作业应采用“二浆三磨”方法进行，即整个过程为磨光三遍、补浆二次

续表

<table>
<tr><th>工序</th><th>施工流程</th><th>施工要求</th></tr>
<tr><td>5</td><td>磨光</td><td>
水磨石开磨时间　　表 4-48
<table>
<tr><th rowspan="2">平均温度（℃）</th><th colspan="2">开磨时间（d）</th><th rowspan="2">平均温度（℃）</th><th colspan="2">开磨时间（d）</th></tr>
<tr><th>机磨</th><th>手磨</th><th>机磨</th><th>手磨</th></tr>
<tr><td>20～30</td><td>2～3</td><td>1～2</td><td rowspan="2">5 ～ 10</td><td rowspan="2">5 ～ 6</td><td rowspan="2">2 ～ 3</td></tr>
<tr><td>10～20</td><td>3～4</td><td>1.5～2.5</td></tr>
</table>
①粗磨。用 60～80 号油石磨第一遍，使磨石机在地面走横“8”字形，边磨边加水，随时清扫磨出的水泥浊浆，并用靠尺检查平整度，直至表面磨平、磨匀，分格条和石粒全部露出，然后用清水冲洗干净。稍干后，涂刷一层同颜色的水泥浆（即补浆），以填补砂眼或细小的凹痕，脱落的石粒应补齐，不同颜色的水磨石刷浆时，宜按先深后浅的顺序进行
②细磨。在粗磨完养护 3～4d 后进行。用 100～150 号油石磨第二遍，磨至表面光滑模糊不清。然后用清水清洗干净。再满擦第二遍水泥浆，养护 3～4d
③磨光。用 180～240 号油石磨第三遍，至表面石子显露、平整光滑、无砂眼细孔、无磨痕为止
普通水磨石面层磨光次数不应少于三遍，高级水磨石面层应适当增加磨光遍数及提高油石的号数，每遍磨光采用的油石规格可按表 4-49 选用
油石规格选用　　表 4-49
<table>
<tr><th>序号</th><th>遍数</th><th>油石规格（号）</th></tr>
<tr><td>1</td><td>头遍</td><td>54、60、70</td></tr>
<tr><td>2</td><td>二遍</td><td>90、100、120</td></tr>
<tr><td>3</td><td>三遍</td><td>180、220、240</td></tr>
</table>
</td></tr>
<tr><td>6</td><td>草酸清洗</td><td>用水稀释草酸制成浓度为 10%～15% 的溶液，用扫帚蘸后洒在地面上，再用 280～320 号油石轻轻磨一遍，磨至出白浆、表面光滑为止。再用水冲洗，用软布擦干</td></tr>
<tr><td>7</td><td>打蜡上光</td><td>酸洗后的水磨石面层在晾干擦净后，用布或干净麻丝蘸成品蜡薄薄地、均匀地涂在水磨石面层上。待蜡干后，用包有麻布或细帆布的木块代替油石，装在磨石机的磨盘上进行磨光，直至水磨石表面光滑洁亮为止</td></tr>
</table>

5）成品保护。

（1）面层养护期间（一般不宜少于 7d），严禁车辆行走或堆压重物。

（2）完成后的面层，严禁在上面推车、随意践踏、搅拌浆料、抛掷物件。堆放料具等物时要采取隔离防护措施，以免损伤面层。

4. 质量标准和验收方法

水磨石面层质量标准和验收要求见表 4-50。

水磨石面层质量标准和验收方法表　　表 4-50

序号	分项	质量标准
1	主控项目	1）面层表面应光滑、无明显裂纹、砂眼和磨纹；石粒密实，显露均匀，颜色、图案一致，不混色；分格条牢固、顺直、清晰 检查方法：观察检查 2）水磨石面层与找平层应结合牢固，无空鼓、裂纹 检查方法：用小锤轻击检查
2	一般项目	1）踢脚线与墙面应紧密结合，高度一致，出墙厚度均匀 检查方法：用小锤轻击、观察和钢尺检查 2）楼梯踏步的高度、宽度应符合设计要求。楼层梯段相邻踏步高度差不应大于10mm，每踏步两端宽度差不应大于10mm，旋转楼梯梯段的两端宽度的允许偏差为5mm，楼梯踏步的齿角应整齐，防滑条应顺直 检查方法：观察和钢尺检查 3）水磨石面层的允许偏差应符合表 4-40 的规定

4.3.3　环氧树脂涂布面层楼地面

1. 构造

涂布面层楼地面是在水泥砂浆或混凝土基层的基础上，由合成树脂代替水泥或部分代替水泥，再加入填料、颜料等混合调制成涂布料，在现场涂布施工，硬化以后形成整体无接缝的地面，它的突出特点是无接缝、整体性好、易于清洁，并具有工期短、工效高、更新方便和价格较低等显著优点。涂布地面适合无尘卫生要求的环境、需要增强美观的区域和化学品、生化制品腐蚀的区域，常用于医院、一般办公场所和某些工业建筑。常用的涂布面层楼地面有：环氧树脂涂布楼地面、聚醋酸乙烯乳液塑化楼地面、聚氨酯涂布楼地面。以下仅以环氧树脂涂布楼地面为例，介绍涂布楼地面做法。

2. 材料

1）环氧树脂涂料。是一种表面材料，它由环氧树脂、固化剂、增塑剂、填料和颜料等构成，具有抗冲击优、硬度好、高负载、耐磨损；无接缝、防尘、防潮、防腐、防霉，耐酸、碱、盐及其他化学溶剂性腐蚀、耐油污、耐化学品腐蚀、硬化收缩率小，色彩丰富、美丽清洁、施工方便等优点。环氧树脂涂料分底层涂料、中层涂料和面层涂料。

2）材料要求。见表 4-51。

环氧树脂涂布材料要求表　　表 4-51

序号	材料	要求
1	环氧树脂涂料	色彩符合设计要求，质量符合国家标准
2	罩面漆	环氧树脂清漆可用作罩面漆，多采用亚光罩面漆
3	其他材料	有稀释剂和地板蜡等。稀释剂可降低混合料的黏度，使施工方便，一般使用二甲苯、丙酮等非活性稀释剂

3. 施工

1）技术准备。进行技术交底，了解设计要求、材料性能和质量要求。

2）机具准备。工程机具设备见表4-52。

环氧树脂涂布面层工程机具设备表　　表4-52

序号	分类	名称
1	机械	低速搅拌机
2	工具	抹灰工工具、塑料胶桶、滚筒、刮板、油漆刮刀、铁砂纸、刷子、吸尘器、手磨机等

3）作业条件准备。

(1) 室内其他装饰作业已经结束，一周前地面停止接触水。

(2) 基层经验收合格，平整、坚固、干燥、干净。

(3) 门窗玻璃已安装。

(4) 做小样，确定配比。

4）施工工艺及要点。环氧树脂底层施工流程和工艺见表4-53。

环氧树脂底层施工流程和工艺表　　表4-53

<table>
<tr><th>工序</th><th>施工流程</th><th>施工要求</th></tr>
<tr><td>1</td><td>基层处理</td><td>施工前应把基层上的浮灰、垃圾、杂物除去，对较大凹陷处施工前一天应预先用同样材料嵌平，超过涂布厚度的凸出物必须预先铲平，以避免施工中出现明显露底现象，基层含水量不应超过8%</td></tr>
<tr><td>2</td><td>配制底涂</td><td>根据施工面积估计底涂用量，将底涂混合，搅拌均匀；参考用量0.1～0.3kg/m²。对于特别粗糙的基面，可在底油中加适量的石英粉搅匀，这样可对一些细小的孔隙起填补作用。配制底涂可用低速搅拌机混合。环氧树脂底层涂料的要求见表4-54

环氧树脂底层涂料的要求　　表4-54
<table>
<tr><th>序号</th><th colspan="2">项目</th><th>技术指标</th></tr>
<tr><td>1</td><td colspan="2">容器中的状态</td><td>搅拌后无硬块，呈均匀状态</td></tr>
<tr><td>2</td><td colspan="2">固体含量/% ≥</td><td>50</td></tr>
<tr><td rowspan="2">3</td><td rowspan="2">干燥时间/h</td><td>表干≤</td><td>6</td></tr>
<tr><td>实干≤</td><td>24</td></tr>
<tr><td>4</td><td colspan="2">7d拉伸黏强度</td><td>2.0</td></tr>
</table>
涂布料一次配制量不宜过多，否则涂料散热困难，易发生急速固化（或称暴聚）现象，使树脂过早固化，变成废料。一般一次配5kg树脂（可涂布5m²）</td></tr>
</table>

续表

工序	施工流程	施工要求
3	涂底层涂料	涂底漆的目的一是封闭基层，二是可加强面层与基层的粘结。大面积施工底涂多采用滚涂方法施工。滚涂时用毛多、厚实而且不易脱毛的普通滚筒，用之前设法除去已松动的毛丝，小面积施工可选用板刷刷涂，墙脚等阴角处应用毛刷刷涂。通常由房间里边向外逐步施工，最后退出房门
4	涂中层涂料	中涂层是提高地坪涂层强度、找平地面的行之有效的方法。待已涂底涂的地面可行人后即可施工砂浆中涂层。对于不同厚度要求的砂浆地坪应选用不同规格的石英砂。若做1mm或以上厚度的砂浆地板，可用溶剂型环氧中涂料刮涂第一遍；用细石英砂调中涂料刮第二遍；待砂浆层完全固化后，用石英粉调中涂料刮最后一遍。其主要目的是修补砂浆面存在的细小孔隙，使整个基面变得平实。砂浆层要求石英砂分布均匀，表面平实，无突起、无漏刮，尤其是不能留下刀痕，以减少打磨量，减少对人员的伤害和对环境的污染。在前一层砂浆未完全固化之前，绝对不能施工下一层砂浆，否则会起泡。刮砂时一次不能刮得太厚（约7mm），因为太厚的砂浆层不能完全干透，导致地坪早期强度不够，抗压性能差。每刮一层砂浆，待其完全固化后，视涂层的平整度决定是否打磨。如需打磨，可用吸尘打磨机或手磨机打磨，要求打磨后的砂浆面平实、无突起，打磨完毕后清理干净。最后一层封闭腻子完全固化后，应将腻子面层打磨平实光滑，不能有一点突起或孔隙，打磨完毕后彻底清扫灰尘
5	涂面漆	采用高压无气喷涂或滚涂方法施工面漆。滚涂时用涂底漆时用过的滚筒洗净晾干后涂面漆，可以较好地解决滚筒掉毛问题，最好选用质量较好的新滚筒。配料时，应先将地坪涂料的主剂搅拌均匀，按包装标签上规定的比例配好面漆，搅匀。有些涂料适当熟化后施工，效果更好。按要求喷涂或者用准备好的滚筒浸上面漆均匀滚涂，要求涂布均匀，无漏涂。如在完工的面漆上涂刷一道亚光罩面漆，可大大提高地坪涂层的使用寿命和视觉效果
6	养护	按照要求施工养护不得少于7d，施工后24h内保持不让东西撒落在上面，避免灰尘、昆虫、小动物或踩踏、遇雨和潮气等。48h后人员方可进入，28d后方可达到正常使用条件
7	打蜡	交付使用前打蜡一次，以增强其装饰效果和耐污染性

5）成品保护。

（1）养护期间不要自行使用。

（2）正常使用时，在环氧树脂地坪上移动的手推车、叉车等必须使用橡胶轮，人员宜使用软底鞋，以免划伤表面。

4. 质量标准和验收要求

环氧树脂涂布面层质量标准和验收要求见表4-55。

环氧树脂涂布面层质量标准和检验方法表　　表4-55

序号	分项	质量标准
1	主控项目	1）涂饰工程选用的涂料及辅料的品种、型号和性能应符合设计要求 检查方法：观察检查和检查材质合格证明和检测报告 2）涂饰工程应涂饰均匀，附着牢固，不得掉粉、脱皮、漏涂和透底 检查方法：观察检查 3）涂饰工程的颜色、图案应符合设计要求。均匀一致 检查方法：观察检查

续表

<table>
<tr><th>序号</th><th>分项</th><th colspan="3">质量标准</th></tr>
<tr><td rowspan="9">2</td><td rowspan="9">一般项目</td><td colspan="3">涂饰工程涂饰质量应符合表 4-56 的规定

涂饰工程的涂饰质量（mm）　　表 4-56</td></tr>
<tr><td rowspan="2">项目</td><td colspan="2">允许偏差</td></tr>
<tr><td>普通饰面</td><td>高级饰面</td></tr>
<tr><td>颜色</td><td>基本一致</td><td>均匀一致</td></tr>
<tr><td>光泽、光滑</td><td>光泽基本均匀、光滑、无挡手感</td><td>光泽均匀一致、光滑</td></tr>
<tr><td>刷纹</td><td>刷纹通顺</td><td>无刷纹</td></tr>
<tr><td>裹棱、流坠、皱皮</td><td>明显处不允许</td><td>不允许</td></tr>
<tr><td>装饰线、分色线直线度允许偏差</td><td>2</td><td>1</td></tr>
</table>

4.4 板块式面层楼地面构造、材料、施工、检验

板块面层楼地面，其面层有砖（普通黏土砖、陶瓷锦砖、陶瓷地砖、缸砖、水泥花砖等）面层，大理石板面层、花岗石板面层，预制板块（水泥混凝土板块、水磨石板块）面层，料石（条石、块石）面层，塑料板面层，活动地板面层，地毯面层等。以下仅介绍其中常见的陶瓷地砖面层、缸砖面层、大理石和花岗石面层、塑料板面层、活动地板面层、地毯面层等六种楼地面的构造与施工。

4.4.1 陶瓷地砖面层楼地面

1. 构造

用于陶瓷地砖楼地面的陶瓷地砖有彩釉砖、无釉亚光砖、抛光砖三类，其品种有劈离砖、麻面砖、彩胎砖、玻化砖等多种。常用规格有 100mm × 100mm、200mm × 200mm、300mm × 300mm、400mm × 400mm、500mm × 500mm、600mm × 600mm 等多种，目前某些大规格重型板材产品规格已达到 800mm × 800mm、1000mm × 1000mm。各类陶瓷地砖地面均具有坚固耐磨、耐水、耐久、防滑、色彩美观、易于清洁等特点。陶瓷地砖既适用于宾馆、影剧院、展厅、医院、商场、办公楼等公共建筑的地面装修，也适用于家庭地面装修。

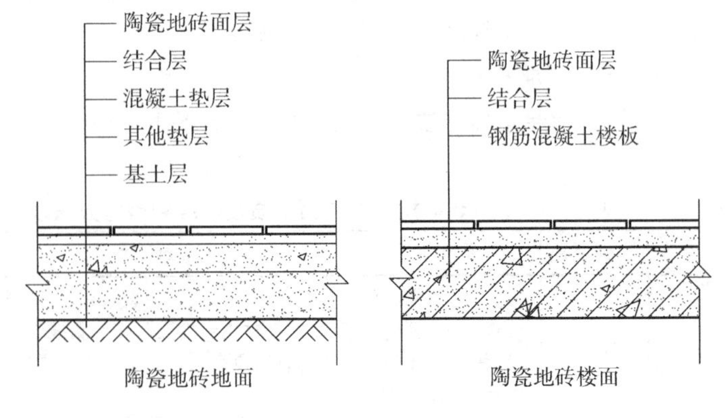

图 4-6　陶瓷地砖楼地面构造示意

陶瓷地砖楼地面构造示意如图4-6所示，陶瓷地砖面层地面构造做法见表4-57，陶瓷地砖面层楼面构造做法见表4-58，浴、厕等房间陶瓷地砖面层楼地面构造做法见表4-59。

陶瓷地砖地面构造做法表 **表4-57**

序号	构造层次	做法	说明
1	面层	8～10mm厚陶瓷地砖，干水泥擦缝	地砖规格、品种、颜色及缝宽设计均见工程设计，要求宽缝时用1∶1水泥砂浆勾平缝
2	结合层	30mm厚1∶3水泥砂浆，表面撒水泥粉（洒适量清水）	
3	找平层	20mm厚1∶3干硬性水泥砂浆	
4	结合层	刷水泥浆一道（内掺建筑胶）	
5	垫层	60mm厚C15混凝土垫层，粒径5～32mm卵石灌M2.5混合砂浆振捣密实或150mm厚3∶7灰土	
6	基土	素土夯实	

陶瓷地砖楼面构造做法表 **表4-58**

序号	构造层次	做法	说明
1	面层	8～10mm厚陶瓷地砖，干水泥擦缝	地砖规格、品种、颜色及缝宽设计均见工程设计，要求宽缝时用1∶1水泥砂浆勾平缝
2	结合层	30mm厚1∶3水泥砂浆，表面撒水泥粉（洒适量清水）	
3	找平层	20mm厚1∶3干硬性水泥砂浆	
4	填充层	60mm厚1∶6水泥焦渣层或CL7.5轻集料混凝土	
5	楼板	现浇钢筋混凝土楼板	

陶瓷地砖楼（地）面构造做法 **表4-59**

序号	构造层次	做法	说明
1	面层	8～10mm厚陶瓷地砖，干水泥擦缝	1）细石混凝土找坡层厚度小于30mm时，用1∶3水泥砂浆 2）防水层可以采用其他新型的做法 3）括号内为地面构造做法
2	结合层	30mm厚1∶3干硬性水泥砂浆结合层，表面撒水泥粉（洒适量清水）	
3	防水层	1.5mm厚聚氨酯防水层	
4	填充层	1∶3水泥砂浆或C20细石混凝土，最薄处20mm厚	
5	楼板（垫层）	现浇钢筋混凝土楼板 （粒径5～32mm卵石灌M2.5混合砂浆振捣密实或150mm厚3∶7灰土）	
6	（基土）	（素土夯实）	

2. 材料

1）材料检索。见材料检索6－建筑陶瓷。

2）材料要求。见表4-60。

陶瓷地砖面层材料要求表　　表4-60

序号	材料	要求
1	陶瓷地砖	玻化砖、劈离砖、彩胎砖、麻面砖符合设计要求和质量标准
2	勾（擦）缝砂浆	由水泥、砂、颜料（需彩色砂浆时）拌制而成，水泥为强度等级42.5的普通硅酸盐水泥或32.5的白色硅酸盐水泥；砂为中砂或细砂，过筛，应洁净无杂物；颜料采用耐光、耐碱的矿物颜料
3	水泥	为强度等级42.5的普通硅酸盐水泥
4	砂	为粗砂或中砂，含泥量不应大于3%，过筛，应洁净无杂物

3. 施工

1）技术准备。进行技术交底，明确设计要求。应对陶瓷地砖的规格尺寸、外观质量、色泽进行预选，水泥、砂、颜料等应符合设计要求和有关规定。

2）机具准备。工程机具设备见表4-61。

陶瓷地砖面层工程机具设备表　　表4-61

序号	分类	名称
1	机械	云石机
2	工具	手推车、筛子、木耙、铁锹、大桶、小桶、胶皮锤、木抹子、铁抹子等
3	计量检测用具	计量器、钢尺、水平尺、小线等

3）作业条件准备。

（1）施工前应做好水平标志，可采用竖尺、拉线、弹线等方法。

（2）固定好门框。

（3）顶棚、墙柱抹灰及墙裙做完。

（4）穿楼地面的套管、地漏做完，地面防水层做完，并完成蓄水试验后办好检验手续。

4）施工工艺及要点。见表4-62。

陶瓷地砖面层施工流程和工艺表　　表4-62

工序	施工流程	施工要求
1	铺结合层砂浆	铺砂浆前，基层应浇水湿润，刷一遍水灰比为0.4～0.5的水泥浆，涂刷面积不要过大，应随涂刷随铺1∶3干硬性水泥砂浆（砂浆绸度必须控制在30mm左右），砂浆一次拌合不宜过多，应在初凝前全部用完。根据标筋标高，将砂浆用刮尺拍实刮平，再用长刮尺通刮一遍，木抹子抹平
2	弹铺砖控制线	每铺完一个房间或一个区段的水泥砂浆，按大样图弹控制线，弹线时在房间纵横或对角两个方向排好砖，紧密铺贴缝隙宽度不宜大于1mm，排砖确定后，用放尺规方，每隔3～5块砖在结合层上弹纵横对角控制线

续表

工序	施工流程	施工要求
3	铺面砖	陶瓷地砖应预先用水浸泡（2~3h）湿润，晾干至表面无水迹时待用。铺砖时应注意以下问题 ①按线先铺纵横定位带，定位带相隔15~20块砖，然后铺定位带内的面砖 ②从门口开始，向两边铺贴，也可以按纵向定位线从里向外退着铺贴 ③有镶边部分应先铺镶边部分 ④踢脚板应在地面铺贴好后铺贴 ⑤楼梯和台阶踏步应先铺贴踢板，后铺贴踏板 ⑥铺砖时应在板块的背面抹素水泥浆，并按面砖控制线铺贴。无论采用何种铺贴顺序，均应先铺贴几行砖作为标准，以保证铺贴质量
4	压平、拨缝	每铺完一个房间或一个区段，用喷壶略洒水，15min左右用木槌垫硬木拍板按铺砖顺序拍打一遍，不得漏拍。边压实边用水平尺找平。压实后先竖缝后横缝进行拨缝调直，使缝口平直、贯通。调缝后应再用木槌拍实拍平，并将灰缝上余浆或砖面上的灰浆擦去。铺水泥砂浆到压平、拨缝应连续作业，并须在水泥终凝前完成
5	嵌缝	面层铺贴2d后，将缝口清洗干净，刷水湿润，用水泥浆（或1:1水泥细砂浆）嵌缝，如为彩色面砖，则用白水泥或调色水泥浆嵌缝。缝要填充密实、平整光滑，嵌缝砂浆终凝前，彻底清理砖面灰浆，再用棉丝将表面擦净。无釉面砖，严禁扫浆罐缝，以免污染饰面。嵌缝砂浆终凝后，覆盖浇水养护不少于7d

5）成品保护。

（1）严禁在已完工的地面上拌合砂浆或堆放物料。

（2）面层完工后，如其他工序插入较多，应铺覆盖物对面层加以保护。

（3）搭拆架子时注意不要碰撞地面，架腿应包裹并下垫木方。

4. 质量标准和验收要求

见表4-63。

陶瓷地砖面层质量标准和验收方法表　　　表4-63

序号	分项	质量标准
1	主控项目	（1）陶瓷地砖的品种、质量应符合设计要求 检查方法：观察检查和检查材质合格证明和检测报告 （2）陶瓷地砖面层与下一层应结合牢固，无空鼓 检查方法：用小锤轻击检查
2	一般项目	（1）陶瓷地砖面层的表面应洁净，图案清晰，色泽一致，接缝平整，深浅一致，周边顺直，板块无裂纹、掉角和缺棱 检查方法：观察检查 （2）面层相邻的镶边材料及尺寸应符合设计要求，边角整齐、光滑 检查方法：观察和钢尺检查 （3）踢脚板表面应洁净，高度一致，结合牢固，出墙厚度一致 检查方法：用小锤轻击、观察和钢尺检查 （4）楼梯踏步和台阶板块的缝隙宽度应一致，楼梯踏步的齿角应整齐，楼层梯段相邻踏步高度差不应大于10mm，防滑条应顺直、牢固

续表

序号	分项	质量标准
2	一般项目	检查方法：观察和钢尺检查 （5）面层表面的坡度应符合设计要求，不倒泛水、无积水，与地漏、管道结合处应严密牢固，无渗漏 检查方法：观察和采用泼水或坡度尺检查 （6）陶瓷地砖面层的允许偏差应符合表4-64的规定

板、块面层允许偏差和检验方法　　表4-64

项目	允许偏差（mm）				
	表面平整度	缝格平直	接缝高低差	踢脚线上口平直	板块间隙宽度
陶瓷锦砖、高级水磨石板、陶瓷地砖面层	2.0	3.0	0.5	3.0	2.0
缸砖面层	4.0	3.0	1.5	4.0	2.0
水泥花砖面层	3.0	3.0	0.5	—	2.0
水磨石板块面层	3.0	3.0	1.0	4.0	2.0
大理石和花岗石面层	1.0	2.0	0.5	1.0	1.0
塑料板面层	2.0	3.0	0.5	2.0	—
水泥混凝土板块面层	4.0	3.0	1.5	4.0	6.0
碎拼大理石和碎拼花岗石面层	3.0	—	—	1.0	—
活动地板面层	2.0	2.5	0.4	—	0.3
条石面层	10.0	8.0	2.0	—	5.0
块石面层	10.0	8.0	—	—	—
检验方法	用2m靠尺和楔形塞尺检查	拉5m线和用钢尺检查	用钢尺和楔形塞尺检查	拉5m线和用钢尺检查	用钢尺检查

4.4.2 花岗石及大理石面层楼地面

1. 构造

花岗石、大理石是从天然岩体中开采出来，经过加工成块材或板材，再经加工成各种不同质感的高级装饰材料，这种楼地面具有坚固耐久、华丽典雅的特点，一般用于宾馆的大堂、商场的营业厅、会堂、娱乐场、纪念堂、博物馆、银行、候机厅等公共场所。花岗石还可以用于室外地面工程。

花岗石及大理石楼地面构造做法是：先在刚性平整的垫层上抹 30mm 厚 1∶3 干硬性水泥砂浆，然后在其上铺贴板块，并用素水泥浆填缝。花岗石及大理石楼地面构造示意如图 4-7所示。花岗石及大理石楼（地）面构造做法见表 4-65。

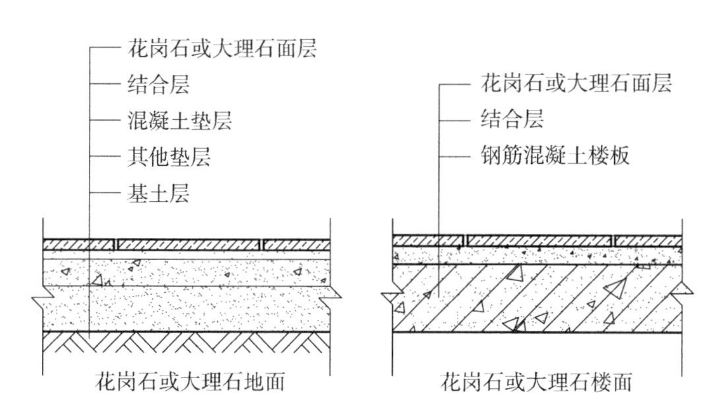

图 4-7 花岗石及大理石楼地面构造

花岗石及大理石楼（地）面构造做法　　表 4-65

序号	构造层次	做法	说明
1	面层	磨光花岗石板（或磨光大理石板）水泥浆擦缝	1）磨光花岗石板按表面加工不同有：镜面、光面、粗磨面、麻面、条纹面等；其颜色及分格缝拼法均见工程设计 2）石材的反射性应符合现行行业标准的规定 3）括号内为地面构造做法
2	结合层	20mm 厚水泥砂浆结合层，表面撒水泥粉	
3	填充层（结合层）	60mm 厚 1∶6 水泥焦渣层或 CL7.5 轻集料混凝土（水泥浆一道）	
4	楼板（垫层）	现浇钢筋混凝土楼板（60mm 厚 C15 混凝土垫层）	
5	（基土）	（素土夯实）	

2. 铺设材料要求

1）材料检索。见材料检索 –5.2 饰面石材/花岗石、大理石。

2）材料要求见表 4-66。

花岗石及大理石面层材料要求表　　表 4-66

序号	材料	要求
1	表面材料	天然花岗石板材、天然大理石板材符合设计要求和国家质量标准，并进行放射性检测合格
2	擦缝水泥砂浆	水泥采用普通硅酸盐水泥或白色硅酸盐水泥，强度等级不低于 32.5；颜料为矿物原料
3	水泥	宜采用硅酸盐水泥、普通硅酸盐水泥或矿渣硅酸盐水泥。强度等级不低于 32.5 级，不同强度等级的水泥严禁混用
4	砂	宜采用中砂或粗砂，含泥量不大于 3.0%

3. 施工

1）技术准备。进行技术交底，明确设计要求。应对花岗石或大理石板材的规格尺寸、外观质量进行预选，并符合设计要求；边角整齐、无翘曲、裂纹等缺陷。水泥、砂、颜料应符合设计要求和有关规定。

2）机具准备。与陶瓷地砖面层机具相同。

3）作业条件准备。

（1）材料检验已经完毕并符合要求。

（2）应对所覆盖的隐蔽工程进行验收且合格，并进行隐检会签。

（3）施工前应做好水平标志，可采用竖尺、拉线、弹线等方法。

4）施工工艺及要点。

见表4-67。

花岗石及大理石面层施工流程和工艺表　　表4-67

工序	施工流程	施工要求
1	试拼和试排	在正式铺设前，对每一房间使用的颜色、图案、拼花纹理应按图纸要求进行试拼。试拼后按两个方向排列编号，然后按编号放整齐。板材试拼时，应注意与相通房间和楼道协调。试排时，在房间两个垂直方向铺两条干砂带，其宽度大于板块，厚度不小于30mm。根据图纸要求把板材排好，核对板材与墙面、柱、洞口等的相对位置，以及板材的缝隙宽度，当设计无规定时不应大于1mm
2	铺结合层	将基层上试排时用过的干砂和板材移开，清扫干净，用喷壶洒水湿润，刷一层水灰比为0.4～0.5的水泥浆，但刷的面积不要过大，应随刷随铺砂浆。结合层采用1∶2或1∶3水泥砂浆（稠度为25～35mm），砂浆厚度控制在放在板材上时，高出地面顶面1～3mm。铺好后用刮尺刮平，再用抹子拍实、抹平，铺设面积不得过大
3	板材铺贴	板材应先用干净水浸湿，待擦干或表面晾干后铺贴。根据试拼时的编号和试排时确定的缝隙，从十字控制线的交点开始拉线铺贴，铺完纵横行后，可分区按行列控制线依次铺贴，一般房间宜由里向外逐步退至门口 1）试铺：搬起板材对好纵横控制线，水平放在已铺好的干硬性砂浆结合层上，用橡皮锤敲击板材顶面或敲击板材上的木垫板，振实砂浆至铺实高度后，将板材掀起移至一旁，检查砂浆表面与板材之间是否吻合，如发现有空虚处，应用砂浆填补，然后正式铺贴 2）正式铺贴：先在水泥砂浆结合层上用浆壶均匀浇一层水灰比为0.5的水泥浆，再铺板材。安放时四角同时在原位下落，用橡皮锤轻击板材或木垫块，使板材平实，根据水平线和用水平尺检查板材的平整度
4	擦缝	在板材铺贴完1～2d后进行灌浆擦缝。根据板材颜色，选择相同颜色的矿物颜料和水泥（白水泥）拌和均匀，调成1∶1稀水泥浆，用浆壶徐徐灌入板材之间的缝隙内，至基本灌满为止。灌浆1～2d后，用棉纱团蘸原稀水泥浆擦缝并与板面擦平，同时将板面上的稀水泥浆擦净，使板材表面洁净、接缝平整、密实
5	养护	以上工序完成后，要覆盖面层，但不得用有色物体覆盖（如草袋、马粪纸等），养护时间不应小于7d

续表

工序	施工流程	施工要求
6	铺贴踢脚板	踢脚板应在地面完成后施工。如设计要求阳角处踢脚板做成45°相交，在安装前应将阳角处的板材的一端切割成45°角。踢脚板铺贴分灌浆法和粘贴法两种： 1）粘贴法：根据墙面上的标高线和踢脚板厚度出筋，用1∶2或1∶3水泥砂浆打底、刮平、划毛。待底灰凝结后，在已湿润、阴干的踢脚板背面抹上2～3mm掺建筑胶粘剂的水泥浆或聚合物水泥浆粘贴，用橡皮锤或木槌敲实，并拉线找平找直。24h后用同色水泥浆擦缝，再将余浆擦净 2）灌浆法：将踢脚板基层清扫干净，洒水湿润。在墙两端先各安装一块踢脚板，上棱边应在同一水平线上，出墙厚度一致。然后沿上棱边拉通线，逐块按顺序安装，随即检查踢脚板的平直度和垂直度，使表面平整，接缝严密。相邻两块踢脚板交接处、踢脚板与地面和墙面的交接处，用石膏固定，待石膏凝固后，随即用稠度为80～120mm的1∶2稀水泥浆灌缝，并随时把溢出的砂浆擦净。待灌入的水泥砂浆凝固后，把石膏除去。清理干净，然后用与踢脚板颜色一致的水泥砂浆填补擦缝
7	打蜡	当水泥浆结合层抗压强度达到1.2MPa，各工序均完工后，将面层表面用草酸或清水清洗、晾干、擦净，用布或干净麻丝蘸成品蜡薄薄地均匀涂在板材表面。待蜡干后用包有麻布或细帆布的木块代替油石，装在磨石机的磨盘上进行磨光，直至板材表面光滑洁亮

5）成品保护。

（1）新铺贴的大理石或花岗石地面的房间应临时封闭，当操作人员和检查人员踩踏新铺的地面时，应穿软底鞋。

（2）大理石或花岗石地面完工后在养护过程中应进行遮盖、拦挡和润湿，养护不少于7d。

（3）后续工程在大理石或花岗石地面上施工时，必须进行遮盖、支垫，严禁直接在大理石或花岗石地面上动火、焊接、和灰、调漆、支铁梯、搭脚手架等，进行上述作业时，必须采取可靠保护措施。

4. 质量标准和验收要求

见表4-68。

大理石及花岗石面层质量标准和验收方法表　　　　表4-68

序号	分项	质量标准
1	主控项目	1）花岗石及大理石板块的品种、质量应符合设计要求 检查方法：观察检查和检查材质合格证明和检测报告 2）花岗石及大理石面层与下一层应结合牢固，无空鼓 检查方法：用小锤轻击检查
2	一般项目	1）缸砖面层的表面应洁净，图案清晰，色泽一致，接缝平整，深浅一致，周边顺直，板块无裂纹、掉角和缺棱 检查方法：观察检查 2）踢脚板表面应洁净、高度一致，结合牢固，出墙厚度一致 检查方法：用小锤轻击、观察和钢尺检查

续表

序号	分项	质量标准
2	一般项目	3）楼梯踏步和台阶板块的缝隙宽度应一致，楼梯踏步的齿角应整齐，楼层梯段相邻踏步高度差不应大于10mm，防滑条应顺直、牢固 检查方法：观察和钢尺检查 4）面层表面的坡度应符合设计要求，不倒泛水、无积水，与地漏、管道结合处应严密牢固，无渗漏 检查方法：观察和采用泼水或坡度尺检查 5）花岗石及大理石（或碎拼大理石、碎拼花岗石）面层的允许偏差应符合表4-25的规定

4.4.3 活动地板面层楼地面

1. 活动地板面层楼地面构造

活动地板是一种架空楼地面，由面板、横梁（骨架）、可调支架、底座等组成，如图4-8所示。地板与楼面之间的高度一般为250～1000mm，架空间层可敷设各种电缆、管线、空调送风，面层可设通风口。活动地板具有平整、光洁、质轻、高强、防火、防蛀、耐腐蚀、质感好、装饰效果佳、安装拆卸方便等优点。适用于仪器仪表室、计算机房、变电控制室、广播室、电话交接机房、洁净室、自动化办公室等房间。

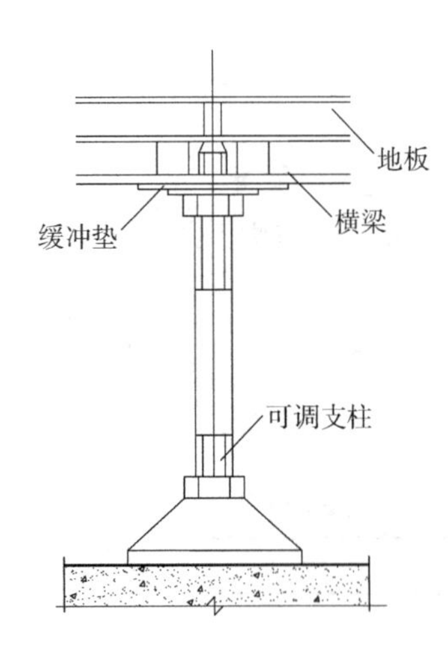

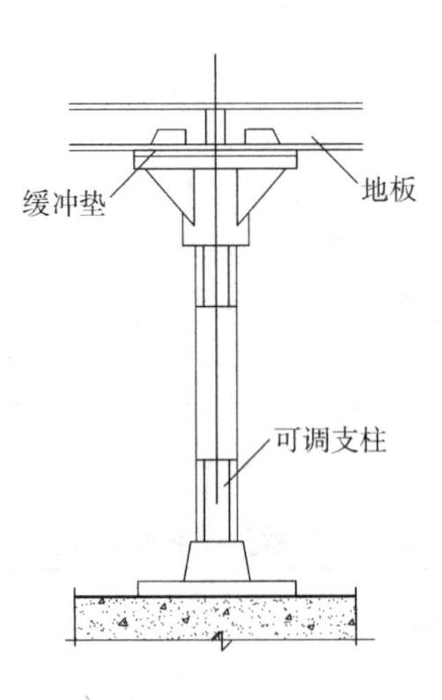

图4-8 活动地板的组成

2. 活动地板及辅助材料

见表4-69。

活动地板面层材料要求表　　　　表4-69

序号	材料	要求
1	表面材料	活动地板块中间是一层厚度为25mm左右的刨花板，面层采用柔光1.5mm厚高压三聚氰胺装饰板粘合贴，底层粘贴一层1mm厚镀锌铁皮。四周侧边用塑料板封闭或用镀锌钢板、铝合金包裹并以胶条封边。常用规格有600mm×600mm、500mm×500mm两种，表面要求平整、坚实、具有耐磨、耐污染、耐老化、防潮、阻燃和导静电等特点。活动地板块包括标准地板和异型地板，异型地板有旋流风口地板、可调风口地板、大通风量地板和走线口地板
2	基层材料	支承附件由支架组件和横梁组成，支架组件由管材和底座组成，支架有联网式支架和全钢式支架，横梁采用轻型槽钢制成。支承结构有高架（1000mm）和低架（200、300、350mm）两种。支架形式见图4-9 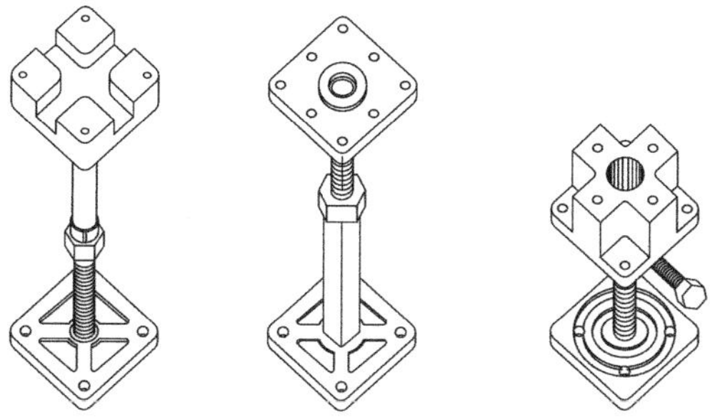 图4-9　支架形式

3. 施工

1）技术准备。进行技术交底，明确设计要求。检查活动地板块、支架组件、横梁组件，是否符合设计要求和有关规定。

2）机具准备。工程机具设备见表4-70。

活动地板面层工程机具设备表　　　　表4-70

序号	分类	名称
1	工具	吸盘、切割锯、手刨、螺机、錾子、刷子、钢丝刷等
2	计量检测用具	水平仪、水平尺、方尺、钢尺、小线

3）作业条件准备。

（1）材料检验已经完毕并符合要求。

（2）应对所覆盖的隐蔽工程进行验收且合格，并进行隐检会签。

（3）室内顶棚、墙柱抹灰做完，门窗框已固定好。

（4）基层地面或楼面平整、无明显凹凸不平。

（5）作业时施工条件（工序交叉、环境状态等）应满足施工质量可达到的标准的要求。

(6) 各房间的长宽尺寸按设计核对无误。

(7) 施工前应做好水平标志，以控制铺设的高度，可采用竖尺、拉线、弹线等方法。

4) 施工工艺及要点。见表4-71。

活动地板面层施工流程和工艺表 表4-71

工序	施工流程	施工要求
1	基层处理	活动地板安装前，应将基层表面清理干净，擦拭干净，必要时，根据设计要求在基层表面涂刷清漆
2	弹线、套方	量测房间的长、宽尺寸，找出纵横中轴线。当房间是矩形时，量测相邻墙面的垂直度，垂直度偏差应小于1/1000；如不垂直，应预先对墙面进行处理。与活动地板接触的墙面，其直线度偏差每米不应大于2mm
3	安装支架和横梁	在方格网交点处安放支架，用膨胀螺栓或射钉固定，支架顶面调平后，弹安装横梁线组装横梁，安装横梁的常见方法有沉头螺钉连接法和定位销连接法，并转动支柱螺杆，用水平尺调整横梁顶面标高，使其符合要求。待所有支架和横梁安装成一体后，用水准仪校准复核。将环氧树脂嵌注在支架底座与基层之间的空隙内，使之粘结牢固 非整块地板靠墙处，可采用专用支架和横梁，也可采用木龙骨支架或角钢代替专用支架和横梁，木龙骨支架或角钢顶面标高应与横梁顶面标高一致。木龙骨支架应经阻燃处理，角钢应经防腐处理 支架和横梁安好后，敷设活动地板下的电缆、管线，经过检查验收，并办隐检手续
4	铺设活动地板块	根据房间的平面尺寸和设备情况，按活动地板的模数选择板块的铺设方向，当平面尺寸符合活动地板块模数，且室内无控制柜设备时，宜由里向外铺设；当平面尺寸不符合活动地板块模数时，宜由外向里铺设。当室内有控制柜设备且需要预留洞口时，铺设方向和顺序应综合考虑 铺设活动地板块前，先在横梁上铺放缓冲胶条，并用乳胶液与横梁粘结。铺设活动地板块时，应调整水平度，调换活动地板块的四角位置，保证四角接触处平整、严密，不得采用加垫的方法。地板块应拉线安装，使缝隙均匀、顺直。不符合模数的非标准活动地板块，可使用标准活动地板块切割后镶补，通风口、走线口处应根据洞口尺寸切割后铺装。加工的边角应打磨平整，采用清漆或环氧树脂胶加滑石粉按比例调成腻子封边，也可采用铝型材镶边。活动地板面层镶补的支撑方法见图4-10。活动地板与墙面的接缝，应根据接缝宽度采用木条或泡沫塑料镶嵌 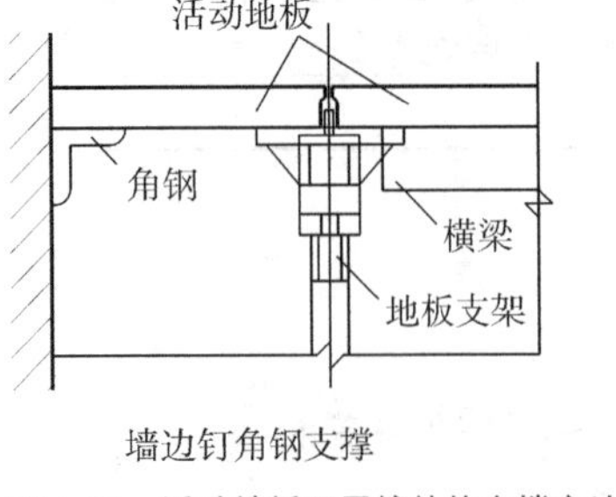 墙边钉角钢支撑 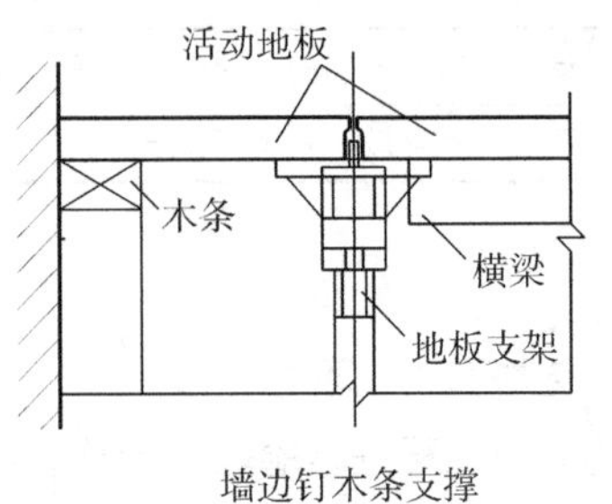 墙边钉木条支撑 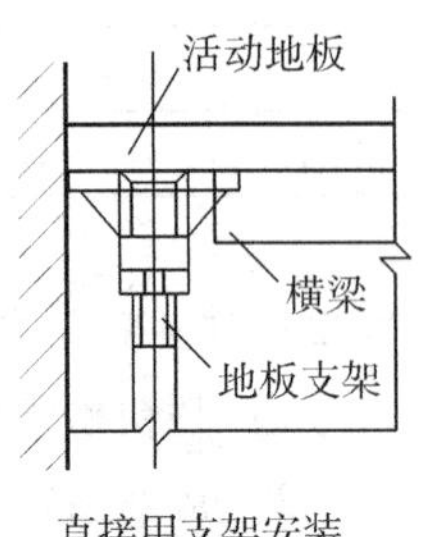 直接用支架安装 图4-10 活动地板面层镶补的支撑方法 活动地板铺设全部完成，经检查平整度及缝隙均符合质量要求后，即可进行清擦。当局部污染时，可用清洁剂或皂水用布擦净晾干，然后用棉纱抹蜡满擦一遍

5）成品保护。

（1）活动地板面层完工后应进行遮盖和拦挡，避免受损害。

（2）后续工程在活动地板面上施工时，必须进行遮盖、支垫，严禁直接在活动地板面上动火、焊接、和灰、调漆、支铁梯、搭脚手架等。

4. 质量标准和验收方法

见表 4-72。

活动地板面层质量标准和验收方法表　　　　表 4-72

<table>
<tr><th>序号</th><th>分项</th><th>质量标准</th></tr>
<tr><td>1</td><td>主控项目</td><td>1）活动地板的材质应符合设计要求，且应有耐磨、防潮、阻燃、耐污染、耐老化和导静电等特点
检查方法：观察检查和检查材质合格证明和检测报告
2）活动地板表面无裂纹、掉角和缺棱等缺陷，行走时无声响、无摆动
检查方法：观察和脚踩检查</td></tr>
<tr><td>2</td><td>一般项目</td><td>1）活动地板面层应排列整齐，表面洁净。色泽一致，接缝均匀，周边顺直
检查方法：观察检查
2）活动地板面层的允许偏差应符合表 4-73 的要求

活动板面层允许偏差和检查方法　　表 4-73
<table>
<tr><th>项次</th><th>项目</th><th>允许偏差（mm）</th><th>检查方法</th></tr>
<tr><td>1</td><td>表面平整度</td><td>2.0</td><td>用 2m 靠尺和楔形塞尺检查</td></tr>
<tr><td>2</td><td>缝格平直</td><td>2.5</td><td>拉 5m 线，不足 5m 拉通线和尺量检查</td></tr>
<tr><td>3</td><td>踢脚线上口平直</td><td>—</td><td>拉 5m 线，不足 5m 拉通线和尺量检查</td></tr>
<tr><td>4</td><td>接缝高低差</td><td>0.4</td><td>尺量和楔形塞尺检查</td></tr>
<tr><td>5</td><td>板块间隙宽度</td><td>0.3</td><td>用钢尺检查</td></tr>
</table></td></tr>
</table>

4.5 木、竹面层楼地面构造、材料、施工、检验

木、竹楼地面是指面层为木、竹材料的楼地面，其面层有实木地板面层、实木复合地板面层、中密度（强化）复合地板面层、竹地板面层等。本书仅介绍其中常见的实木地板面层、中密度（强化）复合地板面层楼地面等两种楼地面的构造与施工。

4.5.1 实木地板面层楼地面

1. 构造

实木地板分为实木长条地板和硬木拼花地板两类。常用实木长形地板多选用优质松木或硬木加工而成，不易腐朽、开裂和变形、耐磨性尚好。硬木地板耐磨性好、纹理优美清晰，有光泽，经过处理后，耐腐性尚好，开裂和变形可得到一定控制。

实木长条地板应在现场拼装，硬木拼花地板可以在现场拼装，也可以在工厂预制成 200mm×200mm、300mm×300mm 或 400mm×400mm 的板块，然后运到工地进行铺钉，实木长条及实木拼花地板构造分为实铺式、空铺式、粘贴式

三种，又有单层做法和双层做法之分。实木长条地板构造示意如图 4-11 所示，硬木拼花地板形式如图 4-12 所示。

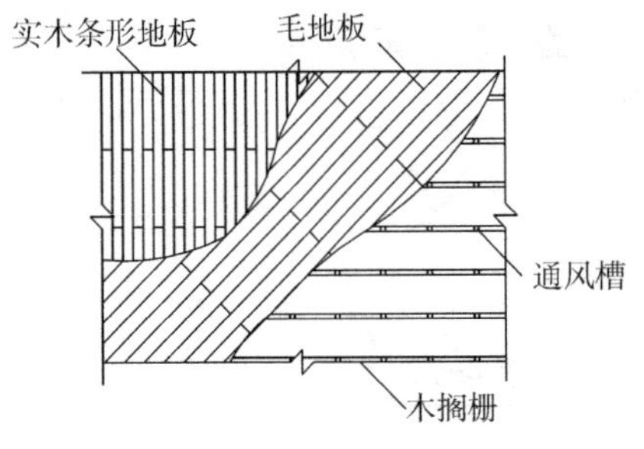

图 4-11　实木长条地板构造示意

实木拼花地板
油毡
毛地板
通风槽
木搁栅

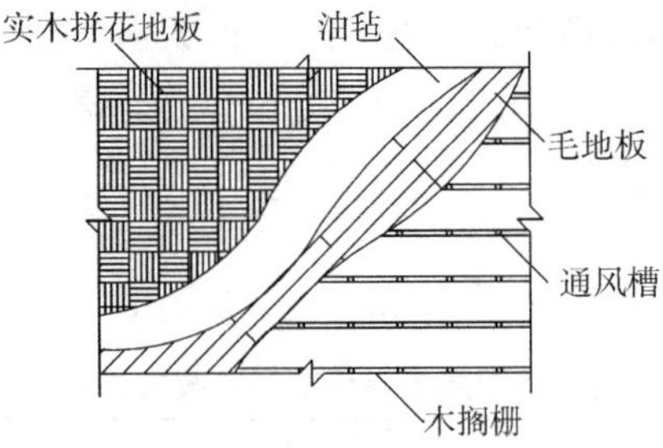

图 4-12　硬木拼花地板构造示意

2. 材料

1）材料检索。见饰面材料/实木地板。

2）材料要求。见表 4-74。

实木地板楼地面材料要求表　　**表 4-74**

序号	材料	要求
1	实木地板	品种规格符合设计要求和国家质量标准
2	砖和石	用于砌筑地垄墙和砖墩。砖的强度等级不能低于 MU7.5，采用石料时，不得使用风化石
3	木搁栅、横撑（或剪刀撑）	木搁栅和横撑（或剪刀撑）一般采用落叶松、白松、红松或杉木，含水率不得大于 18%，规格多为 50mm×50mm，木搁栅和横撑（或剪刀撑）应做防腐、防蛀、防火处理
4	防潮垫	防潮垫又称防潮隔离层，用于双层木地面时或悬浮铺设法时，具有防潮和避免走动时因面层变形而产生响声的作用。防潮隔离层可采用塑料薄膜或发泡塑料卷材
5	毛地板	一般采用松木板，多采用 20～22mm 厚的平口板或企口板。也可采用 9～12mm 厚的优质多层胶合板。每块多层胶合板应等分裁小，面积应小于 $0.7m^2$，毛地板应做防腐、防蛀、防火处理
6	胶粘剂	用于粘贴拼花木地板面层，可选用环氧沥青、聚氨酯、聚醋酸乙烯和酪素胶等，或选用木地板厂家提供的专用胶粘剂
7	其他材料	8～10 号钢丝、50～100mm 圆钉、木地板专用钉、压沿木、垫木等

3. 施工

1）技术准备。进行技术交底，明确设计要求。实木地板（长条地板、拼花地板）、毛板、木搁栅和防潮垫等符合设计要求。

2）机具准备。见表 4-75。

实木地板楼地面工程机具设备表　　**表 4-75**

序号	分类	名称
1	机械	刨地板机、砂带机、角度锯等
2	工具	手刨、螺机、錾子、刷子、钢丝刷等
3	计量检测用具	水平仪、水平尺、方尺、钢尺、小线等

3）作业条件准备。

（1）室内湿作业已经结束，并经验收合格。

（2）基层、预埋管线已施工完成，抹灰工程和管道试压等施工完毕，水系统打压已经结束，均经检验合格。

（3）安装好门窗框。

（4）对材料进行验收，且应符合设计要求。

（5）木地板已经挑选，并经编号分别存放。

（6）作业时施工条件（工序交叉、环境状态等）应满足施工质量可达到的标准的要求。

（7）墙上水平控制线已经弹好。

4）施工工艺及要点。见表 4-76。

实木地板楼地面施工流程和工艺表　　　　表 4-76

工序	施工流程	施工要求
1	基层施工	1）空铺法搁栅固定。空铺式实木地板构造见图 4-13。在地垄墙上安放通长压沿木，用预埋钢丝或 10 号钢丝将其绑好。按设计要求的间距在压沿木上画出木搁栅中线，靠墙边搁栅离墙面留 30mm 缝隙。先安装边搁栅，后安装中间搁栅。搁栅顶面标高应符合设计要求。当不符合时，用经防腐处理的垫木垫平，用铁钉与压沿木钉牢，并在钉好的木搁栅表面钉木拉条临时固定 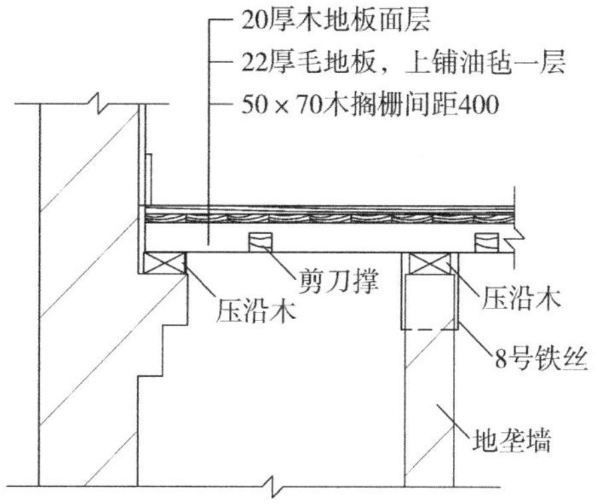 20厚木地板面层 22厚毛地板，上铺油毡一层 50×70木搁栅间距400 剪刀撑 压沿木 压沿木 8号铁丝 地垄墙 图 4-13　空铺式实木地板构造 在搁栅上弹剪刀撑位置线，按线将剪刀撑（或横撑）钉在木搁栅侧面，同一行剪刀撑（或横撑）应在同一直线上，上口应比木搁栅顶面低 10～20mm。剪刀撑（或横撑）钉好后，拆除临时木拉条。木搁栅顶面应平整 2）实铺法搁栅固定。实铺式实木地板构造见图 4-14。根据设计要求在混凝土基层上弹出木搁栅位置线，边搁栅距墙面留 30mm 缝隙。当基层锚件为预埋螺栓时，在搁栅上划线钻孔，将搁栅穿在螺栓上，拉线，用直尺找平搁栅上表面，在螺栓处垫调平垫木；当基层预埋件为钢筋鼻子时，用双股 10 号镀锌钢丝将木龙骨绑扎牢固（木搁栅上表面开小槽，将钢丝嵌入槽内），调平垫木应放在绑扎钢丝处，垫木宽度不小于 50mm，长度是搁栅宽度的 1.5～2 倍。木搁栅铺钉时，应边钉边拉线用水准仪抄平，垫木调整平整度，然后，双面用铁钉将搁栅与垫木钉牢。个别凸起处可在搁栅表面刨平。搁栅的接头应采用平接头，每个接头用长 600mm，厚 25mm 的双面木夹板，每面用四颗 76mm 钉子钉牢。也可用 5mm 厚防锈扁铁双面钉合

续表

工序	施工流程	施工要求
1	基层施工	当木搁栅间设有木横撑时，木搁栅安装好后，用横撑钉接连接，横撑应保持平直，其顶面标高应比木搁栅顶面低10~20mm。如设计有保温、隔声层时，应在空档内填充保温、隔声材料，铺高低于搁栅面不小于20mm 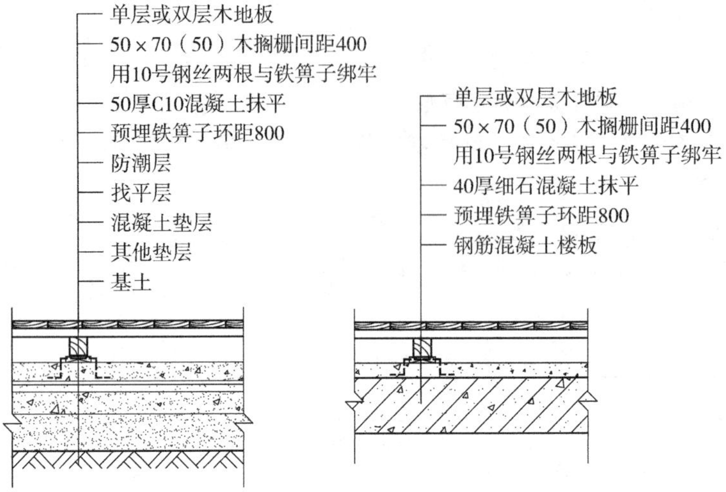 单层或双层木地板 50×70（50）木搁栅间距400 用10号钢丝两根与铁箅子绑牢 50厚C10混凝土抹平 预埋铁箅子环距800 防潮层 找平层 混凝土垫层 其他垫层 基土 地面 单层或双层木地板 50×70（50）木搁栅间距400 用10号钢丝两根与铁箅子绑牢 40厚细石混凝土抹平 预埋铁箅子环距800 钢筋混凝土楼板 楼面 图4-14　实铺式实木地板构造
2	钉毛地板	当设计采用双层木地板时，木搁栅上应先钉毛地板。毛地板髓心应向上。当面层采用长条地板或正铺拼花地板时，毛地板与木搁栅骨成30°~45°角，斜向从一墙角开始铺钉，接头锯成相应斜口；当面层采用斜铺拼花地板时，毛地板与木搁栅垂直，从一墙边开始铺钉。毛地板与墙面间留10~20mm间隙，板间隙不应大于3mm，接头设在搁栅处，并应间隔错缝。每块毛地板在搁栅处应用两根铁钉斜向钉牢，钉子长度为板厚的2.5倍，钉帽砸扁；毛地板钉完后用2m靠尺检查其平整度，符合要求后清理干净，铺防潮垫。当设计采用塑料薄膜的防潮隔离层时，其厚度不应小于0.05mm；当采用发泡塑料卷材时，其厚度不应小于2mm；当采用防水卷材时，厚度不应小于2mm
3	面层铺设	1）钉接铺设法。钉接铺设法属传统做法，适用于长条地板和拼花地板 （1）钉接长条地板：从墙的一边开始逐块逐条排紧铺钉，板与墙面间留出8~12mm的空隙，板的髓心面应向上。铁钉从企口板侧面凹角处或凸角处斜向钉入，最后一条地板从顶面钉牢。钉长为板厚的2~2.5倍，钉帽要砸扁，并不应外露。板接头设在龙骨处，且接头应有规律地相互错开。地板接缝必须铺顶紧密，接缝缝隙不应大于0.5mm （2）钉接拼花地板：钉接拼花地板前，应按设计要求的图案，在毛地板或防潮纸表面弹出房间十字中心线和圈边线，再弹出图案分格线。先铺钉镶边部分，后铺钉中间部分。镶边地板与墙面应留10~20mm空隙，顺墙边逐条逐块排紧铺钉。正铺席纹地板时，可从一角开始，也可从中央向四边铺钉。斜铺席纹地板时，宜从一角开始铺钉；人字纹板应从中央开始向两边铺钉，铺钉时均应拉通线控制。木板接缝均应排紧，板间隙不应大于3mm，铁钉应从企口板侧边斜向钉入毛地板中，钉长为板厚的2~2.5倍，钉头砸扁，不得外露。当板长不大于300mm时，侧边钉两个钉子；当板长大于300mm时，每300mm增加一个钉子，板的端头应再钉一个铁钉

续表

工序	施工流程	施工要求
3	面层铺设	2）悬浮铺设法：悬浮铺设法属新型做法，国际上较为流行，尤其是住宅铺装。悬浮铺设法适用于免刨免漆的企口地板、双企口地板。一般应选择榫槽偏紧，底缝较小的地板。这种铺设方法优点为：铺设简单，工期大大缩短；无污染，地板不易起拱，不易发生瓦片状变形；易于维修保养，地板离缝，或局部不慎损坏，易于修补更换。即使搬家或意外跑水浸泡，拆除后经干燥后地板依旧可铺设 采用悬浮铺设法，木地板既可以铺装在毛地板上，也可以铺装在其他基层上。基层面要求平整、干燥、干净。如其他基层有凹凸处用铲刀铲平，铲平后若有小面积坡度或凹处明显，可用石膏粘结剂拌粗砂抹平，待干透后扫去表面浮灰和其他杂质。力求平整，不求光洁。基层平整度要求较高，应小于 $5mm/m^2$，否则地板铺设后不能达标。采用悬浮铺设法时，木地板下方应铺设防潮垫，垫层材料多采用厚度 3mm 带塑膜的泡沫垫，对接铺设，接口塑封。也可铺垫宝：厚度 6～20mm。一般选 10～12mm 厚，对接铺设，接口塑封 铺装的走向通常与房间行走方向相一致，自左向右或自右向左逐渐依次铺装，凹槽向墙，地板与墙之间放入木楔，留足伸缩缝。干燥地区，地板又偏湿，伸缩缝应留小；潮湿地区且地板偏干，伸缩缝应留大。拉线检查所铺地板的平直度，安装时随铺随检查。在试铺时应观察板面高度差与缝隙，随时进行调整，检查合格后才能施胶安装。一般铺在边上 2～3 排，施少量 D4 或无水环保胶固定即可。其余中间部位完全靠榫槽啮合，不用施胶。最后一排地板要通过测量其宽度进行切割、施胶，用拉钩或螺旋顶住使之严密。华东、华南及中南等一些特别潮湿的地区，在安装地板时，地板与地板之间一般情况下不要排得太紧。在东北、西北及华北地区，地板之间一般以铺紧为佳 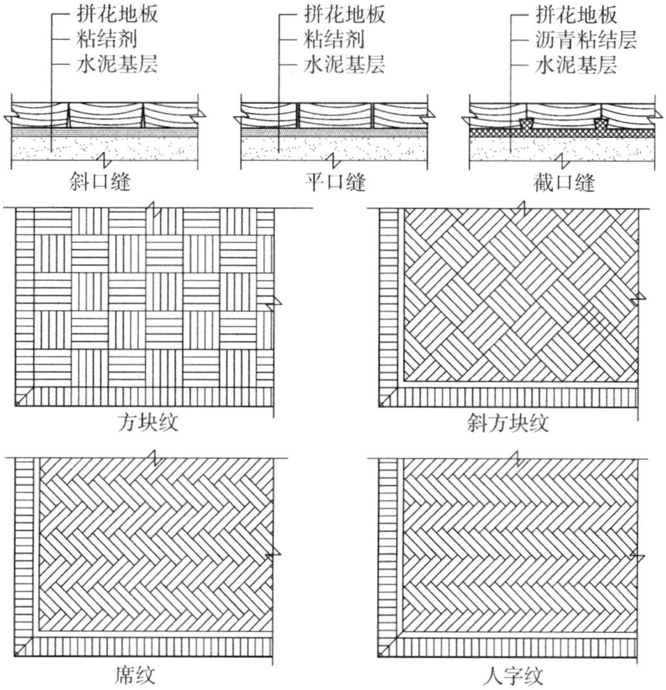 拼花地板 / 粘结剂 / 水泥基层 — 斜口缝；拼花地板 / 粘结剂 / 水泥基层 — 平口缝；拼花地板 / 沥青粘结层 / 水泥基层 — 截口缝；方块纹；斜方块纹；席纹；人字纹 图 4-15　硬木拼花地板面层铺贴方法及接缝形式

续表

工序	施工流程	施工要求
3	面层铺设	在房间之间接口连接处，地板必须切断，留足伸缩缝，用收口条、五金过桥衔接。门与地面应留足3~5mm间距，以便房门能开闭自如 3）粘贴铺设法：粘贴铺设法适合于平口缝的拼花地板。粘贴拼花地板前，先在洁净干燥的基层表面涂刷与胶粘剂相同类型的底胶。底胶根据产品说明书的要求配制和涂刷。底胶干燥或固化后，在基层表面弹出房间十字中心线、圈边线和图案控制线。铺贴顺序一般从房间中心开始，依次向四周铺贴，最后圈边 胶粘剂配制使用时，应严格计量，随拌随用、搅拌均匀，配制量根据铺设速度和胶粘剂固化时间决定。粘贴拼花地板时，用手锤垫木块均匀发力将板块挤紧，每粘贴两个方块，就要用方尺测一次，并检查粘贴高度；每贴完一行，必须拉通检查修整一次。要求缝格顺直，铺贴时胶粘剂应避免挤出上表面。粘贴法施工的拼花地板接缝常采用截口缝或平头缝 硬木拼花地板面层铺贴方法及接缝形式如图4-15所示
4	板面磨光	素板铺设完后，用地板磨光机磨光。所用砂布应先粗（3号砂布）后细（0~1号砂布），砂布应绷紧绷平。长条木地板应顺纹磨，拼花木地板应与木纹呈45°角斜磨。磨时不应太快，磨深不宜过大，一般不超过1.5mm，应多磨几遍。磨光机磨不到的地方应用角磨机或手工磨 （漆板无需此项施工流程）
5	踢脚板铺设	踢脚板在地板面磨光后铺设。踢脚板靠墙面应开有凹槽，以防翘曲。踢脚板背面应做防腐处理。并每隔1m设一直径为6mm的通风孔。在墙上应每隔750mm预埋防腐木砖或木楔，踢脚板上表面应与抹灰面齐平，用钉子钉牢于墙内防腐木上，钉帽砸扁冲入板内，踢脚板接缝处应作企口或错口相接，在90°角处作45°斜角相接。踢脚板板面应垂直平整，上口平直。踢脚板与木地面交接处钉三角木条或木压条，踢脚板的接头应设在防腐木砖处。木踢脚板构造如图4-16所示 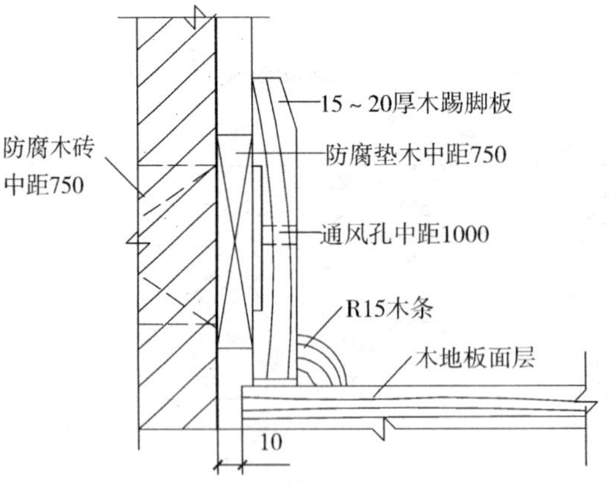 图4-16　木踢脚板构造

5）成品保护。

（1）木地板刨光打磨后应及时油漆和打蜡，以防板面收潮或污染。

（2）免刨免漆产品，应边铺边钉盖塑料薄膜，以免地板受污损。

4. 实木地板面层质量标准和验收方法

见表4-77。

质量标准和验收方法表　　　　表4-77

<table>
<tr><th>序号</th><th>分项</th><th>质量标准</th></tr>
<tr><td>1</td><td>主控项</td><td>1）实木地板面层所采用的材质和铺设时的木材含水率必须符合设计要求。木龙骨、垫木和毛地板等应进行防腐、防蛀处理
检查方法：观察检查和检查材质合格证明和检测报告
2）木搁栅安装应牢固、平直
检查方法：脚踩检查
3）面层应牢固、平直，粘结无空鼓
检查方法：观察、脚踩或用小锤轻击检查</td></tr>
<tr><td>2</td><td>一般项目</td><td>1）素板的长条及拼花木地板面层应刨平、磨光，无明显刨痕和毛刺等现象，图案清晰、颜色均匀一致
检查方法：观察、手摸或脚踩检查
2）长条及拼花木地板面层缝隙应严密，接头位置应错开，表面洁净
检查方法：观察检查
3）拼花地板接缝应对齐，黏、钉严密，缝隙宽度均匀一致，表面洁净，无溢胶
检查方法：观察检查
4）踢脚板表面应光滑，接缝严密，高度一致
检查方法：观察和钢尺检查
5）实木地板面层的允许偏差应符合表4-78的规定

实木地板面层的允许偏差表　　表4-78
<table>
<tr><th rowspan="3">项目</th><th colspan="3">允许偏差（mm）</th></tr>
<tr><th colspan="3">实木地板面层</th></tr>
<tr><th>松木地板</th><th>硬木地板</th><th>拼花地板</th></tr>
<tr><td>板面缝隙宽度</td><td>1.0</td><td>0.5</td><td>0.2</td></tr>
<tr><td>表面平整度</td><td>3.0</td><td>2.0</td><td>2.0</td></tr>
<tr><td>踢脚板上口平直</td><td>3.0</td><td>3.0</td><td>3.0</td></tr>
<tr><td>板面拼缝平直</td><td>3.0</td><td>3.0</td><td>3.0</td></tr>
<tr><td>相邻板材高差</td><td>0.5</td><td>0.5</td><td>0.5</td></tr>
<tr><td>踢脚板与面层的接缝</td><td colspan="3">1.0</td></tr>
</table></td></tr>
</table>

4.5.2 复合地板面层楼地面

1. 构造

复合地板，又称中密度（强化）复合地板、浸渍纸层压木质地板。由耐磨层（三氧化二铝和碳化硅浸渍）、装饰层（丙烯酸树脂浸渍仿真木纹薄膜）、基材层（高密度木纤维板）和防潮层（丙烯酸树脂浸渍的防潮平衡层）用三聚氰胺甲醛树脂浸渍与基材一起在高温、高压下压制而成。此种中密度（强化）复合地板具有耐磨、耐冲击、阻燃、防蛀、防腐、防潮、绿色环保、装饰性好易装拆等特点，施工工艺简单、施工速度快、无污染。强化复合地板面层采用条材强化复合地板或采用拼花强化复合地板，以浮铺方式在基层上铺设。因此，目前已在城乡房屋建筑的地面工程中广泛采用。

2. 材料

1）材料检索。见材料检索9－饰面材料/强化复合地板。

2）材料要求。见表4-79。

复合地板面层材料要求表　　表4-79

序号	材料	要求
1	复合地板	品种规格符合设计要求和国家质量标准
2	踢脚板	强化复合地板采用配套的复合木踢脚板或仿木塑料踢脚板，通常尺寸有60mm的高腰形和40mm的低腰型两种
3	卡口盖及过桥	卡口盖缝条及各种过桥用作不同材料交接处、不同标高交接处和面层变形缝的盖缝条
4	防潮垫	防潮垫又称地板膜，起防潮、缓冲作用，防潮垫呈卷材状，宽度为1000mm，有带铝箔的和不带铝箔的两种，厚度为1～2mm
5	粘结剂	强化复合地板多使用专用粘结剂

3. 施工

1）技术准备。进行技术交底，明确设计要求。

2）机具准备。见表4-80。

复合地板面层工程机具设备表　　表4-80

序号	分类	名称
1	机械	角度锯、螺机等
2	工具	錾子、刷子、钢丝刷等
3	计量检测用具	水平仪、水平尺、方尺、钢尺、小线等

3）作业条件准备。

（1）室内湿作业已经结束，并经验收合格。

（2）基层平整、坚固、干净（无浮土、无施工废弃物）；干燥（应达到或低于当地平衡湿度和含水率）。

（3）门窗已安装定位。

（4）复合木地板已经验收合格。

（5）作业时施工条件（工序交叉、环境状态等）应满足施工质量可达到的标准要求。

（6）施工前应做好水平标志，可采用竖尺、拉线、弹线等方法。

4）施工工艺及要点，见表4-81。

复合地板面层施工流程和工艺表　　表 4-81

工序	施工流程	施工要求
1	基层施工	复合地板的基层处理与粘贴式拼木地板基层处理相同，要求平整度误差不得大于2mm，基层应当干燥，铺设（强化）木地板的基层一般有：钢筋混凝土基层、水泥砂浆基层、木地板基层等，不符合要求的要进行修补。木地板基层要求毛板下木龙骨间距要密一些，一般情况下不得大于300mm。木搁栅与墙之间应留出30mm间隙
2	铺设防潮垫	复合地板的防潮垫层为聚乙烯泡沫塑料薄膜，铺设时按房间长度净尺寸加100mm裁切，横向搭接150mm，防潮垫铺设不用打胶
3	试铺预排	在正式铺贴复合地板前，应进行试铺预排。板的长缝应顺入射光方向沿墙铺放，槽口对墙，从左到右，两板端头企口插接，直到第一排最后一块板。切下的部分长度若大于300mm，可以作为第二排的第一块板铺放。第一排最后一块的长度不应小于500mm，否则可将第一排第一块板切去一部分，以保证最后的长度要求。木地板与墙之间应留不小于10mm缝隙，用木楔进行调直，拼铺三排进行修整，检查平整度，符合要求后，按编号拆下放好
4	铺设强化地板	按照预排板块的顺序，对缝拼接，强化地板拼缝若是普通企口，板材间接缝必须打胶，其他拼缝形式直接拼装，也可以打胶进行封闭。地板与墙应留不小于10mm的空隙。大面积强化复合地板，如长、宽超过8m时，应在适当位置设伸缩缝。在门的洞口，地板铺至洞口外墙皮与走廊地板平接。如果为不同材料时，留出5mm缝隙，用卡口盖缝条盖缝。各种过桥示意见下示 T形过桥　与其他饰面连接的过桥　与较高饰面连接的过桥 各种过桥示意图
5	安装踢脚板	复合地板可选用仿木塑料踢脚板和复合木踢脚板。在安装踢脚板时，先按踢脚板高度弹水平线，清理地板与墙缝隙中的杂物，标出预埋木砖的位置，仿木塑料踢脚板用专用卡子与墙面钉牢，再将塑料踢脚板卡入卡子。复合木踢脚板可用无头水泥钢钉和硅胶钉粘在墙面上

5）成品保护。

（1）清扫地板时应用拧干的拖把或吸尘器清理。

（2）搬动重物、家具等，以抬动为宜，勿拖动。

4. 质量标准和验收方法

见表 4-82。

复合地板面层质量标准和验收方法表　　　　表 4-82

<table>
<tr><th>序号</th><th>分项</th><th>质量标准</th></tr>
<tr><td>1</td><td>主控项目</td><td>1）复合地板面层所采用的材料，其技术等级及质量要求应符合设计要求。铺毛板的基层，木搁栅、垫木、毛板等应做防腐、防蛀处理
检查方法：观察检查和检查材质合格证明和检测报告
2）基层有木搁栅时，木搁栅安装应牢固、平直
检查方法：观察和脚踩检查
3）面层铺设应牢固
检查方法：观察和脚踩检查</td></tr>
<tr><td>2</td><td>一般项目</td><td>1）复合地板面层图案和颜色应符合设计要求，图案清晰，颜色一致，板面无翘曲
检查方法：观察和用 2m 靠尺和楔形塞尺检查
2）面层的接头应错开，缝隙严密，表面洁净
检查方法：观察检查
3）踢脚线表面光滑，接缝严密，高度一致
检查方法：观察和钢尺检查
4）中密度（强化）复合地板面层的允许偏差应符合表 4-83 的要求

复合地板面层的允许偏差　　　　表 4-83
<table>
<tr><th>项目</th><th>允许偏差（mm）</th></tr>
<tr><td>板面缝隙宽度</td><td>0.5</td></tr>
<tr><td>表面平整度</td><td>2.0</td></tr>
<tr><td>踢脚板上口平直</td><td>3.0</td></tr>
<tr><td>板面拼缝平直</td><td>3.0</td></tr>
<tr><td>相邻板材高差</td><td>0.5</td></tr>
<tr><td>踢脚板与面层的接缝</td><td>1.0</td></tr>
</table></td></tr>
</table>

☆教学单元 4　楼地面工程·实践教学部分

通过材料认识、构造设计、施工操作系列实训项目，充分理楼地面工程的材料、构造、施工工艺和验收方法。使自己在今后的设计和施工实践中能够更好地把握楼地面工程的材料、构造、施工、验收的主要技术关键。

实训项目：

4.1　材料认知实训

参观当地大型的装饰材料市场，全面了解各类楼地面材料。重点了解 6 款市场受消费者欢迎的实木地板或复合地板品牌、品种、规格、特点、价格（二维码 7）。

实训重点：①选择品牌；②了解该品牌面砖的特点。

实训难点：①与商店领导和店员的沟通；②材料数据的完整、详细、准确；③资料的整理和归纳；④看板版式的设计。

二维码 7

楼地面材料调研（实木地板、复合地板、实木复合地板）项目任务书

参观当地大型的装饰材料市场，全面了解各类楼地面装饰材料。

重点了解10款受消费者欢迎的实木地板、复合地板、实木复合地板品牌、品种、规格、特点、价格。(3选1)

任务编号	D4－1
教学单元	楼地面工程
任务名称	制作________地板品牌看板
任务要求	调查本地材料市场地板材料，重点了解10款受消费者欢迎的实木地板、复合地板、实木复合地板的品牌、品种、规格、特点、价格
实训目的	为建筑装饰设计和施工收集当前流行的市场材料信息，为后续设计与施工提供第一手资讯
行动描述	1. 参观当地大型的装饰材料市场，全面了解各类楼地面装饰材料 2. 重点了解10款受消费者欢迎的实木地板、复合地板、实木复合地板的品牌、品种、规格、特点、价格 3. 将收集的素材整理成内容简明、可以向客户介绍的材料看板
工作岗位	本工作属于工程部、设计部、材料部，岗位为施工员、设计员、材料员
工作过程	到建筑装饰材料市场进行实地考察，了解实木地板、复合地板、实木复合地板的市场行情。做到能够熟悉本地知名地板品牌，识别各类地板品种，为装修设计选材和施工管理材料质量鉴别打下基础 1. 选择材料市场 2. 与店方沟通，请技术人员讲解地板品种和特点 3. 收集地板宣传资料 4. 实际丈量不同的地板规格、作好数据记录 5. 整理素材 6. 编写10款受消费者欢迎的实木地板、复合地板、实木复合地板品牌、品种、规格、特点、价格看板材料
工作对象	建筑装饰市场材料商店的地板材料
工作工具	记录本、合页纸、笔、相机、卷尺等
工作方法	1. 先熟悉材料商店整体环境 2. 征得店方同意 3. 详细了解实木地板、复合地板、实木复合地板的品牌和种类 4. 确定一种品牌进行深入了解 5. 拍摄选定地板品种的数码照片 6. 收集相应的资料 注意：尽量选择材料商店比较空闲的时间，不能干扰材料商店的工作
工作团队	1. 事先准备。做好礼仪、形象、交流、资料、工具等准备工作 2. 选择调查地点。 3. 分组。4～6人为一组，选一名组长，每人选择一个品牌的地板进行市场调研。然后小组讨论，确定一款地板品牌进行材料看板的制作
教学要求	教学重点：1. 选择品牌；2. 了解该品牌地板的特点 教学难点：1. 与商店领导和店员的沟通；2. 材料数据的完整、详细、准确；3. 资料的整理和归纳；4. 看板版式的设计

附件：________市（区、县）地板市场调查报告（编写提纲）

调查团队成员	
调查地点	
调查时间	
调查过程简述	

续表

<table>
<tr><td>调查品牌</td><td colspan="2"></td></tr>
<tr><td>品牌介绍</td><td colspan="2"></td></tr>
<tr><td colspan="3">本地实木地板、复合地板、实木复合地板十大品牌</td></tr>
<tr><td>品种名称</td><td></td><td rowspan="4">地板照片</td></tr>
<tr><td>地板规格</td><td></td></tr>
<tr><td>地板特点</td><td></td></tr>
<tr><td>价格区间</td><td></td></tr>
<tr><td colspan="3">品种 2－n（以下按需扩展）</td></tr>
<tr><td>品种名称</td><td></td><td rowspan="4">地板照片</td></tr>
<tr><td>地板规格</td><td></td></tr>
<tr><td>地板特点</td><td></td></tr>
<tr><td>价格区间</td><td></td></tr>
</table>

地板市场调查实训考核内容、方法及成绩评定标准

<table>
<tr><th>系列</th><th>考核内容</th><th>考核方法</th><th>要求达到的水平</th><th>指标</th><th>小组评分</th><th>教师评分</th></tr>
<tr><td rowspan="2">对基本知识的理解</td><td rowspan="2">对地板材料的理论检索和市场信息捕捉能力</td><td>资料编写的正确程度</td><td>预先了解地板的材料属性</td><td>30</td><td></td><td rowspan="2"></td></tr>
<tr><td>市场信息了解的全面程度</td><td>预先了解本地的市场信息</td><td>10</td><td></td></tr>
<tr><td rowspan="5">实际工作能力</td><td rowspan="5">在校内实训室场所，实际动手操作，完成调研的过程</td><td rowspan="5">各种素材展示</td><td>选择比较市场材料的能力</td><td>8</td><td></td><td rowspan="5"></td></tr>
<tr><td>拍摄清晰材料照片的能力</td><td>8</td><td></td></tr>
<tr><td>综合分析材料属性的能力</td><td>8</td><td></td></tr>
<tr><td>书写分析调研报告的能力</td><td>8</td><td></td></tr>
<tr><td>设计编排调研报告的能力</td><td>8</td><td></td></tr>
<tr><td rowspan="2">职业关键能力</td><td rowspan="2">团队精神和组织能力</td><td rowspan="2">个人和团队评分相结合</td><td>计划的周密性</td><td>5</td><td></td><td rowspan="2"></td></tr>
<tr><td>人员调配的合理性</td><td>5</td><td></td></tr>
<tr><td>书面沟通能力</td><td>调研结果评估</td><td>看板集中展示</td><td>实木地板资讯完整美观</td><td>10</td><td></td><td></td></tr>
<tr><td colspan="4">任务完成的整体水平</td><td>100</td><td></td><td></td></tr>
</table>

4.2 构造设计实训

通过设计能力实训，理解楼地面工程的材料与构造（二维码8）。(以下2选1)

1）为宾馆大堂设计大理石或花岗石地面，画地面构造图

2）为照片中的起居室设计地面，画地面构造图

二维码 8

楼地面构造设计实训项目任务书

任务编号	D4－2
学习单元	楼地面工程
任务名称	实训题目（__）：________________
任务要求	按实训要求设计一款楼地面
实训目的	理解楼地面构造原理
行动描述	1. 了解所设计楼地面的使用要求及使用档次 2. 设计出构造合理、工艺简洁、造型美观的楼地面 3. 设计图表现符合国家制图标准
工作岗位	本工作属于设计部，岗位为设计员
工作过程	1. 到现场实地考察，或查找相关资料理解所设计楼地面构造的使用要求及使用档次 2. 画出构思草图和构造分析图 3. 分别画出平面、立面、主要节点大样图 4. 标注材料与尺寸 5. 编写设计说明 6. 填写设计图图框要求内容并签字
工作工具	笔、纸、电脑
工作方法	1. 先查找资料、征询要求 2. 明确设计要求 3. 熟悉制图标准和线型要求 4. 构思草图可进行发散性思维，设计多款方案，然后选择最佳方案进行深入设计 5. 结构设计追求最简洁、最牢固的效果 6. 图面表达尽量做到美观清晰

楼地面构造设计实训考核内容、方法及成绩评定标准

考核内容	评价	指标	自我评分	教师评分
设计合理美观	材料选择符合使用要求	20		
	构造设计工艺简洁、构造合理、结构牢固	20		
	造型美观	20		
设计符合规范	线型正确、符合规范	10		
	构图美观、布局合理	10		
	表达清晰、标注全面	10		
图面效果	图面整洁	5		
设计时间	按时完成任务	5		
任务完成的整体水平		100		

4.3 施工操作实训

通过操作能力实训，对楼地面工程的施工及验收有感性认识。特别是通过实训项目，对楼地面工程的技术准备、材料要求、施工流程和工艺、质量标准和检验方法进行实践验证，并能举一反三（二维码9）。

二维码9

进行实木地板的装配训练项目任务书

任务编号	D4-3
学习领域	楼地面工程
任务名称	实木地板的装配
任务要求	按实木地板的施工工艺装配6~8平方米的实木地板
实训目的	通过实践操作，进一步掌握实木地板的施工工艺和验收方法，为今后走上工作岗位做好知识和能力准备
行动描述	教师根据授课要求提出实训要求。学生实训团队根据设计方案和实训施工现场，按实木地板的施工工艺装配6~8平方米的实木地板，并按实木地板的工程验收标准和验收方法对实训工程进行验收，各项资料按行业要求进行整理。完成以后，学生进行自评，教师进行点评
工作岗位	本工作属于工程部施工员
工作过程	详见附件：实木地板实训流程
工作要求	按国家验收标准，装配实木地板，并按行业惯例准备各项验收资料
工作工具	记录本、合页纸、笔、相机、卷尺等
工作团队	1. 分组。6~10人为一组，选1项目组长，确定1~3名见习设计员、1名见习材料员、1~3名见习施工员、1名见习资料员、1名见习质检员 2. 各位成员分头进行各项准备。做好资料、材料、设计方案、施工工具等准备工作
工作方法	1. 项目组长制订计划，制订工作流程，为各位成员分配任务 2. 见习设计员准备图纸，向其他成员进行方案说明和技术交底 3. 见习材料员准备材料，并主导材料验收任务 4. 见习施工员带领其他成员进行放线，放线完成以后进行核查 5. 按施工工艺进行地龙骨装配、地板安装、清理现场准备验收 6. 由习质检员主导进行质量检验 7. 见习资料员记录各项数据，整理各种资料 8. 项目组长主导进行实训评估和总结 9. 指导教师核查实训情况，并进行点评

附件：实木地板铺设施工实训流程（编写提纲）

一、实训团队组成

团队组成	姓名	主要任务
项目组长		
见习设计员		
见习材料员		
见习施工员		
见习资料员		
见习质检员		
其他成员		

二、实训计划

工作任务	完成时间	工作要求

三、实训方案

1. 进行技术准备

1）深化设计。根据实训现场设计图纸、确定地面标高，进行地板龙骨编排等深化设计。

2）材料检查。实木地板（长条地板、拼花地板）、毛板、木搁栅和防潮垫等符合设计要求。

3）报批。编制施工方案，经项目组充分讨论，并经指导教师审批。

4）技术交底。熟悉施工图纸及设计说明，对操作人员进行安全技术交底，明确设计要求。

2. 机具准备

实木地板工程机具设备表

序	分类	名称
1	机械	
2	工具	
3	计量检测用具	

3. 作业条件准备

1）室内湿作业已经结束，并经验收合格。

2）基层、预埋管线已施工完成，抹灰工程和管道试压等施工完毕，水系统打压已经结束，均经检验合格。

3）安装好门窗框。

4）对材料进行验收，且应符合设计要求。

5）木地板已经挑选，并经编号分别存放。

6）作业时施工条件（工序交叉、环境状态等）应满足施工质量可达到标准的要求。

7）墙上水平控制线已经弹好。

4. 编写施工工艺

实木地板施工流程和工艺表

工序	施工流程	施工要求
1	基层施工	
2	钉毛地板	
3	面层铺设	
4	踢脚板铺设	

5. 明确验收方法

实木地板工程质量标准和检验方法如下。

实木地板工程检验记录

<table>
<tr><th>序号</th><th>分项</th><th colspan="4">质量标准</th></tr>
<tr><td>1</td><td>主控项目</td><td colspan="4"></td></tr>
<tr><td rowspan="9">2</td><td rowspan="9">一般项目</td><td rowspan="3">项目</td><td colspan="3">允许偏差（mm）</td></tr>
<tr><td colspan="3">实木地板面层</td></tr>
<tr><td>松木地板</td><td>硬木地板</td><td>拼花地板</td></tr>
<tr><td>板面缝隙宽度</td><td></td><td></td><td></td></tr>
<tr><td>表面平整度</td><td></td><td></td><td></td></tr>
<tr><td>踢脚板报上口平直</td><td></td><td></td><td></td></tr>
<tr><td>板面拼缝平直</td><td></td><td></td><td></td></tr>
<tr><td>相邻板材高差</td><td></td><td></td><td></td></tr>
<tr><td>踢脚板与面层的接缝</td><td></td><td></td><td></td></tr>
</table>

6. 整理各项资料

以下各项工程资料需要装入专用资料袋。

序号	资料目录	份数	验收情况
1	设计图纸		
2	现场原始实际尺寸		
3	工艺流程和施工工艺		

续表

序号	资料目录	份数	验收情况
4	工程竣工图		
5	验收标准		
6	验收记录		
7	考核评分		

7. 总结汇报

实训团队成员个人总结

1）实训情况概述（任务、要求、团队组成等）

2）实训任务完成情况

3）实训的主要收获

4）存在的主要问题

5）团队合作情况（个人在团队中的作用、团队的整体表现、团队的竞争力如何等）

6）对实训安排有什么建议

8. 实训考核成绩评定

实木地板装配实训考核内容、方法及成绩评定标准

系列	考核内容	考核方法	要求达到的水平	指标	小组评分	教师评分
对基本知识的理解	对实木地板的理论掌握	编写施工工艺	能正确编制施工工艺	30		
		理解质量标准和验收方法	正确理解质量标准和验收方法	10		
实际工作能力	在校内实训室场所，进行实际动手操作，完成装配任务	检测各项能力	技术交底的能力	8		
			材料验收的能力	8		
			放样弹线的能力	4		
			地砖龙骨装配调平和面砖安装的能力	12		
			质量检验的能力	8		
职业关键能力	团队精神和组织能力	个人和团队评分相结合	计划的周密性	5		
			人员调配的合理性	5		
验收能力	根据实训结果评估	实训结果和资料核对	验收资料完备	10		
任务完成的整体水平				100		

☆教学单元4　楼地面工程·教学指南

4.1　延伸阅读文献

[1] 本手册编委会. 建筑标准·规范·资料速查手册–室内装饰装修工

程［M］．北京：中国计划出版社，2006.

［2］国振喜．建筑装饰装修工程施工及质量验收手册［M］．北京：机械工业出版社．2006.

［3］山西建筑工程（集团）总公司．建筑装饰装修工程施工工艺标准［M］．太原：山西科学技术出版社．2007.

［4］薛健、周长积．装修构造与做法［M］．天津：天津大学出版社．1998.

［5］中华人民共和国建设部．建筑地面工程施工验收规范 GB 50209—2002［S］．北京：中国建筑工业出版社，2002.

［6］中华人民共和国建设部．建筑装饰装修工程质量验收规范 GB 50210—2001［S］．北京：中国建筑工业出版社，2002.

4.2 理论教学部分学习情况自我检查

1. 楼地面如何分类?
2. 简述楼地面的构造组成并用钢笔草图画出楼地面构造图。
3. 请回答基土表面允许偏差和检验方法。
4. 请回答灰土垫层施工工艺及要点。
5. 简述找平层施工的材料要求.
6. 画出现浇水磨石地面的构造，并说出各层的构造做法。
7. 水磨石养护时间如何确定。
8. 何谓“三磨二浆”，具体施工过程如何。
9. 简述陶瓷地砖楼面的构造做法和施工工艺流程和要求。
10. 简述大理石、花岗石地面工程质量标准和检验方法。

4.3 实践教学部分学习情况自我检查

1. 你对材料市场上地板品牌、品种、规格、特点、价格情况了解的怎么样?

2. 通过实木地板铺设施工操作实训，你对实木地板施工的技术准备、材料要求、机具准备、作业条件准备、施工工艺编写、工程检验记录等环节是否都清楚了？是否可以进行独立操作了?

5

教学单元5 吊顶工程

教学目标：请按下表的教学要求，学习本章的相关教学内容，掌握相关知识点

教学单元5教学目标 **表1**

<table>
<tr><th>理论教学内容</th><th>主要知识点</th><th>主要能力点</th><th>教学要求</th></tr>
<tr><td colspan="3">5.1 吊顶工程概述</td><td rowspan="4"></td></tr>
<tr><td>5.1.1 分类</td><td>1. 按外观形式分类; 2. 按构造做法分类; 3. 按龙骨材料分; 4. 按龙骨可见与否分；5. 按吊顶的饰面材料分；6. 按吊顶的施工方法分；7. 按吊顶承重等级分</td><td rowspan="3">吊顶工程相关概念把握能力</td></tr>
<tr><td>5.1.2 基本功能</td><td>1. 遮蔽设备工程；2. 改善环境质量；3. 增强空间效果；4. 调整空间尺度</td></tr>
<tr><td>5.1.3 常用材料</td><td>1. 龙骨材料；2. 吊点材料；3. 吊杆材料；4. 饰面板材料；5. 辅助材料；6. 饰面材料</td></tr>
<tr><td colspan="3">5.2 直接式顶棚构造、材料、施工、检验</td><td rowspan="6">了解</td></tr>
<tr><td colspan="2">5.2.1 抹灰类顶棚的材料、构造与施工</td><td rowspan="9">相关吊顶构造设计初步能力、材料辨识能力、施工工艺编制能力、工程质量控制与验收能力</td></tr>
<tr><td colspan="2">5.2.2 裱糊类顶棚的材料、构造与施工</td></tr>
<tr><td colspan="2">5.2.3 涂刷类顶棚的材料、构造与施工</td></tr>
<tr><td colspan="2">5.2.4 结构式顶棚的材料、构造与施工</td></tr>
<tr><td colspan="2">5.3 悬吊式龙骨吊顶材料、构造、施工、检验</td></tr>
<tr><td>5.3.1 构造</td><td>1. 木龙骨吊顶；2. 轻钢龙骨吊顶；3. 铝合金龙骨吊顶；4. 悬吊式吊顶构造各类细节</td><td rowspan="2">重点掌握</td></tr>
<tr><td>5.3.2 材料</td><td>1. 木龙骨吊顶；2. 轻钢龙骨吊顶；3. 铝合金龙骨吊顶</td></tr>
<tr><td>5.3.3 施工工艺</td><td>1. 木龙骨吊顶；2. 轻钢龙骨吊顶；3. 铝合金龙骨吊顶</td><td rowspan="2">熟悉</td></tr>
<tr><td>5.3.4 质量标准和检验方法质</td><td>1. 说明; 2. 质量验收一般规定; 3. 暗木龙骨吊顶工程质量标准; 4. 明木龙骨吊顶工程质量标准</td></tr>
</table>

<table>
<tr><th>实践教学内容</th><th>实训项目</th><th>主要能力点</th><th>教学要求</th></tr>
<tr><td>5.1 材料认知实训</td><td>吊顶用吊顶材料市场调查</td><td rowspan="3">相关项目材料收集、构造设计、施工与检验实际操作能力</td><td rowspan="3">熟练应用</td></tr>
<tr><td>5.2 构造设计实训（二选一）</td><td>1. 为某企业的大办公室设计悬吊式吊顶的构造，并画出吊顶与墙面的交接构造
2. 将下列照片的吊顶按木龙骨吊顶绘制顶平面图和节点构造大样</td></tr>
<tr><td>5.3 施工操作实训</td><td>1. 铝合金明装吊顶的装配训练</td></tr>
<tr><td colspan="4">教学指南</td></tr>
</table>

吊顶工程，又称顶棚工程、天棚工程、天花板工程。国家标准《建筑装饰装修工程质量验收规范》GBS 0210—2001 将其称为吊顶工程。它是位于屋架（面）板下或楼板的建筑装饰装修构造，是建筑室内空间上部通过采用各种材料及造型形式的组合，形成具有使用功能与美学目的的建筑装饰构造，它的装饰效果对建筑空间环境效果影响很大。因此，它们是建筑室内装饰装修的主要部分之一。

本章主要介绍吊顶装饰装修工程概况，以及直接式顶棚、悬吊式吊顶这两类最常见的吊顶，重点介绍木龙骨吊顶、轻钢龙骨吊顶、铝合金龙骨吊顶这 3 类常见的吊顶工程构造组成、材料性能、施工工艺、检验标准。

☆**教学单元 5　吊顶工程 · 理论教学部分**

5.1　吊顶工程概述

5.1.1　分类

吊顶工程种类繁多，但可以按以下几种主要线索分类。

1. 按外观形式分类

根据吊顶的外观形式分类有以下几种形式，见表 5-1、图 5-1 ~ 图 5-8。

吊顶的外观形式表　　　　**表 5-1**

外观形式	外观感觉	适合对象
平滑式	整齐划一，整洁大方	办公、厂房等需要整洁大方的建筑对象
直线式	整洁大方，简洁明快	办公、会议、家庭、文化等多种建筑对象
井格式	井井有条，秩序规律	建筑屋顶和梁柱网格有规律且比例美观的建筑
圆弧式	浪漫高贵，艺术性强	高级宾馆、饭店等适合需要高贵的艺术气质的建筑
曲线式	节奏起伏，有韵律感	餐饮、娱乐、商业等轻松浪漫的场所
悬浮式	轻盈浪漫，变化多样	文化、剧场等视听建筑和宾馆、饭店等需要高档装修的场所
分层式	层次分明，错落有致	居家、商铺、会所、厅堂等建筑对象
暴露式	原始粗犷，工业感觉	适合造价低且风格质朴的建筑，如仓储式大卖场等
……	……	……

图 5-1　平滑式吊顶实例

图 5-2　直线式吊顶实例

图 5-3　井格式吊顶实例

图 5-4　圆弧式吊顶实例

图 5-5　曲线式吊顶实例

图 5-6　悬浮式吊顶实例

图 5-7　分层式吊顶实例

图 5-8　暴露式吊顶实例

2. 按构造做法分类

根据吊顶的构造做法不同分类，有以下几种形式，见表 5-2、图 5-9 ~ 图 5-12。

吊顶的构造做法表　　　　表 5-2

构造形式	构造描述	适合建筑
直接式	直接在屋顶结构层构筑	适合层高低的建筑，如层高为 2.6m 的普通住宅
悬吊式	通过吊杆或龙骨构筑的吊顶	适合层高较高，且吊顶与屋顶之间有诸多建筑管网设备的建筑，如办公楼、厂房等
复合式	各种构造结合的吊顶	适合前厅、大堂、过道、中庭等建筑空间
结构式	利用屋架结构构筑的吊顶	适合结构美观并且不宜遮蔽的建筑，如交通建筑、体育馆等

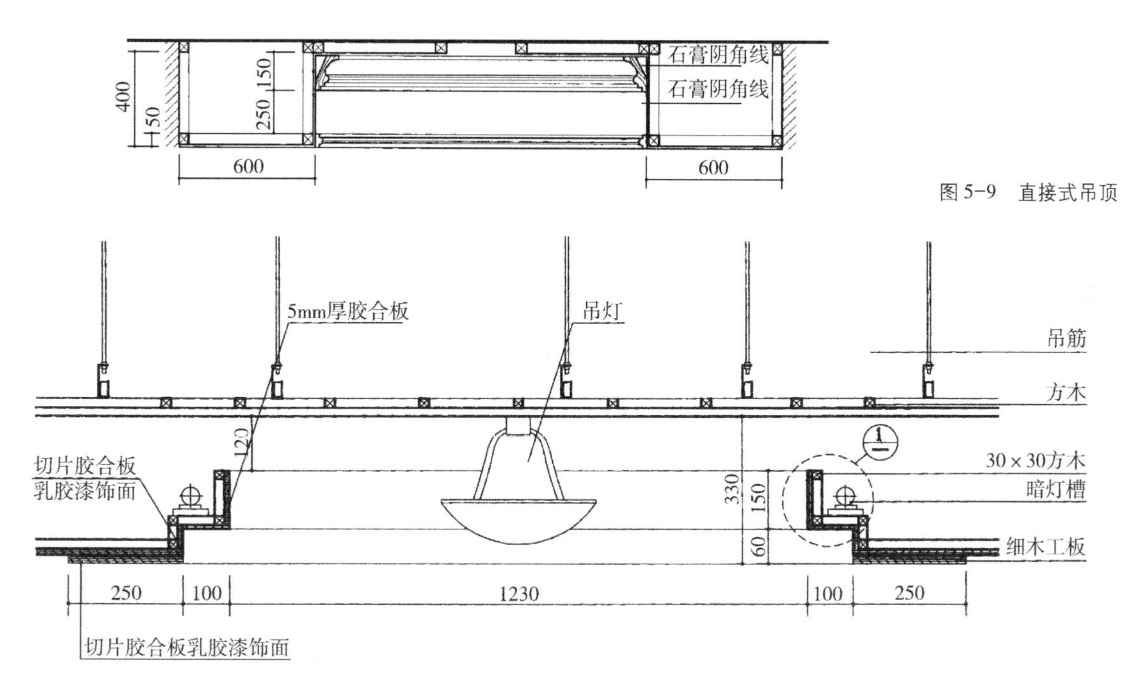

图 5-9　直接式吊顶

图 5-10　悬吊式吊顶

图 5-11　复合式吊顶

图 5-12　结构式吊顶

3. 按龙骨材料分

根据吊顶龙骨材料不同分类，有以下几种形式，见表 5-3、图 5-13、图 5-14。

吊顶龙骨材料表 **表 5-3**

龙骨材料	优点	适合建筑
木龙骨	施工容易，造型多样	开间面积小、造型复杂、防火要求低的建筑，如开间 4m 以内的普通住宅和需要局部吊顶的建筑
轻钢龙骨	施工速度快，装配程度高	开间面积大、造型要求不高、防火要求高、建筑设备多且需要经常维修的建筑，如大开间的厂房、办公楼等

图 5-13　木龙骨吊顶

图 5-14　轻钢龙骨吊顶

4. 按龙骨可见与否分

根据吊顶龙骨材料可见与否分类，有以下两种形式，见表 5-4、图 5-15、图 5-16。

吊顶龙骨状态表 **表 5-4**

龙骨状态	优点	适合建筑
明龙骨	一般用 T 形龙骨都是独立结构，吊顶的饰面材料放在龙骨上面，可拆卸，便于维修	建筑设备多且需要经常维修的建筑，如大开间的厂房、办公楼等
暗龙骨	吊顶的饰面材料固定在龙骨上，将龙骨遮盖，整体性强	吊顶内没有经常需要维修的建筑设备

图 5-15　明龙骨吊顶的实例

图 5-16　暗龙骨吊顶的实例

5. 按吊顶的饰面材料分

根据吊顶饰面材料分类，有玻璃吊顶、铝合金扣板吊顶、塑料扣板吊顶、木质夹板吊顶、纸面石膏板吊顶等（图5-17、图5-18）。

图5-17　玻璃吊顶实例

图5-18　铝合金扣板吊顶实例

6. 按吊顶的施工方法分

根据吊顶的施工方法分类，有镶板法工艺吊顶、涂饰法工艺吊顶（图5-19）、装饰抹灰法工艺吊顶等。

图5-19　涂饰法工艺吊顶实例

7. 按吊顶承重等级分

根据吊顶的承重等级分类，有上人吊顶和不上人吊顶。上人吊顶其承重要求高，吊顶的各个部位均要按照上人的标准选择材料和结构（图5-20）。非上人吊顶只考虑承受吊顶的自重和安装在吊顶上的挂件重量，如灯具。

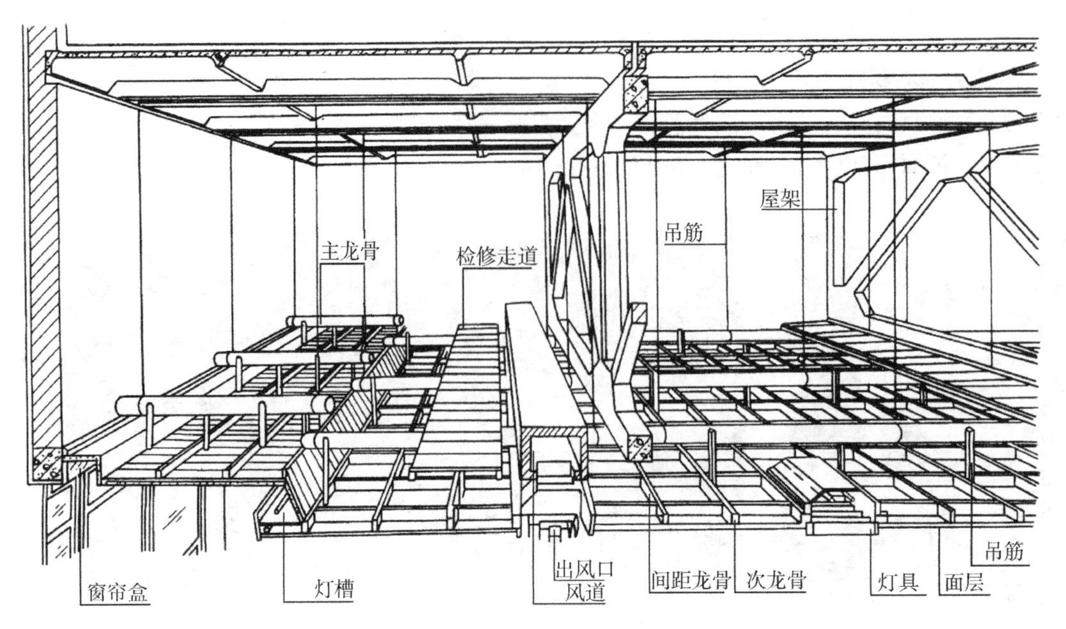

图 5-20　上人悬吊式吊顶构造

5.1.2　基本功能

1. 遮蔽设备工程

通常，使用功能完备的建筑离不开空调、消防、强电、弱电、灯光等建筑设备，而它们的安装需要复杂的管网和调节设备，为了把这些不太美观的设备遮蔽起来，就需要实施吊顶工程。由于这些管网设备需要经常维修，还需要留出检修孔、空调送风口、回风口等（图 5-21）。

2. 改善环境质量

吊顶在改善室内声、光、热环境方面有突出的作用，能够大大提高环境的舒适性。经过吊顶的室内环境在保温和隔声方面其环境质量明显好于建筑毛坯。剧场音乐厅等对传声效果要求高的室内环境必须进行专业的吊顶设计，以将舞台上发出的声音高保真地传达到每个座位（图 5-22）。

图 5-21　吊顶将建筑设备遮蔽起来

图 5-22　运用吸声材料改善音响专卖店的传声效果

3. 增强空间效果

原始的建筑空间一般比较单调，但通过吊顶的艺术处理不但可以吊顶遮蔽设备工程，丰富建筑室内空间的层次，体现出建筑装饰装修的结构之美，尤其是通过灯光配置和灯具艺术体现出室内空间美轮美奂的艺术效果（图5-23）。

4. 调整空间尺度

原始的建筑空间有时尺度很不美观，这时可以通过吊顶调整空间尺度，改善空间感受（图5-24）。

图5-23 通过吊顶曲线和灯光设计体现出室内空间的艺术效果

图5-24 挂饰物使高耸的结构顶棚的有了亲切感

5.1.3 常用材料

吊顶的材料很多。常见的吊顶装饰装修材料品种见表5-5。

吊顶装饰装修常用材料表 表5-5

序号	材料	常用材料	材料索引
1	龙骨材料	木龙骨、金属龙骨，如轻钢龙骨、铝合金龙骨、型钢龙骨等	材料检索3－木材，5－金属材料等
2	吊点材料	预埋 $\phi8 \sim \phi10$ 的钢筋、预埋构件、射钉、膨胀螺钉栓等	
3	吊杆材料	钢筋吊杆、型钢吊杆、木吊杆等	
4	饰面板材料	纸面石膏板、无纸面石膏板，如石膏装饰吸声板、防石膏装饰吸声板等、胶合板、矿棉吸声板、珍珠岩吸声板、塑料扣板、金属扣板等	材料检索9－面板材料
5	辅助材料	连接龙骨的连接件、主次龙骨之间的挂件、挂钩，连接龙骨和饰面层之间的钉子；连接吊杆和顶面之间的射钉、膨胀螺栓等	材料检索12－五金材料
6	饰面材料	各类涂料和油漆、抹灰材料、织物材料等	材料检索10－涂料

5.2 直接式顶棚构造、材料、施工、检验

直接在屋面板或者楼板结构底面上做饰面材料的室内顶面装饰装修形式称为直接式顶棚。(顶面装饰在这种情况下称为“顶棚”而不称为“吊顶”。)它的优点是结构简单、构造层厚度小、施工方便、材料利用少，施工方便，造价低廉。缺点是不能隐藏管线、设备。适合层高比较低的建筑室内空间。直接式顶棚根据其使用材料和施工工艺可分为：抹灰类顶棚、裱糊类顶棚、涂刷类顶棚、结构式顶棚。

5.2.1 抹灰类顶棚的材料、构造与施工

在屋面板或楼板的底面上直接抹灰的顶棚称为“直接抹灰顶棚”。

直接抹灰的构造做法为：先在顶棚的基层（楼板底）上，刷一遍纯水泥浆，使抹灰层能与基层很好地粘合；然后用混合砂浆打底，再做面层。要求较高的房间，可在底板增设一层钢板网，在钢板网上再做抹灰，这种做法强度高、结合牢，不易开裂脱落。普通抹灰用于一般建筑或简易建筑，甩毛等装饰抹灰用于声学要求较高的建筑。

直接抹灰顶棚的主要材料和施工工艺有纸筋灰抹灰、石灰砂浆抹灰、水泥砂浆抹灰等。抹灰面的流程比墙面抹灰简化，可以省去套方、贴饼、冲筋等工艺。其他施工工艺及质量标准与抹灰类墙面装饰大致相同，请参阅本教材第2章相关内容。

5.2.2 裱糊类顶棚的构造与施工

直接在做平的屋顶和楼板下面贴壁纸、贴壁布及其他织物的顶面装饰装修方式称为裱糊类顶棚。这类顶棚主要用于装饰要求较高的建筑，如宾馆的客房、住宅的卧室等空间。裱糊类顶棚的具体构造、施工流程、施工工艺及质量标准与裱糊类墙面装饰大致相同，请参阅本教材第2章相关内容。

5.2.3 涂刷类顶棚的构造与施工

在屋面或楼板的底面上直接用浆料喷刷而成的顶面装饰装修称为涂刷类顶棚。常用的材料有石灰浆、大白浆、色粉浆、彩色水泥浆、可赛银等。对于楼板底较平整又没有特殊要求的房间，可在楼板底嵌缝后，直接喷刷浆料。喷刷类装饰顶棚主要用于一般办公室、宿舍等建筑。它的具体构造、施工流程、施工工艺及质量标准与涂刷类墙面装饰大致相同，请参阅本教材第2章相关内容。

5.2.4 结构式顶棚的构造与施工

将屋盖或楼盖结构暴露在外，利用结构本身的造型做装饰，不再另做顶棚，称为结构式顶棚。例如：在网架结构中，构成网架的杆件本身很有规律，

充分利用结构本身的艺术表现力，能获得优美的韵律感；在拱结构屋盖中，利用拱结构的优美曲面，可形成富有韵律的拱面顶棚。结构式顶棚充分利用屋顶结构构件，并巧妙地组合照明、通风、防火、吸声等设备，形成和谐统一的空间景观。一般应用于大型超市、体育馆、展览厅等大型公共性建筑中。

5.3 悬吊式吊顶材料、构造、施工、检验

5.3.1 构造

1. 木龙骨吊顶构造

木龙骨适用于小面积的、造型复杂的悬吊式吊顶如带弧度的吊顶。其施工速度快、易加工，但防火性能差，是家庭装修常采用的构造做法。

木龙骨的主龙骨和次龙骨之间直接用钉接的方法固定，次龙骨之间可以用榫接或者钉接方式如图 5-25 所示。

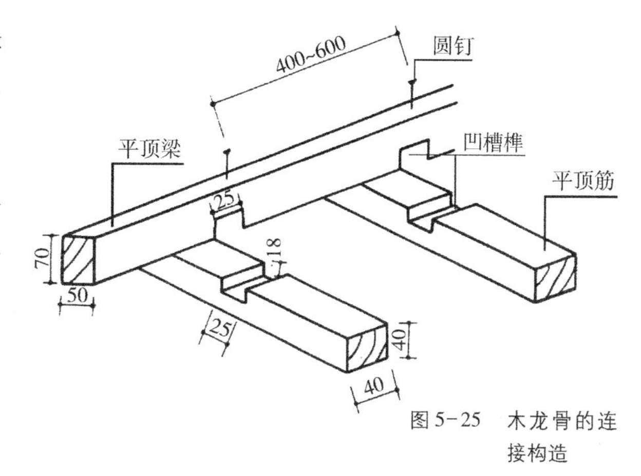

图 5-25 木龙骨的连接构造

木龙骨吊顶主要由吊点、吊杆、木龙骨和面层组成。其中木龙骨分主龙骨、次龙骨、横撑龙骨三部分。

木龙骨构造表 表 5-6

龙骨	断面规格（mm）	间距（m）	构造（mm）
主龙骨	50×（70~80）	主龙骨间距 0.9~1.5	主龙骨用水泥钉、麻花钉等钉接或拴接在吊杆上，用 8 号镀锌钢丝绑牢
次龙骨	30×（30~50）	根据具体规格而定，一般为 0.4~0.6	次龙骨之间用钉接或榫接的方式联系，一般为井格状排布。其中垂直于主龙骨的次龙骨规格为 50mm×50mm，平行于主龙骨的次龙骨为 50mm×30mm
方木吊杆	50×50	吊杆距主龙骨端部距离不得大于 300，当大于 300 时，应增加吊杆	方木吊杆钉牢在主龙骨的底部，当吊杆长度大于 1500 时，应设置反支撑。当吊杆与设备相遇时，应调整并增设吊杆

2. 轻钢龙骨吊顶构造

轻钢龙骨吊顶是金属龙骨吊顶中的一个最常用品种。用于面积大、结构层次简单，造型不太复杂的悬吊式吊顶，施工速度很快。

轻钢龙骨由主龙骨、中龙骨、横撑小龙骨、次龙骨、吊件、接插件和挂插件组成。吊杆与主龙骨、主龙骨与中龙骨、中龙骨与小龙骨之间是通过吊挂件、接插件连接的，见图 5-26。在选材时需要根据吊顶是否上人决定采用哪个系列的构造，图 5-27 不上人轻钢龙骨（38 配 50）吊顶构造，图 5-28 上人轻钢龙骨吊顶（50 配 50）构造。

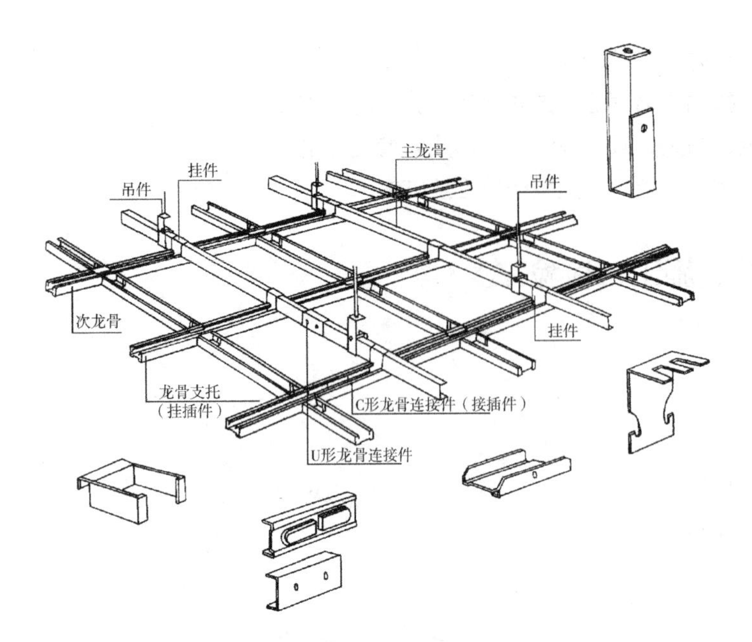

图5-26 悬吊式轻钢龙骨吊顶构造

1）38配50轻钢龙骨吊顶构造（不上人）。

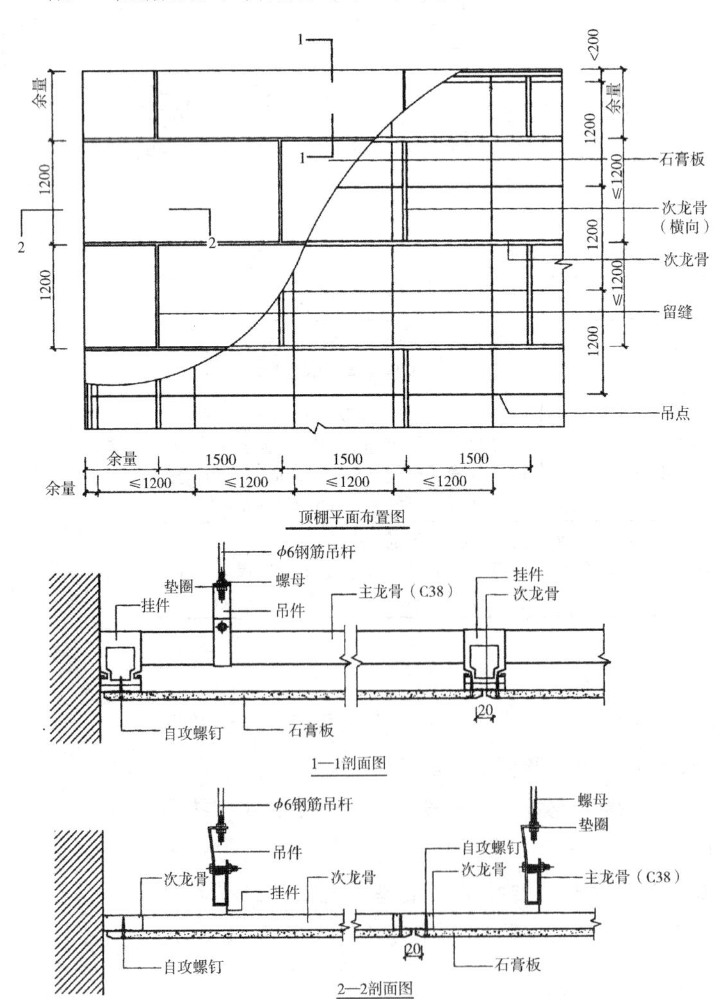

图5-27 不上人轻钢龙骨（38配50）吊顶构造图

2）50 配 50 轻钢龙骨吊顶系统构造（上人）。

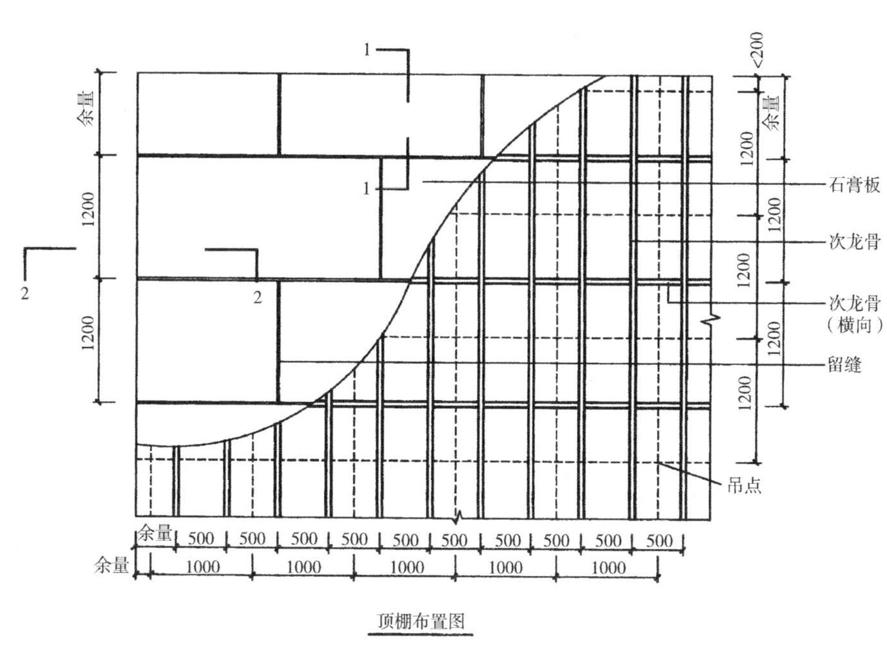

顶棚布置图

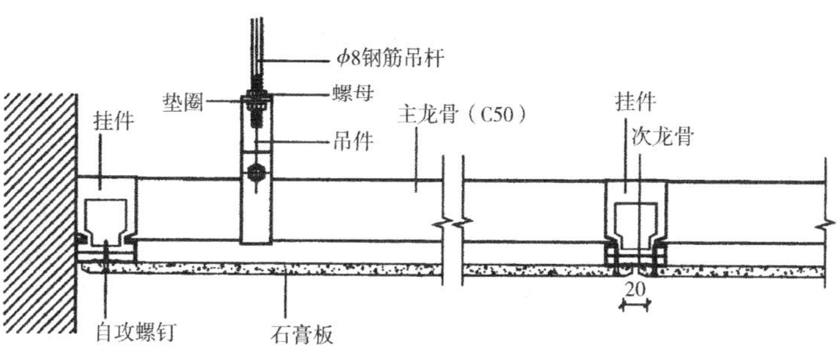

1—1剖面图

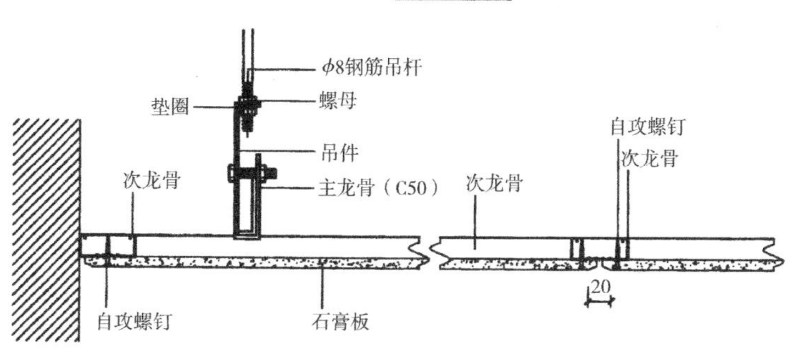

2—2剖面图

图 5-28　上人轻钢龙骨吊顶（50 配 50）构造图

3. 铝合金钢龙骨吊顶构造

铝合金龙骨吊顶是金属龙骨吊顶中比较高档的一种构造形式。它是随着铝型材挤压技术的发展而出现的新型吊顶。铝合金龙骨质量较轻，型材表面经过阳极氧化处理，表面光泽美观，有较强的抗腐蚀、耐酸碱能力，防火性能好，安装很简单，适用于公共建筑大厅、楼道、会议室、卫生间、厨房间的吊顶装修。

1）主龙、次龙骨、边龙骨。

（1）主龙骨（大龙骨）。主龙骨的侧面有长方形孔和圆形孔。长方形孔供次龙骨穿插连接，圆形孔供悬吊固定。

（2）次龙骨（中小龙骨）。次龙骨的长度，根据饰面板的规格进行下料，在次龙骨的两端，为了便于插入龙骨的方眼中，要加工成“凸头”形状。为了使多根次龙骨在穿插连接中保持顺直，在次龙骨的凸头部位弯一个角度，使两根次龙骨在一个方眼中保持中心线重合。

（3）边龙骨。边龙骨亦称封口角铝，其作用是吊顶毛边检查部位等封口，使边角部位保持整齐、顺直。边龙骨有等肢和不等肢两种。一般常用 25mm × 25mm 等支角边龙骨，色彩应当与板的色彩相同。

2）悬吊式吊顶铝合金龙骨构造。悬吊式吊顶铝合金龙骨整体构造如图 5–29 所示。

3）吊杆与龙骨连接构造示意图。吊杆与龙骨连接构造见图 5–30。

4）主龙次龙连接构造。主龙次龙连接构造见图 5–31。

5）明装、半明半暗式、暗装龙骨构造。单独由 T 形（或 L 形）铝合金龙骨装配的吊顶，只能是无附加荷载的装饰性单层轻型吊顶，它适用于室内大面积平面吊顶的装饰，与轻钢 U 形、C 形龙骨单层吊顶的主要区别在于它可以比较灵活地将饰面材料平放搭装，而不必进行封闭式钉固安装。其次，必要时可作外露纵横骨架的明装设计，板材边部为企口、嵌装后骨架隐藏的暗装设计，或外露部分骨架的半明半暗

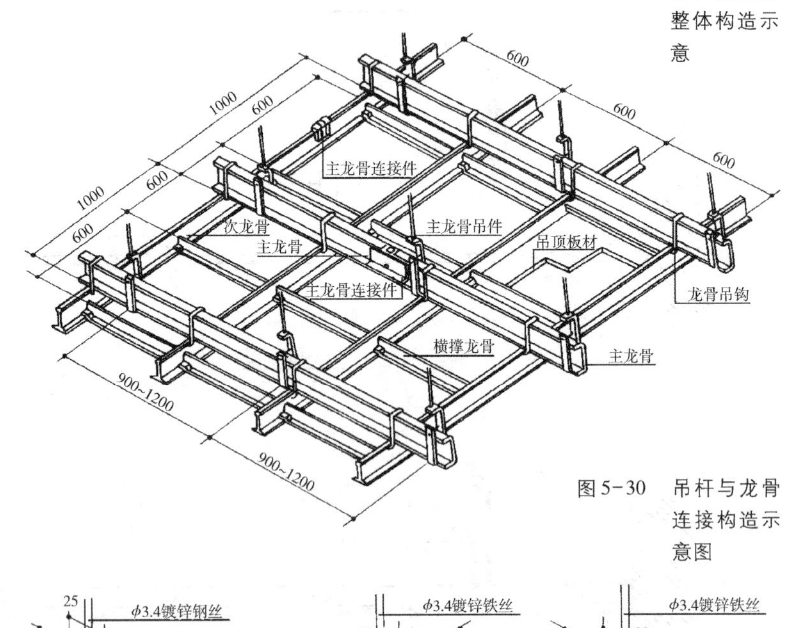

图 5–29　悬吊式吊顶铝合金龙骨整体构造示意

图 5–30　吊杆与龙骨连接构造示意图

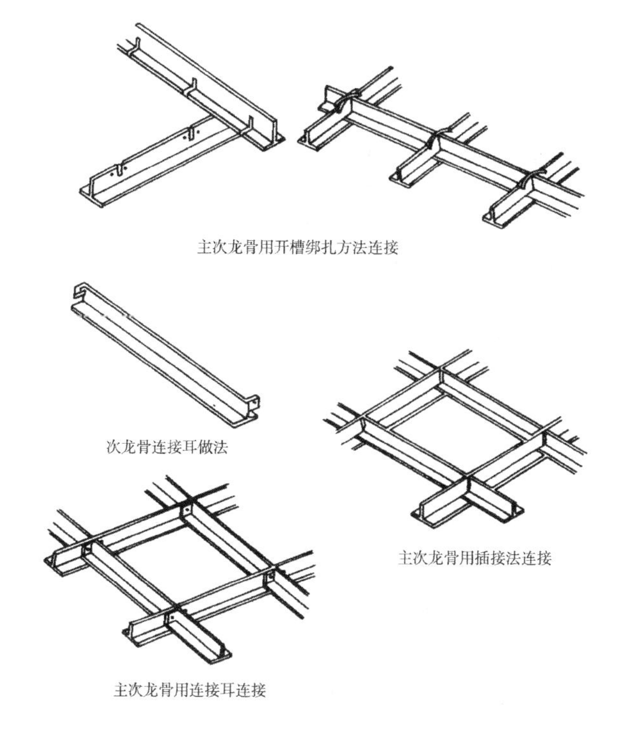

图 5-31　主龙次龙连接构造示意图

式安装设计，如图 5-32 ~ 图 5-34 所示。

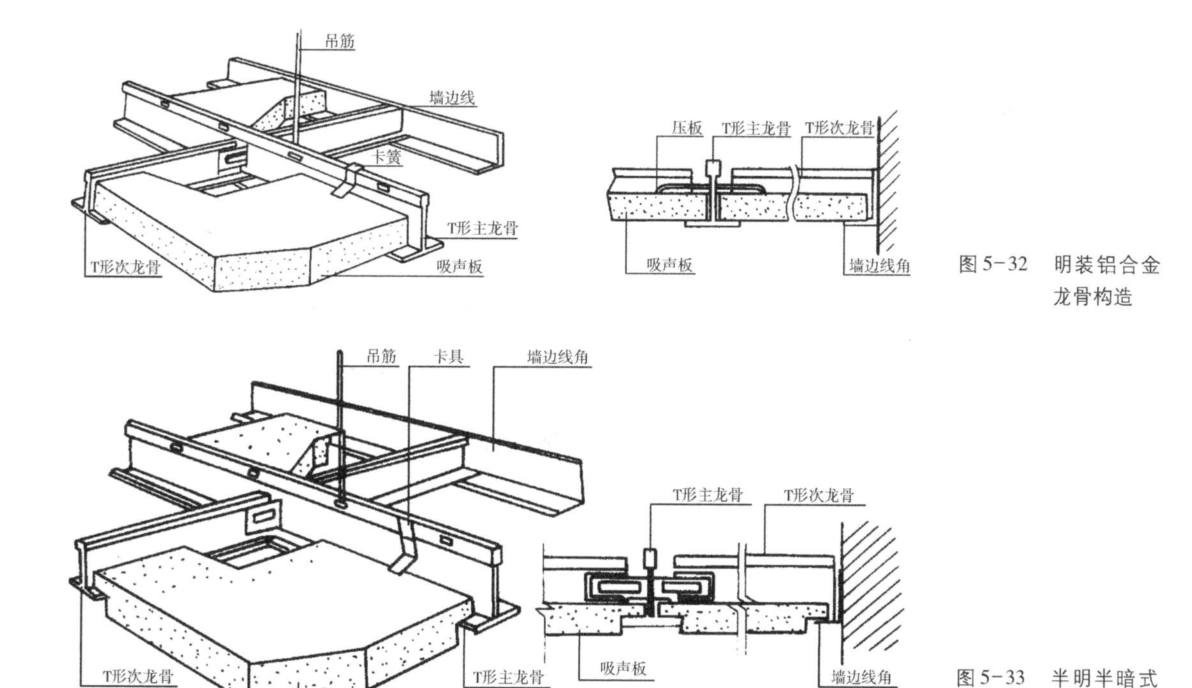

图 5-32　明装铝合金龙骨构造

图 5-33　半明半暗式铝合金龙骨构造

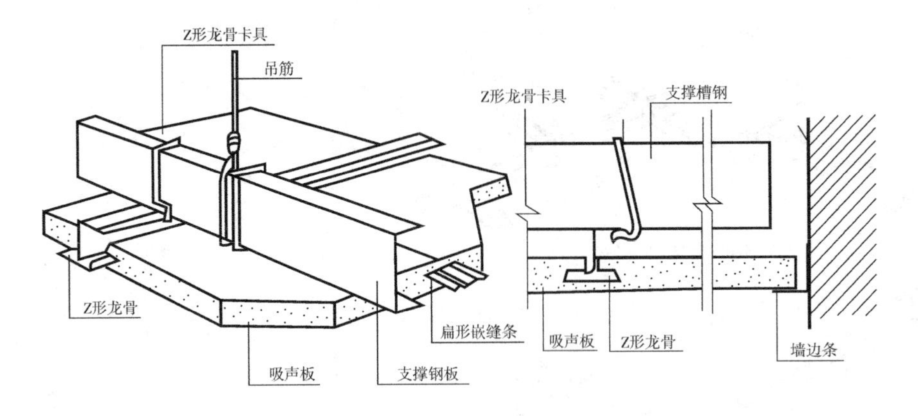

图5-34 暗装铝合金龙骨构造

4. 各类构造细节

悬吊式吊顶其饰面层与楼板或屋面板之间有一定的空间距离，通过吊杆连接，吊顶面层与楼板或屋面板之间有一定的空间，其中可以布设各种管道和设备。饰面层可以设计成不同的艺术形式，以产生不同的层次和丰富空间效果。

悬吊式吊顶样式多变、材料丰富，与直接式顶棚相比造价比较高。悬吊式吊顶的构造一般由吊点构造、吊杆构造、龙骨构造、饰面构造、收口构造五部分组成。遇到灯具、上人孔、消防喷淋还要设计特殊的构造。

1）吊点构造。将吊杆固定在楼板或屋面板之间的连接点称为吊点。

吊点的设置必须牢固可靠，不会轻易脱落，因为整个吊顶的荷载最终是落在各个吊点上，并通过它们传递到屋盖或楼板。最可靠的构造形式是预埋，但预埋要在建筑建造过程中进行。图5-35采用的预埋ϕ10的钢筋。二次装修的建筑无法实施预埋，只能采用其他构造形式如射钉和膨胀螺钉加焊接的构造，但射钉和膨胀螺钉的型号规格和施工工艺必须按照设计要求严格执行，并进行严格细致的检验。

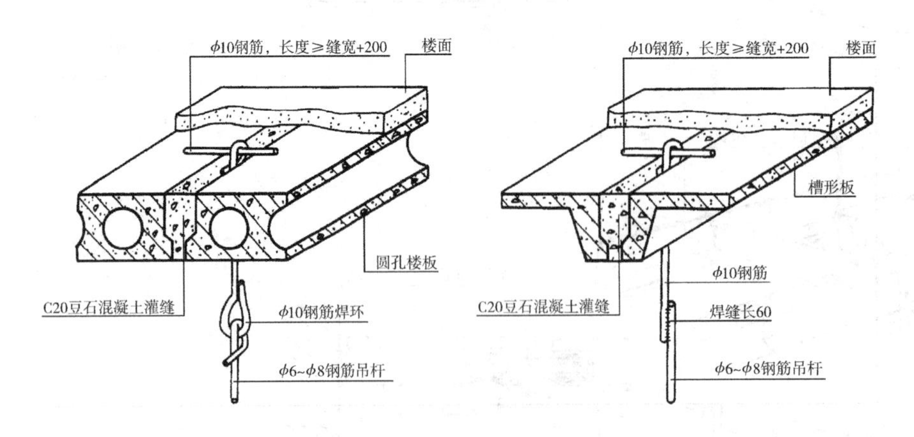

图5-35 预制板吊点的构造示意

吊点的布置应根据龙骨的距离均匀设置。一般为900～1200mm左右，主龙骨上的第一个吊点距主龙骨端点距离不超过300mm。

吊点材料的选择和构造的设计要根据是否上人来分别确定。

2）吊杆构造。连接龙骨和吊点之间的承重传力构件称为吊杆，又称吊筋。

吊杆的作用是承受整个悬吊式吊顶的重量（如饰面层、龙骨以及检修人员），并将这些重量传递给屋面板、楼板、屋架或梁等建筑构件，同时还可以调整、确定吊顶的空间高度。

吊杆材料的选择要根据是否上人来分别确定。吊杆材料有型钢、方钢、圆钢、钢丝等。吊点、吊杆两个构件需要进行合适地配合。图 5-36、图 5-37 是它们的施工实景，图 5-38 是六款吊点与吊杆配合构造。

图 5-36　吊点吊杆配合施工实景图

图 5-37　吊点吊杆焊接配合实景

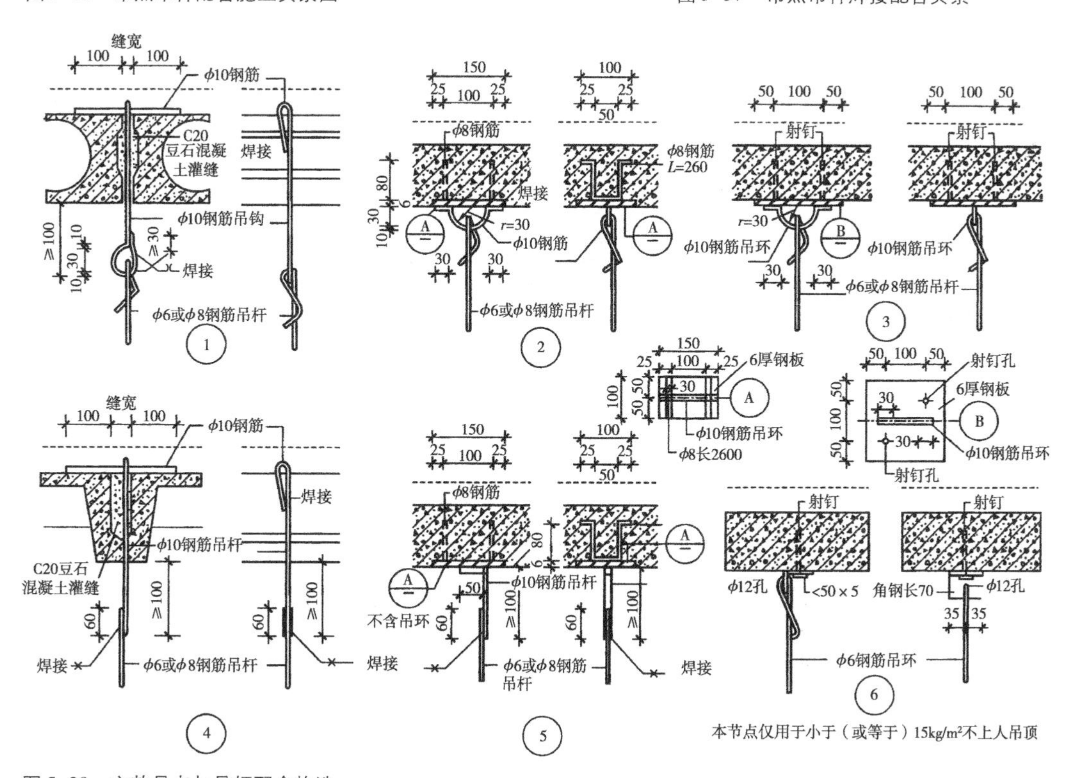

图 5-38　六款吊点与吊杆配合构造

3）面层构造。面层又叫饰面层，它是吊顶最终呈现在用户眼前的材料。所以，它的主要作用是装饰室内空间。同时具有吸声、反射和隔热保温等特定的物理功能。它的构造设计要结合烟感、喷淋、灯具、空调进出风口布置等。

面层的材料因其本身的构造不同，具有不同的安装方式。

（1）板材类面层。纸面石膏板、木夹板、塑料板、金属板等主要在龙骨上通过钉子、螺钉及胶水粘贴连接，如图 5-39 所示。图 5-39（*a*）是采用螺钉连接方式，图 5-39（*b*）是采用粘贴方式，图 5-39（*c*）是采用搁置方式。

（2）扣板类面层。如塑钢扣板、铝合金扣板等主要通过卡接，如图 5-40（*a*）所示；吊挂，如图 5-40（*b*）所示等方式进行安装。

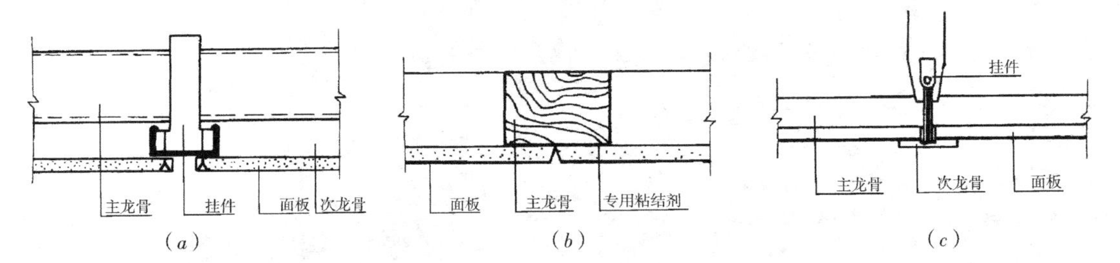

图 5-39　板材类吊顶饰面板与龙骨的连接构造

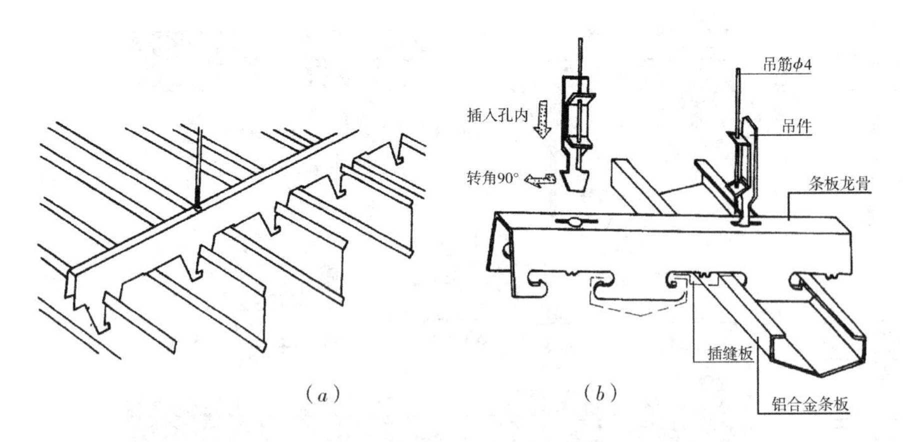

图 5-40　扣板类吊顶饰面板与龙骨的连接构造

（3）金属格栅类面层。通过在金属龙骨上卡接、吊挂安装，图 5-41 是金属挂片饰面实例。

4）收口构造

吊顶的收口部位需要通过一个特定的收口构造与墙面衔接。通常由各种装饰线条作为收口构造，既美观又便于施工。图 5-42 示意了四种吊顶与墙体收口部位的构造。图 5-43 示意了吊顶与墙体收口部位不同材质的线条的收口构造。图 5-44 示意了吊顶与窗帘盒连接构造。

图 5-41　金属挂片饰面实例

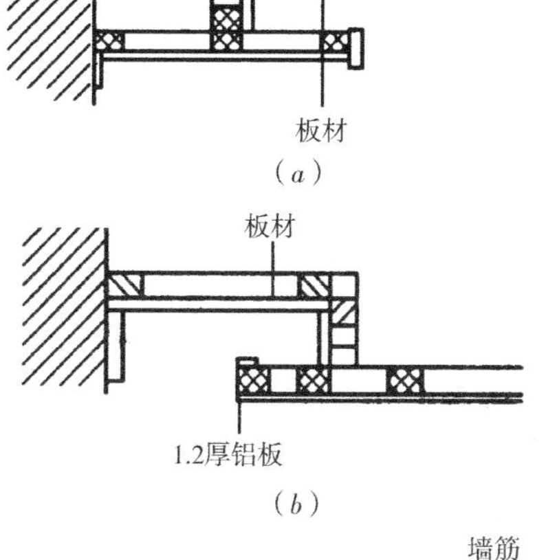

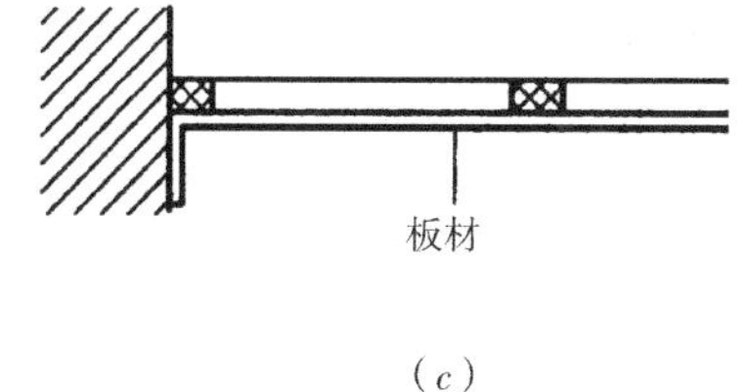

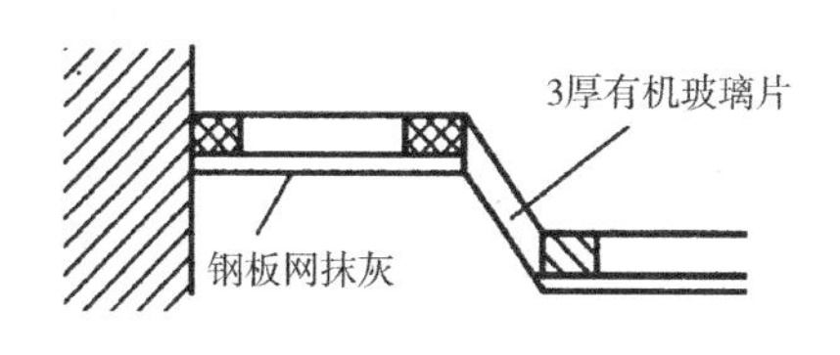

图 5-42　与墙体收口部位的构造

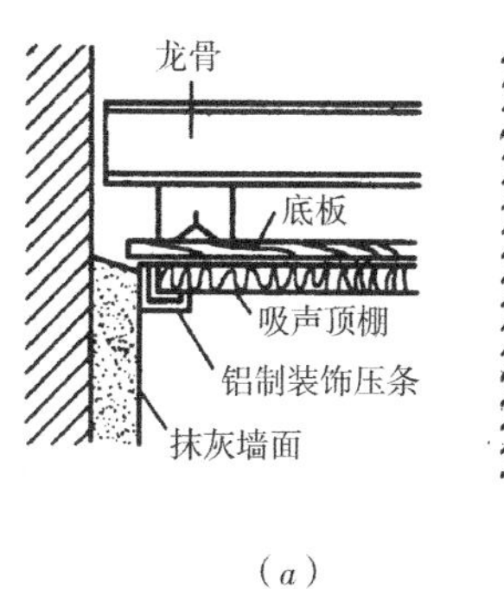

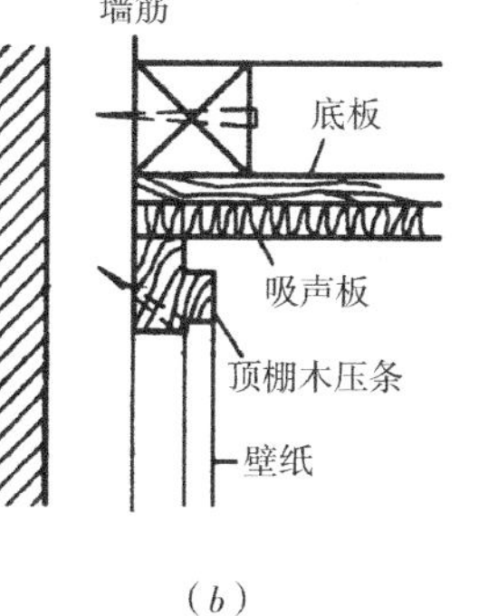

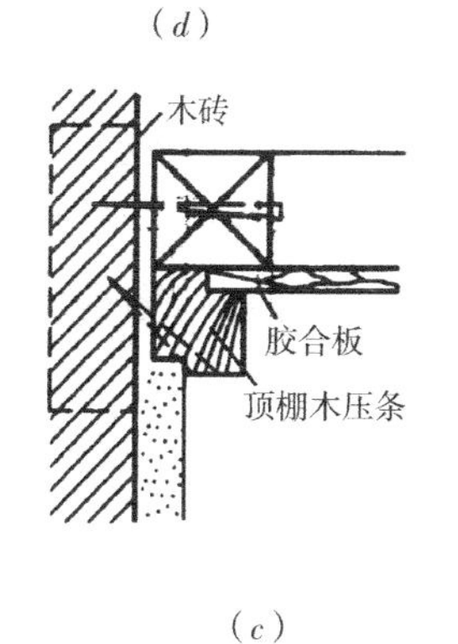

图 5-43　吊顶与墙体不同材质的线条的收口构造

（a）金属装饰压条；

（b）装饰木压条（一）；

（c）装饰木压条（二）

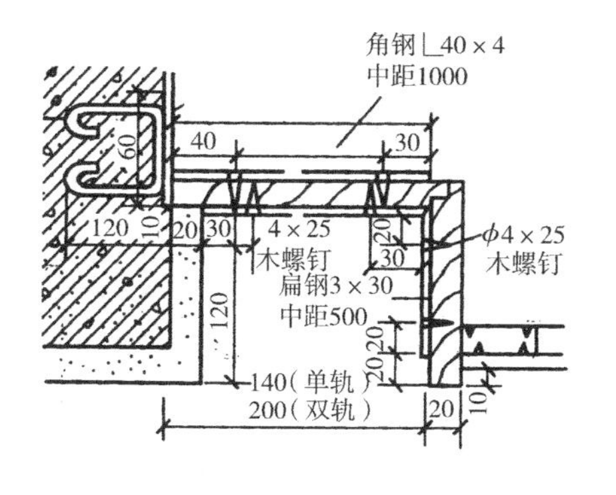

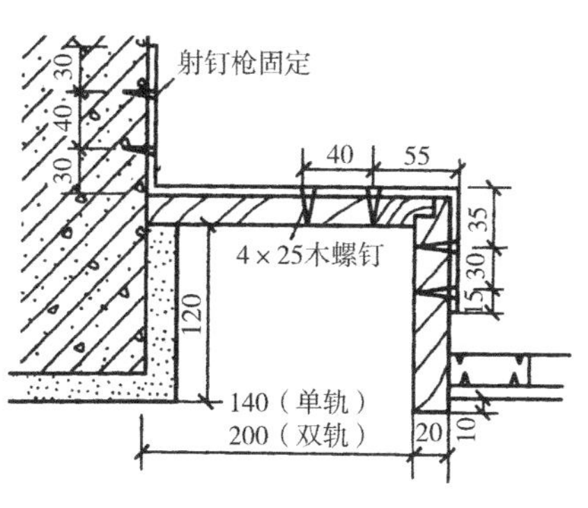

图 5-44　吊顶与窗帘盒连接构造

线脚又称装饰线条，是吊顶和墙面之间的具有装饰和界面交接处理功能的构件，其剖面基本形状有矩形、三角形、半圆形等，材质一般是木材、石膏或者金属。线脚可采用粘贴法或者直接钉固法和墙面固定。

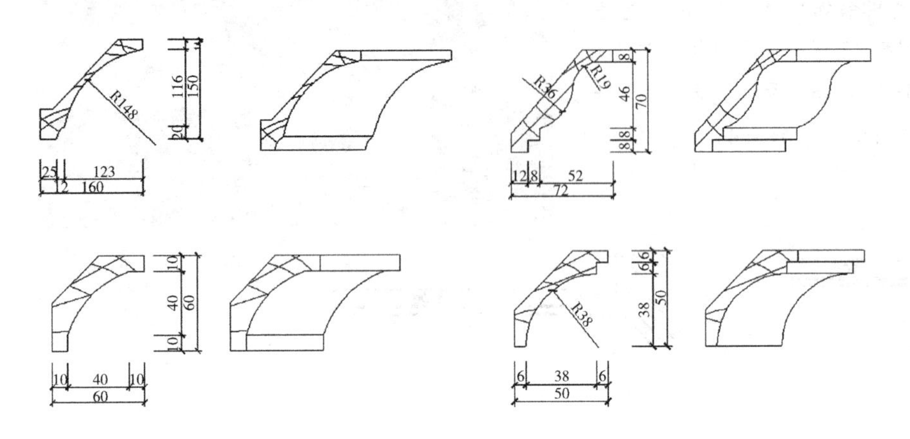

图 5-45　几种木制收口线条

(1) 木线条。木线条一般采用质地比较硬、细腻的木料机械加工而成。一般固定方法是在墙内预埋木砖，再用麻花钉固定，已经砌好的墙，特别是混凝土墙可以直接用地板钉固定，要求线条挺直，接缝紧密。图 5-45 是几种木制收口线条。图 5-46 是几种木制收口线条与吊顶的连接构造。

(2) 石膏线条。石膏线条采用石膏为主的材料加工而成，其正面可以浇铸各种花纹图案，质地细腻美观，一般固定方法是粘贴法，要求与墙面吊顶交接处紧密连接，避免产生缝隙。图 5-47 是几种石膏线条断面和表面浮雕文饰。

(3) 金属线条。金属线条包括不锈钢线条、铜线条、铝合金线条等，常用于办公空间和公共使用空间内，如办公室、会议室、电梯间、走道和过厅等；其装饰效果给人以精致的科技感。一般用木条做模，金属线条镶嵌，胶水固定。

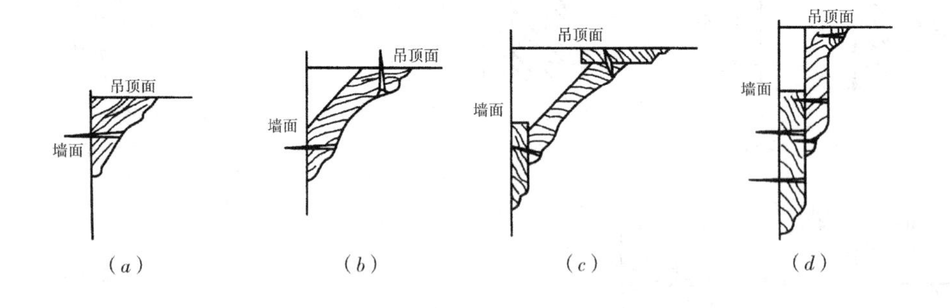

图 5-46　木制收口线条与吊顶的连接构造

(a) 实心角收线口；(b) 斜位角线收口；(c) 八字式收口；(d) 阶梯式收口

5) 吊顶与灯具之间的构造。灯具是满足空间照明的人工照明工具，一般安装在吊顶上，吊顶和灯具的结合一般分为两种：直接式、间接式。

(1) 直接式。直接式灯具是指灯具主体和吊顶直接接触的灯具，一般有日光灯盘、筒灯、吸顶灯、光带等。

日光灯盘、筒灯是现阶段使用比较广泛的灯具，普遍使用于中低档装饰要求的办公空间和走道空间等，这两种灯具镶嵌在吊顶内，它们可以平行于主龙

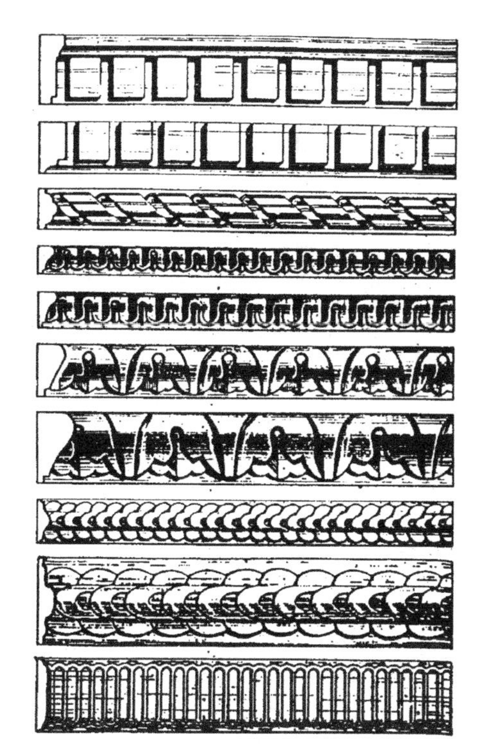

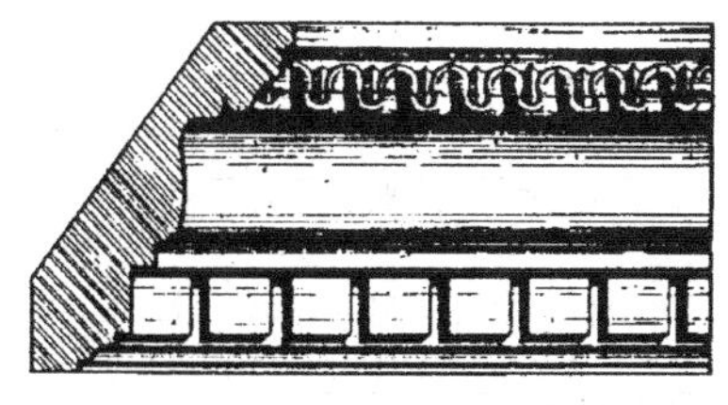

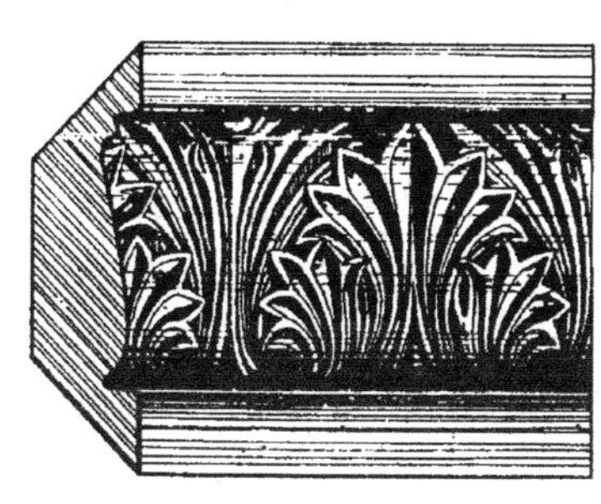

图 5-47　石膏线条断面和表面浮雕文饰

骨或者中小龙骨，在设置这两种灯具时，要尽量避免切断主龙骨、中龙骨，可以切断小龙骨。

吸顶灯是厨卫等空间的主要照明工具，当灯具质量小于 1kg 时，可以直接安装在吊顶饰面上；当 1kg < 灯具质量 < 4kg 时，要固定在主龙骨上。不同质量的灯具安装构造如图 5-48 所示。图 5-49 示意了吊顶与灯具的整体设计，特别是示意了灯具与龙骨连接构造。

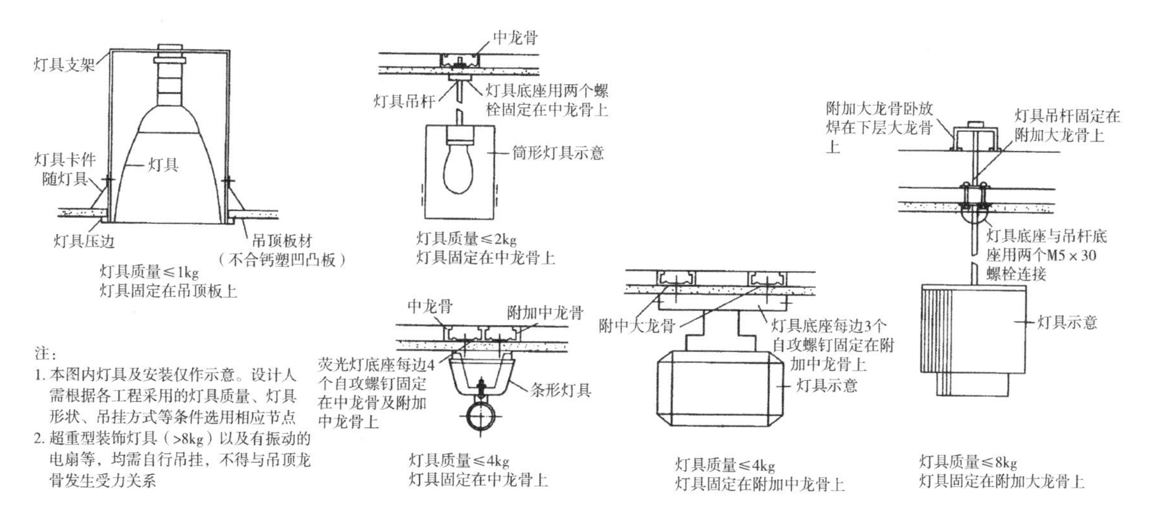

图 5-48　不同质量灯具的安装构造

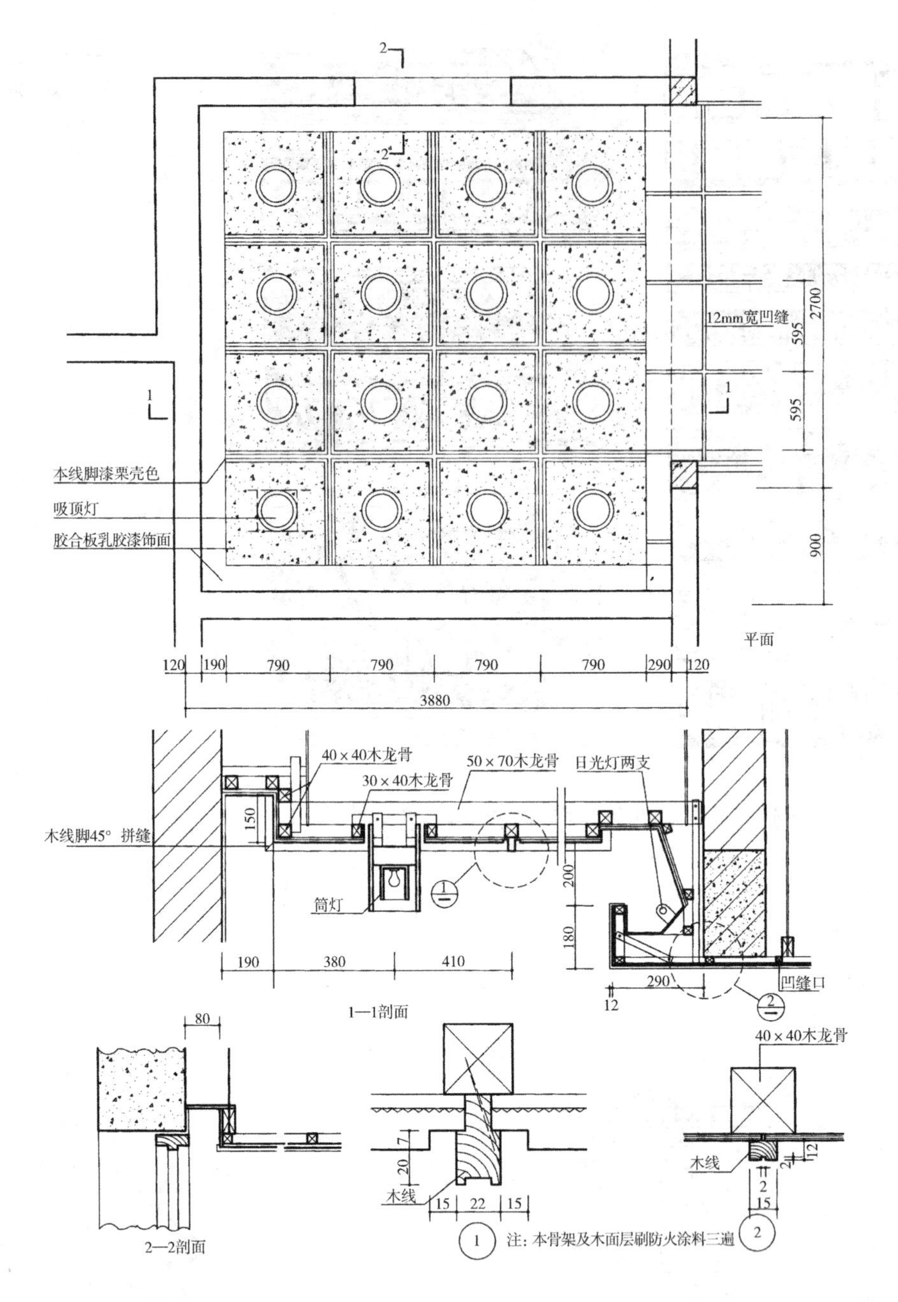

图 5-49 灯具与龙骨连接构造

灯带又称为光带，一般用荧光灯管或者走珠灯等。灯带长度一般要符合灯管长度的倍数，灯带槽其宽度根据灯管数量而定，安装位置有两种，水平和垂直。图 5-50 示意了灯带的整体构造。图 5-51 为吊顶与反光灯槽的连接。

（2）间接式。吊灯一般质量比较大，它和吊顶一般通过吊杆连接。当质量不超过 8kg 时，可以将吊杆连接在附加主龙骨上，附加主龙骨和主龙骨直接连接；当质量超过 8kg 时，应该在楼板上预埋构件，或者通过多个膨胀螺栓构件连接。

6）吊顶与上人孔之间的构造。上人孔又称检修孔、进人孔，是为了对吊

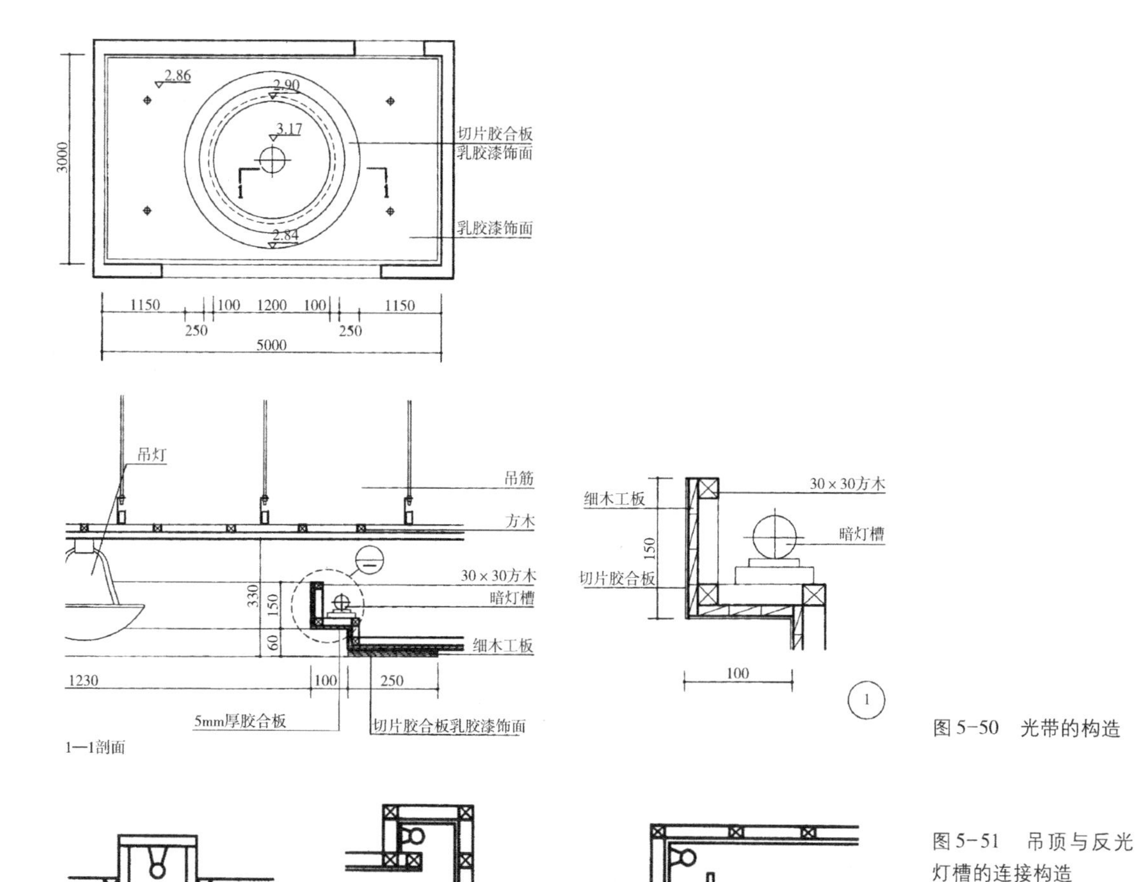

图 5-50　光带的构造

图 5-51　吊顶与反光灯槽的连接构造

(*a*) 平面式；(*b*) 侧向反光式；(*c*) 顶面半反光式

顶内部空间的设备、管线、灯具、风口等检修而设置的，要求隐蔽、美观、保证吊顶的完整性，如图 5-52 所示。一般吊顶至少设置两个上人孔。

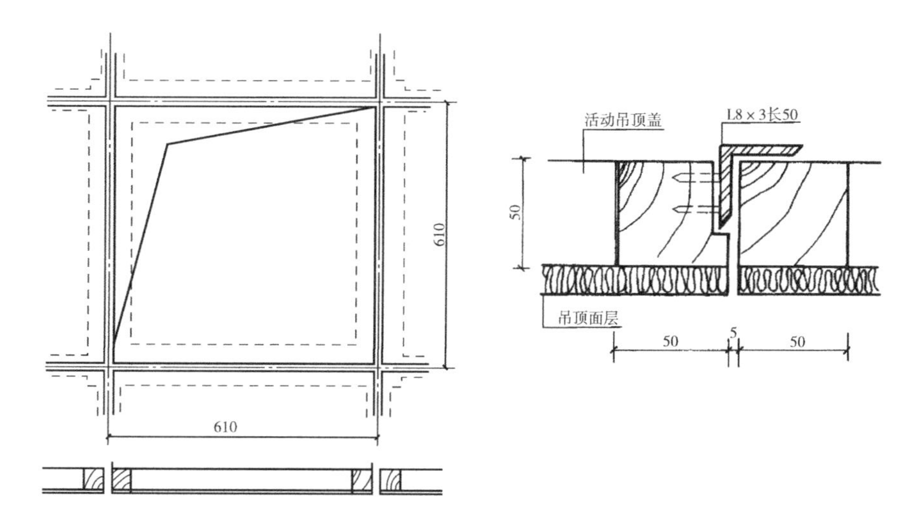

图 5-52　检修孔构造

7）吊顶与消防喷淋的连接构造。消防喷淋的供水管管口要与吊顶的平面高度配合，一定要在喷淋头螺纹能够顺利调节的范围内（图5-53）。

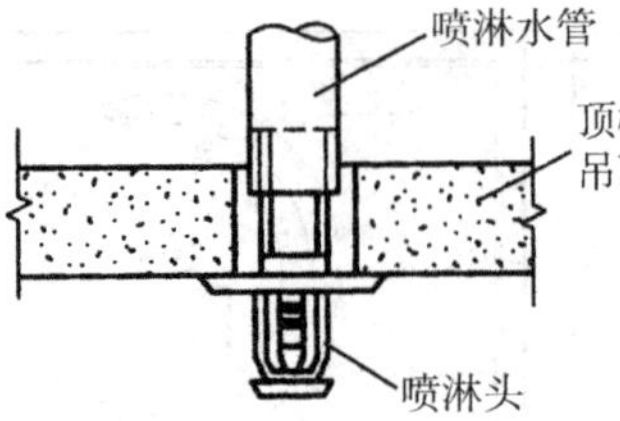

喷淋水管
顶棚吊顶
喷淋头

图5-53　吊顶与消防喷淋的构造

5.3.2　材料

1. 材料检索

龙骨吊顶的主要材料：

龙骨材料见材料检索3—木材、材料检索4—金属材料。

饰面材料见材料检索3.4—饰面材料。

五金配件见材料检索12—五金材料。

2. 材料要求

龙骨吊顶材料要求见表5-7。

龙骨吊顶主要材料要求表　　　　表5-7

序号	材料	要求	备注
1	木龙骨	其主、次龙骨的规格、材质应符合设计要求和现行国家标准的有关规定；含水率不得大于8%，使用前必须做防腐、防火处理	各种材料必须符合国家现行标准的有关规定。应有出厂质量合格证、性能及环保检测报告等质量证明文件。人造板材应有甲醛含量检测或复试报告，使用面积超过500m²，应对其游离甲醛含量或释放量进行复检并应符合现行国家标准《室内装饰装修材料人造板及其制品甲醛释放限量》GB 18580—2001的规定
2	轻钢龙骨	其主、次龙骨的规格、型号、材质及厚度应符合设计要求和现行国家标准《建筑用轻钢龙骨》GB 11981的有关规定，应无变形和锈蚀现象。金属龙骨、轻钢龙骨及配件在使用前应做防腐处理	
3	铝合金龙骨	其主、次龙骨的规格、型号应符合设计要求和现行国家标准的有关规定；应无扭曲、变形现象	
4	饰面板	按设计要求选用饰面板的品种，主要有石膏板、纤维水泥加压板、金属扣板、矿棉板、胶合板、铝塑板、格栅等	
5	辅材（龙骨专用吊挂件、连接件、插接件等附件）	吊杆、膨胀螺栓、钉子、自攻螺钉、角码等应符合设计要求并进行防腐处理	

5.3.3　施工工艺

1. 技术准备

1）深化设计。根据设计图纸、吊顶高度和现场实际尺寸，进行排板、排龙骨等深化设计，绘制大样图，并翻大样。

2）测量。根据现场施工条件进行必要的测量工作，对房间的净高、各种洞口标高和吊顶内的管道、设备的标高进行校核。发现问题及时向设计单位提出，并办理洽商变更手续，确保与专业设备安装间的矛盾解决在施工前。

3）报批。编制施工方案并经审批。

4）办理委托加工。根据施工图吊顶标高要求和现场实际尺寸，对吊杆进行翻样并委托加工。

5）尺寸确认。施工前先做样板间（段），经监理、建设单位检验合格并签认。

6）技术交底。熟悉施工图纸及设计说明，对操作人员进行安全技术交底。

2. 机具准备

见表5-8。

悬吊式吊顶施工机具设备表　　表5-8

序号	分类	名称
1	机具	电锯、电刨、无齿锯、手枪钻、冲击电锤、电焊机、角磨机等
2	工具	拉铆枪、射钉枪、手锯、手刨钳子、扳手、螺钉旋具等
3	计量检测用具	水准仪、靠尺、钢尺、水平尺、塞尺、线坠等
4	安全防护用品	安全帽、安全带、电焊面罩、电焊手套等

3. 作业条件

1）测量交接。施工前应按设计要求对房间的层高、门窗洞口标高和吊顶内的管道、设备及其支架的标高进行测量检查，并办理交接检验记录。

2）履行材料进场手续。各种材料配套齐全已进场，并已进行了检验或复试。

3）前道工序合格。室内墙面施工作业已基本完成，只剩最后一道涂料。地面湿作业已完成，并经检验合格。吊顶内的管道和设备安装已调试完成，并经检验合格，办理完交接手续。

4）防火、防腐预处理。木龙骨已做防火处理，与结构直接接触部分已做好防腐处理。

5）湿度合适。室内环境应干燥，湿度不大于60%，通风良好。

6）四周墙壁完整。吊顶内四周墙面的各种孔洞已封堵处理完毕，抹灰已干燥。

7）脚手架合格。施工所需的脚手架已搭设好，并经检验合格。

8）施工现场所需条件具备。临时用水、用电、各种工机具准备就绪。

4. 施工流程和工艺

1）木龙骨施工流程和工艺。

见表5-9。

木龙骨吊顶施工流程和工艺表　　表 5-9

序号	施工流程	施工要求
1	放线	1）放线的作用。一方面使施工有了基准线，便于下一道工序确定施工位置；另一方面能够检查吊顶以上部位的管道对标高位置的影响 2）放线的内容。标高线、造型位置线、吊点布置线、大中型灯位线等 3）确定标高线。定出地面的基准线，原地坪无饰面要求，基准线为原地平线，如原地坪有饰面要求，基准线则为饰面后的地坪线。以地坪线基准线为起点，根据设计要求在墙柱面上量出吊顶的高度，并在该点上画出高度线，作为吊顶的底标高。确定标高线一般采用“水柱法” 4）确定造型位置线 (1) 规则的空间，应根据设计要求，先在一个墙面上量出吊顶造型位置距离，并按该距离画出平行于墙面的直线。再从另外三个墙面，用同样的方法画出直线，便可以得到造型位置外框线。再根据外框线，逐步画出造型的各个部位的位置 (2) 不规则的空间，可根据施工图纸测出造型边缘距墙面的距离。运用同样的方法，找出吊顶造型边框的有关基本点，将各点连线形成吊顶造型线 5）确定吊点位置。按每平方米一个均匀布置。需要注意的是，灯位、承载部位、龙骨与龙骨相接处及叠级吊顶的叠级处应增设吊点
2	木龙骨处理	1）筛选木料。所用的木龙骨要进行筛选 2）进行防火处理。一般将防火涂料涂刷或喷于木材表面，也可以将木材放在防火槽内浸渍
3	龙骨拼装	1）拼装。吊顶的龙骨架在吊装前，应在楼地面上进行拼装 2）拼装的面积。一般控制在 $10m^2$ 以内，否则不便吊装 3）拼装的顺序。先拼装大片的龙骨骨架，再拼装小片的局部骨架 4）拼装的方法。常采用咬口（半榫扣接）拼装法。具体做法为：在龙骨上开出凹槽，槽深、槽宽以及槽与槽之间的距离应符合有关规定。然后，将凹槽与凹槽进行咬口拼装，凹槽处应涂胶并用钉子固定，如图 5-8所示
4	安装吊点、吊筋	1）安装吊点。一般采用膨胀螺栓、射钉、预埋铁件等方法。用冲击电钻在建筑结构面上打孔，然后放入膨胀螺栓。用射钉将角铁等固定在建筑结构底面。如遇预制空心楼板吊顶，只能采用膨胀螺栓或射钉固定吊点时，其吊点必须设置在已灌实的楼板板缝处 2）安装吊筋。一般采用钢筋、角钢、扁铁或方木，其规格应满足承载要求，吊筋与吊点的连接可采用焊接、钩挂、螺栓或螺钉的连接等方法。吊筋安装时，应做防腐、防火处理
5	固定沿墙龙骨	沿吊顶标高线固定沿墙龙骨 1）一般是用冲击钻在标高线以上 10mm 处墙面打孔，孔径 12mm，孔距0.5～0.8m，孔内塞入木楔 2）将沿墙龙骨钉固在墙内木楔上，沿墙木龙骨的截面尺寸与吊顶次龙骨尺寸一样 3）沿墙木龙骨固定后，其底边与其他次龙骨底边标高是否一致

续表

序号	施工流程	施工要求
6	龙骨吊装固定	木龙骨吊顶的龙骨架有两种形式，即单层网格式木龙骨架及双层木龙骨架 1）单层网格式木龙骨架的吊装固定 （1）分片吊装。单层网格式木龙骨架的吊装一般先从一个墙角开始，将拼装好的木龙骨架托起至标高位置。对于高度低于3.2m的吊顶骨架，可在高度定位杆上作临时支撑，高度超过3.2m时，可用铁丝在吊点作临时固定。然后，用棒线绳或尼龙线沿吊顶标高线拉出平行或交叉的几条水平基准线作为吊顶的平面基准。最后，将龙骨架向下慢慢移动，使之与基准线平齐，待整片龙骨架调正调平后，先将其靠墙部分与沿墙龙骨钉接，再用吊筋与龙骨架固定 （2）龙骨架与吊筋固定。视选用的吊杆材料和构造方法，常采用绑扎、钩挂、木螺钉固定 （3）龙骨架分片连接。龙骨架分片吊装在同一平面后，要进行分片连接形成整体，连接时先将端头对正，再用短方木进行连接。方法是将短方木钉于龙骨架对接处的侧面或顶面，承重部位的龙骨连接，可采用铁件进行连接加固 （4）叠级吊顶龙骨架连接。对于叠级吊顶，一般是从相对可接地面最高的平面开始吊装 （5）龙骨架调平与起拱。各个分片连接加固后，用再吊顶面下四角拉出十字交叉的标高线的办法检查并调整吊顶平整度。对一些面积较大的木龙骨架吊顶，可采用起拱的方法来平衡吊顶的下坠，一般情况下，跨度在7～10m间起拱量为3/1000，跨度在10～15m间起拱量为5/1000 2）双层木龙骨架的吊装固定 （1）主龙骨架的吊装固定。按照设计要求的主龙骨间距布置主龙骨，通常为1000～1200mm。主龙骨一般沿房间的短向布置，并与预先固定好的吊杆连接。具体做法是先将主龙骨搁置在沿墙龙骨上，调平主龙骨，然后与吊杆连接，并与沿墙龙骨钉接再用木楔将主龙骨与墙体楔紧 （2）次龙骨架的吊装固定。次龙骨即是采用小木方通过咬合拼接而成的木龙骨网格，其规格、要求及吊装方法与单层木龙骨吊顶相同。将次龙骨吊装至主龙骨底部并调好位置后，用短木方将主、次龙骨连接牢固

2）轻钢龙骨施工流程和工艺。

见表5-10。

轻钢龙骨施工流程和工艺表　　表5-10

序号	施工流程	施工要求
1	交验	吊顶正式安装前应对上一步工序如结构的强度、设备的位置、水电暖管线的铺设等进行交接验收，其内容以有利于吊顶施工为准
2	找规矩	根据设计和工地现场的实际情况，在吊顶标高处找出一个标准基平面，对存在的误差进行调整，确定平面弹线的基准
3	弹线	1）下列基准线要一一弹出 （1）吊顶标高线。按设计所定的吊顶标高，弹出施工标高基准线。一般常用0.5m为基准线，弹于四周墙壁。以线为基准，沿室内墙面四周将吊顶施工高度弹出，其水平允许偏差不得大于5mm。如有吊顶有跌级造型，其标高应全部标出 （2）平面造型线。根据设计要求，以房间的中心为基准，将设计平面造型弹在顶板上 （3）吊筋、吊点位置线。根据设计要求，在顶面上确定吊筋、吊点的位置

续表

序号	施工流程	施工要求
3	弹线	(4) 大型灯具、电扇等吊具位置线。对这些质量大的设施应按设计全部测定准确位置，增设吊杆 (5) 附加吊杆位置线。根据设计要求，将吊顶检修走道、检修口、通风口、柱子周边处及其他所有须加“附加吊杆”之处的吊杆位置一一弹出 2) 弹线顺序。先竖向标高后平面造型细部，竖向标高线弹于墙上，平面造型和细部弹于顶板上
4	复查	弹线完成后，对所有标高线、平面造型吊点位置等进行全面检查复量，如有遗漏或尺寸错误，均立即进行补充和纠正。一一核实所弹吊顶标高线与四周设备、管线、管道等有无矛盾，对大型灯具的安装有无妨碍，确保准确无误
5	吊筋的制作与固定	轻钢龙骨的吊筋一般用钢筋制作，吊筋的固定做法根据楼板的种类不同而不同。具体做法如下 1) 预埋。预制钢筋混凝土楼板设吊筋，应在主体工程施工时预埋吊筋。如无预埋时应用膨胀螺栓固定，并应保证其连接强度 2) 后加固。用膨胀螺栓或用射钉固定吊筋，并应保证其强度
6	安装轻钢龙骨架	1) 安装轻钢主龙骨。按弹线的位置将主龙骨悬挂在吊筋上，待全部主龙骨安装就位后，进行调直调平定位。龙骨中间部分按设计要求起拱，起拱高度不得小于房间短向跨度的3/1000 2) 安装副龙骨。副龙骨有通长和截断两种。通长者与主龙骨垂直，截断者与通长者垂直，所以也叫横撑龙骨。副龙骨应同主龙骨扣牢，不得有松动及不直之处。副龙骨的位置要准确，特别是板缝处，要充分考虑缝隙尺寸 3) 安装其他龙骨。凡在高低跌级的吊顶及灯槽、灯具、窗帘盒等处要按设计要求安装在柱子周边增加“附加龙骨”或角龙骨
7	骨架安装质量检查	上列工序安装完毕后，应对整个龙骨架的安装质量进行严格检查 1) 龙骨架荷重检查。在吊顶安装承重设施的地方根据设计荷载规定进行加载检查。加载后如龙骨架有翘曲、颤动之处，应通过计算增加吊筋 2) 龙骨架安装及连接质量检查。检查要彻底，连接件应错位安装，龙骨连接处的偏差不得超过相关规范规定 3) 各种龙骨质量检查。对主、副龙骨、附加龙骨、角龙骨、连接龙骨等进行详细质量检查，如发现有翘曲或扭曲之处以及位置不正、部位不对等处均应纠正
8	安装石膏板	1) 选择石膏板。纸面石膏板在上顶之前，应根据设计要求进行选板，凡有裂纹、破损、缺棱、掉角、受潮以及护面纸损坏者均应一律剔除不用 2) 放置石膏板。选好的石膏板应平放于有垫板的木板之上，以免沾水受潮 3) 安装石膏板。注意以下要点 (1) 安装时应使纸面石膏板长边与主龙骨平行，从吊顶的一端向另一端开始错缝安装，逐块排列，余量放在最后安装 (2) 石膏板与墙面之间应留6mm间隙 (3) 板与板的接缝宽度不得小于板厚 (4) 每块石膏板用3.5mm×25mm自攻螺钉固定在次龙骨上 (5) 固定时应从石膏板中部开始，向两侧展开 (6) 螺钉间距150~200mm，螺钉距纸面石膏板板边不得小于10mm，不得大于15mm；距切割后的板边不得小于15mm，不得大于20mm (7) 钉头应略低于板面，但不得将纸面钉破。钉头应做防锈处理，并用石膏腻子腻平
9	石膏板安装质量检查	钉毕纸面石膏板后，应对其质量进行检查。如整个石膏板吊顶表面平整度偏差超过3mm、接缝平直度偏差超过3mm、接缝高低度偏差超过1mm、石膏板有钉接缝处不牢固，均应彻底纠正

续表

序号	施工流程	施工要求
10	嵌缝	纸面石膏板安装质量合格后，要根据纸面石膏板板边类型及嵌缝规定进行嵌缝。但是要注意，无论使用什么腻子，均应保证有一定的膨胀性。施工中常用石膏腻子。一般施工做法如下： 1）直角边纸面石膏板嵌缝。直角纸面石膏板均为平缝，嵌缝时应用刮刀将嵌缝腻子均匀饱满地嵌入板缝中，并将腻子与石膏板面刮平。后道工序应在腻子完全干燥后施工 2）楔形边纸面石膏板吊顶嵌缝。楔形边纸面石膏板吊顶嵌缝采用三道腻子： （1）第一道腻子。用刮刀将嵌缝腻子均匀饱满地嵌入缝中，将浸湿的穿孔纸带贴于缝处。用刮刀将纸带用力压平，使腻子从孔中挤出。然后，再薄压一层腻子 （2）第二道腻子。第一道嵌缝腻子完全干燥后覆盖第二道嵌缝腻子，使之略高于石膏板表面。腻子宽200mm左右。另外，在钉孔上亦再覆盖腻子一道，宽度较钉孔扩大出25mm左右 （3）第三道腻子。第二道嵌缝腻子完全干燥后，再薄压300mm宽嵌缝腻子一层，用清水刷湿边缘后用抹刀拉平，使石膏板面平滑。钉孔第二道腻子上亦再覆盖嵌缝腻子一层，并用力拉平使与石膏板面交接平滑 3）上述第三道嵌缝腻子完全干燥后，用2号砂纸安装在手动或电动打磨器上，将嵌缝腻子打磨光滑。打磨时不得将护纸磨破

3）铝合金龙骨施工流程和工艺。

见表5-11。

铝合金龙骨施工流程和工艺表　　表5-11

序号	施工流程	施工要求
1	放线定位	铝合金龙骨吊顶的放线定位主要是按设计的要求弹标高线和龙骨的布置线 1）弹线。根据设计要求和场地具体情况，将吊点位置弹到楼板底面上。如果吊顶的设计要求有造型或图案，应依设计布置。具体要求有： （1）各种吊顶、龙骨间距和吊杆间距，一般都控制在1.0～1.2m以内 （2）弹出的所有线，均应当清晰条理，位置准确无误 （3）铝合金板吊顶，如果是将饰面板卡在龙骨之上，龙骨应与板成垂直；如果用螺钉进行固定，则要看饰面板的形状以及设计上的要求 2）确定吊顶标高。可用“水柱法”将设计标高线弹到四周墙面或柱面上。如果吊顶有不同标高，应做好标记
2	固定悬吊体系	1）悬吊形式。采用简易吊杆的悬吊有3种形式： （1）镀锌钢丝悬吊。活动式装配吊顶一般不上人，所以悬吊体系比较简单。一般用射钉将镀锌钢丝固定在结构上，另一端同主龙骨的圆形孔绑牢。镀锌钢丝不宜太细，不宜用小于14号的钢丝 （2）伸缩式吊杆悬吊。通常是将8号钢丝调直，用一个带孔的弹簧钢片将两根钢丝连起来。调节与固定主要是靠弹簧钢片 （3）简易伸缩吊杆悬吊。它的伸缩与固定原理同伸缩式吊杆悬吊大致相同，只是在弹簧钢片的形状上有些差别 2）吊杆与镀锌铁丝的固定。常用的办法是用射钉枪将吊杆与镀锌铁丝固定。可以选用尾部带孔或不带孔的两种射钉规格： （1）尾部带孔的射钉。只要将吊杆一端的弯钩或钢丝穿过圆孔即可 （2）尾部不带孔的射钉。角钢的一条边用射钉固定，另一条边钻一个5mm左右的孔，然后再将吊杆穿过孔将其悬挂

续表

序号	施工流程	施工要求
2	固定悬吊体系	3）悬吊宜沿主龙骨方向，间距不宜大于1.2m。在主龙骨的端部或接长处，需加设吊杆或悬挂钢丝。如果选用镀锌铁丝悬吊，不应绑在吊顶上部的设备管道上，因为管道变形或局部维修时，对吊顶面的平整度带来不利影响
3	安装调平龙骨	龙骨是否调平调直，也是板条吊顶质量控制的关键。因为只有龙骨调平调直，才能使板条饰面达到理想的装饰效果。否则，吊顶饰面成为波浪式的表面，从宏观上看去就有很不舒服的感觉 1）大体就位。安装调平龙骨时，根据已确定的主龙骨位置及确定的标高线，先大体上将其基本就位。次龙骨应紧贴主龙骨安装就位 2）拉线精调。龙骨就位后，再满拉纵横控制标高线，从一端开始，一边安装，一边调整，全部安装完毕后，最后再精调一遍，直到龙骨调平、调直为止。以下两种吊顶要注意 （1）大面积吊顶在中间要适当起拱，以满足下垂的要求 （2）铝合金吊顶龙骨的调平调直比较麻烦，必须认真仔细，逐根进行 3）调边龙骨。宜沿墙面或柱面标高线用高强水泥钉钉边龙骨。钉的间距一般不宜大于50cm。如果基层材料强度较低，紧固力不满足时应改用膨胀螺栓或加大水泥钉的长度等办法。在一般情况下，边龙骨不承重，只起封口的作用 4）主龙骨接长。一般选用连接件进行接长。连接件可用铝合金，也可用镀锌钢板 （1）在其表面冲成倒刺，与主龙骨方孔相连 （2）主龙骨接长完成后，应全面校正主龙骨、次龙骨的位置及水平度 （3）需要接长的主龙骨，连接件应错位安装
4	安装饰面板	铝合金龙骨吊顶安装饰面板，分为明装、暗装和半隐3种形式： 1）明装。安装方法简单，施工速度较快，维修比较方便。即纵横T形龙骨骨架均外露，饰面板只需搁置在T形两翼上即可 2）暗装。安装方法比明装稍复杂，维修时不太方便，但装饰效果较好。即饰面板边部有企口，嵌装后骨架不暴露 3）半隐。半隐即饰面板安装后外露部分

5. 施工注意要点

1）确保吊顶骨架安装牢固、平整。严格按弹好的水平和位置控制线安装周边骨架；受力节点应按要求用专用件组装连接牢固，保证骨架的整体刚度；各龙骨的规格、尺寸应符合设计要求，纵横方向起拱均匀，互相适应，用吊杆螺栓调整骨架的起拱度；金属龙骨严禁有硬弯。

2）各个工序精准到位。准确弹出吊顶水平控制线。龙骨安装完后应拉通线调整高低，使整个底面平整，中间起拱度符合要求；龙骨接长时应采用专用件对接；相邻龙骨的接头要错开，龙骨不得向一边倾斜；吊件安装必须牢固，各吊杆的受力应一致，不得有松弛、弯曲、歪斜现象；龙骨分档尺寸必须符合设计要求和饰面板块的模数。安装饰面板的螺钉时，不得出现松紧不一致的现象；饰面板安装前应调平、规方；龙骨安装完应经检验合格后再安装饰面板，以确保吊顶面层的平整度。

3）线条均匀，饰面平整。安装压条应按线进行钉装；以保证接缝均匀一致、平顺光滑，线条整齐、密合；饰面板块在下料切割时，应控制好切割角度，切割的毛茬、崩边应修整平直。避免出现接缝明显、接口漏白茬、接缝不平直、接缝错台等问题，安装前应逐块进行检验，边角必须规整，尺寸应一致；安装时应拉纵横通线控制板边。

4）预留孔规范。各种孔、洞、灯具、通风口等处，其构造应按规范、设计要求设置龙骨及连接件，避免孔、洞周围出现变形和裂缝。

5）吊杆、骨架应固定在主体结构上。不得吊挂在顶棚内的各种管线、设备上，吊杆螺母调整好标高后必须固定拧紧，轻钢骨架之间的连接必须牢固可靠。以免造成骨架变形使顶板不平、开裂。

6）各专业工种应与装饰工种密切配合。施工前先确定方案，按合理工序施工；各孔、洞应先放好线后再开洞，以保证位置准确、吊顶与设备衔接吻合、严密。

6. 成品保护

1）材料保护。骨架、饰面板及其他材料进场后，应存入库房内码放整齐，上面不得放置重物。露天存放必须进行苫盖，保证各种材料不受潮、不霉变、不变形。

2）保护顶棚内各种管线及设备。骨架及饰面板安装时应注意保护顶棚内各种管线及设备，吊杆、龙骨及饰面板不准固定在其他设备及管道上。

3）保护已完工成品。吊顶施工时，对已施工完毕的地、墙面和门、窗、窗台等必须进行保护，防止污染、损坏。不上人吊顶的骨架安装好后，不得上人踩踏。其他吊挂件或重物严禁安装在吊顶骨架上。

4）保护饰面板。安装饰面板时，作业人员宜戴干净的线手套，以防止污染板面或板边划伤手。

5.3.4 质量检验

1. 说明

本规范适用于木、轻钢、铝合金龙骨吊顶的制作与安装工程的质量验收（表5-12）。

2. 龙骨工程质量验收一般规定

1）龙骨吊顶工程验收时应检查下列文件和记录。

（1）吊顶工程的施工图、设计说明及其他设计文件。

（2）材料的产品合格证书、性能检测报告、进场验收记录和复验报告。

（3）隐蔽工程验收记录。

（4）施工记录。

2）吊顶工程应对人造木板的甲醛含量进行复验。

3）吊顶工程应对下列隐蔽工程项目进行验收。

（1）吊顶内管道、设备的安装及水管试压。

（2）木龙骨防火、防腐处理。

（3）预埋件或拉结筋。

（4）吊杆安装。

（5）龙骨安装。

（6）填充材料的设置。

4）各分项工程的检验批应按下列规定划分。同一品种的吊顶工程每50间（大面积房间和走廊按吊顶面积30m² 为一间）应划分为一个检验批，不足50间也应划分为一个检验批。

5）检查数量应符合下列规定，每个检验批应至少抽查10%，并不得少于3间；不足3间时应全数检查。

6）安装龙骨前，应按设计要求对房间净高、洞口标高和吊顶内管道、设备及其支架的标高进行交接检验。

7）吊顶工程的木饰面板必须进行防火处理，并应符合有关设计防火规范的规定。

8）吊顶工程中的预埋件、钢筋吊杆和型钢吊杆应进行防锈处理。

9）安装饰面板前应完成吊顶内管道和设备的调试及验收。

10）吊杆距主龙骨端部距离不得大于300mm，当大于300mm时，应增加吊杆。当吊杆长度大于1.5m时，应设置反支撑。当吊杆与设备相遇时，应调整并增设吊杆。

11）吊顶工程的木吊杆、木龙骨和木饰面板必须进行防火处理，并应符合有关设计防火规范的规定。

12）重型灯具、电扇及其他重型设备严禁安装在吊顶工程的龙骨上。

3. 暗龙骨吊顶工程质量标准

本规范适用于龙骨骨架，以石膏板、金属板、矿棉板、木板、塑料板或格栅等为饰面材料的暗龙骨吊顶工程的质量验收（表5-12）。

暗龙骨吊顶工程质量标准和验收方法　　表5-12

序号	分项	质量标准
1	主控项目	1）吊顶标高、尺寸、起拱和造型应符合设计要求 检验方法：观察；尺量检查 2）饰面材料的材质、品种、规格、图案和颜色应符合设计要求 检验方法：观察；检查产品合格证书、性能检测报告、进场验收记录和复验报告 3）暗龙骨吊顶工程的吊杆、龙骨和饰面材料的安装必须牢固 检验方法：观察；手扳检查；检查隐蔽工程验收记录和施工记录 4）吊杆、龙骨的材质、规格、安装间距及连接方式应符合设计要求。金属吊杆应经过表面防腐处理；木吊杆、龙骨应进行防腐、防火处理 检验方法：观察；尺量检查；检查产品合格证书、性能检测报告、进场验收记录和隐蔽工程验收记录 5）石膏板的接缝应按其施工工艺标准进行板缝防裂处理。安装双层石膏板时，面层板与基层板的接缝应错开，并不得在同一根木龙骨上接缝 检验方法：观察

续表

序号	分项	质量标准
2	一般项目	1）饰面材料表面应洁净、色泽一致，不得有翘曲、裂缝及缺损。压条应平直、宽窄一致 检验方法：观察；尺量检查 2）饰面板上的灯具、烟感器、喷淋头、风口箅子等设备的位置应合理、美观，与饰面板的交接应吻合、严密 检验方法：观察 3）金属吊杆、龙骨的接缝应均匀一致，角缝应吻合，表面应平整，无翘曲、锤印。木质吊杆、龙骨应顺直，无劈裂、变形 检验方法：检查隐蔽工程验收记录和施工记录 4）吊顶内填充吸声材料的品种和铺设厚度应符合设计要求，并应有防散落措施 检验方法：检查隐蔽工程验收记录和施工记录 5）暗龙骨吊顶工程安装的允许偏差和检验方法应符合表5-13的规定

暗龙骨吊顶工程安装的允许偏差和检验方法　　表5-13

项次	项目	允许偏差（mm）				检验方法
		纸面石膏板	金属板	矿棉板	木板、塑料板、玻璃板	
1	表面平整度	3	2	2	2	用2m靠尺和塞尺检查
2	接缝直线度	3	1.5	3	3	拉5m线，不足5m拉通线，用钢直尺检查
3	接缝高低差	1	1	1.5	1	用钢直尺和塞尺检查

4. 明龙骨吊顶工程质量标准

本节适用于以龙骨为骨架，以石膏板、金属板、矿棉板、塑料板、玻璃板或格栅等为饰面材料的明龙骨吊顶工程的质量验收（表5-14）。

明龙骨吊顶工程质量标准和检验方法　　表5-14

序号	分项	质量标准
1	主控项目	1）吊顶标高、尺寸、起拱和造型应符合设计要求 检验方法：观察；尺量检查 2）饰面材料的材质、品种、规格、图案和颜色应符合设计要求。当饰面材料为玻璃板时，应使用安全玻璃或采取可靠的安全措施 检验方法：观察；检查产品合格证书、性能检测报告和进场验收记录 3）饰面材料的安装应稳固严密。饰面材料与龙骨的搭接宽度应大于龙骨受力面宽度的2/3 检验方法：观察；手扳检查；尺量检查 4）吊杆、龙骨的材质、规格、安装间距及连接方式应符合设计要求。金属吊杆应进行表面防腐处理；木龙骨应进行防腐、防火处理 检验方法：观察；尺量检查；检查产品合格证书、进场验收记录和隐蔽工程验收记录

续表

<table>
<tr><th>序号</th><th>分项</th><th>质量标准</th></tr>
<tr><td>1</td><td>主控项目</td><td>5）明龙骨吊顶工程的吊杆和龙骨安装必须牢固
检验方法：手扳检查；检查隐蔽工程验收记录和施工记录</td></tr>
<tr><td>2</td><td>一般项目</td><td>1）饰面材料表面应洁净、色泽一致，不得有翘曲、裂缝及缺损。饰面板与明龙骨的搭接应平整、吻合，压条应平直、宽窄一致
检验方法：观察；尺量检查
2）饰面板上的灯具、烟感器、喷淋头、风口箅子等设备的位置应合理、美观，与饰面板的交接应吻合、严密
检验方法：观察
3）金属龙骨的接缝应平整、吻合、颜色一致，不得有划伤、擦伤等表面缺陷。木质龙骨应平整、顺直，无劈裂
检验方法：观察
4）吊顶内填充吸声材料的品种和铺设厚度应符合设计要求，并应有防散落措施
检验方法：检查隐蔽工程验收记录和施工记录
5）明龙骨吊顶工程安装的允许偏差和检验方法应符合表5-15的规定

明木龙骨吊顶工程安装的允许偏差和检验方法　表5-15
<table>
<tr><th rowspan="2">项次</th><th rowspan="2">项目</th><th colspan="4">允许偏差（mm）</th><th rowspan="2">检验方法</th></tr>
<tr><th>石膏板</th><th>金属板</th><th>矿棉板</th><th>塑料板、玻璃板</th></tr>
<tr><td>1</td><td>表面平整度</td><td>3</td><td>2</td><td>3</td><td>2</td><td>用2m靠尺和塞尺检查</td></tr>
<tr><td>2</td><td>接缝直线度</td><td>3</td><td>2</td><td>3</td><td>3</td><td>拉5m线，不足5m拉通线，用钢直尺检查</td></tr>
<tr><td>3</td><td>接缝高低差</td><td>1</td><td>1</td><td>2</td><td>1</td><td>用钢直尺和塞尺检查</td></tr>
</table>
</td></tr>
</table>

本节适用于铝合金龙骨等为骨架，以石膏板、金属板、矿棉板、木板、塑料板或格栅等为饰面材料的暗龙骨吊顶工程的质量验收（表5-16）。

暗龙骨吊顶工程质量标准和验收方法　表5-16

序号	分项	质量标准和检验方法
1	主控项目	1）吊顶标高、尺寸、起拱和造型应符合设计要求 检验方法：观察；尺量检查 2）饰面材料的材质、品种、规格、图案和颜色应符合设计要求 检验方法：观察；检查产品合格证书、性能检测报告、进场验收记录和复验报告 3）暗龙骨吊顶工程的吊杆、龙骨和饰面材料的安装必须牢固 检验方法：观察；手扳检查；检查隐蔽工程验收记录和施工记录 4）吊杆、龙骨的材质、规格、安装间距及连接方式应符合设计要求。金属吊杆、龙骨应经过表面防腐处理

续表

序号	分项	质量标准和检验方法
1	主控项目	检验方法：观察；尺量检查；检查产品合格证书、性能检测报告、进场验收记录和隐蔽工程验收记录 5）石膏板的接缝应按其施工工艺标准进行板缝防裂处理。安装双层石膏板时，面层板与基层板的接缝应错开，并不得在同一根龙骨上接缝 检验方法：观察
2	一般项目	1）饰面材料表面应洁净、色泽一致，不得有翘曲、裂缝及缺损。压条应平直、宽窄一致 检验方法：观察；尺量检查 2）饰面板上的灯具、烟感器、喷淋头、风口箅子等设备的位置应合理、美观，与饰面板的交接应吻合、严密 检验方法：观察 3）金属吊杆、龙骨的接缝应均匀一致，角缝应吻合，表面应平整，无翘曲、锤印 检验方法：检查隐蔽工程验收记录和施工记录 4）吊顶内填充吸声材料的品种和铺设厚度应符合设计要求，并应有防散落措施 检验方法：检查隐蔽工程验收记录和施工记录 5）暗龙骨吊顶工程安装的允许偏差和检验方法应符合表5-17的规定

暗龙骨吊顶工程安装的允许偏差和检验方法　　表5-17

项次	项目	允许偏差（mm）				检验方法
		纸面石膏板	金属板	矿棉板	木板、塑料板、格栅	
1	表面平整度	3	2	2	2	用2m靠尺和塞尺检查
2	接缝直线度	3	1.5	3	3	拉5m线，不足5m拉通线，用钢直尺检查
3	接缝高低差	1	1	1.5	1	用钢直尺和塞尺检查

☆教学单元5　吊顶工程·实践教学部分

通过材料认识、构造设计、施工操作系列实训项目，充分理解吊顶工程的材料、构造、施工工艺和验收方法，使自己在今后的设计和施工实践中能够更好地把握吊顶工程的材料、构造、施工、验收的主要技术关键。

实训项目：

5.1　材料认知实训

参观当地大型的装饰材料市场，全面了解各类吊顶装饰材料。重点了解6款市场受消费者欢迎的矿棉板、石膏板、塑钢扣板、整体吊顶的品牌、品种、规格、特点、价格（二维码10）。(4选1)

二维码10

实训重点：①选择品牌；②了解该品牌吊顶材料的特点。

实训难点：①与商店领导和店员的沟通；②材料数据的完整、详细、准确；③资料的整理和归纳；④看板版式的设计。

________材料调研及看板制作项目任务书

任务编号	D5－1
学习单元	吊顶工程
任务名称	吊顶材料调研－制作________品牌看板
任务要求	调查本地材料市场吊顶材料，重点了解6款市场受消费者欢迎品牌、品种、规格、特点、价格
实训目的	为建筑装饰设计和施工收集当前流行的市场材料信息，为后续设计与施工提供第一手资讯
行动描述	1. 参观当地大型的装饰材料市场，全面了解各类吊顶装饰材料 2. 重点了解6款市场受消费者欢迎的矿棉板或石膏板品牌、品种、规格、特点、价格 3. 将收集的素材整理成内容简明、可以向客户介绍的材料看板
工作岗位	本工作属于工程部、设计部、材料部，岗位为施工员、设计院、材料员
工作过程	到建筑装饰材料市场进行实地考察，了解吊顶材料的市场行情，为装修设计选材和施工管理的材料选购质量鉴别打下基础 1. 选择材料市场 2. 与店方沟通，请技术人员讲解吊顶材料品种和特点 3. 收集矿棉板或石膏板宣传资料 4. 实际丈量不同的矿棉板或石膏板规格、作好数据记录 5. 整理素材 6. 编写6款市场受消费者欢迎的吊顶材料的品牌、品种、规格、特点、价格的看板
工作对象	建筑装饰市场材料商店的矿棉板或石膏板材料
工作工具	记录本、合页纸、笔、相机、卷尺等
工作方法	1. 先熟悉材料商店整体环境 2. 征得店方同意 3. 详细了解吊顶材料品牌和种类 4. 确定一种品牌进行深入了解 5. 拍摄选定吊顶材料品种的数码照片 6. 收集相应的资料 注意：尽量选择材料商店比较空闲的时间，不能干扰材料商店的工作
工作团队	1. 事先准备。做好礼仪、形象、交流、资料、工具等准备工作 2. 选择调查地点 3. 分组。4～6人为一组，选一名组长，每人选择一个品牌的吊顶材料进行市场调研。然后小组讨论，确定一款吊顶材料品牌进行材料看板的制作

附件：________市（区、县）____________材料市场调查报告（提纲）

调查团队成员	
调查地点	
调查时间	
调查过程简述	
调查品牌	
品牌介绍	

续表

品种1		
品种名称		材料照片
材料规格		
材料特点		
价格范围		
品种2－n（以下按需扩展）		
品种名称		材料照片
材料规格		
材料特点		
价格范围		

______材料市场调查实训考核内容、方法及成绩评定标准

系列	考核内容	考核方法	要求达到的水平	指标	小组评分	教师评分
对基本知识的理解	对吊顶材料的理论检索和市场信息捕捉能力	资料编写的正确程度	预先了解吊顶的材料属性	30		
		市场信息了解的全面程度	预先了解本地的市场信息	10		
实际工作能力	在校外实训室场所，实际动手操作，完成调研的过程	各种素材展示	选择比较市场材料的能力	8		
			拍摄清晰材料照片的能力	8		
			综合分析材料属性的能力	8		
			书写分析调研报告的能力	8		
			设计编排调研报告的能力	8		
职业关键能力	团队精神和组织能力	个人和团队评分相结合	计划的周密性	5		
			人员调配的合理性	5		
书面沟通能力	调研结果评估	看板集中展示	吊顶材料资讯完整美观	10		
任务完成的整体水平				100		

5.2 构造设计实训

通过设计能力实训理解吊顶工程的材料与构造（二维码11）。(2选1)。

1）为某企业的大办公室设计悬吊式明龙骨吊顶的构造，并画出吊顶与墙面的交接构造。

2）将下列顶面照片实景，按木龙骨吊顶绘制顶平面图和节点构造大样。

二维码11

吊顶工程构造设计实训项目任务书

任务编号	D5－2
学习单元	吊顶工程
任务名称	题目（__）：____________________
任务要求	按实训要求设计一款吊顶
实训目的	理解吊顶构造原理
行动描述	1. 了解所设计吊顶的使用要求及使用档次 2. 设计出结构牢固、工艺简洁、造型美观的吊顶 3. 设计图表现符合国家制图标准
工作岗位	本工作属于设计部，岗位为设计员
工作过程	1. 到现场实地考察，或查找相关资料理解所设计木构造的使用要求及使用档次 2. 画出构思草图和结构分析图 3. 分别画出平面、立面、主要节点大样图 4. 标注材料与尺寸 5. 编写设计说明 6. 填写设计图图框要求内容并签字
工作工具	笔、纸、电脑
工作方法	1. 先查找资料、征询要求 2. 明确设计要求 3. 熟悉制图标准和线型要求 4. 构思草图可进行发散性思维，设计多款方案，然后选择最佳方案进行深入设计 5. 结构设计追求最简洁、最牢固的效果 6. 图面表达尽量做到美观清晰

吊顶工程构造设计实训考核内容、方法及成绩评定标准

考核内容	评价	指标	自我评分	教师评分
设计合理美观	材料选择符合使用要求	20		
	构造设计工艺简洁、构造合理、结构牢固	20		
	造型美观	20		
设计符合规范	线型正确、符合规范	10		
	构图美观、布局合理	10		
	表达清晰、标注全面	10		
图画效果	图面整洁	5		
设计时间	按时完成任务	5		
任务完成的整体水平		100		

5.3 施工操作实训

二维码 12

通过校内实训室的操作能力实训，对吊顶工程的施工及验收有感性认识。特别是通过实训项目，对吊顶工程的技术准备、材料要求、施工流程和工艺、质量标准和检验方法进行实践验证，并能举一反三（二维码 12）。

铝合金明装吊顶的装配训练项目任务书

任务编号	D5-3
教学单元	吊顶工程
任务名称	铝合金明装吊顶的装配
任务要求	按铝合金明装吊顶的施工工艺装配 6~8 平方米的铝合金明装吊顶
实训目的	通过实践操作进一步掌握铝合金明装吊顶施工工艺和验收方法，为今后走上工作岗位做好知识和能力准备
行动描述	教师根据授课要求提出实训要求。学生实训团队根据设计方案和实训施工现场，按铝合金明装吊顶的施工工艺装配 6~8 平方米的铝合金明装吊顶，并按铝合金明装吊顶的工程验收标准和验收方法对实训工程进行验收，各项资料按行业要求进行整理。完成以后，学生进行自评，教师进行点评
工作岗位	本工作属于工程部施工员
工作过程	详见附件：铝合金明装吊顶实训流程
工作要求	按国家验收标准，装配铝合金明装吊顶，并按行业惯例准备各项验收资料
工作工具	记录本、合页纸、笔、相机、卷尺等
工作团队	1. 分组。4~6 人为一组，选 1 名项目组长，确定 1 名见习设计员、1 名见习材料员、1 名见习施工员、1 名见习资料员、1 名见习质检员 2. 各位成员分头进行各项准备。做好资料、材料、设计方案、施工工具等准备工作
工作方法	1. 项目组长制订计划，制订工作流程，为各位成员分配任务 2. 见习设计员准备图纸，向其他成员进行方案说明和技术交底 3. 见习材料员准备材料，并主导材料验收任务 4. 见习施工员带领其他成员进行放线，放线完成以后进行核查 5. 按施工工艺进行龙骨装配、龙骨调平、面板安装、清理现场准备验收 6. 见习质检员主导进行质量检验 7. 见习资料员记录各项数据，整理各种资料 8. 项目组长主导进行实训评估和总结 9. 指导教师核查实训情况，并进行点评

附件：铝合金明龙骨吊顶实训流程（编写提纲）

一、实训团队组成

团队组成	姓名	主要任务
项目组长		
见习设计员		
见习材料员		
见习施工员		
见习资料员		
见习质检员		
其他成员		

二、实训计划

工作任务	完成时间	工作要求

三、实训方案

1. 进行技术准备

1）深化设计。根据实训现场设计图纸、确定吊顶高度，进行龙骨编排等深化设计，绘制大样图。

2）测量。根据现场施工条件进行必要的测量工作，对房间的净高、各种洞口标高和吊顶内的管道、设备的标高进行校核。发现问题及时提出，并洽商解决办法。

3）报批。编制施工方案，经项目组充分讨论，并经指导教师审批。

4）技术交底。熟悉施工图纸及设计说明，对操作人员进行安全技术交底。

2. 机具准备

铝合金明龙骨吊顶施工机具设备表

序	分类	名称
1	机具	
2	工具	
3	计量检测用具	
4	安全防护用品	

3. 作业条件

1）测量交接。施工前应按设计要求对房间的层高、门窗洞口标高和吊顶内的管道、设备及其支架的标高进行测量检查，并办理交接检记录。

2）履行材料进场手续。各种材料配套齐全已进场，并已进行了检验或复试。

3）前道工序合格。室内墙面施工作业已基本完成，只剩最后一道涂料。地面湿作业已完成，并经检验合格。吊顶内的管道和设备安装已调试完成，并经检验合格，办理完交接手续。

4）四周墙壁完整。吊顶内四周墙面的各种孔洞已封堵处理完毕，抹灰已干燥。

5）脚手架合格。施工所需的脚手架已搭设好，并经检验合格。

6）施工现场所需条件具备。临时用水、用电、各种工机具准备就绪。

4. 编写施工工艺

铝合金明龙骨吊顶施工流程和工艺表

序	施工流程	施工要求
1	放线定位	
2	固定悬吊体系	
3	安装调平龙骨	
4	安装饰面板	

5. 明确验收方法

6. 整理各项资料

以下各项工程资料需要装入专用资料袋。

序号	资料目录	份数	验收情况
1	设计图纸		
2	现场原始实际尺寸		
3	工艺流程和施工工艺		
4	工程竣工图		
5	验收标准		
6	验收记录		
7	考核评分		

7. 总结汇报

实训团队成员个人总结

1）实训情况概述（任务、要求、团队组成等）

2）实训任务完成情况

3）实训的主要收获

4）存在的主要问题

5）团队合作情况（个人在团队中的作用、团队的整体表现、团队的竞争力如何等）

6）对实训安排有什么建议

8. 实训考核成绩评定

铝合金明龙骨吊顶实训考核内容、方法及成绩评定标准

系列	考核内容	考核方法	要求达到的水平	指标	小组评分	教师评分
对基本知识的理解	对铝合金明龙骨吊顶的理论掌握	编写施工工艺	能正确编制施工工艺	30		
		理解质量标准和验收方法	正确理解质量标准和验收方法	10		
实际工作能力	在校内实训室场所，进行实际动手操作，完成装配任务	检测各项能力	技术交底的能力	8		
			材料验收的能力	8		
			放样弹线的能力	8		
			龙骨装配调平和吊顶面板安装的能力	8		
			质量检验的能力	8		

续表

系列	考核内容	考核方法	要求达到的水平	指标	小组评分	教师评分
职业关键能力	团队精神和组织能力	个人和团队评分相结合	计划的周密性	5		
			人员调配的合理性	5		
验收能力	根据实训结果评估	实训结果和资料核对	验收资料完备	10		
任务完成的整体水平				100		

☆教学单元5　吊顶工程·教学指南

5.1　延伸阅读文献

[1] 本手册编委会．建筑标准·规范·资料速查手册－室内装饰装修工程 [M]．北京：中国计划出版社，2006.

[2] 新型建筑材料专业委员会．新型建筑材料使用手册 [M]．北京：中国建筑工业出版社，1992.

[3] 高祥生．装饰构造图集 [M]．北京：中国建筑工业出版社，1992.

[4] 中华人民共和国建设部．建筑装饰装修工程质量验收规范 GB 50210—2001 [S]．北京：中国建筑工业出版社，2002.

5.2　理论教学部分学习情况自我检查

1. 简述吊顶按外观形式的分类和特点。
2. 简述吊顶按构造做法的分类和特点。
3. 简述吊顶的基本功能。
4. 悬吊式轻钢龙骨吊顶的材料有哪些?
5. 简述吊顶的常用基本材料。
6. 什么是吊点? 请用草图画出预埋吊点的构造。
7. 什么是吊杆? 请用草图画出2款吊点与吊杆的连接构造。
8. 请用草图画出2款吊顶与墙体收口部位的构造。
9. 当灯具质量超过8kg时，灯具如何固定在吊顶上? 请用草图表示。
10. 简述木龙骨吊顶主龙骨次龙骨以及吊杆的断面尺寸和含水率要求。
11. 木龙骨吊顶的放线如何进行?
12. 如何安装轻钢龙骨吊顶的骨架。

5.3　实践教学部分学习情况自我检查

1. 你对材料市场上吊顶材料特别是吊顶材料的品牌、品种、规格、特点、价格情况了解的怎么样?

2. 你是否掌握了明龙骨吊顶或暗龙骨吊顶的构造特点?

3. 通过明龙骨明装吊顶实训，你对明龙骨明装吊顶施工的技术准备、材料要求、机具准备、作业条件准备、施工工艺编写、工程检验记录等环节是否都清楚了? 是否可以进行独立操作了?

6

教学单元6　门窗工程

教学目标：请按下表的教学要求，学习本章的相关教学内容，掌握相关知识和能力点。

教学单元 6 教学目标 表 1

<table>
<tr><th>理论教学内容</th><th>主要知识点</th><th>主要能力点</th><th>教学要求</th></tr>
<tr><td colspan="2">6.1 门窗工程概述</td><td rowspan="8">门窗工程相关概念把握能力</td><td rowspan="8">了解</td></tr>
<tr><td>6.1.1 分类</td><td>1. 按开启方式分；2. 按门窗材料分；3. 按门窗功能用途分；4. 按门窗构造分；5. 按门窗位置分；6. 按门窗施工方法分；7. 按门窗扇数量分；8. 按门窗风格分</td></tr>
<tr><td>6.1.2 基本功能</td><td>1. 共性功能；2. 特殊功能</td></tr>
<tr><td>6.1.3 设计要求</td><td>1. 门的数量和大小；2. 窗的数量和大小</td></tr>
<tr><td>6.1.4 代号</td><td>1. 门窗的代号；2. 门窗代号组合规则；3. 门窗用料代号</td></tr>
<tr><td colspan="2">6.1.5 图示方法</td></tr>
<tr><td colspan="2">6.1.6 专业术语</td></tr>
<tr><td colspan="2">6.2 木门窗构造、材料、施工、检验</td><td rowspan="10">各类门窗构造设计、材料辨识、施工工艺编制、工程质量控制与验收能力</td><td rowspan="5">重点掌握</td></tr>
<tr><td>6.2.1 构造</td><td>1. 木门的构造；2. 木窗的构造</td></tr>
<tr><td>6.2.2 材料</td><td>1. 材料检索；2. 材料要求</td></tr>
<tr><td>6.2.3 施工</td><td>1. 技术准备；2. 机具准备；3. 作业条件；4. 施工流程和工艺；5. 施工注意要点；6. 成品保护</td></tr>
<tr><td>6.2.4 检验</td><td>1. 说明；2. 木门窗工程质量标准</td></tr>
<tr><td colspan="2">6.3 铝合金门窗构造、材料、施工、检验</td><td rowspan="5">掌握</td></tr>
<tr><td>6.3.1 构造</td><td>1. 门基本构造；2. 窗基本构造</td></tr>
<tr><td>6.3.2 材料</td><td>1. 材料检索；2. 材料要求</td></tr>
<tr><td>6.3.3 施工</td><td>1. 技术准备；2. 机具准备；3. 作业条件；4. 流程和工艺；5. 注意要点；6. 成品保护</td></tr>
<tr><td>6.3.4 检验</td><td>1. 说明 2. 质量标准</td></tr>
</table>

<table>
<tr><th>实践教学内容</th><th>实训项目</th><th>主要能力点</th><th>教学要求</th></tr>
<tr><td>6.1 材料认知实训</td><td>本地常见铝合金门窗材料调研</td><td rowspan="3">门窗构造设计、施工与检验实际操作能力</td><td rowspan="3">熟练应用</td></tr>
<tr><td>6.2 构造设计实训（二选一）</td><td>1）为某公司的办公室设计木门窗的构造，并画出门窗与墙面的交接构造
2）将下列其中 1 张照片的门窗按木门窗绘制立面图和节点构造大样</td></tr>
<tr><td>6.3 施工操作实训</td><td>铝合金窗的装配训练</td></tr>
<tr><td colspan="4">教学指南</td></tr>
</table>

门窗是建筑物必不可少的功能构件。门的主要作用是保护个人或组织的财产、行动安全、保障个人隐私，除此之外，它还有交通、通风和采光的功能。窗的主要功能：通风和采光。由于它们在建筑中大量存在，因此，门窗的造型、色彩、材质等对装饰效果有重要影响。

本章主要介绍门窗装饰装修工程概况，以及木门窗、铝合金门窗、自动全玻门3类常见的门窗工程构造组成、材料性能、施工工艺、检验标准。

☆教学单元6　门窗工程·理论教学部分

6.1　门窗工程概述

6.1.1　分类

门窗种类繁多，但可以按以下8种主要线索进行分类。

1. 按开启方式分

按门窗的开启方式分类有以下几种形式，见表6-1。

门窗的开启方式分类表　　　　**表6-1**

门型/代号	说明	窗型/代号	说明
平开门 PM	平开门即水平开启的门，与门框连接的铰链固定于门扇的一侧，使门扇绕铰链轴转动	平开窗 PC	1）内开窗。优点是便于安装、修理、擦洗窗扇，在风雨侵蚀时窗扇不易损坏，缺点是纱窗在外，容易损坏，不便于挂窗帘，且占据室内部分空间 2）外开窗。优点是窗不占室内空间，但窗扇安装、修理、擦洗都很不方便，而且易受风雨侵蚀，高层建筑中不宜采用
推拉门 TM	门扇悬挂在门洞口上部的预埋轨道上，装有滑轮，可以沿轨道左右滑行		
转门 XM	有两个固定的弧形门套和三或四个门扇组成，门扇的一侧安装在中央的一根公用竖轴上，绕柱轴转动开启	推拉窗 TC	不占空间，可以左右推拉或上下推拉，构造简单。上下推拉窗用重锤通过钢丝绳平衡窗扇，构造较为复杂
卷帘门 JM	门扇由连续的金属片条或网格状金属条组成，门洞上部安装卷动滚轴，门洞两侧有滑槽，门扇两端置于槽内，可以人工开启也可以电动开启	悬窗 XC	窗扇沿一条轴线旋转开启。由于旋转轴安装的位置不同，分为上悬窗、中悬窗、下悬窗。当窗扇沿垂直轴线旋转时，称为立转窗
折叠门 ZM	有侧挂式和推拉式两种	固定窗 CC	窗扇固定在窗框上不能开启，只供采光不能通风
……	……	……	……

2. 按门窗材料分

见表6-2。

门窗的材料分类表 **表 6-2**

门型	描述
木门窗	用木料或夹板材料制作的门窗，如实木门窗、格栅门窗、夹板门等
金属门窗	用金属材料制作的门窗，如铝合金门窗、钢门窗
塑钢门窗	用塑钢复合材料为型材制作的门窗
玻璃门	用玻璃材料制作的门，如全玻璃门，磨砂玻璃门，玻璃旋转门等
……	……

3. 按门窗功能用途分

见表 6-3。

门窗的用途分类表 **表 6-3**

门型/代号	说明
隔声门 GM、隔声窗 GC	采用特殊门扇及良好的结合槽密封安装，可降低噪声 45dB
防辐射门 RM、防辐射窗 RC	门扇中装有铅衬层，可以挡住 X 射线
防火门 FM、防火窗 FC	门扇用防火材料制成，必须密封，装有门扇关闭器
防弹门、防弹窗	门扇中装有特殊的衬垫层，如铠甲木层，可以起到防弹作用
防盗门、防盗窗	使用特殊的建筑小五金和材料，安全的设计和安装，可以提高防盗性能
……	……

4. 按门窗构造分

见表 6-4。

门窗的构造分类表 **表 6-4**

门型/代号	说明	窗型/代号	说明
夹板门窗 JM	以木挡为框架，夹板为门面的门	单层窗 DC	只有一层的普通窗
拼板门 PM	实木板排拼起来的门	双层窗 SC	内外两层的保温窗
镶板门 XM	具有立体感的凹凸门	三层窗 CC	内外三层的窗，保温隔声功能佳
玻璃门 LM	玻璃材料制作的门	落地窗 LC	没有窗台的窗
连窗门 CM	门和窗组合的门	组合窗 HC	固定窗和活动窗组合的窗
……	……	……	……

5. 按门窗位置分

见表 6-5。

门窗的位置分类表 **表 6-5**

门型/代号	说明	窗型/代号	说明
外门 WM	户外和户内交界的门	侧窗 CC	设在内外墙上的窗
内门 NM	户内的门	天窗 TC	屋顶上的窗
……	……	……	……

6. 按门窗施工方法分

见表 6-6。

门窗的施工方法分类表 **表 6-6**

门型	描述
成品门窗	专门的厂家生产，用户只要到厂家或销售商场订货，厂家负责生产和安装
毛坯门窗	由施工单位在施工现场生产制作

7. 按门窗扇数量分

单扇门窗、双扇门窗、三扇门窗等。

8. 按门窗风格分

中国传统风格门窗和欧式风格门窗等，如图 6-1 ~ 图 6-6所示。

图 6-1

图 6-2

图 6-3

图 6-4

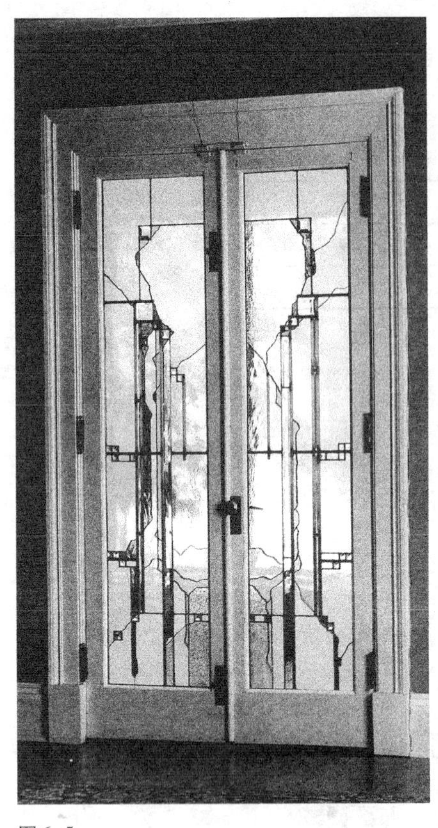

图 6-5

图 6-6

图 6-1 ~ 图 6-6　不同风格的门窗形式

6.1.2　基本功能

1. 门窗的共性功能

见表 6-7。

门窗的共性功能表　　表 6-7

保护隐私和财产	门窗是私密空间与公共空间的界线，因此，它们是界定个人（组织）空间与公共空间，保护隐私和私人（组织）财产的必不可少的介质
围护分隔	门窗都是空间围护构件。为保证室内空间具有良好的物理环境，门窗的设置通常需要考虑防风、防雨、隔声、保温、隔热及密闭等功能要求
采光通风	不同部位的门窗对采光通风有不同的要求，门窗的设计应采用不同的构造满足采光与通风要求。如阳台门以玻璃为主时能起到采光的作用，卫生间的门采用百叶门时可以起到通风的作用
美化建筑	门窗是建筑的眼睛，不同的建筑类型要求有不同的门窗设计，从而使建筑的总体风格协调，形成特定的建筑室内外氛围。设计得体的门窗能使建筑神采飞扬、魅力非凡

2. 门窗的特殊功能

门窗的特殊功能见表 6-8。

门窗的特殊功能表　　　　　　**表 6-8**

门的特殊功能		窗的特殊功能	
水平交通	建筑内部包含各种功能空间，各空间之间既相对独立又相互联系，门能在各空间之间起到水平交通联系的作用	交流	《论语·雍也》：伯牛有疾，子问之。自牖执其手……，牖就是窗
防火疏散	在紧急情况和火灾发生时，门能起到交通疏散的作用。防火门必须根据预期的人流量，对门设置的数量、位置、尺度及开启方向等方面的详细规定，以满足紧急疏散的要求是设计中必须遵循的重要依据	延视览胜	屋里的人可以看到屋外有什么，发生了什么。明代计成在《园冶》中说："轩楹高爽。窗户虚邻，纳千顷之汪洋，收四时之烂漫"（园说），窗子的作用是它使人看到外面的广阔的自然空间。"窗户虚邻"，这个虚就是外界的广大的空间

6.1.3 设计要求

1. 门的数量和大小

由于门是人和物体进出房间的通道，它的数量和大小应根据使用要求，即交通疏散、防火规范、家具大小、设备大小来确定。一般规定为：

公共建筑安全出口的数目不少于两个，房间面积在 60m^2 以下，人数不超过 50 人时，可以只设 1 个出口。它的宽度与高度也有相应的规定。

2. 门洞的高度和宽度

门洞高度的通常尺寸为 2100、2400、2700、3000、3300mm 等。在确定门的高度时还应注意使门窗顶部的高度一致，否则在一座建筑中，门框高高低低很不统一。

门洞宽度的通常尺寸为 750、900、1000、1200、1500、1800、2400、3000mm 等。人员密集的场所如影剧院、礼堂、体育馆等公共建筑，以及学校、商场、办公楼等建筑门的宽度指标选取应参照表 6-9的规定。

门的宽度指标表　　　　　　**表 6-9**

层数	耐火等级		
	一、二级	三级	四级
	宽度指标（m/百人）		
一层	0.65	0.80	1.00
三层	0.80	1.00	—
三层以上	1.00	1.25	—

3. 窗的数量和大小

窗的主要功能是采光和通风。它的数量和大小应根据这两个使用要求来设计，同时需要考虑的是它的形式和风格必须与建筑整体的形式和风格相协调。窗的大小和尺度经过人类长期的积累已经形成了一套成熟的300mm进级的三模制。

窗洞的尺寸：

宽度600、900、1200、1500、1800、2100、2400mm等。

高度600、900、1200、1400、1500、1800、2100、2400mm等，其中1400mm是特殊尺寸。

6.1.4 表示方式

1. 门窗的代号

1）门窗的代号。门的代号－M，窗的代号－C，天窗的代号－TC。

2）门窗代号组合规则

门窗代号可以根据需要组合，规则是按用途/形式/开启/构造/材料/共用附件的顺序组合，组合时均采用第一个字母，在组合词最后加M或C，代表门或窗。例如：SPPMM表示防风沙平开拼板门。即用途－S防风沙、开启－P平开门、构造－P拼板门、材料－M木、门的代号－M。

3）门窗用料代号

钢－G、不锈钢－G（B）、木－M、铝－L、铝合金－L（H）、塑料－S、玻璃纤维增强塑料－S（B）等。

2. 门窗图示方法

门窗的立面图＝外视图、实线＝外开、虚线＝内开、开启方向线相交的一侧＝安装铰链的一侧、推拉门的箭头方向＝门的开启方向，如图6-7所示。

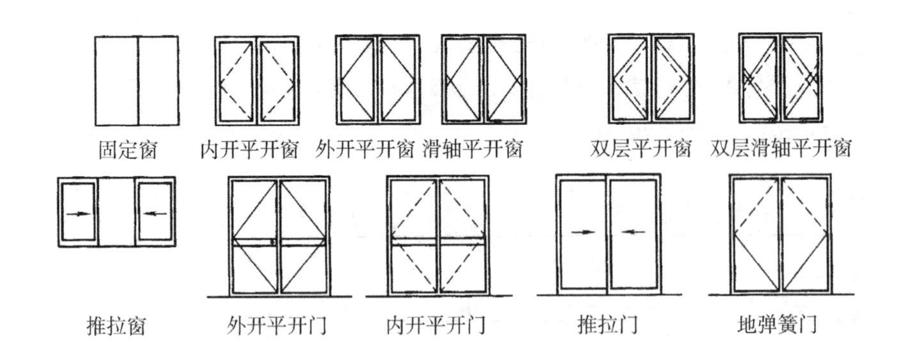

图6-7　门窗的图示方法

3. 门窗专业术语

门窗的各个部分都有专业的术语，如图6-8和表6-10所示。

门窗构造术语表 **表 6-10**

部位	术语	说明
门框	上框	门窗框的上框料
	边框	门窗框的两侧边料
	中竖框	门窗框的中间竖料
	下框	门窗框的下框料
	拼堂料	两樘及以上门窗组合时的拼接料
门窗共用附件	披水板	门窗中横框或下框本身带有外排滴水槽者
	披水条	门窗中横框或下框附的滴水槽条
	筒子板	门框两侧的饰面墙板
	贴脸板	筒子板侧面的饰面墙板
	压缝条	贴脸板端头压条或门窗扇搭接处的压条
	窗台板	窗框下的横板
	开关器	门窗开关设备总称
门窗洞口	平口洞口	门窗洞口周边为平口者
	槽口洞口	门窗洞口周边带有凹凸槽者
	洞口侧面	门窗洞口周边的两侧墙面
	洞口顶面	门窗洞口周边的上口面
	洞口下面	门窗洞口周边的下口面
	槽口	门窗洞口带有的凹凸槽
	槽口深度	槽口垂直于洞口平面方向尺寸
	槽口宽度	槽口平行于洞口平面方向尺寸

部位	术语	说明
门窗扇	上冒头	门窗扇上的上横料
	中冒头	门窗扇上的中横料
	下冒头	门窗扇上的下横料
	边梃	门窗扇的边料
	横芯	门窗扇的横向玻璃分格条
	竖芯	门窗扇的竖向玻璃分格条
	斜撑	门扇中的斜向固料
	门心板	门梃中间的镶嵌板
	拼板	门梃侧面拼板或实拼板
门窗常用五金及配件	铰链	平铰链、角型铰链、长铰链、圆芯铰链、抽芯铰链
	执手/拉手	内（外）开左（右）执手
	划槽拉杆	控制门窗
	插销	门窗插销
	插销撑钩	门窗定位
	门吸	固定门开启状态
	压脚	收口
	纱窗	防蚊蝇且透风
	门锁	管理出入
	油灰	防水并固定玻璃
	密封条	防水、隔声

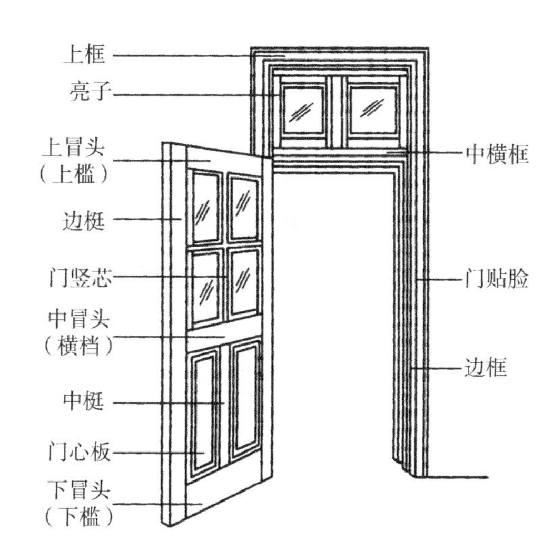

图 6-8 木门基本构造部位术语示意图

6.2 木门窗构造、材料、施工、检验

6.2.1 构造

以木材为主要原材料制作的门窗称为木门窗。

1. 木门的构造

1）木门的基本构造。木门形式变化多种多样，但基本构造是万变不离其宗。是由门框和门扇组成。细分的话，门框和门扇的各个部分有专业的术语和构造，详见图6-8。

2）门框的构造和尺度。门框由上框和左右边框组成，带亮子的门框需设置一条横档。各框之间需要采用榫连接。传统中式门和北方地区还要设置下框，俗称“门槛”。

木门框的形式和常用尺度见表6-11。

木门框的形式和常用尺度（mm）　　表6-11

宽度		高度	
		不带亮子 1800、2100、2400	带亮子 2400、2700、3000
单扇门	1000～700	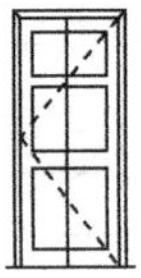	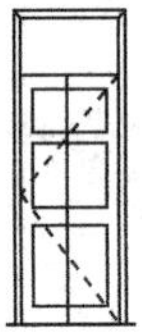
双扇门	1800～1500	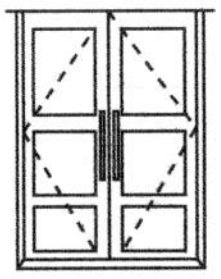	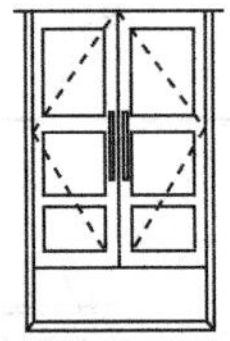
子母门	1300～900	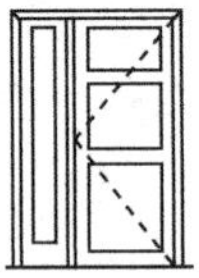	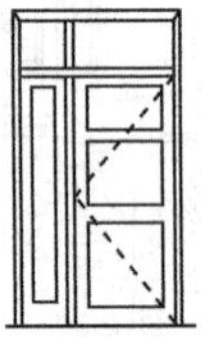
双扇门带两固定扇	2700～2400	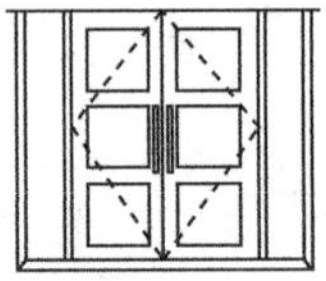	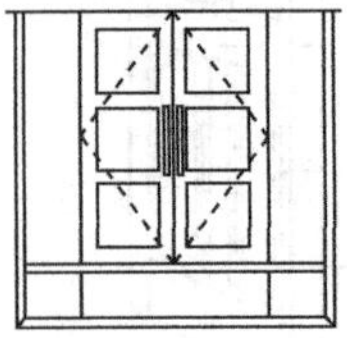

续表

宽度		高度	
		不带亮子 1800、2100、2400	带亮子 2400、2700、3000
四扇门	3600～3000		
四扇门带两固定扇	4500～3900		

（1）铲口。平开门的门框应制作铲口（又称裁口）。铲口的主要功能是给门定位。除此之外，铲口还把门缝堵了，所以它还有保温防风的作用。现代追求效率的时代很多地方在方框扇钉一条木档也可起到铲口的作用，工时却大大节省了。根据门扇开启方式的不同，铲口形式有单铲口和双铲口两种。铲口深度为 10～12mm，铲口宽度为 40mm，纱门铲口宽度 30～35mm，与门扇厚度相适应。见图 6-9。

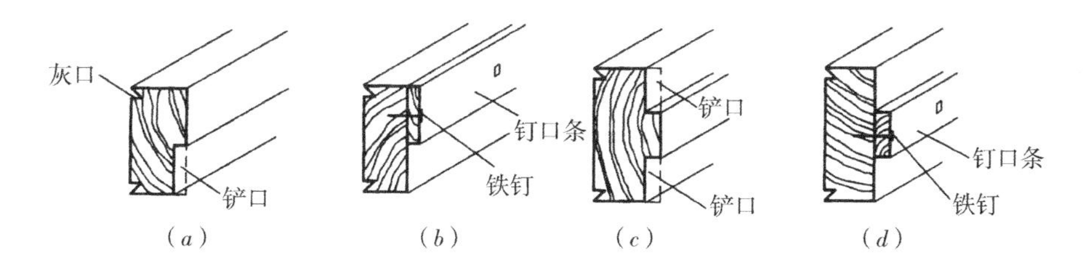

图 6-9 平开门门框截面术语示意图
(*a*) 单铲口；(*b*) 双铲口；(*c*) 单钉口；(*d*) 双钉口

（2）灰口。门框靠墙一面常开 1～2 道背槽，俗称灰口。其功能是防止门框受潮变形，同时有利于门框的嵌固。灰口的形状可为矩形或者三角形，深度 8～10mm，宽度 100～120mm。

（3）门框的毛料尺寸。双裁口的木门门框厚度为 60～70mm，厚度为 130～150mm；单裁口的木门门框厚度为 50～70mm，厚度为 100～120mm。

（4）门框的位置。门框在墙上的位置有三种：与墙内口齐平，即门框与墙内侧饰面层的材料齐平，称内开门，或将门框与墙的外口齐平，称外开门；也有将门框立在墙中间的，如弹簧门。

（5）门套。现代的门框一般均需制作门套，将门框装饰起来。经过门套装饰的门框与门形成一个整体，非常美观。门套的构造如图 6-10 所示。

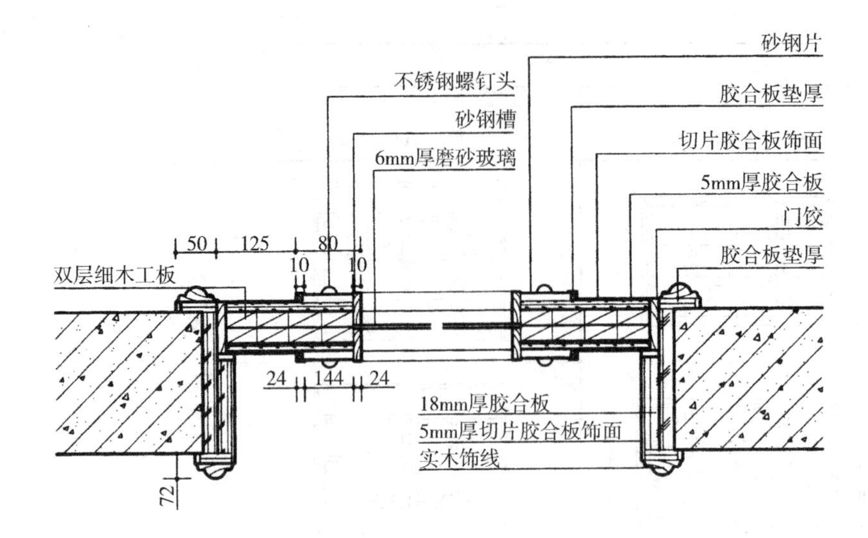

图 6-10　门套的构造

3）门扇的构造和尺度。根据门扇的构造和立面造型，它可分为夹板门、实木门、百叶门等。见表 6-12。

门扇的类型和构造表　　表 6-12

门型	特点	构造
夹板门	夹板门构造简单、表面平整、开关轻便，但不耐潮和日晒，一般用于内门	夹板门骨架由（32～35）mm×（34～60）mm 方木构成纵横肋条，两面贴面板和装饰板、防火板、微薄木拼花拼色等饰面层，上面还可装饰造型线条等。如需提高门的保温隔热性能，可在夹板中间填入矿物毡。夹板门的骨架、构造及立面形式如图 6-11 所示
实木门	门的冒头和边梃及门心板采用实木制作，可做外门或内门	冒头、边梃与门心板之间的过渡一般均采用装饰线脚，门心板上还有装饰线条装饰。另外，门上还可设通风口，收信口、警眼等，如图 6-12 所示
百叶门	通空气不通视线	百叶门的构造就是把门的冒头和边梃之间的门板替换为有适当间隔的木档，间隔与木档之间形成不通视线但通空气的间隙，以便空气流通，如图 6-13 所示

4）实木门。

5）百叶门。

2. 木窗的构造

木窗的基本构造。木窗形式变化多种多样，但基本构造是万变不离其宗。由窗框和窗扇组成。细分的话，窗框和门窗扇的各个部分有专业的名称和构造，详见图 6-14。

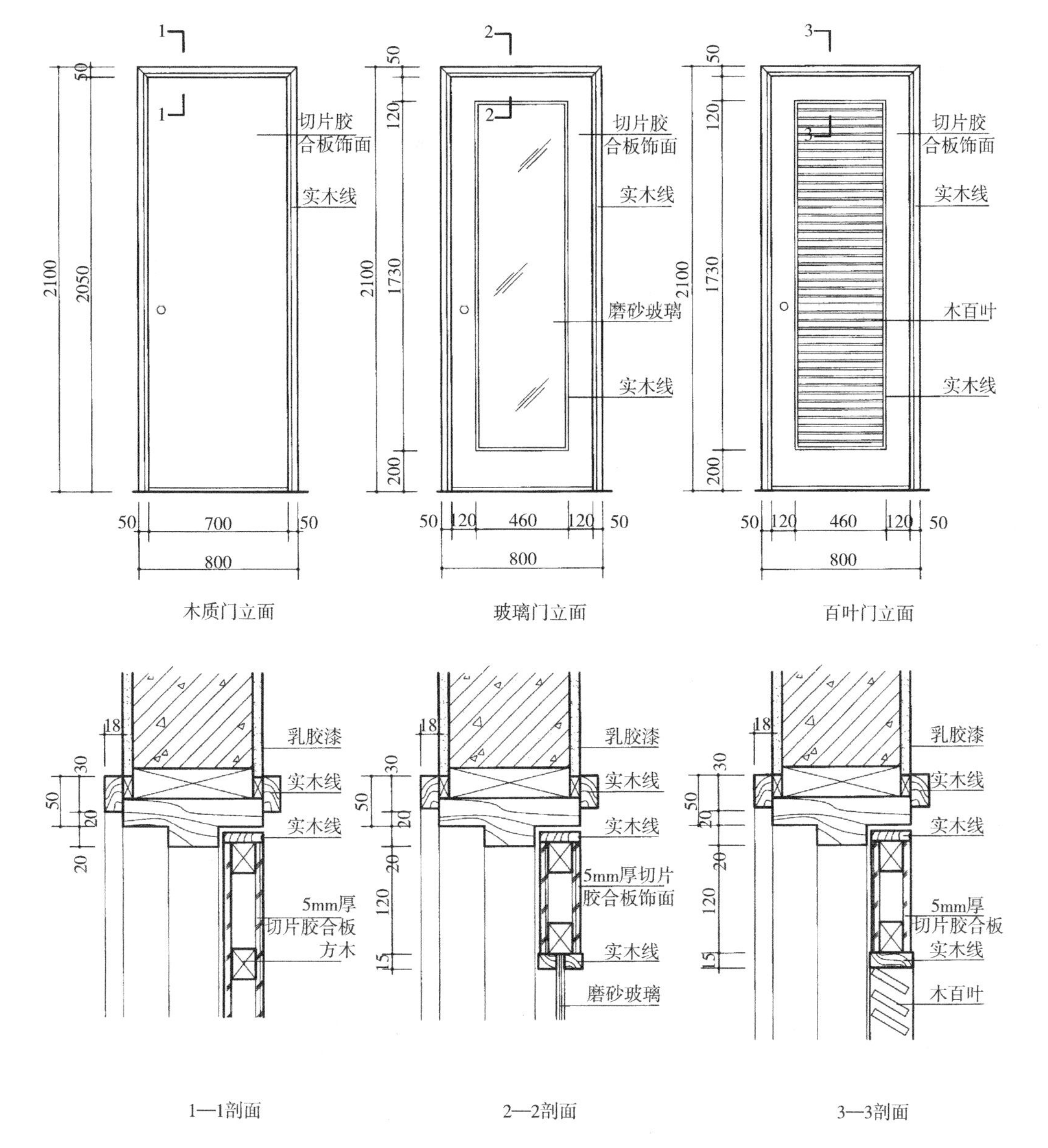

图6-11　3款夹板门的典型构造

（1）窗框的构造。窗框由框梃、窗框上冒头、窗框下冒头组成，当顶部有上窗时，还要设中贯横挡。窗框因为定位和防风和保温的需要，同样有裁口。原理与木门的裁口一样。

（2）窗扇的构造。窗扇由扇梃、窗扇上冒头、窗扇下冒头、棂子、玻璃等组成。如图6-7所示。

木窗的连接构造与门的连接构造基本相同，都采用榫式连接构造。一般是在扇梃上凿眼，冒头上开榫。窗框与窗棂的连接，也是在扇梃上凿眼，窗棂上开榫。

（3）窗框的位置。窗框一般立在墙中间，北方的双层保温窗，窗框则立在墙的内侧和外侧。

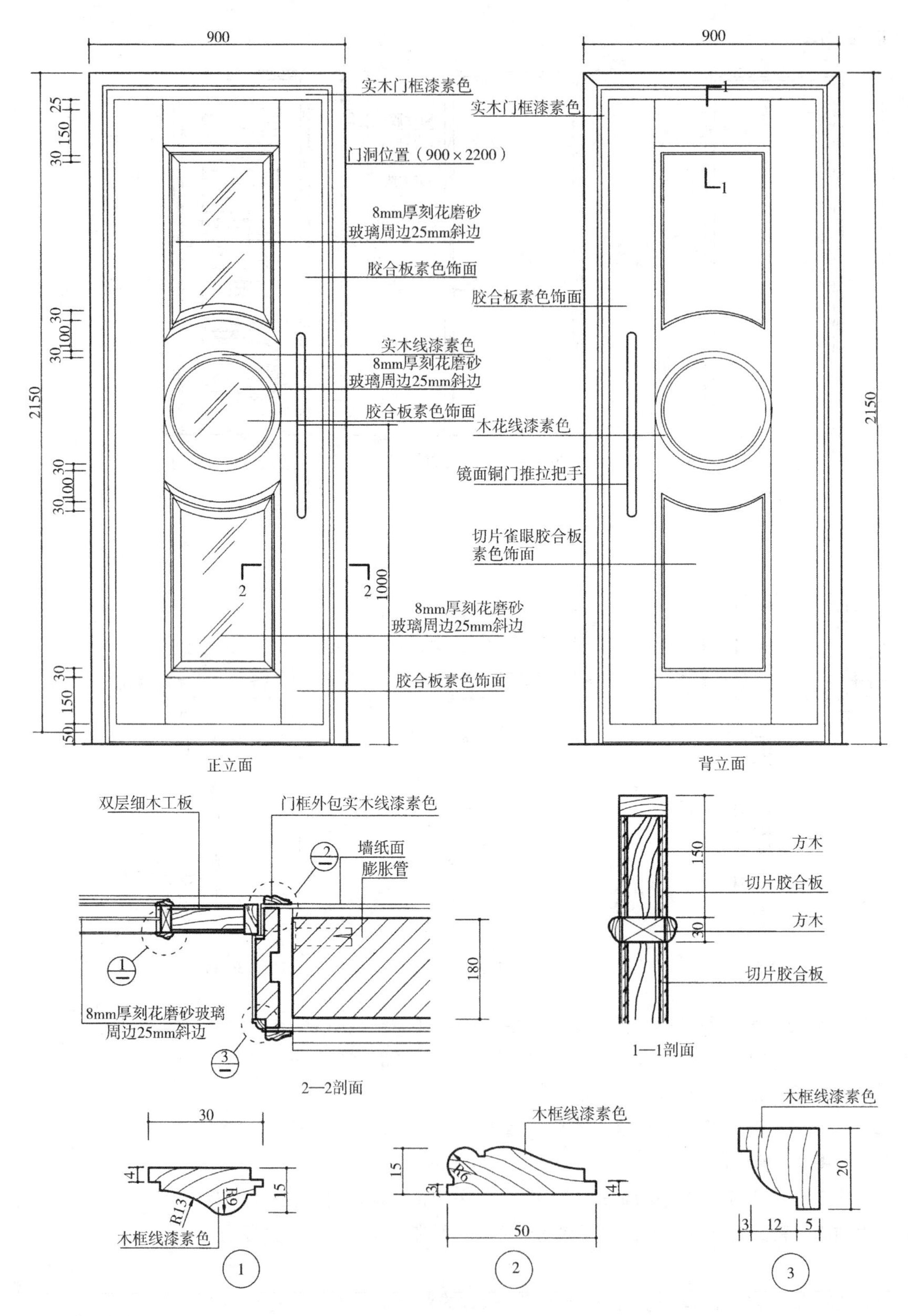

图 6-12　实木门典型构造

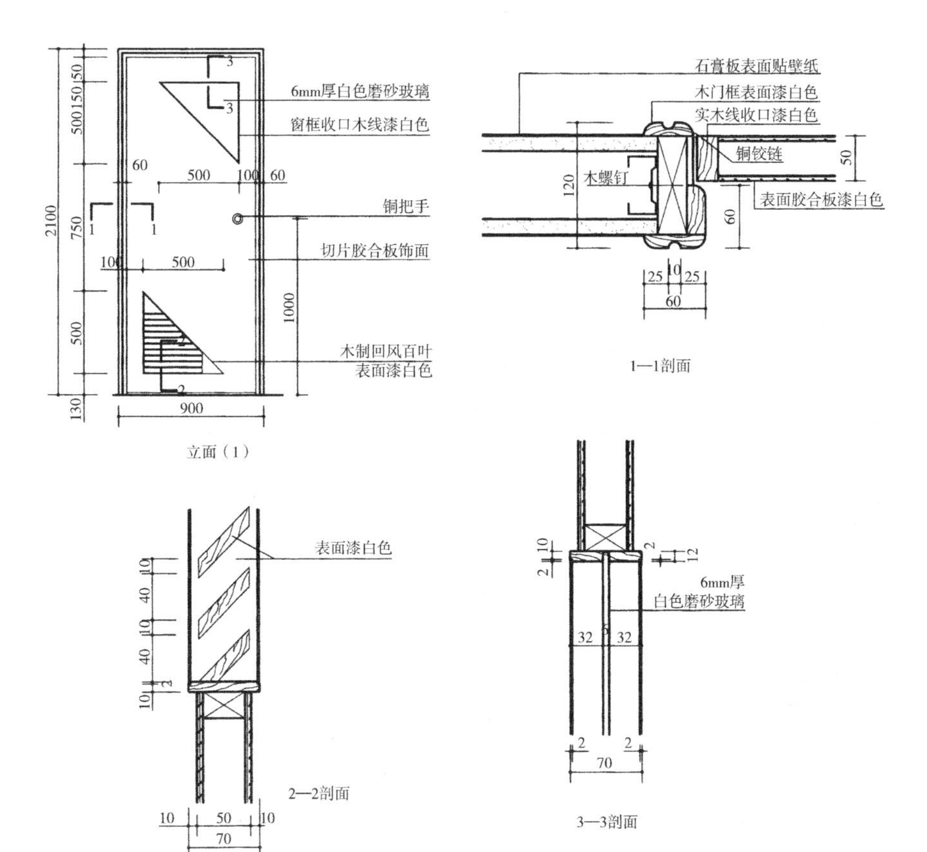

图 6-13　百叶门典型构造

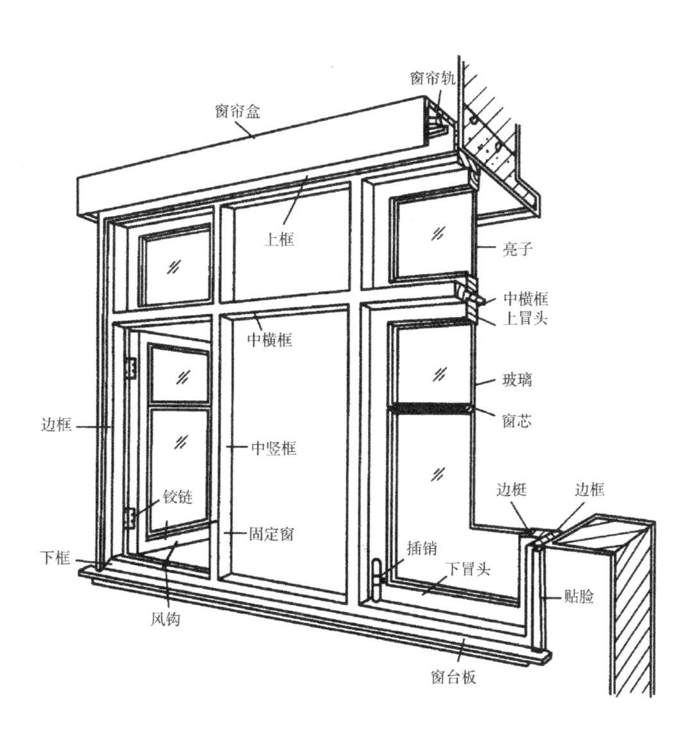

图 6-14　窗的组成

（4）窗套。现代的窗框一般也要制作窗套，将门窗框装饰起来。经过门套装饰的门窗框与窗形成一个整体，非常美观。与门套不同的是窗框的下部为窗台板。其典型构造详见图 6-15、图 6-16。

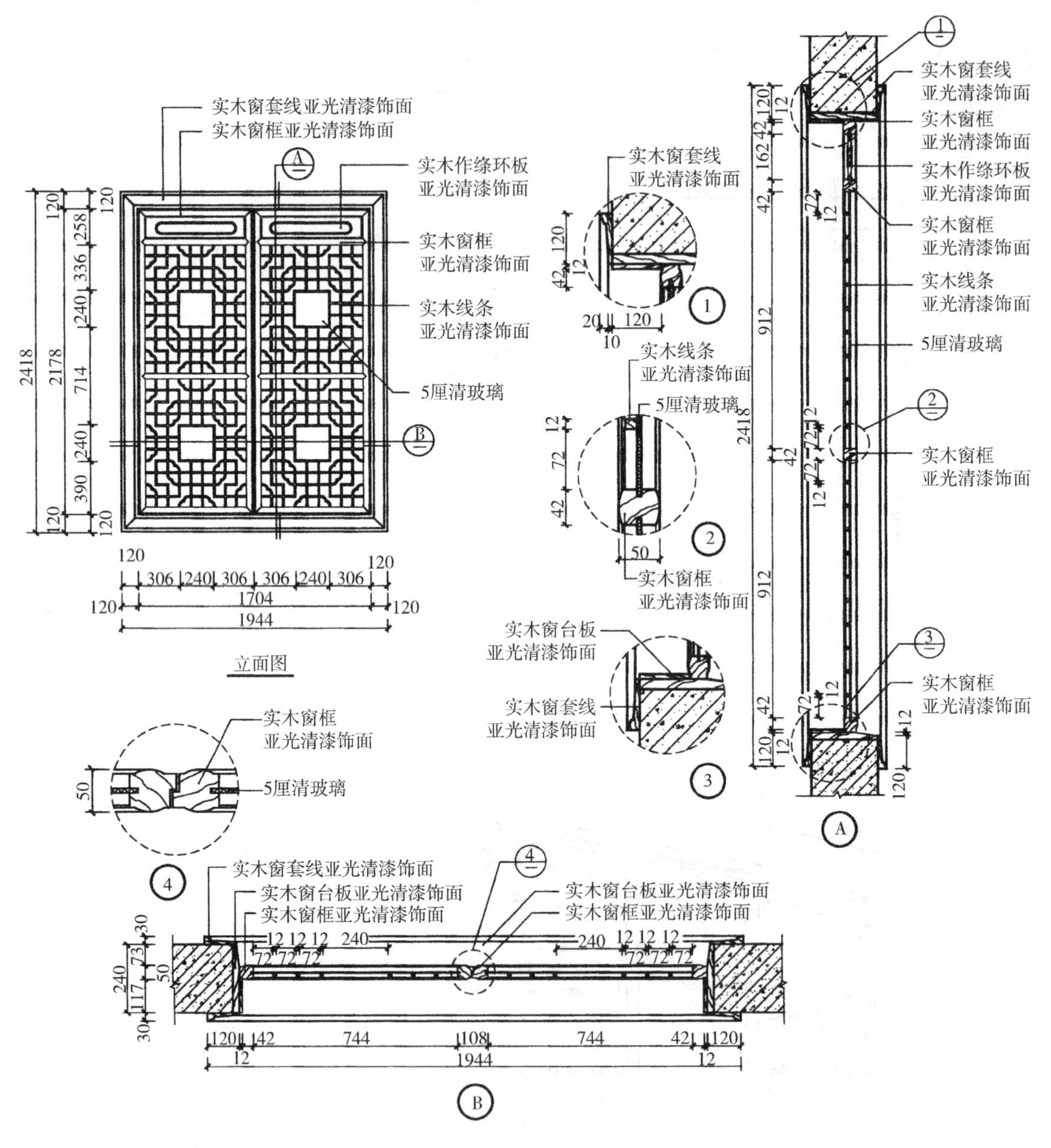

图 6-15　中式窗构造

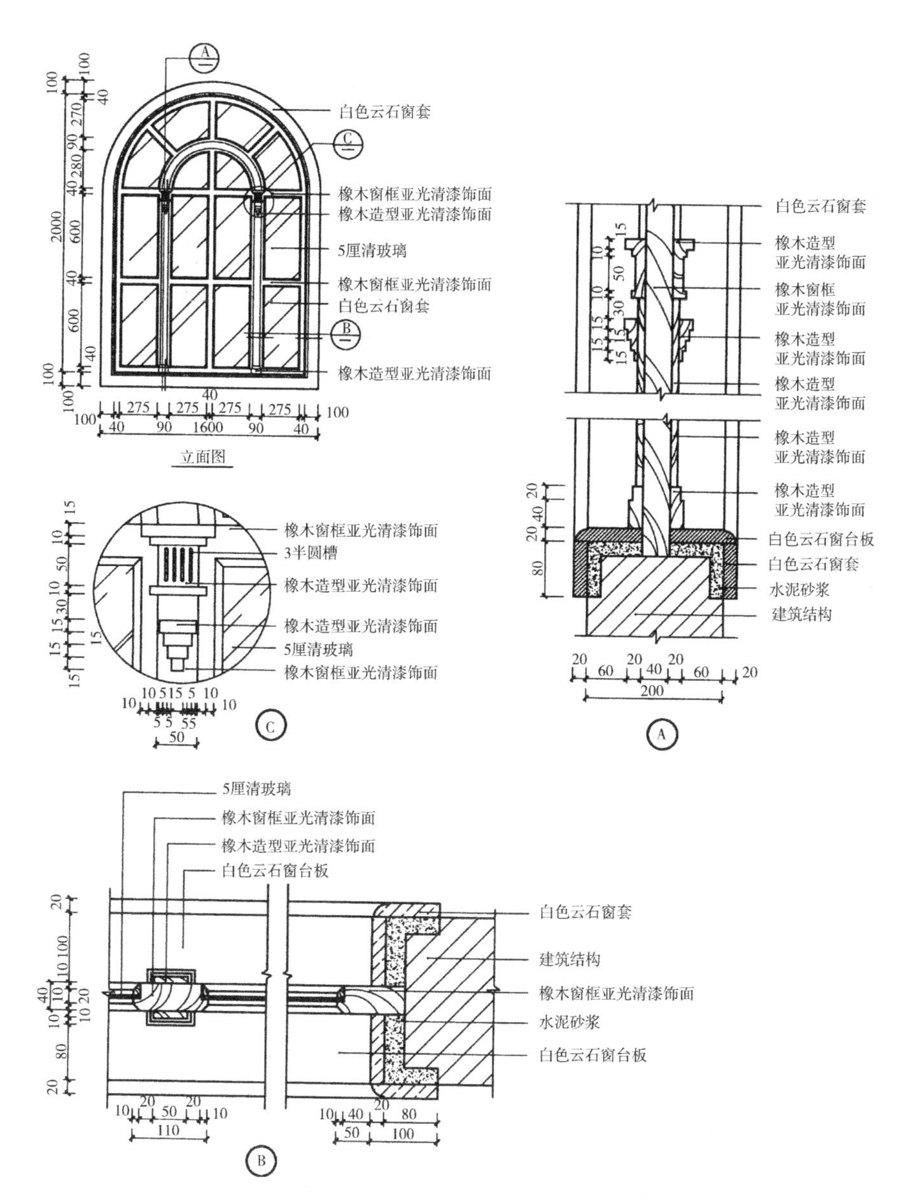

图 6-16 西式窗构造

6.2.2 材料

1. 材料检索

木门窗的主要材料一是制作门框、冒头、边梃的木材，二是制作夹板门的饰面木夹板和其他饰面材料，三是五金配件。

1）木材。木门窗的饰面材料见材料检索 3.2 – 树种材料。

2）饰面材料。木门窗的饰面材料见材料检索 3.4 – 饰面材料。

3）玻璃。木门窗的玻璃材料见材料检索 7.1 – 玻璃材料。

4）五金配件。门窗施工常用五金配件见材料检索 12.2 – 门窗五金。

2. 材料要求

木门窗材料要求见表6-13。

木门窗材料要求表　　表6-13

序号	材料	要求
1	木门窗	品种、规格、型号、尺寸应符合设计和规范的要求，由木材加工厂供应的木门窗应有出厂合格证及环保检测报告，且木门窗制作时的木材含水率不应大于12%
2	木制纱门、窗	应与木门窗配套加工，品种、型号、规格、尺寸应符合设计要求，与门窗相匹配，并有出厂合格证
3	木门窗的五金配件	木门窗的五金配件的品种、规格、型号必须符合设计要求，与门窗相匹配，并有出厂合格证
4	防腐剂	应有产品合格证，并有环保检测报告
5	水泥	强度等级不小于32.5的普通硅酸盐水泥，应有出厂合格证和复试报告，若出厂超过3个月应做复试，并按复试结果使用
6	砂子	宜采用中砂或粗砂

6.2.3 施工工艺

1. 技术准备

1）根据设计图纸的门窗品种、规格、型号进行翻样，并委托加工。

2）根据图纸对现场门窗洞口尺寸，门窗框尺寸，进行检查复核，并翻样订货。

3）按设计要求确定门窗洞口收口做法。

4）木门窗安装的样板已经监理、建设单位验收合格。

5）对操作人员进行安全技术交底。

2. 机具准备

木门窗工程机具设备见表6-14。

木门窗工程机具设备　　表6-14

序号	分类	名称
1	机械	手提电锯、电刨、电钻、电锤等
2	工具	木工钻、锯、刨子、锤子、斧子、螺钉旋具、墨斗、扁铲、凿子、粉线包等
3	计量检测用具	经纬仪、水准仪、线坠、钢尺、水平尺、角尺、塞尺、线勒子等

3. 作业条件

1）前期工程验收合格。

（1）结构工程已完，并验收合格。

（2）弹好门窗中心线和水平控制线，经验收合格。

（3）固定门窗框的预埋木砖已通过验收合格。

（4）木门窗进场后，其品种、规格、型号、外观质量等经验收合格。

2）门窗检查材料处理。

（1）门窗框和扇进场后，及时组织油工将门框靠墙靠地的那一面涂刷防腐涂料。然后分类水平堆放平整，底层应搁置在垫木上，在仓库中垫木离地面高度不小于200mm，临时的敞篷垫木离地面高度应不小于400mm，每层间垫木板，使其能自然通风。

（2）木门窗严禁露天堆放。

（3）安装前先检查门窗框和扇有无翘扭、弯曲、窜角、劈裂、榫槽间结合处松散等情况，如有则应进行修理。

3）预先安装的门窗框，应在楼、地面基层标高或墙砌到窗台标高时安装。后装的门窗框，应在主体工程验收合格、门窗洞口防腐木砖埋设齐备后进行。

4）门窗扇的安装应在饰面完成后进行。没有木门框的门扇，应在墙侧处安装预埋件。

4. 施工流程和工艺

木门窗施工流程和工艺见表6-15。

木门窗施工流程和工艺表　　　　表6-15

序号	施工流程	施工要求
1	放样	1）做样板。根据施工图纸上设计好的木制品，按照足尺1：1将木制品构造画出来，做成样板（或样棒）。样板采用松木制作，双面刨光，厚约250mm，宽等于门窗樘子梃的断面宽，长比门窗高度大200mm左右，经过仔细校核后才能使用 2）注意事项。放样是配料和截料、划线的依据，在使用的过程中，注意保持其划线的清晰，不要使其弯曲或折断
2	配料、截料	1）配料。配料是在放样的基础上进行的，因此，要计算出各部件的尺寸和数量，列出配料单 2）截料。按配料单进行截料
3	刨料	1）刨料。刨料时，宜将纹理清晰的里材作为正面 2）处理子料。对于樘子料任选一个窄面为正面 3）处理门、窗框的梃及冒头。对于门、窗框的梃及冒头可只刨面，不刨靠墙的一面，门、窗扇的上冒头和梃也可先刨三面 4）修刨。靠樘子的一面待安装时根据缝的大小再进行修刨
4	划线	划线是根据门窗的构造要求，在各根刨好的木料上划出榫头线，打眼线等
5	打眼	1）选凿刀。打眼之前，应选择等于眼宽的凿刀，凿出的眼，顺木纹两侧要直，不得出错槎 2）顺序。先打全眼，后打半眼，全眼要先打背面，凿到一半时，翻转过来再打正面直到贯穿 3）打眼要求。眼的正面要留半条里线，反面不留线，但比正面略宽。这样装榫头时，可减少冲击，以免挤裂眼口四周

续表

序号	施工流程	施工要求
6	开榫（又称倒卵）、拉肩	通过开榫和拉肩操作，就制成了榫头 1）开榫。就是按榫头线纵向锯开 2）拉肩。就是锯掉榫头两旁的肩头
7	裁口与倒棱	1）裁口。即刨去框的一个方形角部分，供装玻璃用。用裁口刨子或用歪嘴子刨。裁口也可用电锯切割需留1mm再用单线刨子刨到需求位置为止，快刨到要刨的部分时，用单线刨子刨，去掉木屑，刨到为止 2）检查方正平直。裁好的口要求方正平直，不能有戗槎起毛，凹凸不平的现象 3）倒棱。也称为倒八字，即沿框刨去一个三角形部分。倒棱要平直、板实，不能过线
8	拼装	1）检查。拼装前对部件应进行检查，要求部件方正、平直，线脚整齐分明，表面光滑，尺寸规格、式样符合设计要求。并用细刨将遗留墨线刨光 2）组装。门窗框的组装，是把一根边梃的眼里，再装上另一边的梃；用锤轻轻敲打拼合，敲打时要垫木块防止打坏榫头或留下敲打的痕迹。待整个拼好归方以后，再将所有榫头敲实，锯断露出的榫头。拼装先将楔头沾抹上胶再用锤轻轻敲打拼合 3）门窗扇的组装方法与门窗框基本相同 4）刨平。组装好的门窗、扇用细刨刨平，先刨光面 5）配对。双扇门窗要配好对，对缝的裁口刨好 6）刷一道防腐剂。门窗框安装前靠墙的一面均要刷一道防腐剂，以增强防腐能力
9	门窗框的后安装	1）复查。主体结构完工后，复查洞口标高、尺寸及木砖位置 2）固定。将门窗框用木楔临时固定在门窗洞口内相应位置 3）校正。用吊线坠校正框的正、侧面垂直度，用水平尺校正框冒头的水平度 4）钉牢。用砸扁钉帽的钉子钉牢在木砖上。钉帽要冲入木框内1～2mm，每块木砖要钉两处 5）高档硬木门框安装方法。应用钻打孔木螺钉拧固并拧进木框5mm，用同等木补孔
10	门窗扇的安装	1）量尺寸。量出樘口净尺寸，考虑留缝宽度。确定门窗扇的高、宽尺寸，先画出中间缝处的中线，再画出边线，并保证梃宽一致 2）修刨。若门窗扇高、宽尺寸过大，则刨去多余部分。修刨时应先锯余头，再行修刨 3）打叠高低缝。门窗扇为双扇时，应先作打叠高低缝，并以开启方向的右扇压左扇 4）调整。若门窗扇高、宽尺寸过小，可在下边或装铰链。一边用胶和钉子绑钉刨光的木条钉帽砸扁，钉入木条内1～2mm。然后锯掉余头刨平 5）刨斜面。平开扇的底边，中悬扇的上下边，上悬扇的下边，下悬扇的上边等与框接触且容易发生摩擦的边，应刨成1mm斜面 6）试装。试装门窗扇时，应先用木楔塞在门窗扇的下边，然后再检查缝隙，并注意窗楞和玻璃芯子平直对齐 7）装铰链。合格后画出铰链的位置线，剔槽装铰链

续表

序号	施工流程	施工要求
11	门窗小五金的安装	1）木螺钉固定。所有小五金必须用木螺钉固定安装，严禁用钉子代替。使用木螺钉时，先用手锤钉入全长的1/3，接着用螺钉刀拧入。当木门窗为硬木时，先钻孔径为木螺钉直径0.9倍的孔，孔深为木螺钉全长的2/3，然后再拧入木螺钉 2）铰链距门窗扇上下两端的距离为扇高的1/10，且避开上下冒头。安好后必须灵活 3）安装门锁。门锁距地面约高0.9～1.05m，应错开中冒头和边梃的榫头 4）安装门窗拉手。门窗拉手应位于门窗扇中线以下，窗拉手距地面1.5～1.6m 5）安装窗风钩。窗风钩应装在窗框下冒头与窗扇下冒头夹角处，使窗开启后成90°，并使上下各层窗扇开启后整齐划一 6）装窗插。门插位于门拉手下边。装窗插销时应先固定插销底板，再关窗打插销压痕，凿孔，打入插销 7）安装门吸。门扇开启后易碰墙的门，为固定门扇应安装门吸 8）检查。小五金应安装齐全，位置适宜，固定可靠

5. 施工注意要点

1）检查洞口尺寸。门、窗框安装前应认真检查门、窗洞口尺寸和方正。对误差过大的洞口，应先抹灰修补或适当调整门、窗框的尺寸后再安装，防止由于门、窗洞口预留尺寸不准，洞口不方正，四边不直而造成门、窗框安装后四周的缝隙不一致。

2）检查预置木砖或预埋件。门、窗洞口墙上预留的木砖或预埋件的数量、距离及牢固程度应符合规范要求，防止由于固定数量不够，预置木砖或预埋件不稳定而造成门、窗框松动。

3）木螺钉应平直。木门窗、铰链安装时，木螺钉不应倾斜，遇有木节时，应在木节处钻眼，重新加胶塞入木塞后再拧木螺钉，防止木螺钉倾斜而造成合页不平。

4）门窗上下口标高一致。安装门窗前，应先弹线、找规矩、吊垂直，同一层门窗的上下口应拉通线检查标高，防止外立面上、下层之间门窗不顺直，左右高低不一。

5）保证门框垂直度。安装门扇，在掩扇前应先检查门框垂直度，使装扇的上下两个铰链轴在一垂直线上，铰链与门窗应配套、合适，固定铰链的螺钉应安装平直、牢固，防止门窗下坠、开关不灵或自行开关。

6. 成品保护

1）防潮妥当。安装过程中，须采取防水防潮措施。在雨季或湿度大的地区应及时油漆门窗。

2）妥善护角。木门框安装后应采用铁皮或细木工板做护套进行保护，其高度应大于1m。如果安装门、窗框与结构施工同时进行，应采取加固措施，防止门、窗框碰撞变形。已装门窗框的洞口，不得再作运料通道。用作运料通道时，必须做好保护措施。严禁把门、窗作为脚手架的支点，防止损坏门窗扇。

3）轻拿轻放。安装工具应轻拿轻放，以免损坏成品。门、窗框安装时应轻拿轻放，整修时严禁生搬硬撬，防止损坏成品，破坏扇面及五金件。

4）保护其他成品。门、窗扇安装时应注意保护墙面、地面及其他成品，以防碰坏或划伤墙面与地面及其他成品。

5）防止污染。五金件安装完成后，应有保护措施以防污染。

6）专人管理。门、窗安装后，应派专人负责管理成品，防止刮大风时损坏已完成的门窗与玻璃。

6.2.4 质量检验

1. 说明

本规范适用于木门窗制作与安装工程的质量验收。

2. 木门窗工程质量标准

木门窗工程质量标准和验收方法见表6-16。

木门窗工程质量标准和验收方法　　表6-16

序号	分项	质量标准
1	主控项目	1）木门窗的木材品种、材质等级、规格、尺寸、框扇的线型及人造木板的甲醛含量应符合设计要求。设计未规定材质等级时，所用木材的质量应符合本规范附录A的规定 检验方法：观察；检查材料进场验收记录和复验报告 2）木门窗应采用烘干的木材，含水率应符合《建筑木门、木窗》JG/T 122的规定 检验方法：检查材料进场验收记录 3）木门窗的防火、防腐、防虫处理应符合设计要求 检验方法：观察；检查材料进场验收记录 4）木门窗的结合处和安装配件处不得有木节或已填补的木节。木门窗如有允许限值以内的死节及直径较大的虫眼时，应用同一材质的木塞加胶填补。对于清漆制品，木塞的木纹和色泽应与制品一致 检验方法：观察 5）门窗框和厚度大于50mm的门窗扇应用双榫连接。榫槽应采用胶料严密嵌合，并应用胶楔加紧 检验方法：观察；手扳检查 6）胶合板门、纤维板门和模压门不得脱胶。胶合板不得刨透表层单板，不得有戗槎。制作胶合板门、纤维板门时，边框和横楞应在同一平面上，面层、边框及横楞应加压胶结。横楞和上、下冒头应各钻两个以上的透气孔，透气孔应通畅 检验方法：观察 7）木门窗的品种、类型、规格、开启方向、安装位置及连接方式应符合设计要求 检验方法：观察；尺量检查；检查成品门的产品合格证书 8）木门窗框的安装必须牢固。预埋木砖的防腐处理、木门窗框固定点的数量、位置及固定方法应符合设计要求 检验方法：观察；手扳检查；检查隐蔽工程验收记录和施工记录

续表

<table>
<tr><th>序号</th><th>分项</th><th>质量标准</th></tr>
<tr><td>1</td><td>主控项目</td><td>9）木门窗扇必须安装牢固，并应开关灵活，关闭严密，无倒翘
检验方法：观察；开启和关闭检查；手扳检查
10）木门窗配件的型号、规格、数量应符合设计要求，安装应牢固，位置应正确，功能应满足使用要求
检验方法：观察；开启和关闭检查；手扳检查</td></tr>
<tr><td>2</td><td>一般项目</td><td>1）木门窗表面应洁净，不得有刨痕、锤印
检验方法：观察
2）木门窗的割角、拼缝应严密平整。门窗框、扇裁口应顺直，刨面应平整
检验方法：观察
3）木门窗上的槽、孔应边缘整齐，无毛刺
检验方法：观察
4）木门窗与墙体间缝隙的填嵌材料应符合设计要求，填嵌应饱满。寒冷地区外门窗（或门窗框）与砌体间的空隙应填充保温材料
检验方法：轻敲门窗框检查；检查隐蔽工程验收记录和施工记录
5）木门窗批水、盖口条、压缝条、密封条的安装应顺直，与门窗结合应牢固、严密
检验方法：观察；手扳检查
6）木门窗制作的允许偏差和检验方法应符合表6-17的规定

木门窗制作的允许偏差和检验方法　　表6-17
<table>
<tr><th rowspan="2">项次</th><th rowspan="2">项目</th><th rowspan="2">构件名称</th><th colspan="2">允许偏差（mm）</th><th rowspan="2">检验方法</th></tr>
<tr><th>普通</th><th>高级</th></tr>
<tr><td rowspan="2">1</td><td rowspan="2">翘曲</td><td>框</td><td>3</td><td>2</td><td rowspan="2">将框、扇平放在检查平台上，用塞尺检查</td></tr>
<tr><td>扇</td><td>2</td><td>2</td></tr>
<tr><td>2</td><td>对角线长度差</td><td>框、扇</td><td>3</td><td>2</td><td>用钢尺检查，框量裁口里角，扇量外角</td></tr>
<tr><td>3</td><td>表面平整度</td><td>扇</td><td>2</td><td>2</td><td>用1m靠尺和塞尺检查</td></tr>
<tr><td rowspan="2">4</td><td rowspan="2">高度、宽度</td><td>框</td><td>0；−2</td><td>0；−1</td><td rowspan="2">用钢尺检查，框量裁口里角，扇量外角</td></tr>
<tr><td>扇</td><td>+2；0</td><td>+1；0</td></tr>
<tr><td>5</td><td>裁口、线条结合处高低差</td><td>框、扇</td><td>1</td><td>0.5</td><td>用钢直尺和塞尺检查</td></tr>
<tr><td>6</td><td>相邻棂子两端间距</td><td>扇</td><td>2</td><td>1</td><td>用钢直尺检查</td></tr>
</table>
7）木门窗安装的留缝限值、允许偏差和检验方法应符合表6-18的规定

木门窗安装的留缝限值、允许偏差和检验方法　　表6-18
<table>
<tr><th rowspan="2">项次</th><th rowspan="2">项目</th><th colspan="2">留缝限值（mm）</th><th colspan="2">允许偏差（mm）</th><th rowspan="2">检验方法</th></tr>
<tr><th>普通</th><th>高级</th><th>普通</th><th>高级</th></tr>
<tr><td>1</td><td>门窗槽口对角线长度差</td><td></td><td></td><td>3</td><td>2</td><td>用钢尺检查</td></tr>
<tr><td>2</td><td>门窗框的正、侧面垂直度</td><td></td><td></td><td>2</td><td>1</td><td>用1m垂直检测尺检查</td></tr>
</table>
</td></tr>
</table>

续表

序号	分项	项次	项目		留缝限值（mm）普通	留缝限值（mm）高级	允许偏差（mm）普通	允许偏差（mm）高级	检验方法
2	一般项目	3	框与扇、扇与扇接缝高低差				2	1	用钢直尺和塞尺检查
		4	门窗扇对口缝		1 ~ 2.5	1.5 ~ 2			用塞尺检查
		5	工业厂房双扇大门对口缝		2 ~ 5				
		6	门窗扇与上框间留缝		1 ~ 2	1 ~ 1.5			
		7	门窗扇与侧框间留缝		1 ~ 2.5	1 ~ 15			
		8	窗扇与下框间留缝		2 ~ 3	2 ~ 2.5			
		9	门扇与下框间留缝		3 ~ 5	3 ~ 4			
		10	双层门窗内外框间距				4	3	用钢尺检查
		11	无下框时门扇与地面间留缝	外门	4 ~ 7	5 ~ 6			用塞尺检查
				内门	5 ~ 8	6 ~ 7			
				卫生间门	8 ~ 12	8 ~ 10			
				厂房大门	10 ~ 20				

6.3 铝合金门窗构造、材料、施工、检验

6.3.1 构造

1. 铝合金门基本构造

铝合金无框弹簧门基本构造如图 6-17 所示。

2. 铝合金窗基本构造

铝合金窗基本构造如图 6-18、图 6-19 所示。

一组铝合金门窗一般由一套窗框和若干窗扇组成。如带亮子，则亮子部分多为固定窗构造。窗扇一般成双成对，左右移动。

边框多采用塞口做法。安装时，为防止碱对门、窗框的腐蚀，应对窗框四周墙体进行防腐处理。一般可涂刷防腐涂料或粘贴塑料薄膜进行保护，以免水泥砂浆直接与铝合金门窗表面接触，产生电化学反应，腐蚀铝合金门窗。不得将门、窗框直接埋入墙体。

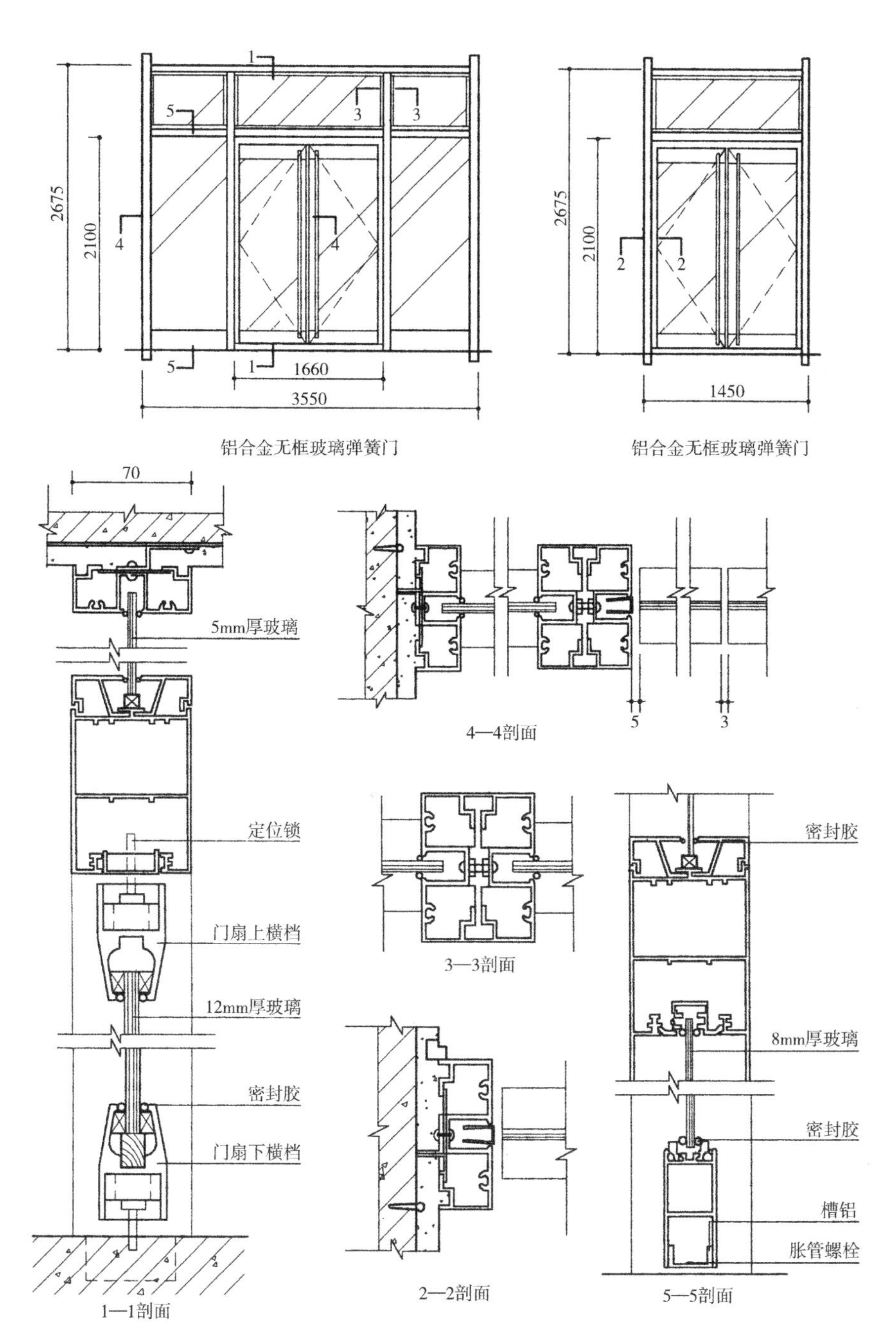

图6-17　铝合金无框弹簧门基本构造示意

当窗框固定在砖墙结构的墙体上时，一般采用燕尾形铁脚灌浆连接或射钉连接；而固定在钢筋混凝土结构的墙体上时，一般采用预埋件焊接或膨胀螺栓铆接。门窗框与墙体的连接固定点每边不少于两点，间距不得大于700mm。在基本风压大于等于0.7kPa的地区，不得大于500mm。边框端部的第一固定点距上下边缘不得大于200mm。

窗框与窗洞四周的缝隙一般采用泡沫塑料条、泡沫聚氨酯条、矿棉粘条或

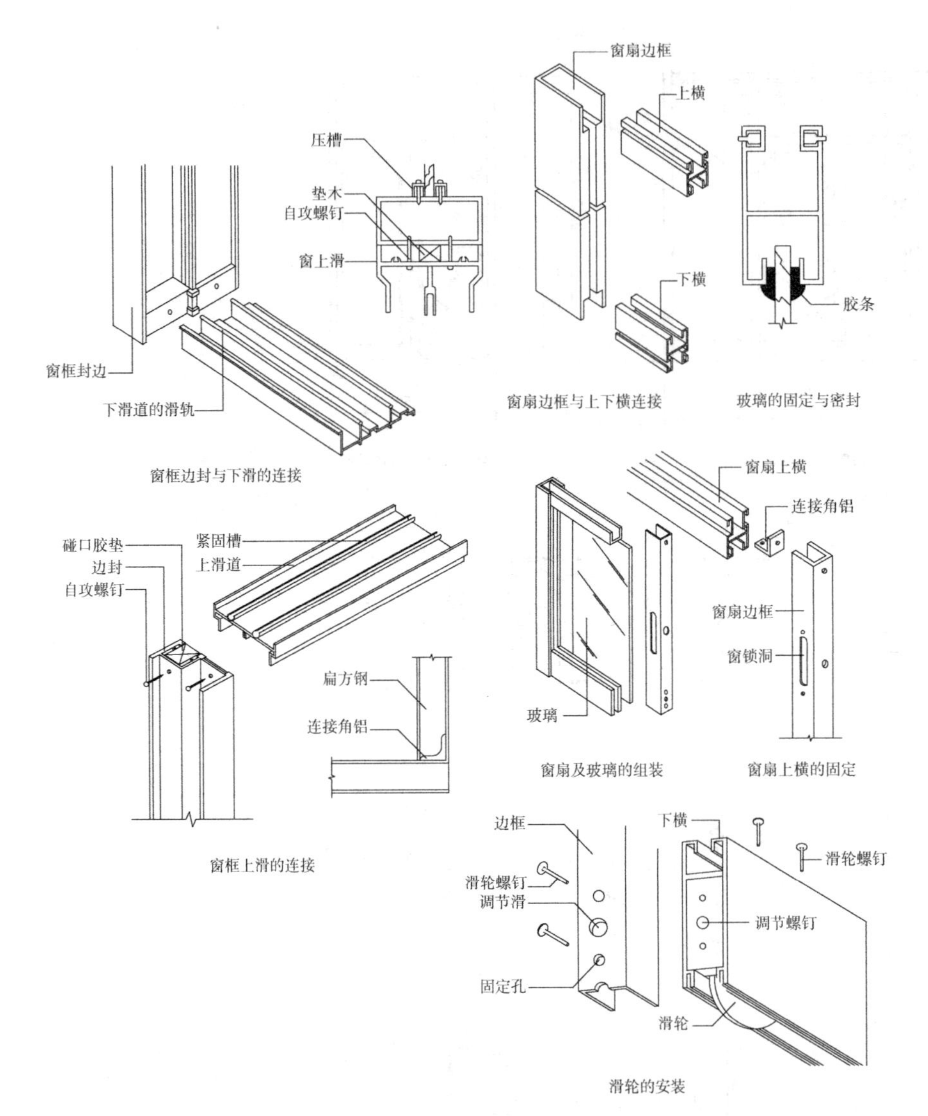

图 6-18　铝合金窗基本构造示意

玻璃丝粘条等软质保温材料分层填实，外表留 5～8mm 深的槽口用密封膏密封。这种做法主要是为了防止门窗框四周形成冷热交换区，产生结露，也有利于隔声、保温，同时还可以避免门窗框与混凝土、水泥砂浆接触，消除碱对门窗框的腐蚀。

6.3.2　材料

1. 材料检索

1）铝合金门窗材料。铝合金门窗轻质高强、耐腐蚀、无磁性、易加工、质感好，特别是密闭性能好。型材按不同规格，有不同系列，其截面形式和尺寸，铝合金材料断面分为 38 系列、50 系列、70 系列、90 系列、100 系列等。附件材料有滑轮、玻璃、密封条、角码、锁具、自攻螺钉、胶垫。

2）玻璃。见材料检索玻璃材料。

推拉窗安装节点图

图6-19 铝合金推拉窗基本构造示意

射钉
固定片
抹平层
弹性材料
窗框
玻璃压条
中空玻璃
1—1剖面
窗型示意图
射钉
固定片
垫片
墙体
抹平层
保温气密材料
自攻螺钉
2—2剖面
木砖
墙体
木螺钉

外平开窗安装节点图

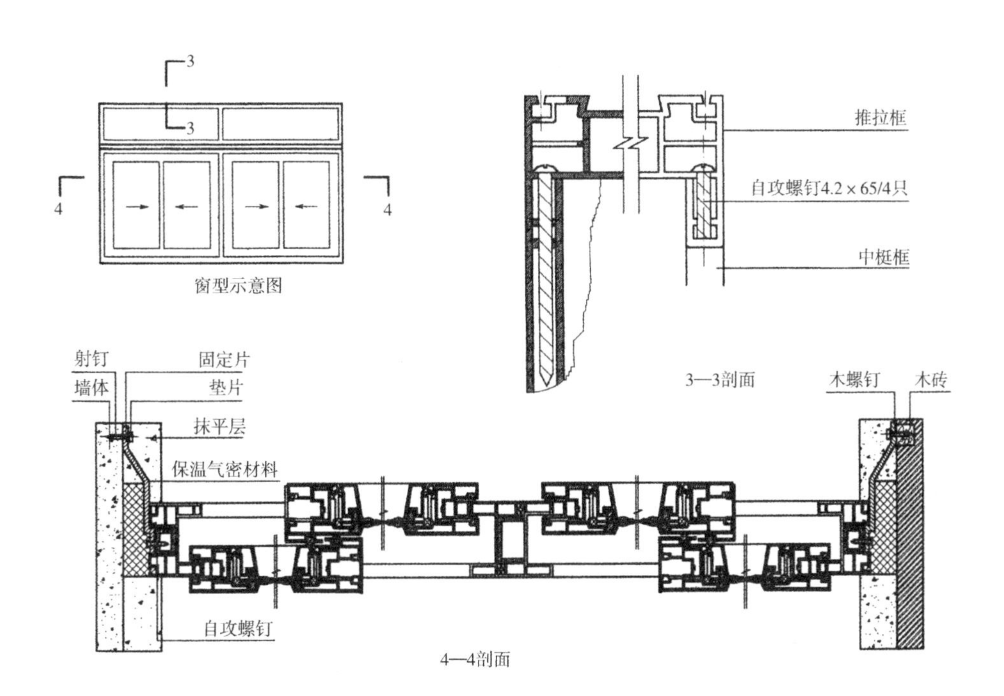

3）配套五金。见材料检索12.2门窗五金。

2. 材料要求

材料要求见表6-19。

铝合金门窗材料要求表　　表 6-19

序号	材料	要求
1	金属门窗	1）应有生产许可证、产品出厂合格证 2）建筑外窗的抗风压性、气密性、水密性及采光性应分别满足以下现行国家标准的规定 (1)《建筑外窗抗风压性能分级及检测方法》GB/T 7106 (2)《建筑外窗气密性能分级及检测方法》GB/T 7107、《建筑外窗水密性能分级及检测方法》GB/T 7108 (3)《建筑外窗采光性能分级及检测方法》GB/T 11976 3）铝合金门窗的品种、规格型号、外观、尺寸允许偏差、装配质量应符合设计要求，并应符合以下现行国家标准的规定 (1)《铝合金门》GB/T 8478 (2)《铝合金窗》GB/T 8479 4）彩色涂层钢板门窗的品种、规格型号、外观、尺寸允许偏差、装配质量应符合设计要求，并应符合国家现行标准《彩色涂层钢板门窗》JG/T 3041 的规定
2	金属门窗的副框、五金配件及纱窗	1）应与门窗规格型号匹配，并符合设计要求，有出厂合格证 2）五金配件应具有足够的强度，启闭灵活、无噪声，满足使用功能、环保要求和耐腐蚀要求。其表面质量要有良好的耐候性，手触部位表面应具有良好的耐磨性
3	嵌缝剂、密封条、密封膏、防锈漆	1）应有产品合格证，并满足环保要求 2）橡胶系列密封条的物理性能应符合现行国家标准《建筑门窗密封条》GB/T 12002 的规定 3）硅酮建筑密封胶应符合现行国家标准《硅酮建筑密封膏》GB/T 14683 的规定
4	水泥	普通硅酸盐水泥、硅酸盐水泥和矿渣硅酸盐水泥，其强度等级不低于 32.5
5	砂	中砂或粗砂

6.3.3　施工工艺

1. 技术准备

1）根据设计图纸的门窗品种、规格、型号提前进行翻样订货。

2）根据图纸核对门窗洞口的位置、尺寸及标高，进行检查复核。

3）施工前先做样板，并经监理、建设单位验收合格。

4）校对与检查进场后的塑料门窗的品种、规格、型号、尺寸、开启方向与附件是否符合设计要求。

5）对操作人员进行安全技术交底。

2. 机具准备

铝合金门窗工程机具设备见表 6-20。

铝合金门窗工程机具设备　　表 6-20

序号	分类	名称
1	机械	冲击电钻、电钻、射钉枪
2	工具	螺钉旋具、扁铲、锤子、锉子、割刀、铁锹、大铲、抹子等
3	计量检测用具	水准仪、钢尺、水平尺、钢板尺、直角尺、托线板、线坠、墨斗、铅笔等

3. 作业条件

1）主体验收合格。墙面已粉刷完毕，工种之间已办好交接手续，表明主体结构已施工完毕，并经有关部门验收合格。

2）预埋防腐木砖。当门窗采用预埋木砖与墙体连接时，墙体中应按设计要求埋置防腐木砖。对于加气混凝土墙，应预埋胶粘圆木。

3）洞口验收合格。同一类型的门窗及其相邻的上下左右洞口应横平竖直；对于高级装饰工程及放置过梁的洞口，应做洞口样板。洞口宽度和高度尺寸的允许偏差见表6-21。

洞口宽度或高度尺寸的允许偏差（mm）　　表6-21

墙体表面	<2400	2400～4800	>4800
未粉刷墙面	±10	±15	±20
已粉刷墙面	±5	±10	±15

4）按要求弹线。按图要求的尺寸弹好门窗中线，并弹好室内+50cm水平线。

5）设预埋件。组合窗的洞口，应在拼樘料的对应位置设预埋件或预留洞。

6）工序。门的安装应在地面工程施工前进行。

4. 施工流程和工艺

铝合金门窗施工流程和工艺见表6-22。

铝合金门窗施工流程和工艺表　　表6-22

序号	施工流程	施工要求
1	划线定位	1）根据设计图纸中门窗的安装位置、尺寸和标高，依据门窗中线向两边量出门窗边线。若为多层或高层建筑时，以顶层门窗边线为准，用线坠或经纬仪将门窗边线下引，并在各层门窗口处划线标记，对个别不直的口边应剔凿处理 2）门窗的水平位置应以楼层室内+50cm的水平线为准向上反量出窗下皮标高，弹线找直。每一层必须保持窗下皮标高一致
2	铝合金窗披水安装	按施工图纸要求将披水固定在铝合金窗上，且要保证位置正确、安装牢固
3	防腐处理	1）门窗框四周外表面的防腐处理设计有要求时，按设计要求处理。如果设计没有要求时，可涂刷防腐涂料或粘贴塑料薄膜进行保护，以免水泥砂浆直接与铝合金门窗表面接触，产生电化学反应，腐蚀铝合金门窗 2）安装铝合金门窗时，如果采用连接铁件固定，则连接铁件，固定件等安装用金属零件最好用不锈钢件。否则必须进行防腐处理，以免产生电化学反应，腐蚀铝合金门窗
4	铝合金门窗的安装就位	根据划好的门窗定位线，安装铝合金门窗框，并及时调整好门窗框的水平、垂直及对角线长度等符合质量标准，然后用木楔临时固定

续表

序号	施工流程	施工要求
5	铝合金门窗的固定	1）当墙体上预埋有铁件时，可直接把铝合金门窗的铁脚直接与墙体上的预埋铁件焊牢，焊接处需做防锈处理 2）当墙体上没有预埋铁件时，可用金属膨胀螺栓或塑料膨胀螺栓将铝合金门窗的铁脚固定到墙上 3）当墙体上没有预埋铁件时，也可用电钻在墙上打80mm深、直径为6mm的孔，用L形80mm×50mm的6mm钢筋。在长的一端粘涂108胶水泥浆，然后打入孔中。待108胶水泥浆终凝后，再将铝合金门窗的铁脚与埋置的6mm钢筋焊牢
6	门窗框与墙体间缝隙间的处理	1）铝合金门窗安装固定后，应先进行隐蔽工程验收，合格后及时按设计要求处理门窗框与墙体之间的缝隙 2）如果设计未要求时，可采用弹性保温材料或玻璃棉毡条分层填塞缝隙，外表面留5～8mm深槽口填嵌嵌缝油膏或密封胶
7	门窗扇及门窗玻璃的安装	1）门窗扇和门窗玻璃应在洞口墙体表面装饰完工验收后安装 2）推拉门窗在门窗框安装固定后，将配好玻璃的门窗扇整体安入框内滑槽，调整好与扇的缝隙即可 3）平开门窗在框与扇格架组装上墙、安装固定好后再安玻璃，即先调整好框与扇的缝隙，再将玻璃安入扇并调整好位置，最后镶嵌密封条及密封胶 4）地弹簧门应在门框及地弹簧主机入地安装固定后再安门扇。先将玻璃嵌入门扇格架并一起入框就位，调整好框扇缝隙，最后填嵌门扇玻璃的密封条及密封胶
8	安装五金配件	五金配件与门窗连接用镀锌螺钉。安装的五金配件应结实牢固，使用灵活

5. 施工注意要点

1）固定牢固。门、窗框安装时，对于不同材料的墙体，应分别采用相应的固定方法。连接件与门、窗框和墙体应固定牢固，防止门窗框松动。

2）螺栓松紧一致。门、窗安装过程中，要注意调整各螺栓的松紧程度使其基本一致，不应有过松、过紧现象。

3）塞料松紧适度。门、窗框周围间隙填塞软质材料时，应填塞松紧适度，以免门窗框受挤变形。

4）防止门窗框变形。施工时严禁在门、窗上搭脚手板，支脚手杆或悬挂重物，防止门窗框安装后变形，门窗扇关闭不严密或关闭困难。

5）防止门窗四周出现裂缝漏水。门窗框与墙体之间应保证为弹性连接，其间隙应填嵌泡沫塑料或矿棉、岩棉等软质材料。含沥青的软质材料不得填入，以免框体遭受腐蚀。在填塞软质材料时，门窗四周内外应留出一条凹槽，并用密封胶嵌填严密、均匀，防止门窗四周施工完毕后出现裂缝漏水。

6）保证排水畅通。外墙施工时，不得堵塞塑料门窗的排水孔，保证排水畅通。

6. 成品保护

1）装卸门窗应轻拿轻放，不得撬、甩、摔。吊运门窗，其表面应采用非金属软质材料衬垫，并选择牢靠的着力点，不得在框内插入抬杆起吊。

2）门窗应放置在清洁、平整的地方，并不得与腐蚀物质接触，门窗不得直接放在地面上，下部应加垫木立放，立放角度不应小于70°，并采取防倾倒措施，框两侧应用木板做好保护，防止碰撞损坏。

3）门、窗安装后应随时检查门窗框保护膜，有损伤处及时修补。保护薄膜应在墙面装饰面层完成后撕除，以防砂浆或其他涂料污染。撕除保护膜时要轻，禁止用开刀铲，防止将表面划伤，影响美观。

4）采用水泥砂浆收口时，应对接触面进行处理，并及时将沾在门窗框上的浮浆清理干净，防止固化后不易清理或损坏门窗框表面亮膜。

5）铝合金门窗表面如有胶状物时，应使用棉丝蘸专用清洁剂擦拭干净，严禁使用有机溶剂。局部有划痕时，可用小毛笔蘸专用染色液进行修补。

6）严禁用铝合金门窗框作为架子、梯子的支承点。进场后二次搬运时要轻拿轻放，防止碰撞损伤。

7）铝合金门窗安装时，禁止踩踏已装好的窗台板、散热器、专业管道等设备，以防变形损坏。

6.3.4 质量检验

1. 说明

本规范适用于钢门窗、铝合金门窗、涂色镀锌钢板门窗等金属门窗安装工程的质量验收。

2. 质量标准

铝合金门窗的质量标准和验收方法见表6-23。

铝合金等金属门窗工程质量标准和验收方法　　表6-23

序号	分项	质量标准
1	主控项目	1）金属门窗的品种、类型、规格、尺寸、性能、开启方向、安装位置、连接方式及铝合金门窗的型材壁厚应符合设计要求。金属门窗的防腐处理及填嵌、密封处理应符合设计要求 检验方法：观察；尺量检查；检查产品合格证书、性能检测报告、进场验收记录和复验报告；检查隐蔽工程验收记录 2）金属门窗框和副框的安装必须牢固。预埋件的数量、位置、埋设方式、与框的连接方式必须符合设计要求 检验方法：手扳检查；检查隐蔽工程验收记录 3）金属门窗扇必须安装牢固，并应开关灵活、关闭严密，无倒翘。推拉门窗扇必须有防脱落措施 检验方法：观察；开启和关闭检查；手扳检查 4）金属门窗配件的型号、规格、数量应符合设计要求，安装应牢固，位置应正确，功能应满足使用要求 检验方法：观察；开启和关闭检查；手扳检查
2	一般项目	1）金属门窗表面应洁净、平整、光滑、色泽一致，无锈蚀。大面应无划痕、碰伤。漆膜或保护层应连续 检验方法：观察 2）铝合金门窗推拉门窗扇开关力应不大于100N 检验方法：用弹簧秤检查

续表

序号	分项	质量标准
2	一般项目	3）金属门窗框与墙体之间的缝隙应填嵌饱满，并采用密封胶密封。密封胶表面应光滑、顺直，无裂纹 检验方法：观察；轻敲门窗框检查；检查隐蔽工程验收记录 4）金属门窗扇的橡胶密封条或毛毡密封条应安装完好，不得脱槽 检验方法：观察；开启和关闭检查 5）有排水孔的金属门窗，排水孔应畅通，位置和数量应符合设计要求 检验方法：观察 6）钢门窗安装的留缝限值、允许偏差和检验方法应符合表6-24的规定

钢门窗安装的留缝限值、允许偏差和检验方法　　表6-24

项次	项目		留缝限值（mm）	允许偏差（mm）	检验方法
1	门窗槽口宽度、高度	≤1500mm		2.5	用钢尺检查
		>1500mm		3.5	
2	门窗槽口对角线长度差	≤2000mm		5	用钢尺检查
		>2000mm		6	
3	门窗框的正、侧面垂直度			3	用1m垂直检测尺检查
4	门窗横框的水平度			3	用1m水平尺和塞尺检查
5	门窗横框标高			5	用钢尺检查
6	门窗竖向偏离中心			4	用钢尺检查
7	双层门窗内外框间距			5	用钢尺检查
8	门窗框、扇配合间隙		≤2		用塞尺检查
9	无下框时门扇与地面间留缝		4～8		用塞尺检查

7）铝合金门窗安装的允许偏差和检验方法应符合表6-25的规定

铝合金门窗安装的允许偏差和检验方法　　表6-25

项次	项目		允许偏差（mm）	检验方法
1	门窗槽口宽度、高度	≤1500mm	1.5	用钢尺检查
		>1500mm	2	
2	门窗槽口对角线长度差	≤2000mm	3	用钢尺检查
		>2000mm	4	
3	门窗框的正、侧面垂直度		2.5	用垂直检测尺检查
4	门窗横框的水平度		2	用1m水平尺和塞尺检查
5	门窗横框标高		5	用钢尺检查
6	门窗竖向偏离中心		5	用钢尺检查
7	双层门窗内外框间距		4	用钢尺检查
8	推拉门窗扇与框搭接量		1.5	用钢直尺检查

续表

序号	分项	质量标准
2	一般项目	8）涂色镀锌钢板门窗安装的允许偏差和检验方法应符合表6-26的规定

涂色镀锌钢板门窗安装的允许偏差和检验方法　　表6-26

项次	项目		允许偏差（mm）	检验方法
1	门窗槽口宽度、高度	≤1500mm	2	用钢尺检查
		＞1500mm	3	
2	门窗槽口对角线长度差	≤2000mm	4	用钢尺检查
		＞2000mm	5	
3	门窗框的正、侧面垂直度		3	用垂直检测尺检查
4	门窗横框的水平度		3	用1m水平尺和塞尺检查
5	门窗横框标高		5	用钢尺检查
6	门窗竖向偏离中心		5	用钢尺检查
7	双层门窗内外框间距		4	用钢尺检查
8	推拉门窗扇与框搭接量		2	用钢直尺检查

☆教学单元6　门窗工程·实践教学部分

通过材料认识、构造设计、施工操作系列实训项目，充分理门窗工程的材料、构造、施工工艺和验收方法。使自己在今后的设计和施工实践中能够更好地把握门窗工程的材料、构造、施工、验收的主要技术关键。

实训项目：

6.1　材料认知实训

参观当地大型的装饰材料市场，全面了解各类门窗装饰材料。重点了解3款市场受消费者欢迎的铝合金或塑钢门窗材料品牌、品种、规格、特点、价格（二维码13）。（2选1）

二维码13

实训重点：①选择品牌；②了解该品牌面砖的特点。

实训难点：①与商店领导和店员的沟通；②材料数据的完整、详细、准确；③资料的整理和归纳；④看板版式的设计。

门窗材料调研及看板制作项目任务书

任务编号	D6－1
学习单元	门窗工程
任务名称	门窗材料调研－制作________门窗材料品牌看板
任务要求	调查本地材料市场铝合金或塑钢门窗材料，重点了解3款受消费者欢迎的铝合金门窗材料品牌、品种、规格、特点、价格
实训目的	为建筑装饰设计和施工收集当前流行的市场材料信息，为后续设计与施工提供第一手资料
行动描述	1. 参观当地大型的装饰材料市场，全面了解各类吊顶装饰材料 2. 重点了解3款市场受消费者欢迎的________门窗材料品牌、品种、规格、特点、价格 3. 将收集的素材整理成内容简明、可以向客户介绍的材料看板

续表

工作岗位	本工作属于工程部、设计部、材料部，岗位为施工员、设计员、材料员
工作过程	到建筑装饰材料市场进行实地考察，了解铝合金或塑钢门窗材料的市场行情，为装修设计选材和施工管理的材料选购质量鉴别打下基础 1. 选择材料市场 2. 与店方沟通，请技术人员讲铝合金或塑钢门窗材料品种和特点 3. 收集矿棉板或石膏板宣传资料 4. 实际丈量不同的铝合金或塑钢门窗材料规格、做好数据记录 5. 整理素材 6. 编写3款市场受消费者欢迎的铝合金或塑钢门窗材料的品牌、品种、规格、特点、价格的看板
工作对象	建筑装饰市场材料商店的铝合金或塑钢门窗材料
工作工具	记录本、合页纸、笔、相机、卷尺等
工作方法	1. 先熟悉材料商店整体环境 2. 征得店方同意 3. 详细了解铝合金或塑钢门窗材料品牌和种类 4. 确定一种品牌进行深入了解 5. 拍摄选定铝合金或塑钢门窗材料品种的数码照片 6. 收集相应的资料 注意：尽量选择材料商店比较空闲的时间，不能干扰材料商店的工作
工作团队	1. 事先准备。做好礼仪、形象、交流、资料、工具等准备工作 2. 选择调查地点 3. 分组。4～6人为一组，选一名组长，每人选择一个品牌的铝合金或塑钢门窗材料进行市场调研。然后小组讨论，确定一款铝合金或塑钢门窗材料品牌进行材料看板的制作

附件：________市（区、县）铝合金或塑钢门窗材料市场调查报告（编写提纲）

调查团队成员	
调查地点	
调查时间	
调查过程简述	
调查品牌	
品牌介绍	

品种1		
品种名称		材料照片
材料规格		
材料特点		
价格范围		

续表

品种 2 – n（以下按需扩展）		
品种名称		材料照片
材料规格		
材料特点		
价格范围		

铝合金或塑钢门窗材料市场调查实训考核内容、方法及成绩评定标准

系列	考核内容	考核方法	要求达到的水平	指标	小组评分	教师评分
对基本知识的理解	对门窗材料的理论检索和市场信息捕捉能力	资料编写的正确程度	预先了解门窗的材料属性	30		
		市场信息了解的全面程度	预先了解本地的市场信息	10		
实际工作能力	在校外实训室场所，实际动手操作，完成调研的过程	各种素材展示	选择比较市场材料的能力	8		
			拍摄清晰材料照片的能力	8		
			综合分析材料属性的能力	8		
			书写分析调研报告的能力	8		
			设计编排调研报告的能力	8		
职业关键能力	团队精神和组织能力	个人和团队评分相结合	计划的周密性	5		
			人员调配的合理性	5		
书面沟通能力	调研结果评估	看板集中展示	铝合金或塑钢门窗材料资讯完整美观	10		
任务完成的整体水平				100		

6.2 构造设计实训

通过设计能力实训理解木门窗的材料、构造（二维码 14）。(2 选 1)

1）为某公司的办公室设计木门窗的构造，并画出门窗与墙面的交接构造。

2）将下列其中 1 张照片按木门绘制立面图和节点构造大样。

二维码 14

木门窗设计实训项目任务书

任务编号	D6－2
学习单元	门窗工程
任务名称	实训题目（__）____________
任务要求	按实训要求设计一款木门窗
实训目的	理解木门窗构造原理
行动描述	1. 了解所设计木门窗的使用要求及使用档次 2. 设计出结构牢固、工艺简洁、造型美观的木制品 3. 设计图表现符合国家制图标准
工作岗位	本工作属于设计部，岗位为设计员

续表

工作过程	1. 到现场实地考察，或查找相关资料理解所设计木门窗构造的使用要求及使用档次 2. 画出构思草图和结构分析图 3. 分别画出平面、立面、主要节点大样图 4. 标注材料与尺寸 5. 编写设计说明 6. 填写设计图图框要求内容并签字
工作工具	笔、纸、电脑
工作方法	1. 先查找资料、征询要求 2. 明确设计要求 3. 熟悉制图标准和线型要求 4. 构思草图可进行发散性思维，设计多款方案，然后选择最佳方案进行深入设计 5. 结构设计追求最简洁、最牢固的效果 6. 图面表达尽量做到美观清晰

木门窗工程构造设计实训考核内容、方法及成绩评定标准

考核内容	评价	指标	自我评分	教师评分
设计合理美观	材料选择符合使用要求	20		
	构造设计工艺简洁、构造合理、结构牢固	20		
	造型美观	20		
设计符合规范	线型正确、符合规范	10		
	构图美观、布局合理	10		
	表达清晰、标注全面	10		
图面效果	图面整洁	5		
设计时间	按时完成任务	5		
任务完成的整体水平		100		

6.3 施工操作实训

通过操作能力实训，对铝合金窗工程的施工及验收有感性认识。特别是通过实训项目，对门窗工程的技术准备、材料要求、施工流程和工艺、质量标准和检验方法进行实践验证，并能举一反三（二维码15）。

二维码15

铝合金窗的装配训练项目任务书

任务编号	D6－3
实训任务	铝合金窗的装配训练
学习领域	门窗工程
任务要求	按铝合金窗的施工工艺装配1组铝合金窗
实训目的	通过实践操作，掌握铝合金窗施工工艺和验收方法，为今后走上工作岗位做好知识和能力准备
行动描述	教师根据授课要求提出实训要求。学生实训团队根据设计方案和实训施工现场，按铝合金窗的施工工艺装配一组铝合金窗，并按铝合金窗的工程验收标准和验收方法对实训工程进行验收，各项资料按行业要求进行整理。完成以后，学生进行自评，教师进行点评

续表

工作岗位	本工作属于工程部施工员
工作过程	详见附件：铝合金窗实训流程
工作要求	按国家验收标准，装配铝合金窗，并按行业惯例准备各项验收资料
工作工具	铝合金窗工程施工工具及记录本、合页纸、笔等实训记录工具
工作团队	1. 分组。4～6人为一组，选1名项目组长，确定1名见习设计员、1名见习材料员、1名见习施工员、1名见习资料员、1名见习质检员 2. 各位成员分头进行各项准备。做好资料、材料、设计方案、施工工具等准备工作
工作方法	1. 项目组长制订计划，制订工作流程，为各位成员分配任务 2. 见习设计员准备图纸，向其他成员进行方案说明和技术交底 3. 见习材料员准备材料，并主导材料验收任务 4. 见习施工员带领其他成员进行划线定位，完成以后进行核查 5. 按铝合金门窗的施工工艺进行安装、清理现场准备验收 6. 见习质检员主导进行质量检验 7. 见习资料员记录各项数据，整理各种资料 8. 项目组长主导进行实训评估和总结 9. 指导教师核查实训情况，并进行点评

附件：铝合金窗实训流程（编写提纲）

一、实训团队组成

团队组成	姓名	主要任务
项目组长		
见习设计员		
见习材料员		
见习施工员		
见习资料员		
见习质检员		
其他成员		

二、实训计划

工作任务	完成时间	工作要求

三、实训方案

1. 进行技术准备
2. 画出施工图
3. 机具准备

铝合金门窗施工机具设备表

序号	分类	名称
1	机具	
2	工具	
3	计量检测用具	
4	安全防护用品	

4. 作业条件

5. 编写施工工艺

铝合金门窗施工流程和工艺

序号	施工流程	施工要求
1	划线定位	
2	铝合金窗披水安装	
3	防腐处理	
4	铝合金门窗的安装就位	
5	铝合金门窗的固定	
6	门窗框与墙体间缝隙间的处理	
7	门窗扇及门窗玻璃的安装	
8	安装五金配件	

6. 进行工程验收

铝合金窗工程的质量验收标准如下。

铝合金窗工程质量检验记录

<table>
<tr><th>序号</th><th>分项</th><th>质量标准</th></tr>
<tr><td>1</td><td>主控项目</td><td></td></tr>
<tr><td>2</td><td>一般项目</td><td>
隔断安装的允许偏差和检验方法
<table>
<tr><th rowspan="2">项目</th><th colspan="2">允许偏差（mm）</th><th rowspan="2">检验方法</th></tr>
<tr><th>国标、行标</th><th>企标</th></tr>
<tr><td>外型尺寸</td><td></td><td></td><td></td></tr>
<tr><td>立面垂直度</td><td></td><td></td><td></td></tr>
<tr><td>门与框架的平行度</td><td></td><td></td><td></td></tr>
</table>
</td></tr>
</table>

7. 整理各项资料

以下各项工程资料需要装入专用资料袋。

序号	资料目录	份数	验收情况
1	设计图纸		
2	现场原始实际尺寸		
3	工艺流程和施工工艺		
4	工程竣工图		
5	验收标准		
6	验收记录		
7	考核评分		

8. 总结汇报

实训团队成员个人总结。

1）实训情况概述（任务、要求、团队组成等）

2）实训任务完成情况

3）实训的主要收获

4）存在的主要问题

5）团队合作情况（个人在团队中的作用、团队的整体表现、团队的竞争力如何等）

6）对实训安排有什么建议

9. 实训考核成绩评定

铝合金窗安装实训考核内容、方法及成绩评定标准

系列	考核内容	考核方法	要求达到的水平	指标	小组评分	教师评分
对基本知识的理解	对铝合金窗的理论掌握	编写施工工艺	能正确编制施工工艺	30		
		理解质量标准和验收方法	正确理解质量标准和验收方法	10		
实际工作能力	在校内实训室场所，进行实际动手操作，完成装配任务	检测各项能力	技术交底的能力	8		
			材料验收的能力	8		
			放线定位的能力	8		
			铝合金窗框架安装的能力	8		
			质量检验的能力	8		
职业关键能力	团队精神、组织能力	个人和团队评分相结合	计划的周密性	5		
			人员调配的合理性	5		
验收能力	根据实训结果评估	实训结果和资料核对	验收资料完备	10		
任务完成的整体水平				100		

☆教学单元6　门窗工程·教学指南

6.1　延伸阅读文献

[1] 本手册编委会. 建筑标准·规范·资料速查手册–室内装饰装修工程[M]. 北京: 中国计划出版社, 2006.

[2] 赵肖丹. 门窗构造与安装技术[M]. 北京: 机械工业出版社, 2006.

[3] 新型建筑材料专业委员会. 新型建筑材料使用手册[M]. 北京: 中国建筑工业出版社, 1992.

[4] 高祥生. 现代建筑门窗精选[M]. 南京: 江苏科学技术出版社, 2002.

[5] 中华人民共和国建设部. 建筑装饰装修工程质量验收规范 GB 50210—2001[S]. 北京: 中国建筑工业出版社, 2002.

6.2　理论教学部分学习情况自我检查

1. 简述门窗的分类方式，详述按开启方式分类的主要门窗类型。
2. 如何确定门窗的数量、高度和宽度以及它们的大小?
3. 请用钢笔草图画出门窗的示意方式。
4. 什么是铲口? 什么是灰口? 并用图示表面。
5. 临摹教材中 6–12 这款实木门的典型构造。
6. 详述木门窗施工流程和施工工艺。
7. 简述木门窗的成品保护要点。
8. 铝合金门窗的材料有哪些要求?
9. 简述铝合金门窗的施工流程。
10. 简述铝合金门窗的主控项目和检验方法。

6.3　实践教学部分学习情况自我检查

1. 你对材料市场上铝合金或塑钢门窗材料的品牌、品种、规格、特点、价格情况了解的怎么样?

2. 你是否掌握了铝合金门窗的构造特点?

3. 通过铝合金窗的施工实训，你对铝合金窗的施工施工的技术准备、材料要求、机具准备、作业条件准备、施工工艺编写、工程检验记录等环节是否都清楚了? 是否可以进行独立操作了?

7

教学单元7　木制品工程

教学目标：请按下表的教学要求，学习本章的相关教学内容，掌握相关知识和能力点。

教学单元 7 教学目标 **表 1**

<table>
<tr><th>理论教学内容</th><th>主要知识点</th><th>主要能力点</th><th>教学要求</th></tr>
<tr><td colspan="2">7.1 木制品工程概述</td><td rowspan="6">木制品工程相关概念的把握能力</td><td rowspan="6">了解</td></tr>
<tr><td>7.1.1 分类</td><td></td></tr>
<tr><td>7.1.2 功能</td><td>1. 分隔空间；2. 美化环境；3. 行动辅助</td></tr>
<tr><td>7.1.3 材料</td><td>材料检索 3– 木材</td></tr>
<tr><td>7.1.4 木构件连接构造</td><td>1. 连接对象；2. 连接方式；3. 连接介质</td></tr>
<tr><td>7.1.5 质量检验标准</td><td>1.GB 50210—2001；2. 家具行业的国家标准</td></tr>
<tr><td colspan="3">7.2 橱柜的构造、材料、施工、检验</td><td rowspan="5">重点掌握</td></tr>
<tr><td>7.2.1 构造</td><td>1. 固定橱柜的构造；2. 活动橱柜的构造</td><td rowspan="14">橱柜、木隔断、木门（窗）套构造设计、材料辨识、施工工艺编制、工程质量控制与验收能力</td></tr>
<tr><td>7.2.2 材料</td><td>1. 材料检索；2. 材料要求</td></tr>
<tr><td>7.2.3 施工</td><td>1. 技术准备；2. 机具准备；3. 作业条件；4. 施工流程和工艺；5. 施工注意要点；6. 成品保护</td></tr>
<tr><td>7.2.4 检验</td><td>1. 说明；2. 质量标准</td></tr>
<tr><td colspan="2">7.3 木隔断构造、材料、施工、检验</td><td rowspan="10">熟悉</td></tr>
<tr><td>7.3.1 构造</td><td>1. 中式木隔断；2. 西式木隔断</td></tr>
<tr><td>7.3.2 材料</td><td>1. 材料检索；2. 材料要求</td></tr>
<tr><td>7.3.3 施工</td><td>1. 技术准备；2. 机具准备；3. 作业条件；4. 施工流程和工艺；5. 施工注意要点；6. 成品保护</td></tr>
<tr><td>7.3.4 检验</td><td>1. 说明；2. 质量标准</td></tr>
<tr><td colspan="2">7.4 木门（窗）套构造、材料、施工、检验</td></tr>
<tr><td colspan="2">7.4.1 构造</td></tr>
<tr><td>7.4.2 材料</td><td>1. 材料检索；2. 材料要求</td></tr>
<tr><td>7.4.3 施工</td><td>1. 技术准备；2. 机具准备；3. 作业条件；4. 施工流程和工艺；5. 施工注意要点；6. 成品保护</td></tr>
<tr><td>7.4.4 检验</td><td>1. 说明；2. 质量标准</td></tr>
</table>

<table>
<tr><th>实践教学内容</th><th>实训项目</th><th>主要能力点</th><th>教学要求</th></tr>
<tr><td>7.1 材料认识实习</td><td>木纹饰面板市场调查</td><td rowspan="3">木家具材料、构造设计及隔断装配能力</td><td rowspan="3">熟练应用</td></tr>
<tr><td>7.2 构造设计实训（三选一）</td><td>1）到某商场仔细观察一款固定木家具，并用草图画出它的具体构造
2）设计一款旅游公司木质接待柜，并画出制作大样
3）设计一款中式木隔断，并画出制作大样</td></tr>
<tr><td>7.3 施工操作实训</td><td>木隔断的装配训练</td></tr>
<tr><td colspan="4">教学指南</td></tr>
</table>

装饰装修工程中的木制品工程，指以木材为基本材料的装饰构件在装饰工程中的制作与安装活动。它主要包括木隔断、木家具、木墙柱面、木吊顶、木地面、木楼梯、建筑细部木作，以及其他装饰木作配合工程。它们是建筑室内装饰装修工程设计、施工的主要内容之一。

本章主要介绍木制品装饰装修工程概况、木材及饰面板的属性以及木隔断、固定木家具、活动木家具、门套、窗帘架和窗台板等6类常见的木制品工程构造组成、材料性能、施工工艺、检验标准。

☆**教学单元7　木制品工程·理论教学部分**

7.1　木制品工程概述

7.1.1　分类

木制品工程：

1. 固定木家具——在装饰施工现场制作的木家具木构件，如银行柜台、入墙柜等
2. 活动木家具——由专业设计师设计，由专业家具厂制作，摆放在建筑空间的特定位置
3. 空间分隔构件——如木隔断、木隔墙，以及以木材为框架的玻璃隔断等
4. 室内木构件——如门套、窗帘架、窗台板、散热器罩等室内基础装修构件
5. 木门窗——木制门窗，门窗工程章节中专门论述
6. 木楼梯——木制楼梯，参见专门技术教材
7. 木墙柱面——木制柱墙面，在墙柱面工程章节中专门论述
8. 木吊顶——木制吊顶，在吊顶工程章节中专门论述
9. 木地面——木制木地面，在地面工程章节中专门论述

7.1.2　功能

1. 分隔空间

木制品在建筑装饰工程设计和实际的建筑空间中能起到限定室内空间，丰富空间形象的作用。特别是木隔墙和木隔断，既能作为隔墙和隔断参与空间的分割，从空间上限制人的活动范围，又能运用通透的设计创造出富有层次的内部空间效果。

2. 美化环境

木制品是建筑空间中的“内脏”，像木墙面、木吊顶、木地面、服务台、酒吧台、展酒台、固定家具等各类木制品一般都处于室内空间的重要位置，更是日常各项业务活动的辅助用具。它与人们的视觉、触觉和操作使用关系密切。因此，良好的木制品造型效果对整体室内环境的艺术感觉影响极大，装饰效果非常明显，有的还直接决定室内的风格和格调以及室内的整体审美效果。

3. 行动辅助

木制品中的各种家具用来支撑人体的各种活动，为人的各种活动提供方便。或坐或睡，或支或撑，或架或展，或吊或挂，或储或藏，没有家具的辅助，人类的各种活动就很难完成。

7.1.3 材料

木制品工程的材料是木材和木材的各种衍生制品，如基层板材、饰面板材、木制线条、成品或半成品地板等，它们的具体属性见材料检索 3 - 木材。

7.1.4 木构件连接构造

1. 木制品构件的连接对象

1）木制品各构件之间的连接。

2）木制品构件与安置基体的连接，如木制品与墙柱体、屋顶、楼地板、楼梯之间的连接。

2. 木制品工程构件的连接方式

1）永久连接。通常采用粘胶、钉子等物或采用特殊的榫合构造，使木制品与建筑构件之间形成完全固定的刚性连接。

2）铰接连接。通常采用铰链、锁件等物，将木制品与杆件之间作一个或两个方向的固定连接，并使构件可绕一个或两个方向进行轴转动。

3）装卸连接。多采用扣件、活动铰链等连接，将木制品与杆件作有限制的固定连接，并按需要可随时拆卸构件，又可以重新安装。

3. 木制品构件的连接介质

1）钉结合。连接件的不同，可分为铁钉结合、木螺钉结合，竹钉结合和螺栓结合等。正确地掌握这些结合方式，对提高木装饰工程的质量和工效有很大意义。用螺纹钉、枪钉、蚊钉，螺钉与板边距离应不小于 15mm，螺钉间距以 150 ~ 170mm 为宜，均匀布置，并与板面垂直。钉头嵌入石膏板深度以 0.5 ~ 1mm 为宜应涂刷防锈涂料，并用石膏腻子抹平。

2）胶结合。它是用黏性大的粘结材料把木结构的各构件牢固地粘结在一起。胶结合的原理是：胶结材料通过木纹之间的空隙，均匀地分布在木材表面，并部分渗入木质里层。凝固后，使两块木料表面纤维紧密地胶接在一起。木材胶合工艺能把短料接长、窄料接宽、薄料加厚。能进行装饰贴面和榫接，修补损缺的术构件。胶合后的木制品连接紧密、牢固，强度不亚于钉、榫结合。胶结合的木构件、外形美观，不留加工痕迹，还可防止木料崩裂。

3）五金件结合。用铰链类五金（图 7-1、表 7-1）、活动连接类五金、固定连接类五金、拉手类五金、锁类五金、吊挂类五金等，品种很多，可以根据各类制品的连接及安装要求来具体确定。

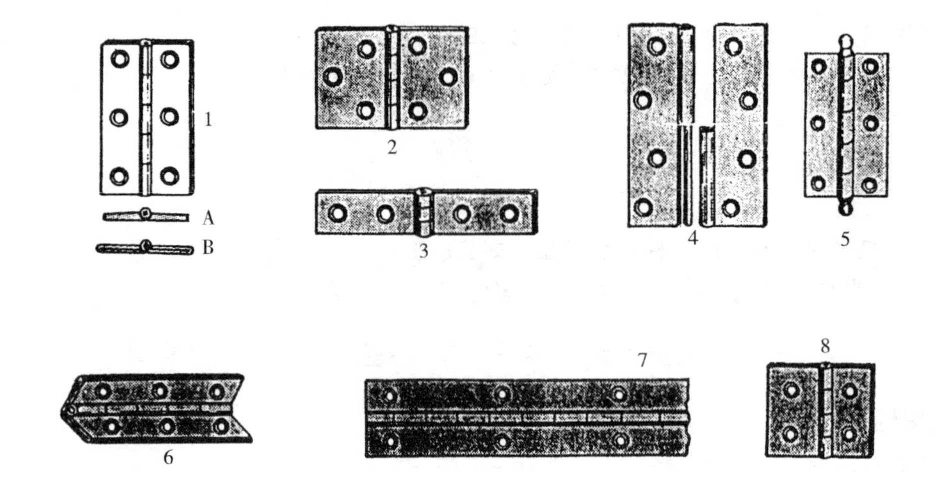

图 7-1　铰链类五金

铰链类五金　　表 7-1

编号	形式	说明
1	标准黄铜铰 A. 冷拉型 B. 压花型	一般用途
2	背折铰	宽片，用于桌叶
3	长条铰	槽按下垂桌板，用于窄的部分
4	摘挂铰	对于不时需取下的门而不用拆卸
5	松轴铰，球顶铰	必需取走门脱离框架、带铰链或接头突起
6	止动铰	开 90° 用于箱子等
7	钢琴铰	用于支承长的连续件，带钻孔及埋头或未钻孔
8	钟合铰	铰链一片较大，用于突出的门

4）榫结合。通过木料之间的榫头和榫孔的相互穿插配合，形成雌雄对应、榫合紧密的木结构。榫结合具有结合稳固、形式多样、外表美观等优点，是木构件结合方式中技术难度最高的一种。图 7-2列举了 24 种榫合构造形式，是木料之间常见的榫合构造。

7.1.5　质量检验

木制品工程的质量检验除了执行《建筑装饰装修工程质量验收规范》GB 50210—2001 以外，还要执行家具行业现使用的国家标准。它们分五大类：一、家具通用技术与基础标准，如木家具通用技术条件 GB/T 3324—1995、金属家具通用技术条件 GB/T 3325—1995、家具 桌、椅、凳类主要尺寸 GB/T 3326—1997、家具柜类主要尺寸 GB/T 3327—1997、家具　床类主要尺寸 GB/T 3328—1997 等；二、家具产品质量标准如木家具　质量检验及质量评定 QB/T 1951. 1—1994、金属家具　质量检验及质量评定 QB/T 1951. 2—1994、软体家具　沙发质量检验及分等综合评定 QB/T 1952. 1—1994 等；

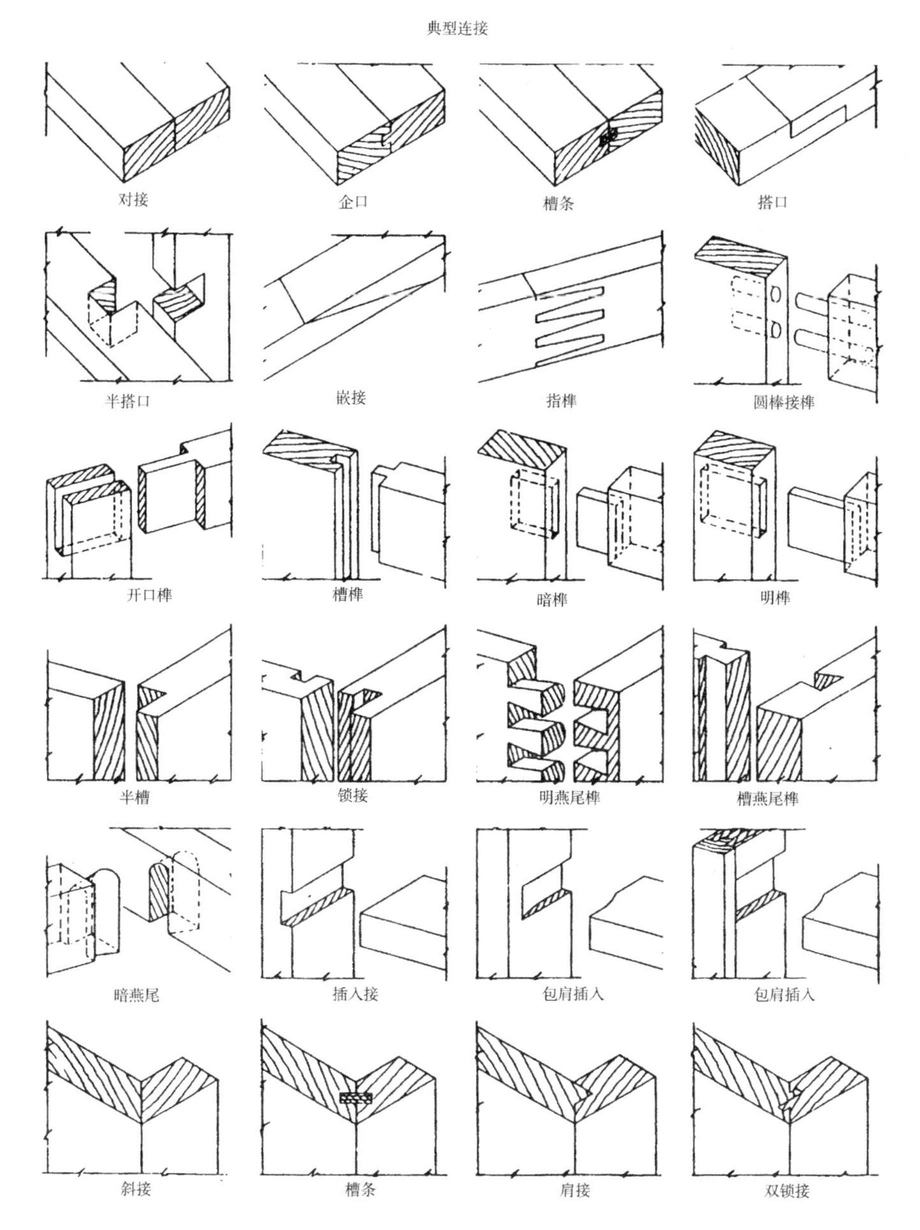

图 7-2　榫合构造的类型图

三、家具产品试验方法标准，如家具力学性能试验　桌类强度和耐久性 GB/T 10357. 1—1989、家具力学性能试验 椅凳类稳定性 GB/T 10357. 2—1989；四、家具用化学涂层试验方法标准，如漆膜附着力测定法 GB/T 1720—1979、清漆、清油及稀释剂外观和透明度测定法 GB/T 1721—1979 等；五、家具用部分辅助材料及其试验方法标准，如刨花板 GB/T 4897—1992、胶合板普通胶合板通用技术条件 GB/T 9846. 4—1988、GB/T 9846. 11—1988 胶合板含水率的测定等。

7.2 橱柜构造、材料、施工、检验

7.2.1 构造

1. 固定橱柜的构造

固定橱柜是建筑装饰装修现场施工中工程量很大的一项工程内容，常见的表现形式有入墙柜、各类柜台等家具。下面列举这三类木家具的常见构造。

1）入墙柜

（1）入墙柜的构造主要有两类：一是与建筑相依，二是与建筑相嵌。

（2）它与活动的框式家具相比，结构形式基本相同。不同的地方有两点：一是家具的部分外表面被建筑物遮挡，因此不需要采用高档饰面板，只要采用基层板即可。二是在家具与建筑的连接部位需要用一根贴缝的装饰木线条收口，从而达到“天衣无缝”的目测效果。图7-3是一款入墙柜的典型构造和细部节点。

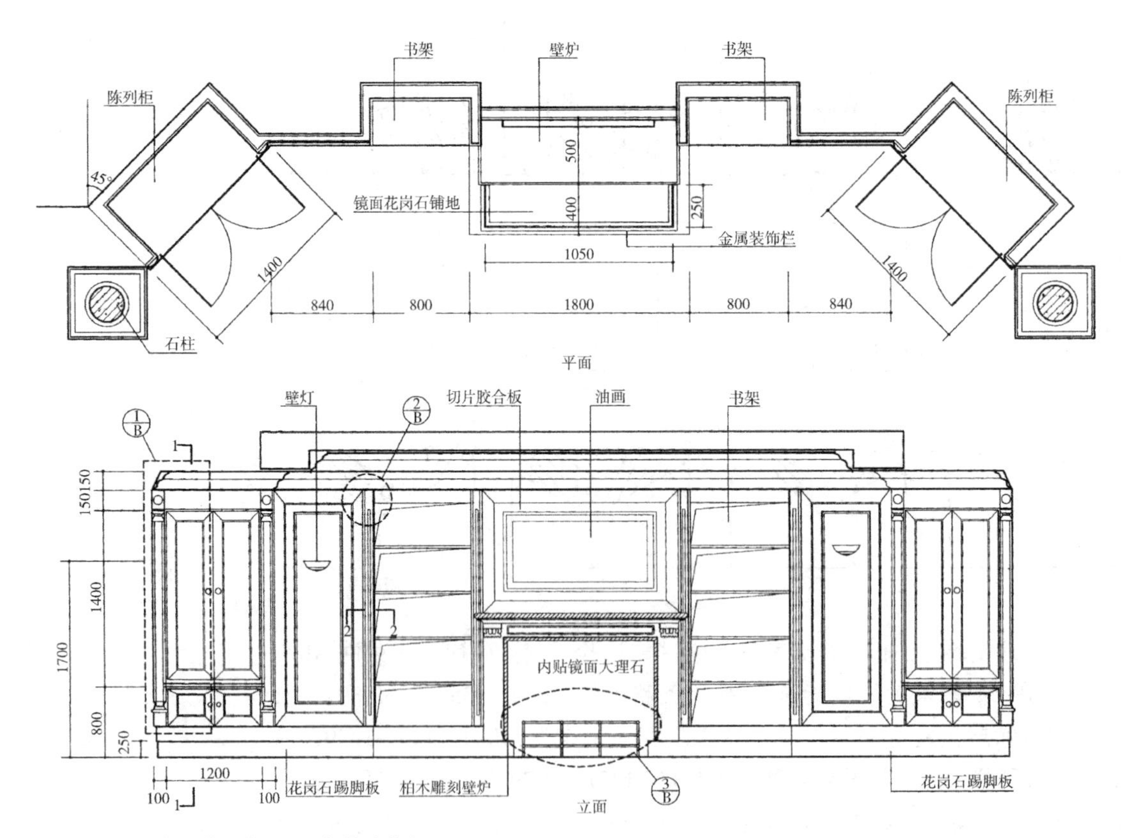

图7-3　入墙柜的典型构造和细部构造节点

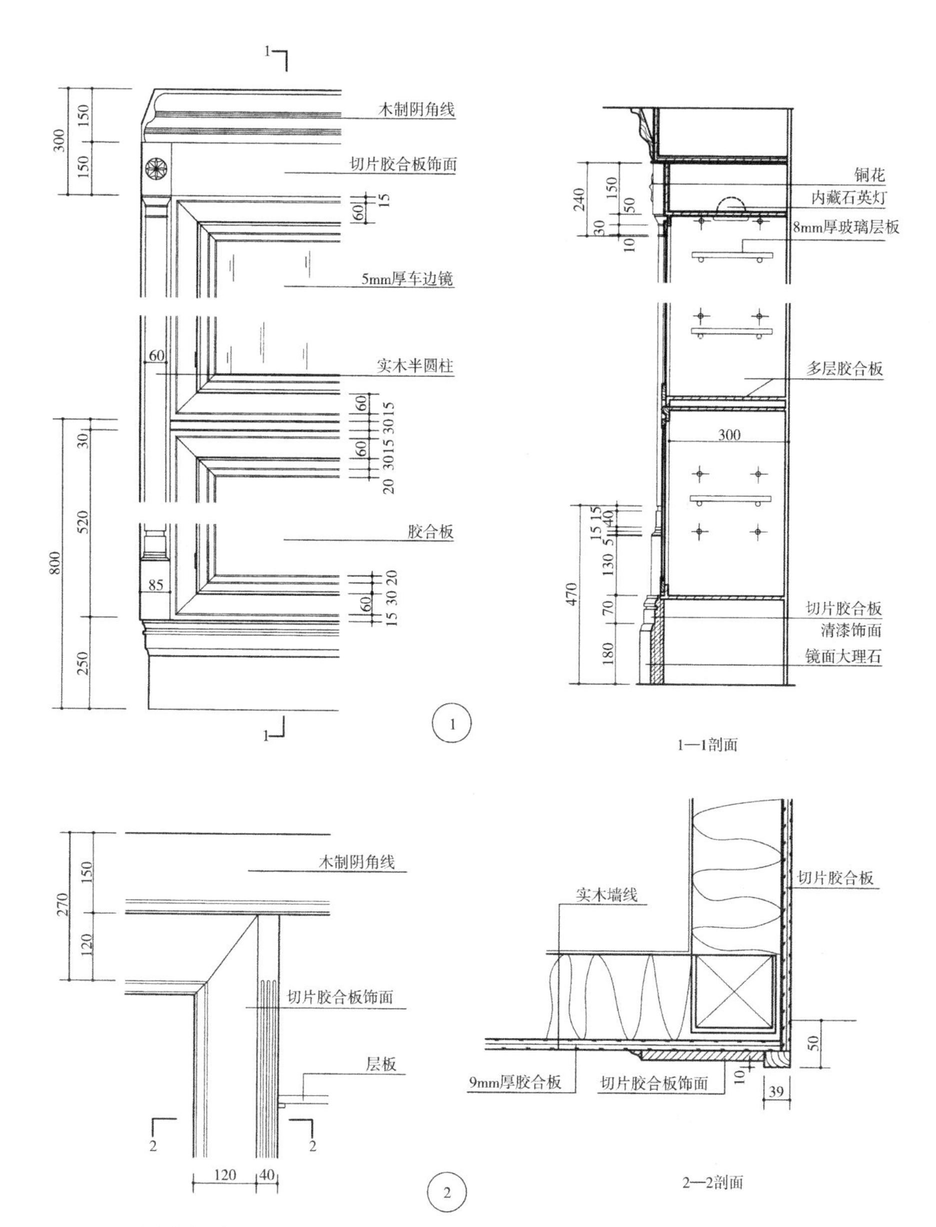

图7-3　入墙柜的典型构造和细部构造节点（续）

2）固定柜台

银行柜台、报关柜台等出于安全的要求都要与地面紧密连接，因此是不可搬动的固定家具。这类木家具构造的关键在于它与地面的连接。图7-4给出了两种典型的连接构造实例。

（1）钢骨架连接构造。在较长的台、架中，较多采用钢骨架。它一般是采用角钢焊制，先焊成框架，再定位安装固定。它与地面、墙面的连接，一般是用膨胀螺栓直接固定，也可用预埋铁件与角钢架焊接固定。

①钢骨架与木饰面结合。需在钢骨架上用螺栓固定数条木方骨架，也可固定厚胶合板，以保证钢骨架与木饰面结合稳妥。

②钢骨架与石板饰面结合。需在钢骨架上有关对应部位焊敷钢丝网抹灰并

预埋钢丝或不锈钢丝，以便于粘结和绑扎石板饰面。钢骨架的混合结构设置体如图 7-4（*a*）所示。

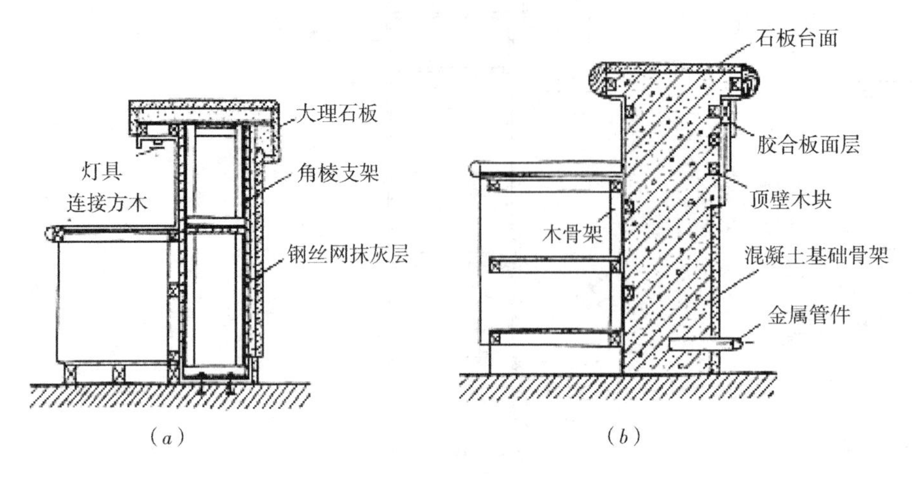

图 7-4　银行柜台的各种连接方式
（*a*）钢骨架混合结构示例；（*b*）混凝土骨架混合结构示例

（2）混凝土或砖砌骨架连接构造。当采用混凝土或砌砖方式设置体基础骨架时，可在其面层直接镶贴大理石或花岗石饰面板。

①与木结构结合。应在相关结合部位预埋防腐木块，并用素水泥浆将该面抹平修整，木块平面与水泥面一样平。

②与金属管件结合。在其侧面与之连接时也应预埋连结件，或将金属管事先直接埋入骨架中。如图 7-4（*b*）所示。

图 7-5是某公司的接待柜构造实例，柜台与建筑的连接采用的是混凝土或砖砌骨架连接构造。图 7-6是银行填单台构造实例，它依靠中间的混凝土柱子与建筑固定连接。

2. 活动橱柜的构造

小体量的活动家具一般都是由成品家具厂选购的。建筑装饰装修工程中的活动橱柜一般指体量比较大的搬动不方便的橱柜。这类橱柜除了不需要与建筑固定连接，其他构造和制作工艺与固定家具无异。下面列举了几款工程中常见的典型橱柜的构造（图 7-7、图 7-8）。一般的构造规律都是用木挡或细木工板等基层材料做框架造型，然后再用各类饰面板将与人接触的部位进行饰面装饰。

7.2.2　材料

1. 材料检索

橱柜制作的木材属性详见材料检索 3 – 木材。

橱柜制作的五金属性详见材料检索 12 – 五金材料。

2. 材料要求

材料要求见表 7-2。

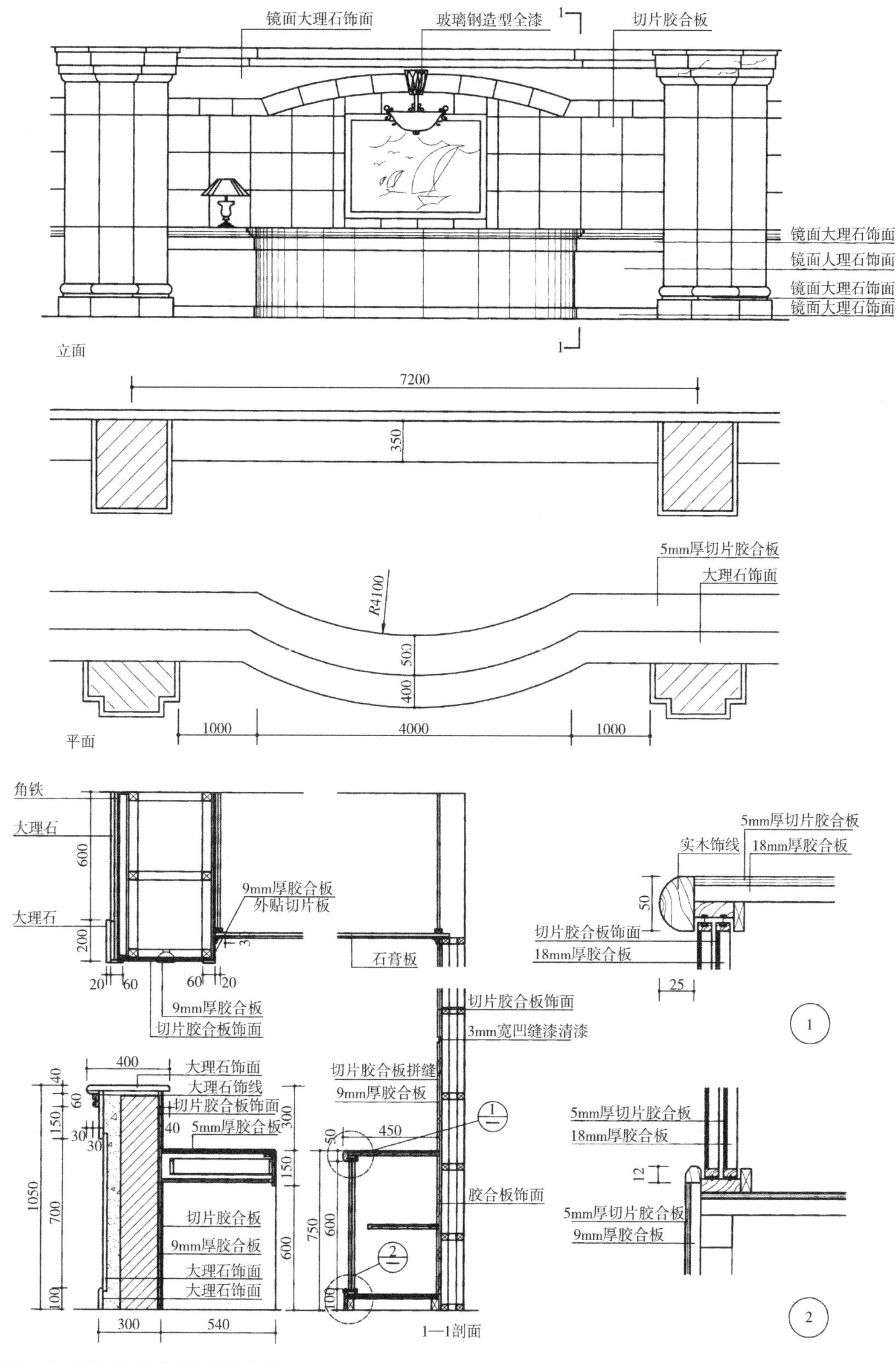

图 7-5　是某公司的接待柜构造实例

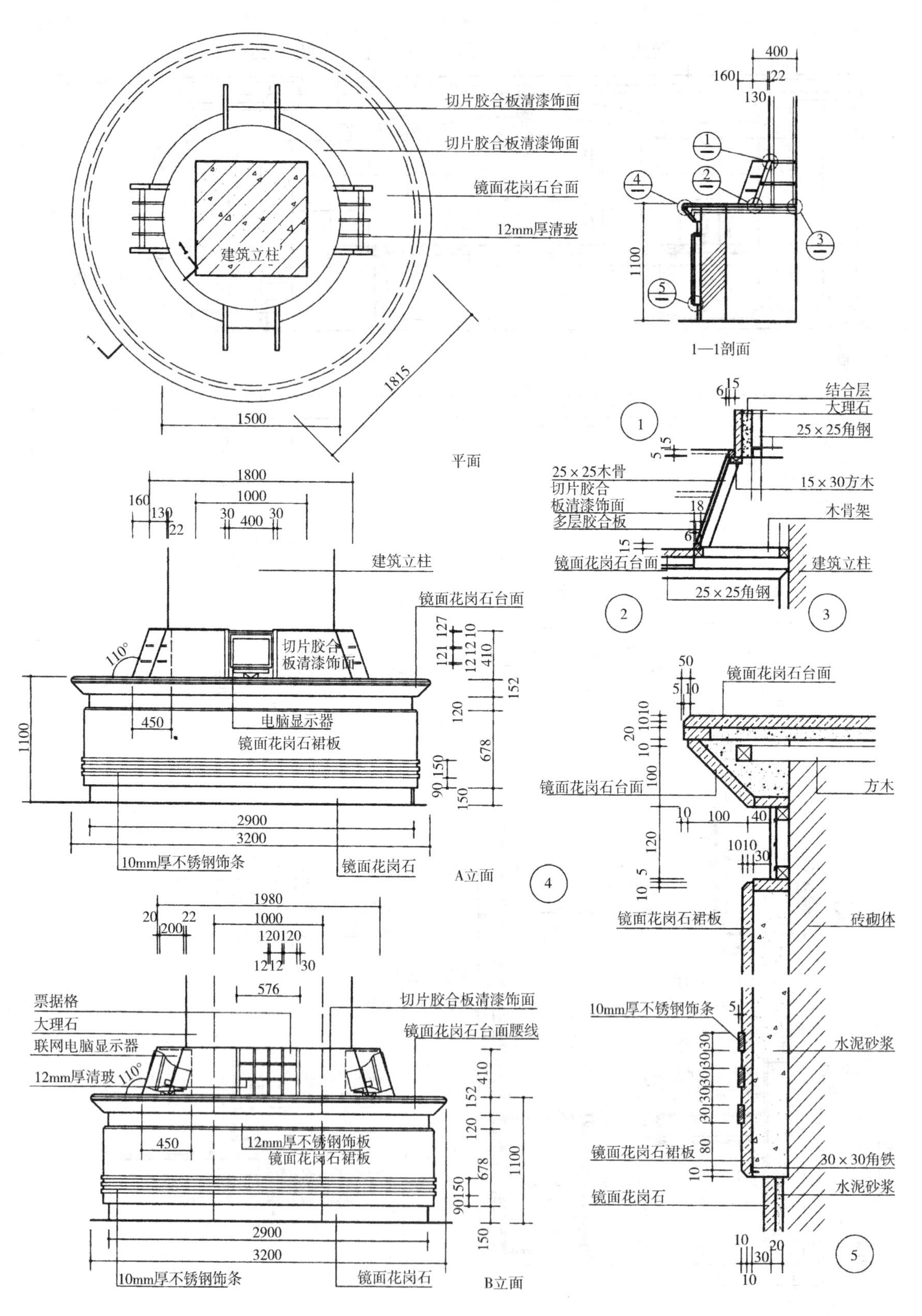
切片胶合板清漆饰面
切片胶合板清漆饰面
镜面花岗石台面
12mm厚清玻
建筑立柱
1500
1815
平面
1—1剖面
结合层
大理石
25×25角钢
25×25木骨
切片胶合
板清漆饰面
多层胶合板
15×30方木
木骨架
镜面花岗石台面
建筑立柱
25×25角钢
建筑立柱
镜面花岗石台面
切片胶合
板清漆饰面
电脑显示器
镜面花岗石裙板
10mm厚不锈钢饰条
镜面花岗石
A立面
镜面花岗石台面
镜面花岗石台面
方木
镜面花岗石裙板
砖砌体
票据格
大理石
联网电脑显示器
12mm厚清玻
切片胶合板清漆饰面
镜面花岗石台面腰线
12mm厚不锈钢饰板
镜面花岗石裙板
10mm厚不锈钢饰条
镜面花岗石
B立面
10mm厚不锈钢饰条
水泥砂浆
镜面花岗石裙板
30×30角铁
水泥砂浆
镜面花岗石

图7-6　银行填单台

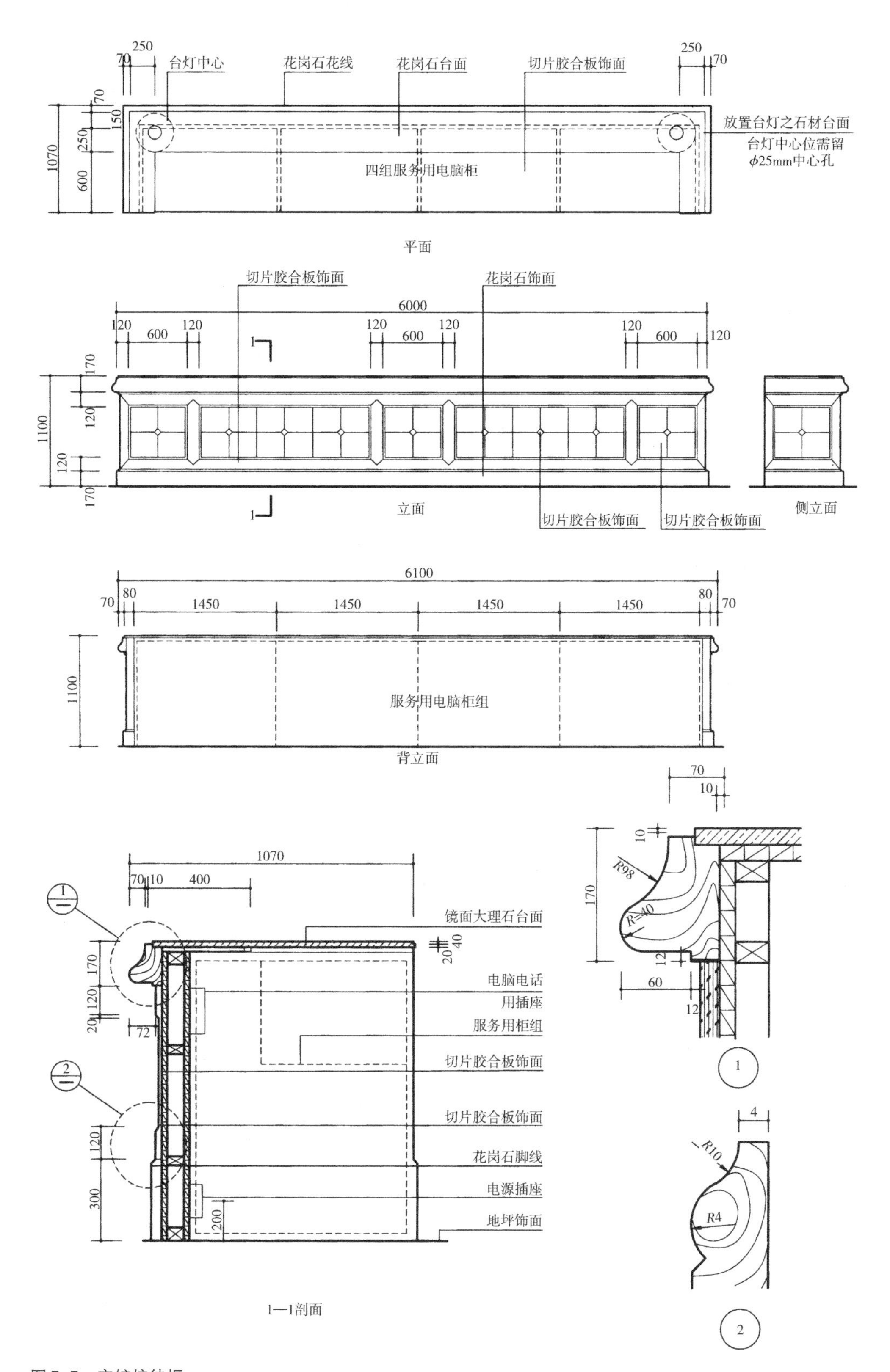
台灯中心
花岗石花线
花岗石台面
切片胶合板饰面
放置台灯之石材台面
台灯中心位需留
ϕ25mm中心孔
四组服务用电脑柜
平面
切片胶合板饰面
花岗石饰面
立面
切片胶合板饰面
切片胶合板饰面
侧立面
服务用电脑柜组
背立面
镜面大理石台面
电脑电话
用插座
服务用柜组
切片胶合板饰面
切片胶合板饰面
花岗石脚线
电源插座
地坪饰面
1—1剖面

图 7-7　宾馆接待柜

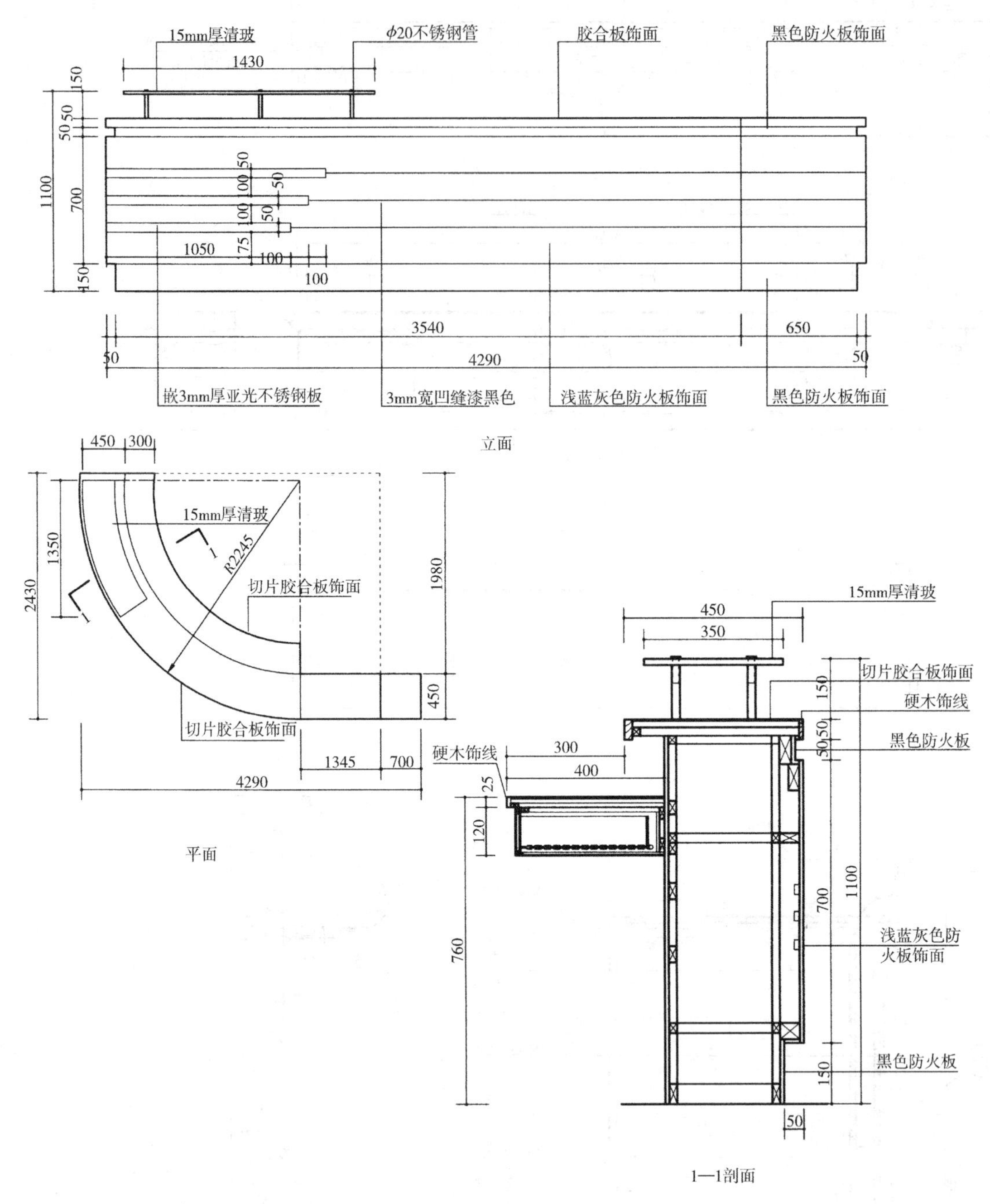
15mm厚清玻
ϕ20不锈钢管
胶合板饰面
黑色防火板饰面
嵌3mm厚亚光不锈钢板
3mm宽凹缝漆黑色
浅蓝灰色防火板饰面
黑色防火板饰面
立面
切片胶合板饰面
切片胶合板饰面
平面
15mm厚清玻
切片胶合板饰面
硬木饰线
黑色防火板
硬木饰线
浅蓝灰色防火板饰面
黑色防火板
1—1剖面

图7-8　公司接待柜

材料要求表　　表 7-2

序号	材料	要求	
1	常用材料如木材、胶合板、纤维板、金属包箱、金属框包箱、硬质 PVC 塑料等	均应符合设计要求，并有产品合格证书和环保、燃烧性能等级检测报告。其中木材含水率不大于 12%。人造板使用面积超过 $500m^2$ 时应做甲醛含量复试	由厂家加工的壁橱、吊柜的成品和半成品应符合设计要求，并应有产品合格证书和环保、燃烧性能等级检测报告
2	玻璃、有机玻璃	应有产品合格证书	
3	五金配件、铰链、插销、拉手、锁、木螺钉	应有产品合格证书	
4	其他材料如防腐剂、胶粘剂、气钉、钉子等	应有产品合格证书，其中防腐剂、胶粘剂应有环保检测报告	

7.2.3 施工工艺

本工艺适用于建筑工程中室内壁橱、吊柜、窗台柜的制作与安装。

1. 技术准备

1）理解设计要求。组织专业技术人员熟悉设计图纸，对操作工人进行安全技术交底。

2）委托加工。对委托加工的成品、半成品进行翻样并委托加工，明确材质及质量要求。

3）确认样板。橱柜样板经设计、监理、建设单位验收确认后，再进行大面积施工。

2. 机具准备

橱柜及其他木制品工程的主要工具见表 7-3。

木制品工程的主要工具表　　表 7-3

工具大类	功能类别	工具品种
量测工具	长度量测工具	钢直尺、钢卷尺、长卷尺、丈杆与量棒
	角度量测工具	直角尺、三角尺、活络尺
	垂直、平整、水平测量工具	水平尺、托线板、塞尺
	画线、弹线工具	墨斗、竹笔、铅笔、墨株
手工加工工具	锯割工具	架锯（分粗齿锯、中齿锯、细齿锯）、钢丝锯、板锯
	砍削工具	斧头、分单刃斧和双刃斧
	刨削工具	平刨（分粗刨、细刨、光刨）、槽刨、边刨、花式线脚刨
	削凿工具	平凿（分窄刃凿、宽刃凿）、扁凿、圆凿
旋具与钻孔工具	旋具	一字槽式旋具、十字式旋具
	钻孔工具	手钻、螺蛳钻、手摇钻

续表

工具大类	功能类别	工具品种
手提电动工具	锯割工具	电动圆锯、电动曲线锯、型材切割机
	刨削工具	主要是电刨
	打磨工具	砂光机、角相磨光机
	紧固工具	打钉枪、射钉枪、拉铆枪、电动旋具
	钻孔工具	微型电钻、冲击钻
加工机械	锯割机械	带锯机、圆锯机
	刨削机械	平刨机、压刨机
	车削机械	木工车床、木工铣床
	多用机械	锯、车、刨、钻一体机

3. 作业条件

1）结构工程和室内墙面抹灰已完，并经验收合格。

2）室内标高线、控制线已弹，并经验收合格。

3）预制的壁橱、吊柜半成品进场后，经验收、无窜角、翘曲、劈裂现象，符合设计要求后，及时将接触墙、地、顶面处涂刷防腐涂料，其余各面涂刷一道底漆，并分类码放、垫高，保持通风。

4. 施工流程和工艺

1）固定木家具施工流程和工艺见表7-4。

固定木家具施工流程和工艺表　　表7-4

工序	施工流程	施工要求
1	放线定位	根据设计要求，以室内垂直控制线和标高控制线为基准，弹出壁柜、吊柜、窗台柜的相应尺寸控制线，其中吊柜的下皮标高应在200mm以上，柜的深度一般不宜超过650mm
2	框架安装	1）安装前先对框架进行校正、套方，在柜体框架安装位置将框架固定件与墙体木砖固定牢固，每个固定件不少于两个钉子 2）若墙体为加气混凝土或轻质隔墙时，应按设计要求进行固定，如设计无要求时，可预钻ϕ15、深70～100mm的孔，并在孔内注入胶粘水泥浆，再埋入经过防腐处理的木楔，待粘结牢固后再安装 3）采用金属框架时，需在安装固定框架的位置预埋铁件，在校正、套方、吊直及标高位置核对准确无误后，对框架进行焊接固定
3	隔板、支点安装	按施工图纸的隔板标高位置及支点构造的要求，安装支点条（架），木隔板支点一般将支点木条钉在墙体的预埋木砖上，玻璃隔板一般采用与其匹配的U形卡件进行固定
4	框扇安装	壁橱、吊柜、窗台柜的门扇有平开、推拉、翻转、单扇、双扇等形式 1）按图纸要求先核对检查框口尺寸，并根据设计要求选择五金件的规格、型号及安装方式。并在扇的相应部位定点划线。框口高度一般量左右两端，框口宽度量上、中、下三点，图纸无要求时，一般按扇的安装方式、规格尺寸确定五金件的规格、型号。一般对开扇裁口的方向，应以开启方向的右扇为盖口扇

续表

工序	施工流程	施工要求
4	框扇安装	2）根据划线进行框扇修刨，使框、扇留缝合适，当框扇为平开、翻转扇时，应同时划出框、扇铰链槽位置，划线时应注意避开上下冒头。然后用扁铲剔出铰链槽，安装铰链。安装时，先装扇的铰链，并找正固定螺钉，接着试装柜扇，修整铰链槽深度，调整框扇边缝合适后固定于框上，每只铰链先拧一颗螺钉，然后关闭门扇，检查框与扇平整、缝隙均匀合适、无缺陷且符合要求后，再将螺钉全部安上拧紧、拧平安装时应注意木螺钉钉入全长的1/3，拧入2/3。若框、扇为黄花松或其他硬木时，铰链安装螺钉应定位后先打孔，孔径为木螺钉直径的0.9倍，孔深为螺钉长度的2/3 3）若为对开扇应先将框扇尺寸量好，确定中间对开缝、裁口深度，划线后进行裁口、刨槽，试装合适后，先装左扇，后装盖扇 4）若为推拉扇，应先安装上下轨道。吊正、调整门扇的上、下滑轨在同一垂直面上后，再安装门扇 5）若柜扇为玻璃或有机玻璃，应注意中间对开缝及玻璃扇与四周缝隙的大小
5	五金安装	五金的品种、规格、数量按设计要求和橱柜的造型与色彩选择五金配件。安装时注意位置的选择，无具体尺寸时应按技术交底进行

2）活动木家具施工流程和工艺见表7-5。

活动木家具施工流程和工艺表　　表7-5

工序	施工流程	施工要求
1	放线定位	根据房间实际尺寸结合设计图纸的要求，以室内垂直控制线和标高控制线为基准，弹出壁柜、吊柜、窗台柜的相应尺寸控制线，其中吊柜的下皮标高应在2m以上，三种柜的深度一般不宜超过650mm
2	框架安装	1）根据设计图纸要求及壁橱、吊柜、窗台板所在的位置与尺寸，在墙体上用电锤钻孔，孔径ϕ15，孔深70mm，孔距500mm，成梅花形布置，钉防腐木楔 2）根据现场实际尺寸，采用细木工板或多层板作为底板加工制作框架，框架安装时，先根据墙面木砖位置在橱柜框架上划好标志，并在框架背面刷好防腐涂料。找正、吊直调整准确后，用100mm铁钉将框架在墙上固定 3）板与板之间的连接可采用木楔连接或铁钉连接，铁钉间距不大于300mm，连接处应刷乳胶漆
3	隔板、支点安装	按施工图纸的隔板标高位置及支点构造安装支点条（架），木隔板支点可采用支点木条钉在墙体的预埋木砖上，再安隔板，也可以采用直接将隔板用铁钉固定在框架上，还可以采用U形卡件或不锈钢条支点安装隔板。玻璃隔板一般采用与其匹配的U形卡件作为支点进行固定，也可以采用不锈钢钉（条）作为支点
4	饰面板安装	饰面板一般采用三合板，材质及纹理应与门扇饰面一致 1）作业时，细木工板表面与饰面板背面均刷乳胶，在同一房间，应挑选纹理、色泽一致的饰面板，不得在表面钉钉子，而应在面层上铺垫50mm宽五厘板条 2）待结合层胶干透后取下，面板用气钉铺钉，钉间距100mm。各口收边条均采用7mm厚，与橱柜饰面相同材质的实木线条收边

续表

工序	施工流程	施工要求
5	柜扇制作、安装	柜扇可由厂家加工，也可现场制作，按设计要求的柜扇形式和框口实际尺寸，用木工板作为底板加工柜扇，柜扇两面贴与框体相同的饰面板，四周以实木线条封边，其安装方法同上表
6	五金安装	1）五金的品种、规格、数量按设计要求的橱柜的造型与色彩选择五金配件 2）安装时注意位置的选择，无具体尺寸时，操作应按技术交底进行，一般应先安装样板，经确认后再进行大面积安装

3）橱柜工程饰面施工工序。

当橱柜中涉及一些不同材料的饰面施工时，应注意安装程序的合理安排，它关系到装饰整体性和最终的装饰质量。通常的施工程序如下：

石板类材料镶贴

▼

金属类材料的饰面或玻璃镜镶贴

▼

进行木结构装饰

（各木构件施工时最好统一选材、统一施工，以防止饰面色彩产生误差）

▼

油漆饰面

（木饰面需要做混色油漆时，须一次调足油漆的需用量）

▼

塑料面板的镶贴操作

▼

皮革、人造革和丝绒布等饰面表面包覆

▼

对衔接缝进行收口处理

4）胶合板施工要点。橱柜工程是大量使用胶合板的工程，对胶合板的施工要注意以下几点：

（1）胶合板的选择必须符合建筑的等级和用途。特别是有防火要求的场合必须使用阻燃型（又名难燃型）两面刨光一级胶合板。该板遇火时阻燃剂遇火熔化，能在表面形成一层“阻火层”，且能分解出大量不燃气体，排挤胶合板面的空气，有效地阻止火势的蔓延。阻燃型胶合板所用之阻燃剂无毒、无臭、无污染，对环境毫无不良影响，故已成为当今建筑装饰装修不可缺少的一种难燃型木质板材。

（2）胶合板的安装基体表面必须符合质量要求。如用油毡、油纸防潮时，应铺设平整，搭接严密，不得有皱褶、裂缝和透孔等。

（3）胶合板固定时钉距必须合适。一般情况下，钉距为 80～150mm，钉长为 20～30mm，钉帽不得外露，以防生锈。以防止铺钉的胶合板不牢固而出现翘曲、起鼓等现象，钉帽要求打扁，并进入板面 0.5～1mm，钉眼处用油性腻子抹平。

（4）胶合板的接缝应在木龙骨上。如设计为明缝且缝隙设计无规定时，缝宽以 8～10mm 为宜，以便适应面板可能发生的微量伸缩。缝隙可做成方形，也可做成三角形。如缝隙无压条，则木龙骨正面应刨光，以使看缝美观。当装饰要求较高时，接缝处可钉制木压条或嵌金属压条。

（5）墙面进行胶合板安装时，其阳角处应做护角，以防止板边棱角损坏，并能增强装饰效果。

5）微薄木装饰板施工工艺。微薄木装饰板，又名薄木皮装饰板，是将薄木皮复合于胶合板或其他人造板上加工而成。微薄木装饰板有一般及拼花两种。旋切者纹理均系弦向，花纹粗变化多端，但表面裂纹较大。刨切者纹理排列有序，色泽统一，表面裂纹易于拼接。这种装饰木纹逼真，真实感强，美观大方，施工方便。图 7-9微薄木装饰板的一些典型的木纹拼接方式。

图 7-9　微薄木装饰板木纹拼接方式

橱柜工程是经常使用微薄木装饰板的工程，微薄木装饰板的施工有自己的特点。微薄木装饰板的施工流程和工艺见表 7-6。

微薄木装饰板施工流程和工艺表　　　　表 7-6

序号	施工流程	施工要求
1	墙内预留防腐木砖	砖墙或混凝土墙在砌筑、浇筑时在墙内预埋防腐木砖，沿横、竖木龙骨中心线，每1000mm（中距）一块或按具体设计
2	墙体表面处理	1）将墙体表面的灰尘、污垢、浮砂、油渍、垃圾、溅末及砂浆流痕等清除干净，并洒水湿润 2）凡有缺棱掉角之处，应用聚合物水泥砂浆修补完整。混凝土墙如有空鼓、缝隙、蜂窝、孔洞、麻面、露筋、表面不平或接缝错位之处，均须妥善修补
3	墙体表面涂防潮（水）层	墙体表面满涂防水层一道。须涂刷均匀，不得有厚薄不均及漏涂之处。防潮层应为5～10mm厚，至少三遍成活，须尽量找平，以便兼做找平层用
4	钉木龙骨	40mm×40mm木龙骨，正面刨光，满涂防腐剂一道，防火涂料三道，按中距双向钉于墙体内预埋防腐木砖之上。龙骨与墙面之间有缝隙之处，须以防腐木片（或木块）垫平垫实
5	钉基层板	按照设计要求，选择厚度准确的基层板品种，对墙柱面进行整平，或制作家具及构造的大框架
6	检查墙体边线	墙体阴阳角及上下边线是否平直方正，关系到微薄木装饰板的装修质量，因微薄木装饰板各边下料平直方正，如墙体边线不平直方正，则将造成装饰板"走形"现象而影响装修质量
7	选板	1）根据具体设计的要求，对微薄木装饰板进行花色、质量、规格的选择，并一一归类 2）所有不合格未选中的装饰板，应送离现场，以免混淆
8	微薄木装饰板翻样、试拼、下料、编号	1）将微薄木装饰板按建筑内墙装修具体设计的规格、花色、具体位置等，绘制施工大样详图，大样要试拼要特别注意木纹图案的拼接，下料，编号，校正尺寸，四角套方 2）下料时须根据具体设计对微薄木装饰板拼花图案的要求进行加工，锯切时须特别小心，锯路要直，须防止崩边，并需预留2～3mm的刨削余量 3）刨削时须非常细致，一般可将数块微薄木装饰板成叠的夹于两块木板中间，露出应刨部分，用夹具将木板夹住，然后用刨十分仔细地缓缓刨削，直至刨到夹木边沿为止 4）刨刀须锋利，用力要均匀，每次刨削量要小，否则微薄木装饰板表面在边口处易崩边脱落，致使板边出现点点缺陷，影响装修美观 5）上述加工完毕经检查合格后，将高级微薄木装饰板一一编号备用
9	安装微薄木装饰板	1）清理、修整木龙骨及微薄木装饰板。上道工序完成后，须将木龙骨表面及微薄木装饰板背面加以清理，清除灰尘、钉头、硬粒、杂屑。粘贴前对全部龙骨再次检查、找平，如龙骨表面装饰板背面仍有微小凹陷之处，可用油性腻子补平，凸处用砂纸打磨 2）涂防腐、防火涂料。微薄木背面满涂氟化钠防腐剂一道，防火涂料三道。涂刷须均匀，不得有漏涂之处 3）弹线。根据试拼时的编号，在墙面龙骨上将微薄木装饰板的具体位置一一弹出。弹线必须准确无误，横平竖直，不得有歪斜或错位之处 4）涂胶。在微薄木装饰板背面与木龙骨粘贴之处，以及木龙骨上满涂胶粘剂。胶粘剂应根据微薄木装饰板所用的胶合板底板的品种而定。涂胶须薄而均匀，胶中严禁有任何屑粒、灰尘及其他杂物

续表

序号	施工流程	施工要求
9	安装微薄木装饰板	5）上墙粘贴。根据微薄木装饰板的编号及龙骨上的弹线，将装饰板顺序上墙，就位粘贴 （1）粘贴时须注意拼缝对口、木纹图案拼接等。接缝对口越少越好，最好用装饰板原来板边对口，这是因为原边较平直，且无崩边缺口现象。并使对口拼缝尽可能安装在不显眼处，如在墙面500mm以下或2000mm以上等处 （2）阴阳角处的对口接缝，侧边必须非常平直，不得有歪斜不正、不平、不直之处 （3）每块微薄木装饰板上墙就位后，须用手在板面与龙骨的胶接处均匀按压，随时与相邻各板调直。并注意使木纹纹理与相邻各板拼接严密、对称、正确，符合设计要求 （4）粘贴完成后，须将挤出的胶液及时擦净 6）检查、修整。全部微薄木装饰板安装完毕，须进行全面严格的质量检查。凡有不平、不直，对缝不严、木纹错位以及其他与质量标准不符之处，均应彻底纠正、修理
10	封边、收口	根据具体设计要求进行
11	漆面	根据具体设计要求进行漆面，并须严格保证质量，如产品表面已漆过者工序取消

微薄木装饰板的施工注意的其他事项：

（1）若基层为加气混凝土或加气硅酸盐砌体，须在砌筑时，加砌C20细石混凝土砌块，以作固定之用。

（2）若基层为纸面石膏板，则施工工艺流程为：墙面清理、修补 > 自攻螺钉钉孔处理 > 板缝处理 > 满刮腻子找平 > 涂防潮底漆 > 检查墙体边线 > 选板 > 翻样 > 试拼、下料、编号 > 安装（粘贴）> 检查、修整 > 封边、收口 > 漆面。

（3）如不用微薄木装饰板装修内墙，而用微薄木饰面，即单纯的薄木皮时，则须在墙体上先钉胶合板底板，再将薄木皮粘贴于胶合板上。工艺如下：

①用3～5mm厚的两面刨光的一级阻燃型胶合板，表面满刮油性石膏腻子一遍，须厚薄均匀，不得有漏刮之处。

②腻子彻底干后用砂纸打磨平。

③微薄木饰面浸入温水中稍加湿润后，在其背面及胶合板表面涂白乳胶，须涂刷均匀，不得漏涂。

④涂胶10～15min后，当胶液呈半干状态时，粘贴微薄木饰面。须由板上端开始，按垂直线逐步向下压贴，赶出气泡，切忌整张向底板粘贴。接缝处应靠紧、对严，并需对花。然后用电熨斗将饰面板熨平。熨时须垫湿布熨烫，电熨斗温度应在60℃左右。

⑤微薄木粘后一天左右，检查是否有不平之处，若有可用砂纸打平。

⑥微薄木饰面板装修全部完工后，经检查无质量问题，可上油或按具体设计办理。

5. 施工注意要点

1）核实图纸和现场情况。橱柜加工制作前，一定要核实图纸和现场的实际情况，制作时，应根据实际尺寸进行制作，防止由于框与结构洞口尺寸误差太大，造成边框与侧墙、顶与上框间缝隙过大。

2）确定橱柜标高。根据设计要求及地面及顶棚标高，确定橱柜的平面位置和标高。

3）控制抹灰面质量。橱柜安装施工时，一定要保证抹灰面的垂直度与平整度及框架的垂直度、面层的平整度，防止由于抹灰面与框不平，造成贴脸板、压缝条不平。

4）木框架平整。制作木框架时，整体立面应垂直、平面应水平，框架交接处应做榫连接，并应涂刷木工乳胶。

5）固定牢固。侧板、底板、面板应用扁头钉与框架固定牢固，钉帽应做防腐处理。

6）检查木砖质量。框架底板安装前检查木砖是否牢固，数量是否足够，防止由于预埋木砖安装固定不牢、固定点少造成柜框安装不牢。

7）五金件安装到位。五金件可先安装就位，油漆之前将其拆除，五金件安装应整齐、牢固。铰链安装时，铰链槽应平整、深浅一致，螺钉的拧入深度应符合要求，且不得倾斜，防止造成铰链安装不平，螺钉松动或螺帽不平。抽屉应采用燕尾榫连接，安装时应配置抽屉滑轨。

6. 成品保护

1）木制品进场前应涂刷底油一道，靠墙面应刷防腐剂，并入库存放。

2）安装壁柜、吊柜时，严禁碰撞抹灰及其他装饰面的口角，防止损坏成品面层。

3）安装好的壁柜橱柜，应进行遮盖，保护成品不被污染损坏。

4）有其他工种作业时，要适当加以掩盖，防止对饰面板造成碰撞。

5）不能将水、油污等溅湿饰面板。

7.2.4 质量检验

1. 说明

1）本规范适用。本规范适用于橱柜工程的质量验收。

2）检查数量。室内每个检验批至少抽查10%，并不得少于3间；不足3间时应全数检查。

2. 质量标准

橱柜工程的质量验收见表7-7。

橱柜工程的质量验收表　　表7-7

序号	分项	质量标准
1	主控项目	1）橱柜制作与安装所用材料的材质和规格、木材的燃烧性能等级和含水率及人造木板的甲醛含量应符合设计要求及国家现行标准的有关规定 检验方法：观察、检查产品合格证书、进场检验记录、性能检测报告和复验报告记录

续表

序号	分项	质量标准
1	主控项目	2）橱柜安装预埋件或后置埋件的数量、规格、位置应符合设计要求 检验方法：检查隐蔽工程验收记录和施工记录 3）橱柜的造型、尺寸、安装位置、制作和固定方法应符合设计要求。橱柜安装必须牢固 检验方法：观察、尺量检查；手扳检查 4）橱柜配件的品种、规格应符合设计要求。配件应齐全，安装应牢固 检验方法：观察、手扳检查、检查进场验收记录 5）橱柜的抽屉和柜门应开关灵活、回位正确 检验方法：观察、开启和关闭检查
2	一般项目	1）橱柜表面应平整、洁净、色泽一致，不得有裂缝、翘曲及损坏 检验方法：观察 2）橱柜裁口应顺直、拼缝应严密 检验方法：观察 3）橱柜安装的允许偏差和检验方法，见表7-8

橱柜安装的允许偏差和检验方法　　表7-8

项目	允许偏差（mm）		检验方法
	国标、行标	企标	
外形尺寸	3	3	用钢尺检查
立面垂直度	2	2	用1m垂直检测尺检查
门与框架的平行度	2	2	用钢尺检查

7.3 木隔断构造、材料、施工、检验

木隔断是各类建筑室内空间设计中常见的空间构建，在组织空间、分隔空间、丰富空间上有很大的作用。

7.3.1 构造

木隔断的构造形式很多，从功能来分有固定式隔断和活动式木隔断；从形式分有推拉式隔断、折叠式隔断、帷幕式隔断、门罩屏风式隔断；从风格来分主要有西式和中式两类，构造形式也有一些不同。

1. 中式木隔断

中式木隔断有屏风、门罩等表现形式，图7-10便是中式门罩类隔断的典型构造。一般采用框架构造，即有木方构成隔断的主框架，然后再在框架分隔的空间里制作装饰构造。框架主要通过榫合连接的方式构造起来的。中式传统门罩隔断的做法有的非常讲究，如江浙地区常采用一根藤、卡子花和小插入的工艺，要耗费大量的人工，精美无比。现在一般都是通过在隔断的中式框架内镶嵌电脑雕刻的花板组合而成，大大缩短了建造工时，减低造价。图7-11、图7-12为中式隔断的构造变化。

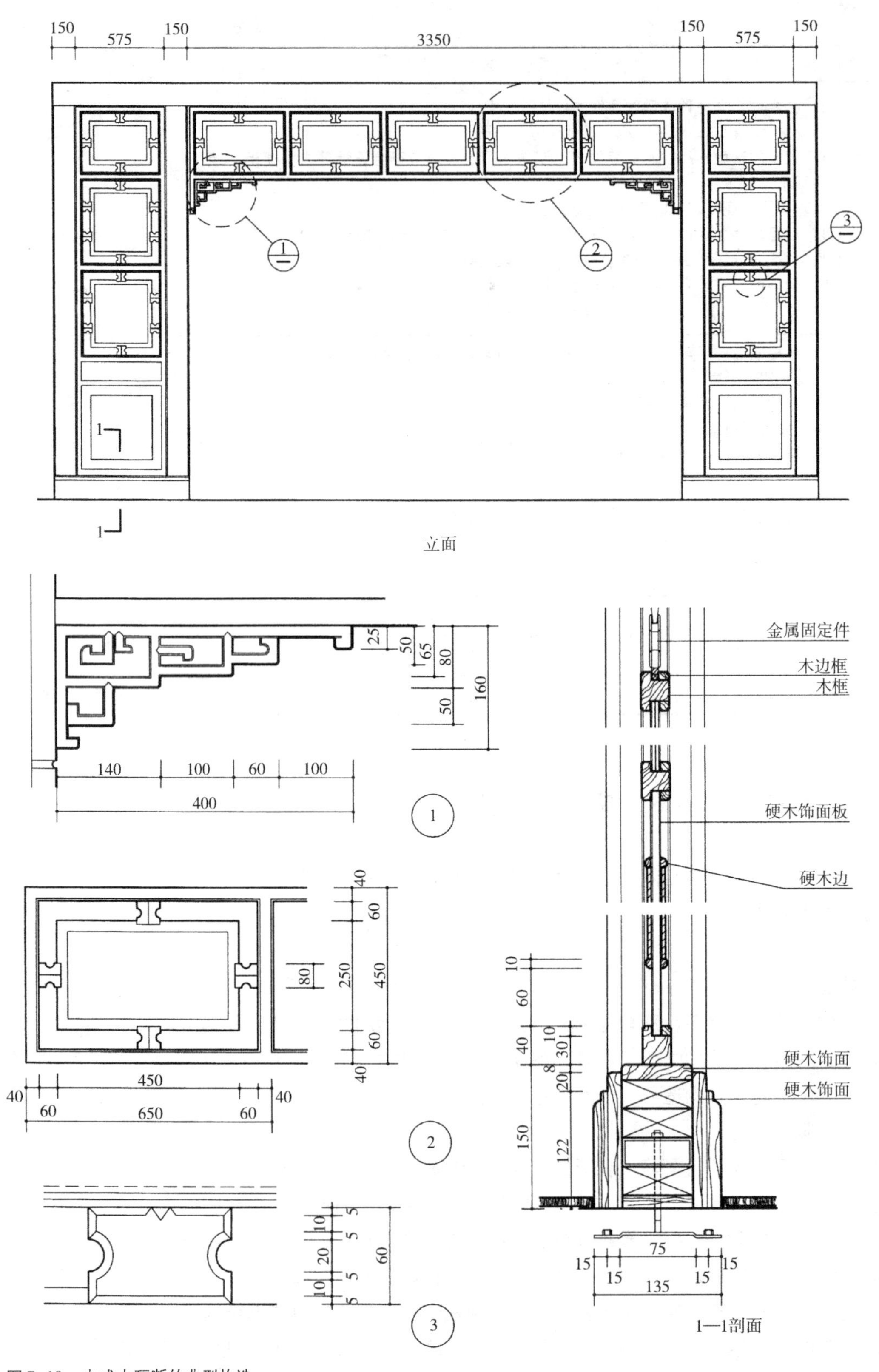

图 7-10　中式木隔断的典型构造

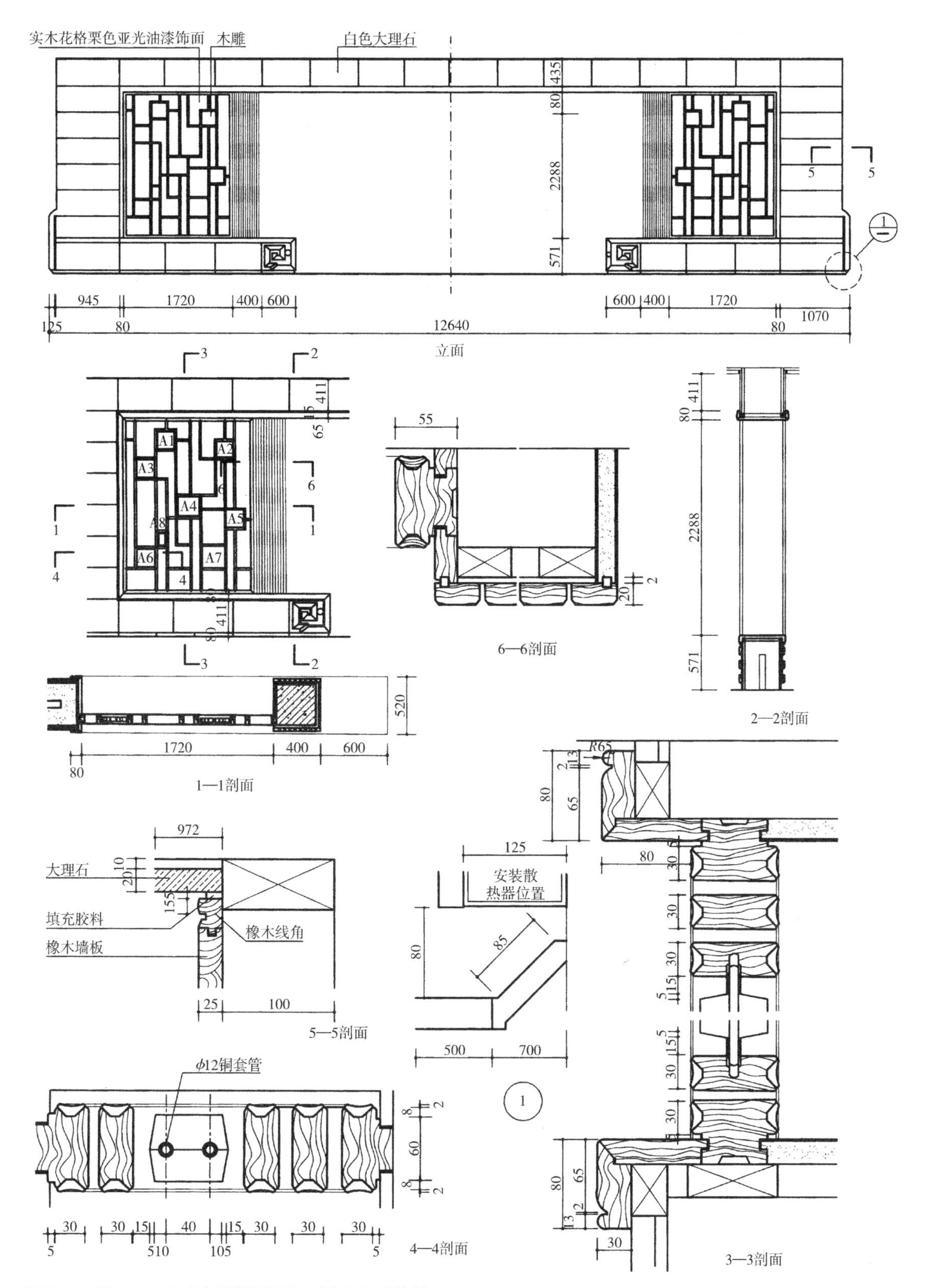

图7-11、图7-12　中式木隔断的构造变化和细部花饰板

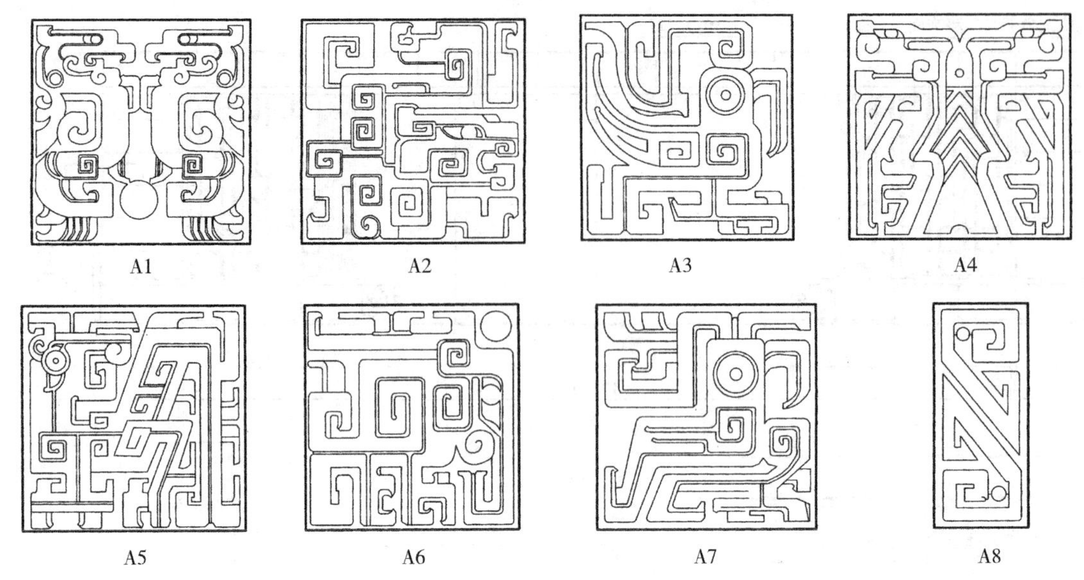

图 7-11、图 7-12　中式木隔断的构造变化和细部花饰板（续）

由于流行风潮的影响，新中式风格非常流行，在现代建筑装饰中采用传统中式隔断形式越来越多。传统的中式隔断有的图案复杂，做工繁复，但视觉效果好，文化意味浓，风格特征鲜明。七千年的中华文化积累了大量的优秀传统图案，各个朝代都有不同的风格。设计师要对此进行专题研究，以掌握其各个时代不同的文化特征，以便应用在有不同文化要求的场合。

2. 西式木隔断

现代西式木隔断往往是传统西方木隔断的简化，它们是现代建筑装饰常见的空间构件。许多现代西式木隔断还与灯具及其他装饰材料，如玻璃、金属等组合在一起，形成迷人的外观效果。

西式木隔断一般采用两段式或三段式。下部一般是起稳定作用的底脚，中部则是隔断的柜体，柜体一般也有凹凸的图案做装饰，上部则是装饰手段丰富的各种装饰构造，往往是玻璃、铁艺、金属、灯具等材料交相辉映。具有很好的装饰效果。

图 7-13 是比较典型的现代西式木隔断构造形式。图 7-14 是西式木隔断的构造变化。

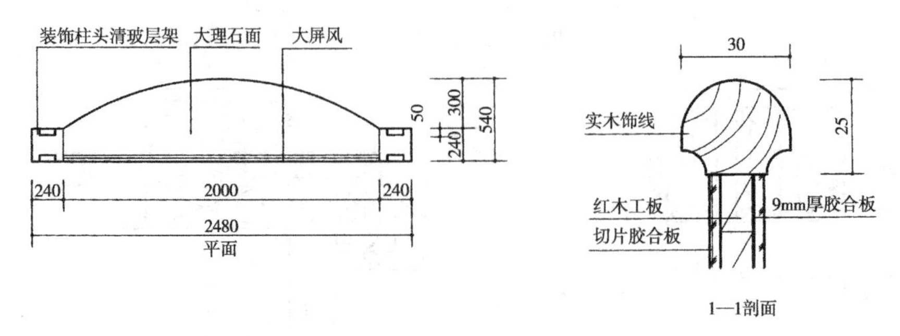

图 7-13　西式木隔断的典型构造

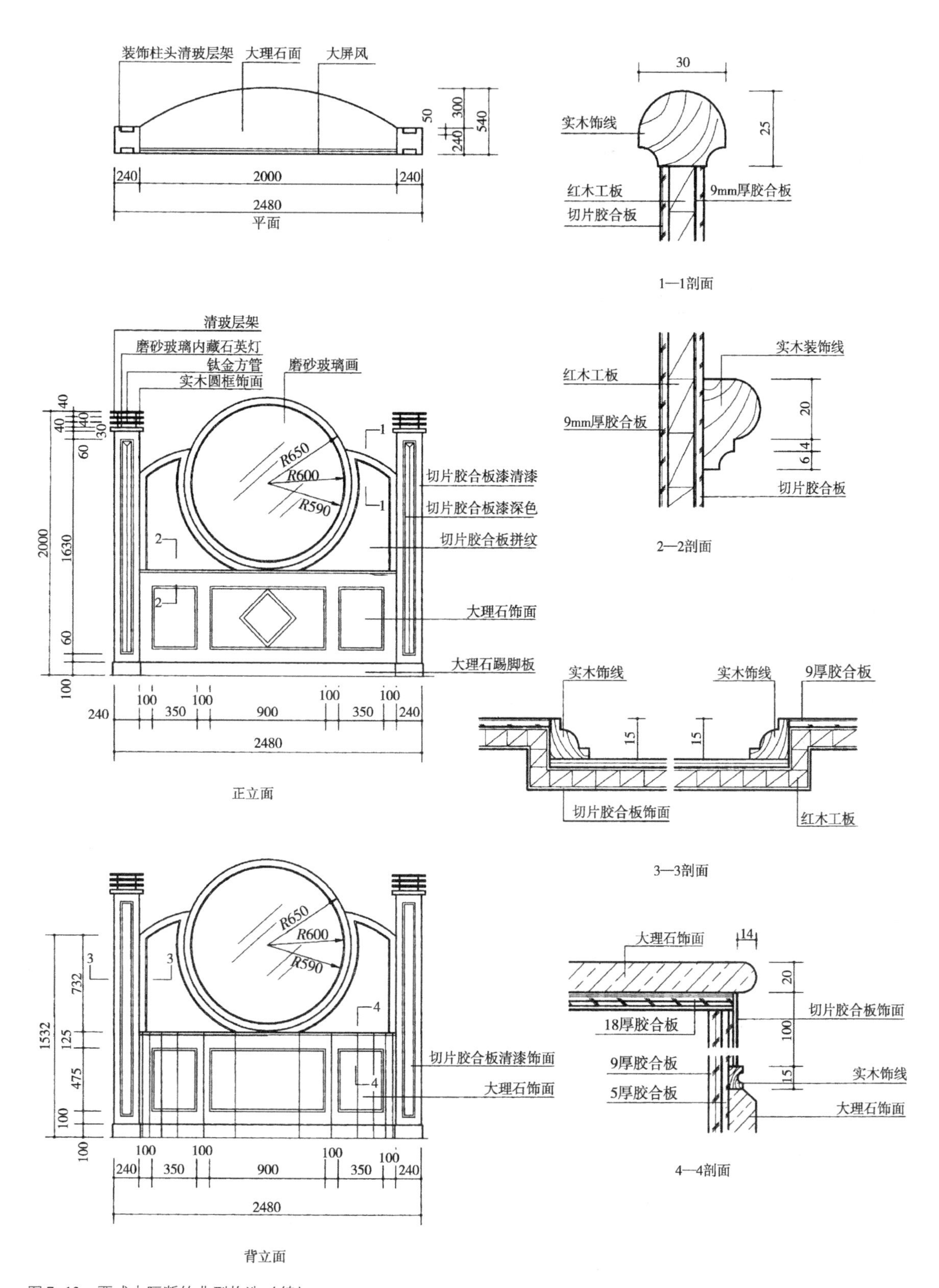

图7-13　西式木隔断的典型构造（续）

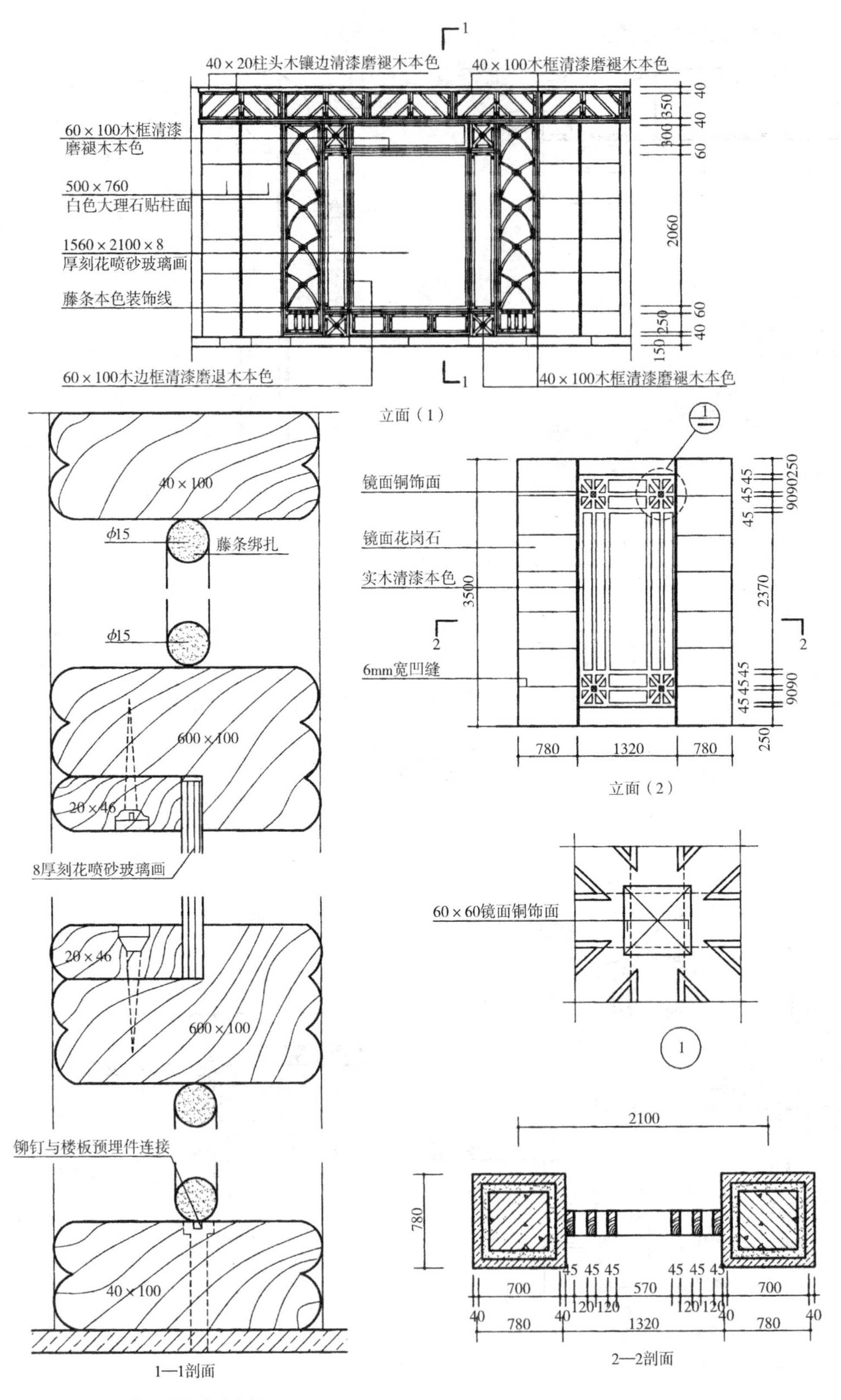

图 7-14　西式木隔断的构造变化

7.3.2 材料

木隔断的材料与橱柜相似，参见7.2.2。

7.3.3 施工工艺

1. 技术准备

与橱柜工程相似，详见7.2.3。

2. 机具准备

木隔断工程机具设备与橱柜工程相似，详见7.2.3。

3. 作业条件

木隔断工程作业条件与橱柜工程相似，详见7.2.3。

4. 施工流程和工艺

木隔断施工流程和工艺见表7-9。

木隔断施工流程和工艺表 **表7-9**

工序	施工流程	施工要求
1	放线定位	根据设计图纸的要求，以室内垂直控制线和标高控制线为基准，弹出隔断的相应尺寸控制线，其中吊柜的下皮标高应在200mm以上，柜的深度一般不宜超过650mm
2	框架安装	1）安装前先对框架进行校正、套方，在柜体框架安装位置将框架固定件与墙体木砖固定牢固，每个固定件不少于两个钉子 2）墙体为加气混凝土或轻质隔墙时，应按设计要求进行固定，如设计无要求时，可预钻$\phi15$、深70～100mm的孔，并在孔内注入胶粘水泥浆，再埋入经过防腐处理的木楔，待粘结牢固后再安装 3）采用金属框架时，需在安装固定框架的位置预埋铁件，在校正、套方、吊直及标高位置核对准确无误后，对框架进行焊接固定
3	饰面装饰	按照设计要求进行饰面装饰。一般要有专业的工艺美术施工人员进行
4	花饰或美术作品或工艺品安装	1）按施工图纸的要求，安装花饰，注意花饰之间的间距和平整度符合设计要求 2）美术作品和工艺品的安装最好由专业施工人员到场亲自安装或进行安装指导

5. 施工注意要点

1）抹灰面的施工质量。木隔断安装施工时，一定要保证抹灰面的垂直度与平整度及框架的垂直度、面层的平整度，防止由于抹灰面与框不平，造成隔断框架、压缝条不平。

2）核实尺寸。木隔断加工制作前，一定要核实图纸和现场的实际情况，制作时，应根据实际尺寸进行制作，防止由于框与结构洞口尺寸误差较大，造成边框与侧墙、顶与上框间缝隙过大。

6. 成品保护

1）刷底油。木制品进场前应涂刷底油一道，靠墙面应刷防腐剂，并入库存放。

2）保护其他成品。安装木隔断时，严禁碰撞抹灰及其他装饰面的口角，防止损坏成品面层。

3）防污染。安装好的木隔断，应进行遮盖，决不能将水、油污等溅湿木隔断的饰面板、花饰、美术作品和工艺品，保护成品不被污染损坏。

4）防碰撞。有其他工种作业时，要适当加以掩盖，防止对饰面板碰撞。

7.3.4 质量检验

1. 说明

1）本规范适用。本规范适用于木隔断工程的质量验收。一般抹灰分普通抹灰和高级抹灰，当设计无要求时，按普通抹灰验收。

2）检查数量。室内每个检验批至少抽查10%，并不得少于3间；不足3间时应全数检查。

2. 质量标准

木隔断工程的质量验收标准见表7-10。

木隔断工程的质量验收表　　表7-10

序号	分项	质量标准
1	主控项目	1）隔断制作与安装所用材料的材质和规格、木材的燃烧性能等级和含水率及人造木板的甲醛含量应符合设计要求及国家现行标准的有关规定 检验方法：观察、检查产品合格证书、进场检验记录、性能检测报告和复验报告记录 2）隔断安装预埋件或后置埋件的数量、规格、位置应符合设计要求 检验方法：检查隐蔽工程验收记录和施工记录 3）隔断的造型、尺寸、安装位置、制作和固定方法应符合设计要求。橱柜安装必须牢固 检验方法：观察、尺量检查；手扳检查 4）橱柜上配备的美术作品和工艺品应符合设计要求。安装应平整牢固 检验方法：观察、手扳检查、检查进场验收记录
2	一般项目	1）隔断表面应平整、洁净、色泽一致，不得有裂缝、翘曲及损坏 检验方法：观察 2）隔断裁口应顺直、拼缝应严密 检验方法：观察 3）隔断安装的允许偏差和检验方法见表7-11

隔断安装的允许偏差和检验方法　　表7-11

项目	允许偏差（mm）		检验方法
	国标、行标	企标	
外形尺寸	3	3	用钢尺检查
立面垂直度	2	2	用1m垂直检测尺检查
门与框架的平行度	2	2	用钢尺检查

7.4 木门（窗）套构造、材料、施工、检验

7.4.1 构造

在建筑装饰装修中门套和窗套的施工是通常所说的硬装修或基础装修的内容之一，几乎所有装饰装修工程都有这类工程内容。这些硬装修的典型构造是先用基层板做底，装饰面板做饰面，并用装饰线条收口。门套的典型构造如图7-15是单开门、图7-16是双开门、图7-17是单开、双开门贴脸的构造。

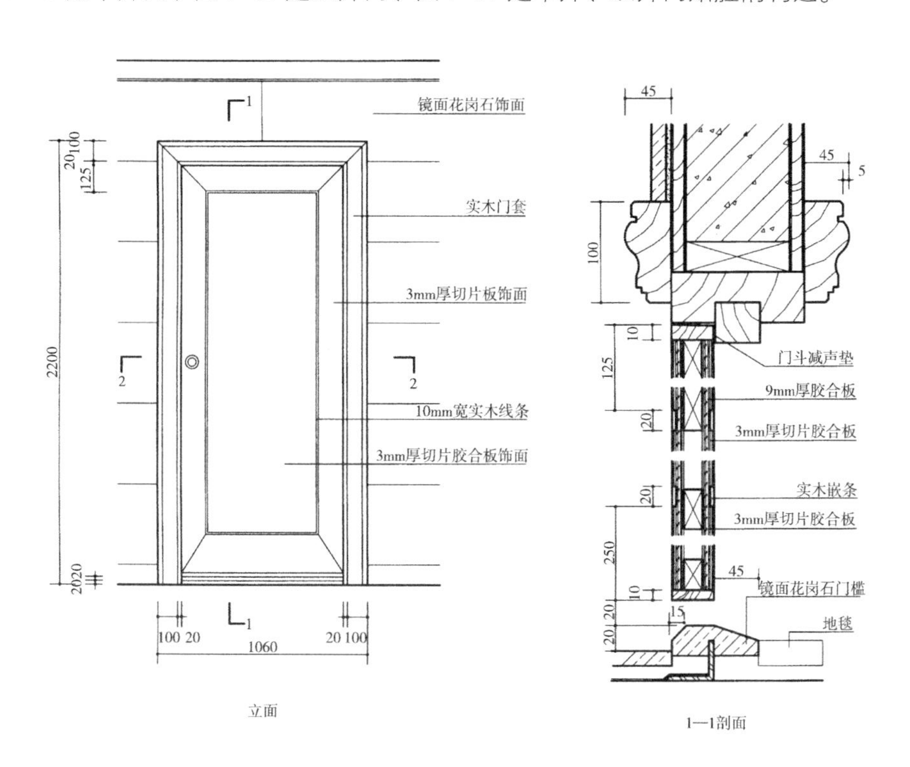

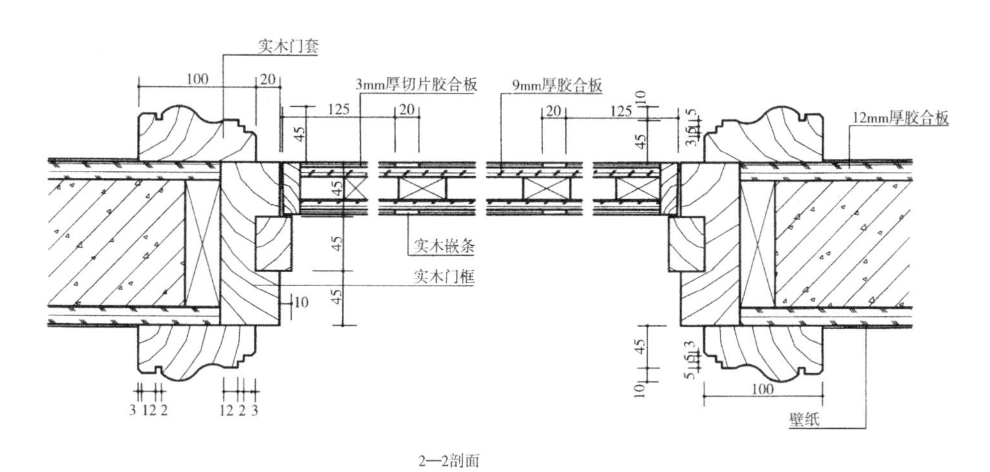

图7-15　单开门的典型构造

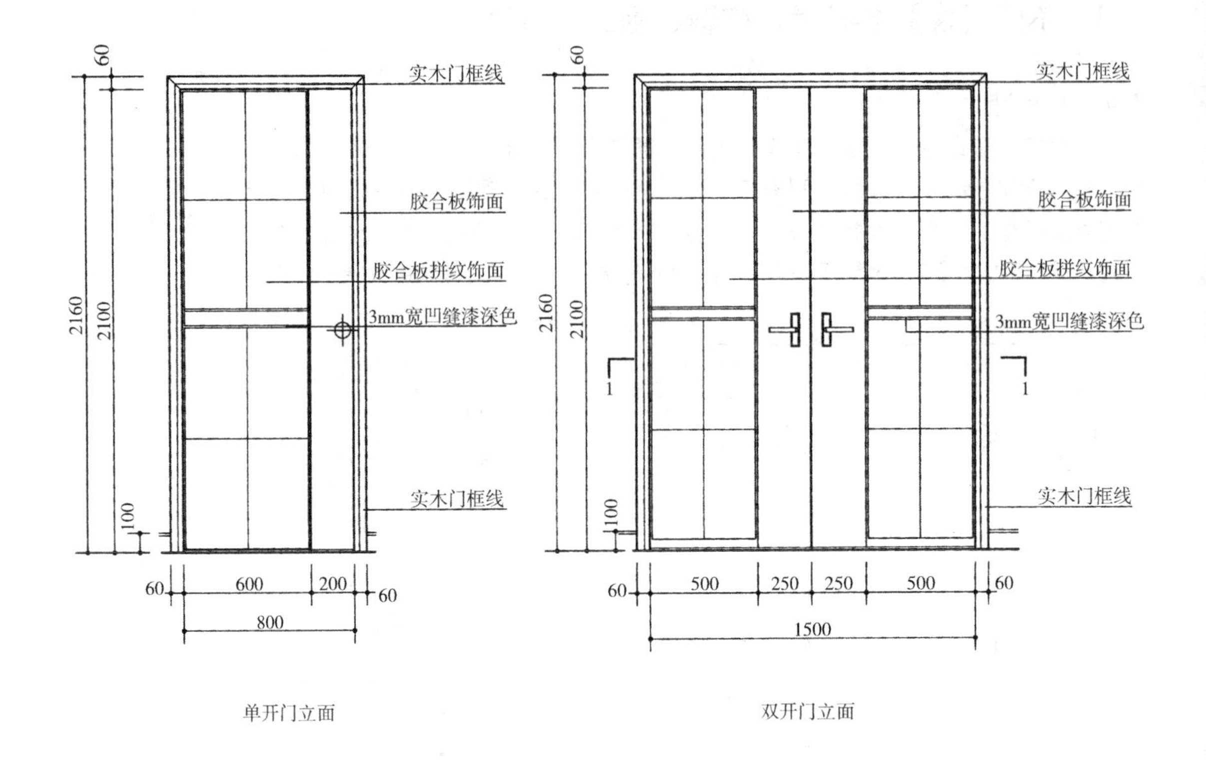

单开门立面

双开门立面

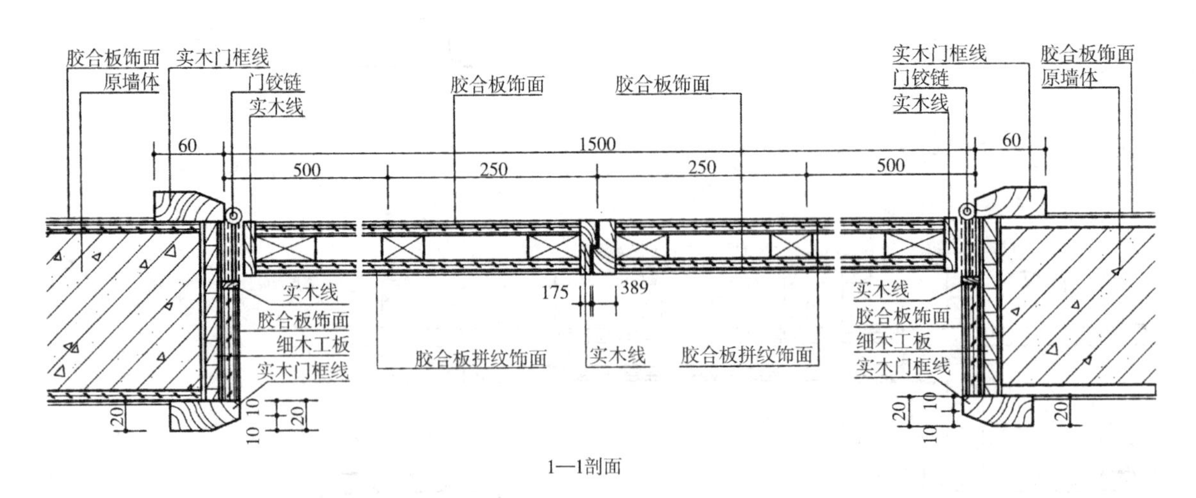

1—1剖面

图 7-16 双开门的典型构造

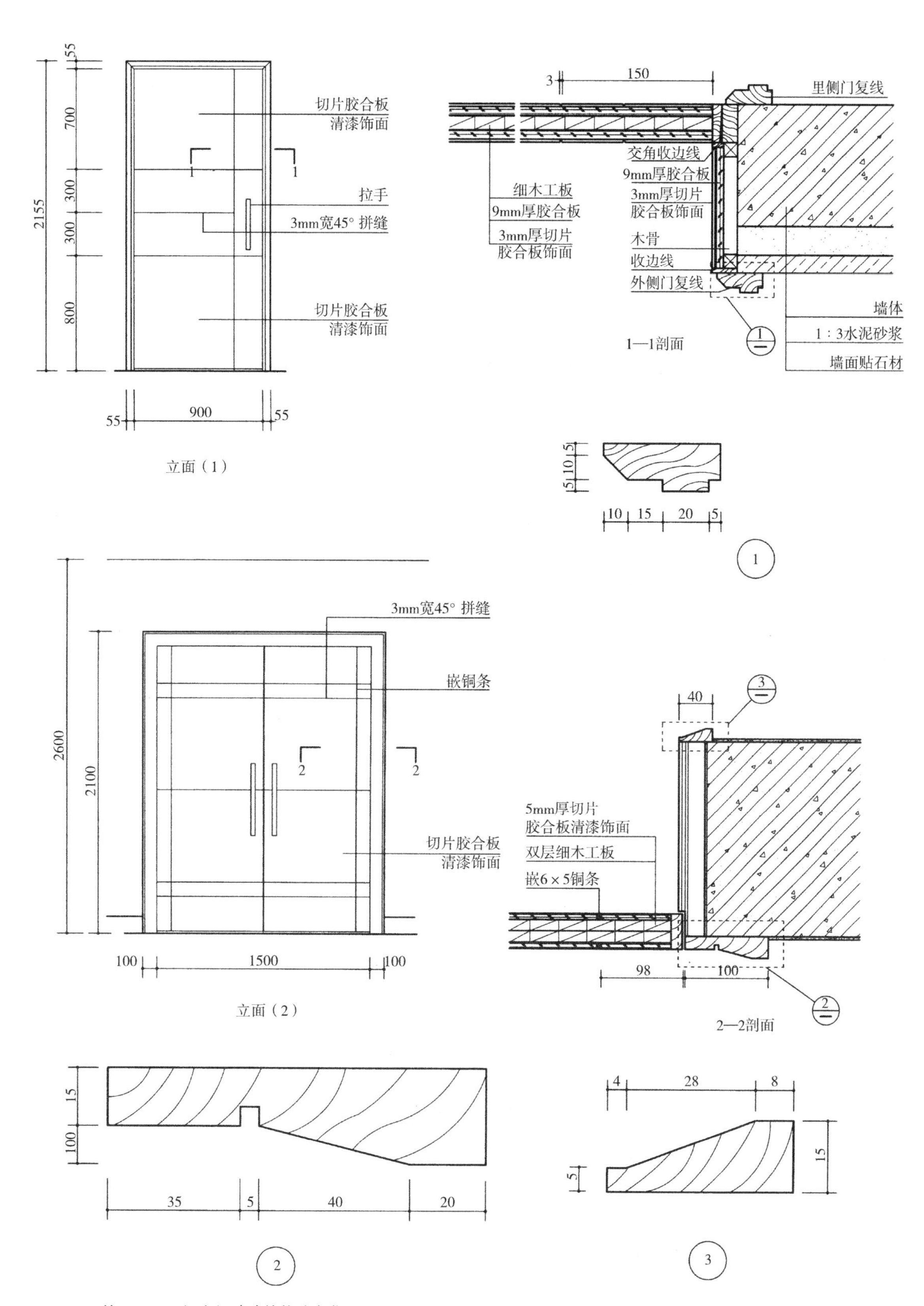

图 7-17　单开、双开门套门贴脸的构造变化

7.4.2 材料

1. 材料检索

木门（窗）套工程的材料属性参见7.2.2。

2. 材料要求

木门（窗）套工程材料要求见表7-12。

木门（窗）套工程材料要求表　　表7-12

序号	材料	要求
1	木龙骨	一般采用红、白松，含水率不大于12%，不得有腐朽、节疤、劈裂、扭曲等
2	底层板	一般采用细木工板或密度板，含水率不得超过12%。板厚应符合设计要求，甲醛含量应符合室内环境污染物限值要求，人造板材使用面积超过500m时应做甲醛含量复试。板面不得有凹凸、劈裂等缺陷。应有产品合格证、环保及燃烧性能检测报告
3	面层板	一般采用三合板（胶合板），含水率不超过12%，甲醛释放量不大于0.12mg/m。颜色均匀一致，花纹顺直一致，不得有黑斑、黑点、污痕、裂缝、爆皮等。应有产品合格证、环保及燃烧性能检测报告
4	门、窗套木线	一般采用半成品，规格形状应符合设计图纸，含水率不超过12%，花纹纹理顺直，颜色均匀。不得有节疤、黑斑点、裂缝等
5	其他材料	一般包括气钉、胶粘剂、防火涂料、防腐涂料、木螺钉等，其中胶粘剂、防火、防腐涂料必须有产品合格证及性能检测报告

7.4.3 施工工艺

本工艺适用于建筑工程中木门（窗）套的制作与安装的施工。

1. 技术准备

1）理解图纸。根据施工图纸编制施工方案，并对施工人员进行技术交底。

2）委托加工。按施工所需材料进行翻样，组织对外委托打货加工。

3）样板确认。木门（窗）套的样板已经设计、监理、建设单位验收确认，办理材料样板的确认及封样工作。

4）检查尺寸。依据控制线检查洞口尺寸，四角是否方正，垂直度是否符合要求，门、窗框安装是否符合设计图纸要求，门框在走道同一墙面进出尺寸应一致。

2. 机具准备

木门（窗）套工程机具设备见表7-13。

木门（窗）套工程机具设备　　　表 7-13

序号	分类	名　称
1	机械	电锯、电刨、电钻、电锤、镂槽机、气钉枪、修边刨、电动砂纸机等
2	工具	木刨、木锯、斧子、锤子、冲子、螺钉旋具、平铲、墨斗、糟线包等
3	计量检测用具	钢尺、割角尺、角尺、靠尺、水平尺、线坠等

3. 作业条件

1）门（窗）洞口的木砖已埋好。木砖的预埋方向、规格、深度、间距、防腐处理等应符合设计和有关规范要求。对于没有预埋件的洞口，要打孔钉木楔，在横、竖龙骨中心线的交叉点上用电锤打孔，孔直径一般不大于 $\phi 12$，孔深一般不小于 70mm，然后将经过防腐处理的木楔打入孔内。

2）前道工序合格。

（1）门（窗）洞口的抹灰已完，并经验收合格。

（2）室内垂直与水平控制线已弹好，并经验收合格。

（3）各种专业设备管线、预留预埋安装施工已完成，并经验收合格。

（4）门（窗）框安装完毕，框与洞口间缝隙已按要求堵塞严实，并经验收合格。

（5）金属门（窗）框的保护膜已粘贴好。

3）采用木筒子板的门、窗洞口应比门窗樘宽 40mm，洞口比门窗樘高出 25mm。

4. 施工流程和工艺

木门、窗套施工流程和工艺，见表 7-14。

木门（窗）套施工流程和工艺表　　　表 7-14

工序	施工流程	施工要求
1	弹线	1）按图纸的门窗尺寸及门窗套木线的宽度，在墙、地上弹出门窗套、木线的外边缘控制线及标高控制线 2）按节点构造图弹出龙骨安装中心线和门窗及铰链安装位置线，铰链处应有龙骨，确保铰链安装在龙骨上
2	制作、安装木龙骨	1）在龙骨中心线上用电锤钻孔，孔距 500mm 左右，在孔内注胶浆，然后将经防腐处理的木楔钉入孔内，粘结牢固后安装木龙骨 2）根据门（窗）洞口的深度，用木龙骨做骨架，间距一般为 200mm，骨架的表面必须平整，组装必须牢固，龙骨的靠墙面必须做防腐处理，其他几个侧面做防火处理 3）将木龙骨按弹好的控制线，用砸扁钉帽的圆钉钉到木楔上 4）安装骨架时，应边安装边用靠尺进行调平，骨架与墙面的间隙，用经防腐处理过的楔形方木块垫实，木块间隔应不大于 200mm 5）安装完的骨架表面应平整，其偏差在 2m 范围内应小于 1mm。钉帽要冲入木龙骨表面 3mm 以上

续表

工序	施工流程	施工要求
3	安装底板	1）门（窗）套筒子板的底板通常用细木工板预制成左、右、上三块 2）若筒子板上带门框，必须按设计断面，留出贴面板尺寸后做出铲口 3）安装前，应先在底板背面弹出骨架的位置线，并在底板背面骨架的空间处刷防火涂料，骨架与底板的结合处涂刷乳胶 4）用木螺钉或气钉将底板钉粘到木龙骨上。一般钉间距为150mm，钉帽要钉入底板表面1mm以上。也可以在底板与墙面之间不加木龙骨，直接将底板钉在木砖上，底板与墙体之间的空隙采用发泡胶塞实 5）若采用成品门、窗套可不加龙骨、底板，直接与墙体固定
4	安装面板	1）安装面板前，必须对面板的颜色、花纹进行挑选，同一房间面板的颜色、花纹必须一致 2）检查底板的平整度、垂直度和各角的方正度符合要求后，在底板上和面板背面满刷乳胶，乳胶必须涂刷均匀 3）将面板粘贴在底板上。在面板上铺垫50mm宽五厘板条，用气钉临时压紧固定，待结合面乳胶干透约48h后取下 4）面板也可采用蚊钉直接铺钉，钉间距一般为100mm 5）门套过高，面板需要拼接时，一般接缝放在门与亮子之间的横梁中心，10mm的铲口，避免安装铰链时，损伤门套木线

5. 施工注意要点

1）纠正偏差。在安装前，应按弹线对门（窗）框安装位置偏差进行纠正和调整，避免由于门（窗）框安装偏差造成筒子板上下、左右不对称和宽窄不一致。避免安装后门（窗）洞口上、下尺寸不一致，阴阳角不方正。对墙面和底板也应进行仔细检查和必要修补、调整，防止由于墙面或门、窗套底层板不垂直、不平整而造成门（窗）套木线安装不垂直、不平整。

2）面板挑选。在面板施工前要对面板进行精心挑选，先对花，后对色，并进行编号，然后再进行面层安装，防止门、窗套面层板的花纹错乱、颜色不均。

3）精心操作。施工人员在进行施工时要精心操作，防止由于筒子板、门窗木线割角不方、裁口不直、拼缝不严密。

4）控制含水率。严格控制木材含水率，防止因木材含水率大，干燥后收缩造成门、窗套及木线接头、拼缝不平或开裂。

6. 成品保护

1）妥善保管。木材及木制品进场后，应按其规格、种类存放在仓库内。板材应用木方垫平水平存放。门（窗）套木线宜捆成20根一捆，用塑料薄膜包裹封闭，用木方垫平水平存放。垫起距地高度应不小于200mm。并保持库房内的通风、干燥。

2）选配料和下料要在操作台上进行，不得在没有任何保护措施的地面上进行操作。窗套安装时，应在窗台板上铺垫木板或地毯做保护层。严禁将窗台板或已安装好的其他设备当做高凳或架子支点使用。

3）保护地面。在门套安装施工时，门洞口的地面应进行保护，以防损伤地面。

4）遮盖成品。门（窗）套安装全部完成后，应围挡和用塑料薄膜遮盖进行保护。

7.4.4 质量检验

1. 说明

1）本规范适用。本规范适用于木门（窗）套工程的质量验收。

2）检查数量。室内每个检验批至少抽查10%，并不得少于3间；不足3间时应全数检查。

2. 质量标准

木门、窗套工程的质量验收标准见表7-15。

木门（窗）套工程的质量验收表　　表7-15

<table>
<tr><th>序号</th><th>分项</th><th>质量标准</th></tr>
<tr><td>1</td><td>主控项目</td><td>1）木门（窗）套制作与安装所使用材料的材质、规格、花纹和颜色、木材的燃烧性能等级和含水率、人造木板、胶粘剂的甲醛含量应符合设计要求及国家现行标准的有关规定
检验方法：观察；检查产品合格证书、进场验收记录、性能检测报告和复验报告
2）木门（窗）套的造型、尺寸和固定方法应符合设计要求，安装应牢固
检验方法：观察；尺量检查；手扳检查</td></tr>
<tr><td>2</td><td>一般项目</td><td>1）木门（窗）套表面应平整、洁净、线条顺直、接缝严密、色泽一致，不得有裂缝、翘曲及损坏
检验方法：观察
2）木门（窗）套安装的允许偏差和检验方法见表7-16

木门（窗）套安装的允许偏差和检验方法　表7-16
<table>
<tr><th rowspan="2">项目</th><th colspan="2">允许偏差（mm）</th><th rowspan="2">检验方法</th></tr>
<tr><th>国标、行标</th><th>企标</th></tr>
<tr><td>正、侧面垂直度</td><td>3</td><td>3</td><td>用1m垂直检测尺检查</td></tr>
<tr><td>门（窗）套上口水平度</td><td>2</td><td>2</td><td>用1m水平检测尺和塞尺检查</td></tr>
<tr><td>门（窗）套上口直线度</td><td>2</td><td>2</td><td>拉5m线，不足5m拉通线，用钢直尺检查</td></tr>
</table></td></tr>
</table>

☆教学单元 7　木制品工程·实践教学部分

通过材料认识、构造设计、施工操作系列实训项目，充分理木制品工程的材料、构造、施工工艺和验收方法。使自己在今后的设计和施工实践中能够更好地把握木制品工程的材料、构造、施工、验收的主要技术关键。

实训项目：

7.1　材料认知实训

参观当地大型的装饰材料市场，全面了解各类饰面木夹板材料。重点了解一个知名品牌中 10 款受消费者欢迎的饰面木夹板的品种、规格、特点、价格（二维码 16）。

二维码 16

实训重点：①选择品牌；②了解该品牌饰面木夹板的特点。

实训难点：①与商店领导和店员的沟通；②材料数据的完整、详细、准确；③资料的整理和归纳；④看板版式的设计。

木制品用饰面木夹板材料调研及看板制作项目任务书

任务编号	D7 - 1
学习单元	木制品工程
任务名称	木制品材料调研 - 制作饰面木夹板品牌看板
任务要求	调查本地材料市场木制品材料，重点了解一个知名品牌中 10 款受消费者欢迎的饰面木夹板的品牌、品种、规格、特点、价格
实训目的	为建筑装饰设计和施工收集当前流行的市场材料信息，为后续设计与施工提供第一手资讯
行动描述	1. 参观当地大型的装饰材料市场，全面了解各类木制品装饰材料 2. 重点了解 10 款市场受消费者欢迎的饰面木夹板品牌、品种、规格、特点、价格 3. 将收集的素材整理成内容简明、可以向客户介绍的材料看板
工作岗位	本工作属于工程部、设计部、材料部，岗位为施工员、设计员、材料员
工作过程	到建筑装饰材料市场进行实地考察，了解饰面木夹板的市场行情，为装修设计选材和施工管理的材料选购质量鉴别打下基础 1. 选择材料市场 2. 与店方沟通，请技术人员讲解饰面木夹板品种和特点 3. 收集饰面木夹板宣传资料 4. 实际丈量不同的饰面木夹板规格、作好数据记录 5. 整理素材 6. 编写一个知名品牌中 10 款受消费者欢迎的饰面木夹板的品种、规格、特点、价格的看板
工作对象	建筑装饰市场材料商店的饰面木夹板材料
工作工具	记录本、合页纸、笔、相机、卷尺等
工作方法	1. 先熟悉材料商店整体环境 2. 征得店方同意 3. 详细了解饰面木夹板品牌和种类 4. 确定一种品牌进行深入了解 5. 拍摄选定饰面木夹板品种的数码照片 6. 收集相应的资料 注意：尽量选择材料商店比较空闲的时间，不能干扰材料商店的工作

续表

工作团队	1. 事先准备。做好礼仪、形象、交流、资料、工具等准备工作 2. 选择调查地点 3. 分组。4～6人为一组，选一名组长，每人选择一个品牌的饰面木夹板进行市场调研。然后小组讨论，确定一款饰面木夹板品牌进行材料看板的制作

附件：________市（区、县）饰面木夹板市场调查报告（提纲）

调查团队成员	
调查地点	
调查时间	
调查过程简述	
调查品牌	
品牌介绍	

品种1		
品种名称		材料照片
材料规格		
材料特点		
价格范围		
品种2－n（以下按需扩展）		
品种名称		材料照片
材料规格		
材料特点		
价格范围		

饰面木夹板市场调查实训考核内容、方法及成绩评定标准

系列	考核内容	考核方法	要求达到的水平	指标	小组评分	教师评分
对基本知识的理解	对木制品材料的理论检索和市场信息捕捉能力	资料编写的正确程度	预先了解木制品的材料属性	30		
		市场信息了解的全面程度	预先了解本地的市场信息	10		
实际工作能力	在校外实训室场所，实际动手操作，完成调研的过程	各种素材展示	选择比较市场材料的能力	8		
			拍摄清晰材料照片的能力	8		
			综合分析材料属性的能力	8		
			书写分析调研报告的能力	8		
			设计编排调研报告的能力	8		

续表

系列	考核内容	考核方法	要求达到的水平	指标	小组评分	教师评分
职业关键能力	团队精神和组织能力	个人和团队评分相结合	计划的周密性	5		
			人员调配的合理性	5		
书面沟通能力	调研结果评估	看板集中展示	饰面木夹板资讯完整美观	10		
任务完成的整体水平				100		

7.2 构造设计实训

通过设计能力实训理解木制品工程的材料与构造（二维码 17）。（以下 3 选 1）。

二维码 17

1）到某商场仔细观察一款固定木家具，并用草图画出它的具体构造。

2）设计一款旅游公司的木质接待柜，并画出制作大样。

3）设计一款中式木隔断，并画出制作大样。

木制品设计实训项目任务书

任务编号	D7－2
学习单元	木制品工程
任务名称	实训题目（__）：________________
任务要求	按实训要求设计一款木制品
实训目的	理解木制品构造原理
行动描述	1. 了解所设计木制品的使用要求及使用档次 2. 设计出结构牢固、工艺简洁、造型美观的木制品 3. 设计图表现符合国家制图标准
工作岗位	本工作属于设计部，岗位为设计员
工作过程	1. 到现场实地考察，或查找相关资料理解所设计木构造的使用要求及使用档次 2. 画出构思草图和结构分析图 3. 分别画出平面、立面、主要节点大样图 4. 标注材料与尺寸 5. 编写设计说明 6. 填写设计图图框要求内容并签字
工作工具	笔、纸、电脑
工作方法	1. 先查找资料、征询要求 2. 明确设计要求 3. 熟悉制图标准和线型要求 4. 构思草图可进行发散性思维，设计多款方案，然后选择最佳方案进行深入设计 5. 结构设计追求最简洁、最牢固的效果 6. 图面表达尽量做到美观清晰

木制品工程构造设计实训考核内容、方法及成绩评定标准

考核内容	评价	指标	自我评分	教师评分
设计合理美观	材料选择符合使用要求	20		
	构造设计工艺简洁、构造合理、结构牢固	20		
	造型美观	20		
设计符合规范	线型正确、符合规范	10		
	构图美观、布局合理	10		
	表达清晰、标注全面	10		
图面效果	图面整洁	5		
设计时间	按时完成任务	5		
任务完成的整体水平		100		

7.3 施工操作实训

通过校内实训室的操作能力实训，对木制品工程的施工及验收有感性认识。特别是通过实训项目，对木制品工程的技术准备、材料要求、施工流程和工艺、质量标准和检验方法进行实践验证，并能举一反三（二维码18）。

二维码18

木隔断的装配训练项目任务书

任务编号	D7－3
学习领域	木制品工程
任务要求	按木隔断施工工艺装配1组木隔断
实训目的	通过实践操作，掌握木隔断施工工艺和验收方法，为今后走上工作岗位做好知识和能力准备
行动描述	教师根据授课要求提出实训要求。学生实训团队根据设计方案和实训施工现场，按木隔断的施工工艺装配一组木隔断，并按木隔断的工程验收标准和验收方法对实训工程进行验收，各项资料按行业要求进行整理。完成以后，学生进行自评，教师进行点评
工作岗位	本工作属于工程部施工员
工作过程	详见附件：木隔断装配实训流程
工作要求	按国家验收标准，装配木隔断，并按行业惯例准备各项验收资料
工作工具	木隔断工程施工工具及记录本、合页纸、笔等实训记录工具
工作团队	1. 分组。4～6人为一组，选1名项目组长，确定1名见习设计员、1名见习材料员、1名见习施工员、1名见习资料员、1名见习质检员 2. 各位成员分头进行各项准备。做好资料、材料、设计方案、施工工具等准备工作
工作方法	1. 项目组长制订计划，制订工作流程，为各位成员分配任务 2. 见习设计员准备图纸，向其他成员进行方案说明和技术交底 3. 见习材料员准备材料，并主导材料验收任务 4. 见习施工员带领其他成员进行放线，放线完成以后进行核查 5. 按施工工艺进行框架安装、饰面装饰、花饰和美术工艺评安装、清理现场准备验收 6. 见习质检员主导进行质量检验 7. 见习资料员记录各项数据，整理各种资料 8. 项目组长主导进行实训评估和总结 9. 指导教师核查实训情况，并进行点评

附件：木隔断装配实训流程（编写大纲）

一、实训团队组成

团队组成	姓名	主要任务
项目组长		
见习设计员		
见习材料员		
见习施工员		
见习资料员		
见习质检员		
其他成员		

二、实训计划

工作任务	完成时间	工作要求

三、实训方案

1. 进行技术准备
2. 机具准备

木隔断装配施工机具设备

序	分类	名 称
1	机具	
2	工具	
3	计量检测用具	
4	安全防护用品	

3. 作业条件
4. 编写施工工艺

木隔断装配施工流程和工艺表

序	施工流程	施工要求
1	放线定位	
2	框架安装	
3	饰面装饰	
4	花饰或美术作品和工艺品安装	

5. 明确验收方法

木隔断工程的质量验收标准如下。

木隔断装配质量检验记录

<table>
<tr><th>序号</th><th>分项</th><th>质量标准</th></tr>
<tr><td>1</td><td>主控项目</td><td></td></tr>
<tr><td>2</td><td>一般项目</td><td>
隔断安装的允许偏差和检验方法
<table>
<tr><th rowspan="2">项目</th><th colspan="2">允许偏差（mm）</th><th rowspan="2">检验方法</th></tr>
<tr><th>国标、行标</th><th>企标</th></tr>
<tr><td>外型尺寸</td><td></td><td></td><td></td></tr>
<tr><td>立面垂直度</td><td></td><td></td><td></td></tr>
<tr><td>门与框架的平行度</td><td></td><td></td><td></td></tr>
</table>
</td></tr>
</table>

6. 整理各项资料

以下各项工程资料需要装入专用资料袋

序号	资料目录	份数	验收情况
1	设计图纸		
2	现场原始实际尺寸		
3	工艺流程和施工工艺		
4	工程竣工图		
5	验收标准		
6	验收记录		
7	考核评分		

7. 总结汇报

实训团队成员个人总结

1）实训情况概述（任务、要求、团队组成等）

2）实训任务完成情况

3）实训的主要收获

4）存在的主要问题

5）团队合作情况（个人在团队中的作用、团队的整体表现、团队的竞争力如何等）

6）对实训安排有什么建议

8. 实训考核成绩评定

木隔断装配实训考核内容、方法及成绩评定标准

系列	考核内容	考核方法	要求达到的水平	指标	小组评分	教师评分
对基本知识的理解	对木隔断的理论掌握	编写施工工艺	能正确编制施工工艺	30		
		理解质量标准和验收方法	正确理解质量标准和验收方法	10		
实际工作能力	在校内实训室场所，进行实际动手操作，完成装配任务	检测各项能力	技术交底的能力	8		
			材料验收的能力	8		
			放样放线的能力	8		
			框架安装及其他饰品安装的能力	8		
			质量检验的能力	8		
职业关键能力	团队精神、组织能力	个人和团队评分相结合	计划的周密性	5		
			人员调配的合理性	5		
验收能力	根据实训结果评估	实训结果和资料核对	验收资料完备	10		
任务完成的整体水平				100		

☆教学单元7　木制品工程·教学指南

7.1　延伸阅读文献

［1］武佩牛．精细木工［M］．北京：中国城市出版社，2003.

［2］姜学拯．木工（中高级工）［M］．北京：中国建筑工业出版社，1998.

［3］王寿华，王比君．木工手册［M］．第3版．北京：中国建筑工业出版社，2005.

［4］郭斌．木工［M］．北京：机械工业出版社，2005.

［5］高祥生．装饰构造图集［M］．北京：中国建筑工业出版社，1992.

［6］中华人民共和国建设部．建筑装饰装修工程质量验收规范 GB 50210—2001［S］．北京：中国建筑工业出版社，2002.

7.2　理论教学部分学习情况自我检查

1. 简述木制品的分类及特点。
2. 简述木制品的3种连接方式。
3. 简述木制品质量检验的五类标准。
4. 简述固定家具构造与活动家具相比的相同点和不同点。
5. 简述固定柜台用混凝土与柜体连接的构造方式，并画出构造草图。
6. 简述橱柜工程饰面施工的工序。
7. 简述胶合板施工的注意要点。
8. 简述木制品工程的施工注意要点。
9. 简述微薄木装饰板的施工工艺流程。

10. 简述橱柜安装的允许偏差和检验方法。

11. 简述木隔断的成品保护要点。

12. 简述木门（窗）套工程材料要求。

7.3 实践教学部分学习情况自我检查

1. 你对材料市场上饰面木夹板材料的品牌、品种、规格、特点、价格情况了解的怎么样?

2. 你是否掌握了木家具的构造特点?

3. 通过木隔断安装施工实训，你对木隔断安装施工的技术准备、材料要求、机具准备、作业条件准备、施工工艺编写、工程检验记录等环节是否都清楚了? 是否可以进行独立操作了?

8

教学单元8　装饰织物工程

教学目标：请按下表的教学要求，学习本章的相关教学内容，掌握相关知识和能力点。

教学单元 8 教学目标 **表 1**

理论教学内容	主要知识点	主要能力点	教学要求
8.1 装饰织物工程概述			
8.1.1 分类与内容	1. 窗帘与帷幕工程；2. 地毯工程；3. 其他工程	装饰织物工程相关概念的把握能力	
8.1.2 材料品种	1. 窗帘与帷幕常用织物品种简介；2. 地毯常用织物品种简介；3. 装饰织物工程的材料分类		
8.1.3 检验规范标准	1. 帘幕织物；2. 地毯织物		
8.2 窗帘与帷幕工程			重点掌握
8.2.1 基本构造	1. 帘幕款式和种类；2. 窗帘；3. 帷幕的基本构造	窗帘与帷幕构造设计、材料识别、施工工艺编制、工程质量控制与检验能力	
8.2.2 材料	1. 材料检索；2. 材料要求		
8.2.3 施工工艺	1. 技术准备；2. 机具准备；3. 作业条件；4. 施工流程和工艺；5. 施工注意要点；6. 成品保护		
8.2.4 质量检验	1. 说明；2. 质量标准		
8.3 地毯工程			熟悉
8.3.1 构造	1. 活动式铺；2. 固定铺设	地毯构造设计、材料识别、施工工艺编制、工程质量控制与检验能力	
8.3.2 材料	1. 材料检索；2. 材料要求		
8.3.3 施工工艺	1. 技术准备；2. 机具准备；3. 作业条件；4. 施工流程和工艺；5. 施工注意要点；6. 成品保护		
8.3.4 质量检验	1. 说明；2. 质量标准		

实践教学内容	实训项目	主要能力点	教学要求
8.1 材料认识实习	地毯或窗帘织物市场调研	织物材料、构造设计及装配能力	熟练应用
8.2 构造设计实训（三选一）	1）到某宾馆大堂仔细观察一款窗帘或帷幔，并用草图画出它的具体构造 2）设计一款五星级酒店客房的窗帘样式，并画出制作大样 3）设计一款咖啡馆沿街大玻璃窗的卷帘方案，并画出制作大样		
8.3 施工操作实训	平开帘或弹簧卷帘安装操作		
教学指南			

根据我国现行的工程建设标准，装饰织物一般涵盖窗帘、帷幕、床罩、家具包布等方面。在建筑装修装饰中，装饰织物越来越扮演着不可或缺的角色，装饰织物的质地、形态、色彩、图案对室内气氛与格调产生重要的影响。

本章主要介绍装饰织物工程中的窗帘与帷幕工程、地毯工程的构造组成、材料性能、施工工艺、检验标准与方法以及其他装饰织物配合工程。

☆**教学单元8　装饰织物工程·理论教学部分**

8.1　装饰织物工程概述

用织物来装饰室内空间的做法由来已久。在汉代，帷幕就已经是灵活分割室内空间的主要材料。据考传统木装修中的“罩”就是“帐”的谐音；在纸发明之前，裱糊窗屉的主要材料是纱罗。地毯的使用同样已有数个世纪，在有着席地而坐起居历史的中国，席子与地毯渊源颇深。

现在，随着织物品种、结构类型、纹样图案、色彩搭配的日趋丰富，织物用于室内装饰的作用和效果更为鲜明和突出，并发展成为装饰市场不可或缺的一个行业类型。

8.1.1　分类与内容

装饰织物工程是指以纤维纺织品为基材的装饰构件的选择与安装活动，主要包括窗帘与帷幕工程、地毯工程、家具包布与覆饰工程、纤维工艺美术品等。装饰织物工程实例见表8-1。

装饰织物工程实例　　表8-1

	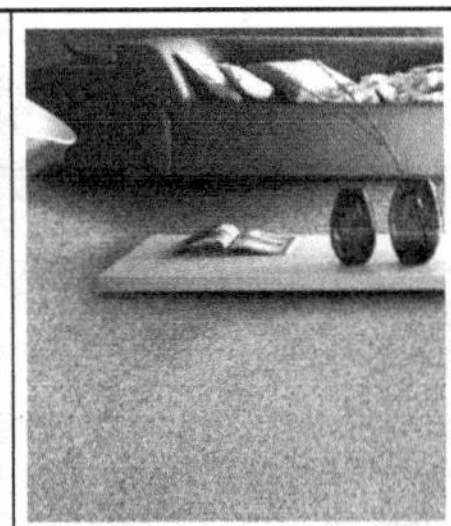		

1. 窗帘与帷幕工程

1）概念。窗帘与帷幕工程系指依据空间性质和使用功能要求，正确选择织物类型与花色，配合窗帘与帷幕辅助材料，将装饰织物挂置于门、窗、墙面等部位的装饰工程。主要用于阻隔室内外光线与视线、分割室内空间，具有隔音、遮蔽、美化环境等作用。

2）种类与形式。

（1）根据开合与收拢形式。有平开帘、升降帘、卷帘、掀帘等种类。

（2）根据款式。有单向平开帘、双向平开帘、风琴帘、上下合式帘、罗马帘、垂直帘、百叶帘、卷帘、百折帘等。

（3）根据织物厚度类型。有薄型纱帘，中厚型布帘和多层或带夹层厚型窗帘。

（4）根据帘面织物结构形式。有面帘、网帘、线帘之分。

（5）根据材料种类分，有丝质、棉质、麻质、化纤、混纺纤维帘，有竹帘、木质帘、苇草帘、金属帘、塑质帘等。

（6）根据装饰风格。有欧式帘、中式帘、田园风格帘、简约风格帘、美式乡村风格帘等。

3）常见品种介绍。

（1）掀帘。系指帘幕上部固定于顶部或墙体，通过掀开帘幕下部的方式开启、闭合，多用于空间的分割。

（2）平开帘。有单开帘、双开帘之分。单开帘用于较窄的窗户；双开帘是采用双幅织物对开的款式，应用最为广泛，并可与其他帘幕相结合。

（3）百叶帘。百叶帘系由许多薄片连接折叠而成的帘幕，有横百叶和竖百叶两种，并有固定式（透气窗）和活动式之分。除传统的木（竹）质百叶帘、铝质百叶帘、塑料百叶帘之外，更有聚酯纤维百叶帘、亚麻质百叶帘、丝柔百叶帘等新品种出现。

（4）垂直帘。又名“垂帘”，因采用独立挂片系统、叶片一片片垂直悬挂于上轨而得名。

（5）卷帘。系指通过卷轴将帘幕卷起、展开的帘幕类型。卷帘种类很多，根据结构形式分有拉珠卷帘和弹簧卷帘两种。手动拉珠式卷帘具有操控轻松便捷、遮阳、遮光效果显著，花色众多等优点，并具有良好的抗自滑能力，能抗自重而不下滑；手动弹簧卷帘通过自身弹簧扭力自动回卷，是一种动能性极强的窗幕系统，具有上下速度快、整体装饰效果好等特点。卷帘可安装在顶棚平面或窗框立面，有手动卷帘、电动卷帘两类。

（6）折叠帘（罗马帘）。罗马帘有波浪形、平面型、扇形等造型，具有用布少、折叠起来呈层叠状、造型大方、富有立体感、节省空间的特性。

（7）百折帘。百折帘帘布侧面呈折线型，与百叶帘一样以拉绳控制窗帘的升降，也是升降帘的一种。帘布是由聚酯纤维布制成，褶宽多为 25mm 左右，褶纹经久不易变形，百折帘轻薄、柔和，令人心情愉悦。

（8）风琴帘。风琴帘外观、升降与控制方式与百折帘有类似之处，但因在结构上类似于手风琴拉开的立体形状而得名风琴帘。

风琴帘的独特之处是帘片。风琴帘帘片以经过防静电、高温、阻燃处理的精纺聚酯纤维布制成，中间夹带刚性铝铂材料，不变形、易洗涤，有多种色彩及透光度，具有极强的遮光能力、抗紫外线和防水、隔热性能，节能效果优越，面料褶宽有 10、20mm 等规格。

（9）顶棚帘。顶棚帘是应用于屋顶采光窗的遮阳系统，可采用卷帘、百折帘、折叠帘等形式。由于位置特殊，顶棚帘一般需要有导轨或钢丝做牵引。真对大型采光顶棚的需要，一系列电动顶棚帘应运而生，给室内带来不同凡响的装饰效果。

2. 地毯工程

1）概念。地毯是一种软质、厚实的铺地纺织品，表面多带毛绒，有吸声、保暖等作用。地毯工程系指依据空间类型和使用环境要求，正确选择地毯的类型与花色，按照地毯铺设施工及验收标准正确铺设于相关部位的地面装饰工程，使地毯起到吸声、保温、行走舒适和装饰的作用。

2）种类与形式。

（1）根据地毯的形态，有卷状地毯、块状地毯；

（2）根据地毯的制作方法，有手工地毯、机制地毯；

（3）根据地毯的毛绒长短，有无绒地毯、短绒地毯、长毛绒地毯；

（4）根据地毯的原料，有毛质、棉质、丝质、麻质、草质、化纤、混纺、塑胶地毯等。

目前应用较广泛的有纯毛手织地毯、纯毛机织地毯、化纤簇绒地毯、纯棉簇绒地毯、塑胶针刺地毯、植物纤维编结地毯等。

3. 其他工程

1）家具覆饰工程。家具覆饰类纺织品是覆盖于家具之上的织物，如沙发套、桌台包布与覆饰、床上用品等，具有保护和装饰的双重作用。其他还有用于餐厨空间、卫浴空间的装饰纺织品，如餐巾、方巾、围裙、浴巾、浴衣、浴帘、簇绒地巾等。

2）织物壁挂。织物壁挂是纤维工艺美术品，它是以各式纤维为原料编结、制织的艺术品，主要用于墙面装饰及陈设，为纯欣赏性的织物。这类织物有平面挂毯、立体型现代艺术壁挂及纤维编织的各种陈设等。

8.1.2 装饰织物工程的材料

1）纺织纤维。主要有天然纤维、化学纤维、无机纤维、混合纤维、纤维新品等。详见材料检索 8.1 纺织纤维。

2）纱线。主要有短纤纱、长丝纱、膨体纱、花式纱线、复合纱线等。详见材料检索 8.2 纱线。

3）织物。主要有梭织物、针织物、无纺织物、毛皮、其他类型织物等。详见材料检索 8.3 织物。

4）帘幕五金。主要有窗帘轨、轨堵、轨卡、大角、小角、滚轮、木螺钉、机螺钉、铁件等。

5）地毯。主要有手工编织地毯、簇绒地毯、针刺地毯、粘合地毯等。详见材料检索 8.4 地毯。

这些材料的属性和具体品种见材料检索－装饰织物材料。

8.1.3 窗帘、地毯织物检验规范标准

1. 帘幕织物

帘幕用织物在色牢度、甲醛释放量、抗紫外线方面应符合以下标准。

（1）《国家纺织产品基本安全技术规范》GB 18401—2010

（2）《纺织品装饰用织物》GB/T 19817—2005

2. 地毯织物

国内地毯生产、使用与流通检验标准依据。

（1）《建筑内部装修设计防火规范》GB 50222—1995

（2）《建筑材料及制品燃烧性能分级》GB 8624—2012

（3）《公共场所阻燃制品及组件燃烧性能要求和标识》GB 20286—2006

（4）《地毯标签》QB 2397—2008

（5）《室内装饰装修材料地毯、地毯衬垫及地毯胶粘剂有害物质释放能量》GB 18587—2001

8.2 窗帘与帷幕构造、材料、施工、检验

8.2.1 构造

1. 帘幕款式和种类

目前，帘幕款式多样、材料种类丰富，体现了多种风格与功能。帘幕主要款式有掀帘、卷帘、垂帘、百叶帘、百折帘与顶棚帘等，材料有织物、木材、金属等。图片示例参见表 8-2。

帘幕款式与材料　　表 8-2

 双开平开帘（织物，内配卷帘）	 百折帘（聚酯纤维）	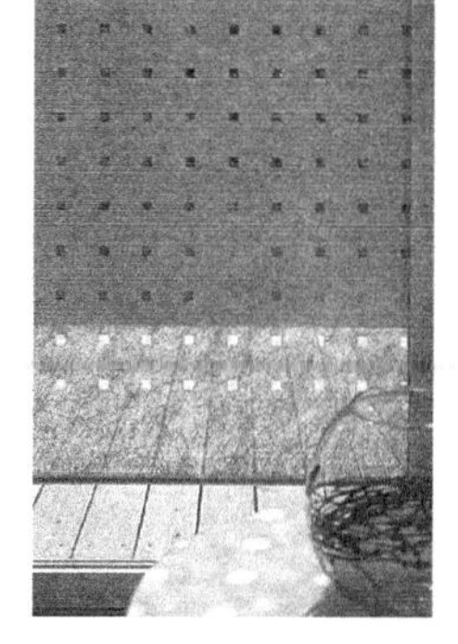 卷帘（玻璃纤维半遮光）
 垂帘（聚酯纤维）	 百叶帘（木质原色）	 单开平开帘（化纤织物）

续表

 百叶帘（塑料，与纱帘结合）	 风琴帘（聚酯纤维，日夜）	 风琴帘（聚酯纤维，垂直式）
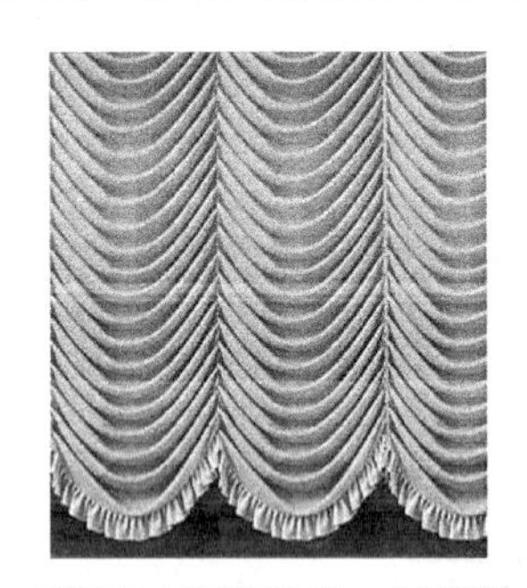 罗马帘（透明型织物，水波形）	 罗马帘（色织物，扇形）	 顶棚帘（涂层织物，双轨折叠式）

2. 窗帘、帷幕的一般构造

一套完整的窗帘或帷幕构造装置由帘片、窗轨和辅料三部分的构件组成。

1）帘片构造。帘片是帘幕构造的主体。帘幕的整体装饰效果、款式造型、风格特征、遮光性、隔声性、透视性全取决于帘片材质的选用及组合、色彩、图案及加工等，见表8-3。帘片的分类形式很多，主要有：

（1）根据帘片数量不同。有单开帘、双开帘之分。

（2）根据帘片造型及开合方式。有掀帘、平开帘、卷帘、折叠帘、百叶帘、垂直帘、百折帘、风琴帘、轨道牵引帘（顶棚帘）等。

（3）根据帘片加工方式不同。有拿褶帘、平面帘之分。

（4）根据帘片组合层数及织物风格。有单层、双层、三层及透明型、薄型、中厚型、厚型之分。

（5）根据帘片所用材料。有棉质、麻质、丝质、木质、化纤、混纺、聚酯、玻璃纤维、金属丝网等种类。

（6）根据帘片织物后整理技术类别。有色织、印花、绣花、镂空、染色、烂花、植绒、烫金、压皱、涂层、阻燃、抗水、防静电等类型。

（7）根据帘片织物的遮光系数。有透光帘、半遮光帘、遮光帘之分。

帘片材料、造型与款式　　　　表 8-3

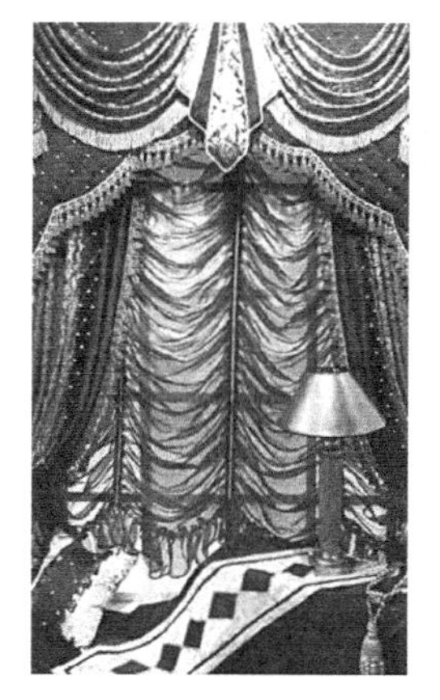 (1) 天鹅绒 + 纱帘（平开帘）	 (2) 真丝帘（平开帘）	 (3) 烂花纱帘（罗马帘）
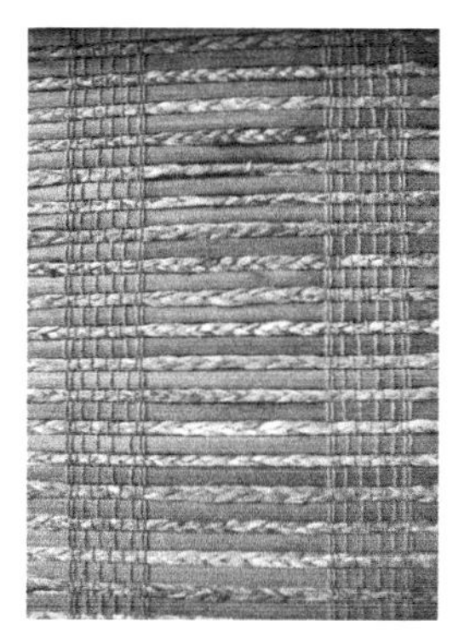 (4) 草编帘（卷帘）	 (5) 木织帘（移帘）	 (6) 木百叶帘（升降帘）
 (7) 纸帘（卷帘）	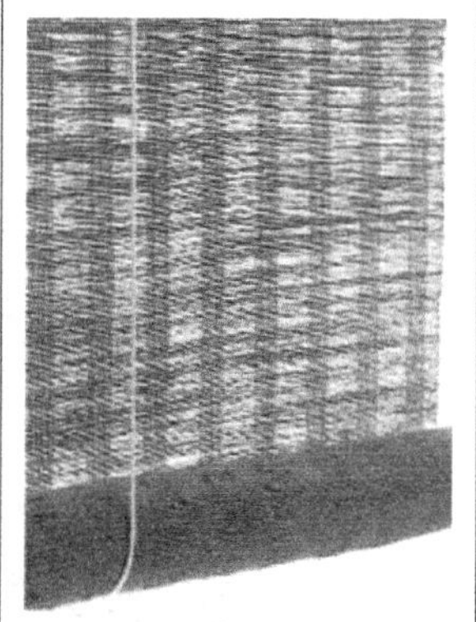 (8) 麻帘（卷帘）	 (9) 聚酯纤维帘（垂直帘）

续表

（10）金属线帘（掀帘）	（11）全棉印花帘（平开帘）	（12）金属网帘（掀帘）

2）窗轨系统。窗轨根据有否带窗帘盒，习惯分为轨道、窗帘杆两类。

（1）轨道。有手拉及绳拉、手控及电控两类。轨道一般最大尺寸为高45mm、宽50mm，内设静音胶条，拉动顺畅、无噪声；带“重叠设计”的轨道应使帘幕中间重叠覆盖约10cm～20cm。轨道系统由轨道体、吊轮、安装码、滑轮、拉绳、封套等组成。

①直轨与弧形轨：直轨常用材料有铝合金、塑钢、型钢，壁厚在0.5～1.0mm左右，一般采用粉末涂装及电泳技术处理。直轨标准长度为6m，根据断面形式有方轨（小方轨、中方轨、大方轨）、工字轨两大类。其中工字轨可弯曲成弧形，也称可弯曲轨（表8-4）。

②伸缩轨：伸缩轨可按窗户的宽度，在一定范围内自由伸缩，从而调节窗轨的长度，以满足不同尺度条件下的使用需要，材料有铝合金、型钢、塑钢等。配件一般为树脂、尼龙及不锈钢制品，光洁美观、尺寸精确、质地坚固、耐磨性强（表8-5）。

直轨与弧形轨 **表8-4**

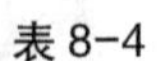

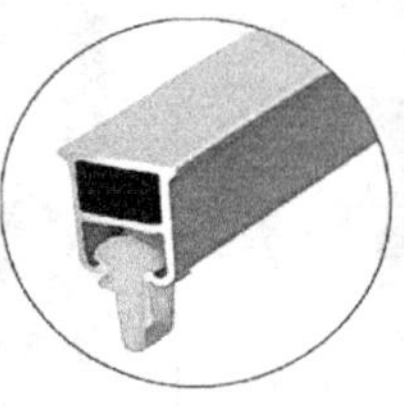

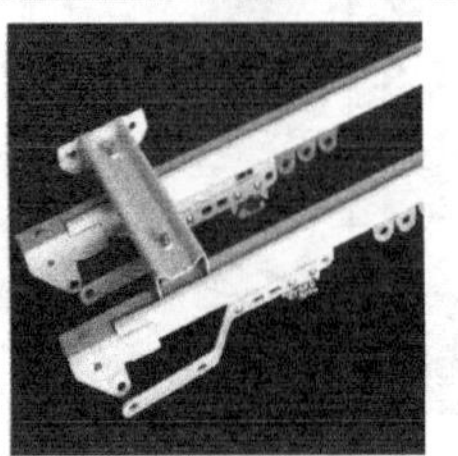

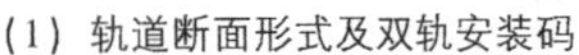

（1）轨道断面形式及双轨安装码

续表

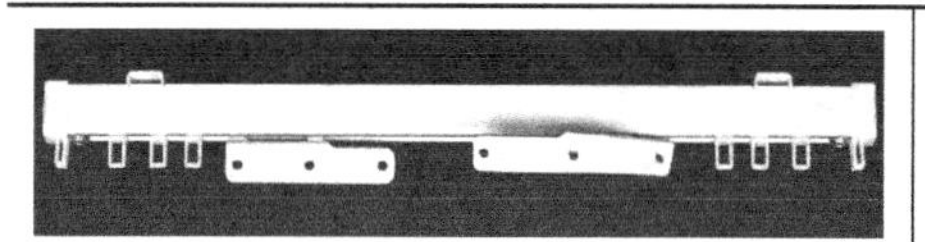

（2）平开帘直轨系统构成（手拉）

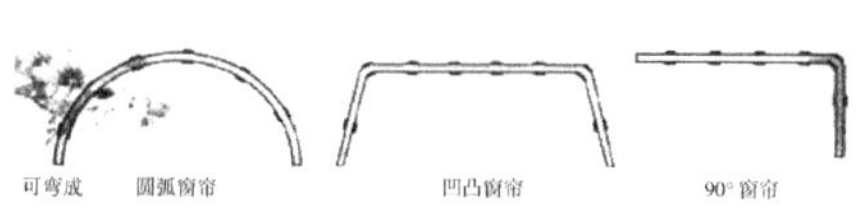

（3）可弯曲轨弯曲形式

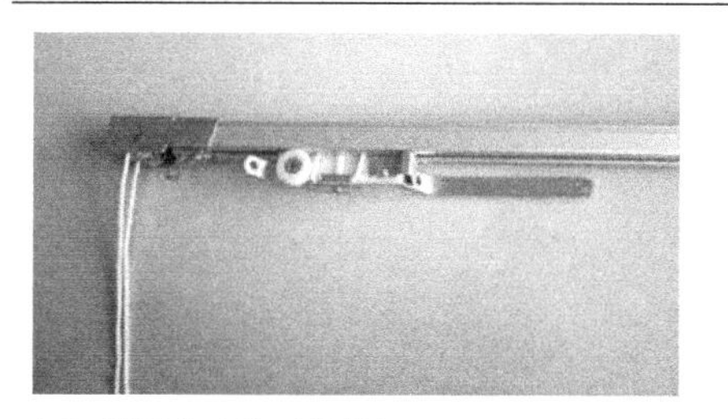

（4）平开帘直轨（绳拉）

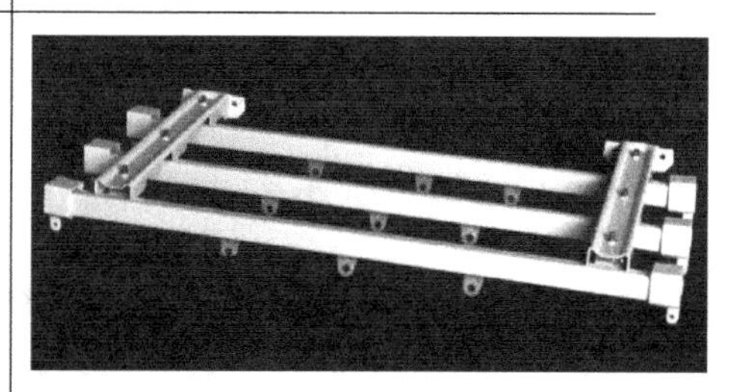

（5）平开帘三轨

伸缩轨与柔性轨　　表 8-5

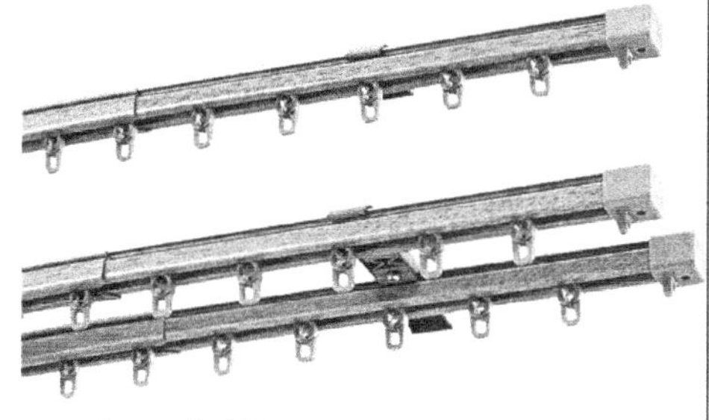

（1）单、双伸缩轨

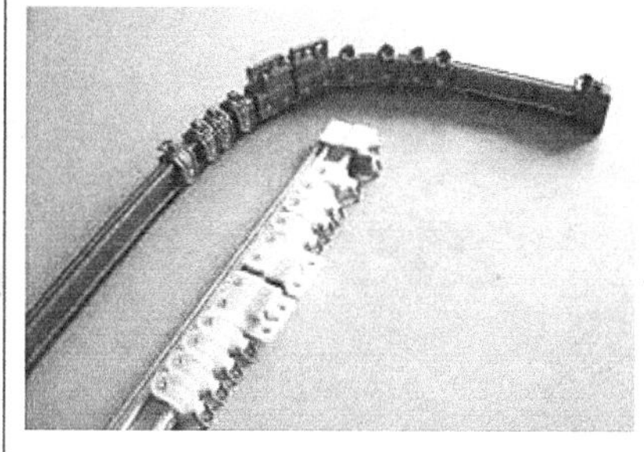

（3）柔性轨

（2）伸缩双轨系统

③柔性轨：柔性轨能按需要用手轻松弯折至各种形状，一般采用铝合金型材或塑钢，轨道一般高20mm、宽16mm，最长为6m，有单轨和双轨两种，有卡接式、触动式两种，安装简便，可固定于墙壁或顶部。

优质轨道运行噪声小，最大荷重一般为48kg，平整度规格误差应小于0.15mm，其抗拉伸强度、断裂伸长率、耐热性等应符合相关标准。

（2）窗帘杆。又称“艺术杆”，用于不带窗帘盒的外露式窗帘，材料有铁质、木质、铝合金、型钢及不锈钢等，直径 ϕ50mm、ϕ38mm、ϕ35mm、ϕ28mm、ϕ25mm、ϕ22mm、ϕ19mm，有单杆、双杆之分，价格从28元/m到200元/m不等。窗帘杆配有多种造型的装饰杆头，有欧式、中式等风格，装饰功能强，成为目前的主流用品，见表8-6。

窗帘杆材质与风格　　表 8-6

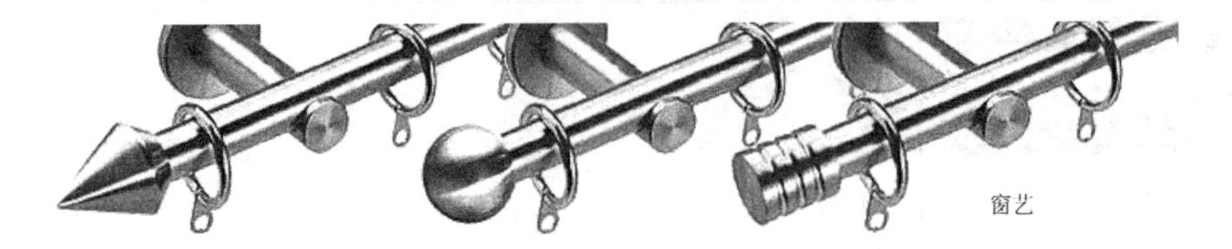

（1）不锈钢艺术杆

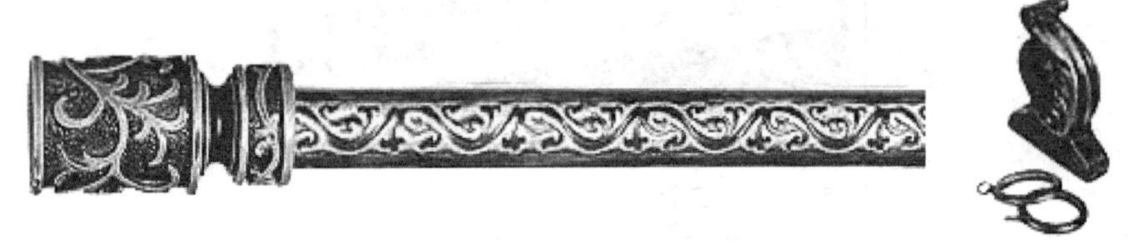

（2）铝质电镀艺术杆、安装座、静音环

（3）木质艺术杆

3）辅料。辅料系指一些具有固定轨道、连接窗幕、控制运行与开合、加强悬垂效果及增强装饰性等作用的配件，包括安装码、吊轮（吊环）与吊带、拉绳及其他，见表 8-7。

（1）安装码。系安装轨道及艺术杆的连接件，根据所用轨道（艺术杆）数量有单码、双码、三码（单座、双座）三种，见表 8-7中（7）~（8）所示。安装时在墙、顶相应部位打孔，下膨胀螺栓，用配套螺钉固定。

（2）吊环（吊轮）与吊带。系连接帘片与轨道的吊挂件。吊环也称为静音圈，通过在滚轮外覆裹一层软胶达到静音目的。软胶材质为 TPR，系一种热塑弹性体，包覆效果好，耐磨性强。吊带多采用与帘片配套的材质、面料花色制成，大方、活泼。

（3）坠环或坠珠、挂钩、束带、流苏、花边等。见表 8-7。这些均属于帘幕配饰，用于辅助固定帘片、增强帘片悬垂感、加强装饰效果。其他配件还有制头、拉绳、齿轮等，请参见系统构成部分。

帘幕系统配件与辅料　　表 8-7

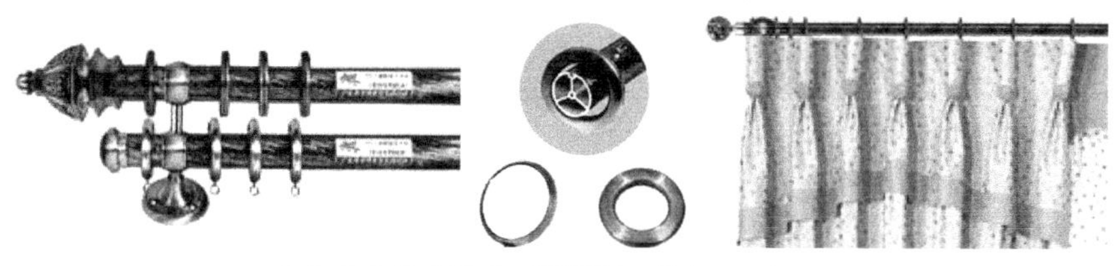

(1) 铝质艺术杆（凹槽设计）、静音环及应用

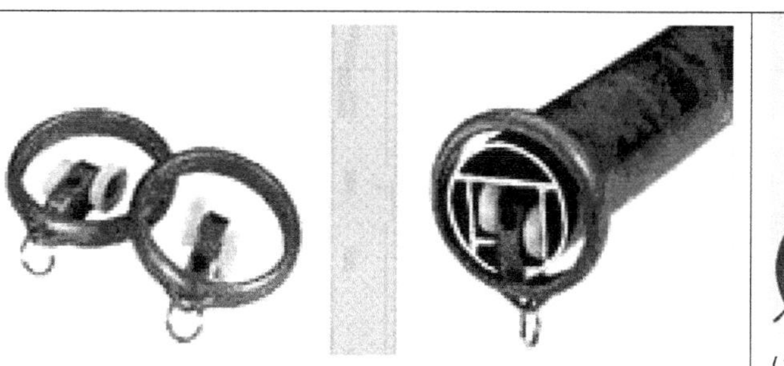

(2) 铝质艺术杆（半封闭设计）、高低轮走珠

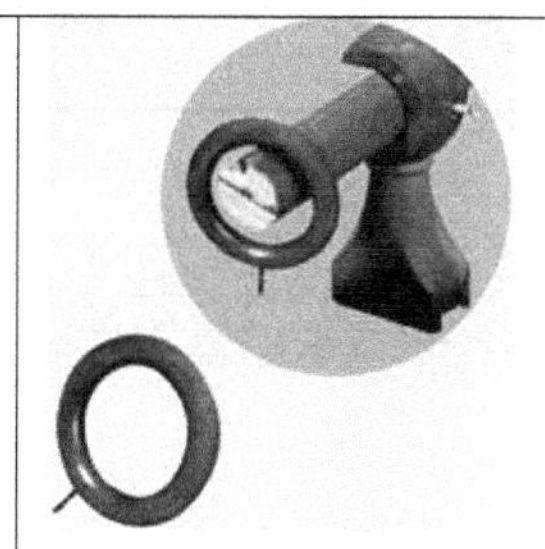

(3) 木杆（凹槽设计）及静音环

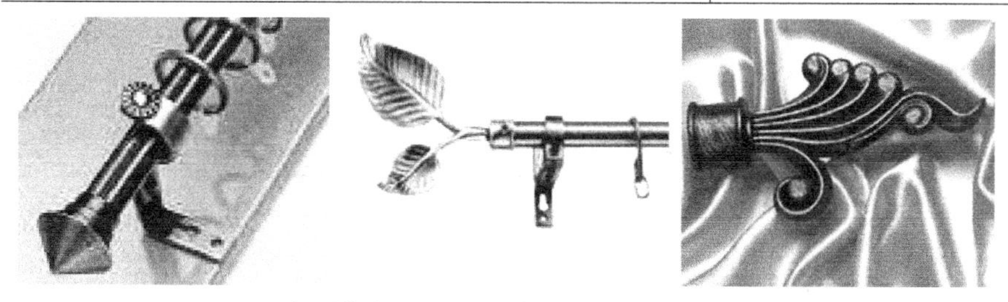

(4) 钢质艺术杆（凹槽设计）系统构成及装饰杆头

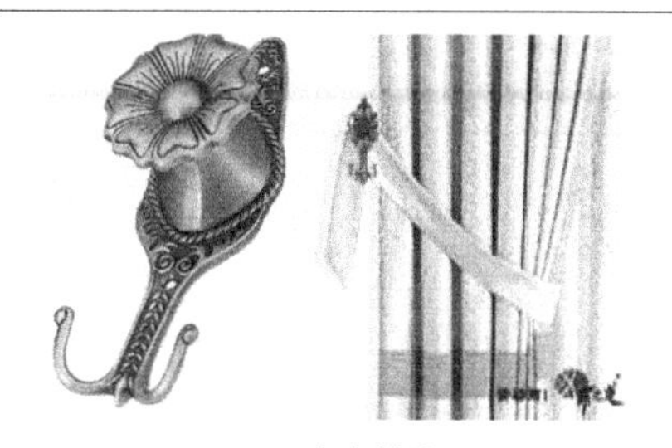

(5) 窗帘挂钩

(6) 窗帘扣

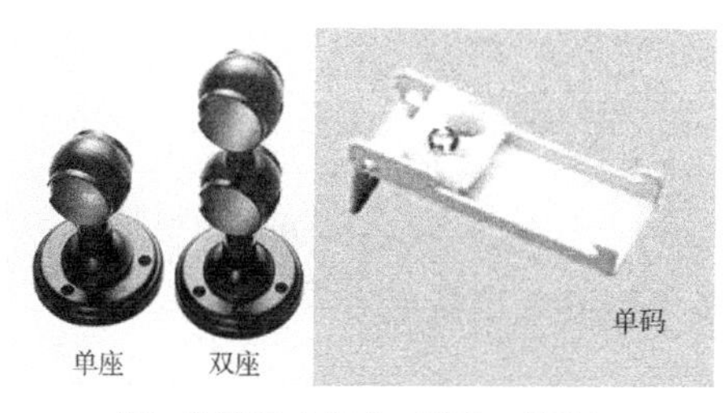

(7) 安装码（单座、双座、单码）

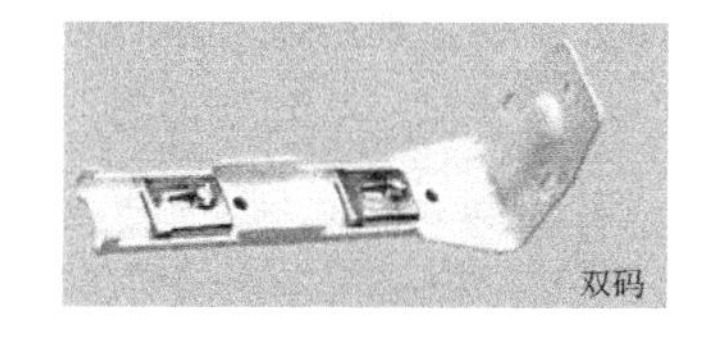

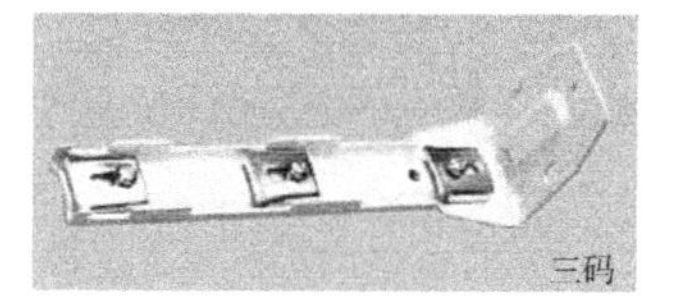

(8) 安装码（双码、三码）

续表

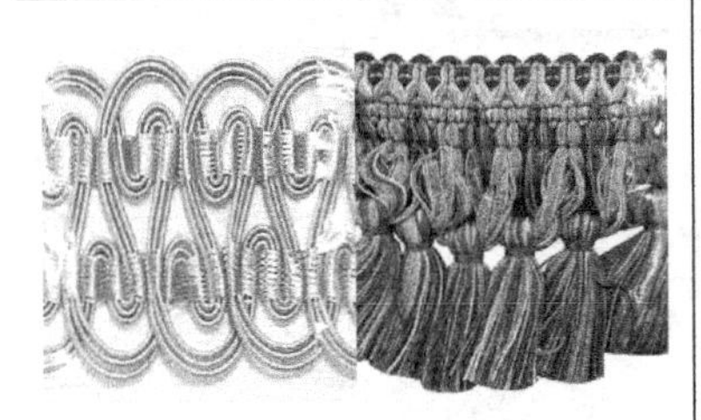 (9) 花边、流苏	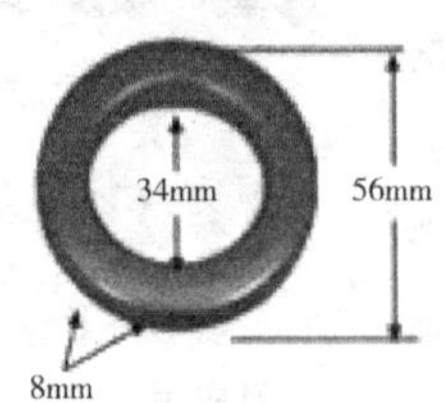 (10) 自锁圈	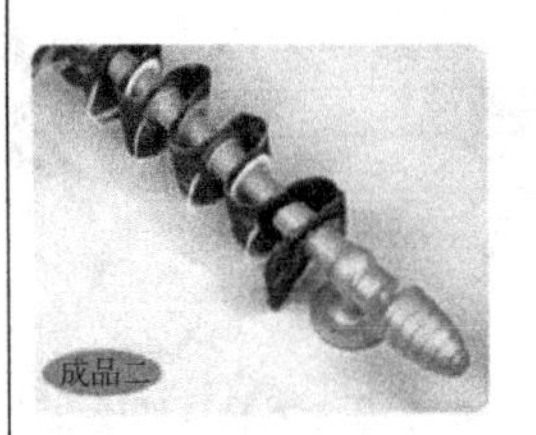 (11) 自锁圈应用

随着窗幕控制系统的发展，辅料的材料与性能对帘幕系统的性能影响越来越重要，成为帘幕工程不可或缺的重要材料。

8.2.2 材料

1. 材料检索

窗帘与帷幕工程的材料见材料检索8－织物材料。

2. 材料要求

窗帘与帷幕工程的材料要求见表8-8。

窗帘与帷幕工程材料要求　　表8-8

序号	材料	要求
1	纺织面料	根据设计要求和用户爱好选择，各类面料质量符合国家各项标准
2	五金配件	根据设计选用五金配件，如窗帘轨、轨堵、轨卡、大角、小角、滚轮、木螺钉、机螺钉、铁件等
3	金属窗帘杆	一般由设计指定图号，规格和构造形式等。通常用 $\phi8\sim\phi16$ 的圆钢或用8～14号钢丝加端头元宝螺栓

8.2.3 窗帘与帷幕的施工工艺

本工艺标准适用于一般民用建筑木窗帘盒、金属窗帘杆安装工程。

1. 技术准备

1）理解设计意图。熟悉图纸，理解设计意图，确定具体款式，编制材料计划。

2）定制货品。按设计要求定制窗帘面料及轨道款式，提出质量要求。主要的材料还应由监理、建设单位确认。

3）技术交底。对操作人员进行安全技术交底。

4）做样板。根据图纸做样板，并经设计、监理、建设单位验收确认后方可大面积施工。

2. 机具准备

工程机具设备见表8-9。

工程机具设备 **表 8-9**

序号	分类	名称
1	机械	手电钻、小电动台锯
2	工具	大刨子、小刨子、槽刨、手木锯、螺钉旋具、凿子、冲子、钢锯等
3	计量检测用具	卷尺、水平尺等

3. 作业条件

（1）安装窗帘盒、窗帘杆的房间，在结构施工时，应按施工图的要求预埋木砖或铁件，预制混凝土构件应设预埋件。

（2）无吊顶采用明窗帘盒的房间，应安好门窗框，做好内抹灰冲筋。

（3）有吊顶采用暗窗帘盒的房间，吊顶施工应与窗帘盒安装同时进行。

4. 施工流程和工艺

手动窗帘与帷幕工程施工流程和工艺见表 8-10。

窗帘与帷幕工程施工流程和工艺表 **表 8-10**

序号	施工流程	施工要求
1	定位与划线	安装窗帘盒、窗帘杆，应按设计图要求的位置、标高进行中心定位，弹好找平线，找好窗口、挂镜线等构造关系
2	预埋件检查和处理	划线后，检查固定窗帘盒（杆）的预埋固定件的位置、规格、预埋方式、牢固情况，是否能满足安装固定窗帘盒（杆）的要求，对于标高、平度、中心位置、出墙距离有误差的，应采取措施进行处理
3	核查加工品	核对已进场加工品的品种、规格、组装构造是否符合设计及安装要求
4	窗帘盒（杆）安装	1. 安装窗帘盒：先按平线确定标高，划好窗帘盒中线，安装时将窗帘盒中线对准窗口中线，盒的靠墙部位要贴严，固定方法按设计要求 2. 安装窗帘轨：窗帘轨有单轨、双轨或三轨道之分，当窗宽大于1200mm 时，窗帘轨应断开，断开处摵弯错开，摵弯应成缓曲线，搭接长度不小于 200mm；明窗帘盒一般在盒上先安装轨道，如为重窗帘时，轨道应加机螺钉固定；暗窗帘盒应后安装轨道，重窗帘时，轨道小角应加密间距，木螺钉规格不小于 30mm。轨道应保持在一条直线上 3. 窗帘杆安装：校正连接固定件，将杆装上或将钢丝绷紧在固定件上。做到平、正同房间标高一致
5	窗帘安装	1. 将 S 形窗帘挂钩安插在窗帘上端的布带上面 2. 把窗帘挂在轨道或窗帘杆上面 3. 整理一下并用扎带扎两三天再松开，这样能使折痕更加鲜明顺畅

5. 施工注意要点

1）窗帘盒安装不平、不正。主要是找位、划尺寸线不认真；预埋件安装不准，调整处理不当。安装前做到划线准确，安装量尺务必使标高一致，中心线准确。

2）窗帘盒两端伸出的长度不一致。主要是窗口中心与窗帘盒中心相对不准，操作不认真所致。安装时应核对尺寸，使两端伸出长度相同。

3）窗帘轨道脱落。多数由于盖板太薄或螺钉松动造成。薄于 15mm 的盖板，应用机螺钉固定窗帘轨。

4）窗帘盒迎面板扭曲。加工时木材干燥不好，入场后存放受潮，安装时应及时刷油漆一道。

5）电动窗帘轨安装完后，应按产品说明书进行安装调试；教会客户正确使用，提醒客户相关注意事项；经客户在安装单上签字确认，完成验收。

6. 成品保护

1）窗帘盒保护。窗帘盒安装后及时刷一道底油漆，以防抹灰、喷浆等湿作业时受潮变形或污染。

2）窗帘轨（杆）保护。窗帘杆或钢丝防止刻痕，加工品应妥善保管，防止存放不当、受潮等造成变形。

8.2.4 质量检验

1. 说明

1）本规范适用。本规范适用于窗帘和帷幕工程的质量验收。

2）检查数量。室内每个检验批至少抽查10%，并不得少于3间；不足3间时应全数检查。

2. 质量标准

窗帘和帷幕工程质量标准和验收方法见表8-11。

窗帘和帷幕工程质量标准和验收方法　　表8-11

序号	分项	质量标准和检验方法
1	主控项目	1. 符合国家相关标准。检验内容：窗帘盒、窗帘轨（杆）制作与安装所使用材料的材质和规格、木材的燃烧性能等级和含水率、人造木板的甲醛含量应符合设计要求及国家现行标准的有关规定 检验方法：观察；检查产品合格证书、进场验收记录、性能检测报告和复验报告 2. 符合设计要求。检验内容；窗帘盒、窗帘轨（杆）造型、规格、尺寸、安装位置和固定方法必须符合设计要求。窗帘盒、窗帘轨、窗帘杆的安装必须牢固 检验方法：观察；尺量检查；手扳检查 3. 配件符合要求。检验内容：窗帘盒、窗帘轨（杆）配件品种、规格应符合设计要求，安装应牢固 检验方法：手扳检查；检查进场验收记录 4. 平整度及细部节点符合要求。检验内容：窗帘盒、窗帘轨（杆）表面平直、洁净、接缝严密、色泽一致，不得有裂缝、翘曲及损坏；与墙面、窗框的衔接应严密，密封胶缝应顺直、光滑 检验方法：观察 5. 窗帘外观及使用效果符合要求。检验内容：检查窗帘整体与房间是否垂直和谐；检查窗帘布有没有脱丝现象；检查轨道和窗帘杆安装的牢固程度，检查窗帘拉动时是否顺畅、噪声小；检查窗帘杆有否裂纹以免日后出现漆膜脱落现象 检验方法：观察、拉动检查、噪声检查
2	一般项目	—

8.3 地毯构造、材料、施工、检验

地毯作为地面装饰材料，质地丰满、外观华美，不仅具有实用价值，还具有美化环境的功能。地毯防潮、保暖、吸声与柔软舒适的特性，给室内环境带来温馨适意的气氛。生硬平板的空间一旦铺了地毯便会满室生辉，令人精神愉悦，给人以美好的感受。

8.3.1 构造

地毯的铺设分固定和活动式两种方式。

1. 活动式铺设

活动式铺设是指不用胶粘剂粘贴在基层的一种方法，即不与基层固定的铺设，利用地毯自重和家具压制辅助固定，四周沿墙角修齐即可，一般仅适用于装饰性工艺地毯的铺设。

2. 固定铺设

固定铺设系指利用相关辅料将地毯固定于地面的铺设方法，构造见表 8-12。固定铺设对所用辅助材料和工艺有一定要求，铺设时应依据国家相应规范要求及行业标准进行施工及验收。

地毯铺设构造表　　　　**表 8-12**

不同地毯交接构造	地毯与石材交接构造
衬垫 地毯 射钉 塑料压条 铝型材收边条	胶合板倒齿挂毯条

3. 收口处理

地毯在踢脚板处的收口处理如图 8-1所示。

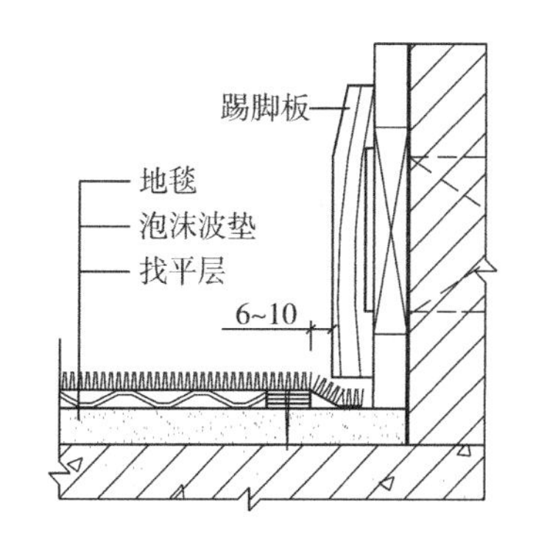

图 8-1　地毯在踢脚板处的收口处理

8.3.2 材料

1. 材料检索

地毯材料的品种和属性见材料检索 8. 4—地毯材料。

2. 材料要求

地毯铺设工程的材料要求见表 8-13。

地毯铺设工程的材料要求表　　　　表 8-13

序号	材料	要求
1	地毯	目前，市场大致有羊毛地毯、纯羊毛无纺地毯、化纤地毯、合成纤维栽绒地毯四大类。地毯的品种、规格、颜色、主要性能和技术指标必须符合设计要求。应有出厂合格证明
2	衬垫	衬垫的品种、规格、主要性能和技术指标必须符合设计要求。应有出厂合格证明
3	胶粘剂	无毒、不霉、快干，0.5h 之内使用张紧器时不脱缝，对地面有足够的粘结强度，可剥离、施工方便的胶粘剂，均可用于地毯与地面、地毯与地毯连接拼缝处的粘结。一般采用天然乳胶添加增稠剂、防霉剂等制成的胶粘剂
4	倒刺钉板条	在 1200mm×24mm×6mm 的三合板条上钉有两排斜钉（间距为 35～40mm），还有五个高强钢钉均匀分布在全长上（钢钉间距约 400mm，距两端各约 100mm 左右）
5	铝合金倒刺条	用于地毯端头露明处，起固定和收头作用。多用在外门口或与其他材料的地面相接处
6	铝压条	宜采用厚度为 2mm 左右的铝合金材料制成，用于门框下的地面处，压住地毯的边缘，使其免于被踢起或损坏

8.3.3　施工工艺

本工艺标准适用于宾馆、饭店、公共场所和住宅等室内的地面与楼面铺设地毯工程。

1. 技术准备

1）理解设计意图。熟悉图纸，理解设计意图，确定地毯品种，特别要注意色彩和纹样。

2）材料检验确认。地毯材料进场时由技术、质量和材料人员共同进行检验，还应通过监理、建设单位的确认。

3）技术交底。对操作人员进行安全技术交底。

4）做样板。根据图纸做样板，并经设计、监理、建设单位验收确认后方可大面积施工。

2. 机具准备

工程机具设备见表 8-14。

工程机具设备　　　　表 8-14

序号	分类	名称
1	机械	裁毯刀、裁边机、吸尘器
2	工具	地毯撑子（大撑子撑头、大撑子承脚、小撑子）、扁铲、墩拐、手枪钻、割刀、剪刀、尖嘴钳子、漆刷橡胶压边滚筒、熨斗、手锤、扫帚、胶轮轻便运料车、铁簸箕、棉丝和工具袋、拖鞋垃、圾桶、盛胶容器等
3	计量检测用具	角尺、直尺、钢尺、合尺、弹线粉袋、小线

3. 作业条件

1）在地毯铺设之前，室内装饰必须完毕。室内所有重型设备均已就位并已调试，运转正常，经专业验收合格，并经核验全部达到合格标准。

2）铺设地面地毯基层的底层必须加做防潮层（如一毡二油防潮层；水乳型橡胶沥青一布二涂防潮层；油毡防潮层，底层均刷冷底子油一道等），并在防潮层上面做50mm厚1：2：3细石混凝土，撒1：1水泥砂压实赶光，要求表面平整、光滑、洁净，应具有一定的强度，含水率不大于8%。

3）铺设楼面地毯的基层，一般是水泥楼面，也可以是木地板或其他材质的楼面。要求表面平整、光滑、洁净，如有油污，须用丙酮或松节油擦净。如为水泥楼面，应具有一定的强度，含水率不大于8%。

4）地毯、衬垫和胶粘剂等进场后，应检查核对数量、品种、规格、颜色、图案等是否符合设计要求，如符合，应按其品种、规格分别存放在干燥的仓库或房间内。用前要预铺、配花、编号，待铺设时按号取用。

5）应事先把需铺设地毯的房间、走道等四周的踢脚板做好。踢脚板下口均应离开地面8mm左右，以便将地毯毛边掩入踢脚板下。

6）大面积施工前应先放出施工大样，并做样板，经质检部门鉴定合格后，方可组织按样板要求施工。

4. 施工流程和工艺

地毯铺设施工流程和工艺见表8-15。

地毯铺设施工流程和工艺表 **表8-15**

序号	施工流程	施工要求
1	基层处理	铺设地毯的基层，一般是水泥地面，也可以是木地板或其他材质的地面。要求表面平整、光滑、洁净，如有油污，须用丙酮或松节油擦净。如为水泥地面，应具有一定的强度，含水率不大于8%，表面平整偏差不大于4mm
2	弹线、套方、分格、定位	要严格按照设计图纸对各个不同部位和房间的具体要求进行弹线、套方、分格，如图纸有规定和要求时，则严格按图施工。如图纸没具体要求时，应对称找中并弹线，便可定位铺设
3	地毯剪裁	地毯裁剪应在比较宽阔的地方集中统一进行。一定要精确测量房间尺寸，并按房间和所用地毯型号逐一登记编号。然后根据房间尺寸、形状用裁边机断下地毯料，每段地毯的长度要比房间长出2cm左右，宽度要以裁去地毯边缘线后的尺寸计算。弹线裁去边缘部分，然后以手推裁刀从毯背裁切，裁好后卷成卷编上号，放入对号房间里，大面积房厅应在施工地点剪裁拼缝
4	钉倒刺板挂毯条	沿房间或走道四周踢脚板边缘，用高强水泥钉将倒刺板钉在基层上（钉朝向墙的方向），间距约40cm。倒刺板应离开踢脚板面8～10mm，以便于钉牢倒刺板
5	铺设衬垫	将衬垫采用点粘法刷108胶或聚醋酸乙烯乳胶，粘在地面基层上，要离开倒刺板10mm左右

续表

序号	施工流程	施工要求
6	铺设地毯	1）缝合地毯：将裁好的地毯虚铺在垫层上，然后将地毯卷起，在拼接处缝合。缝合完毕，用塑料胶纸贴于缝合处，保护接缝处不被划破或勾起，然后将地毯平铺，用弯钉在接缝处做绒毛密实的缝合 2）拉伸与固定地毯：先将地毯的一条长边固定在倒刺板上，毛边掩到踢脚板下，用地毯撑子拉伸地毯。拉伸时，用手压住地毯撑，用膝撞击地毯撑，从一边一步一步推向另一边。如一遍未能拉平，应重复拉伸，直至拉平为止。然后将地毯固定在另一条倒刺板上，掩好毛边。长出的地毯，用裁割刀割掉。一个方向拉伸完毕，再进行另一个方向的拉伸，直至四个边都固定在倒刺板上 3）用胶粘剂粘结固定地毯：此法一般不放衬垫（多用于化纤地毯），先将地毯拼缝处衬一条10cm宽的麻布带，用胶粘剂粘贴，然后将胶粘剂涂刷在基层上，适时粘结、固定地毯。此法分为满粘和局部粘结两种方法。宾馆的客房和住宅的居室可采用局部粘结，公共场所宜采用满粘。铺粘地毯时，先在房间一边涂刷胶粘剂后，铺放已预先裁割的地毯，然后用地毯撑子向两边撑拉，再沿墙边刷两条胶粘剂，将地毯压平掩边
7	细部处理及清理	要注意门口压条的处理和门框、走道与门厅，地面与管根、散热器罩、槽盒，走道与卫生间门槛，楼梯踏步与过道平台，内门与外门，不同颜色地毯交接处和踢脚板等部位地毯的套割、固定和掩边工作，必须粘结牢固，不应有显露、后找补条等破活。地毯铺设完毕，固定收口条后，应用吸尘器清扫干净，将毯面上脱落的绒毛等清理干净

5. 施工注意要点

1）压边粘结产生松动及发霉等现象。地毯、胶粘剂等材质、规格、技术指标，要有产品出厂合格证，必要时做复试。使用前要认真检查，并事先做好试铺工作。

2）地毯表面不平、打皱、鼓包等。主要问题发生在铺设地毯这道工序时，未认真按照操作工艺中的缝合、拉伸与固定、用胶粘剂粘结固定等要求去做所致。

3）拼缝不平、不实。尤其是地毯与其他地面的收回或交接处，例如门口、过道与门厅、拼花及变换材料等部位，往往容易出现拼缝不平、不实。因此在施工时要特别注意上述部位的基层本身接控是否平整，如严重者应返工处理，如问题不太大，可采取加衬垫的方法用胶粘剂把衬垫粘车，同时要认真把面层和垫层拼缝处的缝合工作做好，一定要严密、紧凑、结实，并满刷胶粘剂粘牢固。

4）涂刷胶粘剂弄污周围物品。涂刷胶粘剂时应认真精心操作，采取轻便可移动的保护挡板或随污染随时清擦等措施保护成品，避免污染踢脚板、门框扇及地弹簧等。

5）地毯泡湿。暖气炉片、空调回水和立管根部以及卫生间与走道间应设有防水坎等，防止渗漏，以免将已铺设好的地毯成品泡湿损坏。此事在铺设地毯之前必须解决好。

6. 成品保护

1）要注意保护好上道工序已完成的各分项分部工程成品的质量。在运输和施工操作中，要注意保护好门窗框扇，特别是铝合金门窗框扇、墙纸踢脚板等成品不遭损坏和污染。应采取保护和固定措施。

2）地毯等材料进场后，要注意堆放、运输和操作过程中的保管工作。应避免风吹雨淋，要防潮、防火、防人踩、物压等。应设专人加强管理。

3）要注意倒刺板挂毯条和钢钉等的使用和保管工作。尤其要注意及时回收和清理截断下来的零头、倒刺板、挂毯条和散落的钢钉，避免发生钉子扎脚、划伤地毯和把散落的钢钉铺垫在地毯垫层和面层下面，否则必须返工取出重铺。

4）要认真贯彻岗位责任制，严格执行工序交接制度。凡每道工序施工完毕，就应及时清理地毯上的杂物，及时清擦被操作污染的部位。并注意关闭门窗和关闭卫生间的水龙头，严防地毯被雨淋和水泡。

5）操作现场严禁吸烟，吸烟要到指定吸烟室。应从准备工作开始，根据工程任务的大小，设专人进行消防、保卫和成品保护监督，给他们佩戴醒目的袖章并加强巡查工作，同时要发证，严格控制非工作人员进入。

8.3.4 质量检验

1. 说明

1）本规范适用。本规范适用于地毯铺设工程的质量验收。

2）检查数量。室内每个检验批至少抽查 10%，并不得少于 3 间；不足 3 间时应全数检查。

2. 质量标准

地毯铺设工程的质量标准和验收方法见表 8-16。

地毯铺设工程质量标准和验收方法　　　　表 8-16

序号	分项	质量标准和检验方法
1	主控项目	各种地毯的材质、规格、技术指标必须符合设计要求和施工规范的规定；地毯与基层固定必须牢固，无卷边、翻起现象 检验方法：目测
2	一般项目	地毯表面平整，无打皱、鼓包现象；地毯拼缝平整、密实，在视线范围内不显拼缝；地毯与其他地面的收回或交接处应顺直；地毯的绒毛应理顺，表面洁净，无油污杂物等 检验方法：目测

☆教学单元 8　装饰织物工程·实践教学部分

8.1　材料认知实训

参观当地大型的装饰材料市场，全面了解各类地毯或窗帘织物材料。重点了解一个知名品牌中 10 款受消费者欢迎的地毯或窗帘织物的品种、规格、特点、价格（二维码 19）。

二维码 19

实训重点：①选择品牌；②了解该品牌地毯或窗帘织物的特点。

实训难点：①与商店领导和店员的沟通；②材料数据的完整、详细、准确；③资料的整理和归纳；④看板版式的设计。

地毯或窗帘织物材料调研及看板制作项目任务书

任务编号	D8 – 1
学习单元	装饰织物工程
任务名称	装饰织物材料调研 – 制作地毯或窗帘织物品牌看板
任务要求	调查本地材料市场织物材料，重点了解一个知名品牌中10款受消费者欢迎的地毯或窗帘织物的品牌、品种、规格、特点、价格
实训目的	为建筑装饰设计和施工收集当前流行的市场材料信息，为后续设计与施工提供第一手资讯
行动描述	1. 参观当地大型的装饰材料市场，全面了解各类织物装饰材料 2. 重点了解10款市场受消费者欢迎的地毯或窗帘织物品种、规格、特点、价格 3. 将收集的素材整理成内容简明、可以向客户介绍的材料看板
工作岗位	本工作属于工程部、设计部、材料部，岗位为施工员、设计员、材料员
工作过程	到建筑装饰材料市场进行实地考察，了解地毯或窗帘织物的市场行情，为装修设计选材和施工管理的材料选购质量鉴别打下基础 1. 选择材料市场 2. 与店方沟通，请技术人员讲解地毯或窗帘织物品种和特点 3. 收集地毯或窗帘织物宣传资料 4. 实际丈量不同的地毯或窗帘织物规格、作好数据记录 5. 整理素材 6. 编写一个知名品牌中10款受消费者欢迎的地毯或窗帘织物的品种、规格、特点、价格的看板
工作对象	建筑装饰市场材料商店的地毯或窗帘织物材料
工作工具	记录本、合页纸、笔、相机、卷尺等
工作方法	1. 先熟悉材料商店整体环境 2. 征得店方同意 3. 详细了解地毯或窗帘织物品牌和种类 4. 确定一种品牌进行深入了解 5. 拍摄选定地毯或窗帘织物品种的数码照片 6. 收集相应的资料 注意：尽量选择材料商店比较空闲的时间，不能干扰材料商店的工作
工作团队	1. 事先准备。做好礼仪、形象、交流、资料、工具等准备工作 2. 选择调查地点 3. 分组。4～6人为一组，选一名组长，每人选择一个品牌的地毯或窗帘织物进行市场调研。然后小组讨论，确定一款地毯或窗帘织物品牌进行材料看板的制作

附件：________市（区、县）地毯或窗帘织物市场调查报告（提纲）

调查团队成员	
调查地点	
调查时间	
调查过程简述	
调查品牌	
品牌介绍	

续表

品种1		
品种名称		材料照片
材料规格		
材料特点		
价格范围		
品种2-n（以下按需扩展）		
品种名称		材料照片
材料规格		
材料特点		
价格范围		

地毯或窗帘织物市场调查实训考核内容、方法及成绩评定标准

系列	考核内容	考核方法	要求达到的水平	指标	小组评分	教师评分
对基本知识的理解	对地毯或窗帘织物材料的理论检索和市场信息捕捉能力	资料编写的正确程度	预先了解地毯或窗帘织物的材料属性	30		
		市场信息了解的全面程度	预先了解本地的市场信息	10		
实际工作能力	在校外实训室场所，实际动手操作，完成调研的过程	各种素材展示	选择比较市场材料的能力	8		
			拍摄清晰材料照片的能力	8		
			综合分析材料属性的能力	8		
			书写分析调研报告的能力	8		
			设计编排调研报告的能力	8		
职业关键能力	团队精神和组织能力	个人和团队评分相结合	计划的周密性	5		
			人员调配的合理性	5		
书面沟通能力	调研结果评估	看板集中展示	地毯或窗帘织物资讯完整美观	10		
任务完成的整体水平				100		

8.2 构造设计实训

通过设计能力实训理解装饰织物工程的材料与构造（二维码20）。（以下3选1）。

二维码20

1）到某宾馆大堂仔细观察一款窗帘或帷幔，并用草图画出它的具体构造。

2）设计一款五星级酒店客房的窗帘样式，并画出制作大样。

3）设计一款咖啡馆沿街大玻璃窗的卷帘方案，并画出制作大样。

装饰织物设计实训项目任务书

任务编号	D8－2
学习单元	装饰织物工程
任务名称	实训题目（__）：________________
任务要求	按实训要求设计一款窗帘
实训目的	理解窗帘构造原理
行动描述	1. 了解所设计窗帘的使用要求及使用档次 2. 设计出结构牢固、工艺简洁、造型美观的织物 3. 设计图表现符合国家制图标准
工作岗位	本工作属于设计部，岗位为设计员
工作过程	1. 到现场实地考察，或查找相关资料理解所设计窗帘的使用要求及使用档次 2. 画出构思草图和结构分析图 3. 分别画出平面、立面、主要节点大样图 4. 标注材料与尺寸 5. 编写设计说明 6. 填写设计图图框要求内容并签字
工作工具	笔、纸、电脑
工作方法	1. 先查找资料、征询要求 2. 明确设计要求 3. 熟悉制图标准和线型要求 4. 构思草图可进行发散性思维，设计多款方案，然后选择最佳方案进行深入设计 5. 结构设计追求最简洁、最牢固的效果 6. 图面表达尽量做到美观清晰

装饰织物工程构造设计实训考核内容、方法及成绩评定标准

考核内容	评价	指标	自我评分	教师评分
设计合理美观	材料选择符合使用要求	20		
	构造设计工艺简洁、构造合理、结构牢固	20		
	造型美观	20		
设计符合规范	线型正确、符合规范	10		
	构图美观、布局合理	10		
	表达清晰、标注全面	10		
图面效果	图面整洁	5		
设计时间	按时完成任务	5		
任务完成的整体水平		100		

8.3 施工操作实训

通过校内实训室的操作能力实训，对织物工程的施工及验收有感性认识。特别是通过实训项目，对织物工程的技术准备、材料要求、施工流程和工艺、质量标准和检验方法进行实践验证，并能举一反三（二维码 21）。

二维码 21

装饰织物工程设计及操作能力实训项目任务书

任务编号	D8 - 3
学习领域	装饰织物工程
实训任务	平开帘或弹簧卷帘安装操作
任务要求	按窗帘的施工工艺装配 1 组窗帘
实训目的	通过实践操作，掌握窗帘施工工艺和验收方法，为今后走上工作岗位做好知识和能力准备
行动描述	教师根据授课要求提出实训要求。学生实训团队根据设计方案和实训施工现场，按窗帘的施工工艺装配一组窗帘，并按窗帘的工程验收标准和验收方法对实训工程进行验收，各项资料按行业要求进行整理。完成以后，学生进行自评，教师进行点评
工作岗位	本工作属于工程部施工员
工作过程	详见附件：窗帘实训流程
工作要求	按国家验收标准，装配窗帘，并按行业惯例准备各项验收资料
工作工具	窗帘工程施工工具及记录本、合页纸、笔等实训记录工具
工作团队	1. 分组：4 ~6 人为一组，选 1 名项目组长，确定 1 名见习设计员、1 名见习材料员、1 名见习施工员、1 名见习资料员、1 名见习质检员 2. 各位成员分头进行各项准备。做好资料、材料、设计方案、施工工具等准备工作
工作方法	1. 项目组长制订计划，制订工作流程，为各位成员分配任务 2. 见习设计员准备图纸，向其他成员进行方案说明和技术交底 3. 见习材料员准备材料，并主导材料验收任务 4. 见习施工员带领其他成员进行手动卷帘的组装 5. 按施工工艺进行手动卷帘的安装、清理现场准备验收 6. 见习质检员主导进行质量检验 7. 见习资料员记录各项数据，整理各种资料 8. 项目组长主导进行实训评估和总结 9. 指导教师核查实训情况，并进行点评

附件：窗帘安装操作实训流程（编写大纲）

一、实训团队组成

团队组成	姓名	主要任务
项目组长		
见习设计员		
见习材料员		
见习施工员		
见习资料员		
见习质检员		
其他成员		

二、实训计划

工作任务	完成时间	工作要求

三、实训方案

1. 进行技术准备
2. 画出施工图
3. 机具准备

施工机具设备表

序号	分类	名称
1	工具	
2	计量检测用具	

4. 作业条件
5. 编写施工工艺

窗帘施工流程和工艺表

序号	施工流程	施工要求
1	划线定位	
2	预埋件检查处理	
3	核查窗帘加工品部件	
4	窗帘盒、窗帘杆安装	
5	窗帘安装	

6. 进行工程验收

窗帘工程的质量验收标准如下。

窗帘工程质量检验记录

<table>
<tr><th>序号</th><th>分项</th><th>质量标准</th></tr>
<tr><td>1</td><td>主控项目</td><td></td></tr>
<tr><td>2</td><td>一般项目</td><td>
窗帘安装的允许偏差和检验方法
<table>
<tr><th rowspan="2">项目</th><th colspan="2">允许偏差（mm）</th><th rowspan="2">检验方法</th></tr>
<tr><th>国标、行标</th><th>企标</th></tr>
<tr><td>外型尺寸</td><td></td><td></td><td></td></tr>
<tr><td>立面垂直度</td><td></td><td></td><td></td></tr>
<tr><td>窗帘的平行度</td><td></td><td></td><td></td></tr>
</table>
</td></tr>
</table>

7. 整理各项资料

以下各项工程资料需要装入专用资料袋。

序号	资料目录	份数	验收情况
1	设计图纸		
2	现场原始实际尺寸		
3	工艺流程和施工工艺		
4	工程竣工图		
5	验收标准		
6	验收记录		
7	考核评分		

8. 总结汇报

实训团队成员个人总结

1）实训情况概述（任务、要求、团队组成等）

2）实训任务完成情况

3）实训的主要收获

4）存在的主要问题

5）团队合作情况（个人在团队中的作用、团队的整体表现、团队的竞争力如何等）

6）对实训安排有什么建议

9. 实训考核成绩评定

窗帘安装实训考核内容、方法及成绩评定标准

系列	考核内容	考核方法	要求达到的水平	指标	小组评分	教师评分
对基本知识的理解	对窗帘的理论掌握	编写施工工艺	能正确编制施工工艺	30		
		理解质量标准和验收方法	正确理解质量标准和验收方法	10		
实际工作能力	在校内实训室场所，进行实际动手操作，完成装配任务	检测各项能力	技术交底的能力	8		
			材料验收的能力	8		
			放样放线的能力	8		
			框架安装和其他饰品安装的能力	8		
			质量检验的能力	8		
职业关键能力	团队精神、组织能力	个人和团队评分相结合	计划的周密性	5		
			人员调配的合理性	5		
验收能力	根据实训结果评估	实训结果和资料核对	验收资料完备	10		
任务完成的整体水平				100		

☆教学单元8　装饰织物工程·教学指南

8.1　延伸阅读文献

[1] 中国轻工业联合会综合业务部 中国轻工业标准汇编地毯卷 [M]. 北京: 中国标准出版社, 2006.

[2] 薛士鑫. 机制地毯 [M]. 北京: 化学工业出版社, 2004.

[3] 深圳市金版文化发展有限公司. 中国精品窗帘 [M]. 福州: 南海出版社, 2008.

[4] 刘咏. 织物印花与特种印刷 [M]. 北京: 印刷工业出版社, 2007.

[5] 建筑内部装修设计防火规范 [S]. GB50222—1995

[6] 建筑材料及制品燃烧性能分级 [S]. GB8624—2006

[7] 公共场所阻燃制品及组件燃烧性能要求和标识 [S]. GB20286—2006

[8] 地毯标签 [S]. QB2397—1998

[9] 室内装饰装修材料地毯、地毯衬垫及地毯胶粘剂有害物质释放能量 [S]. GB18587—2001

[10] 纺织品装饰用织物 [S]. GB/T19817—2005

8.2　理论教学部分学习情况自我检查

1. 列举几项主要的帘幕、地毯所用织物检验标准。
2. 帘幕有哪些常用款式，并用钢笔草图画出其中2款的款式示意图。
3. 简述帘幕常用窗轨的种类和应用。
4. 简述平开帘的系统构成，并用钢笔画出构造草图。
5. 简述两种地毯铺设的方式。
6. 简述地毯铺设工艺。

8.3　实践教学部分学习情况自我检查

1. 你对材料市场上地毯或窗帘织物材料的品牌、品种、规格、特点、价格情况了解的怎么样?

2. 你是否掌握了平开帘或弹簧卷帘的构造特点?

3. 通过窗帘安装施工实训，你对窗帘安装施工的技术准备、材料要求、机具准备、作业条件准备、施工工艺编写、工程检验记录等环节是否都清楚了? 是否可以进行独立操作了?

建筑装饰装修材料·构造·施工（第二版）

常用建筑装饰装修材料检索

材料检索索引

材料检索 1 – 抹灰材料

可用部位	外墙（柱）	内墙（柱）	地面	楼板	吊顶
适用	基层/面层				

1.1 胶凝材料

建筑装饰工程中主要应用的气硬性胶凝材料有石灰、石膏。水硬性胶凝材料主要是水泥，如硅酸盐水泥、铝酸盐水泥、硫铝酸盐水泥等。

1. 石灰

生石灰、消石灰、水硬性石灰统称为石灰，它是建筑上最早使用的胶凝材料之一。

1）石灰的生产。石灰的生产以碳酸钙为主的天然岩石为主要原料，如石灰石、白垩等。只要将这些原料在高温下煅烧，即可生成生石灰，它的反应式为：$CaCO_3 \xrightarrow{900 \sim 1100℃} CaO + CO_2\uparrow$ 正常温度下煅烧的生石灰具有多孔结构。它内部孔隙率大、晶粒细小、体积密度小，与水作用速度快。石灰的原料分布广泛，生产工艺简单，成本低廉，使用方便，所以一直得到广泛应用。

2）石灰的熟化。生石灰（氧化钙）与水作用生成熟石灰（氢氧化钙）的过程称石灰的熟化（又称消解），分子式是：$CaO + H_2O \longrightarrow Ca(OH)_2 + 64.8kJ$ 伴随着熟化过程，放出大量的热，并且体积迅速增加 1 ~ 2.5 倍。熟石灰，又称为消石灰，有两种使用形式：

（1）石灰膏。生石灰块加 3 ~ 4 倍，经熟化、沉淀、陈伏等得到的膏状体。石灰膏含水约 50%。1kg 生石灰可熟化成 1.5 ~ 3.5L 石膏。

（2）消石灰粉。生石灰块加 60% ~ 80% 的水，经熟化、陈伏等得到的粉状物，它略湿，但不成团。

3）石灰的性质。

（1）保水性和可塑性好。生成的氢氧化钙颗粒极细小，比表面积大，对水的吸附能力强。这一性质常用来改善砂浆的保水性。

（2）硬化慢、强度低。石灰浆的碳化很慢，强度低。如石灰砂浆（1∶3）28 天强度仅 0.2 ~ 0.5MPa。

（3）耐水性差。石灰在硬化后，其内部成分大部分为氢氧化钙，仅有极少量的碳酸钙。由于氢氧化钙可微溶于水，故耐水性极差，软化系数接近于零，即浸水后强度丧失殆尽。

（4）硬化时体积收缩大。氢氧化钙吸附的大量水在蒸发时，产生很大的毛细管压力，致使石灰制品开裂。因此石灰不宜单独使用。

（5）吸湿性强。生石灰吸湿性强，保水性好，是传统的干燥剂。

4）应用与储存。石灰在装饰工程中的主要应用。如地中海风格的墙面就是采用石灰乳涂料和砂浆。其他应用还有灰土与三合土和制作硅酸盐制品。生石灰运输与储存时，应避免受潮，需在干燥条件下存放。且不宜过久，最好在密闭条件下存放。石灰膏地存放时表面必须有层水，以防碳化。

2. 建筑石膏

1）建筑石膏的生产。将天然二水石膏（又称为生石膏或软石膏）加热脱水而得，反应式如下：$\underset{(生石膏)}{CaSO_4 \cdot 2H_2O} \xrightarrow[干燥]{107 \sim 170℃} \underset{(熟石膏)}{CaSO_4 \cdot \frac{1}{2}H_2O} + \frac{3}{2}H_2O$。建筑石膏即是将$\beta$型半水石膏磨细得到的白色粉末。

2）建筑石膏的水化与凝结硬化。建筑石膏与水拌合后，即与水发生化学反应（简称为水化），反应式如下：$CaSO_4 \cdot \frac{1}{2}H_2O + \frac{3}{2}H_2O \longrightarrow CaSO_4 \cdot 2H_2O$。石膏浆体中的水分因水化和蒸发而减少，浆体的稠度逐步增加，胶体微粒间的搭接、粘结逐步增强，使浆体逐渐失去可塑性，即浆体逐渐产生凝结。随水化的进一步进行，胶体凝聚并逐步转变为晶体，且晶体间相互搭接、交错、共生，使浆体完全失去可塑性，产生强度，即硬化。最终成为具有一定强度的人造石材。

3）建筑石膏的性质。

（1）凝结硬化快。加水拌合以后，几分钟内便开始失去可塑性。如果加入硼砂或柠檬酸、亚硫酸盐纸浆废液、动物胶（需用石灰处理）等做缓凝剂，即可延长凝结时间，以满足施工操作的要求。

（2）凝结硬化时体积微胀。凝结硬化初期其体积微膨胀约0.5%～1.0%。

（3）孔隙率高、体积密度小。

（4）保湿性、吸声性好。孔隙率大且均为微细的毛细孔，故导热系数小，保温性与吸声性好。具有一定的调温调湿性。多孔结构的特点，石膏制品的热容量大，室内温度、湿度变化时，具有调节作用。

（5）强度较低。2h强度为3～6MPa。

（6）防火性好。导热系数小，传热慢，且二水石膏脱水产生的水蒸气能延缓火势的蔓延。

（7）耐水性、抗冻性差。因孔隙率大，并且二水石膏可以微溶于水。软化系数K_P为0.2～0.3。若石膏制品吸水后受冻，会因孔隙中水分结冻膨胀而破坏。

4）建筑石膏的应用与储存。

建筑石膏在建筑装饰中的主要应用为制作石膏制品，如石膏装饰线条和石膏雕塑制品。石膏制品的表面光滑、细腻、尺寸精确、形状饱满，因而装饰性好。另外还可以用作室内抹灰及粉刷。

建筑石膏在运输和贮存时不得受潮和混入杂物。不同等级应分别贮运，不得混杂。自生产之日起，贮存期为三个月。贮存期超过三个月的建筑石膏，应重新进行检验，以确定其等级。

3. 通用硅酸盐水泥

以硅酸盐水泥熟料和适量的石膏及规定的混合材料制成的水硬性胶凝

材料。

通用硅酸盐水泥按混合材料的品种和掺量分为硅酸盐水泥、普通硅酸盐水泥、矿渣硅酸盐水泥、火山灰质硅酸盐水泥、粉煤灰硅酸盐水泥和复合硅酸盐水泥。

硅酸盐水泥的强度等级分为 42.5、42.5R、52.5、52.5R、62.5、62.5R 六个等级。

普通硅酸盐水泥的强度等级分为 42.5、42.5R、52.5、52.5R 四个等级。

矿渣硅酸盐水泥、火山灰质硅酸盐水泥、粉煤灰硅酸盐水泥、复合硅酸盐水泥的强度等级分为 32.5、32.5R、42.5、42.5R、52.5、52.5R 六个等级。

通用硅酸盐水泥的组分应符合表 1－1 的规定。

通用硅酸盐水泥的组分表（单位 %）　　表 1-1

品种	代号	组分				
		熟料＋石膏	粒化高炉矿渣	火山灰质混合材料	粉煤灰	石灰石
硅酸盐水泥	P·Ⅰ	100	—	—	—	—
	P·Ⅱ	≥95	≤5	—	—	—
		≥95	—	—	—	≤5
普通硅酸盐水泥	P·O	≥80 且 <95	>5 且 ≤20[a]			—
矿渣硅酸盐水泥	P·S·A	≥50 且 <80	>20 且 ≤50[b]	—	—	—
	P·S·B	≥30 且 <50	>50 且 ≤70[b]	—	—	—
火山灰质硅酸盐水泥	P·P	≥60 且 <80	—	>20 且 ≤40[c]	—	—
粉煤灰硅酸盐水泥	P·F	≥60 且 <80	—	—	>20 且 ≤40[d]	—
复合硅酸盐水泥	P·C	≥50 且 <80	>20 且 ≤50[e]			

1）通用硅酸盐水泥的生产。硅酸盐水泥是由硅酸盐水泥熟料、0%～5%的石灰石或粒化高炉矿渣、适量石膏磨细制成的水硬性胶凝材料。硅酸盐水泥生产的主要过程如下图所示。

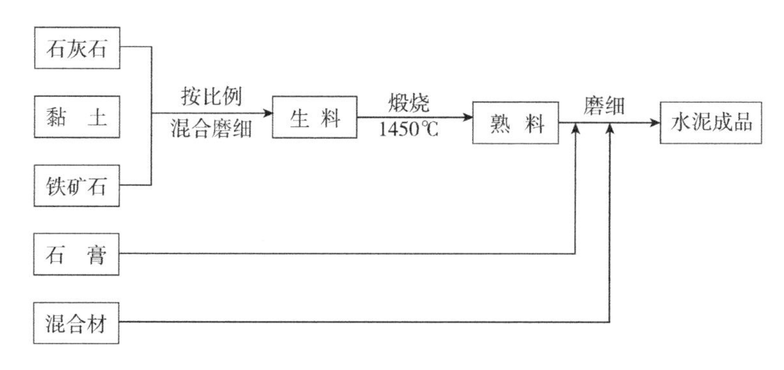

生料以适当比例的石灰石、黏土、铁矿粉等原料经磨细制得。

熟料是将生料在窑内煅烧（1450℃左右）而得。

2）通用硅酸盐水泥的水化与凝结、硬化。硅酸盐水泥为干粉状，加适量水拌合后，水泥与水发生水化反应，形成可塑性浆体，常温下会逐渐失去塑性、产生强度，并形成坚硬的水泥石。

3）通用硅酸盐水泥的技术要求。国家标准《〈通用硅酸盐水泥〉GB175—2007 通则》对此有以下规定：

（1）化学指标。化学指标应符合表 1－2 规定。

通用硅酸盐水泥的化学指标（单位 %）　　表 1-2

<table>
<tr><th>品种</th><th>代号</th><th>不溶物（质量分数）</th><th>烧失量（质量分数）</th><th>三氧化硫（质量分数）</th><th>氧化镁（质量分数）</th><th>氯离子（质量分数）</th></tr>
<tr><td rowspan="2">硅酸盐水泥</td><td>P·Ⅰ</td><td>≤0.75</td><td>≤3.0</td><td rowspan="3">≤3.5</td><td rowspan="3">≤5.0[a]</td><td rowspan="8">≤0.06[c]</td></tr>
<tr><td>P·Ⅱ</td><td>≤1.50</td><td>≤3.5</td></tr>
<tr><td>普通硅酸盐水泥</td><td>P·O</td><td>—</td><td>≤5.0</td></tr>
<tr><td>矿渣硅酸盐水泥</td><td>P·S·A</td><td>—</td><td>—</td><td rowspan="2">≤4.0</td><td>≤6.0[b]</td></tr>
<tr><td rowspan="2">火山灰质硅酸盐水泥</td><td>P·S·B</td><td>—</td><td>—</td><td>—</td></tr>
<tr><td>P·P</td><td>—</td><td>—</td><td rowspan="3">≤3.5</td><td rowspan="3">≤6.0[b]</td></tr>
<tr><td>粉煤灰硅酸盐水泥</td><td>P·F</td><td>—</td><td>—</td></tr>
<tr><td>复合硅酸盐水泥</td><td>P·C</td><td>—</td><td>—</td></tr>
<tr><td colspan="7">a 如果水泥压蒸试验合格，则水泥中氧化镁的含量（质量分数）允许放宽至 6.0%。
b 如果水泥中氧化镁的含量（质量分数）大于 6.0% 时，需进行水泥压蒸安定性试验并合格。
c 当有更低要求时，该指标由买卖双方协商确定。</td></tr>
</table>

（2）碱含量（选择性指标）

水泥中碱含量按 $Na_2O+0.658K_2O$ 计算值表示。若使用活性骨料，用户要求提供低碱水泥时，水泥中的碱含量应不大于 0.60% 或由买卖双方协商确定。

（3）物理指标

① 凝结时间。硅酸盐水泥初凝不小于 45min，终凝不大于 390min；普通硅酸盐水泥、矿渣硅酸盐水泥、火山灰质硅酸盐水泥、粉煤灰硅酸盐水泥和复合硅酸盐水泥初凝不小于 45min，终凝不大于 600min。

② 安定性。沸煮法合格。

③ 强度。不同品种不同强度等级的通用硅酸盐水泥，其各龄期的强度应符合表 1－3 的规定。

通用硅酸盐水泥的强度要求（单位为兆帕） 表 1-3

品种	强度等级	抗压强度		抗折强度	
		3d	28d	3d	28d
硅酸盐水泥	42.5	≥17.0	≥42.5	≥3.5	≥6.5
	42.5R	≥22.0		≥4.0	
	52.5	≥23.0	≥52.5	≥4.0	≥7.0
	52.5R	≥27.0		≥5.0	
	62.5	≥28.0	≥62.5	≥5.0	≥8.0
	62.5R	≥32.0		≥5.5	
普通硅酸盐水泥	42.5	≥17.0	≥42.5	≥3.5	≥6.5
	42.5R	≥22.0		≥4.0	
	52.5	≥23.0	≥52.5	≥4.0	≥7.0
	52.5R	≥27.0		≥5.0	
矿渣硅酸盐水泥 火山灰硅酸盐水泥 粉煤灰硅酸盐水泥 复合硅酸盐水泥	32.5	≥10.0	≥32.5	≥2.5	≥5.5
	32.5R	≥15.0		≥3.5	
	42.5	≥15.0	≥42.5	≥3.5	≥6.5
	42.5R	≥19.0		≥4.0	
	52.5	≥21.0	≥52.5	≥4.0	≥7.0
	52.5R	≥23.0		≥4.5	

④ 细度（选择性指标）。硅酸盐水泥和普通硅酸盐水泥以比表面积表示，不小于 $300m^2/kg$；矿渣硅酸盐水泥、火山灰质硅酸盐水泥、粉煤灰硅酸盐水泥和复合硅酸盐水泥以筛余表示，80μm 方孔筛筛余不大于 10% 或 45μm 方孔筛筛余不大于 30%。

4）通用硅酸盐水泥的特性

（1）早期及后期强度均高。适合早强要求高的工程（如冬季施工、预制、现浇等工程）和高强度混凝土（如预应力钢筋混凝土）。

（2）抗冻性好。适合严寒地区受反复冻融作用的混凝土工程。

（3）抗碳化性好。适合用于空气中二氧化碳浓度高的环境。

（4）干缩小。可用于干燥环境的混凝土工程。

（5）水化热高。不得用于大体积混凝土工程，但有利于低温季节蓄热法施工。

（6）耐热性差。因水化后氢氧化钙含量高，不适合耐热混凝土工程。

（7）耐腐蚀性差。不宜用于受流动水、压力水、酸类和硫酸盐侵蚀的工程。

（8）湿热养护效果差。硅酸盐水泥在常规养护条件下硬化快、强度高。但经过蒸汽养护后，再经自然养护至28d测得的抗压强度往往低于未经蒸汽养护的28d抗压强度。

5）通用硅酸盐水泥应用。通用硅酸盐水泥在建筑装饰中最基本的应用是作为抹灰材料的主要原料。清水水泥和混凝土饰面也成为粗野风格建筑装饰的饰面材料。

4. 白色硅酸盐水泥

白色硅酸盐水泥（俗称白水泥）的组成、性质与硅酸盐水泥基本相同，所不同的是在配料和生产过程中忌铁质等着色物质，所以具有白颜色。

国标GB/T 2015－2005《白色硅酸盐水泥》将白色硅酸盐水泥调整为32.5、42.5、52.5三个强度等级，取消了白水泥白度等级分级，确定白水泥最低白度值。其技术要求见表1－4。

白色硅酸盐水泥的技术要求　　表1-4

<table>
<tr><th>序号</th><th>技术指标</th><th colspan="5">技术要求</th></tr>
<tr><td>1</td><td>三氧化硫</td><td colspan="5">不超过3.5%</td></tr>
<tr><td>2</td><td>白色水泥的细度要求</td><td colspan="5">μm80方孔筛筛余不大于10%</td></tr>
<tr><td>3</td><td>凝结时间</td><td colspan="5">初凝时间不得早于45min，终凝时间不得迟于10h</td></tr>
<tr><td>4</td><td>体积安定性</td><td colspan="5">沸煮法合格</td></tr>
<tr><td>5</td><td>水泥白度</td><td colspan="5">亨特白度不低于87</td></tr>
<tr><td rowspan="7">6</td><td rowspan="7">强度</td><td colspan="5">水泥强度等级按规定的抗压强度和抗折强度来划分，各强度等级的各龄期强度不应低于下表中的数值。
（单位：MPa）</td></tr>
<tr><td rowspan="2">强度等级</td><td colspan="2">抗压强度</td><td colspan="2">抗折强度</td></tr>
<tr><td>3d</td><td>28d</td><td>3d</td><td>28d</td></tr>
<tr><td>32.5</td><td>12.0</td><td>32.5</td><td>3.0</td><td>6.0</td></tr>
<tr><td>42.5</td><td>17.0</td><td>42.5</td><td>3.5</td><td>6.5</td></tr>
<tr><td>52.5</td><td>22.0</td><td>52.5</td><td>4.0</td><td>7.0</td></tr>
</table>

白色硅酸盐水泥多为装饰性用，而且它的制造工艺比普通水泥要好很多。主要用来勾白瓷片的缝隙，一般不用于墙面，原因就是强度不高。

1.2 建筑砂浆

1. 建筑砂浆的配比

以下材料通过配比，成为建筑砂浆。见表1-5。

建筑砂浆的成分与技术要求　　　　表 1-5

序号	成分		技术要求
1	胶凝材料	水泥（普通水泥、矿渣水泥、火山灰质水泥、粉煤灰水泥）	砌筑砂浆用水泥的强度等级，应根据设计要求进行选择。水泥砂浆采用的水泥，其强度等级不宜大于 32.5 级，水泥用量不应小于 $200kg/m^3$；水泥混合砂浆采用的水泥，其强度等级不宜大于 42.5 级，砂浆中水泥和掺加料总量宜为 $300 \sim 350kg/m^3$。水泥强度等级宜为砂浆强度等级的 4 ~ 5 倍，且水泥强度等级宜小于 32.5 级
		其他胶凝材料、混合材料	当采用较高强度等级水泥配制低强度等级砂浆时，为保证砂浆的和易性应，掺入一些廉价的其他胶凝材料如石灰石、粉煤灰等
2	砂		砌筑用砂的最大粒径应小于灰缝的 1/4 ~ 1/5，对砖砌体应小于 2.5mm 对石砌体应小于 5mm。其性质的要求同混凝土用砂。对用于面层的抹面砂浆时应采用轻砂，如膨胀珍珠岩砂、火山渣等。配制装饰砂浆或混凝土时应采用白色或彩色砂（粒径可放宽到 7 ~ 8mm）或石屑、玻璃或陶瓷碎粒等 砂子含泥量与掺加黏土膏是不同的两个物理概念。砂子含泥量是包裹在砂子表面的泥；黏土膏是高度分散的土颗粒，并且土颗粒表面有层水膜，可以改善砂浆和易性，填充孔隙
3	掺加料		为改善砂浆和易性而加入的无机材料。例如，石灰膏、电石膏、粉煤灰、黏土膏等。掺加料应符合下列规定： 1）生石灰熟化成石灰膏时，应用孔径不大于 3mm × 3mm 的网过滤，熟化时间不得少于 7d；磨细生石灰粉的熟化时间不得少于 2d。沉淀池中贮存的石灰膏，应采取防止干燥、冻结和污染的措施。严禁使用脱水硬化的石灰膏 2）采用黏土或亚黏土制备黏土膏时，宜用搅拌机加水搅拌，通过孔径不大于 3mm × 3mm 的网过筛。用比色法鉴定黏土中的有机物含量时应浅于标准色 3）制作电石膏的电石渣应用孔径不大于 3mm × 3mm 的网过滤，检验时应加热至 70℃ 并保持 20min，没有乙炔气味后，方可使用 4）消石灰粉不得直接用于砌筑砂浆中 5）石灰膏、黏土膏和电石膏试配时的稠度，应为 120 ± 5mm 6）粉煤灰的品质指标和磨细生石灰的品质指标，应符合国家标准《用于水泥和混凝土中的粉煤灰》GB/T 1596—2005
4	外加剂		在拌制砂浆过程中掺入，用以改善砂浆性能的物质。砌筑砂浆中掺入砂浆外加剂，应具有法定检测机构出具的该产品砌体强度型式检验报告，并经砂浆性能试验合格后，方可使用。在水泥砂浆中，可使用减水剂或防水剂、膨胀剂、微沫剂等。微沫剂在其他砂浆中也可以使用，其作用主要是改善砂浆的和易性和替代部分石灰

各种砂浆配合比见表 1-6。

普通抹灰砂浆材料配合比　　表 1-6

序号	抹灰砂浆名称	组成成分	配合比值
1	石灰砂浆	石灰砂浆由石灰膏、砂和水	石灰膏：砂 =1：2.5 或 1：3
2	水泥石灰砂浆	水泥石灰砂浆由水泥、石灰膏、砂和水	水泥：石灰膏：砂 =0.5：1：3、1：3：9、1：2：1、1：0.5：4、1：1：2、1：1：6、1：0.5：1、1：0.5：3、1：1：4、1：0.5：2、1：0.2：2
3	水泥砂浆	水泥砂浆由水泥、砂和水	水泥：砂 =1：1、1：1.5、1：2、1：2.5、1：3
4	聚合物水泥砂浆	聚合物水泥砂浆由水泥、108 胶、砂和水	水泥：108 胶：砂 =1：0.05 ~0.1：2
5	膨胀珍珠岩水泥浆	膨胀珍珠岩水泥浆由水泥、膨胀珍珠岩和水	水泥：膨胀珍珠岩 =1：8
6	麻刀石灰	麻刀石灰由石灰膏、麻刀和水	每立方米石灰膏中约掺加 12kg 麻刀
7	纸筋石灰	纸筋石灰由石灰膏、纸筋和水	每立方米石灰膏中约掺加 48kg 纸筋
8	石膏灰	石膏灰由石膏粉和水	每 1t 石膏粉加水约 0.7m^3
9	水泥浆	水泥浆由水泥和水	每 1t 水泥加水约 0.34m^3
10	麻刀石灰砂浆	麻刀石灰砂浆由麻刀石灰砂和水	麻刀石灰：砂 =1：2.5、1：3
11	纸筋石灰砂浆	纸筋石灰砂浆由纸筋石灰、砂和水	纸筋石灰：砂 = 为 1：2.5、1：3

2. 砂浆的技术性质

1）和易性。新拌砂浆应具有良好的和易性。硬化后的砂浆应具有所需的强度和对基面的粘结力，而且其变形不能过大。和易性良好的砂浆容易在粗糙的砖石基面上铺抹成均匀的薄层，而且能够和底面紧密粘结。既便于施工操作，提高生产效率，又能保证工程质量。砂浆的和易性包括以下两个方面：

（1）流动性（稠度）。指在自重力或外力作用下的流动能力。砂浆的流动性用沉入度（mm）来表示。可用砂浆稠度仪测定其稠度值（即沉入度）。砂浆的流动性与胶凝材料的品种和用量、用水量、砂的粗细、粒形和级配、搅拌时间等有关。流动性大的砂浆便于泵送或铺抹。流动性过大、过小都对施工和施工质量有不利影响。

（2）保水性。砂浆的保水性是指砂浆保持水分及保持整体均匀一致的能力。

2）砂浆的强度等级及密度。砂浆的强度等级是以 70.7 × 70.7 × 70.7（mm）的立方体，水泥混合砂浆温度为 20 ±3℃，相对湿度为 60% ~80%；水泥砂浆和微沫砂浆为 20±3℃，相对湿度为 90% 以上的标准养护条件下，用标准试验方法测得 28d 龄期的抗压强度的平均值。砂浆的强度等级共分 M2.5、M5、M7.5、M10、M15、M20 共六个等级。砌筑砂浆强度等级为 M10 及 M10 以下，宜采用水泥混合砂浆（表 1-7）。

砂浆的技术要求表　　表 1-7

序号	技术指标	技术要求
1	水泥砂浆拌合物	密度不宜小于 $1900kg/m^3$
2	水泥混合砂浆拌合物	密度不宜小于 $1800kg/m^3$

3）变形性能。砂浆在承受荷载、温度变化或湿度变化时，均会产生变形。如果变形过大或不均匀，都会引起沉陷或裂缝，降低砌体质量。掺太多轻骨料或掺加料配制的砂浆，其收缩变形比普通砂浆大。应采取措施防止砂浆开裂，如在抹面砂浆中可掺入一定量的麻刀、纸筋等纤维材料。

4）砂浆的粘结力。砖石砌体是靠砂浆把块状的砖石材料粘结成为坚固的整体。因此，为保证砌体的强度、耐久性及抗震性等，要求砂浆与基层材料之间应有足够的粘结力。一般情况下，砂浆的抗压强度越高，它与基层的粘结力也越大。粗糙的、洁净的、湿润的表面与良好的养护的砂浆，其粘结力好。

3. 砌筑砂浆

砌筑砂浆是用来砌筑砖、石等材料的砂浆。它起着传递荷载的作用，有时还起到保温作用。砌筑砂浆的基本要求有和易性、强度，还要求有较高的粘结强度和较小的变形。

抹面砂浆。指涂抹在建筑物或建筑构件表面的砂浆。对抹面砂浆的基本要求是具有良好的和易性、较高的粘结强度。容易抹成均匀平整的薄层，便于施工；有较好的粘结力，能与基层粘结牢固，长期使用不会开裂或脱落。处于潮湿环境或易受外力作用时（如地面、墙裙等），还应具有较高的强度等。

抹面砂浆的组成材料与砌筑砂浆基本相同。但为了防止砂浆层开裂，有时需要加入一些纤维材料（如纸筋、麻刀等）有时为了使其具有某些功能而需加入特殊骨料或掺合料。

抹面砂浆一般分为二层或三层施工，每层砂浆的组成也不相同，见表 1-8。常用的有石灰砂浆、水泥砂浆、混合砂浆等。

抹面砂浆流动性及骨料最大粒径　　表 1-8

抹面层	沉入度（人工抹面）（mm）	砂的最大粒径（mm）
底层	100～200	2.5
中层	70～90	2.5
面层	70～80	1.2

4. 特种砂浆

1）防水砂浆。又称刚性防水层，一种制作防水层用的抗渗性高的砂浆。适用于不受振动和具有一定刚度的混凝土或砖石砌体工程中，如水塔、水池、地下工程等的防水。

防水砂浆可用普通水泥砂浆制作，也可以在水泥砂浆中掺入防水剂制得。水泥砂浆宜选用强度等级为 32.5 以上的普通硅酸盐水泥和级配良好的中砂。砂浆配合比中，水泥与砂的质量比不宜大于 1∶2.5，水灰比宜控制在 0.5～0.6，稠度不应大于80mm。

防水砂浆通常采用1∶（2.5～3）的水泥砂浆，水灰比为 0.5～0.55。也可加入防水剂或减水剂等。防水砂浆分为四层或五层施工，每层4～5mm。

2）绝热砂浆。采用水泥、石灰、石膏等胶凝材料与膨胀珍珠岩、膨胀蛭石或陶粒砂等轻质多孔骨料，按一定比例配制的砂浆。它具有轻质和良好的绝热性能，其导热系数为 0.07～0.1W/(m·K)。绝热砂浆可用于屋面、墙壁或供热管道的绝热保护。

3）吸声砂浆。一般由轻质多孔骨料制成，所以都具有吸声性能。同时，还可以用水泥、石膏、砂、锯末（体积比为 1∶1∶3∶5）配制吸声砂浆，或在石灰、石膏砂浆中掺入玻璃纤维、矿物棉等松软纤维材料。吸声砂浆用于室内墙壁和吊顶的吸声处理。

5. 装饰砂浆

是提高建筑物装饰艺术性，采用特殊的抹灰手段，直接施工于建筑物内外表面的抹面砂浆。

1）装饰砂浆的种类。装饰砂浆按其制作的方法不同可分为两类：

(1) 灰浆类饰面。即通过水泥砂浆的着色或水泥砂浆表面形态的艺术加工，获得一定的色彩、线条、纹理质感而达到装饰的目的。

特点是材料来源广泛，施工操作方便，造价比较低廉，而且可以通过不同的工艺方法，形成不同的装饰效果，如搓毛、拉毛、喷毛以及仿面砖、仿毛石等饰面。

(2) 石碴类饰面。在水泥中掺入各种彩色石碴，制得水泥石碴浆抹于墙体基层表面，然后用水洗、斧剁、水磨等手段除去表面水泥浆皮，露出石碴的颜色、质感。

特点是色泽比较明亮，质感相对地丰富，并且不易褪色。但石碴类饰面相对于砂浆而言工效较低，造价较高。

2）装饰砂浆的组成材料。

(1) 胶凝材料。有普通水泥、矿渣水泥、火山灰水泥和白水泥、彩色水泥，或是在水泥中掺加耐碱矿物颜料配制而成的彩色水泥以及石灰、石膏等。

(2) 骨料。除普通砂外，还常使用石英砂、彩釉砂和着色砂，以及石碴、石屑、砾石及彩色瓷粒和玻璃珠等。

①石英砂。分为天然石英砂和人工石英砂两种。人工石英砂是将石英岩或较纯净砂岩加以焙烧，经人工或机械破碎筛分而成。他们比天然石英砂纯净，质量好。除用于装饰工程外，石英砂可用于配制耐腐蚀砂浆。

②彩釉砂和着色砂。

彩釉砂是由各种不同粒径的石英砂或白云石粒加颜料焙烧后，再经化学处理而制得的。特点是在 -20 ~ 80℃温度范围内不变色，且具有防酸、耐碱性能。彩釉砂产品有：深黄、浅黄、象牙黄、珍珠黄、橘黄、浅绿、草绿、玉绿、雅绿、碧绿、浅草表、赤红、西赤、咖啡、钴蓝等 30 多种颜色。

着色砂是在石英砂或白云石细粒表面进行人工着色而制得。着色多采用矿物颜料。人工着色的砂粒色彩鲜艳，耐久性好。

③石碴（石粒、石米）。是由天然大理石、白云石、方解石、花岗石破碎而成。具有多种色泽，是石碴类装饰砂浆的主要原料，也是预制人造大理石、水磨石的原料。

④石屑。是比石粒更小的细骨料，主要用于配制外墙喷涂饰面用聚合物砂浆。常用的有松香石屑、白云石屑等。

其他具有色彩的陶瓷、玻璃碎粒也可以用于檐口、腰线、外墙面、门头线、窗套等的砂浆饰面。

（3）颜料。在普通砂浆中掺入颜料可制成彩色砂浆，用于室外抹灰工程中，如假大理石、假面砖、喷涂、弹涂、辊涂和彩色砂浆抹面。由于这些装饰面长期处于室外，易受到周围环境介质的侵蚀和污染，因此选择合适的颜料是保证饰面质量、避免褪色和变色、延长使用年限的关键。

材料检索 2 – 墙体材料

使用部位	外墙（柱）	内墙（柱）	地面	楼板	吊顶
适用	基层				

2.1 砌墙砖

砌墙砖系指以黏土、工业废料或其他地方资源为主要原料，以不同工艺制造的、用于砌筑承重和非承重墙体的墙砖。砌墙砖按照生产工艺分为烧结砖和非烧结砖。经焙烧制成的砖为烧结砖；经碳化或蒸汽（压）养护硬化而成的砖属于非烧结砖。

1. 烧结砖

烧结砖材料类型见表 2-1。

烧结砖材料类型表 **表 2-1**

序号	材料类型	说明
1	烧结普通砖	1）是以黏土、页岩、煤矸石、粉煤灰为主要原料，经焙烧而成的普通砖。按主要原料分为烧结黏土砖（符号为 N）、烧结页岩砖（符号为 Y）、烧结煤矸石砖（符号为 M）和烧结粉煤灰砖（符号为 F） 2）烧结普通砖的公称尺寸是 240mm×115mm×53mm，如图 2-1 所示。通常将 240mm×115mm 面称为大面，240mm×53mm 面称为条面，115mm×53mm 面称为顶面 3）砖的放射性物质应符合 GB 6566—2010 的规定 4）优点：较高的强度、较好的绝热性、隔声性、耐久性及价格低廉等优点，加之原料广泛、工艺简单 5）缺点：是生产能耗高、砖的自重大、尺寸小、施工效率低、抗震性能差等，尤其是黏土实心砖大量毁坏土地、破坏生态
2	烧结多孔砖	1）是以黏土、页岩、煤矸石、粉煤灰为主要原料，经焙烧而成的孔洞率≥15%，孔的尺寸小而数量多的砖。按主要原料分为黏土砖（N）、页岩砖（Y）、煤矸石砖（M）和粉煤灰砖（F）。烧结多孔砖的孔洞垂直于大面，砌筑时要求孔洞方向垂直于承压面，如图 2-2 所示。因为它的强度较高，主要用于六层以下建筑物的承重部位 2）优点：使用这些砖可使建筑物自重减轻 1/3 左右，节约黏土 20%～30%，节省燃料 10%～20%，且烧成率高，造价降低 20%，施工效率提高 40%，并能改善砖的绝热和隔声性能，在相同的热工性能要求下，用空心砖砌筑的墙体厚度可减薄半砖左右
3	烧结空心砖	1）是以黏土、页岩、煤矸石、粉煤灰为主要原料，经焙烧而成的孔洞率≥15%，孔的尺寸大而数量少的砖。其孔洞垂直于顶面，砌筑时要求孔洞方向与承压面平行。因为它的孔洞大，强度低，主要用于砌筑非承重墙体或框架结构的填充墙 2）烧结空心砖的外形为直角六体面，如图 2-3 所示，其尺寸有 290mm×190mm×90mm 和 240mm×180mm×115mm 两种 3）烧结空心砖根据抗压强度分为 MU10.0、MU7.5、MU5.0、MU3.5、MU2.5 五个强度等级，根据表观密度分为 800、900、1000、1100 四个密度等级 4）强度、密度、抗风化性能和放射性物质合格的砖应符合《烧结空心砖和空心砌块》GB 13545—2003 的规定

2. 蒸养（压）砖

蒸养（压）砖的材料类型见表 2-2。

蒸养（压）砖的材料类型表 **表 2-2**

序号	材料类型	说明
1	蒸压灰砂砖	1）蒸压灰砂砖是用磨细生石灰和天然砂，经混合搅拌、陈伏、轮碾、加压成型、蒸压养护（175～191℃，0.8～1.2MP 的饱和蒸汽）而成。蒸压灰砂砖有彩色的（Co）和本色的（N）两类，本色为灰白色，若掺入耐碱颜料，可制成彩色砖 2）制砖标准：《蒸压灰砂砖》GB 11945—1999 3）蒸压灰砂砖的外形为直角六面体，公称尺寸为 240mm×115mm×53mm。根据抗压强度和抗折强度分为 MU25、MU20、MU15、MU10 四个强度等级 4）蒸压灰砂砖材质均匀密实，尺寸偏差小，外形光洁整齐，表观密度为 1800～1900kg/m^3，导热系数约为 0.61W/(m·K)。MU15 及其以上的灰砂砖可用于基础及其他建筑部位；MU10 的灰砂砖仅可用于防潮层以上的建筑部位

续表

序号	材料类型	说明
2	粉煤灰砖	1）蒸压（养）粉煤灰砖是以粉煤灰和石灰为主要原料，掺入适量的石膏和骨料，经坯料制备、压制成型、高压或常压蒸汽养护而制成。其颜色呈深灰色，表观密度约为1500kg/m³ 2）制砖标准：《粉煤灰砖》JC 239—2001 3）粉煤灰砖的公称尺寸为240mm×115mm×53mm。按照抗压强度和抗折强度分为20、15、10、7.5四个强度级别，优等品的强度级别应不低于15级，一等品的强度级别应不低于10级 4）粉煤灰砖可用于工业与民用建筑的墙体和基础，但用于基础或易受冻融和干湿交替作用的建筑部位时，必须使用一等品和优等品
3	煤渣砖	1）煤渣砖是以煤渣为主要原料，加入适量石灰、石膏等材料，经混合、压制成型、蒸汽或蒸压养护而制成的实心砖。颜色呈黑灰色 2）制砖标准：《炉渣砖》JC/T 525—2007 3）煤渣砖的公称尺寸为240mm×115mm×53mm，按其抗压强度和抗折强度分为20、15、10、7.5四个强度级别 4）煤渣砖可用于工业与民用建筑的墙体和基础，但用于基础或用于易受冻融和干湿交替作用的建筑部位必须使用15级及其以上的砖

注：这三种砖均不得用于长期受热200℃以上、受急冷急热和有酸性介质侵蚀的建筑部位。

2.2 建筑砌块

砌块是用于砌筑的，形体大于砌墙砖的人造块材。

砌块一般为直角六面体，也有各种异形的。

砌块系列中主规格的长度、宽度或高度有一项或一项以上分别大于365、240mm或115mm，但高度不大于长度或宽度的六倍，长度不超过高度的三倍。按产品主规格的尺寸可分为大型砌块（高度大于980mm）、中型砌块（高度为380~980mm）和小型砌块（高度为115~380mm）。

砌块是一种新型墙体材料，可以充分利用地方资源和工业废渣，并可节省黏土资源和改善环境。其具有生产工艺简单，原料来源广，适应性强，制作及使用方便灵活，可改善墙体功能等特点，因此发展较快。

建筑砌块的材料类型见表2-3。

建筑砌块的材料类型表 **表2-3**

序号	材料类型	说明
1	普通混凝土小型空心砌块	1）主要是以普通混凝土拌合物为原料，经成型、养护而成的空心块体墙材。有承重砌块和非承重砌块两类。为减轻自重，非承重砌块也可用炉渣或其他轻质骨料配制 2）普通混凝土小型空心砌块的主规格尺寸为390mm×190mm×190mm，其他规格尺寸可由供需双方协商。砌块各部位的名称如图2-4所示。最小外壁厚应不小于30mm，最小肋厚应不小于25mm。空心率应不小于25% 3）制砖标准：《普通混凝土小型空心砌块》GB 8239—1997 4）普通混凝土小型空心砌块适用于地震设计烈度为8度及8度以下地区的一般民用与工业建筑物的墙体。对用于承重墙和外墙的砌块，要求其干缩值小于0.5mm/m，非承重或内墙用的砌块，其干缩值应小于0.6mm/m

续表

序号	材料类型	说明
2	粉煤灰砌块	1）粉煤灰砌块属硅酸盐类制品，是以粉煤灰、石灰、石膏和骨料（炉渣、矿渣）等为原料，经配料、加水搅拌、振动成型、蒸汽养护而制成的密实砌块 2）制砖标准：《粉煤灰砌块》JC 238—1996 3）粉煤灰砌块的主规格尺寸有 880mm × 380mm × 240mm 和 880mm × 430mm × 240mm 两种 4）粉煤灰砌块的干缩值比水泥混凝土大，弹性模量低于同强度的水泥混凝土制品。粉煤灰砌块适用于一般工业与民用建筑的墙体和基础，但不宜用于长期受高温（如炼钢车间）和经常受潮湿的承重墙，也不宜用于有酸性介质侵蚀的建筑部位
3	蒸压加气混凝土砌块	1）蒸压加气混凝土砌块是以钙质材料（水泥、石灰等）、硅质材料（砂、矿渣、粉煤灰等）以及加气剂（铝粉）等，经配料、搅拌、浇筑、发气、切割和蒸压养护而成的多孔硅酸盐砌块 2）制砖标准：《蒸压加气混凝土砌块》GB 11968—2006 3）蒸压加气混凝土砌块质量轻，表观密度约为黏土砖的 1/3，具有保温、隔热、隔声性能好、抗震性强、耐火性好、易于加工、施工方便等特点，是应用较多的轻质墙体材料之一。适用于低层建筑的承重墙、多层建筑的间隔墙和高层框架结构的填充墙，也可用于一般工业建筑的围护墙，作为保温隔热材料也可用于复合墙板和屋面结构中
4	轻骨料混凝土小型空心砌块	1）轻骨料混凝土小型空心砌块是由水泥、砂（轻砂或普砂）、轻粗骨料、水等经搅拌、成型而得。所用轻粗骨料有粉煤灰陶粒、黏土陶粒、页岩陶粒、膨胀珍珠岩、自然煤矸石轻骨料、煤渣等。其主规格尺寸为 390mm × 190mm × 190mm，其他规格尺寸可由供需双方商定 2）制砖标准：《轻骨料混凝土小型空心砌块》GB/T 15229—2011 3）轻骨料混凝土小型空心砌块按孔的排数分为五类：实心（0）、单排孔（1）、双排孔（2）、三排孔（3）和四排孔（4）。按砌块密度等级分为八级：500、600、700、800、900、1000、1200、1400。按砌块强度等级分为六级：1.5、2.5、3.5、5.0、7.5、10.0 4）强度等级为 3.5 级以下的砌块主要用于保温墙体或非承重墙体，强度等级为 3.5 级及其以上的砌块主要用于承重保温墙体

2.3 墙用板材

以板材为围护墙体的建筑体系具有质轻、节能、施工方便快捷、使用面积大、开间布置灵活等特点，因此，墙用板材具有良好的发展前景。

1. 水泥类墙用板材

具有较好的力学性能和耐久性，生产技术成熟，产品质量可靠。可用于承重墙、外墙和复合墙板的外层面。其主要缺点是表观密度大，抗拉强度低，生产中可制作预应力空心板，以减轻自重和改善隔声隔热性能，也可制作以纤维等增强的薄型板，还可在水泥类板材上制作具有装饰效果的表面层。

水泥类墙用板材类型见表 2-4。

水泥类墙用板材类型表 表 2-4

序号	板材名称	说明
1	轻骨料混凝土小型空心砌块	1）如图2-5所示。使用时可按要求配以保温层、外饰面层和防水层等 2）可用于承重或非承重外墙板、内墙板、楼板、屋面板和阳台板等
2	玻璃纤维增强水泥轻质多孔隔墙条板	1）简称GRC。轻质多孔隔墙条板是以低碱水泥为胶结料，耐碱玻璃纤维或其网格布为增强材料，膨胀珍珠岩为轻骨料（也可用炉渣、粉煤灰等），并配以发泡剂和防水剂等，经配料、搅拌、浇筑、振动成型、脱水、养护而成（图2-6） 2）GRC轻质多孔隔墙条板的优点是质轻、强度高、隔热、隔声、不燃、加工方便等 3）可用于工业与民用建筑的内隔墙及复合墙体的外墙面
3	纤维增强低碱度水泥建筑平板	1）简称"平板"。是以温石棉、抗碱玻璃纤维等为增强材料，以低碱水泥为胶结材料，加水混合成浆，经制坯、压制、蒸养而成的薄型平板 2）平板质量轻、强度高、防潮、防火、不易变形，可加工性好 3）适用于各类建筑物室内的非承重内隔墙和吊顶平板等
4	水泥木屑板	1）是以普通水泥或矿渣水泥为胶凝材料，木屑为主要填料，木丝或木刨花为加筋材料，加入水和外加剂，经平压成型、养护、调湿处理等制成的建筑板材 2）水泥木屑板具有自重小、强度高、防火、防水、防蛀、保温、隔声等性能，可进行锯、钻、钉、装饰等加工 3）主要用作建筑物的顶棚板、非承重内、外墙板、壁橱板和地面板等

2. 石膏类墙用板材

是以石膏芯材与护面纸组成。按其用途分为普通纸面石膏板、耐水纸面石膏板和耐火纸面石膏板三种。纸面石膏板表面平整、尺寸稳定，具有自重轻、保温隔热、隔声、防火、抗震、可调节室内湿度、加工性好、施工简便等优点，但用纸量较大、成本较高。

石膏类墙用板材类型见表2-5。

石膏类墙用板材类型表 表 2-5

序号	板材名称		说明	规格尺寸（mm）
1	纸面石膏板	普通纸面石膏板	1）是以建筑石膏为主要原料，掺入适量轻骨料、纤维增强材料和外加剂构成芯材，并与具有一定强度的护面纸牢固地粘结在一起的建筑板材 2）普通纸面石膏板可作为室内隔墙板、复合外墙板的内壁板、顶棚等	L：1800，2100，2400，2700，3000，3300，3600 W：900，1200 H：9，12，15，18，21，25
2		耐水纸面石膏板	1）在芯材配料中加入耐水外加剂，并与耐水护面纸牢固地粘结在一起 2）耐水纸面石膏板可用于相对湿度较大（≥75%）的环境，如厕所、盥洗室等	
3		耐火纸面石膏板	耐火纸面石膏板以建筑石膏为主要原料，掺入适量无机耐火纤维增强材料构成耐火芯材，并与护面纸牢固地粘结在一起的耐火建筑板材。耐火稳定性板材在高温明火下焚烧时，保持不断裂的性能	

续表

序号	板材名称	说明	规格尺寸（mm）
4	石膏空心条板	石膏空心条板外形与生产方式类似于玻璃纤维增强水泥轻质多孔隔墙条板。它是以建筑石膏为胶凝材料，适量加入各种轻质骨料（如膨胀珍珠岩、膨胀蛭石等）和无机纤维增强材料，经搅拌、振动成型、抽芯模、干燥而成 石膏空心条板具有质轻、比强度高、隔热、隔声、防火、可加工性好等优点，且安装墙体时不用龙骨，简单方便。适用于各类建筑的非承重内墙，但若用于相对湿度大于75%的环境中，则板材表面应作防水等相应处理	L：2400～3500 W：600 H：90，200

3. 植物纤维类板材

植物纤维板材类型见表2-6。

植物纤维板材类型表 **表2-6**

序号	板材名称	说明
1	稻草（麦秸）板	1）稻草（麦秸）板生产的主要原料是稻草或麦秸、板纸和脲醛树脂胶料等。其生产方法是将干燥的稻草或麦秸热压成密实的板芯，在板芯两面及四个侧边用胶贴上一层完整的面纸，经加热固化而成。板芯内不加任何胶粘剂，只利用稻草或麦秸之间的缠绞拧编与压合而形成密实并有相当刚度的板材。其生产工艺简单，生产能耗低，仅为纸面石膏板生产能耗的1/3～1/4。 2）稻草（麦秸）板质轻，保温隔热性能好，隔声好，具有足够的强度和刚度，可以单板使用而不需要龙骨支撑，且便于锯、钉、打孔、粘结和油漆，施工很便捷。其缺点是耐水性差、可燃。稻草（麦秸）板适于用作非承重的内隔墙、顶棚、厂房望板及复合外墙的内壁板
2	稻壳板	稻壳板是以稻壳与合成树脂为原料，经配料、混合、铺装、热压而成的中密度平板，表面可涂刷酚醛清漆或用薄木贴面加以装饰。稻壳板可作为内隔墙及室内各种隔断板、壁橱（柜）隔板等
3	庶渣板	1）蔗渣板是以甘蔗渣为原料，经加工、混合、铺装、热压成型而成的平板。该板生产时可不用胶而利用蔗渣本身含有的物质热压时转化成呋喃系树脂而起胶结作用，也可用合成树脂胶结成有胶蔗渣板 2）蔗渣板具有质轻、吸声、易加工（可钉、锯、刨、钻）和可装饰等特点。可用作内隔墙、顶棚、门心板、室内隔断板和装饰板等

4. 复合墙板

将两种或两种以上不同功能的材料组合而成的墙板，称为复合墙板。其优点在于充分发挥所用材料各自的特长，提高使用功能。常用的复合墙板主要由承受外力的结构层（多为普通混凝土或金属板）、保温层（矿棉、泡沫塑料、加气混凝土等）及面层（各类具有可装饰性的轻质薄板）组成。复合墙板类型，见表2-7。

复合墙板类型表 **表 2-7**

序号	板材名称	说明
1	混凝土夹心板	1）混凝土夹心板是以 20～30mm 厚的钢筋混凝土作内外表面层，中间填以矿渣毡、岩棉毡或泡沫混凝土等保温材料，内外两层面板以钢筋件连结 2）用于内外墙
2	泰柏板	1）泰柏板是以钢丝焊接成的三维钢丝网骨架与高热阻自熄性聚苯乙烯泡沫塑料组成的芯材板，两面喷（抹）涂水泥砂浆而成，如图 2-7所示 2）泰柏板轻质高强、隔声、隔热、防潮、防火、防震、耐久性好、易加工、施工方便 3）适用于自承重外墙、内隔墙、屋面板、3m 跨内的楼板等
3	轻型夹心板	1）轻型夹心板是用轻质高强的薄板为面层，中间以轻质的保温隔热材料为芯材组成的复合板 2）用于面层的薄板有不锈钢板、彩色涂层钢板、铝合金板、纤维增强水泥薄板等。芯材有岩棉毡、玻璃棉毡、矿渣棉毡、阻燃型发泡聚苯乙烯、阻燃型发泡硬质聚氨酯等 3）该类复合墙板的性能及适用范围与泰柏板基本相同

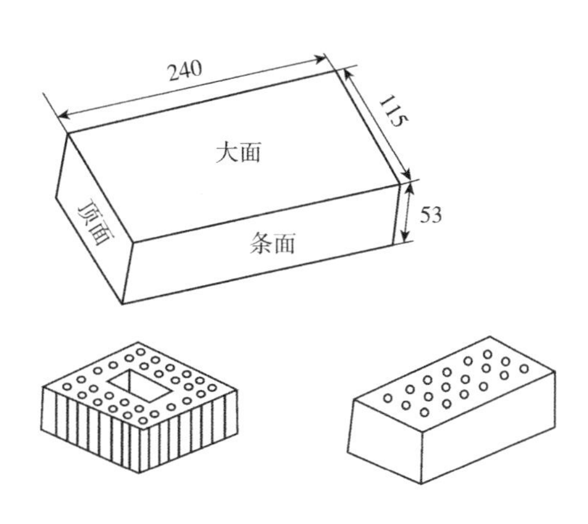

图 2-1 砖的尺寸及平面名称（左上）(mm)

图 2-2 烧结多孔砖的外形（左下）

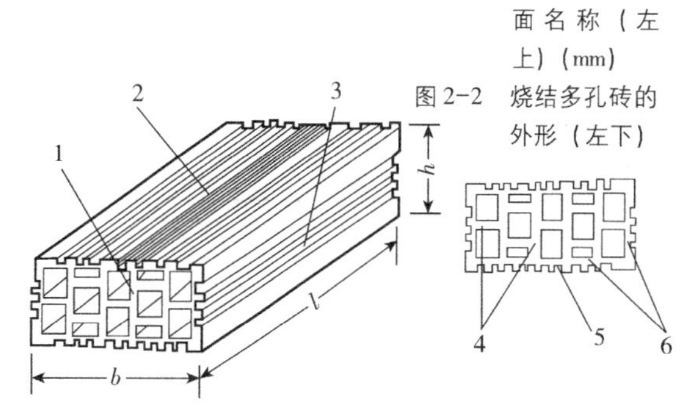

图 2-3 烧结空心砖的外形

1—顶面；2—大面；3—条面；4—肋；5—凹线槽；6—外壁；l—长度；b—宽度；h—高度

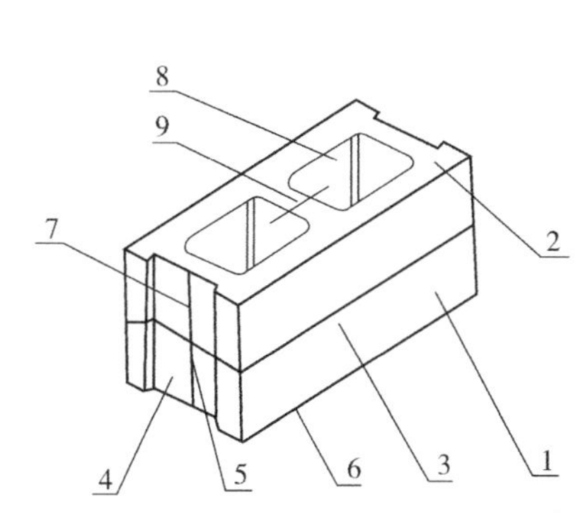

图 2-4 小型空心砌块各部位的名称

1—条面；2—坐浆面（肋厚较小的面）；3—铺浆面（肋厚较大的面）；4—顶面；5—长度；6—宽度；7—高度；8—壁；9—肋

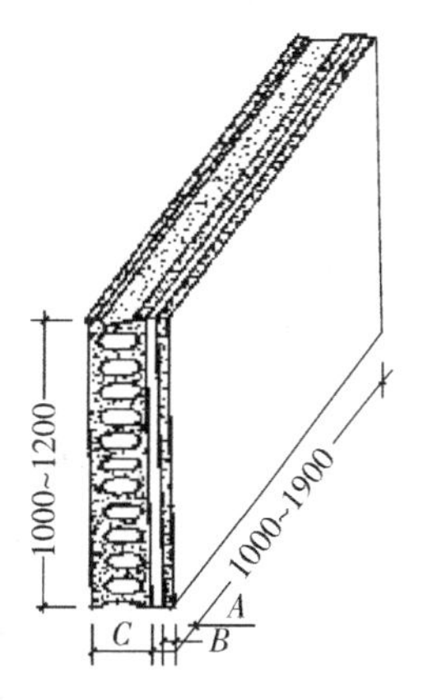

图 2-5 预应力空心墙板示意图

A—外饰面层；B—保温层；C—预应力混凝土空心板

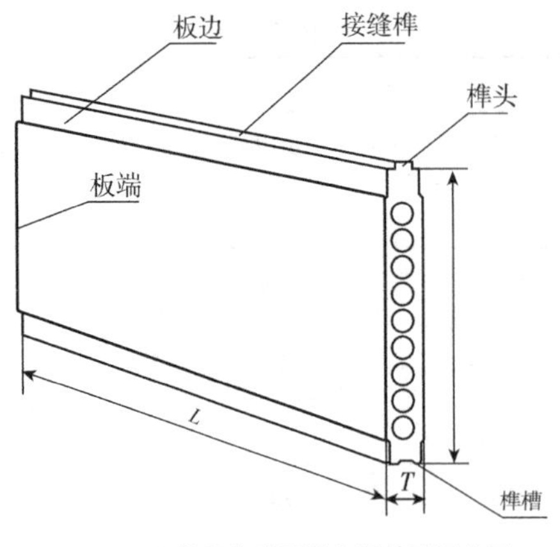

图 2-6 GRC 轻质多孔隔墙条板外形示意图

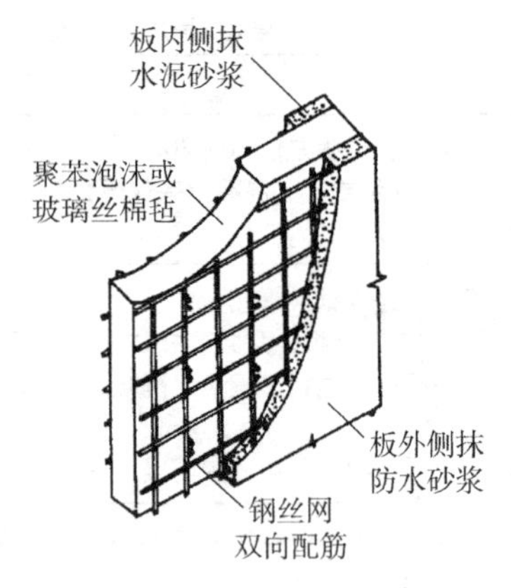

图 2-7 泰柏墙板的示意图

材料检索 3－木材

使用部位	外墙（柱）	内墙（柱）	地面	楼板	吊顶	隔断	楼梯	家具
适用	框架、基层、面层							

3.1 木材的基本属性

1. 木材的结构

图 3-1清楚地表明了木材的基本结构。

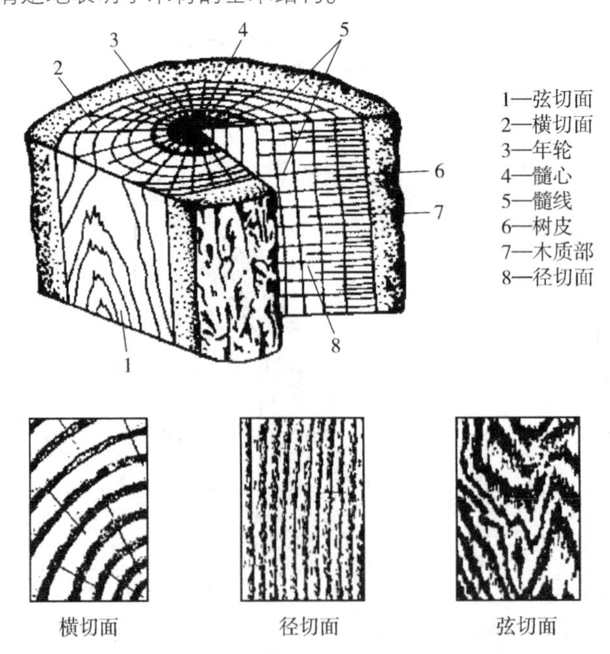

图 3-1 木材结构示意图

1）木材的三个切面。人们观察研究木材，通常通过三个切面，见图 3-1。三个切面的属性见表 3-1。

木材切面属性表 **表 3-1**

切面	特征	特性	用途
横切面	横切面是识别木材最重要的切面。木材细胞间的相互联系都能清楚地反映在横切面上	硬度大、耐磨损，但易折断、难刨削	宜做菜墩
径切面	径切面上年轮呈条状，相互平行	板材收缩小，不易翘曲，木纹挺直	宜做地板，家具
弦切面	弦切面上年轮呈 V 字形花纹	纹理美观，易翘曲变形	宜作桶板和木船用板

2）木材的结构组成。

（1）年轮。在横切面上有一圈一圈的木质层，这些呈同心圆的圈圈叫年轮。生长在温带或寒带的树木，通常一年长一圈，年轮有宽有窄。见图 3-1。它和树木品种、生长条件有密切关系。在建筑装饰工程中，通常可根据年轮的宽窄来估计木材的强度大小，如水曲柳，随着年轮的加宽而强度增加。一般来说，年轮密而均匀的木材，其质地较好。

（2）边材。通常把树材中靠近树皮的部分，材色较浅且含水率较大的部分称为边材。

（3）心材。而把在髓心周围，材色较深且含水率较小的部分称为心材。心材和边材的强度相差不大，但心材的耐腐蚀性较优。

（4）髓心。位于树干中央，常呈褐色或淡褐色，质软而强度低，故实际利用价值不大。

（5）木髓线。在横切面上可以看见许多颜色较浅的细条纹，一般把这些呈辐射状的线叫木髓线，也称木射线。木材干燥时，常沿木髓线开裂。

2. 木材的外观性质

1）外观材质。

（1）材色。木材的颜色简称为材色。不同树种的木材，材色各不相同。有的云杉清白如霜，有的乌木漆黑如墨；黄杨则浅黄如玉，柏木橘黄似橙。材色是识别木材的一个标志，但材色的鉴别宜以新锯割的切面为准。这是因为木材长久暴露在空气和阳光中，材色会发生变化。例如，将柳桉木长久地放在阳光下，其颤色就会变白。即使是同块木材，其颜色也有层次变化。

（2）光泽。木材的光泽是木材表面对光线的吸收和反射的结果。不同树种的木材对光的吸收和反射能力是不同的。因此，木材所呈现的光泽也有强有弱，一般硬材比软材更光泽。如椴木和杨木在材色上比较接近，但椴木的纵向切面上常呈现出绢丝般的光泽。

（3）纹理。就是木材的纹理，也称木纹。木材因年轮、木射线、节疤等要素的影响在木材切面上呈现不同的纹理。一般可分为直纹理、斜纹理和乱纹理。

木材的纹理与树种及切削方式有关。直纹理的木材强度较大，宜加工，斜纹理和乱纹理的木材强度差异大，难于加工，特别是乱纹理，表面易起毛刺，不光洁。

（4）气味。木材的气味不仅有助于识别木材，而且还有实际利用价值。如樟木的气味可以杀菌防蛀，常用来做箱柜、衣柜。不同的树材气味也各不相同。如松木含有松脂气味，樟木含有樟脑气味，檀木有芳香气味，楸木略有煤油气味。

（5）重量和硬度。木材的重量与木材的软硬有相当的一致性。通常，同体积的木材越重，其硬度也就越高。木材的硬度因树种而异，同一树材不同切面的硬度也各不相同。

（6）自然缺陷。对建筑装饰施工有影响的木材自然缺陷主要有木节、斜纹、裂纹等。

①木节。是树木上的分枝在生长过程中隐生在树干内的枝条基部。按断面形状木节可分为圆形节、条状节和掌状节三种，见图3-2。木节是树木生长过程中的一种正常现象，但它破坏了木材的均匀性和力学性能，增加了加工难度，不宜用于榫头、榫孔结构。在现代建筑装饰设计中，为了增加室内装修和家具的自然美，强调逼真的效果，常把木节裸露出来，以表现木材的质感。

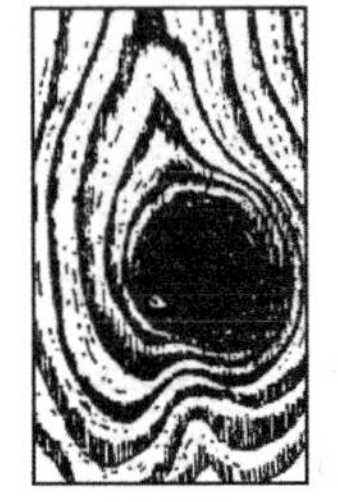
圆形节

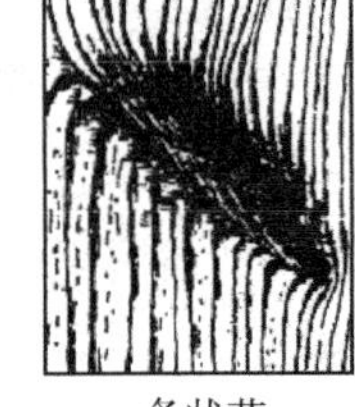
条状节

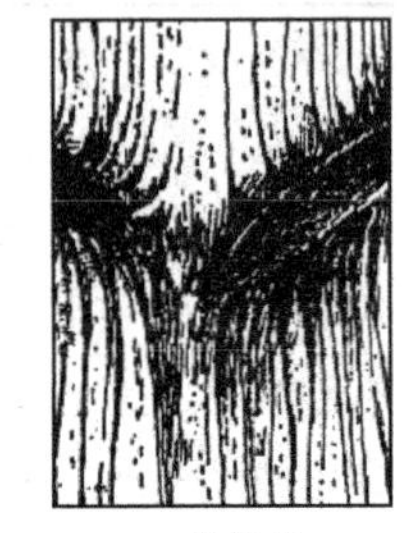
掌状节

图3-2　木节

②斜纹和偏心。它易使木材开裂和发生翘曲，降低木材的强度和硬度。

③裂纹。树木在生长期间或伐倒后，由于受到外力及温度、湿度变化的影响，小材纤维之间发生脱离，形成裂纹。裂纹会破坏木材的完整性，降低木材强度，影响出材等级。

④腐朽和虫害。他们是木材最严重的自然缺陷之一。木材腐朽的特征明显，容易识别，腐朽不仅会使小材改变材色，还会使木材的组织结构变得松软、脆弱，强度明显下降，从而使木材失去使崩价值；虫害也是常见的木材自然缺陷。

2）木材识别。木材的种类很多，构造又比较复杂，它们既有森林植物的共性，又有树种各自的特殊性。建筑装饰设计施工人员的木材的识别能力对其在选材，用材等实际工作中有着十分重要的意义。而木材的识别能力的形成，是一个长期实践经验积累的过程。

（1）看、摸、嗅。在施工现场，识别木材主要靠看、摸（捏）、嗅这三种手段，从木材的切面、花纹、重量、颤色、气味、结构等方面进行观察和综合分析，抓住主要特征，进行比较和鉴别。如樟木的气味是区别于其他木材的主要特征，因此气味是识别樟木的主要依据；又如水曲柳的木纹细密，樟木的木纹宽大，由此可区别水曲柳与樟木。

（2）对照木材检索表和图谱。除了肉眼识别的方法外，还可利用图谱、木材检索表来帮助准确识别木材，木材检索表扼要突出地记录了各种木材的主要和次要特征、性质，可以采取对比、从主要到次要的方式依次推导。如先从有孔、无孔来区别是针叶材还是阔叶材，然后再从主要特征和次要特征上来查对，最后再和图谱对照比较，确定是何种木材。

3. 木材的理化特性

1）木材的含水状态。

（1）木材的含水率。木材中的水分含量称为含水量。含水量的多少用含水率 w 表示，其计算公式为：

$$w = \frac{m_{湿} - m_{干}}{m_{干}} \times 100\% \qquad (3-1)$$

$m_{湿}$——木材烘干前的质量（g）；

$m_{干}$——木材烘干后的质量（g）。

一般来说，木材的含水率参考数值如下。

①新伐材（生材），因树种而异，平均为 50% ~100%。

②湿材、水运或湿存后的木材，往往大于 100%。

③气干材，自然干燥，接近于平衡含水率，约为 12% ~18%。

④室干材，一般人工干燥的木材，约为 7% ~15%。

（2）含水率的测定。

①质量法。质量法一般在试验室里进行，优点是精确度较高，但测定时间较长。测定时，先取一块木材试样，称出其质量，即 $m_{湿}$，然后放入烘箱，以 100℃正负 5℃的温度烘干，当连续两次称出的质量不变时，此时的质量就是 $m_{干}$。再根据式（3-1）计算出含水率。

②电测法。即用电子含水率测定器测含水率。其优点是快捷方便，但精度不如质量法。测定器依据木材导电性随含水率变化而变化的原理而制成。

（3）木材的吸水性和纤维饱和点。木材直接与水接触时，其吸收水分的能力叫作吸水性。

木材吸水的能力很强，其含水量随所处环境的湿度变化而变化，其所含的水分由自由水、吸附水和化合水三部分组成。

①自由水。指存在于细胞腔和组织间隙内的水分，木材干燥时自由水首先蒸发。

②吸附水。指存在于细胞壁的水分，木材受潮时其细胞首先吸水。

③化合水。指木材的化学成分中的结合水，它随树种的不同而不同。

当木材中吸附水已达到饱和状态而又无自由水存在时，其含水率称为该木材的纤维饱和点。木材纤维饱和点的值随树种的不同而不同，一般为 25% ~35%，平均值为 30%。

④木材的吸湿性和平衡含水率。在日常生活中，人们会碰到这样的事：平时合缝的木门窗在雨季时会关不上，这是因为门窗吸收了空气中较多的水分，体积发生变化所造成的，由此可以了解到木材有吸湿性。值得注意的是，木材的吸湿性是木材的一种不良性质，在建筑装饰施工中，常常要采取防潮措施来应对木材吸湿性带来的影响。

干燥的木材放在潮湿的空气中会吸收水分，而潮湿的木材放在干燥的空气中会不断蒸发水分，木材吸收和蒸发水分的速度是一个从快到慢的过程，最后达到动态平衡，即吸收和蒸发速度相等，这个平衡状态下的含水率称为木材的平衡含水率。

木材的平衡含水率和大气湿度有很大关系，在我国，各地的平衡含水率从北往南呈递增趋势，在12%～18%之间变化。

木材的平衡含水率对装饰施工有很大的意义，对建筑装饰用木材，必须将其干燥至使用地尻的平衡含水率以下，否则会产生开裂和变形。

2）木材的变形。

（1）木材的含水率与变形的关系。由生活经验可知，木材中水分的蒸发超过一定的量就会引起木材的收缩；反之，木材中水分吸入超过一定量，会引起木材的膨胀，通常所说水材的“干缩”和“湿胀”，指的就是这种现象。试验证明，虽然水材的干缩和湿胀与含水率直接相关，但干缩和湿胀与含水率之间并不是简单的比例关系。通过试验可以进一步发现，当含水率在30%以上时，木材中所含水分的增减对木材的性质几乎没影响。也就是说，木材既不因水分的增加而湿胀，也不因水分的减少而干缩，其强度值是个常数；而当含水率在30%以下时，木材中所含水分的增减，不仅会引起木材尺寸、形状的变化，强度也会改变。显然，30%的含水率是木材性质变化的转折点，业内通常把这个转折点，称为木材的纤维饱和点。

（2）木材变形。试验表明，木材在径向和弦向的干缩率有着很大的差异，所以木材干燥后其几何形状会发生变化，即通常所说的“变形”。

木材变形具有各向异性。取一正立方体木块，干燥后会发现，这木块已经不是正立方体了。这表明木材各个方向的干缩程度是不一致的。试验表明，木材的径向收缩约为3%～6%，弦向收缩约为6%～12%，纵向（顺纹）收缩但为0.1%～0.3%。对于同一种树材来说，木材的干缩率总是大于湿胀率。通过这个试验可以发现，由于三个方向的干缩率相差很大，三个方向的强度也各不相同。即使同一树种的木材，由于其在生长过程中受各种因素影响，加上木材内部组织本身的不均匀性，使得其在不同部位的力学性能有很大差异，所以木材是一种各向异性的材料。各向异性是天然木材区别于其他人造建筑材料的重要特性之一。见图3-3上。木材变形的三种主要形式为：

①歪偏。木材干燥后，如果纵向（径向和弦切）面仍保持平直，只是横切面的形状发生了变异，这种现象叫歪偏。歪偏现象主要是由木材径向和弦向干缩率不一致而引起的，见图3-3中。

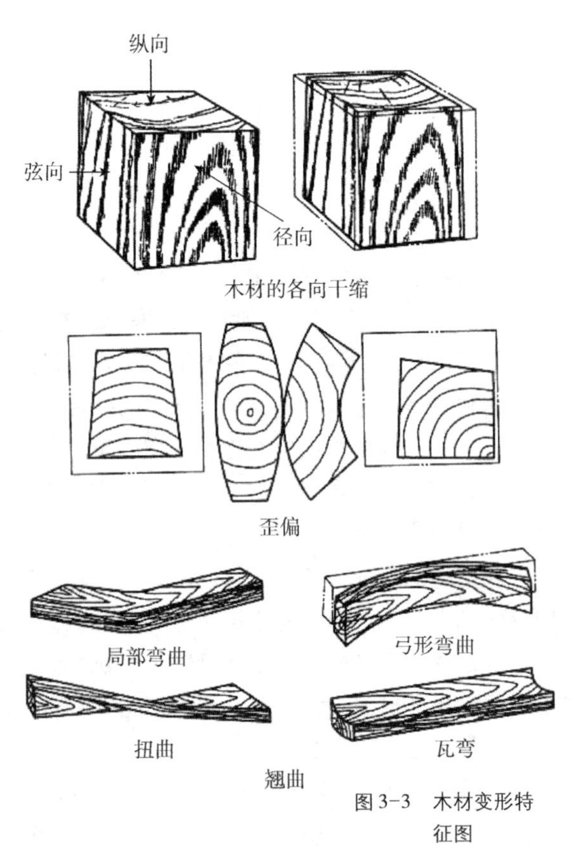

图3-3 木材变形特征图

②翘曲。木材干燥后，如果纵向（径切和弦切）不在一个平面，纵向形状发生了改变，这种现象叫翘曲。翘曲主要是由成材堆积不当和收缩不均匀造成的。根据形状不同有曲、弯等几种，见图3-3下。

③干裂性。木材在干燥过程中，由于收缩不均匀而产生裂缝叫干裂。几乎所有树种都会出现干裂，一般干裂从木材的端部开始，这是因为木材中的水分从端部蒸发的速度比从侧面快7～13倍，开裂一般沿木纹方向延伸。干裂会大大降低木材的出材率和等级。

3）木材的力学性能。

在建筑装饰工艺中，木材不仅起美化环境的作用，通常还承受荷载。研究木材力学性能的目的，在于了解木材在荷载作用下的工作特性，以及木材缺陷和其他不利因素对木材工作的影响。

（1）强度的概念。木材抵抗破坏的能力或者木材所能承受的最大荷载叫作木材的强度。木材强度的单位为 N/cm^2。当木材处在工作状态时，它所能承受的荷载并不是无限大，一旦越过它所能承受的极限值，木材就会断裂，从而丧失工作能力。

（2）木材各向异性的力学性能和特点。和绝大多数的建筑材料不同，木材是一种各向异性的材料，它的力学性能要比匀质材料（如金属）复杂，具有以下特点：

①顺纹和横纹强度差异很大。

②当木材含水率低于纤维饱和点时，含水率越低则强度越高。

③木材的强度一般指的是短期强度，木材在荷载长期作用下的持久强度比短期强度小得多，试验证明木材的持久强度是短期强度的50%～60%。

（3）木材的抗压强度。木材受到外加压力时，抵抗压缩变形破坏的能力，称为抗压强度。木材的抗压强度这个指标最重要。在实际应用中，常以木材顺纹抗压强度来代表木材的力学性能，木材的横纹抗压强度小得多，一般是顺纹抗压强度的10%～20%。所以民间有“立木顶千斤”的说法，形象地说明顺纹抗压强度。

（4）木材的抗拉强度。木材受外加拉力时，抵抗拉伸变形破坏的能力叫作抗拉强度。在木材的力学性能中，顺纹抗拉强度最大，约为顺纹抗压强度的2～3倍。横纹抗拉强度则要小得多，只是顺纹抗压强度的3%～10%。

（5）木材的抗剪强度。木材抵抗剪切变形破坏的能力称为抗剪强度。在实际应用中，一般只考虑顺纹剪切强度，顺纹抗剪强度较小，只有顺纹抗压强度的15%～30%，若木材本身存在裂纹，则抗剪强度明显下降；若受剪区有斜纹或木节，则抗剪强度反而提高。在木构件的榫头连接中，榫舌常易受到剪切破坏。

(6) 木材的抗弯强度。木材抵抗弯曲变形破坏的能力称为木材的抗弯强度。木材的抗弯强度和顺纹抗压强度是木材力学性能中最主要的两项强度指标：木材的抗弯强度一般是顺纹抗压强度的1.5~2倍。

(7) 含水率对强度的影响。木材含水率低于纤维饱和点时，含水率越高则强度越低。试验证明，含水率的变化对木材的各种受力性能的影响是不同的，其对受压、受弯性能的影响较大，受剪性能次之，而对受拉性能的影响较小。

(8) 密度、温度对木材强度的影响。温度升高时，木材的强度会降低，当温度由25℃升高到50℃时，针叶材抗压强度降低20%~24%。通常在50℃以上时，木材的纤维组织会发生变化，强度明显下降。为保证木材强度，在建筑装饰施工中，一般只在0~50℃的环境温度中使用木构件。一般而言，木材的密度越大，木纤维越密实，强度也越高。

(9) 木材力学性能测试方法。首先把受测木材做成标准小试件，在试验机上加载试验，然后将测试结果经过统计分析，换算成木材含水为15%时的强度。

4. 木材的处理方法

1) 干燥处理。用于建筑装饰的木材必须建立在合理干燥的前提下。如果用干燥质量不佳的木材做装饰，会带来诸如翘曲变形、开裂、接榫松脱、腐朽、虫蛀等许多后患。试验证明，干燥质量好的木材，使用年限比湿材提高10倍以上。因此对湿材需要进行干燥处理，使其含水率达到使用要求。干燥处理的方法主要有如下两种。

(1) 自然干燥。也叫大气干燥（简称气干），就是把采伐来的木材剥去外皮，截成适当的形状和大小，堆积在干燥、平坦、通风良好的地方，利用自然蒸发，使木材内部的水分逐渐蒸发，以达到一定的干燥程度。

这种方法的优点是成本低，工艺简单，易于实施。缺点是干燥程度易受所在地区自然条件的限制，一般只能达到当地平衡含水率的水平（12%~18%），如果要求达到比所在地平衡含水率更低的含水率，还需进一步进行人工干燥。另外自然干燥的需时较长，要严格管理，否则容易出现虫蛀、腐朽、变色等情况，从而降低木材等级。

(2) 人工干燥。它是利用专门的设备、场地，排出木材中的水分。人工干燥的方法有很多，普遍采用的窑干法，即在特制的建筑物或金属容器内，用除湿加热设备控制窑内温度和气流循环速度，使木材在相对短的时间内达到要求含水率。除了以外，还有其他的人工干燥方法，但其原理都基本相同，只不过除湿、加热的手段不同而已。

2) 防腐处理。木材之中含有淀粉和糖类物质，在适宜的温度湿度下，菌类繁殖速度很快，防腐处理的目的就是控制菌虫的生存条件，阻止菌虫的寄生，延长木材的使用年限。如未经防腐处理的松木，用作铁路枕木的使用时间为3~5年，若经过防腐处理，使用期限可延至15~20年。防腐处理的主要方式有如下几种：

（1）涂刷（喷射）处理。为了控制菌虫的生长条件，一般都用刷子在木材表面涂刷1～3次防腐剂，或用喷枪将防腐剂喷射在木材表面。这种方法简单易行、成本低，但药剂渗透深度浅。

（2）浸渍处理。将木材放入防腐剂中浸溃一定时间的方法能克服防腐剂渗透深度不足的缺点，如有需要还可在浸渍处理时加温、加压，以提高防腐效果。

3）防火处理。木材是一种易燃材料，防火处理的目的在于阻燃、缓燃，使木材不易起烟。处理方式一般有如下几种：

（1）涂刷处理。将防火涂料用水或有机溶剂稀释后，用刷子涂抹或喷洒于木材表面。发生火灾时，涂料受热产生内含阻燃气体的碳化层即泡沫，形成隔绝空气的保护层，达到阻燃的效果。

（2）浸渍处理。用防火剂浸渍木材，使药剂渗透到木材内部，防火效果优于涂刷处理方式。

4）弯曲处理。在建筑装饰施工中，由于造型设计的需要，常将木构件做成各种曲线形状，以便达到生动、柔美、和谐的效果。因此，要对木材进行弯曲处理。如果按常规方法，在直料上加工成曲线形状（或分段曲线再拼接），不仅费工而且费料。木材弯曲处理的主要工艺为：先将平直木料加热（水蒸气或开水），使木料软化，以便弯曲，然后放在定形夹模中，经干燥、冷却后即可。对木材进行弯曲处理时应注意如下几点：

（1）挑选易弯木材。一般来讲，硬阔叶材的弯曲性能优于针叶材，边材的弯曲性能优于心材；在实际应用中，一般挑选那些弯起来相对容易些的树材进行弯曲，如榆木、水曲柳等。

（2）不用缺陷木材。用有木节、裂纹等缺陷及腐朽的木材作弯曲处理，损坏率几乎为100%。

5）堆放方法。

（1）场地选择。

①应干燥平整，地势较高，排水通畅。

②应通风良好，场所四周的杂草和杂物要经常清除。

③附近不得堆放刨花、木屑等易燃物品。同时，不要使木材堆放处处于锅炉房的下风向，以防火星飘落引起火灾。

（2）堆放方法。木材的堆放方法应视木材的形状大小而定。一般有下列三种：

①平行积木法。用于多片长木材的堆放。

②立架法。常用于少量木材的堆放。

③井字堆放法。一般用于短木材的堆放。

3.2 自然树种

使用部位	外墙（柱）	内墙（柱）	地面	楼板	吊顶	隔断	楼梯	家具
适用	框架、基层、面层							

建筑装饰装修工程中常用木材的自然树种见表3-2。

自然树种分类表 **表3-2**

分类	属性	特点	常见树种举例
按树叶形状分类	针叶树	叶为针状，平行叶脉，多为四季常绿；树干挺直高大，纹理平顺，材质均匀，易得大材；材质软，易于加工，故又称“软木”	红松、落叶松、云杉、冷杉、铁杉、水杉、柏木等
	阔叶树	树叶宽大，呈大大小小的片状，刚状叶脉，大都为落叶树，树干不如针叶树挺直，材质较硬，俗称“硬木”	榉木、核桃楸、水曲柳、柞术、樟木、柚木、椴木、楠木、榆木、花梨木、紫檀等
按树种产地分类	国外	拉丁美洲树种最多，其次是北美。东南亚是我国传统的高档木材进口地。近几十年来，从美洲进口的木材数量呈迅速增长趋势	重蚁木、李叶苏木、鲍迪豆、落腺豆、尚氏象耳豆、黄沙君子木、香脂木豆、大叶桃花心木、紫心苏木等
	国内	我国有三大林区：东北部的大兴安岭、小兴安岭和长白山是我国最大的森林区，一般称为东北林区。这里，林区绵延几千里，形成一片树海 西南林区主要包括四川、云南和西藏三省区交界处的横断山区，以及西藏东南部的喜马拉雅山南坡等地区。这里山峰高耸，河谷幽深，山脚和山顶高差悬殊，气候也随着高度变化，真是“一山有四季” 南方林区是秦岭、淮河以南，云贵高原以东的广大地区，这里气候温暖，雨量充沛，植物生长条件良好，盛产名贵的药材和香料	东北林区以耐寒的针叶对最多，有红松、兴安落叶松、黄花松等，也有属于阔叶的树的白桦、水曲柳等 西南林区山下生长着常绿阔叶树，山腰上是落叶阔叶树，再上面就是针叶树。有云杉、冷杉、高山栎、云南松等，还有珍贵的柚木、紫檀、樟木等 南方林区树木种类很多，以杉木和马尾松为主，还有我国特有的竹木。这个林区南部还有橡胶林、肉桂林、八角林、桉树经济林木等
按树种的综合评价分类	一般树种	通常指那些生长期短、材轻质软的树种	松木类、杉木类等
	名贵树种	通常指生长期长、硬度强度俱佳、材质致密、纹理美丽、切面光滑的树种	花梨木、柚木、紫檀、乌木等

续表

分类	属性	特点	常见树种举例
按树种材质的软硬或颜色分类	硬木树种	就是通常说的红木。五属八类。五属即紫檀属、黄檀属、柿属、豆属及铁刀木属。八类即紫檀木类、花梨木类、香枝木类、黑酸枝木类、红酸枝木类、乌木类、条纹乌木类和鸡翅木类	紫檀木、花梨木、鸡翅木、铁梨木、乌木、酸枝木等
	软木树种	就是通常说的白木，多为非硬性木材，木质软	榉木、楠木、桦木、黄杨木、南柏、樟木、梓木、杉木、松木、桐木、椿木、银杏、苦楝木、木荷、麻栗、椴木、枫木等

3.3 基层板材

使用部位	外墙（柱）	内墙（柱）	地面	楼板	吊顶	隔断	楼梯	家具
适用	框架、基层、面层							

1. 胶合板

胶合板即木夹板。用于基层板如地板、隔板、衬板。各种厚度都有，如俗称的3、5、9、12厘板。

胶合板的属性见表3-3。

胶合板的属性表　　表3-3

主要规格	特点	制作工艺	种类和用途
2440 × 1220 × H; 2000 × 1000 × H（H = 12、9、5、3、2.5、2、1.8）(mm)	1. 板材幅面大，易于加工 2. 板材纵横向强度均匀，适用性强 3. 板面平整，收缩小，避免了木材开裂、翘曲等缺陷 4. 板材厚度按需要选择，木材利用率较高。五、含水率一二类6%~14%，三四类8%~16%	用原木旋切成木薄片，经干燥处理后用胶粘剂以各层纤维相垂直的方向粘合，热压制成	1.（NQF）耐气候耐沸水胶合板。耐久性好，能适应户外自然气候的变化，可在户外使用 2.（NS）耐水胶合板。耐冷水浸泡，耐短时间热水浸泡 3.（NC）耐潮胶合板。短期耐水，宜在室内使用 4.（BNC）不耐水胶合板。不能在潮湿环境下使用

2. 人造板材

人造板材，也称为成品板材，它是建筑装饰木制品工程中的主要用料。它的种类很多，常用的有纤维板、刨花板、薄木贴面板等。它们是利用木材或含有一定量纤维的其他植物作原料，采用一般物理和化学的方法加工而成的。这类板材与天然木材相比，板面宽，表面平整光洁，没有节子、虫眼，不开裂、不翘曲，经加工处理还具有防水、防火、防腐、防酸等性能。人造木板按用途主要是做基层板使用的板材。它们的主要品种和属性见表 3-4。

人造木板属性表 **表 3-4**

	主要规格 mm	特点	制作工艺
细木工板	2440 × 1220 × H；2000 × 1000 × H；H = 24、22、20、18、16、14、12、10	密度不应小于 0.44 ~ 0.59g/cm^3。质地坚硬、吸声、隔热。含水率规定值 6.0 ~ 14.0	芯板用木板拼接而成，两面胶粘一层或三层单板。按结构不同有芯板条不胶拼、芯板条胶拼两种；按表面加工状况有一面砂光、两面砂光和不砂光三种；按所使用的胶合剂不同，有 1 类胶细木工板、2 类胶细木工板两种
刨花板	1830 × 122 × H；2440 × 1220 × H H = 24、22、20、18、16	密度轻级为 0.3g/cm^3，中级为 0.4 ~ 0.8g/cm^3，重级为 0.8 ~ 1.2g/cm^3。具有质量轻、强度低、隔声、保温、耐久、防虫等特点。含水率规定值 9 ±4%	是将木材加工的剩余物，如刨花片，木屑或短小木料刨制的木丝为原料，经过加工处理，拌以胶料，加压而制成
高密板	2440 × 1220 × H H = 2.5、3、4.5	密度不应小于 0.8g/cm^3，强度高，物质构造均匀，质地坚密，吸水性和吸湿率低，不易干缩和变形，可代替木板使用。含水率规定值按特、一、二、三等级分别为 15%、20%、30%、35%	纤维板是将板皮、木块、树皮、刨花等废料或其他植物纤维（如稻草、芦苇、麦秸等）经过破碎、浸泡、研磨成木浆，热压成型的人造板材
中密板	1830 × 1220 × H；2440 × 1220 × H H = 10、15、18、21、24	密度为 0.4 ~ 0.8g/cm^3，按外观质量分为特级品、一、二级品三个等级。表面光滑，材质细密，性能稳定	

3.4 饰面板材

使用部位	外墙（柱）	内墙（柱）	地面	楼板	吊顶	隔断	楼梯	家具
适用	面层							

装饰板材也是木制品工程的主要材料，尤其这类板材主要用于木制品的饰面，是工程完工后使用者看得见摸得着的部分，直接影响工程的最后感观。

1. 饰面胶合板

胶合板中的饰面板，厚度基本以3厘板和5厘板为多，俗称三夹板和五夹板。是建筑装饰工程中使用量非常大的木夹板。它的正面贴着一层纹样美观的微薄木，各种木纹都有，某一个时期会流行某种木纹。见表3-5。底板和夹心的材料也比较讲究，有的用柳桉板，价格就比前者贵得多。

主要装饰板材表面纹样识别表　　表3-5

表3-5*a*　樱桃木	表3-5*b*　柚木	表3-5*c*　黑胡桃
 表3-5*d*　桦木	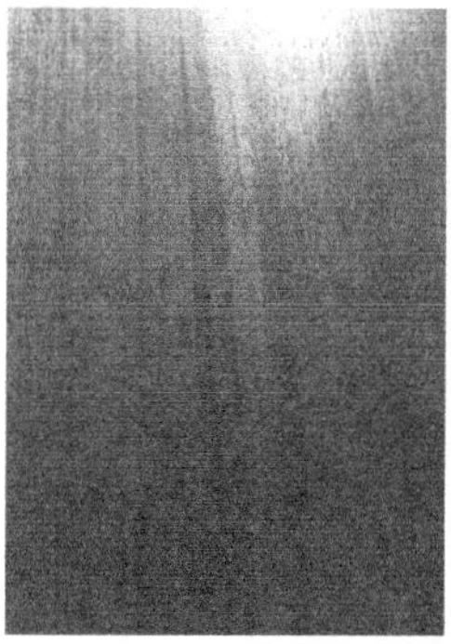 表3-5*e*　楝木	表3-5*f*　水曲柳
表3-5*g*　萨比利	表3-5*h*　泰柚	表3-5*i*　铁刀木

2. 微薄木装饰板

微薄木装饰板的主要属性见表3-6。

微薄木装饰板　　表3-6

主要品种	主要规格（mm）	特点	制作工艺
柚木、水曲柳、榉木、黑胡桃木、花梨木等	1220 × 2440 × (0.1～1)	此种板材表面保持了木材天然纹理，细腻优美，真实感和立体感强，具有自然美的特点。薄木贴面装饰板作为一种表面装饰材料，必须粘贴在一定厚度和具有一定强度的基层上，不宜单独使用	薄木贴面装饰板采用珍贵树种，精密旋切，制成厚度为0.1～1mm之间的薄木切片，以胶合板、纤维板、刨花板为基材采用先进胶粘工艺和胶粘剂，经热压制成的一种装饰板材

3. 复合饰面板

复合饰面板的主要属性见表3-7。

复合饰面板　　表3-7

主要品种	主要规格（mm）颜色类型	特点	制作工艺
铝塑板，又称铝塑复合板	2440×1220 ×H；H=3、2.5、2.2、2、1.8、1.6 银白、金黄、深蓝、粉红、海蓝、瓷白、银灰、咖啡、石纹、木纹等花色系列	1. 耐腐蚀性：表面氟碳喷涂，能有效抵抗酸雨、空气污染及紫外线的侵蚀 2. 无光污染：由于氟碳涂层亚光表面（光泽度为35%左右），所以无漫反射，不会造成污染 3. 自清洁性：由于氟碳涂层中特殊的分子结构使其表面灰尘不能依附，故有极强的清洁性 4. 颜色丰富：氟碳涂料颜色多达100多种 5. 高强度：采用优质防锈铝，强度高，确保室外幕墙的抗风、防震、防雨水渗透、防雷、抗冲击能力 6. 安装简便：施工快捷，铝材质轻，加上铝板幕墙在安装前已成型，故安装、施工及更换比较方便、快捷 7. 加工性能优良，易切割、裁剪、折边、弯曲，安装简便 8. 隔声和减震性能好；隔热效果和阻燃性能良好，火灾时无有毒烟雾生成	铝塑板，主要由多层材料复合制成，上下两层为高强度铝合金板，中间层为无毒低密度聚乙烯塑料芯板，经高温、高压处理成型，色彩新颖、豪华气派，品种十分丰富

续表

主要品种	主要规格（mm）颜色类型	特点	制作工艺
防火板	1220×2440×H；H=1～2 银白、金黄、深蓝、粉红、海蓝、瓷白、银灰、咖啡、石纹、木纹等花色系列	1. 防火板具有色彩丰富、图案花色繁多（仿木纹、石纹、皮纹等）和耐湿、耐磨、耐烫、阻燃、耐侵蚀、易清洗等特点 2. 表面有高光泽的、浮雕状的和麻纹低光泽的，在室内装饰中既能达到防火要求，又能达到装饰效果 3. 由于防火板比较薄，必须粘贴在有一定强度的基板上，如胶合板、木板、纤维板、金属板等 4. 切割时注意不要出现裂口，可根据使用尺寸，每边多留几毫米，供修边用 5. 一般使用强力胶粘贴。强力胶粘贴后用滚轮压匀即可	防火板面层为三聚氰胺甲醛树脂浸渍过的印有各种色彩、图案的纸，里面各层都是酚醛树脂牛皮纸，经干燥后叠合在一起，在热压机中通过高温高压制成
装饰波浪板	1220×2440 彩色板、闪光板、梦幻板、裂纹板、仿古板、金箔、仿石等	1. 防潮、防水、防变形。装饰波浪板背面利用聚乙烯进行工艺处理，从而达到防潮、防水、防变形的功能 2. 工艺先进、经久耐用。装饰波浪板板面采用高超的紫外线固化油漆、烤漆工艺制成，使板面硬度强、耐磨、不脱落、使用寿命长 3. 吸声降噪，宁静致远。立体浪板基材纤维板是一种细胞造体，具有多孔的吸声特性，有较强的消除噪声的功能 4. 新型、时尚、高档表面纹样：小直纹、大直纹、斜波纹、横纹、水波纹、冲浪纹等	是源自欧洲的一种新型时尚的室内装饰材料，由中纤板经电脑雕刻并采用高超的喷涂、烤漆工艺精工制造而成

3.5 木制线条

使用部位	外墙（柱）	内墙（柱）	地面	楼板	吊顶	隔断	楼梯	家具
适用	框架、基层、面层							

1. 木质装饰线

木质装饰线即装饰木线条，它是室内造型设计时经常使用的重要材料，同时也是非常实用的功能性材料。一般用于吊顶、墙面装饰及家具制作等装饰工程的平面相接处、分界面、层次面、对接面的衔接、收边、造型等。

它在室内还起到色彩过渡和协调的作用。如可利用角线将两个相邻面的颜色差别和谐地搭配起来，并能通过角线的安装弥补室内界面土建施工的质量缺陷等。

看似很不起眼的木质装饰线条，其品种的选择、材料及安装的质量对装饰效果有着举足轻重的作用。木质装饰线的类型和品种见表3-8。

木质装饰线的类型和品种 表3-8

分类方法	主要品种
材质	硬质杂木线、水曲柳线、山樟木线、胡桃木线、柚木线等
功能	压边线、柱角线、压角线、墙角线、墙腰线、覆盖线、封边线、镜框线等
外形	半圆线、直角线、斜角线等
款式	有外凸式、内凹式、凸凹结合式、嵌槽式、雕刻式

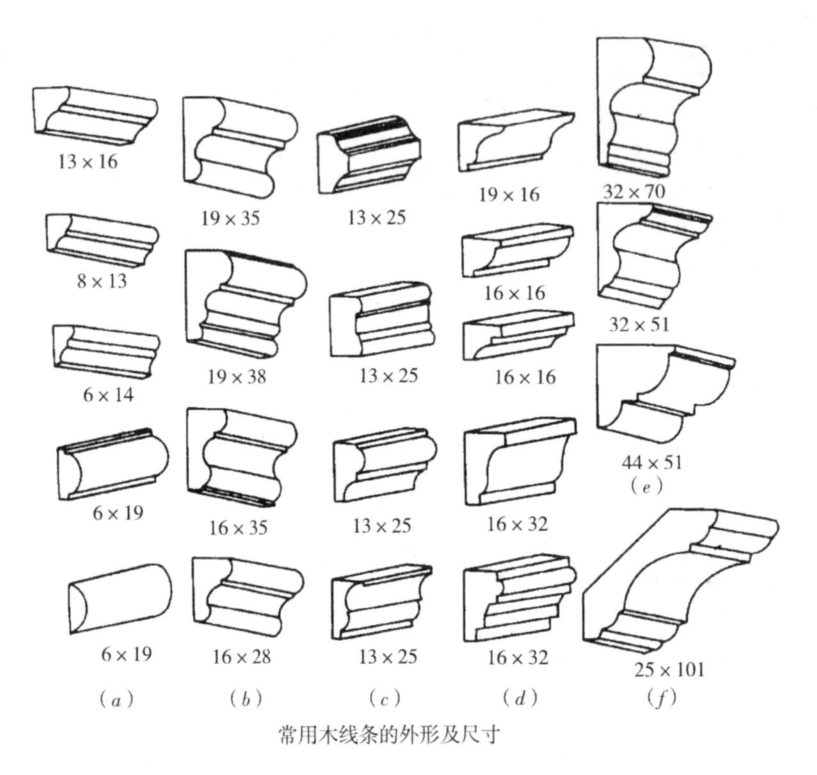

图3-4 木制装饰线的品种

(a) 压边线；(b) 封边线；(c) 装饰线；(d) 小压角线；(e) 大压角线；(f) 天花角线

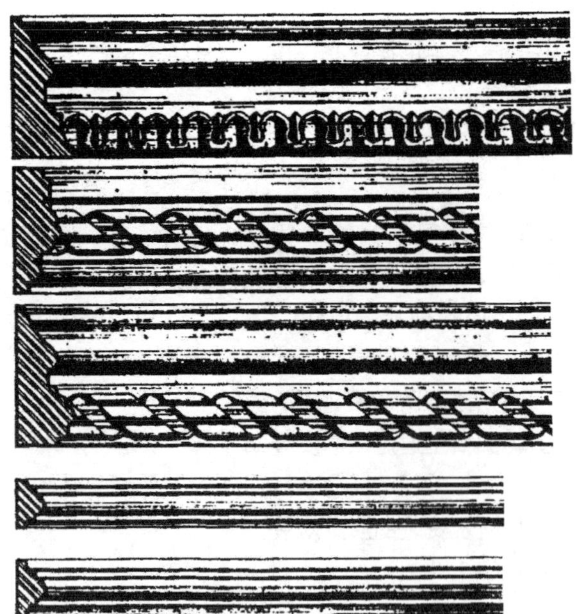

图3-5 木制雕刻装饰线

2. 木质装饰线的挑选要点

1）木装饰线宜选用木质硬、木质细、材质好的木材，表面光洁、手感顺滑，无节疤。

2）木线色泽一致，无节子、开裂、腐蚀、虫眼等缺陷。

3）木线图案清晰，加工深度一致。

4）检查背面，木线背面质量要求也要好，已经上漆的木线，既要检查正面油漆光洁度、色差，又要从背面查看木质。

3.6 地板

使用部位	外墙（柱）	内墙（柱）	地面	楼板	吊顶	隔断	楼梯	家具
适用	框架、基层、面层							

1. 实木地板

1）实木地板的分类与规格。见表3-9。

实木地板的分类　　表3-9

序号	分类方法	品种	常见规格（mm）
1	按地板结构形式分	有榫接地板（企口地板）、平接地板、镶嵌地板	*L*：450，610，760，910，1210 *W*：61，71，85，91，95，122，180 *H*：12，15，18，20，25 （地热地板厚度较小）
2	按用途分	有普通实木地板、体育场地木地板、集装箱木地板、潮湿环境木地板	
3	按有无涂饰分	有油漆实木地板、未油漆实木地板（俗称素板）	
4	按地板表面油漆光泽度分	有亮光实木地板和亚光实木地板	

2）实木地板的树木品种。见表3-10。

表3-10

木材名称	树种名称		国外商用材名	误导名
	中文名	拉丁名		
落叶松	落叶松	*Larix* spp.； *L. gmelini*	Larch	
杉木	杉木	*Cunninghamia lanceolata* Hook	Chinese fir	
硬槭木	槭木	*Acer* spp.	Hard maple	枫木
桦木	白桦 西南桦	*Betula* spp.： *B. platyphylla* Suk *B. alnoides* Buch. —Ham	Birch	樱桃木

续表

木材名称	树种名称		国外商用材名	误导名
	中文名	拉丁名		
重蚁木 铁苏木	平果铁苏木	*Tabebuia* spp. *Apuleia* spp. : *Aleiocarpa*	Ipe, Lapacho Garapa, Pau mulato	依贝、紫檀金象牙
摘亚木		*Dialium* spp.	Keranji, Nyamut	柚木王
双柱苏木	双柱苏木	*Dicorynia* spp. : *D. guianensis*	Angelique, Basralocus, Angelica	
古夷苏木		*Guiborutia* spp.	Bubinga	非洲柚
李叶苏木 茚茄木	茚茄	*Hymenaea* spp. *Intsia* spp. : *I. bijuga*	Courbaril, Jatoba Merbau, Mirabow, Ipil	南美柚木 波罗格
大甘巴豆	大甘巴豆	*Koompassia* spp. : *K. excelsa*	Kayu, Manggis, Tualang	金不换
紫心木		*Peltogyne* spp.	Amarante, Purple- heart, Morado	
柯库木 龙脑香	柯库木 龙脑香	*Kokoona* spp. : *K. reflexa* *Dipterocarpus* spp. : *D. alatus*	Mataulat, Bajan, Perupok Apitong, Keroeing, Keruing	柚仔木、克隆木
冰片香		*Dryobalanops* spp.	Kapur	
重红娑罗双		*Shore a* spp.	Red balau, Balau merah, Guijo	玉檀
橡胶木	橡胶树	*Hevea* spp. : *Hbrasiliensis*	Rubberwood, Para rubbertree	
鲍迪豆	鲍迪豆	*Bowdichia* spp. : *B. vingilioides*	Sucupira	钻石柚木
二翅豆 香脂木豆	香二翅豆 香脂木豆	*Dipteryx* spp. : *D. odorata* *Myroxylon* spp. : *Mbalsamum*	Cumaru, Tonka bean Balsamo, Estoraque	龙凤檀 红檀香
美木豆	大美木豆	*Pericopsis* spp. : *P. elata*	Afromosia, Assame- la, Obang	非洲柚木王

2. 复合地板

1）复合地板的结构。

复合地板一般都是由四层材料复合组成：底层、基材层、装饰层和耐磨层组成。其中耐磨层的转数决定了复合地板的寿命。

（1）底层。由聚酯材料制成，起防潮作用。

（2）基层。一般由密度板制成，视密度板密度的不同，也分低密度板、中密度板和高密度板。

（3）装饰层。是将印有特定图案（仿真实纹理为主）的特殊纸放入三聚氢氨溶液中浸泡后，经过化学处理，利用三聚氢氨加热反应后化学性质稳定，不再发生化学反应的特性，使这种纸成为一种美观耐用的装饰层。

（4）耐磨层。是在强化地板的表层上均匀压制一层三氧化二铝组成的耐磨剂。三氧化二铝的含量和薄膜的厚度决定了耐磨的转数。每平方米含三氧化二铝为30g左右的耐磨层转数约为4000转，含量为38g的耐磨转数约为5000转，含量为44g的耐磨转数应在9000转左右，含量和膜度越大，转数越高，也就越耐磨。

2）复合地板的优缺点（表3-11）。

表3-11

优点	缺点
耐磨：约为普通漆饰地板的10～30倍以上 美观：可用电脑仿真出各种木纹和图案、颜色 稳定：彻底打散了原来木材的组织，破坏了各向异性及湿胀干缩的特性，尺寸极稳定，尤其适用于地暖系统的房间。此外，还有抗冲击、抗静电、耐污染、耐光照、耐香烟灼烧、安装方便、保养简单等	水泡损坏后不可修复，脚感较差 特别要指出的是过去曾有经销商称强化复合地板是“防水地板”，这只是针对表面而言，实际上强化复合地板使用中唯一要忌的是水泡 实木复合地板，强化复合地板目前全部由供应商负责铺设

3）复合地板的规格。条材强化复合地板的厚度常见的有：6、7、8、9mm；常用规格见表3-12。其尺寸偏差应符合有关规定。强化复合地板的耐磨值按耐磨转数分为高、中、低三个级别，通常住宅选用6000转以上，公共建筑应选用9000转以上。

条材强化复合地板常用规格（mm）　　表3-12

序号	宽度	长度								
1	182	—	1200	—	—	—	—	—	—	—
2	185	1180	—	—	—	—	—	—	—	—
3	190	—	1200	—	—	—	—	—	—	—
4	191	—	—	—	1210	—	—	—	—	—
5	192	—	—	1208	—	—	—	1290	—	—
6	194	—	—	—	—	—	—	—	1380	—
7	195	—	—	—	—	1280	1285	—	—	—
8	200	—	1200	—	—	—	—	—	—	—
9	225	—	—	—	—	—	—	—	—	1820

材料检索 4 – 金属材料

使用部位	外墙（柱）	内墙（柱）	地面	楼板	吊顶	门窗	隔断
适用	龙骨、连接、支撑、框架、饰面						

4.1 钢材

钢材是指以铁为主要元素，含碳量一般在 2% 以下并含有其他元素的材料。钢材是主要的建筑结构材料之一。

1. 钢材的分类

建筑钢材是指用于钢结构的各种型钢（如角钢、工字钢、槽钢、钢管等）、钢板和用于钢筋混凝土结构中的各种钢筋、钢丝和钢绞线。按不同的分类方法钢材有下列分类，见表 4-1。

钢材分类表 **表 4-1**

序号	分类方法	特点
1	按冶炼方法分类	有转炉钢、平炉钢和电炉钢三种。炼钢的过程中，采用的炼钢方法不同，所得钢的质量也有差别
2	按脱氧方法分类	钢在铸锭过程中要进行脱氧处理，脱氧程度不同，钢材的性能就不同，按脱氧方法分类钢材有： 1）沸腾钢。仅用弱脱氧剂锰铁进行脱氧，脱氧不完全的钢。其组织疏松，有气泡夹杂。所以，质量较差，但成品率高，成本低 2）镇静钢。用必要数量的硅、锰和铝等脱氧剂进行彻底脱氧。其组织致密，化学成分均匀，性能稳定，是质量较好的钢种。由于产能较低，因此成本较高 3）半镇静钢。半镇静钢脱氧程度、质量及成本均介于沸腾钢和镇静钢之间 4）特殊镇静钢。特殊镇静钢质量和性能、成本均高于镇静钢
3	按化学成分分类	1）非合金钢又称碳素钢。碳素钢按含碳量的不同又分为碳含量 <0.25% 的低碳钢、碳含量为 0.25% ~0.6% 的中碳钢、碳含量 >0.6% 的高碳钢 2）合金钢。合金钢是在碳素钢中加入某些合金元素（锰、硅、钒、钛等）用于改善钢的性能或使其获得某些特殊性能。按合金元素含量不同分为合金元素含量 <5% 的低合金钢、合金元素含量 5% ~10% 的中合金钢。合金元素含量 >10% 的高合金钢
4	按质量等级分类	根据钢材中硫、磷的含量，将钢材分为：普通质量钢、优质钢、特殊质量钢
5	按钢的用途分类	按主要用途将钢材分为：结构钢（钢结构用钢和混凝土结构用钢）、工具钢（制作刀具、量具、模具等）、特殊钢（不锈钢、耐酸钢、耐热钢、磁钢等）

2. 建筑钢材的主要技术性质

抗拉性能和冲击韧性是建筑钢材的主要力学性能，冷弯性能和焊接性能是建筑钢材的主要工艺性能。见表4-2。

钢材性能表 **表4-2**

序号	性能	特点
1	抗拉性能	抗拉性能是建筑钢材的重要性能。这一性能可以通过受拉后钢材的应力与应变曲线反映出来。图1a为建筑工程中常用的低碳钢受拉后的应力－应变曲线。图中的屈服点（σ_s）、抗拉强度（σ_b）和伸长率（δ）是钢材的重要技术指标 （1）屈服点。是结构设计取值的依据，当对试件的拉伸应力超过A点后，应力应变不再成正比关系，开始出现塑性变形进入屈服阶段AB，屈服下限$B_{下}$点所对应的应力值为屈服强度 （2）抗拉强度。试件在屈服阶段以后，其抵抗塑性变形的能力又重新提高，这一阶段称为强化阶段。对应于最高点C的应力值称为极限抗拉强度，简称抗拉强度 （3）伸长率。反映钢材的塑性变形能力，是钢材的重要技术指标。建筑钢材在正常工作中，结构内含缺陷处会因为应力集中而超过屈服点，具有一定塑性变形能力的钢材，会使应力重分布而避免了钢材在应力集中作用下的过早破坏 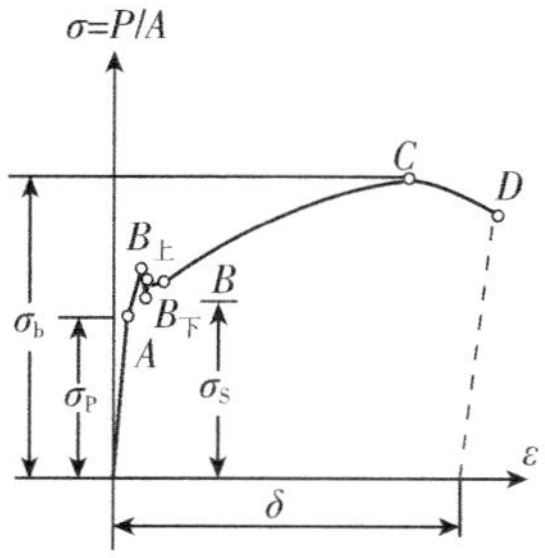 图1a　低碳钢拉伸时$\sigma-\varepsilon$曲线 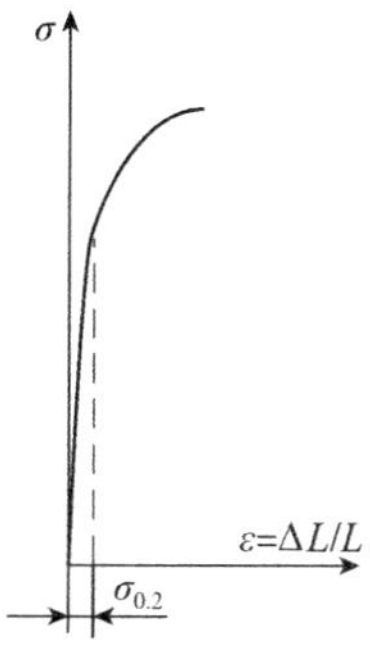　　图1b　高碳钢拉伸时$\sigma-\varepsilon$曲线
2	冲击韧性	冲击韧性是指钢材受冲击荷载作用时，吸收能量、抵抗破坏的能力。以冲断试件时单位面积所消耗的功（α_k）来表示。α_k值越大，钢材的冲击韧性越好
3	硬度	钢材的硬度是指其表面抵抗重物压入产生塑性变形的能力。测定硬度的方法有布氏法和洛氏法，较常用的方法是布氏法，其硬度指标为布氏硬度值（HB）
4	耐疲劳性	钢材承受交变荷载反复作用时，可能在最大应力远低于屈服强度的情况下突然破坏，这种破坏称为疲劳破坏
5	冷弯性能	冷弯性能是指钢材在常温下承受弯曲变形的能力，是建筑钢材的重要工艺性能

续表

序号	性能	特点
6	焊接性能	焊接质量除与焊接工艺有关外，还与钢材的可焊性有关。当含碳量超过0.3%后，钢的可焊性变差。硫能使钢的焊接处产生热裂纹而硬脆。锰可克服硫引起的热脆性。沸腾钢的可焊性较差。其他杂质含量增多，也会降低钢的可焊性

3. 建筑装饰装修常用钢材

见表4-3。

建筑装饰装修常用钢材表 **表4-3**

序号	材料类型	说明
1	热轧形钢	有角钢（等边和不等边）、工字钢、槽钢、T形钢、H形钢、L形钢等。其标记由一组符号组成，包括型钢名称、横断面主要尺寸，型钢标准号及钢牌号与钢种标准等。例如，用碳素钢Q235—A轧制的，尺寸为160mm×160mm×16mm的等边角钢，应标示为：热轧等边角钢：$\frac{160\times160\times16\text{—GB9787—1988}}{\text{Q235—AGB700—1988}}$
2	冷弯薄壁型钢	通常是用2～6mm厚薄钢板冷弯或模压而成，有角钢、槽钢等开口薄壁型钢及方形、矩形等空心薄壁型钢。其标示方法与热轧型钢相同
3	钢板、压型钢板	用光面轧辊轧制而成的扁平钢材，以平板状态供货的称钢板，以卷状供货的称钢带。按轧制温度不同，分为热轧和冷轧两种；热轧钢板按厚度分为厚板（厚度大于4mm）和薄板（厚度为0.35～4mm）两种；冷轧钢板只有薄板（厚度0.2～4mm）一种

4. 建筑装饰装修钢材的防锈

受电化学腐蚀作用的结果是钢的锈蚀主要原因。这是因为钢表面上不同的晶体组织、分布不均的杂质以及表面不平整、受力变形等内在原因，遇到潮湿环境，就会构成许多“微电池”，在有充足空气条件下就会形成较严重的电化学腐蚀即锈蚀。

要防止钢的锈蚀，在建筑装饰装修钢构工程中，不但要选择质量好、表面缺陷少的钢材；而且要防止潮湿侵蚀、隔绝空气，这才是最根本的方法。可行的方法是在钢结构的表面采用涂漆的方法隔离潮湿的空气，也可采取镀锌、涂塑料涂层等方法。对于重要钢结构可以采取阴极保护的措施，即使锌、镁等低电位的金属与钢结构相联作为阴极，使其受到腐蚀的同时，保护了作为阳极的钢材。

4.2 铝及铝合金

建筑用非铁金属中，铝及铝合金是用量最多的。近十几年来铝及铝合金的应用发展迅速。工业发达国家已开始将铝合金用在建筑结构中代替或部分代替钢材，构成轻型结构。我国近年来在室内外装修、建筑队小五金、门、窗框、栏栅、扶手、吊顶龙骨、玻璃幕墙框架等处大量使用铝及铝合金。随着国家建筑发展，铝及铝合金的应用会有较快的发展。

1. 铝

纯铝为银白色轻金属，其强度低（σ_b为 80 ~ 100MPa）、硬度低（HB 为 17 ~44）、塑性好（σ_{10}达 40%）、延展性好，耐蚀性好。仅适用于门窗、百叶、小五金及铝箔等非承重材料。铝粉（俗称银粉）可调制成装饰涂料和防锈涂料。

2. 铝合金

铝合金既保持了铝质量轻的特性，同时，力学性能明显提高（屈服强度可达 210 ~ 500MPa，抗拉强度可达 380 ~ 550MPa）。铝合金以它所特有的力学性能广泛应用于建筑装饰工程中。

1）铝合金的种类。纯铝中加入镁、锰等元素，成为铝合金，在建筑工程中得到广泛应用。按加工方法将铝合金分为铸造铝合金（LZ）和变形铝合金。变形铝合金是通过辊轧、冲压、弯曲等工艺，使铝的组织和形状发生变化的铝合金。又分为防锈铝（LF）（热处理非强化型）和硬铝（LY）、超硬铝（LC）、锻铝（LD）（可以热处理强化的铝合金）。铝合金的主要缺点是弹性模量小（约为钢的 1/3）、热膨胀系数大、耐热性低、焊接需采用惰性气体保护等焊接新技术。

2）铝合金的性能及其在建筑中的应用。常用的铝合金有铝锰合金（Al - Mn 合金）、铝镁合金（Al - Mg 合金）、铝镁硅合金（Al - Mg - Si 合金）等。其中，Al - Mg - Si 系列合金是目前制作铝合金门窗、铝幕墙等铝合金装饰制品的主要基础材料，在建筑工程中应用最为广泛。这种铝材也叫锻铝，其性能见表 4-4。

Al - Mg - Si 铝合金（LD31）性能表　　　表 4-4

材料类型	材料性能	说明
Al - Mg - Si 铝合金（LD31）	屈服强度（$\sigma_{0.2}$）为 110 ~ 170MPa	其性能接近低碳钢，密度只是低碳钢的 1/3。是高层、大跨度建筑的理想结构材料。硬铝和超硬铝可通过铸造、轧制成板材，挤压加工成门、窗框、屋架、活动墙等铝合金构件和产品
	抗拉强度（σ_b）为 155 ~ 205MPa	
	伸长率（δ）为 8%	
	弹性模量为 0.69×10^5 MPa	
	密度为 2.69g/cm^3	

铝合金装饰制品有铝合金型材、铝合金门窗、铝合金装饰板和铝合金百页窗帘等。

3. 铝合金型材

将铝合金锭坯按需要长度锯成坯段，加热到 400 ~ 450℃，送入专门的挤压机中，连续挤出的型材叫铝合金型材。

在装饰工程中常用的铝型材见表 4-5。

铝合金常用型材表 **表 4-5**

序号	型材用途	系列
1	窗用型材	46 系列、50 系列、65 系列、70 系列、90 系列推拉窗型材（断面见图 4-1）；38 系列、50 系列平开窗型材；其他系列窗用型材
2	门用型材	地簧门型材、推拉门型材、无框门型材
3	柜台型材、幕墙型材	120 系列、140 系列、150 系列、180 系列隐框或明框龙骨型材
4	通用型材	方管、角铝、槽铝、转角型材
5	卷帘门片	

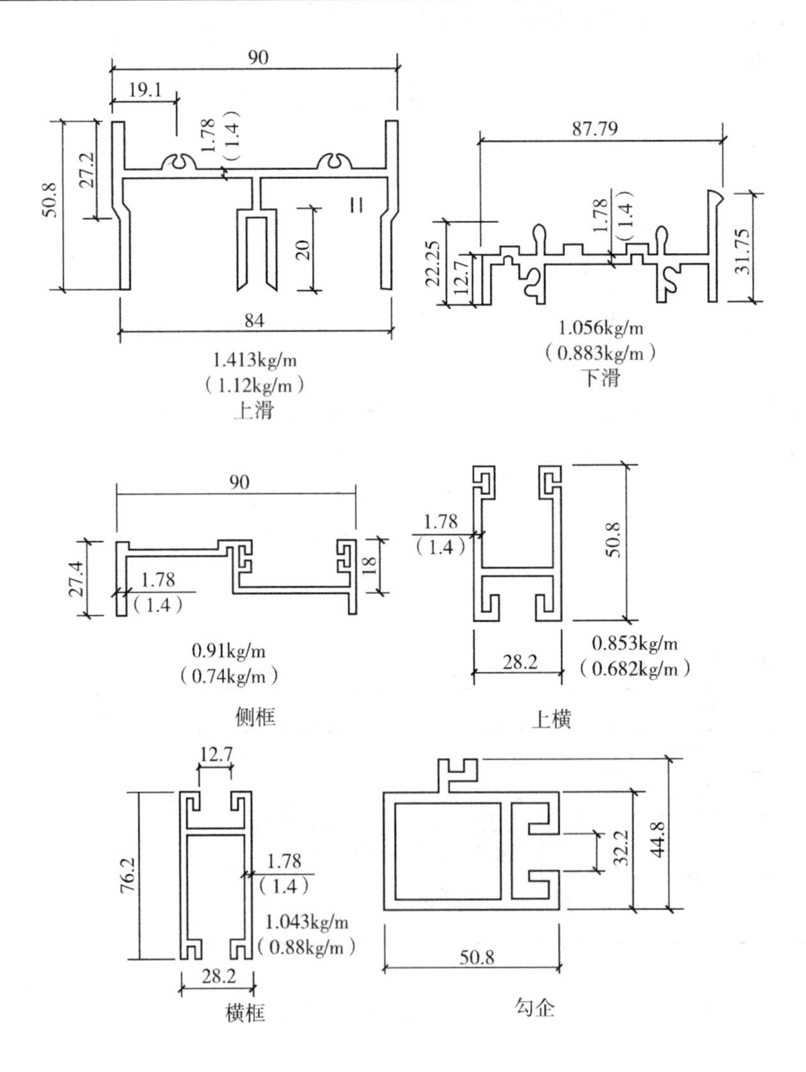

图 4-1 铝合金推拉窗型材断面

4. 铝合金型材选用注意事项

铝型材的断面形状及尺寸是根据型材的使用特点、用途、构造及受力等因素确定的。用户应按所装饰工程的具体情况进行选用，对结构用铝合金型材一定要经力学计算后才能选用。

4.3 铜

在现代建筑装饰中，铜材是一种高级装饰材料，常用于不同建筑中的楼梯扶手、栏杆及防滑条。除此之外，还可用于外墙板、执手、把手、门锁、纱窗。在卫生器具、五金配件方面，铜材也有着广泛的用途。

1. 铜的特性

纯铜是紫红色的贵金属，它的密度为 8.92g/cm^3。铜的优点是具有较好的导电性、导热性、耐腐性，以及良好的延展性、塑性和易加工性。能压延成薄铜片，拉成很细的铜丝。缺点是纯铜强度较低，不宜直接作为结构材料。

2. 铜合金及应用

1）铜合金。纯铜由于强度不高，不宜于制作结构材料，且纯铜的价格贵，工程中更广泛使用的是铜合金，即在铜中掺入锌、锡等元素形成的铜合金。铜合金既保持了铜的良好塑性和高抗蚀性，又改善了纯铜的强度、硬度等力学性能。铜合金型材也具有铝合金型材类似的优点，可用于门窗的制作，也可以铜合金型材作骨架装配幕墙。利用铜合金板材制成的铜合金压型板，可用于建筑外墙装饰。常用的铜合金有黄铜、白铜和青铜。用铜合金制成的产品表面往往光亮如镜，气度非凡，有高雅华贵的感觉。因而铜制产品宾馆、饭店、高档写字楼和银行等主要用于高档场所的装修。

2）铜制品。即用铜合金制成的装饰产品。在装饰工程中常见的铜制品有铜板、铜制五金配件、铜制固定件、铜字牌和铜门、铜栏杆、铜嵌条、防滑条、雕花铜柱和铜雕壁画等。

3）铜粉，俗成“金粉”。是一种由铜合金制成的金色颜料，主要成分为铜及少量的锌、铝、锡等金属，常用于调制装饰涂料，代替“贴金”。

4）镀钛铜。由于铜制品的表面易受空气中的有害物质的腐蚀作用（如 SO_2）容易产生铜锈，为了消除这个缺点，可在铜制品的表面用镀钛合金等方法进行处理，从而提高抗腐蚀能力和耐久性，并能极大地提高其光泽度，增加铜制品的使用寿命。

4.4 其他钢板

1. 不锈钢板

不锈钢按其化学成分不同，可分为铬不锈钢、铬镍不锈钢和高锰低铬不锈钢等。常用的不锈钢有 40 多个品种，其中建筑装饰用的不锈钢，主要是 Cr，sNi8 等。

建筑装饰所用的不锈钢制品主要是薄钢板，其厚度小于 2mm 的薄钢板用得最多。一般热轧不锈钢板的厚度薄板为 0.35、0.4、0.45、0.5、0.55、0.6、0.7、0.75mm，厚板为 1.0、1.1、1.2、1.25、1.4、1.5、1.6、1.8mm；冷轧不锈钢板的厚度从 0.2 开始到 2.0。宽度 500 ~ 1000，长度 1000 ~ 2000，规格众多。

不锈钢的主要特性是耐腐蚀，而且不锈钢的光泽度很好。经过不同的表面加工，可形成不同的光泽度和反射性。并以光泽度和反射性可划分成不同等级，高级别的抛光不锈钢的表面光泽度，具有同玻璃相同的反射能力。

不锈钢除制成薄钢板外，还可加工成型材、管材及各种异型材，在建筑装饰。工程中可用做屋面、幕墙、隔墙、门窗、内外墙饰面、栏杆扶手等。

2. 彩色不锈钢板

彩色不锈钢板，系在普通不锈钢板上进行技术性和艺术性的加工，使其表面成为具有各种绚丽色彩的不锈钢装饰板，其颜色有蓝、灰、紫、红、青、绿、橙、茶色、金黄等多种，能满足各种装饰的要求。

彩色不锈钢板具有抗腐蚀性强、较高的机械性能、彩色面层经久不褪色、色泽随光照角度不同会产生色调变幻等特点，而且色彩能耐200℃的温度，耐烟雾腐蚀性能超过普通不锈钢，耐磨和耐刻画性能相当于箔层涂金的性能。其可加工性很好，当弯曲90°时，彩色层不会损坏。

彩色不锈钢板的用途很广泛，可用于厅堂墙板、顶棚、电梯厢板、车厢板、建筑装潢、广告招牌等装饰之用，采用彩色不锈钢板装饰墙面，不仅坚固耐用，美观新颖，而且具有浓厚的时代气息。

3. 彩色涂层钢板

彩色涂层钢板近年来国际国内出现的一种具有防腐和装饰性能新型装饰材料。它有有机涂层、无机涂层和复合涂层3种。以有机涂层钢板应用最多。有机涂层可以配制各种不同色彩和花纹，具有优异的装饰性，涂层附着力强，可长期保持新颖的色泽，并且加工性能好，可进行切断、弯曲、钻孔、铆接、卷边等。

彩色涂层钢板有一涂一烘、二涂二烘两种类型的产品。上表面涂料有聚酯硅改性树脂、聚偏二氟乙烯等，下表面涂料有环氧树脂、聚酯树脂、丙烯酸酯、透明清漆等。彩色涂层钢板的主要性能有4种，见表4-6。

彩色涂层钢板技术性能表 **表4-6**

序号	技术性能	表现
1	耐污染性能	将豆瓣酱、口红、咖啡饮料、食用油等涂抹在聚酯类涂层表面，放置24h后，用洗涤液清洗烘干，其表面光泽、色彩无任何变化
2	耐高温性能	在120℃烘箱中连续加热90h，涂层的光泽、颜色无明显变化
3	耐低温性能	板试样在－54℃低温下放置24h后，涂层弯曲、冲击性能无明显变化
4	耐沸水性能	各类涂层产品试样在沸水中浸泡60min后，表面的光泽和颜色无任何变化，也不出现起泡、软化、膨胀等现象

彩色涂层钢板不仅可用做建筑外墙板、屋面板、护壁板等，而且还可用做防水汽渗透板、排气管道、通风管道、耐腐蚀管道、电气设备罩等。

4. 塑料复合钢板

塑料复合钢板是一种多用装饰钢材，是在Q235、Q255钢板上，覆以厚

0.2～0.4mm 的软质或半软质聚氯乙烯膜而制成，被广泛用于交通运输或生活用品方面，如汽车外壳、家具等。塑料复合钢板的规格及性能，如表 4-7 所示。

塑料复合钢板技术性能和规格表 **表 4-7**

序号	技术性能	表现	规格/mm
1	耐腐蚀性	可耐酸、碱、油、醇类的腐蚀。但对有机溶剂的耐蚀性差	L：1800、2000 W：450、500、1000 H：0.35、0.4、0.5、0.6、0.7、0.8、1.0、1.5、2.0
2	耐水性能	好	
3	绝缘、耐磨性能	良好	
4	剥离强度及深冲性能	塑料与钢板剥离强度≥20N/cm。当冷弯其 180°，复合层不分离开裂	
5	加工性能	具有普通钢板所具有的切断、弯曲、深冲、钻孔、铆接、咬合，卷材等性能	
6	加工温度	以 20～40℃最好	
7	使用温度	在 10～60℃可以长期使用，短期可耐 120℃	

5. 彩色压型钢板

彩色压型钢板是以镀锌钢板为基材，经过成型机的轧制，并涂敷各种耐腐蚀涂层与彩色烤漆而制成的轻型围护结构材料。这种钢板具有质量轻、抗震性好、耐久性强、色彩鲜艳、易于加工、施工方便等优点。适用于工业与民用及公共建筑的屋盖、墙板及墙壁装贴等。

彩色压型钢板的规格特征见表 4-8。

彩色压型钢板规格特征表 **表 4-8**

板材名称	材质与标准	板厚（mm）	涂层特征	应用部位
C. G. S. S	镀锌钢板 日本标准（JISG3302）	0.8	上下涂丙烯酸树脂涂料，外表面深绿色、内表面淡绿色烤漆	屋面 W550 板
		0.5、0.6		墙面 V115N 板
G. A. A. S. S	镀锌钢板 日本标准（JISG314） 锌附着重 20g/m²	0.5	化合处理层加高性能结合层加石棉绝缘层加合成树脂层，两面彩色烤漆	屋脊，屋面与墙壁接头异形板
强化 C. G. S. S	日本标准（JISG3302）	0.8	在 C. G. S. S 涂层中加玻璃纤维，两面彩色烤漆	特殊屋面墙面
镀锌板 KP－1	日本标准（JISG3352）	1.2	锌合金涂层	特殊辅助建筑用板

材料检索 5 - 石材

使用部位	外墙（柱）	内墙（柱）	地面	吊顶	家具
适用	面层				

5.1 石材的基本属性

1. 造岩矿物

岩石是各种天然固态矿物的集合体，组成岩石的矿物称为造岩矿物。

1）单矿岩。由单一造岩矿物组成的岩石叫单矿岩。如石灰岩是以方解石（结晶 $CaCO_3$）为主要成分的单矿岩。

2）多矿岩。由多种造岩矿物组成的岩石，叫多矿岩。如花岗岩是由长石（铝硅酸盐）、石英（结晶 SiO_2）、云母（钾、镁、锂、铝等的铝硅酸盐）等矿物组成的多矿岩。

3）岩石的颜色和特性。各种岩石矿物的矿物含量和特性决定岩石的颜色和特性。建筑装饰工程中常用岩石其造岩矿物主要有以下几种，它们的颜色和特性见表 5-1。需要注意的是同一类岩石由于产地不同，其矿物组成、颗粒结构都有差异，因而其颜色、强度、耐久性等性能也有差别。

主要造岩矿物的颜色和特性　　表 5-1

造岩矿物	颜色	特性
石英	无色透明至乳白色	性能稳定
长石	白、灰、红、青	风化慢
角闪石、辉绿石、橄榄石	深绿、棕、黑	开光性好，耐久性好
方解石	白、灰	开光性好，易溶于含 CO_2 的水中
白云石	白、灰	开光性好，易溶于含 CO_2 的水中
黄铁矿	金黄色	二硫化铁为有害杂质，遇水及氧后生成硫酸，污染及破坏岩石
云母	无色透明至黑色	易裂成薄片

2. 岩石的结构与构造

1）岩石的结构。岩石的结构指的是矿物的结晶的程度、大小和形态。如玻璃状、细晶状、粗晶状、斑状等。

大多数岩石属于结晶结构，少数岩石具有玻璃质结构。

二者相比，结晶质岩石具有较高的强度、韧性、化学稳定性和耐久性等。岩石的晶粒越小，则岩石的强度越高、韧性和耐久性越好。

具有斑状和砾状结构的岩石，在磨光后纹理美观夺目，具有优良的装饰性。

2）岩石的构造。岩石的构造是指矿物在岩石中的排列及相互配置关系，如致密状、层状、多孔状、流纹状、纤维状等。

3. 岩石的形成与分类

天然岩石按照地质成因可分为岩浆岩、沉积岩、变质岩三大类。

1）岩浆岩。岩浆岩也称火成岩，是由地壳深处熔融岩浆上升冷却而形成。根据冷却条件的不同，岩浆岩可分为以下三种，见表5-2。

岩浆岩属性表 **表5-2**

<table>
<tr><th>序号</th><th>分类</th><th colspan="2">形成特点</th><th>品种</th><th>用途</th></tr>
<tr><td>1</td><td>深成岩</td><td colspan="2">地表深处岩浆受上部覆盖层的压力作用，缓慢均匀地冷却而形成的岩石
结晶完全、晶粒粗大、结构致密、表观密度大、抗压强度高、吸水率小、抗冻性和耐久性好</td><td>花岗岩、正长岩、闪长岩、辉长岩等</td><td>建筑装饰饰面石材</td></tr>
<tr><td>2</td><td>喷出岩</td><td colspan="2">喷出岩是岩浆喷出地表后，在压力骤减和迅速冷却的条件下形成的岩石
结晶不完全，多呈细小结晶或玻璃质结构，岩浆中所含气体在压力骤减时会在岩石中形成多孔构造</td><td>玄武岩、辉绿岩、安山岩等</td><td>玄武岩和辉绿岩十分坚硬难以加工，常用作耐酸和耐热材料
铸石和岩棉的生产原料</td></tr>
<tr><td rowspan="2">3</td><td rowspan="2">火山岩</td><td rowspan="2">火山爆发时岩浆被喷到空中，在压力骤减和急速冷却条件下形成的多孔散粒状岩石</td><td>有多孔玻璃质结构，且表观密度小的散粒状火山岩</td><td>火山灰、火山渣、浮石等</td><td>火山灰可用作水泥的混合材及混凝土的掺合料
浮石是配制轻质混凝土的一种天然轻骨料</td></tr>
<tr><td>也有因散粒状火山岩堆积而受到覆盖层压力作用，并凝聚成大块</td><td>胶结火山岩如火山凝灰岩（简称凝灰岩）</td><td>火山凝灰岩容易分割，可作砌墙材料和轻混凝土的骨料</td></tr>
</table>

2）沉积岩。沉积岩也称水成岩，是各种岩石经风化、搬运、沉积和再造作用而形成的岩石。沉积岩呈层状构造，孔隙率和吸水率较大，强度和耐久性较岩浆岩低。但因沉积岩分布较广，容易加工，在建筑上应用广泛。沉积岩按照生成条件分为三种，机械沉积岩，生物沉积岩和化学沉积岩。见表5-3。

沉积岩浆岩属性表 **表5-3**

序号	分类	形成特点	品种	用途
1	机械沉积岩	是风化破碎后的岩石又经风、雨、河流及冰川等搬运、沉积、重新压实或胶结而成的岩石	主要有砂岩、砾岩和页岩等，其中常用的是砂岩	
2	生物沉积岩	生物沉积岩是由各种有机体死亡后的残骸沉积而成的岩石	如石灰岩、硅藻土等	
3	化学沉积岩	化学沉积岩是由溶解于水中的矿物经富集、反应、结晶、沉积而成的岩石	如石膏、白云石、菱镁矿等	

3）变质岩。变质岩是地壳中原有的岩石在地层的压力或温度作用下，原岩在固态下发生矿物成分、结构构造变化形成的新岩石，可分为两种。

（1）正变质岩。由岩浆岩变质而成，性能一般较原岩浆岩差，如片麻岩。

（2）副变质岩。由沉积岩变质而成，性能一般较原沉积岩好，如大理岩、石英岩等。

4. 常用石材的技术特性

1）表观密度，见表5-4。

表观密度 **表5-4**

特点	分类	表观密度（kg/m^3）
表观密度的大小间接反映石材的致密程度与孔隙多少。在通常情况下，同种石材的表观密度愈大，则抗压强度愈高，吸水率愈小，耐久性愈好	重质石材，多用于基础、桥涵、挡土墙及道路等	≥1800
	轻质石材，多用作墙体材料	≤1800

2）吸水性，见表5-5。

吸水性 **表5-5**

特点	分类	吸水性（%）
石材的吸水性对其强度与耐水性有很大影响。石材吸水后，会降低颗粒之间的粘结力，从而使强度降低，耐水性降低	低吸水性岩石	≤1.5
	中吸水性岩石	1.5～3.0
	高吸水性岩石	≥3.0

3）耐水性，见表5-6。

耐水性 **表5-6**

特点	分类	耐水性（%）
岩石中含有较多的黏土或易溶物质时耐水性较低，如黏土质砂岩等。石材的耐水性以软化系数表示，软化系数<0.60的不允许用于重要建筑物中	低耐水性岩石	≤0.60
	中耐水性岩石	0.75～0.90
	高耐水性岩石	≥0.90

4）抗冻性，见表5-7。

抗冻性 **表5-7**

特点	合格指标
抗冻性是指石材抵抗冻融破坏的能力，是衡量石材耐久性的一个重要指标。石材的抗冻性与吸水率大小有密切关系。一般吸水率大的石材，抗冻性能较差。另外，抗冻性还与吸水饱和程度、冻结温度有关	石材在吸水饱和状态下，经规定次数的冻融循环作用后，若无贯穿裂缝且质量损失不超过5%，强度损失不超过25%时，则为抗冻性合格

5）耐火性，见表5-8。

耐火性 表5-8

特点	破坏指标
石材的耐火性取决于其化学成分及矿物组成。由于各种造岩矿物热膨胀系数不同，受热后体积变化不一致，将产生内应力而导致石材崩裂破坏	在高温下，造岩矿物会产生分解或晶型转变。如含有石膏的石材，在100℃以上时即开始破坏

6）强度等级。石材的强度等级是以三个70×70×70（mm）立方体试块的抗压强度平均值划分的，共分为MU100、MU80、MU60、MU50、MU40、MU30、MU20、MU15和MU10九个强度等级。矿物组成对石材抗压强度有一定影响。以花岗石为例，见表5-9。

强度等级 表5-9

石材	含量	强度
花岗石	石英是很坚硬的矿物，石英含量越多	越高
	云母为片状矿物，易于分裂成柔软薄片，其含量越多	越低

岩石的结构和构造对抗压强度也有很大影响。如结晶质石材的强度较玻璃质的高；具有层状、带状或片状构造的石材，其垂直于层理方向的抗压强度较平行于层理方向的高。

7）硬度。岩石的硬度主要取决于组成岩石的矿物硬度、结构与构造，常用莫氏或肖氏表示硬度。凡由致密、坚硬的矿物所组成的岩石，其硬度较高；结晶质结构硬度高于玻璃质结构；构造紧密的岩石硬度也较高。岩石的硬度与抗压强度有很好的相关性，一般抗压强度高的其硬度也大。岩石的硬度越大，其耐磨性越好，但表面加工越困难。

8）耐磨性。耐磨性是指石材在使用条件下抵抗摩擦、边缘剪切以及冲击等复杂作用的能力。与石材内部组成矿物的硬度、结构、构造相关。石材的组成矿物越坚硬，构造越致密以及抗压强度和冲击韧性越高，则石材的耐磨性越好。凡是用于可能遭受磨损作用的场所，例如台阶、地面、楼梯踏步等处，应采用具有高耐磨性的石材。

9）放射性。有些石材（如部分花岗石）含有微量放射性元素，对于具有较强放射性的石材应避免用于室内。

5. 石材的规格

见表5-10。

石材规格 表5-10

序号	规格	说明	主要用途
1	毛石	毛石是在采石场爆破后直接得到的形状不规则的石块	基础、勒脚、墙身、堤坝、挡土墙等，也可配置毛石混凝土

续表

序号	规格	说明	主要用途
2	料石（条石）	一般由致密均匀的砂岩、石灰岩、花岗岩加工而成，它是由人工或机械开采出的较规则的六面体石块，再略经凿琢而成。它的外形大致方正，一般不加工或稍加修整，高度不小于200mm，长度为高度的1.5～3倍，叠砌面凹入深度不大于25mm。根据表面加工的平整程度分为毛料石、粗料石、半细料石和细料石四种，其规格尺寸基本相同，截面的宽度和高度都不小于200mm，且不小于长度的1/4。粗料石的叠砌面凹入深度不大于20mm，半细料石的叠砌面凹入深度不大于15mm，细料石的叠砌面凹入深度不大于10mm	砌筑墙身、踏步、地坪、拱和纪念碑等；形状复杂的料石制品可用作柱头、柱基、窗台板、栏杆和其他装饰等
3	板材	建筑上常用的饰面板材，主要有天然大理石和天然花岗石板材 按照形状分为普通型板材和异型板材；根据表面加工程度分为粗面板材、细面板材、镜面板材三类。粗面板材表面平整但粗糙不光。如具有较规则加工条纹的机刨板和剁斧板等。应用于建筑物外墙面、勒脚、柱面、台阶、路面等 细面板材表面平整光滑但无镜面光泽 镜面板材表面平整光滑且具有镜面光泽，是经过研磨、抛光加工制成的，其晶体裸露，色泽鲜明	外墙面、柱面和人流较多处的地面，但大理石板材只适合用于室内

5.2 饰面石材

使用部位	外墙（柱）	内墙（柱）	地面	吊顶	家具
适用	面层				

1. 天然石材

1）花岗岩。花岗岩是常用的一种深成岩浆岩，经磨光的花岗石板材装饰效果好。主要矿物成分为长石、石英及少量暗色矿物和云母。由于次要矿物成分含量的不同，常呈整体均粒状结构，具有色泽深浅不同的斑点状花纹。

（1）主要性能。见表5-11。

花岗岩主要技术指标 **表5-11**

技术性能	参数
表观密度（kg/m^3）	2500～2800
干燥压缩强度（MPa）	≥100.0
吸水率（%）	≤0.60
弯曲强度（MPa）	≥8.0（四点弯曲）
莫氏硬度	6～7
结构	致密

续表

技术性能	参数
抗压强度	高
化学稳定性、抗冻性、耐磨性和耐久性	好
风化变质	不易
耐酸性	很强
耐火性	差（其所含石英在573℃时会发生晶型转变，遇高温时将因不均匀膨胀而崩裂）
放射性物质（镭、钍等放射性元素）	某些花岗石在衰变中会产生对人体有害的物质。从颜色上看，红色、深红色的超标较多

（2）主要颜色。有灰、白、黄、粉红、红、黑、棕色、金色、蓝色和白色等多种颜色。

（3）主要用途。花岗石普遍用于外墙面、柱面和地面装饰，也常用于砌筑基础、勒脚、踏步、挡土墙等。由于其有较高的耐酸性，可用于工业建筑中的耐酸衬板或耐酸沟、槽、容器等，碎石和粉料可配制耐酸混凝土和耐酸胶泥。

（4）主要规格。多为方形和矩形，常用的矩形规格有：500mm×250mm、600mm×300mm、600mm×500mm、700mm×350mm等，厚度均为20mm。

地面板常用的方形规格有：300mm×300mm、400mm×400mm、500mm×500mm、600mm×600mm、800mm×800mm。

（5）产品标准。国家标准GB/T 18601—2009和JC/T 204—2001天然花岗石荒料。

2）大理岩。大理岩也称大理石，是由石灰岩、白云石经变质而成的具有细晶结构的致密岩石。大理岩在我国分布广泛，以云南大理最负盛名。

（1）主要性能。见表5-12。

大理岩主要技术指标　　　表5-12

技术性能	参数
表观密度（kg/m^3）	2500～2700
干燥压缩强度（MPa）	≥50.0
吸水率（%）	≤0.50
弯曲强度（MPa）	≥7.0（四点弯曲）
质地	密实，表面磨光后十分美观
硬度	不高，锯切、雕刻性能好

（2）主要颜色。有纯色和花斑两大类，纯大理石为白色，称作汉白玉，若含有不同的矿物杂质则呈灰色具有红、玫瑰色、粉红色、绿、黄、灰、黑、棕、蓝等不同颜色和斑条状、斑块状等各种斑驳状纹理，是高级装饰材料。

(3) 主要用途。大理岩的主要矿物成分是方解石和白云石，空气中的二氧化硫遇水后对大理岩中的方解石有腐蚀作用，生成易溶的石膏，从而使表面变得粗糙多孔，失去光泽。故大理岩不宜用在室外或有酸腐蚀的场合。但杂质少、晶粒细小、质地坚硬、吸水率小的某些大理岩可用于室外，如汉白玉、艾叶青等。

(4) 主要规格。天然大理石板一般多为方形和矩形，常用矩形板规格有：300mm × 150mm、400mm × 200mm、600mm × 300mm、900mm × 600mm、1200mm ×600mm、1200mm ×900mm 等，常用方形板规格有：300mm ×300mm、400mm ×400mm、500mm ×500mm、600mm ×600mm 等，厚度均为 20mm。

(5) 产品标准。GB/T 19766—2005 天然大理石建筑板材和 JC/T 202—2011 天然大理石荒料。

3) 石灰岩。石灰岩俗称灰石或青石，主要成分是方解石 ($CaCO_3$)，常含有白云石、菱镁矿、石英、蛋白石、含铁矿物和黏土等。石灰岩分布广易于开采加工。

(1) 主要技术指标。表观密度为 2000 ~ 2600kg/m^3，抗压强度为 20 ~ 120MPa。多数石灰岩构造致密，耐水性和抗冻性较好。

(2) 主要颜色。颜色通常为浅灰、深灰、浅黄、淡红等色。

(3) 主要用途。块状材料可用于砌筑工程，碎石可用作混凝土骨料。石灰岩还是生产石灰、水泥等建筑材料的原料。

4) 砂岩。砂岩是由砂粒经胶结而成。由于胶结物和致密程度的不同而性能差别很大。胶结物有硅质、石灰质、铁质和黏土质四种。

(1) 主要性能。致密的硅质砂岩性能接近于花岗岩，表观密度达 2600kg/m^3，抗压强度达 250MPa，质地均匀、密实，耐久性高，石灰质砂岩性能类似于石灰岩，抗压强度为 60 ~ 80MPa，加工比较容易。铁质砂岩性能较石灰质砂岩差。黏土质砂岩强度不高，耐水性也差。

(2) 主要用途。白色硅质砂岩是石雕制品的好原料。

5) 石英岩。石英岩是由硅质砂岩变质而成。

(1) 主要性能。质地均匀致密，硬度大，抗压强度高达 250 ~ 400MPa，加工困难，耐久性高。

(2) 主要用途。石英石板材可用作建筑饰面材料、耐酸衬板或用于地面、踏步等部位。

6) 片麻岩。片麻岩是由花岗岩变质而成。

(1) 主要性能。其矿物组成与花岗岩相近，呈片状构造，各个方向物理力学性质不同。垂直于片理方向抗压强度为 120 ~ 200MPa，沿片理方向易于开采和加工。片麻岩吸水性高，抗冻性差。

(2) 主要用途。通常加工成毛石或碎石，用于不重要的工程。

2. 人造石材

人造石材是以大理石、花岗石碎料，石英砂、石渣等为骨料，树脂或水泥等为胶结料，经拌合、成型、聚合或养护后，研磨抛光、切割而成。常用的人造石材有人造花岗石、大理石和水磨石三种。它们具有天然石材的花纹、质感和装饰效果，而且花色、品种、形状等多样化，并具有质量轻、强度高、耐腐蚀、耐污染、施工方便等优点。目前常用的人造石材有下述四类。

1）人造石材的分类。见表5-13。

人造石材分类表　　　　表5-13

序号	规格	说明
1	水泥型人造石材	以白色、彩色水泥或硅酸盐、铝酸盐水泥为胶结料，砂为细骨料，碎大理石、花岗石或工业废渣等为粗骨料，必要时再加入适量的耐碱颜料，经配料、搅拌、成型和养护硬化后，再进行磨平抛光而制成。例如，各种水磨石制品。该类产品的规格、色泽、性能等均可根据使用要求制作
2	聚酯型人造石材	以不饱和聚酯为胶结料，加入石英砂、大理石渣、方解石粉等无机填料和颜料，经配制、混合搅拌、浇注成型、固化、烘干、抛光等工序而制成。目前，国内外人造大理石、花岗石以聚酯型为多，该类产品光泽好、颜色浅，可调配成各种鲜明的花色图案。由于不饱和聚酯的黏度低，易于成型，且在常温下固化较快，便于制作形状复杂的制品。与天然大理石相比，聚酯型人造石材具有强度高、密度小、厚度薄、耐酸碱腐蚀及美观等优点。但其耐老化性能不及天然花岗石，故多用于室内装饰
3	复合型人造石材	该类人造石材，是由无机胶结料和有机胶结料共同组合而成。例如，可在廉价的水泥型板材上复合聚酯型薄层，组成复合型板材，以获得最佳的装饰效果和经济指标；也可将水泥型人造石材浸渍于具有聚合性能的有机单体中并加以聚合，以提高制品的性能和档次。有机单体可用苯乙烯、甲基丙烯酸甲酯、醋酸乙烯、丙烯氰、二氯乙烯、丁二烯等
4	烧结型人造石材	这种石材是把斜长石、石英、辉石石粉和赤铁矿以及高岭土等混合成矿粉，再配以40%左右的黏土混合制成泥浆，经制坯、成型和艺术加工后，再经过1000℃左右的高温焙烧而成。如仿花岗石瓷砖，仿大理石陶瓷艺术板等

2）人造石与天然石的比较。目前消费者用得最多的台面材料也就是两类，一种是天然石，一种是人造石。这一般是由消费者的感觉和专业设计师的影响来决定。以下是一个有关实心人造石和天然石的比较，可帮助选择最能满足你所要求的台面物料。

见表5-14。

人造石材分类表　　　　表5-14

序号	规格	人造石	天然石
1	质感	实心人造石有强烈和明显的半透明感，触摸起来顺滑舒服，有如皮革和木质，散发出温暖诱人的感觉。实心人造石有多种颜色和纹理，包括几种深浅不同的自然色和浅色系列，适合今日一般厨房光洁通爽的格调，而且颜色、款式和色调方面是一致和统一的	花岗石表面很平滑，但触摸起来有点冷和硬，像玻璃一样。花岗石的设计没有人造石那么多变，边缘的形状有限制，而镶嵌其他物料则会增加难看的接缝。花岗石主要呈暗沉的颜色，浅色的选择很少。花岗石的色调和纹理经常改变，货品的颜色可能与所选的样本不同

续表

序号	规格	人造石	天然石
2	安装施工	1）实心人造石面材的接缝平滑而不显眼，不会有难看和藏污纳垢的接合缝隙 2）实心人造石材料可以切割成为独特的形状和弧度、复杂的边缘形状、度身定造的台面排水槽和隔热架。各种颜色的实心人造石亦可轻易地互相或与其他物料镶嵌，造成出色的台面效果 3）实心石板材可用台下盆无缝拼接法与水槽相结合，外表顺滑，没有接缝，也没有盘边凹位藏匿污垢。弧形的后挡水设计，免除难以清理的接缝，人造石可无缝安装台下盆	1）深色花岗石的接缝也是差不多看不见的，但在浅色的花岗石工作台面上，接缝便会很明显，类似的情况也出现于连花岗石工作台面也可以用台下盆拼接法安装水槽，但当中会留下空隙，容易藏有水分和污垢 2）花岗石一般不会有弧形的后挡水设计，因为至少需要一道明显的接缝接瓷砖的水泥拼缝 3）天然石台面连接处都会有一道明显的接缝
3	耐用程度	实心人造石是一种先进的合成物，由天然的矿物质和色素混合甲基丙烯酸甲酯制成，很难造成永久的磨损。由于其颜色和图案遍布整块材料的厚度，因此可以完全翻新。凹纹、缺口或刮痕可以用普通的去污粉、百洁布或幼磨光纸轻易消除。要防止实心石受到热力侵损，可在台面镶入隔热架或瓷砖，形成一个放置热器皿的安全位置	花岗石一般被认为坚固耐用，但花岗石内的裂隙、天然缝隙和杂质会造成不牢固的部分，而这些部分有时甚至会使花岗石台面出现裂痕。花岗石一般不易刮花，但一旦出现凹纹、缺口和刮痕，便很难清除。一般消费者认为可把热的盛器直接放在花岗石上。其实这样做会因为热力会破坏表面的保护层，使花岗石容易弄污人造石不能直接接触热器皿
4	清理和维护	人造石清理容易，只要用皂水或少许去污粉便能清理干净；其无孔的质料，使水分不能渗透，不会积聚污渍，亦不会滋生霉菌和细菌。由于实心石清洁卫生，所以医院的手术室较多采用	花岗石较难清洁，要使表面的小裂缝和坑纹上不存留霉菌和细菌并不容易。水垢如果留在花岗石表面上，便很难清除 花岗石需要经常维修，因为这种质料多孔，需要涂上一层非永久的表面密封剂，以防产生污渍
5	辐射	而人造石绝对不具辐射性	天然石含辐射物质，只是根据材质不同，辐射量有高低罢了
6	价位	天然石因石质不同，价位高低不一，但总体说来，人造石价格要高于天然石	

材料检索6－建筑陶瓷

使用部位	外墙（柱）	内墙（柱）	楼地面
适用	饰面		

6.1 陶瓷的基本知识

建筑陶瓷指墙地砖、卫生陶瓷、园林陶瓷、琉璃制品等。建筑陶瓷以其坚固耐久、彩色鲜艳、防火防水、耐磨耐蚀、易清洗、维修费用低等优点，在国内外市场占有优势，成为主要建筑装饰材料之一。

1. 陶瓷的基本性质

以黏土等为主要原料，通过烧结方法制成的无机多晶产品均为陶瓷。陶瓷坯体可按其质地和烧结程度不同分类为瓷质、炻质和陶质三种。表 6-1为陶器、瓷器和介于二者之间的炻器的特征及主要产品。

陶瓷分类、特征及主要产品　　　　**表 6-1**

产品种类		颜色	质地	烧结程度	吸水率	主要产品
陶器	粗陶	有色	多孔坚硬	较低	>10	砖、瓦、陶管、盆缸
	精陶	白色或象牙色				釉面砖、美术（日用）陶瓷
炻器	粗炻器	有色	致密坚硬	较充分	4~8	外墙面砖、地砖
	细炻器	白色			1~3	外墙面砖、地砖、锦砖、陈列品
瓷器		白色半透明	致密坚硬	充分	<1	锦砖、茶具、美术陈列品

2. 釉

釉是覆盖在陶瓷制品表面上的无色或有色的玻璃态薄层。它是用矿物原料和化工原料配合（或制成熔块）磨细制成釉浆，涂覆坯体上，经煅烧而形成的。它的作用：

（1）提高制品的机械强度、化学稳定性和热稳定性。

（2）保护坯体不透水、不受污染。

（3）使陶瓷表面光滑、美观，掩饰坯体缺点，提高装饰效果。

釉的种类很多，精陶施釉称陶器釉，如釉面砖。粗炻器施釉如彩釉砖（外墙面砖）。釉料品种和施釉技法不同，获得的装饰效果亦不同。

陶瓷制品通常分为有釉制品和无釉制品。

6.2 主要的建筑陶瓷品种

这里仅涉及釉面砖（内墙面砖）、墙地砖、陶瓷锦砖等。

1. 釉面砖

釉面砖又称瓷砖、内墙面砖，是以难熔黏土为主要原料，再加入一定量非可塑性掺料和助熔剂，共同研磨成浆体，经榨泥、烘干成为含一定水分的坯料后，通过模具压制成薄片坯体，再经烘干、素烧、施釉、釉烧等工序而制成的。坯体精陶质，釉层色彩稳定，坯体吸水率<18%，与釉层在干湿、冻融下变形不一致，只能用于室内。

釉面砖正面有釉，背面有凹凸纹，主要为正方形或长方形砖，其颜色和图案丰富，柔和典雅，朴实大方，表面光滑，并具有良好的耐急冷急热性、防火性、耐腐蚀性、防潮性、不透水性和抗污染性及易洁性。

釉面砖主要用于厨房、浴室、卫生间、实验室、精密仪器车间及医院等室内墙面、台面等。通常釉面砖不宜用于室外，因釉面砖为多孔精陶坯体，吸水率较大，吸水后将产生湿胀，而其表面釉层的湿胀性很小，因此会导致釉层发生裂纹或剥落，严重影响建筑物的饰面效果。

分为单色（含白色）、花色、图案砖。配件有圆边、无圆边、阴（阳）

角、角座、腰线砖等。

2. 墙地砖

墙地砖包括建筑物外墙装饰贴面用砖和室内、外地面装饰铺贴用砖，由于目前此类砖常可墙、地两用，故称为墙地砖。

墙地砖的特点是色彩鲜艳、表面平整，可拼成各种图案，有的还可仿天然石材的色泽和质感。耐磨耐蚀，防火防水，易清洗，不脱色，耐急冷急热，但造价偏高，工效低。主要产品见表 6-2。

墙地砖特点规格表 **表 6-2**

序号	产品	特点	主要规格（mm）	用途
1	玻化砖	是将毛坯料在 1230℃ 以上的高温进行焙烧，使坯中的熔融成分呈玻璃态，形成玻璃般亮丽质感的一种新型的高级陶瓷制品 玻化砖密实度好、吸水率低，长年使用不留水迹、不变色，抗酸碱腐蚀性强，耐磨性好，且原料中不含对人体有害的放射性元素	400 × 400、500 × 500、600 × 600、800 × 800、900 × 900、1000 × 1000 H：17	玻化砖广泛应用于公共建筑和住宅地面装饰
2	劈离砖又称劈裂砖	它是将一定配比的原料经粉碎、练泥、密实挤压成型，再经干燥、高温焙烧而成。由于这种砖成型时双砖背联坯体，烧成后再劈离成 劈离砖种类多、色泽丰富、自然柔和。有上釉和不上釉的。施釉的光泽晶莹，不施釉的质朴典雅、大方、无反射的眩光。劈离砖质地密实、吸水率低、强度高、抗冻性好、耐磨耐压、防潮防腐、耐酸碱和防滑的性能好	240 × 52、240 × 115、194 × 194、190 × 19； H：10、12	各类公共建筑的地面，较厚的砖还可用于广场、公园、停车场、人行道和走廊等露天地面和泳池及池岸
3	彩胎砖	是一种本色无釉的瓷质饰面砖，原材料为彩色颗粒经混合配料，压制成多彩的坯体，再经高温焙烧而成，表面呈多彩细花纹，表面富有天然花岗石的纹点，质朴高雅，多为浅色调，有红、黄、绿、蓝、灰等多种基色。彩胎砖常用规格有：彩胎砖的表面有平面形、浮雕形两种，平面形又有无光、磨光、抛光之分。这种砖具有强度高、吸水率小和耐摸性好的优点	200 × 200、300 × 300、400 × 400、500 × 500、600 × 600 等	适合人流密度大的商厦、影剧院、宾馆、饭店和大型超市等公共建筑的地面装饰。也可以用于住宅厅堂的地面装饰
4	麻面砖	麻面砖是采用仿天然岩石色彩的配料，压制成表面凹凸不平的麻面坯体后，经一次烧成的炻质面砖。砖的表面酷似经人工修凿过的天然岩石面，纹理自然，粗犷朴实，有白、黄、红、灰、黑等多种色调。麻面砖吸水率小于 1%，抗折强度大于 20MPa，防滑耐磨	200 × 100、200 × 75 和 100 × 100 长方形、正方形、六角形等	薄型砖适用于建筑物外墙装饰，厚型砖适用于广场、停车场、码头、人行道等

3. 陶瓷锦砖

陶瓷锦砖俗称马赛克，它是一种边长不大于40mm、具有多种色彩和不同形状的小块砖镶拼组成各种花色图案的陶瓷制品。陶瓷锦砖具有色泽明净、图案美观、质地坚实、抗压强度高、耐污染、耐腐蚀、耐磨、耐水、抗火、抗冻、不吸水、不滑、易清洗等特点，它坚固耐用，且造价较低。它主要用于室内地面铺贴，由于砖块小，不易被踩碎，适用于民用建筑的门厅、走廊、餐厅、厨房、盥洗室、浴室等的地面铺装，也可用作高级建筑物的外墙饰面材料，也可用于工业建筑的洁净车间、工作间、化验室。用在建筑立面也有良好的装饰效果，艺术家可以将不同色彩的陶瓷锦砖拼成彩色绚丽的建筑壁画。

陶瓷锦砖采用优质瓷土烧制成方形、长方形、六角形等薄片状小块瓷砖，可制成多种色彩或纹点，但大多为白色砖。其表面有无釉和施釉两种。目前国内生产的多为无釉陶瓷锦砖。

4. 琉璃制品

琉璃制品是具有鲜明中国色彩的建筑陶瓷珍品，是我国首创的建筑装饰材料，由于多用于园林建筑中，故有园林陶瓷之称。其产品有琉璃瓦、琉璃砖以及琉璃花窗、栏杆等各种装饰制件，还有陈设用的建筑工艺品，如琉璃桌、绣墩、鱼缸、花盆、花瓶等。

琉璃制品是以难熔黏土制坯成型后，经干燥、素烧、施釉、釉烧而制成。它的特点是质地坚硬、致密，表面光滑，不易沾污，坚实耐久，色彩绚丽，造型古朴，富有中国传统的民族特色。其中，琉璃瓦是我国用于古建筑的一种高级屋面材料，采用琉璃瓦屋盖的建筑，显得格外具有东方民族精神，富丽堂皇，光辉夺目，雄伟壮观。但琉璃瓦因价格昂贵，且自重大，故主要用于具有民族色彩的宫殿式房屋，以及少数纪念性建筑物上。

一般将设计图案反贴在大小相等的牛皮纸上，称作一联，每40联为一箱。

材料检索7－玻璃材料

使用部位	外墙(柱)	内墙(柱)	地面	楼板	吊顶	隔断	楼梯	家具
适用	面层							

7.1 玻璃

1. 玻璃的化学组成

玻璃是多种化学成分的矿物熔融体，经冷却而获得的具有一定形状和固体力学性质的无定形状（非结晶体）。普通玻璃主要化学组成为SiO_2、NaO和CaO及少量的MgO、Al_2O_3、K_2O等，普通玻璃也称为钠玻璃。特种玻璃还含有其他化学成分。

2. 玻璃的理化性能

玻璃的化学稳定性较高。具体指标见表7-1～表7-3。

玻璃的理化性能 **表 7-1**

序号	技术指标	参数
1	玻璃的抗压强度（MPa）	600～1600
2	抗拉强度（f_L）（MPa）	40～120
3	弹性模量（E）（MPa）	60000～75000
4	脆性指数（E/f_L）	1300～1500
5	莫氏硬度	6～7
6	透光率%（透光率随玻璃厚度增加而降低，常用的厚度为2～6mm玻璃不小于）	82%～88%
7	室温下其导热系数［W/（m·K）］	0.4～0.82

光学性能 **表 7-2**

序号	技术指标		参数
1	透光率（%）	玻璃厚度 2mm	<88
		玻璃厚度 3mm	<86
		玻璃厚度 5、6mm	<82
2	红外线透过率（%）	玻璃厚度 1.8mm	83
		玻璃厚度 2.9mm	81
		玻璃厚度 4.9mm	77
3	紫外线透过率（%）	波长 4500	68
		波长 4500	58
		波长 3500	40
		波长 3200	20
		波长 3100	2
		波长 3000	0

玻璃的热工性能 **表 7-3**

序号	技术指标	参数
1	比热（kg·K）	837（0～100℃）
2	软化温度（℃）	530～550
3	线膨胀系数	8×10^{-6}～10×10^{-6}
4	导热系数［W/（m^2·K）］（45℃）	0.75～0.82

3. 常用玻璃的品种、特点及应用

玻璃装饰在建筑装饰工程大有用武之地并深受广大消费者的喜欢，其中一个主要原因是玻璃的性能、规格、品种很多，可以满足建筑不同形式的装饰要求。

在建筑装饰装修工程中常用玻璃的品种、特点、规格及应用场合见表 7-4。

常用玻璃的品种、特点及应用 **表 7-4**

种类	主要品种	特点	规格（mm）	应用
平板玻璃（浮法玻璃）	磨光玻璃（镜面玻璃）	单面或双面抛光（多以浮法玻璃代替），表面光洁，透光率>83%	不小于600×400，最大尺寸3000×2400，厚度2、3、4、5、6，浮法玻璃有3、4、5、6、8、10、12	高级建筑门、窗，制镜
	磨砂玻璃（毛玻璃）	机械喷砂，手工研磨或使用氢氟酸溶蚀等方法，表面粗糙、毛面，光线柔和呈漫反射，透光不透视		卫生间、浴厕、走廊等隔断
	彩色玻璃	透明或不透明（饰面玻璃），是在原料中加入适当的着色金属氧化剂可生产出透明的彩色玻璃。在平板玻璃的表面镀膜处理后也可制成透明的彩色玻璃	不大于1000×1500，厚度5~6	装饰门、窗及外墙
压花玻璃	普通压花（单、双面）	透光率60%~70%，透视性依据花纹变化及视觉距离分为几乎透视、稍有透视、几乎不透视、完全不透视；真空镀膜压花纹立体感受强，具有一定反光性；彩色镀膜立体感强，配置灯光效果尤佳	不小于1000×150，不大于2000×1200	适于对透视有不同要求的室内各种场合。应用时注意：花纹面朝向室内侧，透视性考虑花纹形状
	真空玻璃			
	彩色镀膜压花玻璃			
安全玻璃	钢化玻璃	将平板玻璃加热到接近软化温度（600~650℃）后，迅速冷却使其骤冷，即成钢化玻璃。韧性提高约5倍，抗弯强度提高约5~6倍，抗冲击强度提高约3倍。碎裂时细粒无棱角不伤人。可制成磨光钢化玻璃，吸热钢化玻璃	平面厚度4、5、6、7、8、10、12、15、19 曲面厚度5、6、8	建筑门窗、隔墙及公共场所等防震防撞部位
	夹层玻璃	将两片或多片平板玻璃之间嵌夹透明塑料薄衬片，经加热、加压、粘合而成的平面或曲面的复合玻璃制品。可粘贴两层或多层。可用浮法、吸热、彩色、热反射玻璃	长度和宽度一般不大于2400 厚度以原片玻璃的总厚度计5~24	汽车、飞机的挡风玻璃、防弹玻璃，以及有特殊安全要求的建筑门窗、隔墙、天窗和水下工程
	夹丝玻璃	是将普通平板玻璃加热到红热软化状态后，再将预先编织好的经预热处理的钢丝网压入玻璃中而制成。热压钢丝网后，表面可磨光、压花等处理，具有隔断火焰和防止火灾蔓延的作用	厚度6、7、10，大小不小于600×400，不大于2000×1200	震动较大的工业厂房门窗、采光天窗，需要安全防火的公共建筑阳台、走廊、防火门窗、楼梯间、电梯井

续表

种类	主要品种	特点	规格 mm	应用
节能玻璃	吸热玻璃	是指能大量吸收红外线辐射，又能使可见光透过并保持良好的透视性的玻璃。尚有吸收部分可见光、紫外线能力、起防眩光、防紫外线等作用	厚度2、3、4、5、6、8、10、12 大小与平板玻璃相同	炎热地区大型公共建筑门、窗、幕墙，商品陈列窗、计算机房等
	热反射玻璃（镀膜玻璃）	热反射玻璃具有良好的隔热性能，对太阳辐射热有较高的反射能力，反射率达30%以上，而普通玻璃对热辐射的反射率为7%～8%	厚度6，大小1600×2100、1800×2000、2100×3600	用于避免由于太阳辐射而增热及设置空调的建筑玻璃幕墙、门窗等
玻璃制品	玻璃锦砖	花色品种多样，色调柔和，朴实、典雅，美观大方。有透明、半透明、不透明。体积轻、吸水率小，抗冻性好	单块尺寸20×20×4、50×25×4.2、30×30×4.3	宾馆、医院、办公楼、礼堂、住宅等外墙

7.2 空心玻璃砖

1. 空心玻璃砖及其应用

空心玻璃砖作为一种墙体材料，具有透光、保温和装饰等主要功能。

玻璃砖隔墙用于室内外可以隔绝视线，但仍可透光，因此它不仅可以分隔空间，还可以作为一种间接采光的墙壁，常用于公共建筑中，如办公楼、宾馆、饭店等的门厅、屏风、立柱的贴面、楼梯栏板等部位。玻璃砖的图案多种多样，方格、菱形格、直线、点状、放射状和各种随机图形，如图7-1所示。玻璃砖的颜色也可以选择，根据建筑设计的要求，可以是蓝、绿、棕、粉红、乳白等各种色调。

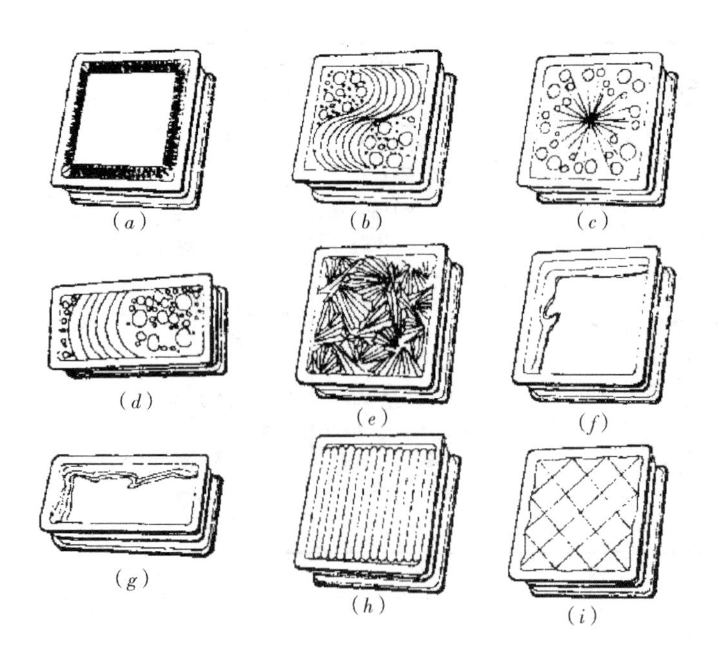

图7-1 玻璃砖
空心玻璃装饰砖类型：方形砖、矩形砖
空心玻璃装饰砖花色：白、茶、蓝、绿、灰
空心玻璃装饰砖纹图案：见本图：（a）方石纹；（b）小波纹；（c）流星纹；（d）水波纹；（e）钻石纹；（f）云形纹；（g）云形纹；（h）平行纹；（i）菱形纹

玻璃砖有单腔和双腔之分。厚度为80mm左右，一般为正方形，异形的很少见。它是由2块7~10mm的单片玻璃这块由压床和箱式模具压制成型的两块盒状玻璃对接而成，用胶粘剂与密封条粘结而成。由于玻璃空心砖内部有密封的空气，因而具有隔声、隔热、控光及防结露等优良性能，作为建筑材料使用对防震、防火等防灾性方面，也具有优良的性能。

2. 空心玻璃砖的技术性能

见表7-5。

空心玻璃砖的技术性能　　表7-5

性能	试验项目	试样（mm）	试验结果
材料特性	密度		$2.5g/cm^3$
	热膨胀率	5圆棒	（85~89）$\times 10^{-7}$/℃
	硬度		莫氏硬度为6
	光谱透过率	4磨光板玻璃	平均透光率92%
	褪色性	505010（两张叠合）	经阳光照射4000h没有变化
	热冲击强度	5圆棒	温差116℃时破损
采光性	透光率	145×145×95劈开石花纹 90×190×95劈开石花纹	28% 38%
	直接阳光率	190×190×95劈开石花纹	1.44%
	间接阳光率	190×190×95劈开石花纹	1.07%
	全阳光率	190×190×95劈开石花纹	2.51%
隔声性	单嵌板透过损失	145×145×95 145×145×50 190×190×95 145×300×60	约50dB 约43dB 约46dB 约41dB
压缩强度	单体压缩强度	145×145× 95 190×190×95	平均9.0MPa 平均7.0MPa
	接缝剪断强度（脉动试验）	145×145×95，5块	平面压263.0MPa 纵向压142.4MPa
防火性能	单嵌板	115×115×115×240 145×145×145× 300 190×190×240×240 （厚60，80，95）	工种防火
	双嵌板	145×145×95	非受力墙壁，耐或1h
耐冷热试验		145×145×95	45℃以上
绝热性	导热率	各种尺寸的空心玻璃	2.94W/（m·K）室内温度20℃内相对湿度50%，室外温度-5℃水蒸气量在6g/（h·m）下结露
	表面结露	各种空心玻璃	

3. 空心玻璃砖工程的辅助材料

1）玻璃砖的粘结材料。

(1) 白水泥石英彩色砂浆，配比 1∶1。这种砂浆比较价廉物美，因此是首选。

(2) 空心玻璃装饰砖用胶。

2) 骨架材料。

直径 6～8mm 的圆钢。

3) 垫块。由木材制成，用于玻璃砖四角的塞垫，以保证玻璃砖墙平稳砌筑（图 7-2、图 7-3）。

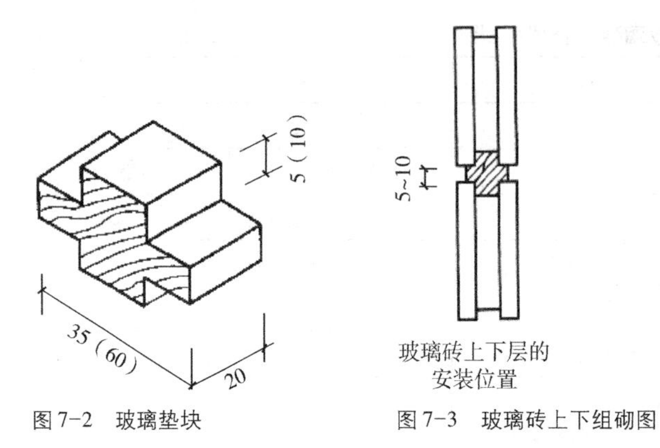

图 7-2　玻璃垫块　　图 7-3　玻璃砖上下组砌图

材料检索 8 – 织物材料

使用部位	内墙（柱）	吊顶	窗帘	家具
适用	面层、软包			

8.1　纺织纤维

纤维是编织织物的基础材料。纤维纺成纱后经过编织成为坯布，然后对坯布进行染色、整理、验收。纤维的种类和织造方法是影响织物外观与性能的主要因素，见表 8-1。

各种纤维织物示例　　表 8-1

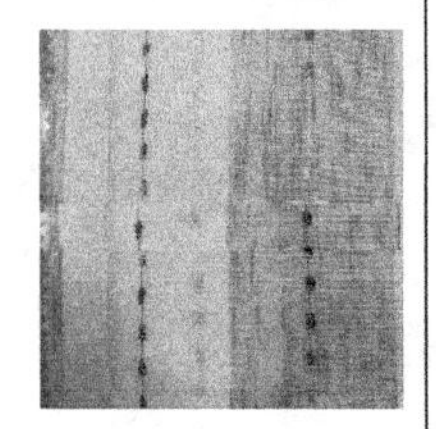			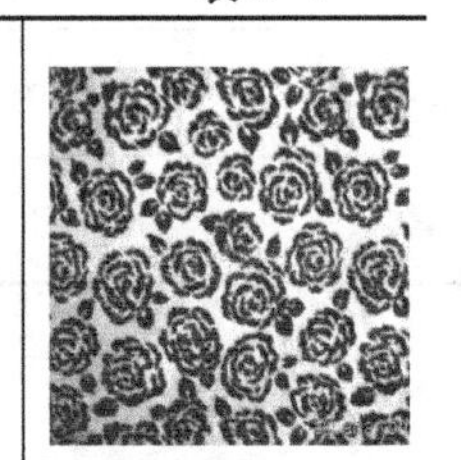
麻织物（绣花）	棉织物（色织）	涤纶织物（双色提花）	尼龙（圆网印花）

1. 纺织纤维的类别

人们把长度比其直径大很多倍，由天然或人工合成的、并具有一定柔性的丝状物质，称为纤维。通常把经过纺织加工后可做成各种纺织品的纤维称为纺织纤维。根据纤维来源及制造方法有以下三大类，见表 8–2。

纺织纤维分类表 **表 8–2**

序号	分类		特点
1	天然纤维	棉	棉纤维细而柔软，较短且长短不一，吸湿性好，有韧性、易清洗、抗辐射。棉纤维织物类型多、应用广，可广泛应用于窗帘与帷幕、地毯、床上用品、家具包布及桌台覆饰等工程中
		麻	有亚麻、大麻、苎麻纤维等种类，亚麻纤维应用最为古老。麻纤维淡黄色，手感硬爽，吸湿性好，放湿也快，不易产生静电，可迅速散热。织物透气、吸湿、耐虫蛀，易起皱，较耐水洗，耐热性好，通常用于编织地毯、织造窗帘布或沙发包布、桌台布等
		羊毛	主要指绵羊毛，属于蛋白质短纤维。比棉纤维粗而长，长度在 60 ~ 120mm。手感丰满、富有弹性，纤维卷曲，呈乳白色，不易起球，由于老化或日晒容易发黄。制品吸湿、有弹性、手感柔软、不耐虫蛀、适酸性染料。羊毛是编织地毯最为主要的原材料，也用来织造床上用品和家具包布。羊毛本身具有阻燃性，离火可自灭
		蚕丝	有柞蚕丝（野蚕丝）、桑蚕丝（家蚕丝）之分。一粒茧的丝长大约在 600 ~ 1200mm，纤维长，均匀、纤细，光滑、柔软，富有光泽，有丝鸣感，极淡黄色。有很好的延伸性、耐热性，不耐盐水侵蚀。织物透气、柔软，有美丽的光泽，吸湿性大，不宜用含氯漂白剂或洗涤剂处理。蚕丝可用于编织地毯、家具包布和床上用品，华贵高档、装饰性强
		竹	竹纤维是以竹子为原料的新型纤维素纤维，包括竹原纤维和竹浆纤维。具天然的抗菌抑菌、除臭和防紫外线性能，手感柔软、滑爽。织物透气性强、悬垂性好、飘逸、凉爽，耐洗耐晒，主要用于床上用品，也可编织地毯、窗帘等
2	化学纤维	再生纤维	系利用有纤维素或蛋白质的天然高分子物质如木材、蔗渣、芦苇、棉短绒、大豆、乳酪等为原料，经化学和机械加工而成，其原始化学结构不变
		合成纤维	系石油化工工业和炼焦工业中的副产品，是用人工合成的高分子化合物为原料经纺丝加工制得的纤维。目前常用的有粘胶纤维；涤纶，俗称“的确良”，属于聚酯纤维。醋酯纤维；锦纶。俗称“耐纶”、“尼龙”；腈纶。俗称“开司米纶”；丙纶；维纶；氨纶这些合成纤维一般有优良的弹性，纤维爽而挺，强力大、耐磨性强、尺寸稳定、耐热性较强、耐光性强、花色繁多
3	混合纤维		不同的纤维按照一定比例混合、挤压形成单丝，或不同的纤维纱混纺在一起，可形成混合纤维。混合纤维能极大改进织物的性能，使家具包布更为合体、手感更好、抗污性强、不起皱
4	纤维新品		如 Modal（莫代尔）纤维素纤维。属于新型天然纤维，具有柔软、有光泽、滑爽，吸水、透气性佳等特点，织物颜色明亮而饱满；异形纤维。如三角形结构可增加纤维光泽，使织物具有丝绸光泽；三叶或者五叶形结构蓬松手感好，保暖性好，透气性好，不易起球；超细复合纤维。具有独特的柔软性、悬垂性、透气性和吸湿性，其典型制品有仿麂皮、仿真丝、第二代人造革等
5	无机纤维		是以矿物质为原料制成的纤维，如玻璃纤维（由铅、钙、镁、硼等硅酸盐混合物所构成）、金属纤维（由金属制成）、岩石、矿渣纤维（石棉纤维）等，此类纤维构成的织物触感较差，但遮光性强、抗紫外线。玻璃纤维有时会让人产生过敏反应；常置于地毯中以减少静电

2. 纺织纤维物理及化学性能

1）物理性能。见表8-3。

织物的物理属性　　表8-3

序号	物理属性	说明
1	吸湿性	吸湿性大小对纺织纤维的形态尺寸、重量、物理机械性能都有一定的影响，从而也影响其加工和使用性能
2	机械性能	纺织纤维的机械性能包括纤维的强度、伸长、弹性、耐磨性等
3	密度	系指单位体积内纤维的质量，单位为克/立方厘米（g/cm^3）
4	线密度和长度	系指纤维的粗细程度及长短程度。纺织纤维必须具有一定的线密度和长度，才能使纤维间相互抱合，并依赖纤维之间的摩擦力纺制成纱

2）化学性能。纤维最重要的化学性能是其耐化学性能，即纤维对各种化学物质破坏的抵抗能力。在各种纺织纤维中，纤维素纤维对碱的抵抗能力较强，而对酸的抵抗能力很弱；蛋白质纤维对酸的抵抗力较对碱的抵抗力强；合成纤维的耐化学性能要比天然纤维强，如丙纶和氯纶的耐酸、耐碱性能都非常优良。

3. 纺织纤维鉴别

纺织纤维鉴别的方法有手感目测法、燃烧法、显微镜法、溶解法、药品着色法以及红外光谱法等。在实际鉴别时，常常需要用多种方法，综合分析和研究以后得出结果。

1）手感目测法。手感目测法是通过用手触摸、眼睛观察、凭经验来判断纤维类别的方法。这种方法简便易行，不需要任何仪器，但需要鉴别者有丰富的经验。

2）常见纤维燃烧性质。根据观察、嗅闻纤维的燃烧状态及气味以辨别纤维种类也是一种常用方法。

3）显微镜观察法。借助显微镜来观察纤维纵向外形和截面形状，或配合染色等方法，可以比较准确地区分纤维种类。

4）荧光法。利用紫外线荧光灯照射纤维，根据各种纤维发光的性质不同，纤维的荧光颜色也不同的特点来鉴别纤维。

8.2 纱线

纱是纤维细而长的产品，具有拉伸强力和柔软性。线是由两根或多根纱并合，经过第二次加捻制成的产品。由股线可形成单股纱、合股纱和捻合股纱。纱线的品种很多，依纱线的结构和外形分有单丝、复丝、单纱、股线、花式线、变形纱；依纱线长度分短纤维纱、棉型纱、中长纤维纱、毛型纱、长丝纱、短纤维与长丝组合纱；依其成分组合方式分有纯纺纱、混纺纱；依织造用途分机织用纱、针织用纱、起绒用纱、特种纱。

1. 纱线种类

1）短纤纱。棉、毛等纤维以捻回缠合组成的纱称短纤纱。短纤纱结构膨松，外观丰满，由于纱内空隙含有空气，具有良好的吸湿性、绝热性和舒适感。

2）长丝纱。蚕丝或化纤单丝多根并合捻回就形成长丝纱。光滑长丝纱均匀、有光泽、强力好；化纤长丝纱光滑、有色泽、易洗快干，但缺乏天然纤维织物所具有的保暖性和舒适性。长纱可织造轻薄、平滑、光亮的薄型织物。

3）膨体纱。先由两种不同收缩率的纤维混纺成纱线，然后将纱线放在蒸汽或热空气或沸水中处理，利用纤维收缩率高低不同而得到蓬松、丰满、富有弹性的纱线。

4）花式纱线。花式纱线具有供装饰用的花式外观，其品种很多，如表 8-4所示。花式纱的结构由芯纱、饰纱、固纱组成。

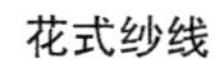

花式纱线　　表 8-4

 雪尼尔纱	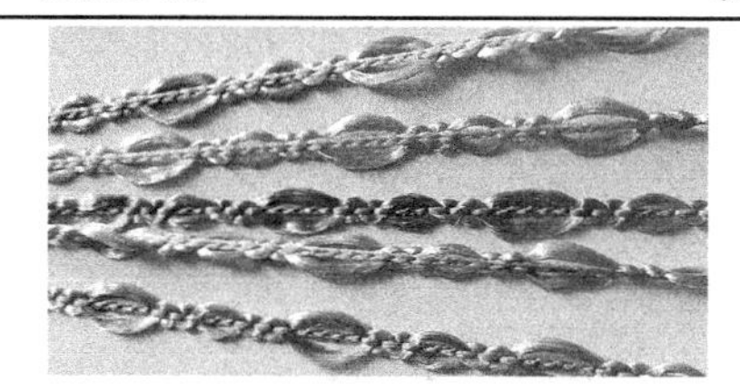 元宝带子纱
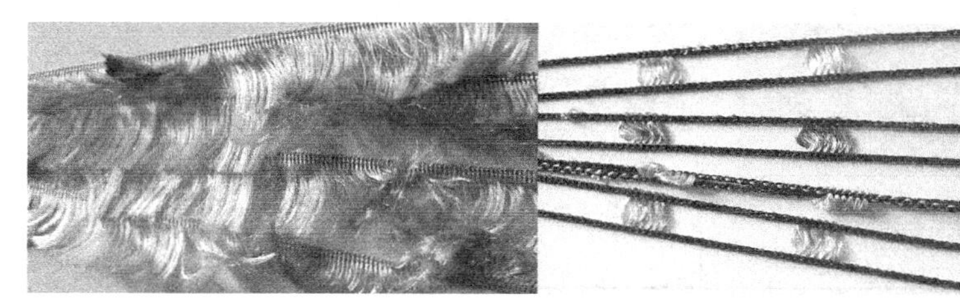 羽毛纱、梯形纱	

5）复合纱线。复合纱线由不同组分的纱组成，外面均匀。根据生产工艺分有包芯纱（有涤棉包芯纱、氨纶包芯纱）和包缠纱两种。

2. 纱线性能及应用

单纱平滑均匀，由单纱织成的织物光滑平整；各种复合纱和花式纱在细度、捻度、形状上各有不同。使用花式纱可改善织物外观，如亚麻织物中的枣核纱、粗花呢中的植绒纱、雪尼尔花线。复合纱织物富有质感和装饰效果，但不如单纱织物耐磨。

8.3 织物

狭义上的织物是指通过梭织机上相互垂直的经纬线按一定规律相互沉浮交织而成的具有一定纹路和花纹的组织；经纱在织机上和织物中呈纵向分布，纬纱呈横向分布，填充经纱，形成织物。随着纤维生产工艺和织造方式的不断发展，织物的内涵及外延得到极大的拓展。织物不仅包括线类、带类、绳类、梭织物（机织物）、针织物、无纺布，还包括编结物、组合型织物（如植绒织物，烂花织物，刺绣）等多种类型，织物的实用性和装饰性不断得到加强和提高。

1. 织物工艺类型及织造方法

依据织造工艺原理，织物包括梭织物、针织物、无纺布、编结物、组合型织物（如植绒织物，烂花织物，刺绣）、复合涂层织物（织物表面涂布所需的其他非纤维性物质）、皮革（天然毛皮、人造革、合成革）等，每种织物都有不同的织造方法。

1）梭织物。又称“机织物”，系指由梭织机织造的织物。由两条或两组以上的相互垂直纱线，以90°角作经纬交织而成的织物。纵向的纱线叫经纱，横向来回的纱线称为纬纱。由于梭织物纱线以垂直的方式互相交错，因此具有坚实、稳固、缩水率相对较低的特性。如表8-5所示。另外，纤维、纱线染色之后进行织造的方法称为色织。梭织物常用品种及特点见表8-6。

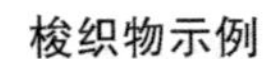

梭织物示例　　表8-5

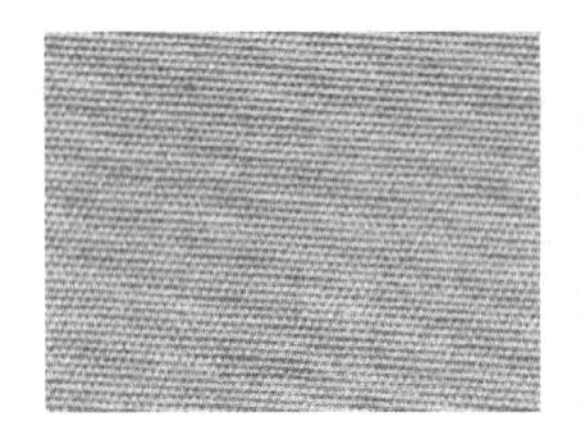 珠帆布	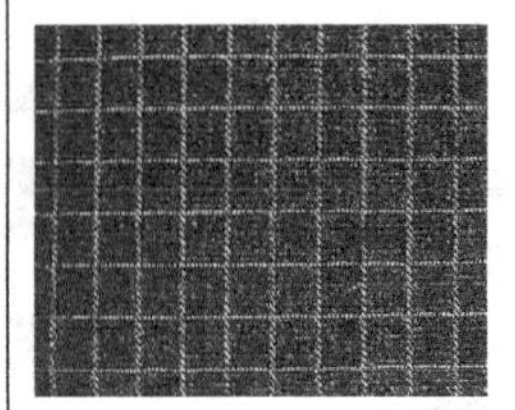 牛仔布	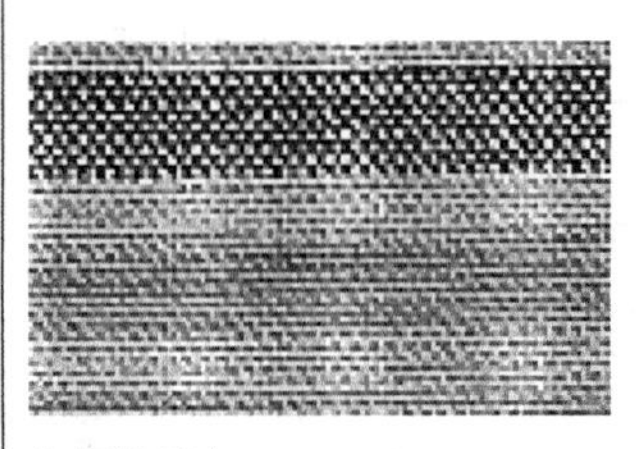 色织格子布

梭织物常用品种及特点　　表8-6

序号	布种	特点
1	色织格子布	由多种色纱组成，色织布不脱色，色彩变化繁多
2	珠帆布	表面和底面的布纹一样，成品较为挺阔
3	牛仔布	织法同斜纹布一样，但只经纱染色，种类变化多，可适用于不同款式，耐洗，耐磨，耐用，较为硬阔
4	尼龙布	表面和底面布纹一致。布面呈毛状，耐用，易洗易干，在阳光下曝晒会引起脆化
5	灯芯绒	经特种织机织成，经过抓毛处理，布面呈毛状

2）针织物。针织系指用针将纱线套进一连串线圈的织造方式，将正针、罗纹和反针以不同方式结合就形成了图案，线圈是针织物的最小基本单元，参见表8-7。

针织物示例 表 8-7

 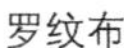 罗纹布	 经编锦氨有光毛布

针织物弹性好、延伸性大，能在各个方向延伸，透气性好，手感松软。由于机器针织比梭织效率高、成本低，且针织物具有良好的弹性、伸缩性和抗皱性，因而针织物越来越得到广泛的认可和应用。常用针织物品种及特点见表 8-8。

常用针织物品种及特点 表 8-8

序号	布种	特点
1	平纹布	表面是低针、底面是高针，织法结实、较轻薄，平滑、透气、吸汗、弹性小，易皱易变形
2	罗纹布	布纹形成凹凸效果，比普通针织布更有弹性
3	双面布	表面和底面的布纹一样，幼滑、富弹性、吸湿、易起毛
4	珠地布	表面呈疏孔状，有如蜂巢，透气、干爽、耐洗
5	毛巾布	底面如毛巾起圈，厚实、柔软，观感及手感较为温暖
6	卫衣布	底面如毛巾起圈，棉纱线织纹，布面如毛巾布，保暖，耐洗，柔软，吸汗，较厚
7	威化布	表面呈威化饼形状 立体感强 洗后较易变形
8	涤纶丝光双面布	不含棉的成分，软、不透气，容易勾线
9	绒布	布身经抓毛后剪去表层呈起毛效果，平滑、柔软、保暖，会起静电，弹性好，可机洗

3）无纺织物。又称为非织造布，系指一种不需要纺纱织布而形成的织物，见表 8-9中（1）。无纺布突破了传统的纺织原理，生产方式及工艺有水刺、热合、气流成网、湿法、纺粘、熔喷、针刺、缝编等，目前，主要采用纺粘和水刺两种方法。无纺布具有工艺流程短、生产速度快，产量高、成本低、用途广等特点，具有广阔的发展前途。目前，无纺布广泛应用于工业、农业、服装、医疗卫生、家庭装饰（贴墙布、台布、床单、床罩）等。

4）毛皮。毛皮一般分天然毛皮与人造毛皮，多用于地毯、床上用品等。

（1）天然毛皮。天然毛皮主要来源于毛皮兽。

①天然裘皮。是将鞣制后的动物毛皮，有绵羊皮、羔皮、貂毛皮、狐狸毛皮等。其中绵羊皮属中档毛皮，其毛被毛多呈弯曲状，粗毛退化后成绒毛，光泽柔和，皮板厚薄均匀、不板结、耐磨性较好；羔皮系指羔羊毛皮，其毛被花弯绺絮多样，无针毛，整体为绒毛，色泽光润，皮板绵软耐用，为较珍贵的毛皮；貂毛皮皮大绒厚、皮色鲜艳，斑点清晰优美、绒毛短平油亮，较为珍贵。裘皮具有保暖、轻便、耐用、华丽高贵的品质，以具有密生的绒毛、厚度厚、重量轻、含气性好为上乘。

②天然皮革。经过加工处理的光面或绒面皮板，有牛皮革、山羊皮革、绵羊皮革、猪皮革、马皮革等。其中牛皮革坚实致密、平整光滑，磨光后亮度较高，透气性良好，强度较大、耐磨耐折；山羊皮革皮身较薄，组织较紧密，表面有较强的光泽，且透气、柔韧、坚牢；绵羊皮革手感滑润，延伸性和弹性较好，但强度稍差；猪皮的结构组织比较粗糙、粒面凹凸不平，皮革透气性优于牛皮，但弹性欠佳。皮革经过染色处理后可得到各种外观风格，深受人们的喜爱。

（2）人造皮革。人造皮革包括人造毛皮与仿革，参见表8-9中（2）图片。

无纺织物、毛皮及涂层布实例　　表8-9

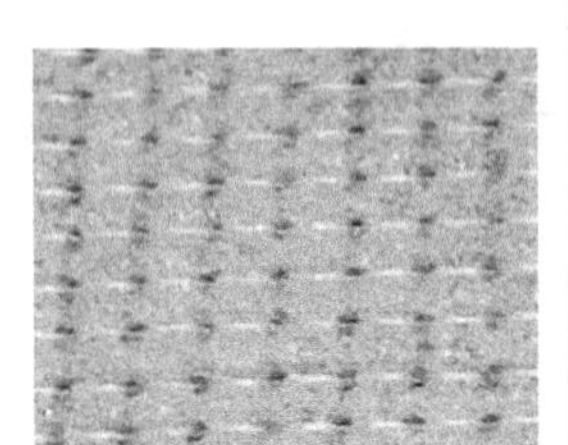 （1）无纺布	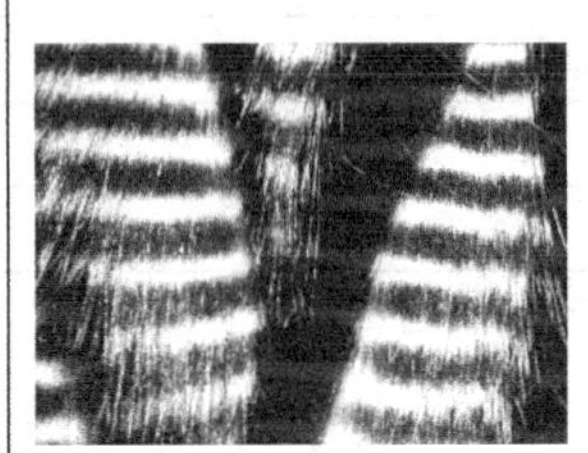 （2）仿野鸡毛	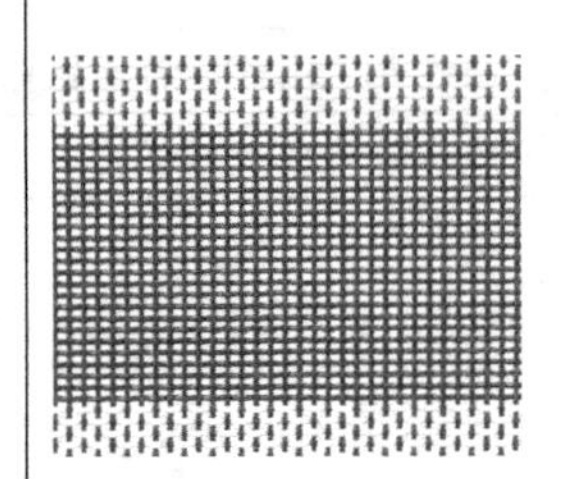 （3）涂层布

①人造毛皮。人造毛皮是指采用机织、针织或胶粘的方式，在织物表面形成长短不一的绒毛，具有接近天然毛皮的外观和性能。

②仿革。仿革又分人造皮革和合成皮革。人造皮革主要是以针织布为底基，表面涂有乙烯、尼龙等，使表面具有类似于天然皮革的外观。这种人造革耐用性、弹性好，不易变形、耐污易洗，但缺少透气性和吸水性。

5）其他类型织物。

（1）编织物。泛指用较粗的绳状、带状材料以针织或梭织的结构方式编结而成的织物。

（2）粘合布。由两块互相背靠背的面料经粘合而成。相互粘合有机织物、针织物、非织造布、乙烯基塑料膜等，还可将它们进行不同的组合。

（3）涂层织物。系在机织物或针织物的底布上涂以聚氯乙烯（PVC）、氯丁橡胶等而成，具有优越的防水功能，见表8-9中（3）。

2. 织物染整

广义上的织物染整主要有两种方法，一是常规染色（湿染、湿印花），即将纤维、纱线或织物等放在化学染料溶液中处理，然后进行汽蒸和水洗；另一种是干染，即把涂料制成微小不可溶的有色颗粒粘附印制于织物上（纤维原料原液染色不在此列），这类织物称作干印花布，其常规整理工艺不需要水洗处理。织物染整效果见表 8-10。

织物染整效果示例 表 8-10

 匹染（尼龙）	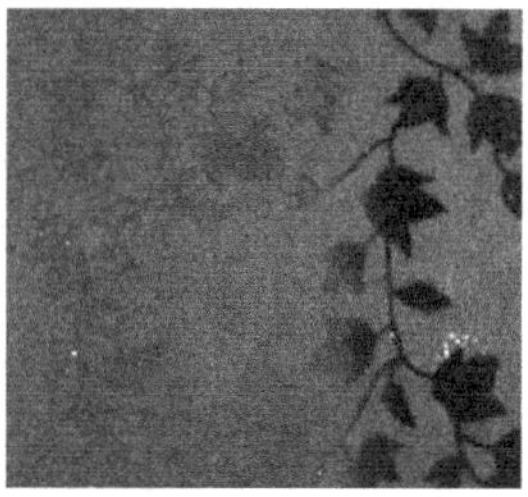 染色植花（涤纶）	 印花（棉）
 色织（棉）	 提花印花（棉）	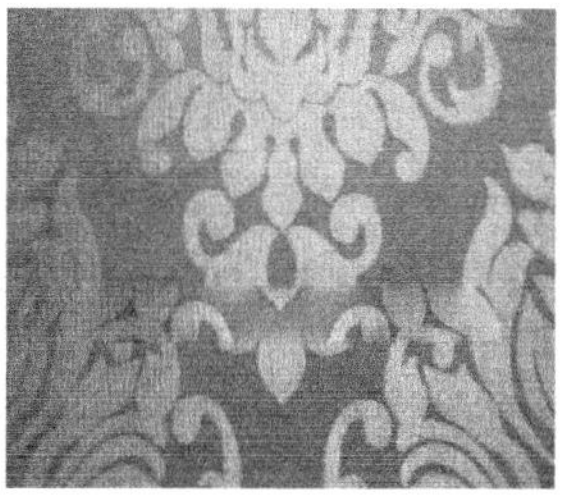 染色提花（涤纶）

3. 织物后整理

织物后整理是通过对织物进行一定的技术处理增强其功能性和装饰性，主要分功能处理和外观处理两大类。后整理工艺对赋予面料最终的性能和外观有着重要的作用。

1）功能处理。又名技术处理，主要用于增强织物的功能性，包括防静电、阻燃、固色、抗水、防污、抗菌、缩水、防皱、热反射、隔热性等。

2）外观处理。织物的外观处理方法与类型很多，有烧毛、磨毛（桃绒感）、轧光（压光）、轧花（压花）、植绒、涂层、烫金、复合、绣花、丝光、波纹、剪花、压皱、打褶等。见表 8-11。

织物外观处理方法与效果示例　　　表 8-11

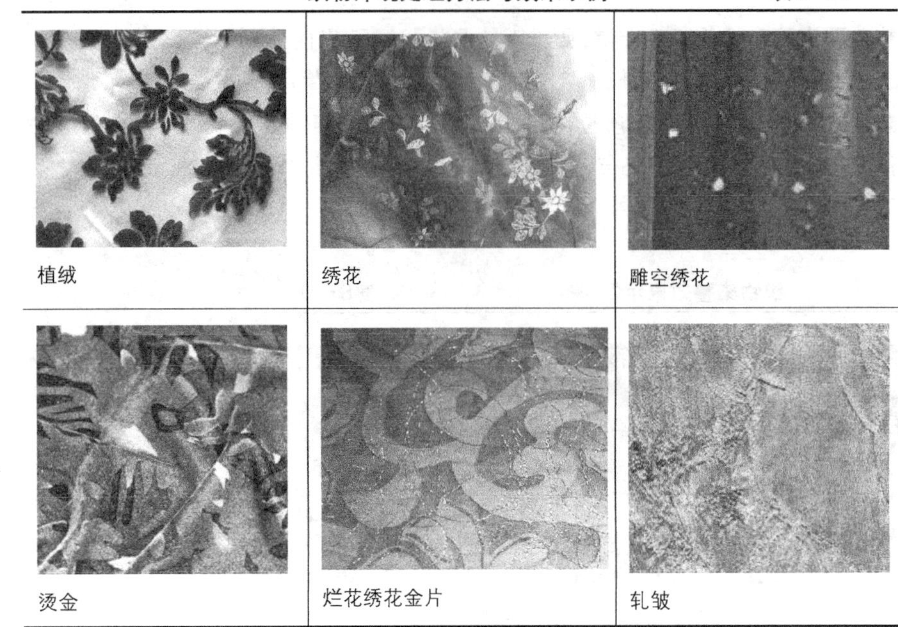

4. 织物的理化属性

1）物理属性。见表 8-12。

织物的物理属性表　　　表 8-12

序号	物理属性	说明
1	克重	指每平方米面料其重量的克数，用 g/m^2 表示
2	密度	用于表示梭织物单位长度内纱线的根数，一般为 1 英寸或 10cm 内纱线的根数
3	幅宽	指面料的有效宽度，一般单位为英寸或厘米。织物常见幅宽有 90、110、120、150、200、210、230、260、280、300cm 等，窗帘、家具包布常用面料幅宽在 150～300cm 之间，最常用的是 280cm。宽度大于 300cm 的面料称为特宽幅，目前我国特宽面料幅宽可达 360cm
4	尺寸稳定性	织物在湿、热、洗涤等情况下抵抗尺寸改变的能力叫尺寸稳定性，以收缩率（缩水率）来表示。缩水率 =（洗水前尺寸 - 洗水后尺寸）×100%
5	回潮率与公定重量	织物的公定回潮率公式为：回潮率 =（湿重 - 干重）/干重 ×100%；织物在公定回潮率下的重量为公定重量

2）化学属性。见表 8-13。

织物的化学属性表　　　表 8-13

序号	化学属性	说明
1	色牢度	即染色牢度，系指染色织物在使用或加工过程中，经受外部因素（挤压、摩擦、水洗、雨淋、曝晒等）作用下的褪色程度，是织物的一项重要指标

续表

序号	化学属性	说明
2	阻燃性	织物的阻燃性有两种表达方式，一是定量表达，即用点燃温度、火焰最高温度、燃烧速度及极限氧指数等数值来描述织物的阻燃性能；二是对织物纤维在火焰中及离开火焰后的燃烧状况的定性表达，见表 8-14

织物燃烧状况　　　　表 8-14

类型	在焰中	离开火焰	后果
易燃	遇火就燃	离火仍燃，且燃烧迅速	可造成火灾
可燃	遇火能燃	离火后仍曼延，但速度慢	可造成火灾
难燃	在火焰中可燃	离开火则自熄	有造成火灾的隐患
不燃	与火接触亦不燃烧		不造成火灾

5. 织物风格类型与应用

织物的风格类型系指织物在薄厚、软硬、光泽度、透明度等方面体现出来的形式，是体现织物外观及装饰性的主要方面。织物类型与风格示例见表 8-15 ~ 表 8-18。

1）透明型织物。透明型织物质地轻薄而通透，具有优雅而神秘的艺术效果，常见棉、丝、化纤及混合纤维织物，如乔其纱、缎条绢、蕾丝等，可用作窗帘与帷幕、顶部装饰、桌台覆饰等。透明型织物有薄细布、薄纱罗、网眼布纱罗、雪纺纱、乔其纱、巴厘纱、麻纱、顺纡绉、欧根纱、特丽纶等。

透明型织物图片示例　　　　表 8-15

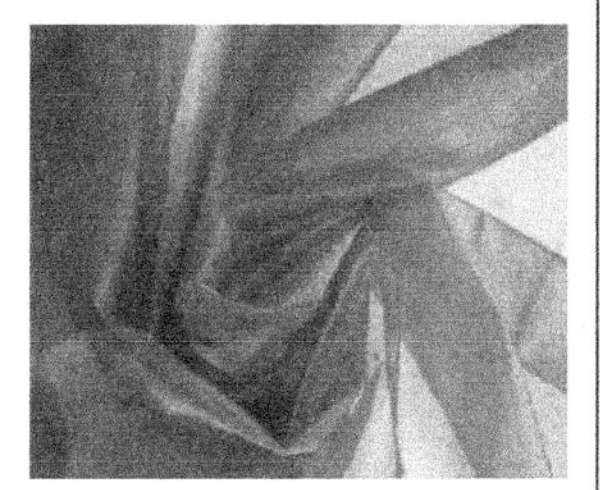 雪纺纱（染色）	 欧根纱（植花）	 巴厘纱（全棉印花）
 麻纱印花	 乔其纱	 顺纡绉

续表

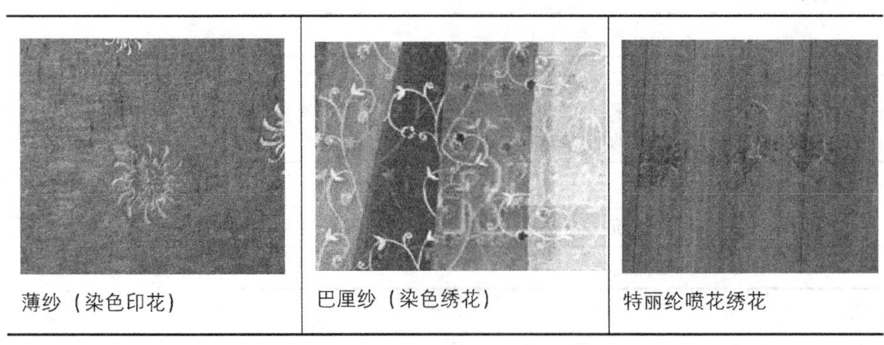

薄纱（染色印花）	巴厘纱（染色绣花）	特丽纶喷花绣花

2）薄型织物。薄型织物或平滑、轻柔、光滑或轻薄飘逸、绚丽。色彩极为丰富、用途也非常广泛，主要用于窗帘、家具覆盖、床上用品等。其品种有尼龙绸、府绸、薄棉布、泡泡纱、毛葛、蚕绸、缎子、山东绸、弹力布、亚麻布、变色龙、玻璃纤维遮阳面料等。

薄型织物图片示例　　表 8-16

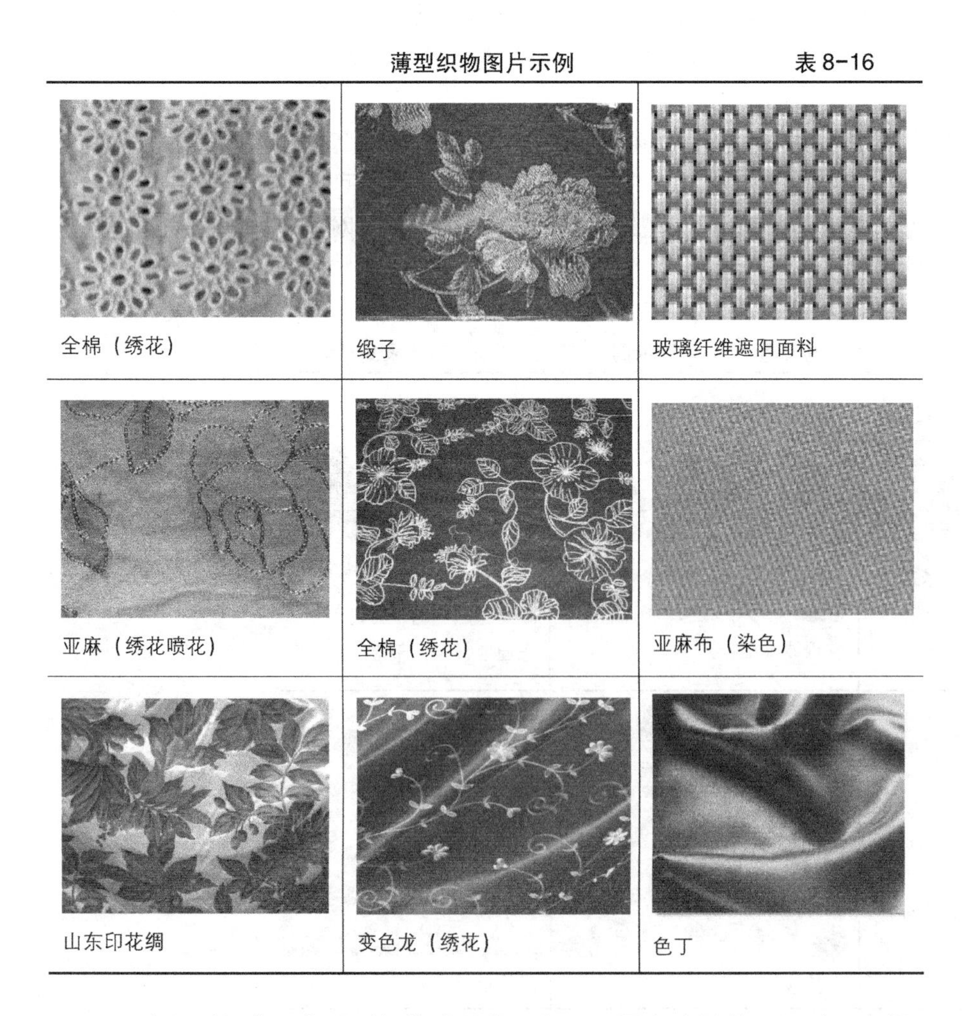

全棉（绣花）	缎子	玻璃纤维遮阳面料
亚麻（绣花喷花）	全棉（绣花）	亚麻布（染色）
山东印花绸	变色龙（绣花）	色丁

3）中厚型织物。中厚型织物或平顺、坚固、厚实或柔软、细腻、爽滑，

或粗糙、麻粒、弹性、毛绒。可应用于软包沙发面料、遮光布等。其品种有条纹棉布、粗帆布、麻袋布、哔叽、复合涂层织物、马海毛织物、防水摩丝布、TNC 面料、遮光布、桃皮绒等。

中厚型织物图片示例　　　　表 8-17

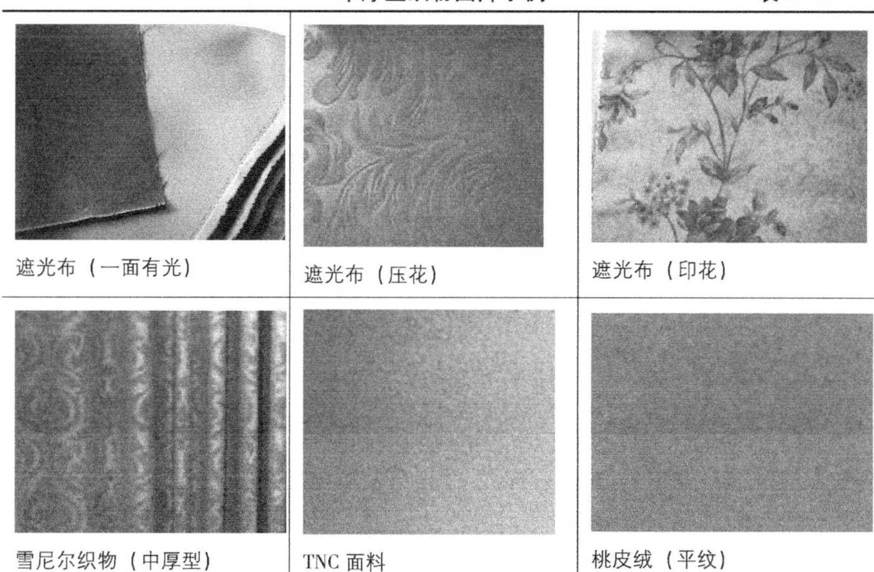

遮光布（一面有光）	遮光布（压花）	遮光布（印花）
雪尼尔织物（中厚型）	TNC 面料	桃皮绒（平纹）

4）厚型织物。厚重型织物稳定、厚重，遮挡性强，多用于家具覆饰、帘幕与地毯工程。其品种有毛圈织物、灯芯绒、棉绒、呢绒、起绒粗呢、天鹅绒、雪尼尔、麂皮绒、长毛绒、毛毡、毛毯、带状织物、摇粒绒、珊瑚绒等。

厚型织物图片示例　　　　表 8-18

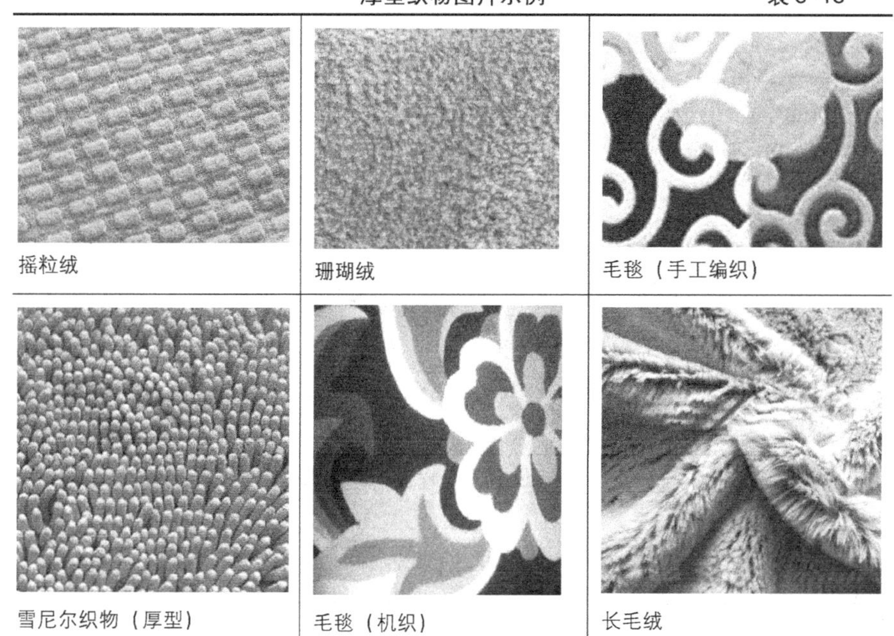

摇粒绒	珊瑚绒	毛毯（手工编织）
雪尼尔织物（厚型）	毛毯（机织）	长毛绒

续表

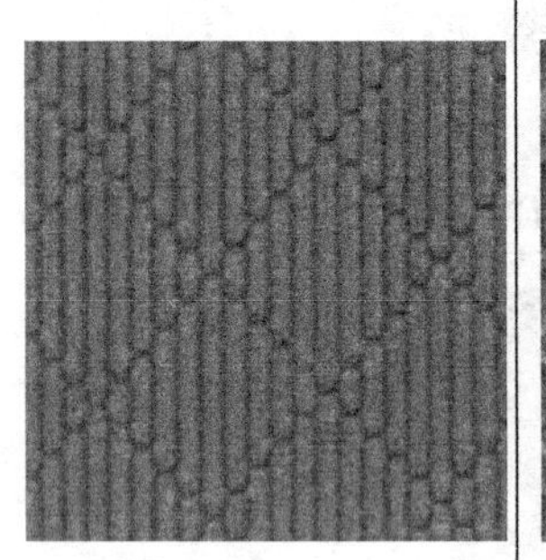 灯芯绒（染色提花）	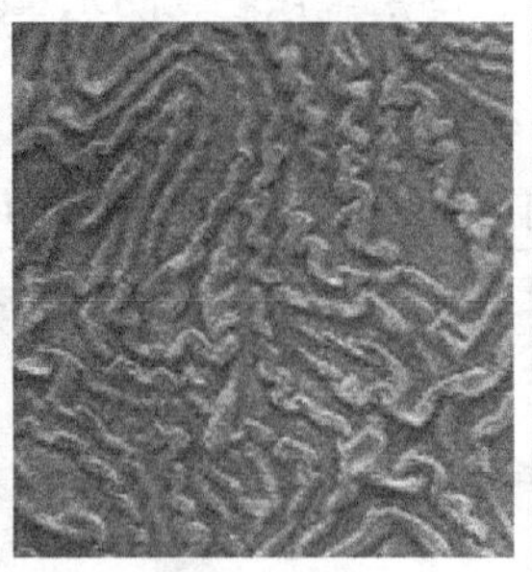 麂皮绒（轧皱）	 麂皮绒（车格）

8.4 地毯

1. 地毯的分类（表8-19）

表8-19

序号	分类方法		说明
1	按照使用场所分类	商用地毯	商用地毯即指在公共场所使用的地毯，如宾馆、酒店、写字楼、办公室等。随着经济发展和社会进步，商用地毯的使用范围会逐步加大、覆盖面会更广
		家用地毯	系指在家居环境使用的地毯，多采用满铺和块毯相结合的方式。根据使用部位不同，有门厅用地毯、客厅用地毯、卧室地毯、卫生间块毯等种类
		工业用毯	系指应用于工业产品如汽车、飞机、客船、火车等内部的地毯
2	按照产品规格分类	卷状地毯	系指整幅成卷供应的地毯，如化纤地毯、塑料地毯以及无纺织纯毛地毯等，多用于室内满铺，目前市场有宽幅和条幅两种幅度。宽幅地毯宽度一般在3～4m；条幅地毯宽度在0.5～2.2m，参见表8-20中的（2）部分
		块状地毯	有花式方块地毯和单幅块状地毯两种。花式方块地毯是由花色各不相同的小块地毯组成，它们可以拼成不同的图案，规格多为50cm×50cm，背衬PVC胶；单幅块状地毯也称为小地毯，一般单独使用，如客厅块毯、卧室块毯、门厅毯等，有多种形状和规格，尺寸从0.75m×1.2m（3英尺×5英尺）到2.5m×3m（10英尺×12英尺）不等。块状地毯铺设方便、变动灵活，磨损严重的地方可随时调换，从而延长了使用寿命，达到既经济又美观的目的
3	按色彩图案的制作方法分类	原色地毯	地毯通过材料自身天然色泽体现艺术性，或通过绒面结构类型的不同形成图案和质感对比，具有原始、质朴的感染力
		染色地毯	通过对地毯的原材料进行染色而体现其艺术性，色彩丰富、效果生动

续表

序号	分类方法		说明
3	按色彩图案的制作方法分类	提花地毯	在编织过程中通过纱线的显隐而组成装饰图案的地毯
		彩印地毯	地毯制成后，图案经印制而成。色彩鲜艳、图案丰富多样，具有新锐、时尚气息
		剪花地毯	多采用羊毛、腈纶等为原料，经多次机械梳毛、剪毛、炀光、高温定形、火焰复合后，用电剪子顺图案边缘剪下一定深度，形成凹凸感。地毯绒高在 18mm 左右，厚度 20mm 左右，具有手感柔软、纤维细密、图案清晰高雅、色彩鲜明、风格华贵、立体感强、弹性好等诸多优点，是高品质的地毯种类。地毯色彩图案的制作效果参见表 8-21
4	按色彩图案分类（表 8-22）	传统地毯图案与色彩	传统地毯系指用羊毛、蚕丝、天然纤维为原料，由手工编织地毯发展而成 1）北京式地毯。以鲜明的民族特色和雍容华贵的装饰美感为著称。京式地毯多选龙、凤、福、寿、宝相花、回纹、博古等图案为素材，构成寓意吉祥、美好，富有情趣的画面 2）美术式地毯。美术式地毯多以花草为素材，如月季、玫瑰、卷草、螺旋纹等，一般采用中心花、环花与边花的常规程式，构图对称平稳，风格较为自由飘逸 3）彩花式地毯。彩花式地毯以自然写实的花枝、花簇如牡丹、菊花、月季、松、竹、梅等为素材在毯面做散点处理，构图灵活、富于变化，布局自由，没有外围边花。彩花式地毯图案色彩明丽清新，装饰风格写实、细腻、栩栩如生 4）素凸式地毯。系指在单色毯面上用剪片工艺，剪出凸出毯面、有浮雕效果的花纹，亦称“素片毯”。素凸式地毯常采用玫红、深红、墨绿、驼色、蓝色等，适宜多种环境铺设，是使用较广泛的一种地毯 5）东方式地毯，又称波斯地毯。纹样多取材树、叶、花、藤、鸟等形象并进行变化加工，结合几何纹样组成繁复、严谨的装饰图案。地毯花纹布满毯面，并以单线包边来表现图案的形态与结构，显得精巧细致，具有浓郁的东方情调
		现代地毯图案与色彩	现代式地毯实际是以区别于传统程式地毯、具有现代设计风格的一大类地毯的总称。现代地毯材料以几何图案、花卉图案、风景图案为主，种类丰富、图案抽象，风格简洁，具有现代装饰的韵味和与快节奏生活方式相吻合的格调
5	按地毯制作工艺分类（表 8-23）	手工地毯	手工地毯的主要织造原料为羊毛、腈纶和真丝。手工地毯分为手工打结羊毛（真丝）地毯、手工簇绒羊毛胶背地毯两类。手工编织地毯装饰效果极佳，适合面积不大但要求较高的别墅、豪华公寓住宅、总统套房、总裁办公室等高雅华贵场所，是地毯品种之精华
		机制地毯	1）簇绒地毯。它不是经纬交织，而是将绒头纱线经过钢针插植在地毯基布上，然后经过上胶握持绒头而成。毯面绒头一般有圈绒、剪绒两种。圈绒地毯绒高 8 ~ 15mm，毯面密实、耐磨性强、弹性好，有高圈、中圈、低圈、高中低圈结合等种类，常用于办公或人流量较大的公共区域 2）机织威尔顿地毯。该种地毯是通过经纱、纬纱、绒头纱三纱交织，后经上胶、剪绒等后道工序整理而成。由于该地毯生产工艺源于英国的威尔顿地区，因此称为威尔顿地毯。威尔顿机织地毯是最早的机织地毯，毛绒经纬交错、织造细密、牢固、厚实、耐久性好，幅宽多为 4m

续表

序号	分类方法		说明
5	按地毯制作工艺分类（表 8-23）	机制地毯	3）机织阿克明斯特地毯。该地毯也是通过经纱、纬纱、绒头纱三纱交织，后经上胶、剪绒等工序整理而成。由于该地毯工艺源于英国的阿克明斯特，因此称为阿克明斯特地毯。此种织机生产单层织物，且机速很低，因此地毯织造效率非常低，仅为威尔顿织机的 30%。但阿克斯明特地毯比威尔顿机织地毯颜色丰富，可以织造出非常复杂的花纹、图案，装饰效果较好。阿克明斯特地毯幅宽也为 4m 4）无纺地毯。系采用针刺、针缝、粘合、静电植绒等无纺织成型方法制成的地毯，是近几年发展起来的新品种，具有质地均匀、物美价廉、使用方便等特点。广泛用于宾馆、体育馆、剧院及其他公共场合

卷状地毯与块状地毯　　表 8-20

 （1）花式方块地毯	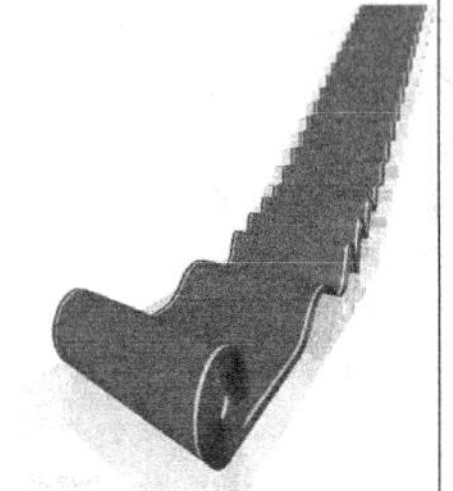 （2）卷状地毯	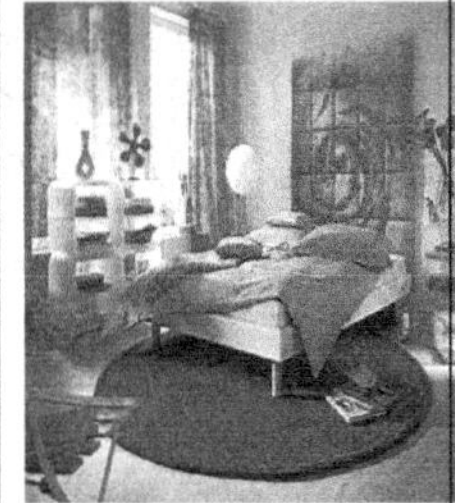 （3）圆形块状地毯	 （4）自由形块状地毯

地毯色彩图案制作方法与效果示例　　表 8-21

 草编原色地毯	 剪花地毯	 尼龙染色地毯	 化纤提花地毯	 尼龙印花地毯

地毯图案分类示例　　表 8-22

 京式地毯	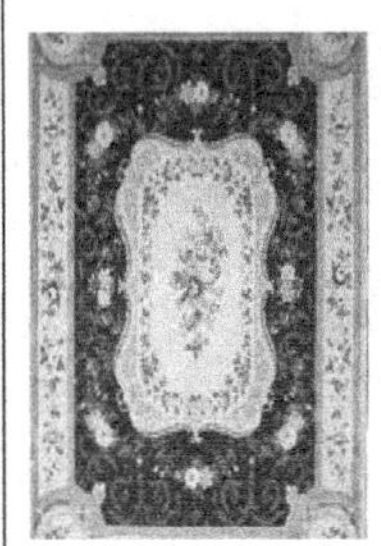 美术地毯	 波斯地毯	 彩花地毯

续表

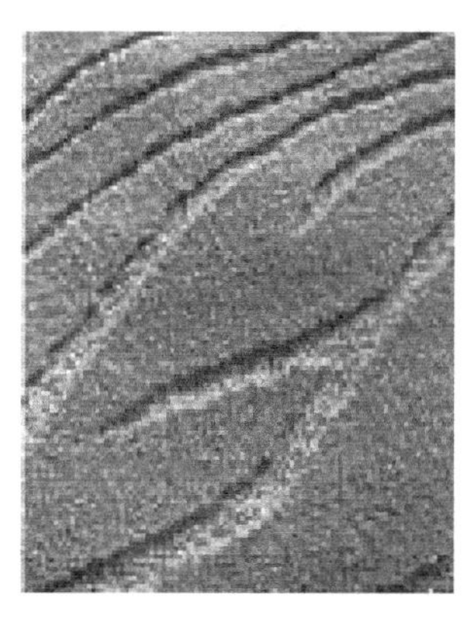 素凸地毯	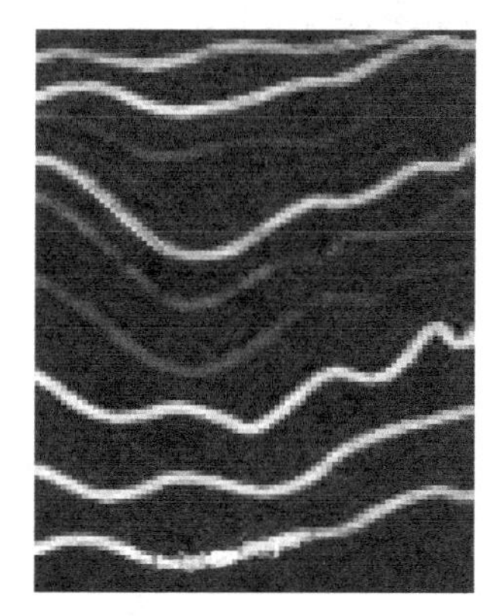 现代地毯

地毯制作工艺与效果示例　　表 8-23

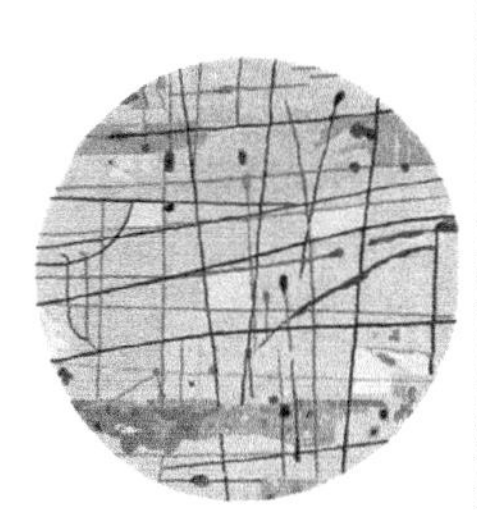 手工腈纶地毯	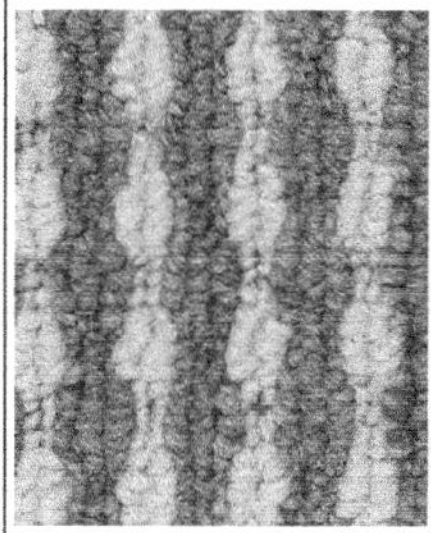 羊毛簇绒地毯（圈绒）	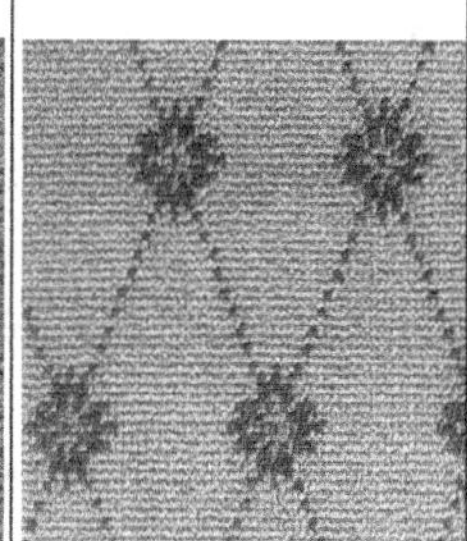 机织威尔顿地毯	 机织阿克明斯地毯

2. 地毯常用材料与品种

地毯常用材料一般有天然纤维、化学纤维、高分子合成纤维、混合纤维、皮革等，结合多种织造技术及工艺，地毯品种丰富、多姿多彩，参见表 8-24。

1）天然纤维类地毯。天然纤维类地毯包括羊毛地毯、纯棉地毯、真丝地毯、麻草编地毯等。

（1）羊毛地毯。羊毛地毯质地柔软，弹性大、拉力强，光泽足、质感突出，属于高档地毯，适用于豪宅、宾馆等。但羊毛地毯易虫蛀、长霉，护理要求较高。羊毛地毯长度及宽度一般不大于 4000mm，厚度在 2～22mm。

天然材料地毯与效果示例　　表 8-24

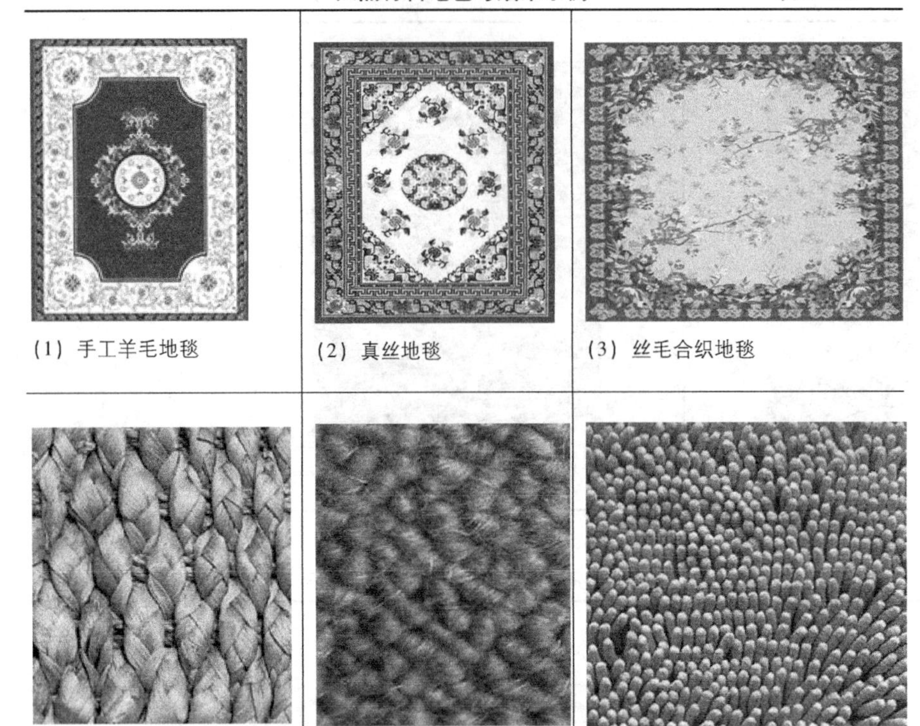

(1) 手工羊毛地毯

(2) 真丝地毯

(3) 丝毛合织地毯

(4) 草编地毯

(5) 羊毛满铺胶背地毯

(6) 纯棉雪尼尔地毯

(2) 纯棉地毯。由纯棉编织的块状地毯，规格多在 250cm 以内。常用规格有 50cm × 80cm、100cm × 150cm、150cm × 200cm、200cm × 200cm 等，有多种色彩。纯棉地毯格调轻松、现代感强，适于年轻氛围的家居搭配。

(3) 真丝地毯。系以桑蚕丝为原料采用手工编织而成的地毯，其质地精细、光泽度很高，在不同的光线下会形成不同视觉效果。真丝地毯价格昂贵、使用不普遍。

(4) 合织地毯。系指用两种及以上的纤维混合织成，如丝毛合织、丝棉合织等。丝毛合织是采用桑蚕丝与绵羊毛、山羊绒、牦牛绒或驼绒等合织；丝绵合织系采用蚕丝与棉纤维混合织造。合织地毯既可降低成本，又可相应增强地毯使用性能。

(5) 草编、麻编地毯。是以草、麻、玉米皮等材料加工、漂白、染色后纺织的地毯。特色是乡土气息浓厚，但易脏、不易保养，经常下雨的潮湿地区不宜使用。按照工艺分有拉绞地毯和抽绞地毯之分。

2) 化学纤维类地毯。见表 8-25。

(1) 化纤簇绒地毯。根据编制方式分为插植和编织两种。

(2) 锦纶（尼龙）地毯。外观及手感类似羊毛地毯，耐磨且富弹性，耐久性好，防腐、防霉、防蛀、耐酸碱、耐拉伸、耐曲折等性能强。尼龙地毯易产生静电、不耐热、易变形，遇火会局部溶解。

(3) 丙纶地毯。丙纶染色性差，适用于毛圈结构地毯。丙纶地毯宽度一般在1400～4000mm；长度5000～25000mm，厚度为2～22mm；进口地毯厚度可达26mm。

(4) 腈纶（亚克力）地毯。腈纶地毯比羊毛质轻，不霉变、防虫蛀、价格低，弹性差，且脚感较硬、易吸尘、积尘、耐磨性差。

(5) 涤纶地毯。耐磨性仅次于锦纶，耐热、耐晒，不霉变、不虫蛀，染色困难。

3) 混纺类地毯。系指以两种及以上纤维混合纺纱、编织而成，如羊毛纤维与化学纤维混纺、羊毛与麻纤维混纺、尼龙与丙纶纤维混纺等。混纺地毯可降低成本、提高地毯性能。混纺地毯幅宽可达4m，根据混合的纤维种类和成分不同，其性能与价格不同，一般从200元至上千元不等。

4) 合成纤维地毯。系指以聚氯乙烯树脂、天然或合成橡胶等为主要原料，加上其他助剂经均匀混炼、塑制而成的一种卷状地毯，又名塑胶地毯（表8-26）。

(1) PVC门垫。系由PVC组成的方块地垫，可嵌装于地面凹位内，也可配合边框（不锈钢、PVC）用于平地，面料可根据客户要求定。具有刮沙、藏污、吸水及疏水的作用，清洁方便，车辆在上面行驶无碍。规格一般为45×30cm/片，颜色有黑、灰、红等色。

(2) 除尘毯（铝合金门垫）。底座框架采用高强度铝合金材料；面层采用橡胶及其他合成纤维材料，耐磨、抗冲击性强、不易变形。主要铺设于大堂出入口，具有强效刮沙、吸水、美观、防滑、吸声等作用。施工时地面应预留20mm凹槽，底部水平度误差小于2mm，周边镶铝合金或不锈钢边，将地毯放入槽内即可。

化纤及混纺材料地毯与效果示例 **表8-25**

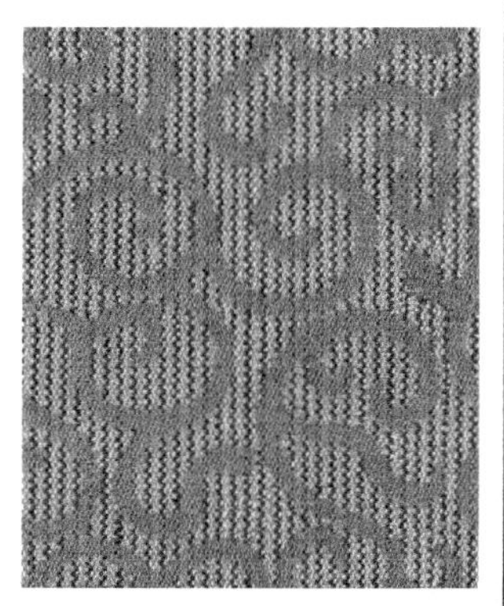 (1) 化纤簇绒地毯	 (2) 化纤无纺地毯	 (3) 尼龙混纺地毯

续表

  (4) 羊毛剑麻混纺地毯	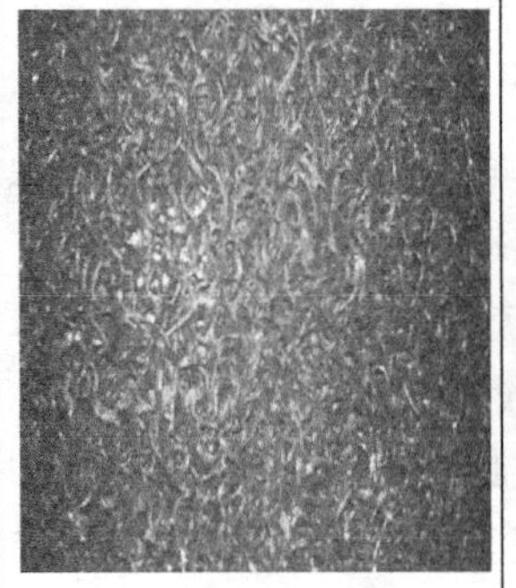 (5) 合成纤维针刺地毯	 (6) 塑胶除尘毯

5）皮草地毯。有天然皮草和人造皮革两种。天然皮草光泽媚人、触感柔滑，透出的原始狂野魅力，多为牛皮、羊毛皮。根据制作方式分长毛地毯、整张皮毯和皮革编织两种。长毛地毯外形夸张富于野性，皮革编制强调手工艺的感觉。天然皮草地毯价格较高。

合成纤维及皮草地毯与效果示例 **表 8-26**

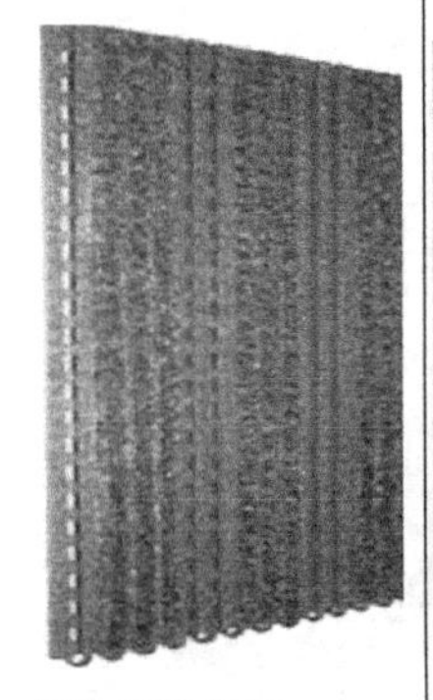 (1) PVC 门垫	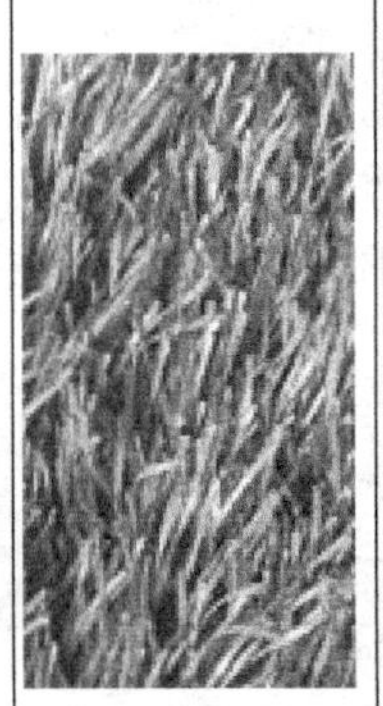 (2) 人工草坪	 (3) 碎皮地毯	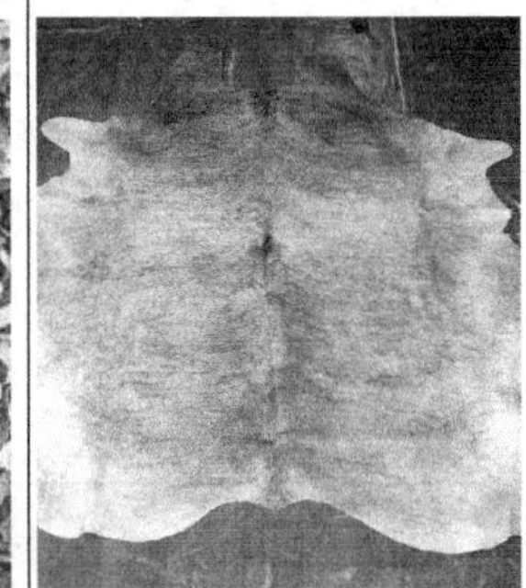 (4) 牛皮毯

3. 地毯基本结构及技术指标

1）地毯基本结构。见表 8-27。

地毯结构表 **表 8-27**

序号	结构	说明
1	面层	面层是地毯的主体、装饰面、绒毛层，常用天然纤维或化学纤维等织成，表面疏松，柔软。地毯通常以面层用料作为名称，如羊毛地毯、尼龙地毯等，它决定地毯的质感、脚感、耐磨性、防污性等主要性能

续表

序号	结构	说明
2	初级背衬层（承托层）	初级背衬是任何一种地毯均具有的基本组成部分，面层纱线和此层物料相应缠织，有支撑面层、固着绒圈、提高地毯的稳固性和易于加工的作用。初级背衬或采用黄麻制成的平织网，或采用聚丙烯机织布或无纺布，要求有一定的耐磨性
3	防松涂层	防松涂层是涂在初级背衬上的涂料层，具有固结织物针脚、增强面层绒圈的圈结强度、使面层纤维不易脱落的作用。防松涂层要求具有良好的防湿性能。常用的防松涂层材料为丁苯乳胶，含固量约为50%～70%；如加入发泡剂，则成为泡沫丁苯乳胶，可代替次级背衬黄麻
4	次级背衬层（副托层）	次级背衬是用胶粘剂将麻布复合在经涂层处理过的初级背衬上，一般用于栽绒地毯中。次级背衬的作用是增强地毯背面的耐磨性和地毯整体性，使地毯外形更稳定，并可加强步履轻快感。次级背衬仍以黄麻为主
5	衬垫层	一般为塑胶孔状结构，其作用是使地毯与地面隔离，增加透气性和弹性

2）地毯的构造属性。见表8-28。

地毯结构表　　表8-28

序号	构造	说明
1	绒毛高度	绒毛高度是指绒圈或绒毛的高度，以英寸为单位，以小数形式表示，精确到千分之一英寸（例如0.187英寸）
2	绒毛厚度	标准压力下地毯绒毛的厚度为绒毛厚度，可用厚度仪测出
3	绒面重量或绒毛重量	地毯绒毛（地部以上）所使用的纱线量为绒面重量或绒毛重量，用盎司/平方码表示
4	总重量	总重量即整块地毯的重量，包括绒面重量、粘合衬底（如乳胶）重量和地部材料重量
5	道数	道数是指在一英寸见方的毯面上垒织的栽绒结扣数，反映了地毯栽绒密度的高低，道数越多、栽绒密度越高、地毯质量越好
6	针距	系簇绒地毯专用术语，指簇绒机宽度方向上两织针之间的距离，用英寸分数表示，如5/64英寸针距很密或者说很高，5/16英寸针距则很稀
7	每英寸针数	系簇绒地毯专用术语，指簇绒机宽度方向上每英寸中的针数为每英寸针数，如4针/英寸的簇绒机可以取得1/4英寸针距
8	每英寸的针脚数	系簇绒地毯专用术语，指长度方向上每英寸中的缝线数为每英寸针脚数。5针脚/英寸是一个较小的针脚数，12针脚/英寸是一个较大的针脚数
9	平方英寸绒圈数或簇绒数	系簇绒地毯专用术语，平方英寸绒圈数或簇绒数由每英寸针数和每英寸针脚数相乘而得
10	节距	系机织地毯专用术语，指织机宽度方向上每27英寸中的经纱根数。节距等于簇绒地毯的针距数乘以27。1块270节距的地毯每英寸有10根经线，在公制单位中，节距的单位是每10cm宽内的经线根数
11	每英寸行数	系机织地毯专用术语，指织机长度方向上每英寸中绒圈的数量为每英寸行数。它相当于簇绒地毯的每英寸针脚数
12	平方英寸线圈数或绒毛数	机织地毯专用术语，也可称为绒毛密度，系将节距数除以27（得到每英寸经线根数），再乘以每英寸行数即可得平方英寸绒圈数或绒毛数。此数值越高地毯的结构越紧密

4. 地毯基本性能指标及检验标准

地毯基本性能指标。

(1) 耐燃性。各种地毯遇火时都会产生燃烧，所以认定地毯耐燃性是以在 12min 的燃烧时间里，燃烧范围直径在 17.96m 以内，则耐燃性合格。目前羊毛地毯阻燃性较好，而化学纤维制作的地毯都极易燃烧熔化。表 8-29 是常用化纤地毯的耐燃性。

常用化纤地毯的耐燃性 **表 8-29**

地毯种类	腈纶地毯	丙纶地毯	涤纶地毯
燃烧时间 (s)	108	143	104
燃烧面积及形状	3.0cm×2.0cm 椭圆	直径 2.4cm 的圆	3.1cm×2.4cm 椭圆
说明	合格	合格	合格

(2) 剥离强度。也称为粘合力，剥离强度是衡量地毯面层与背衬复合强度的一项性能指标，也是衡量地毯复合后的耐水性指标。剥离强度高的地毯在使用遇水时耐水能力强，使用寿命更长。

(3) 耐磨性。地毯的耐磨性用耐磨次数来表示。即地毯在固定压力下磨至背衬露出所需要的次数，反映地毯耐久性的重要指标。耐磨性与材质及绒毛长度的关系见表 8-30。

常用化纤地毯耐磨性 **表 8-30**

面层织造工艺及材料	机织法丙纶	机织法腈纶	机织法腈纶	机织法腈纶	机织法羊毛	机织法涤纶
绒毛长度 (mm)	10	10	8	6	8	6
耐磨次数 (次)	≥100000	7000	6400	6000	2500	≥100000

(4) 弹性。地毯的弹性是指地毯经过一定次数的碰撞 (动荷载) 后厚度减少的百分率。厚度损失愈小其弹性愈好。纯毛地毯弹性较好，化纤地毯中丙纶地毯的弹性不及腈纶地毯。常用地毯弹性参见表 8-31。

常用地毯弹性 **表 8-31**

面层材料及绒毛类型	丙纶圈绒地毯	丙纶剪绒地毯	腈纶圈绒地毯	腈纶剪绒地毯	进口腈丙纶混纺地毯	进口羊毛圈绒地毯
幅宽及绒高 (mm)	2000～4000、5～8	2000～4000、5～8	2000～4000、5～8	2000～4000、5～8	3660～4000、6～10	3660～4000、8～15
回弹性 (碰撞 2000 次厚度损失率)	46%～38%	42%～38%	33%～26%	30%～22%	18%～12%	18%～14%

（5）静电性能。系用地毯表面电阻和静电压来表示的地毯带电和放电情况，一般与纤维本身的导电性有关。

（6）抗老化性。抗老化性主要是对化纤地毯而言的。这是因为化学合成纤维在空气、光照等因素作用下会发生氧化，使其性能下降，缩短使用寿命。

（7）耐菌性。地毯作为地面覆盖物，在使用过程中，容易被虫、菌侵蚀而引起霉烂变化。耐菌性好的地毯应该能经受8种常见霉菌和5种常见的细菌的侵蚀而不长菌和霉变，因此需进行防蛀性处理，以确保地毯的良好性能与使用寿命。

（8）色牢度。色牢度是衡量地毯色彩持久性的指标，基本有耐光色牢度、耐磨擦色牢度两项。一般地毯耐摩擦脱色的色牢度最高4级；耐光色牢度最低4级。

（9）抗污性。地毯使用时呈大面积暴露状态，人们经常行走其上，尘埃杂物极易污损地毯，因此要求地毯有不易污染、易清洗的性能。

材料检索9－饰面板材

使用部位	外墙（柱）	内墙（柱）	地面	吊顶	家具	地板
适用	面层					

9.1 外墙饰面板材

常见的复合饰面板材见表9-1。

复合饰面板材 **表9-1**

板材名称	常见规格（mm） 长×宽 H：厚度	特点	适用范围
铝塑板	1220×2440 H：1.8、2、2.2、2.5、3	铝塑复合板是以经过化学处理的涂装铝板为表层材料，用聚乙烯塑料为芯材，在专用铝塑板生产设备上加工而成的复合材料。分室内板和室外板	大楼外墙、帷幕墙板、旧楼改造翻新、室内墙壁及顶棚装修、广告招牌、展示台架、净化防尘工程
铝板	根据合金元素含量不同铝板可以分为8个系列分别为1***、2***、3***、4***、5***、6***、7***、8***	铝材或铝合金材料制成的板型材料。或者说是由扁铝胚经加热、轧延及拉直或固溶时效热等过程制造而成的板型铝制品	建筑室内外装饰装修饰面
卡索板	2500×1220 3050×1220 H：5、7	由硅酸盐、石英、氧化钙、天然有机纤维、精选矿物填料组成，表面为天然有机冷瓷，色彩多样，防水，耐擦洗	建筑室外装饰装修饰面

续表

板材名称	常见规格（mm） 长×宽 *H*：厚度	特点	适用范围
千思板	2550×1860 3050×1220 3650×1860 *H*：8、10、3	热固性树脂与木纤维在高温高压下聚合而成的平面板材，表面具有与基材合一的着色树脂饰面，燃烧性能 GB 8624 BI 级	建筑室外装饰装修饰面

9.2 隔墙、吊顶饰面材料

隔墙、吊顶的常见饰面材料见表 9-2。

常用板材及特性表 **表 9-2**

<table>
<tr><th>板材名称</th><th>材料性能</th><th>安装方式</th><th>适用范围</th></tr>
<tr><td>纸面石膏板</td><td rowspan="2">质量轻、强度高、阻燃防火、保温隔热，可锯可钉、可刨和粘贴，加工性能好，施工方便</td><td rowspan="5">搁置、钉接</td><td rowspan="3">适用于各类建筑的吊顶</td></tr>
<tr><td>无纸面石膏板（石膏装饰吸声板、防石膏装饰吸声板）</td></tr>
<tr><td>胶合板</td><td>质量轻、强度高、不耐防火、保温隔热，可锯可钉、可刨和粘贴，加工性能好，施工方便</td></tr>
<tr><td>矿棉吸声板</td><td>质量轻、吸声、防火、保温隔热、美观、施工方便</td><td>适用于公共建筑的吊顶</td></tr>
<tr><td>珍珠岩吸声板</td><td>质量轻、吸声、防火、防潮、防虫蛀、耐酸，装饰效果好，可锯、可刨，施工方便</td><td>适用于各类建筑的吊顶</td></tr>
<tr><td>塑料扣板</td><td>质量轻、防潮、防虫蛀，装饰效果好，可锯，施工方便</td><td>钉接</td><td>适用于厨房卫生间的吊顶</td></tr>
<tr><td>金属扣板</td><td>质量轻、防潮、防火，美观，施工方便</td><td>卡接</td><td>适用于各类建筑的吊顶</td></tr>
</table>

9.3 塑料地板

塑料板

按外形分，有块状地板、卷状地板；按装饰效果分，有单色地板、透底花纹地板；按材质分，有半硬质塑料板，软质塑料板；按功能分，有弹性地板、导电地板、体育场地塑胶地板。

1）块状地板。块状地板多为半硬质聚氯乙烯塑料地板（PVC 塑料地板）。块状地板便于运输和铺贴，内部含大量的填料，价格低，耐烟头灼烧，耐污染，损坏后易于调换。聚氯乙烯块状地板有单层和同质复合两种。其规格为 300mm×300mm，厚度 1.5mm。目前盛行的还有 EVA 豪华地板、彩色石英地板。塑料板应平整、光洁、色泽均匀、厚薄一致、边缘平直、无裂纹，板内不得含有杂质和气泡。

2）卷状地板。为软质柔性卷材，生产效率高，整体装饰性好。有氯化聚乙烯卷材地板、聚氯乙烯卷材地板，后者分为带基材的发泡聚氯乙烯卷材地板和带基材的致密聚氯乙烯卷材地板两种，其宽度有1800、2000mm，每卷长度20、30m，总厚度有1.5、2mm。

常用塑料地板性能比较见表9-3。

常用塑料地板性能比较表　　　表9-3

项目	半硬质地板	贴膜印花地板	软质单色卷材	不发泡印花卷材	发泡印花卷材
规格	300mm×300mm 330mm×330mm	300mm×300mm	300mm×300mm	宽1.5~1.8m 长20~25m	宽1.6~12.0m 长20~25m
表面规格	素色、拉花、压花	平面、橘皮皱纹	平面、拉花、压纹	平面、压纹	平面、化学压纹
弹性	硬	软-硬	软	软-硬	软、有弹性
耐陷性	好	好	中	中	差
耐刻划性	差	好	中	好	好
耐烟头性	好	差	中	差	最差
耐玷污性	好	中	中	中	中
耐机械损伤性	好	中	中	中	好
脚感	硬	中	中	中	好
施工性	粘贴	粘贴、可能翘曲	平状、可不贴	可不贴、可能翘曲	平状、可不贴
装饰性	一般	较好	一般	较好	好

9.4　软包材料

软包类墙柱面的材料主要由底层材料、吸声层材料、面层材料三部分组成，常用材料见表9-4。

软包类墙柱面常用材料表　　　表9-4

序号	层别	常用材料
1	底层	阻燃型胶合板、FC板、埃特尼板等 FC板或埃特尼板是以天然纤维、人造纤维或植物纤维与水泥等为主要原料，经烧结成型、加压、养护而成，比阻燃型胶合板的耐火性能高一级
2	吸声层	轻质不燃、多孔材料，如玻璃棉、超细玻璃棉、自熄型泡沫塑料等
3	面层	阻燃型高档豪华软包面料，常用的有各种人造皮革、豪华防火装饰布、针刺超绒、背面深胶阻燃型豪华装饰布及其他全棉、涤棉阻燃型豪华软质面料

9.5　裱糊材料

裱糊类墙柱面装饰装修，经常使用的饰面卷材有壁纸、壁布、皮革、微薄木等。

卷材装饰施工方便，由于卷材是柔性装饰材料，适宜于在曲面、弯角、转折、线脚等处成型粘贴，可获得连续的饰面，属于较高级的饰面类型。

在裱糊类饰面材料中，壁纸的使用最为广泛普遍。壁纸的种类很多，常用的分类为三种，即普通壁纸、发泡壁纸和特种壁纸。壁纸类别、特点与适用范围见表 9–5。

壁纸类别、特点与适用范围　　表 9–5

类别	品种	特点	适用范围
普通壁纸	单色压花壁纸	花色品种多，适用面广、价格低。可制成仿丝绸、织锦等图案	居住和公共建筑内墙柱面
	印花壁纸	可制成各种色彩图案，并可压出立体感的凹凸花纹	
发泡壁纸	低发泡 中发泡 高发泡	中、高档次的壁纸，装饰效果好，并兼有吸声功能，表面柔软，有立体感	居住和公共建筑内墙柱面
特种壁纸	耐水壁纸	用玻璃纤维毡作基材	卫生间浴室等墙柱面
	防火壁纸	有一定的阻燃防火性能	防火要求较高的室内墙柱面
	金属面壁纸	有金属质感与光泽，华贵又美丽，价格昂贵	高级公共建筑厅堂
	木屑壁纸	可在纸上漆成各种颜色，表面粗糙，别具一格	高级公共厅建筑厅堂
	彩色砂粒壁纸	表面似彩砂涂料，质感强	一般室内柱面、门厅、走廊等局部装饰
	纤维壁纸	质感强	居住和公共建筑内墙柱面
聚氯乙烯壁纸（PVC 塑料壁纸）		以纸或布为基材，PVC 树脂为涂层，经复印印花、压花、发泡等工序制成。具有花色品种多样，耐磨、耐折、耐擦洗，可选性强等特点，是目前产量最大、应用最广泛的一种壁纸。经过改进的、能够生物降解的 PVC 环保壁纸，无毒、无味、无公害	各种建筑物的内墙柱面及顶棚
织物复合壁纸		将丝、棉、毛、麻等天然纤维复合于纸基上制成。具有色彩柔和、透气、调湿、吸声、无毒、无味等特点，但价格偏高，不易清洗	饭店、酒吧等高级墙柱面点缀
金属壁纸		以纸为基材，涂覆一层金属薄膜制成。具有金碧辉煌，华丽大方，不老化，耐擦洗，无毒、无味等特点。金属箔非常薄，很容易折坏，基层必须非常平整洁净，应选用配套胶粉裱糊	公共建筑的内墙柱面、柱面及局部点缀

续表

类别	品种	特点	适用范围
	复合纸质壁纸	将双层纸（表纸和底纸）施胶、层压，复合在一起，再经印刷、压花、表面涂胶制成。具有质感好、透气、价格较便宜等特点	各种建筑物的内墙柱面

材料检索 10 – 建筑涂料

使用部位	外墙（柱）	内墙（柱）	地面	楼板	吊顶
适用	饰面				

建筑涂料简称涂料，是指涂覆于物体表面，能与基体材料牢固粘结并形成连续完整而坚韧的保护膜，具有防护、装饰及其他特殊功能的物质。

10.1 建筑涂料的功能和分类

1. 建筑涂料的功能

见表 10-1。

建筑涂料功能表　　表 10-1

序号	功能	品种
1	装饰功能	建筑涂料的涂层具有不同的色彩和光泽，它可以带有各种填料，可通过不同的涂饰方法，形成各种纹理、图案和不同程度的质感，以满足各种类型建筑物的不同装饰艺术要求，达到美化环境及装饰建筑物的作用
2	保护功能	建筑涂料涂覆于建筑物表面形成涂膜后，使结构材料与环境中的介质隔开，可减缓各种破坏作用，延长建筑物的使用寿命
3	其他特殊功能	建筑涂料除了具有装饰、保护功能外，一些涂料还具有各自的特殊功能，进一步适应各种特殊使用的需要，如防火、防水、吸声隔声、隔热保温、防辐射等

2. 建筑涂料的分类

见表 10-2。

建筑涂料分类表　　表 10-2

序号	分类方法	涂料品种
1	按涂料状态	溶剂型涂料、水溶型涂料、乳液型涂料、粉末涂料
2	按涂料装饰质感	薄质涂料、厚质涂料、复层涂料

续表

序号	分类方法	涂料品种
3	按涂刷部位	外墙涂料、内墙涂料、顶棚涂料、地面涂料、屋面防水涂料等
4	按涂料特殊功能	防火涂料、防水涂料、防霉涂料、防虫涂料、防结露涂料
5	按主要成膜物质	油脂、天然树脂、酚醛树脂、沥青、醇酸树脂、氨基树脂、聚酯树脂、环氧树脂、丙烯酸树脂、烯类树脂、硝基纤维素、纤维酯、纤维醚、聚氨基甲酸酯、元素有机聚合物、橡胶、元素无机聚合物
6	按使用分散介质和主要成膜物质的溶解状况	溶剂型涂料、水溶型涂料和乳液型涂料等

10.2 涂料的组成

涂料中各种不同的物质经混合、溶解、分散而组成涂料。按涂料中各种材料在涂料的生产、施工和使用中所起作用的不同，可将这些组成材料分为主要成膜物质、次要成膜物质、溶剂和助剂等。见表 10-3。

建筑涂料组成表 **表 10-3**

序号	组成			品种	作用
1	主要成膜物质	树脂		虫胶、大漆等天然树脂，松香甘油酯、硝化纤维等人造树脂以及醇酸树脂、聚丙烯酸酯、环氧树脂、聚氨酯、聚磺化聚乙烯、聚乙烯醇聚物、聚醋酸乙烯及其共聚物等合成树脂等	涂料成膜的主要物质
		油料		桐油、亚麻子油等植物油	
2	次要成膜物质	颜料	无机	铅铬黄、铁红、铬绿、钛白、炭黑等	使涂料具有不同的色彩
			有机	耐晒黄、甲苯胺红、酞菁蓝、苯胺黑、酞菁绿等	
		填料		碱土金属盐、硅酸盐和镁、轻质碳酸钙、滑石粉、石英石粉等白色粉末状天然材料或工业副产品	改善涂料的性能，降低成本
3	溶剂（稀释剂）			有两大类：一类是有机溶剂，如松香水、酒精、汽油、苯、二甲苯、丙酮等；另一类是水	溶解、分散、乳化成膜物质的原料
4	助剂			催干剂、增塑剂、固化剂、流变剂、分散剂、增稠剂、消泡剂、防冻剂、紫外线吸收剂、抗氧化剂、防老化剂、防霉剂、阻燃剂等	改善涂料的性能、提高涂膜的质量

10.3 常用建筑涂料

1. 有机建筑涂料

见表 10-4。

常见有机涂料类型表 **表 10-4**

序号	涂料类型	特点	常用品种
1	溶剂型涂料	溶剂型涂料是以高分子合成树脂或油脂为主要成膜物质，有机溶剂为稀释剂，再加入适量的颜料、填料及助剂，经研磨而成的涂料 优点：涂膜细腻光洁而坚韧，有较好的硬度、光泽和耐水性、耐候性，气密性好，耐酸碱，对建筑物有较强的保护性，使用温度可以低到零度 缺点：易燃、溶剂挥发对人体有害，施工时要求基层干燥，涂膜透气性差，价格较贵	O/W 型及 W/O 型多彩内墙涂料、氯化橡胶外墙涂料、丙烯酸酯外墙涂料、聚氨酯系外墙涂料、丙烯酸酯有机硅外墙涂料、仿瓷涂料、聚氯乙烯地面涂料、聚氨酯-丙烯酸酯地面涂料及油脂漆、天然树脂漆、清漆、磁漆、聚酯漆等
2	水溶性涂料	水溶性涂料是以水溶性合成树脂为主要成膜物质，以水为稀释剂，再加入适量颜料、填料及助剂经研磨而成的涂料 优点：水溶性树脂可直接溶于水中，与水形成单相的溶液 缺点：耐水性差，耐候性不强，耐洗刷性差，一般只用于内墙涂料	聚乙烯醇水玻璃内墙涂料、聚乙烯醇缩甲醛内墙涂料等
3	乳液型涂料又称乳胶漆	由合成树脂借助乳化剂作用，以 0.1～0.5μm 的极细微粒分散于水中构成的乳液，并以乳液为主要成膜物质，再加入适量的颜料、填料助剂经研磨而成的涂料 优点：价格便宜，无毒、不燃，对人体无害，形成的涂膜有一定的透气性，涂布时不需要基层很干燥，涂膜固化后的耐水性、耐擦洗性较好，可作为室内外墙建筑涂料 缺点：施工温度一般应在 10℃ 以上，用于潮湿的部位，易发霉，需加防霉剂	聚醋酸乙烯乳胶漆、丙烯酸酯乳胶漆、乙-丙乳胶漆、苯-丙乳胶漆、聚氨酯乳胶漆等内墙涂料及乙-丙乳液涂料、氯-醋-丙涂料、苯-丙外墙涂料、丙烯酸酯乳胶漆、彩色砂壁状外墙涂料、水乳型环氧树脂乳液外墙涂料等外墙涂料

2. 无机建筑涂料

无机建筑涂料是以碱金属硅酸盐或硅溶胶为主要成膜物质，加入相应的固化剂，或有机合成树脂、颜料、填料等配制而成，主要用于建筑物外墙。

与有机涂料相比，无机涂料的耐水性、耐碱性、抗老化性等性能特别优异；其粘结力强，对基层处理要求不是很严格，适用于混凝土墙体、水泥砂浆抹面墙体、水泥石棉板、砖墙和石膏板等基层；温度适应性好，可在较低的温度下施工，最低成膜温度为 5℃，负温下仍可固化；颜色均匀，保色性好，遮盖力强，装饰性好；有良好耐热性，且遇火不燃、无毒；资源丰富，生产工艺简单，施工方便等。

按主要成膜物质的不同可分为：A 类：碱金属硅酸盐及其混合物为主要成膜物质；B 类：以硅溶胶为主要成膜物质。

3. 油漆涂料

油漆用于涂敷在家具、木制品和木地板的表面，使材料得以保护，表面光滑、美观，经久耐用。是建筑装饰装修工程中常用的一种涂料。油漆表面有哑光和亮光之分，消费者可根据需求而选择。油漆涂料主要有 4 类，见表 10-5。

常见有机涂料类型表　　　　表 10-5

序号	涂料类型	特点	用途
1	天然漆 又称大漆	有生漆和熟漆之分。天然漆是漆树上取得的液汁，经部分脱水并过滤而得。漆膜坚硬、富有光泽、耐久、耐磨、耐油、耐水、耐腐蚀、绝缘、耐热、与基材表面结合力强等。黏度大，不易施工（尤其是生漆），漆膜色深、性脆、不耐阳光直射、抗强氧化剂和抗碱性能差，漆酚有毒，容易产生皮肤过敏	主要用于传统木器家具、工艺美术品及某些建筑构件等。在现代家具工艺中不大常用
2	调和漆	调和漆是在熟干性油中加入颜料、溶剂、催干剂等调合而成的一种涂料，是比较常用的一种油漆。质地均匀，稀稠适度，漆膜耐蚀、耐晒、经久不裂，遮盖力强，耐久性好，施工方便，颜色丰富	适用于室内外钢材、木材等材料表面装饰。常用的有油性调合漆和磁性调合漆等品种
3	树脂漆 又称清漆	将树脂溶于溶剂中，加入适量催干剂而成。常用的树脂有醇酸树脂、聚氨酯树脂、酚醛树脂、环氧树脂等。树脂漆通常不掺颜料，涂刷于材料表面，溶剂挥发后干结成透明的光亮薄膜，能显示出基材原有的花纹，更显立体感。近年来国内外市场又开发出了亚光树脂漆，也呈良好的装饰效果 树脂漆分单组分和双组分。单组分树脂漆就是由树脂和溶剂组成，双组分树脂漆还要加上固化剂等辅料	多用于木制家具、木地板、室内门窗、隔断的涂刷，不宜外用。使用时可喷可涂
4	磁漆 （瓷漆）	磁漆系在清漆基础上加入无机颜料而成。因漆膜光亮、坚硬，酷似瓷（磁）器，故称磁漆。磁漆色泽丰富、附着力强、价格低廉	适用于室内装修和家具，也可用于室外钢材和木材表面

油漆中含有挥发性有机化合物（VOC）、苯、甲苯、二甲苯、游离甲苯二异氰酸酯、重金属物质等对人体和环境有害成分，国家标准《室内装饰装修材料溶剂型木器涂料中有害物质限量》GB 18581—2009 对有害物质的检测和限量作了规定。因此，选购油漆涂料时，尽量选用环保型产品，并注意索取产品质量检测报告。使用油漆涂料时一定要注意施工安全，打开门窗通风，谨防中毒；油漆后的地板、家具等要尽量通风，使室内油漆涂料中有害物质含量达到国家规定的限量以下。

4. 常见各类涂料优缺点

常见各类涂料优缺点见表 10-6。

各类涂料优缺点比较表　　　　表 10-6

种类	优点	缺点
油脂涂料	耐候性良好，涂刷性好，内外兼用，价廉	干燥慢，机械性能低，涂膜较软，不能打磨、抛光
天然树脂涂料	干燥快，短油度涂膜坚硬，易打磨；长油柔韧性、耐候性较好	短油耐候性差，长油不能打磨抛光

续表

种类	优点	缺点
酚醛涂料	漆膜较坚硬，耐水，耐化学腐蚀，能绝缘	漆膜干燥较慢，表面粗糙，易泛黄、变深
沥青涂料	附着力好，耐水、潮、酸碱、绝缘、价廉	颜色黑，无浅漆，耐日光、耐溶剂性差
醇酸涂料	光泽和机械强度较好，耐候性优良，附着力好，绝缘	耐光、耐热、保光泽性能差
氨基涂料	涂膜光亮、丰满、硬度高，不易泛黄，耐热、耐碱，耐磨、附着力好	烘烤干燥，烘烤过度漆膜泛黄、发脆，不适用于木质表面
硝基涂料	涂膜丰满、光泽好、干燥快，耐油，坚韧耐磨，耐候性较好	易燃，清漆不耐紫外光，在潮湿或寒冷时涂装涂膜浑浊发白，工艺复杂
过氯乙烯涂料	干燥快，涂膜坚韧，耐候、耐化学腐蚀、耐水、耐油、耐燃，机械强度较好	附着力、打磨、抛光性能较差，不耐70℃以上温度，固体分低
乙烯涂料	涂膜干燥快、柔韧性好，色浅，耐水性、耐化学腐蚀性优良，附着力好	固体分低，清漆不耐晒
丙烯酸涂料	涂膜光亮、附着力好，色浅、不泛黄，耐热、耐水、耐化学药品、耐候性优良	清漆耐溶剂性、耐热性差，固体分低
聚酯涂料	涂膜光亮、坚硬、韧性好，耐热、耐寒、耐磨	不饱和聚酯干性不易掌握，对金属附着力差，施工方法复杂
环氧涂料	附着力强，涂膜坚韧，耐水、耐热、耐碱，绝缘	室外使用易粉化，保光性差，色泽较深
聚氨酯涂料	涂膜干燥快、坚韧、耐磨、耐水、耐热、耐化学腐蚀，绝缘，附着力强	喷涂时遇潮起泡，易粉化、泛黄，有毒性
有机硅涂料	耐高温，耐化学性好，绝缘，附着力强	个别品种漆膜较脆，附着力较差
橡胶涂料	耐酸、碱腐蚀，耐水、耐磨、耐大气性，附着力强、绝缘	易变色，清漆不耐晒，施工性能不太好

5. 涂料的选择

1）按建筑部位选择涂料，见表10-7。

按建筑部位选用涂料表 **表10-7**

涂料类型	水性	水泥系	无机涂料			乳剂型涂料								溶剂型涂料							
涂料品种 / 基层材料	聚乙烯醇系涂料	聚合物水泥系涂料	石灰浆涂料	硅酸盐系涂料	硅溶胶无机涂料	聚酯酸乙烯涂料	乙丙涂料	乙顺涂料	氯偏涂料	氯醋丙涂料	苯丙涂料	丙烯酸酯涂料	水乳性环氧树脂涂料	油漆	过氯乙烯涂料	苯乙烯涂料	聚乙烯醇缩丁醛涂料	氯化橡胶涂料	丙烯酸酯涂料	聚氨酯系涂料	环氧树脂涂料
室外屋面											●	●							●	☺	
室外墙面	×	●	×	●	☺	×	●	●	●	☺	☺	☺	☺	×	●	●	●	☺	☺	☺	
室外地面		●																		☺	●

续表

涂料类型	水性	水泥系	无机涂料			乳剂型涂料								溶剂型涂料							
住宅内墙顶面	☺		●	×	●	●	●	●	●	●	●	●	●	●	●	×	●	●	●	●	
厂房内墙顶面	●		×	×	●	●	●	●	●	●	●	●	●		●	×	●	●	☺	☺	
住宅室内地面		☺												●	●	●					
厂房室内地面		●							●						●	●				☺	☺

☺优先采用●可以使用×不可用。

2）按基层材料选择涂料，见表10-8。

按基层材料选用涂料表 **表10-8**

涂料类型	水性	水泥系	无机涂料			乳剂型涂料								溶剂型涂料							
涂料品种 基层材料	聚乙烯醇系涂料	聚合物水泥系涂料	石灰浆涂料	硅酸盐系涂料	硅溶胶无机涂料	聚酯酸乙烯涂料	乙丙涂料	乙顺涂料	氯偏涂料	氯醋丙涂料	苯丙涂料	丙烯酸酯涂料	水乳性环氧树脂涂料	油漆	过氯乙烯涂料	苯乙烯涂料	聚乙烯醇缩丁醛涂料	氯化橡胶涂料	丙烯酸酯涂料	聚氨酯系涂料	环氧树脂涂料
混凝土（轻质、预应力、加气）	●	☺	●	●	●	●	●	●	●	●	●	●	●	×	●	●	●	●	●	●	●
砂浆1：1：6 1：1：4基层	●	☺	●	●	●	●	●	●	●	●	●	●	●	×	●	●	●	●	●	●	●
木基层	×	×	×	×	×	●	●	●	●	●	●	●	●	☺	☺	☺	☺	☺	☺	☺	☺
金属基层	×	×	×	×	×	×	×	×	×	●	●	●	☺	☺	☺	☺	☺	☺	☺	☺	☺

☺优先采用●可以使用×不可用。

材料检索11－功能材料

使用部位	外墙（柱）	内墙（柱）	地面	门窗	玻璃构件	吊顶
适用	防火、防水、吸声、绝热、密封					

11.1 防火涂料

防火涂料由基料及阻燃外加剂两部分组成，它除了应具有普通涂料的装饰作用和对基材提供物理保护外，还需要具有阻燃耐火的特殊功能。防火涂料主要用作建筑物的防火保护，如涂刷在建筑物的木材、纤维板、纸板、塑料等易燃建筑基材表面，或电缆、金属构件等表面，具有装饰作用，又有一定的耐火能力，同时还具有防腐、防锈、耐酸碱、耐候、耐水、耐盐雾等功能，因此防火涂料是一种集装饰和防火为一体的特种涂料（表 11-1）。

对选择及使用防火涂料的规定　　　　表 11-1

序号	防火涂料种类	木表面涂料不得小于 kg/m^2	特征	基本用途	限制和禁止的范围
1	硅酸盐涂料	0.50	无抗水性，在二氧化碳的作用下分解	用于不直接受潮湿作用的构件上	不得用于露天构件及位于二氧化碳含量高的大气中
2	可塞银（酪素）涂料	0.70	—	用于不直接受潮湿作用的构件上	构件不得用于露天
3	掺有防火剂的油质涂料	0.60	抗水性良好	用于露天构件上	—

11.2 防水材料

防水材料是保证房屋建筑能够防止雨水、地下水和其他水分渗透，以保证建筑物能够正常使用的一类建筑材料，是建筑工程中不可缺少的主要建筑材料之一。防水材料质量对建筑物的正常使用寿命起着举足轻重的作用。近年来，防水材料突破了传统的沥青防水材料，改性沥青油毡迅速发展，高分子防水材料使用也越来越多，且生产技术不断改进，新品种新材料层出不穷。防水层的构造也由多层向单层发展；施工方法也由热熔法发展到冷粘法。防水材料按其特性又可分为柔性防水材料和刚性防水材料。其主要应用见表 11-2。

常用防水材料的分类和主要应用　　　　表 11-2

类别	品种	主要应用
刚性防水材料	防水砂浆	屋面及地下防水工程。不宜用于有变形的部位
	防水混凝土	屋面、蓄水池、地下工程、隧道等
沥青基防水材料	纸胎石油沥青油毡	地下、屋面等防水工程
	玻璃布胎沥青油毡	地下、屋面等防水防腐工程
	沥青再生橡胶防水卷材	屋面、地下室等防水工程，特别适合寒冷地区或有较大变形的部位

续表

类别	品种	主要应用
改性沥青基防水卷材	APP 改性沥青防水卷材	屋面、地下室等各种防水工程
	SBS 改性沥青防水卷材	屋面、地下室等各种防水工程，特别适合寒冷地区
合成高分子防水卷材	三元乙丙橡胶防水卷材	屋面、地下室水池等各种防水工程，特别适合严寒地区或有较大变形的部位
	聚氯乙烯防水卷材	屋面、地下室等各种防水工程，特别适合较大变形的部位
	聚乙烯防水卷材	屋面、地下室等各种防水工程，特别适合严寒地区或有较大变形的部位
	氯化聚乙烯防水卷材	屋面、地下室、水池等各种防水工程，特别适合有较大变形的部位
	氯化聚乙烯—橡胶共混防水卷材	屋面、地下室、水池等各种防水工程，特别适合严寒地区或有较大变形的部位
粘结及密封材料	沥青胶	粘贴沥青油毡
	建筑防水沥青嵌缝油膏	屋面、墙面、沟、槽、小变形缝等的防水密封。重要工程不宜使用
	冷底子油	防水工程的最底层
	乳化石油沥青	代替冷底子油、粘贴玻璃布、拌制沥青砂浆或沥青混凝土
	聚氯乙烯防水接缝材料	屋面、墙面、水渠等的缝隙
	丙烯酸酯密封材料	墙面、屋面、门窗等的防水接缝工程。不宜用于经常被水浸泡的工程
	聚氨酯密封材料	各类防水接缝。特别是受疲劳荷载作用或接缝处变形大的部位，如建筑物、公路、桥梁等的伸缩缝
	聚硫橡胶密封材料	各类防水接缝。特别是受疲劳荷载作用或接缝处变形大的部位，如建筑物、公路、桥梁等的伸缩缝

11.3 吸声材料

为了使建筑达到声学功能，墙柱面（吊顶）装饰装修需要用吸声材料作为填充材料或饰面材料，用以改善室内收听声音的条件和控制噪声。保温绝热材料由其轻质及结构上的多孔特征，故具有良好的吸声性能。对声音有特殊要求的建筑物如音乐厅、影剧院、大会堂、大教室、播音室等场所均需要应用大量的吸声材料，而对于一般的工业与民用建筑物来说，均无需单独使用吸声材料。其吸声功能的提高主要是靠与保温绝热及装饰等其他新型建材相结合来实现的。常用的吸声材料及其吸声系数见表 11-3，供选用时参考。

建筑上常用的吸声材料　　　　**表 11-3**

分类及名称		厚度（cm）	表观密度（kg/m^3）	各种频率下的吸声系数						装置情况
				125	250	500	1000	2000	4000	
无机材料	石膏板（有花纹）	—	—	0.03	0.05	0.06	0.09	0.04	0.06	贴实
	水泥蛭石板	4.0	—	—	0.14	0.46	0.78	0.50	0.60	贴实
	石膏砂浆（掺水泥、玻璃纤维）	2.2	—	0.24	0.12	0.09	0.30	0.32	0.83	粉刷在墙上
	水泥膨胀珍珠岩板	5	350	0.16	0.46	0.64	0.48	0.56	0.56	贴实
	水泥砂浆	1.7	—	0.21	0.16	0.25	0.4	0.42	0.48	粉刷在墙上
	砖（清水墙面）		—	0.02	0.03	0.04	0.04	0.05	0.05	贴实
木质材料	软木板	2.5	260	0.05	0.11	0.25	0.63	0.70	0.70	贴实
	木丝板	3.0	—	0.10	0.36	0.62	0.53	0.71	0.90	钉在木龙骨上，后面留 10cm 空气层和留 5cm 空气层两种
	三夹板	0.3	—	0.21	0.73	0.21	0.19	0.08	0.12	
	穿孔五夹板	0.5	—	0.01	0.25	0.55	0.30	0.16	0.19	
	木花板	0.8	—	0.03	0.02	0.03	0.03	0.04	—	
	木质纤维板	1.1	—	0.06	0.15	0.28	0.30	0.33	0.31	
多孔材料	泡沫玻璃	4.4	1260	0.11	0.32	0.52	0.44	0.52	0.33	贴实
	脲醛泡沫塑料	5.0	20	0.22	0.29	0.40	0.68	0.95	0.94	
	泡沫水泥（外粉刷）	2.0	—	0.18	0.05	0.22	0.48	0.22	0.32	紧靠粉刷
	吸声蜂窝板	—	—	0.27	0.12	0.42	0.86	0.48	0.30	贴实
	泡沫塑料	1.0	—	0.03	0.06	0.12	0.41	0.85	0.67	
纤维材料	矿渣棉	3.13	210	0.01	0.21	0.60	0.95	0.85	0.72	贴实
	玻璃棉	5.0	80	0.06	0.08	0.18	0.44	0.72	0.82	
	酚醛玻璃纤维板	8.0	100	0.25	0.55	0.80	0.92	0.98	0.95	

11.4 绝热材料

建筑绝热保温材料是建筑节能的物质基础。性能优良的建筑绝热保温材料和良好的保温技术绝热（保温、隔热）材料是指对热流具有显著阻抗性的材料或材料复合体；绝热制品则是指被加工成至少有一面与被覆盖面形状一致的各种绝热材料的制成品。

材料的导热系数，与其自身的成分、表观密度、内部结构以及传热时的平均温度和材料的含水量有关。导热系数越小，保温隔热性能越好。表观密度越轻，导热系数越小。多孔材料单位体积中气孔数量越多，导热系数越小；松散颗粒材料的导热系数，随单位体积中颗粒数量的增多而减小；松散纤维材料的导热系数，则随纤维截面的减少而减小。多孔材料的导热系数随平均温度和含水量的增大而增大，随湿度的减小而减小。常用绝热材料技术性能见表 11-4。

常用绝热材料技术性能及用途 **表 11-4**

序号	材料名称	表观密度（kg/m^3）	强度（MPa）	导热系数［W/（m·K）］	最高使用温度（℃）	用途
1	超细玻璃棉毡 沥青玻纤制品	30～50 100～150		0.035 0.041	300～400 250～300	墙体、屋面、冷藏库等
2	岩棉纤维	80～150	>0.012	0.044	250～600	填充墙体、屋面、热力管道等
3	岩棉制品	80～160		0.04～0.052	≤600	
4	膨胀珍珠岩	40～300		常温 0.02～0.044 高温 0.06～0.17 低温 0.02～0.038	≤800	高效能保温保冷填充材料
5	水泥膨胀珍珠岩制品	300～400	0.5～0.10	常温 0.05～0.081 低温 0.081～0.12	≤600	保温隔热用
6	水玻璃膨胀珍珠岩制品	200～300	0.6～1.7	常温 0.056～0.093	≤650	保温隔热用
7	水泥膨胀蛭石制品	300～350	0.5～1.15	0.076～0.105	≤600	保温隔热用
8	轻质钙塑板	100～150	0.1～0.3 0.11～0.7	0.047	650	保温隔热兼防水性能，并具有装饰性能
9	泡沫玻璃	150～600	0.55～15	0.058～0.128	300～400	砌筑墙体及冷藏库绝热
10	木丝板	300～600	0.4～0.5	0.11～0.26		顶棚、隔墙板、护墙板
11	软质纤维板	150～400		0.047～0.093		同上，表面较光洁
12	软木板	105～437	0.15～2.5	0.044～0.079	≤130	吸水率小，不霉腐、不燃烧，用于绝热隔热
13	聚苯乙烯泡沫塑料	20～50	0.15	0.031～0.047	70	屋面、墙体保温，冷藏库隔热

续表

序号	材料名称	表观密度（kg/m³）	强度（MPa）	导热系数［W/（m·K）］	最高使用温度（℃）	用途
14	聚氯乙烯泡沫塑料	12～27	0.31～1.2	0.022～0.035	-196～70	屋面、墙体保温、冷藏库隔热

11.5 密封材料

1. 树脂类密封材料

常用的有聚氯乙烯密封材料和丙烯酸类密封材料，均属中档密封材料。具有粘结力高、伸长率大、低温性能好、耐候性好等优点，其中以丙烯酸类密封材料性能更优，但耐水性较差。

2. 橡胶类密封材料

常用的有双组分的聚氨酯密封材料和聚硫橡胶密封材料。二者性能优异，特别是粘结力强、伸长率很大、低温性能好、耐候性好，并对冲击振动有很好的适应性，属高档密封材料，可在各种工程中使用。此外，常用的还有中档的氯丁橡胶密封材料、丁基橡胶密封材料和氯磺化聚乙烯密封材料。

3. 树脂—橡胶共混型密封材料

常用的有氯丁橡胶与丙烯酸树脂共混型的密封材料，属中档密封材料。

当接缝变形小于±5%时可选用低档密封材料；变形量小于±12%时应选用丁基橡胶、氯丁橡胶、丙烯酸酯、氯磺化聚乙烯类密封材料；当变形量大于±25%时应选用聚硫橡胶、聚氨酯类高档的高弹性密封材料。

密封材料主要应用于外墙和屋顶工程，特别在玻璃工程中有大量应用。玻璃镶嵌在金属框上既要使玻璃牢靠地固定，同时又要保证接缝处的防水密闭、玻璃的热胀冷缩等问题，这就需要在玻璃与金属框接触的部位使用以下三种玻璃嵌缝材料，见表11-5。应用这三种材料安装后，在承受有玻璃传递的风荷载作用时就不会脱离框架，同时对玻璃和框架受热后产生的膨胀和玻璃受荷载作用产生的变形具有一定的适应能力，防止雨水的渗透，保证玻璃使用的安全性，见表11-6。

玻璃嵌缝材料表　　表11-5

名称	主要品种	特点
填充材料	聚氯乙烯泡沫胶系、聚苯乙烯泡沫胶系和氯丁二烯胶等，形状有片状、板状、圆柱状等多种规格	用于金属框凹槽内的底部，能防止玻璃与框架的直接接触，保护玻璃周边不受损坏，同时起到填充缝隙和定位的作用，包括支撑块、定位块和间距片。一般在准备安装前装于框架凹槽内，上部多用橡胶压条和硅酮系防水密封膏加以覆盖

续表

名称	主要品种	特点
密封材料	油灰、塑性填料、密封剂、嵌缝条等。使用较多的是橡胶密封条	用于玻璃与框架结合部位的连接。安装时嵌于玻璃两侧，起一定的密封缓冲和固定压紧的作用。密封材料应有足够的承载和抗拉强度，在最恶劣的环境气候条件下应能保证玻璃安装结构对建筑物的水密性、气密性等功能要求
防水材料	三元乙丙橡胶、泡沫塑料、氯丁橡胶、丁基橡胶、硅酮橡胶等。硅酮橡胶的性能最佳	防水材料的作用是封闭缝隙和粘结，目前应用较多的有聚硫系的聚硫橡胶封缝料和硅酮橡胶系的硅酮封缝料。硅酮封缝料的耐久性好、品种多、容易操作，属于防水材料中的高级材料，其模数越低，对活动缝隙的适应能力越强、越有利于抗震

硅酮系封缝材料的种类及应用　　　表 11-6

硬化机理	主要硬化成分	模数	特点	使用玻璃品种					
				聚碳酸酯	热反射玻璃	夹丝玻璃	夹层玻璃	中空玻璃	浮法、压花、吸热、钢化玻璃
单一组分吸湿固化型	醋酸型	高、中	硬化快，腐蚀金属、粘结性和耐久性好，透明度较高，有恶臭	×	×	×	×	×	●
	乙醇型	中	无臭、无腐蚀性、粘结性较好	☺	●	●	●	●	●
单一组分	氨化物或氨基酸型	低	容易操作、无腐蚀性、耐久性较好	×	●	☺	☺	☺	☺
双组分反应固化型	氨基酸型	低	价格低，耐久性尚可，需要底涂层，对活动缝隙适应力强，适于悬挂结构和大的可动缝隙，无腐蚀性	×	●	●	☺	☺	☺

☺优先采用●可以使用×不可用。

材料检索 12 – 五金材料

使用部位	外墙（柱）	内墙（柱）	地面	楼板	吊顶	家具	隔断
适用	固定、连接、支点						

12.1 吊顶五金

吊顶施工常用五金配件见表 12-1。

吊顶施工常用五金配件　　表 12-1

序号	构件名称	型号	示意图	用途
1	镀锌螺栓	M6 × 30、M6 × 40、M6 × 50	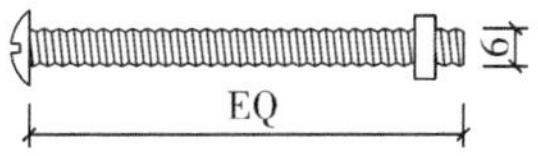 19；EQ	用于木龙骨和吊杆之间的连接
2	膨胀螺栓	M6 × 65、M6 × 75、M8 × 90、M8 × 100、M8 × 110、M8 × 130	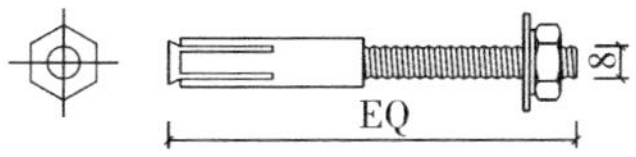 18；EQ	一般用于吊点
3	圆钉	3 号、4 号、5 号、6 号	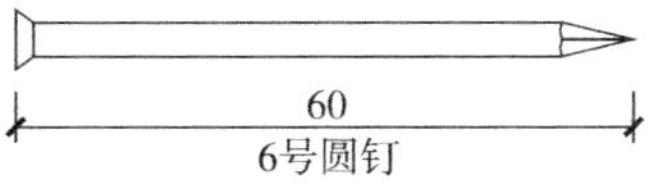 60；6号圆钉	用于木龙骨之间的连接
4	麻花钉	50、55、65、75	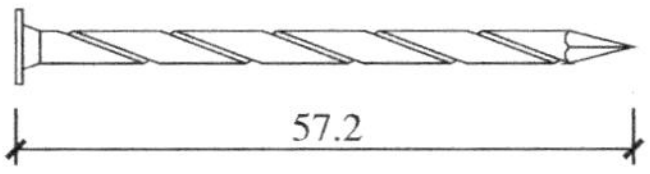 57.2	用于木龙骨之间的连接
5	水泥钉	11 号、10 号、8 号、7 号	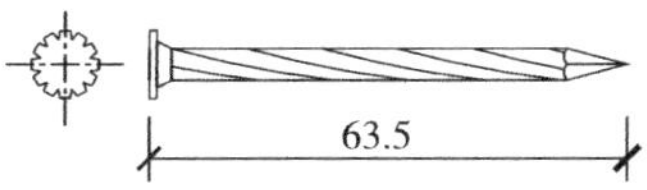 63.5	用于和混凝土墙之间的连接
6	骑马钉	20、30	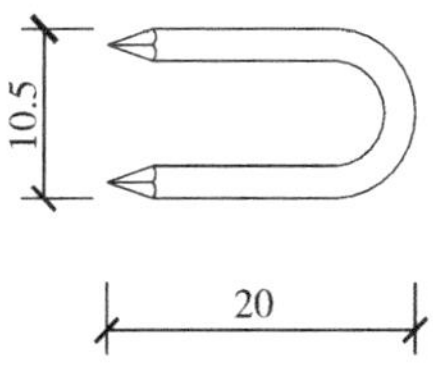 10.5；20	用于两张石膏板、木夹板之间的连接
7	十字槽沉头木螺钉	10、20、30、40、50	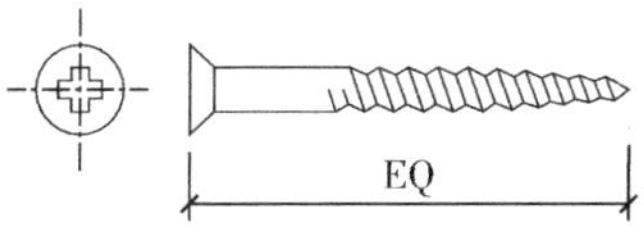 EQ	用于石膏板和龙骨的固定，一般要凹入饰面板

12.2　门窗五金

门窗施工常用五金配件见图 12-1 ~ 图 12-8。

1. 门的五金

有铰链、拉手、插销、门锁、闭门器和门挡等。铰链又称合页，是门框和门扇的连接五金件，门扇可绕铰链轴转动。拉手是开门时执手用的五金件，一般为正反对称安装。门锁是锁门的五金件，有的是专门的门锁，有的与拉手连在一起。闭门器是使门自动关闭的专用五金，主要用于卫生间等场所。门制是用于门开启状态下定位的专用五金，防止门扇被风吹而发生与门框的撞击。有门吸、地碰、门顶、防盗插销等品种。

2. 窗的配套五金

有铰链、拉手、插销等（图 12-9 ~ 图 12-11）。

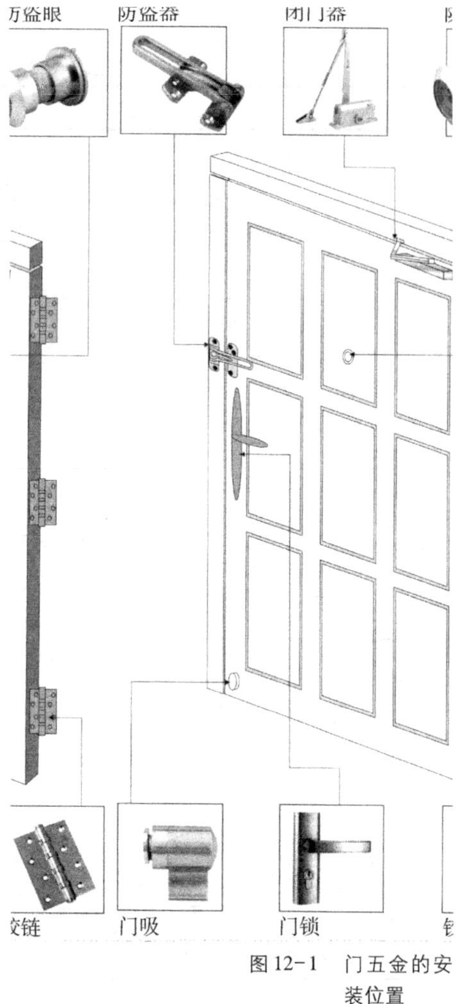

图 12-1　门五金的安装位置

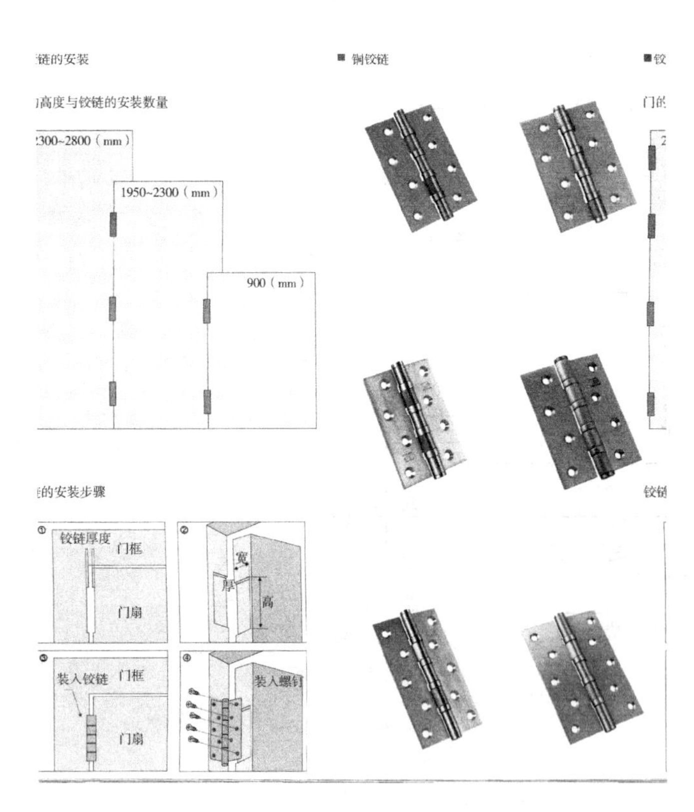

图 12-2　铰链

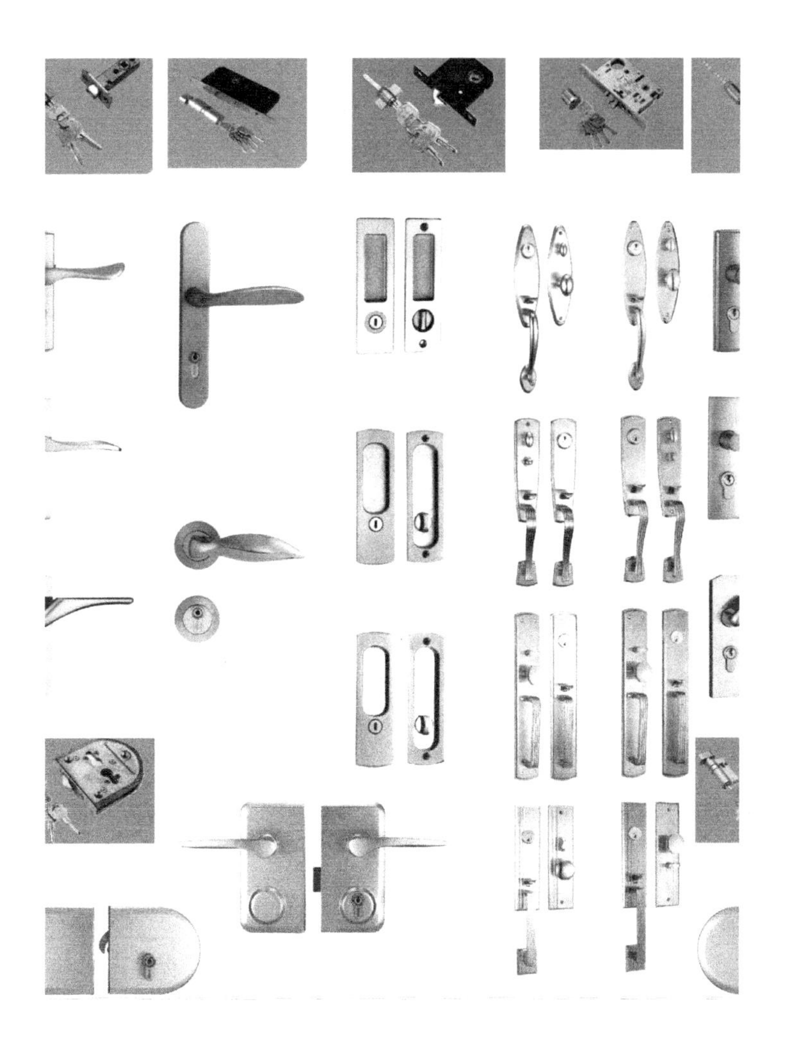

图 12-3　门锁

图 12-4　闭门器

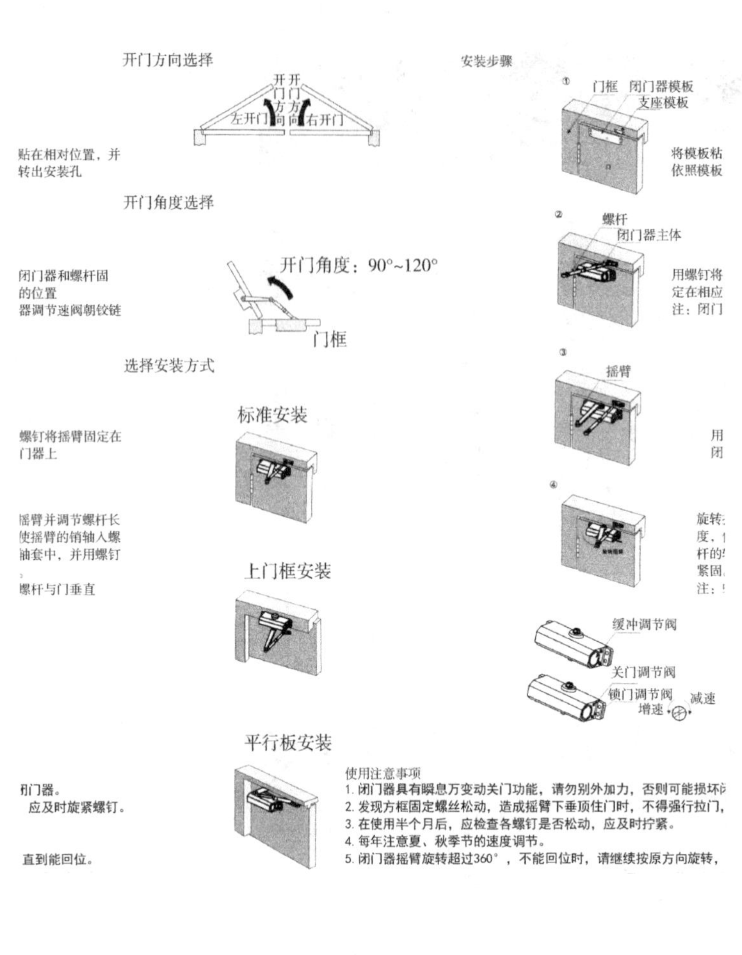

图 12-5　闭门器安装方法

图 12-6　门吸地碰门顶

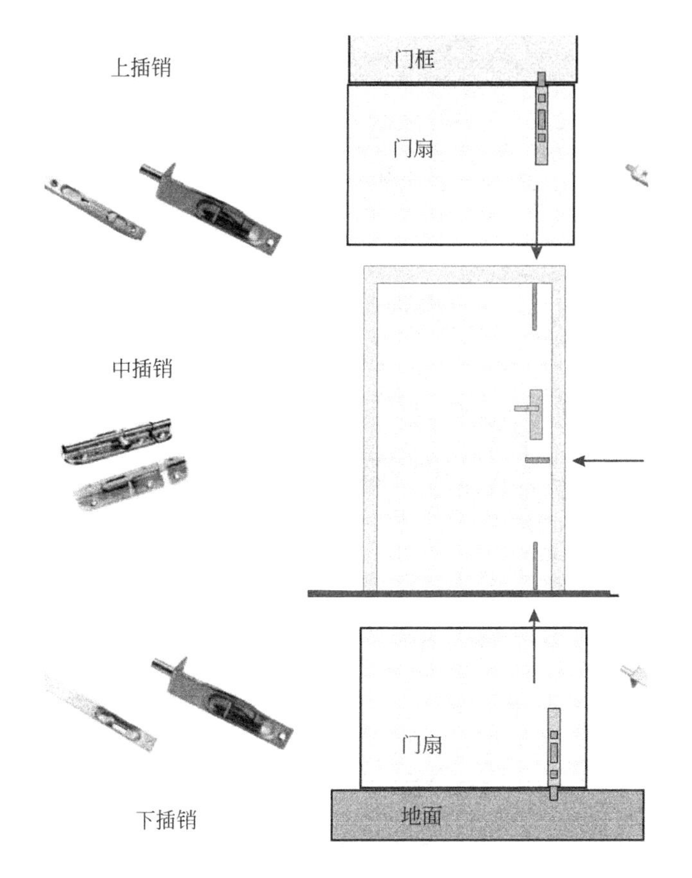

图 12-7　门插销

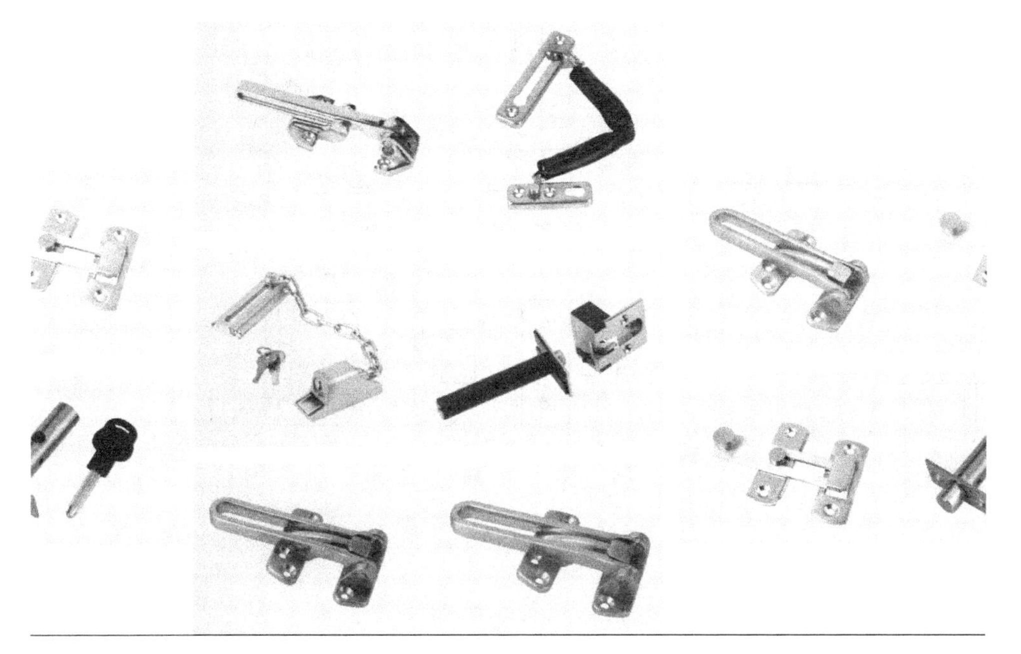

图 12-8　门防盗插销

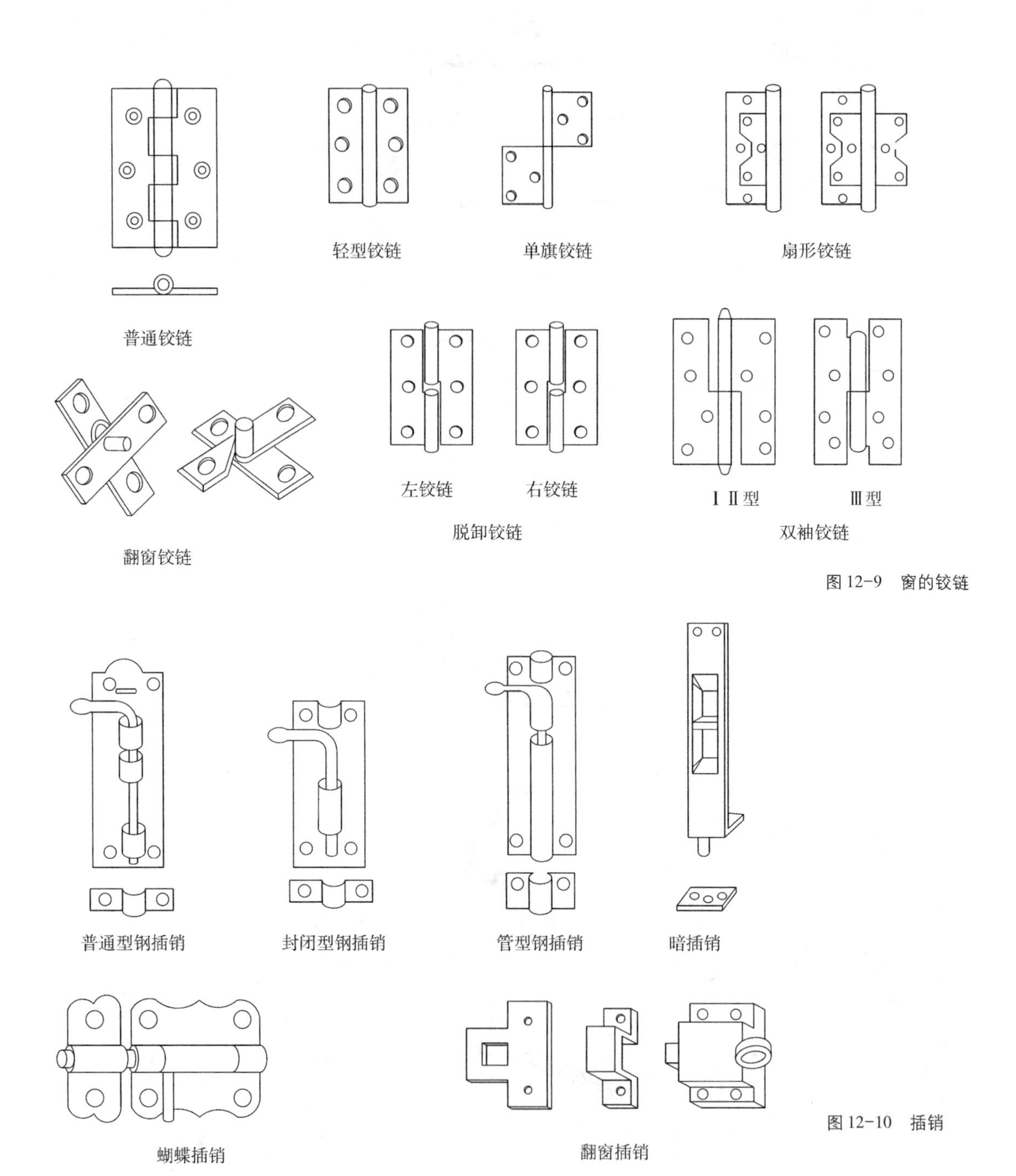

图 12-9　窗的铰链

图 12-10　插销

3. 铝合金门窗配套五金

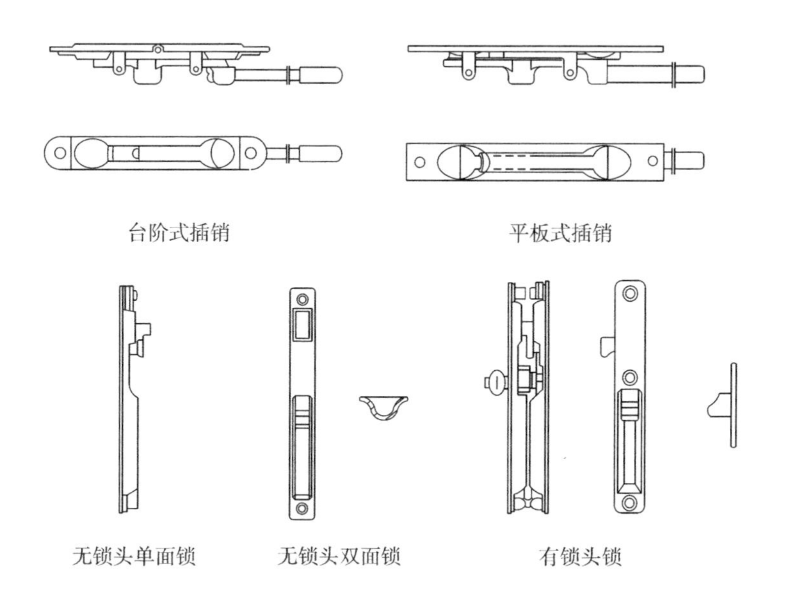

图 12-11 铝合金、塑钢门窗五金配件

12.3 木制品的五金

1. 钉子

1）铁钉。俗称圆钉，是最常用的钉，其品种很多，长度规格在 10 ~ 200mm，有 20 多种，每种规格又有标准型、轻型和重型之分，可根据需要选刷。铁钉结合使用十分广泛，如装饰工程中术龙骨的连接、封边条等。

2）麻花钉。钉着力强于普通圆钉，用于家具抽屉、木质天花板吊杆及地板等承受力较大的部位。

3）木螺钉。木螺钉有铁质和铜质之分，应根据制作档次和使用环境选用。木螺钉连接性好，可松可紧，还可拆卸，除了用于木件结合之外，还可用于五金附件的装配等。

木螺钉以平头一字槽为多，在较高档的制作中，也用十字槽头螺钉。木螺钉又称木牙螺钉，可将各种材质固定在木质品上，按用途可分为四类：

（1）沉头木螺钉又称平头小螺钉，适用于要求紧固后钉头不露出制品表面之用。

（2）半沉头木螺钉被拧紧后，钉头略露出基材表面，适用于要求钉头强度较高的部位。

（3）半圆头木螺钉拧紧扁，钉头币易陷入基材中，钉头底面积大，强度高，适用于要求钉头强度高的部位。

（4）自攻螺钉螺牙齿深，螺距宽，硬度高，施工中对于铝合金、铜、塑料等材料可以减免一道攻丝工序，提高工效。按用途可分为吲头自攻螺钉、沉头自攻螺钉两种。用途和作用同木螺钉。

4）拼钉。俗称榄形钉、枣形钉，适用于木板拼合作销钉用。

5）抽芯铝铆钉。俗称抽芯钉、拉钓。该钉装配强度、紧固速度远胜于自攻螺钉，适用于大批量紧固作业，施工需使用专用的拉钉枪。

6）水泥（钢）钉。水泥钉义称钢钉，坚硬、抗弯，可直接钉入低强度等级的混凝土和砖墙上。随着装修工具的发展，出现了可以利用气动枪将钢钉射入基材的气钢钉（钢钉排列成排）。

7）射钉。射钉是用射钉器（枪）击发射钉弹，利用火药的冲击将射钉（性能优于钢钉）钉入混凝土、砖墙或钢铁等基材上，比人工凿孔、钻孔紧固等施工力式牢固而经济，且减轻劳动强度。射钉有各种型号，可根据不同用途选择使用。根据射钉的长短和射入的深度要求，可选择不同威力的射钉弹。

2. 螺钉螺母和螺栓

（1）螺钉螺母。装饰工程中使用的螺钉螺母主要用来紧固，与钉子不同，这种紧固是可以拆卸的。规格很多，应用也非常广泛。

（2）螺栓。就是俗称的膨胀螺钉。分为塑料胀锚螺栓和金属胀锚螺栓两种，可代替预埋螺栓使用。塑料胀锚螺栓可用木螺钉旋入已被打入基材的塑料螺栓内，使其膨胀、压紧基材孔壁用以连接锚固物体，适于各种受拉力不大的锚固装置。

各种钉子、螺钉、螺栓的示意图见图 12-12。

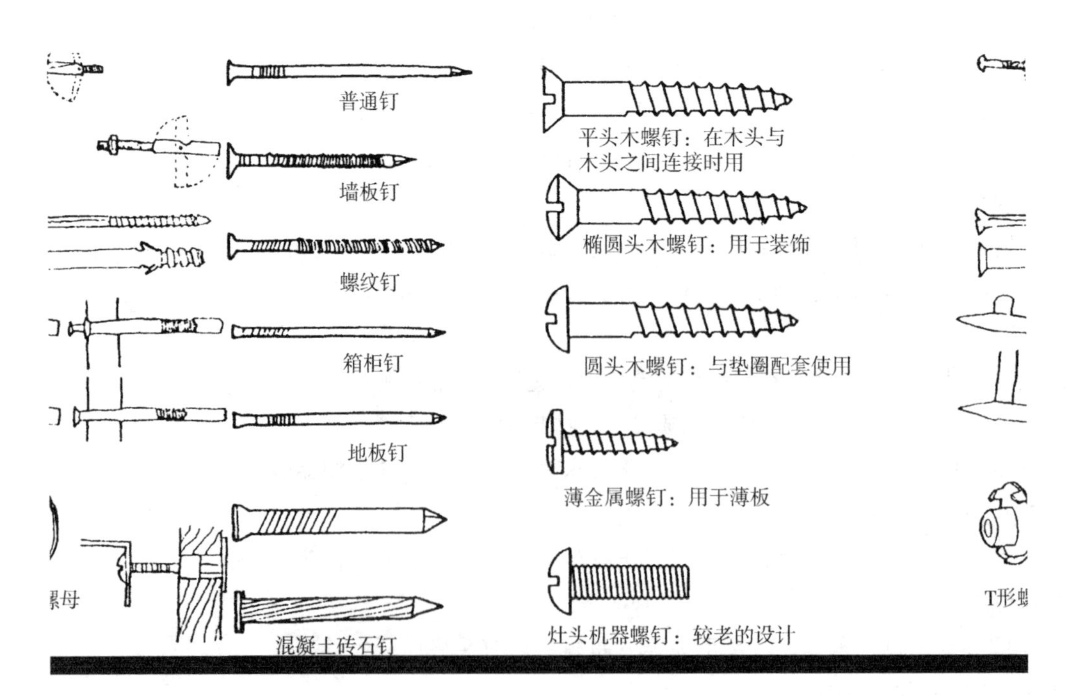

图 12-12　各种钉子和螺钉、螺栓

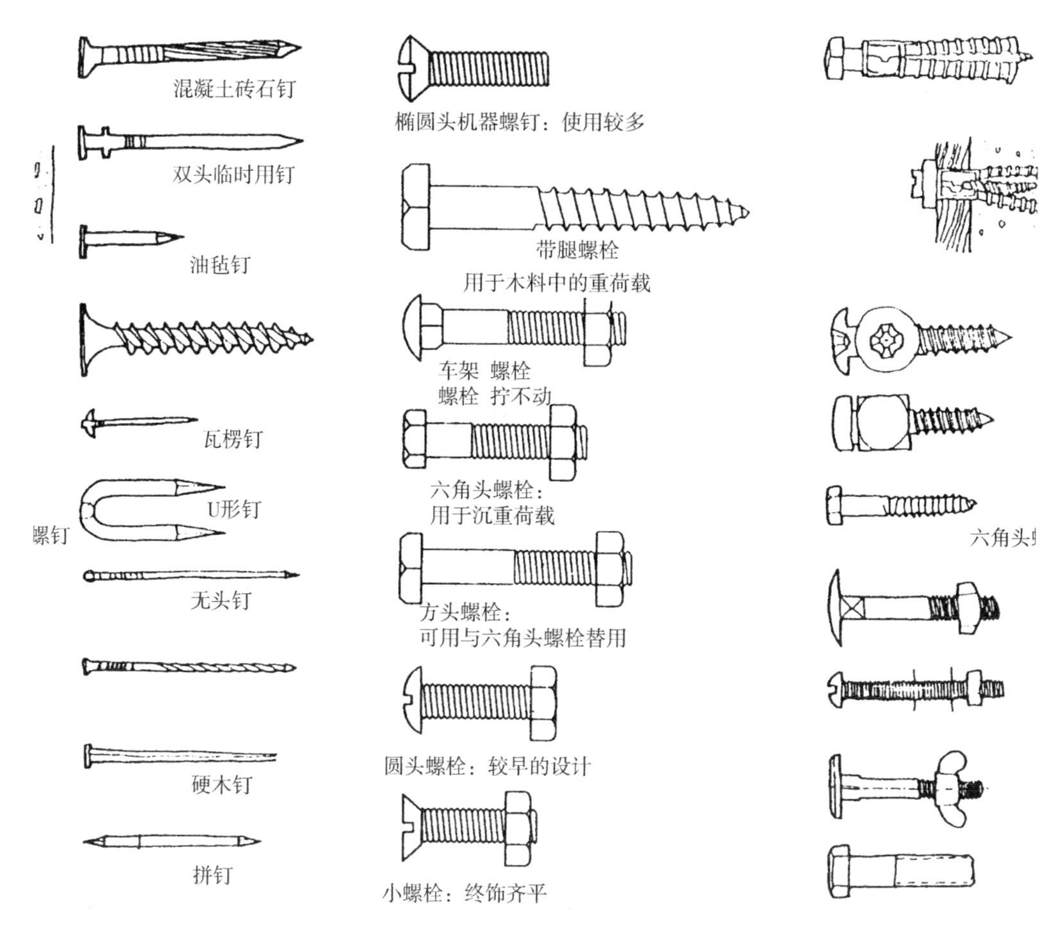

图 12-12　各种钉子和螺钉、螺栓（续）

12.4　点支式幕墙的五金

点支式连接玻璃幕墙的驳接头和驳接爪均用不同型号的不锈钢加工而成。

1. 驳接头

驳接头主要分两种，一种是头尾固定不动的；一种是在头部装有球头的，可万向转动，在玻璃受荷载变形时，头部可随之转动，减少玻璃孔部在变形时的应力集中。驳接头与玻璃接触部位，应加垫圈，一般用软金属或非金属软质材料制作。

2. 驳接爪

驳接爪形式分多种，按规格分有 200、210、220、230 不锈钢系列驳接爪。按固定点数和外形可分为四点爪、三点爪、二点爪、单点爪和多点爪以及 X 形、Y 形、H 形等形状，如图 12-13 所示。

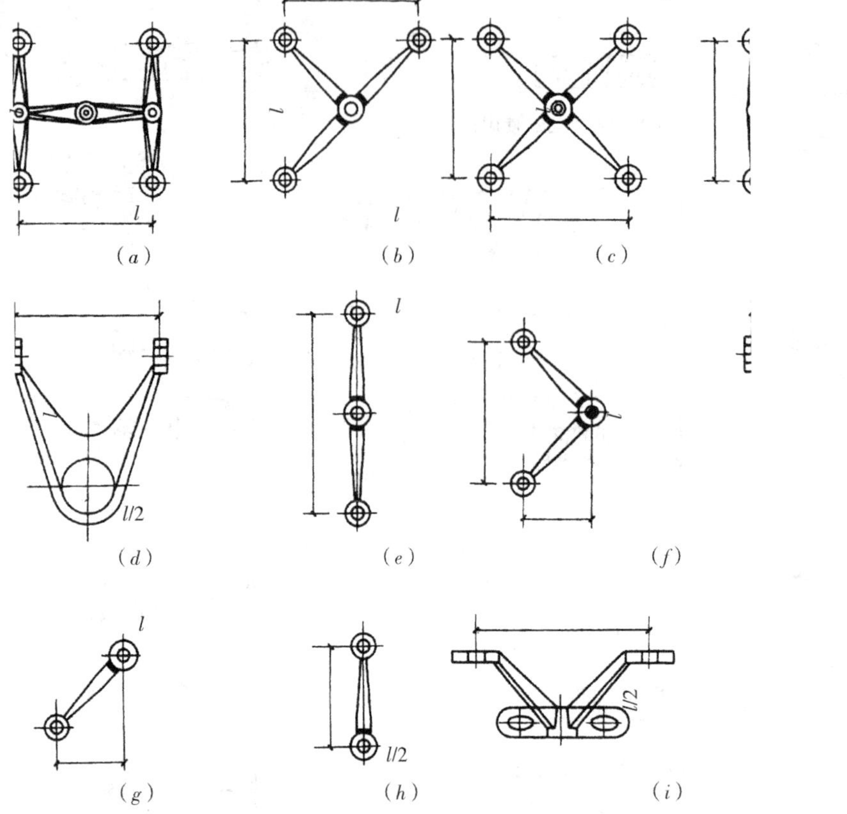

图 12-13 驳接爪的形式

(a) 四点 X 形；(b) 四点 H 形；(c) 三点 Y 形；(d) V 形；(e) 二点 U 形；(f) 三点 I 形；(g) 二点 K 形；(h) 单点/形；(i) 单形 I 形

材料检索 13 – 建筑胶粘剂

使用部位	外墙（柱）	内墙（柱）	地面	楼板	家具	吊顶	隔断
适用	基层						

一般认为粘结主要来源于胶粘剂与被粘材料间的机械联结、物理吸附、化学键力或相互间分子的渗透（或扩散）作用等。胶粘剂对被粘材料表面的完全浸润是获得良好粘结效果的先决条件。

13.1 胶粘剂的组成

胶粘剂的主要组成有粘结物质、固化剂、增韧剂、填料、稀释剂、改性剂等，见表 13-1。

胶粘剂的组成表　　表 13-1

序号	组成	特点	常用品种
1	粘结物质	胶粘剂中的基本组分，起粘结作用，其性质决定了胶粘剂的性能、用途和使用条件	各种树脂、橡胶类及天然高分子化合物
2	固化剂	是促使粘结物质通过化学反应加快固化的组分，可以增加胶层的内聚强度	
3	增韧剂	增韧剂用于提高胶粘剂硬化后粘结层的韧性，提高其抗冲击强度的组分	邻苯二甲酸二丁酯和邻苯二甲酸二辛酯等
4	填料	填料一般在胶粘剂中不发生化学反应，它能使胶粘剂的稠度增加，降低热膨胀系数，减少收缩性，提高胶粘剂的抗冲击韧性和机械强度	滑石粉、石棉粉、铝粉等
5	稀释剂	主要是起降低胶粘剂黏度的作用，以便于操作，提高胶粘剂的湿润性和流动性	丙酮、苯、甲苯等
6	改性剂	改性剂是为了改善胶粘剂的某一方面性能，以满足特殊要求而加入的一些组分	为增加胶结强度可加入偶联剂还可加入防老化剂、防霉剂、防腐剂、阻燃剂、稳定剂等

13.2 胶粘剂的分类

胶粘剂的分类有下列 3 种方法，见表 13-2。

胶粘剂的分类表　　表 13-2

序号	分类方法	品种
1	按粘结物质的性质	1）有机类。包括天然类（葡萄糖衍生物、氨基酸衍生物、天然树脂、沥青）和合成类（树脂型、橡胶型、混合型） 2）无机类。包括硅酸盐类、磷酸盐类、硼酸盐、硫磺胶、硅溶胶等
2	按强度特性	1）结构胶粘剂。其胶结强度较高，至少与被胶结物本身的材料强度相当。同时对耐油、耐热和耐水性等都有较高的要求 2）非结构胶粘剂。其要求有一定的强度，但不承受较大的力，只起定位作用 3）次结构胶粘剂。又称准结构胶粘剂，其物理力学性能介于结构型与非结构型胶粘剂之间
3	按固化条件	1）溶剂型。其中的溶剂从粘合端面挥发或者被吸收，形成粘合膜而发挥粘合力。常用的有聚苯乙烯、丁苯橡胶等 2）反应型。其固化是由不可逆的化学变化而引起的。按配方及固化条件，可分为单组分、双组分甚至三组分的室温固化型、加热固化型等多种形式。这类胶粘剂入环氧树脂、酚醛、聚氨酯、硅橡胶等 3）热熔型。是以热塑性的高聚物为主要成分，是不含水或溶剂的固体聚合物，通过加热熔融粘合，随后冷却、固化，发挥粘合力。常用的有醋酸乙烯、丁基橡胶、松香、虫胶、石蜡等

13.3 常用建筑胶粘剂

热塑性树脂胶粘剂，为非结构用胶，主要有聚醋酸乙烯胶粘剂、聚乙烯醇缩甲醛胶粘剂聚乙烯醇胶粘剂等。

热固性树脂胶粘剂，为结构用胶，主要有环氧树脂类胶粘剂、酚醛树脂类胶粘剂和聚氨酯类胶粘剂等。

合成橡胶类胶粘剂主要有氯丁橡胶胶粘剂、丁腈橡胶胶粘剂等。建筑上常用胶粘剂的性能及应用，见表 13-3。

建筑上常用胶粘剂的性能及应用表　　表 13-3

种类		特性	主要用途
热塑性合成树脂胶粘剂	聚乙烯醇缩甲醛类胶粘剂	粘结强度较高，耐水性、耐油性、耐磨性及抗老化性较好	粘贴壁纸、墙布、瓷砖等，可用于涂料的主要成膜物质，或用于拌制水泥砂浆，能增强砂浆层的粘结力
	聚醋酸乙烯酯类胶粘剂	常温固化快，粘结强度高，粘结层的韧性和耐久性好，不易老化，无毒、无味、不易燃爆，价格低，但耐水性差	粘贴壁纸、玻璃、陶瓷、塑料、纤维织物、石材、混凝土、石膏等各种非金属材料，也可作为水泥增强剂
热塑性合成树脂胶粘剂	聚乙烯醇胶粘剂（胶水）	水溶性胶粘剂，无毒，使用方便，粘结强度不高	胶合板、壁纸、纸张等的胶接
热固性合成树脂胶粘剂	环氧树脂类胶粘剂	粘结强度高，收缩率小，耐腐蚀，电绝缘性好，耐水、耐油	粘接金属制品、玻璃、陶瓷、木材、塑料、皮革、水泥制品、纤维制品等
	酚醛树脂类胶粘剂	粘结强度高，耐疲劳，耐热，耐气候老化	粘接金属、陶瓷、玻璃、塑料和其他非金属材料制品
	聚氨酯类胶粘剂	粘附性好，耐疲劳，耐油、耐水、耐酸、韧性好，耐低温性能优异，可室温固化，但耐热性差	胶接塑料、木材、皮革等，特别适用于防水、耐酸、耐碱等工程中
合成橡胶胶粘剂	丁腈橡胶胶粘剂	弹性及耐候性良好，耐疲劳、耐油、耐溶剂性好，耐热，有良好的混溶性，但粘着性差，成膜缓慢	耐油部件中橡胶与橡胶、橡胶与金属、织物等的胶接。尤其适用于粘接软质聚氯乙烯材料
	氯丁橡胶胶粘剂	粘附力、内聚强度高，耐燃、耐油、耐溶剂性好。储存稳定性差	结构粘接或不同材料的粘接。如橡胶、木材、陶瓷、石棉等不同材料的粘接
	聚硫橡胶胶粘剂	很好的弹性、粘附性。耐油、耐候性好，对气体和蒸气不渗透，防老化性好	路面、地坪、混凝土的修补、表面密封和防滑。用于海港、码头及水下建筑的密封
	硅橡胶胶粘剂	良好的耐紫外线、耐老化性，耐热、耐腐蚀性，粘附性好，防水防震	金属、陶瓷、混凝土、部分塑料的粘接。尤其适用于门窗玻璃的安装以及隧道、地铁等地下建筑中瓷砖、岩石接缝间的密封

13.4 选择胶粘剂的基本原则和注意事项

1. 选择胶粘剂基本原则

1）了解粘结材料的品种和特性。

2）了解粘结材料的使用要求和应用环境。

3）了解粘接工艺性。

4）了解胶粘剂组分的毒性。

5）了解胶粘剂的价格和来源难易。

2. 选择胶粘剂的注意事项

1）粘接界面要清洗干净。

2）胶层要匀薄。

3）晾置时间要充分。

4）固化要完全。

主要参考文献

[1] 陈世霖．建筑工程设计施工详细图集［M］．北京：中国建筑工业出版社，2002.
[2] 薛健．装饰设计与施工手册［M］．北京：中国建筑工业出版社，2004.
[3] 李蔚．建筑装饰与装修构造［M］．北京：科学出版社，2006.
[4] 万治华．建筑装饰装修构造与施工技术［M］．化学工业出版社，2006.
[5] 田延友．建筑幕墙施工图集［M］．北京：中国建筑工业出版社，2006.
[6] 马眷荣．建筑玻璃（第二版）［M］．北京：化学工业出版社，2006.
[7] 杨南方．建筑装饰施工［M］．北京：中国建筑工业出版社，2005.
[8] 北京土木建筑学会．建筑地面工程施工操作手册［M］．北京：经济科学出版社，2004.
[9] 刘超英，张玉明．建筑装饰设计（第二版）［M］．北京：中国电力出版社，2009.
[10] 全国一级建造师执业资格考试用书编写委员会．装饰装修工程管理与实务［M］．北京：中国建筑工业出版社，2004.
[11] 建筑内部装修设计防火规范（GB 50016—2006）［S］.
[12] 建筑装饰装修工程质量验收规范（GB 50210—2001）［S］.
[13] 高祥生．装饰构造图集［M］．南京：江苏科学技术出版社，2001.
[14] 谷云端．建筑室内装饰工程设计施工详细图集［M］．北京：中国建筑工业出版社，2002.
[15] 杨南方．建筑装饰施工［M］．北京：中国建筑工业出版社，2005.
[16] 杨天佑．简明装饰装修施工与质量验收手册［M］．北京：中国建筑工业出版社，2004.
[17] 冯美宇．建筑装饰装修构造［M］．北京：机械工业出版社，2004.
[18] 王萱，王旭光．建筑装饰构造［M］．北京：化学工业出版社，2005.
[19] 吴之昕．建筑装饰工长手册［M］．北京：中国建筑工业出版社，2005.
[20] 李继业，刘福臣，盖文梯．现代建筑装饰工程手册［M］．北京：化学工业出版社，2006.
[21] 中国建筑装饰协会委员会．实用建筑装饰施工手册［M］．北京：中国建筑工业出版社，2004.
[22] 刘超英．建筑装饰装修构造与施工［M］．北京：机械工业出版社，2008.
[23] 高职高专教育土建类专业教学指导委员会建筑设计类专业分指导委员会．建筑装饰工程技术专业教学基本要求［M］．北京：中国建筑工业出版社，2013.

后　记

本教材2002年被全国高职高专教育土建类专业教学指导委员会建筑与规划类专业教学指导小组确定为建筑装饰专业核心课程重点教改研究项目，历经9年反复研讨、研究、创作，2010年正式出版。它将建筑装饰专业材料、构造、施工三门核心课程有机整合成一门课程，改变了建筑装饰专业核心课程的教学体系和课程结构，使这门课程成为核心中的核心、主干中的主干，大大提高了建筑装饰专业教学的效率，受到了学界和业界的欢迎。众多全国高职高专示范学校的建筑装饰工程技术和建筑室内设计专业采用本教材。

2014年，本教材获评“十二五”职业教育国家规划教材。这是由教育部全国职业教育教材审定委员会审定的，它意味着本教材得到了职业教育顶尖教育专家的认可。

2016年，本教材又获得住房城乡建设部土建类学科专业“十三五”规划教材的选题立项，同时成为全国高职高专教育土建类专业教学指导委员会规划推荐教材。这意味着本教材又得到本行业顶尖行业专家和教育专家的认可。本教材能先后获得教育部教育专家与住房和城乡建设部行业专家共同认可是十分难能可贵的。

为满足新教学需求，教材主编原宁波工程学院风华学者特聘教授，现浙江广厦建设职业技术学院建筑室内设计专业带头人刘超英教授，与本校艺术设计学院主持工作副院长王晓平副教授（增补为本教材实训项目副主编）重新设计了21个实践项目任务书的写作模板，学生们只要扫一扫二维码就可以轻松获得这些项目任务书的电子版。不仅有详尽的实践项目任务指引，而且还有实训报告撰写版式建议和写作大纲。使学生在完成实训报告时能速度更快，效率更高，质量更好，格式更加规范。

衷心希望它能给使用这本教材的师生带来更多方便。

作者

2019年4月